Hochwertiger Grauguß

und die physikalisch-metallurgischen Grundlagen seiner Herstellung

Von

Dr.-Ing. **Eugen Piwowarsky**

o. Professor der Eisenhüttenkunde an der Technischen Hochschule Aachen

Mit 297 Textabbildu

Berlin

Verlag von Julius Springer

1929

ISBN-13:978-3-642-90250-5 e-ISBN-13:978-3-642-92107-0
DOI: 10.1007/978-3-642-92107-0

Softcover reprint of the hardcover 1st edition 1929

Vorwort.

Noch vor zwei Jahren, als der Verfasser den Entschluß faßte, ein kleines Werk über die physikalisch-metallurgischen Grundlagen des hochwertigen Gußeisens zu schreiben, bestand auf dem Büchermarkt ein dringendes Bedürfnis nach literarischer Zusammenfassung der wichtigsten Ergebnisse neuzeitlicher Arbeiten, welche zur Wertsteigerung des Gußeisens als Werkstoff geführt hatten. Inzwischen ist durch modernisierte Neuauflagen bestehender Werke und beachtenswerte Neuerscheinungen diesem Mangel bereits weitgehend abgeholfen worden. Dennoch scheint es dem Verfasser, daß auch heute noch ein Werk, welches ausholend von den physikalisch-metallurgischen Grundlagen und den wichtigsten mathematisch-physikalischen Beziehungen die Steigerung der Gußeisenqualität als zwangläufige Entwicklung der gegenseitigen Befruchtung von Wissenschaft und Praxis ableitet, in den Fachkreisen des Gießereiwesens Interesse finden dürfte, da gerade aus einer solchen Betrachtung am besten die noch bestehenden Lücken und die Wege zur weiteren Behandlung des Problems sich aufzeigen. Richtunggebend für die Begrenzung und Auswahl des Stoffes war die Absicht, das Werk über den Umfang eines leicht erschwinglichen, dem Stoff nach noch gut übersichtlichen Buches nicht hinauswachsen zu lassen.

Der vorliegende Band richtet sich in erster Linie an die schon länger in der Praxis stehenden Gießereiingenieure, die es bei ihrer Einfühlung in die neuzeitliche physikalisch-metallurgische Betrachtung des Problems unterstützen soll. Für die jungen Ingenieure des Gießereiwesens aber stellt es eine kurze Rekapitulation eines wichtigsten Teils ihres ehemaligen Lerngebietes dar.

Um die Objektivität in der Darstellung eines der umstrittensten Teilkapitel in der Entwicklungsgeschichte der Gußlegierungen besser wahren zu können, ist von einer patentrechtlichen Betrachtung der Verfahren zur Erzeugung hochwertigen Gußeisens abgesehen, ja nicht einmal gekennzeichnet worden, welche Verfahren oder Teillösungen Patentschutz genießen oder beanspruchen.

Das Kapitel über Spannungen im Guß und ihre rechnerische Ableitung konnte, da neuere systematische Arbeiten auf diesem Gebiete fehlen, wiederum nur in weitgehender Anlehnung an die grundlegenden Arbeiten von Heyn, Krieger, Oeking usw. behandelt werden.

Die Literatur ist im allgemeinen bis Oktober 1928 berücksichtigt worden, doch wurden bei der ersten Korrektur auch noch die wichtigsten Veröffentlichungen bis zu Beginn des Jahres 1929 erfaßt, soweit Raum und Anlage des Werkes dies noch ermöglichte.

Hoffentlich findet das Buch in den Fachkreisen die vom Verfasser erwünschte Aufnahme.

Für sachliche Zuschriften, Hinweise und Anregungen aus dem Leserkreis würde der Verfasser dankbar sein.

Aachen, im Juli 1929.

E. Piwowarsky.

Inhaltsverzeichnis.

Einleitung.

Die wichtigsten Grundlagen der Kristallisationslehre und Legierungskunde.

1. Die thermodynamische Bedeutung des Zustandsdiagramms.

Im Jahre 1899 stellte Roberts-Austen experimentell[1] das erste, natürlich noch sehr unvollständige Zustandsdiagramm der Eisen-Kohlenstofflegierungen auf. Ausgehend von der 1874 von Gibbs entwickelten Phasenregel und unter Auswertung der erwähnten Arbeit von Roberts-Austen sowie der klassischen Untersuchungen von Osmond[2] über den Charakter der allotropen Umwandlungen des Eisens vervollständigte später Roozeboom[3] dieses Zustandsdiagramm und gab den einzelnen Diagrammlinien ihre theoretische Deutung. Obwohl bereits Le Châtelier[4] eine Anregung zur Anwendung der Phasenregel bei metallurgischen Prozessen gegeben hatte, so setzte erst durch die Roozeboomsche Arbeit und die aus den Gleichgewichtsprinzipien abgeleitete allgemeine Systematik der theoretisch möglichen Zustandsdiagramme die allgemeine Nutzbarmachung der Gibbsschen Phasenlehre ein, welche für die Beurteilung hüttenmännischer Prozesse sowie für die Entwicklung der Metallkunde sich so überaus erfolgreich auswirkte.

Die Arbeiten von Roozeboom fußen in dem Fundamentalgesetz von Gibbs, daß sich ein System von Stoffen stets derart ins Gleichgewicht stellt, daß das thermodynamische Potential der Masseneinheit ($\zeta = U - TS + pv$) ein Minimum bildet, den größeren ζ-Wert also stets der instabilere Zustand besitzt. Wird ein homogenes, d. h. einphasiges System (z. B. ein flüssiges Metall) heterogen oder mehrphasig (etwa bei Erstarrung: Schmelze + feste Kristalle), so kommt durch Übertritt z. B. der Masse dm in die andere Phase eine Energieänderung der ursprünglichen Phase in Höhe $\mu \cdot dm$ (μ = thermodynamisches Potential) zustande. Die gesamte Energieänderung ist dann:

$$dU = T\,dS - p \cdot dv + \mu \cdot dm \tag{1}$$

$$\mu = \left(\frac{dU}{dm}\right)_{S,\,v}$$

Mit p, T als unabhängige Variablen nimmt μ eine andere Form an:

$$\zeta = U - TS + p \cdot v$$

$$d\zeta = dU - T \cdot dS - S \cdot dT + p \cdot dv + v \cdot dp. \tag{2}$$

Gleichungen (1) und (2) addiert:

$$d\zeta = -S \cdot dT + v \cdot dp + \mu \cdot dm$$

$$\mu = \left(\frac{d\zeta}{dm}\right)_{p,\,T}$$

[1] Roberts-Austen, W. C.: Fifth report of the alloys research commitee. Proc. Inst. Mech. Eng. Bd. 2, S. 34. 1899.

[2] Comptes Rendus Bd. 110, S. 242, 346. 1890.

[3] Roozeboom, H. W. B.: Le fer et l'acier au point de vue de la doctrine des phases. Contribution à l'étude des alliages. Paris: Chamerot et Renouard 1901.

[4] Comptes Rendus Bd. 130, S. 85. 1900.

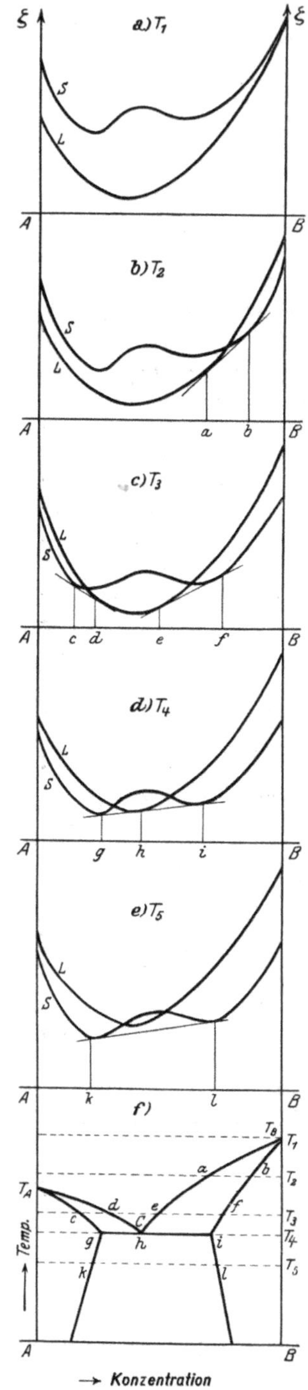

Abb. 1a bis f. Ableitung eines Zustandsdiagramms aus dem thermodynamischen Potential der Legierungen (entnommen: Metall Erz 1927, S. 1).

Bei Gleichgewicht z. B. im Erstarrungspunkt eines Einstoffsystems sind die thermodynamischen Potentiale beider Phasen gleich groß:

$$\left(\frac{d\zeta_1}{dm}\right)_{p,T} = \left(\frac{d\zeta_2}{dm}\right)_{p,T}, \text{ d. h. } \zeta_1 \text{ wird gleich } \zeta_2.$$

Im Zweistoffsystem gilt die Gleichgewichtsbedingung:

$$\left(\frac{d\zeta_1}{dx}\right)_{p,T} = \left(\frac{d\zeta_2}{dx}\right)_{p,T},$$

da hier $dm = M\,dx$ ist (M = Molekulargewicht, x = Molenbruch). Im Falle lückenloser Mischbarkeit zweier Stoffe A und B besitzt z. B. demnach jede homogene feste oder flüssige Lösung einen kleineren Wert für ζ als das heterogene (instabilere) Gemenge. Bei koexistierenden Phasen dagegen müssen die Tangenten an die ζ-Kurven in den Kennpunkten beider Phasen denselben Winkel gegen die ζ-Achse bilden. Die geometrische Darstellung dieser Verhältnisse an einem nach dem V-Diagramm (Typus V nach Roozeboom) erstarrenden binären System und deren Auswertung zum Zustandsdiagramm geht aus Abb. 1 bis 1f hervor[1].

Aus dem Vorhergehenden ersieht man, daß es möglich sein müßte, alle Zustands-(Konzentrations-, Temperatur)diagramme aus den Werten für die thermodynamischen Potentiale der koexistierenden Phasen bei verschiedenen Temperaturen rechnerisch zu ermitteln, wenn die notwendigen zahlenmäßigen Unterlagen (spezifische- und Schmelzwärmen, spezifische Volumina, Verbindungswärmen usw.) bekannt wären. Diese physikalischen und thermochemischen Zahlen sind aber bisher in unzureichendem Maße Gegenstand systematischer Untersuchungen geworden.

Da jedoch jede Änderung des thermodynamischen Potentials mit einer positiven oder negativen Wärmetönung verbunden ist, so gelingt es durch einfache Temperatur/Zeitkurven bzw. durch Temperaturdifferenz/Temperaturkurven, die Grenzlinien der Existenzfelder der am System beteiligten Phasen zu ermitteln und auf diese Weise das Konzentrations-Temperaturdiagramm experimentell aufzustellen. Aber auch die Änderung einer Anzahl anderer physikalischer Eigenschaften wird mit Erfolg zur Ermittelung oder zur Kontrolle von Zustandsdiagrammen herangezogen (magnetische und elektrische Eigenschaften, Ausdehnung, Wärmeinhalt, Härte usw.).

2. Der Vorgang der Kristallisation und die Phasenregel.

Unter einer Phase versteht man jenen in sich einheitlichen Teil homogener oder heterogener Systeme,

[1] Vgl. auch Das thermische Gleichgewicht vom Standpunkt Roozebooms. Metall Erz 1927, S. 1.

welcher innerhalb bestimmter Temperatur- und Druckgrenzen stabil ist. Von jeder Substanz gibt es im allgemeinen nur eine gasförmige, ferner eine oder

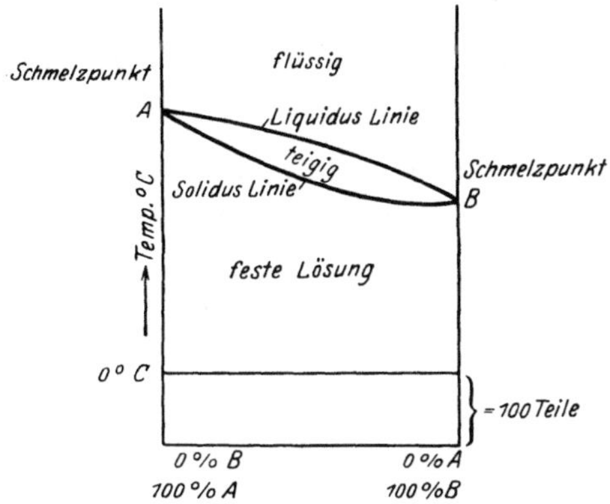

Abb. 2a. Vollkommene Löslichkeit im flüssigen und festen Zustand (Typus I nach Roozeboom).

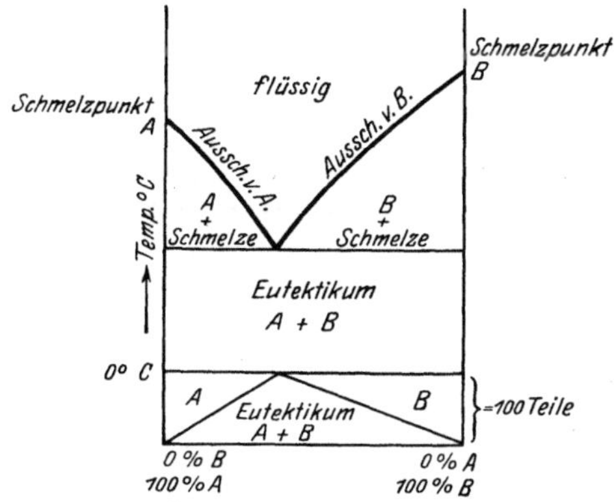

Abb. 2b. Vollkommene Löslichkeit im flüssigen, jedoch vollkommene Unlöslichkeit im festen Zustand (Typus Va nach Roozeboom).

selten mehrere (Mischungslücke) flüssige, sowie eine oder mehrere feste, bei Metallen oder Legierungen stets kristallisierte (anisotrope) Phasen. Nach der Gibbsschen Phasenregel:

$$F = n + 2 - P$$

besteht zwischen den Phasen (P), der Anzahl der im System vorhandenen chemischen Stoffe oder Komponenten (n) und den sogenannten Freiheitsgraden (F)* des Systems (Änderung von Druck, Temperatur und Konzentration) ein ganz bestimmter eindeutiger Zusammenhang, wenn das System im Gleichgewicht ist. Für konstanten (Atmosphären)druck geht obige Formel über in:

$$F = n + 1 - P.$$

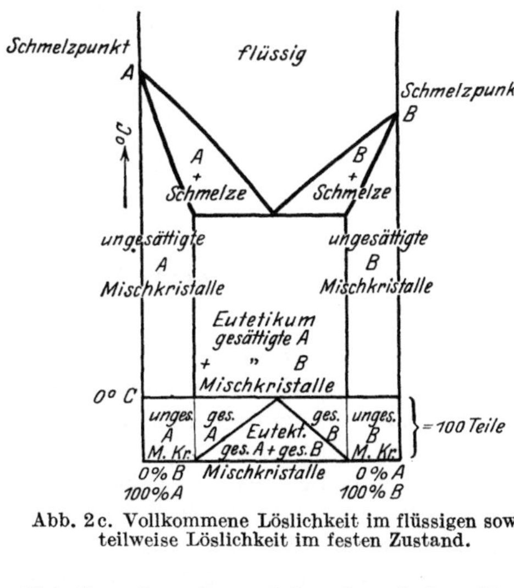

Abb. 2c. Vollkommene Löslichkeit im flüssigen sowie teilweise Löslichkeit im festen Zustand.

Im Einstoffsystem ($n = 1$) ist dann $F = 0$ (nonvariant), wenn die Substanz, z. B. ein reines Metall oder eine reine chemische Verbindung schmilzt oder erstarrt, da alsdann $P = 2$ ist, d. h. der Vorgang des Verdampfens bzw. des Schmelzens oder Erstarrens muß bei konstanter Temperatur erfolgen. Es wird dagegen $F = 1$, wenn eine Phase verschwindet, d. h. ein vollkommen flüssiges bzw. vollkommen festes reines Metall (oder eine ebensolche chemischer Verbindung) ist auch bei verschiedenen Temperaturen stabil. Nach der Phasenregel ist demnach ferner zu erwarten, daß im Falle vollkommener Löslichkeit im festen Zustand ein binäres System in einem Temperaturintervall schmilzt, und daß hierbei feste Mischkristalle stets gleicher Konzentration in Koexistenz

* Als Freiheitsgrad bezeichnet man die Zahl der Variabeln, welche geändert werden können, ohne daß hierdurch im System eine Phase verschwindet.

mit der homogenen Schmelze sein werden ($F = 2 + 1 - 2 = 1$, univariantes System), während unter den gleichen Löslichkeitsbedingungen im Dreistoffsystem auch eine gewisse Konzentrationsverschiebung der primär ausgeschiedenen ternären Mischkristalle möglich ist.

Es muß ferner nach der Phasenregel ein binäres Eutektikum in Zweistoffsystemen bei konstanter Temperatur erstarren ($F = 2 + 1 - 3 = 0$), während es im Dreistoffsystem in einem Temperaturintervall sich auszuscheiden vermag ($F = 3 + 1 - 3 = 1$); desgleichen erstarrt ein ternäres Eutektikum im Dreistoffsystem bei konstanter, im Vierstoffsystem dagegen bei veränderlicher Tem-

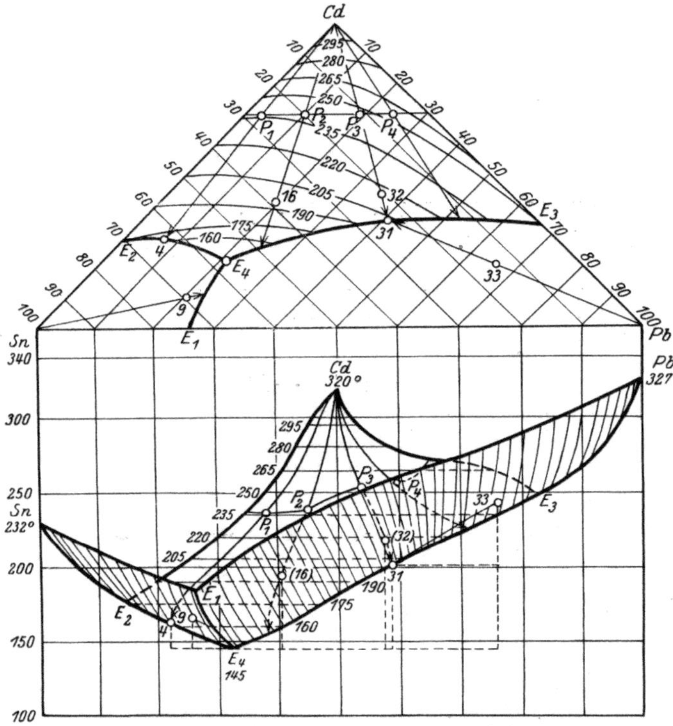

Abb. 3. Ternäres Diagramm Kadmium-Blei-Zinn (Darstellungsweise nach Hommel).

peratur usw. Für die Kristallisation der Eutektoide (im festen Aggregatzustand entstehende physikalische Gemische) gelten dieselben Beobachtungen.

Man sollte vermuten, daß die aus homogenen Schmelzen sich ausscheidenden Mischkristalle im binären System die gleiche, im ternären System annähernd die gleiche chemische Zusammensetzung besitzen wie die Schmelzen. Das ist jedoch nicht der Fall, vielmehr hat die Schmelze im Vergleich zu den ausscheidenden Mischkristallen stets einen größeren Gehalt an demjenigen Bestandteil, durch dessen Zusatz die Erstarrungstemperatur erniedrigt wird. Die Konzentrationsänderung der Schmelze wird alsdann durch die Liquiduslinie, die Konzentrationsänderung der Mischkristalle durch die zugehörige Soliduskurve dargestellt. Die bei unzureichender Diffusion auftretenden Schichtkristalle (Kristallseigerung) führen dann leicht zum vorzeitigen Auftreten eutektischer Gefügearten.

Die Abb. 2a bis 2c stellen die wichtigsten Möglichkeiten binärer Zustandsdiagramme dar und zeigen, daß aus den beiden Typen I und Va nach Roozeboom sich praktisch alle wichtigeren Typen der Zustandsdiagramme aufbauen lassen (vgl. Abb. 4).

Während aus den binären Zustandsdiagrammen die jeder Temperatur zugehörigen Phasenkonzentrationen und deren prinzipielle Konstitution ohne weiteres abzulesen sind, gestattet die im gleichseitigen oder gleichschenkligen Konzentrationsdreieck gewählte graphische Darstellung der Verhältnisse im Dreistoffsystem bei gegebener Konzentration nur die bei Zimmertemperatur zu erwartenden Gefügearten und deren voraussichtliche Konzentrationen zum Ausdruck zu bringen, es sei denn, daß man noch die Projektion der Isothermen der einzelnen Kristallisationsflächen in die Konzentrationslinien einträgt, wodurch aber die Übersichtlichkeit des Bildes kaum gehoben wird. Allerdings läßt die Wahl eines gleichschenkligen Dreiecks mit Anordnung der höchstschmelzenden Komponente in der rückwärts liegenden Ordinate nach dem Vorschlag von W. Hommel[1] auch in ebener Bildfläche eine räumliche Ausdrucksweise zu (vgl. Abb. 3). Die Abb. 4a bis 4c zeigen die wichtigsten Fälle der erstgenannten Darstellungsart[2], mit den den einzelnen Konzentrationsfeldern zugehörigen Kristallarten (vgl. in Abb. 4 die möglichen Konzentrationsfelder der ternären Eutektika). Die Aufstellung von Raummodellen insbesondere nach der Goerensschen Drahtoder der Glasplattenmethode nach Hanemann (Abb. 5a bis 5c) leistet hier der Vorstellungskraft wesentliche Dienste.

Alle bisher bekannt gewordenen Metalle oder Metallegierungen erstarren anisotrop, d. h. als Kristallkonglomerate mit gesetzmäßigem Wechsel ihrer mechanischen (Härte, Spaltbarkeit), chemischen (Lösungsfähigkeit, Korrosion usw.) und physikalischen (Leitfähigkeit für Wärme und Elektrizität, optische Merkmale usw.) Eigenschaften je nach Bezug auf die verschiedenen Kristallachsen oder Kristallflächen (vektorielle Eigenschaften). Auch beim Wachstumsvorgang der Kristallite kommt dieser vektorielle Charakter zum Ausdruck (Kristallskelette, Dendriten), wofern nicht die Festigkeitskräfte des in der Schmelze wachsenden Kristalls durch die Oberflächenkräfte[3] überwunden werden (Sphärolite, Globulite). Ungestört gewachsene Kristalle sind im allgemeinen bereits die äußeren Vorbilder ihres feinbaulichen Wesens[4], das nach der insbesondere durch die Arbeiten von A. Schönflies und M. v. Laue geförderten Raumgittervorstellung in einer bestimmten kristallographischen Symmetrieanordnung ihrer Moleküle bzw. Atome besteht. Glasartige feste Stoffe, sowie Flüssigkeiten dagegen zeigen keine geordnete Lagerung der atomaren Bausteine. O. Lehmann[5] z. B. schmolz Paraasoxyphenol zwischen Objektträger und Deckglas eines Polarisationsmikroskops, ließ erstarren und erhitzte abermals zwischen gekreuzten Nikols. Die einzelnen Kristallindividuen nahmen alsdann bei 134^0 (gerichtet durch die Adsorptionskraft des Glases) andere Helligkeit an. Bei jeder Drehung des Präparates wurden sie viermal hell und wieder dunkel und (durch Verdrehen

---

[1] Die graphische Darstellung von Dreistoff- und Vierstofflegierungen. Z. Metallkunde 1921, S. 456.

[2] Über die allgemeine Darstellung ternärer Gleichgewichte und die Theorie ternärer Mischkristalle vgl. a. G. Tammann: Lehrbuch der heterogenen Gleichgewichte. Braunschweig 1924; ferner R. Sahmen: Über ternäre Mischkristalle. Z. phys. Chem. Bd. 79, S. 421. 1912; sowie H. W. B. Schreinemakers, Bd. 3 des Roozeboomschen Handbuches; vgl. a. E. Scheil: Über ternäre Diagramme auf der Grundlage Eisen-Kohlenstoff. Mitt. Forsch. Inst. d. Ver. Stahlwerke Dortmund Bd. 1, H. 1. Ferner: Modelle zur Veranschaulichung der heterogenen Gleichgewichte und Dreistoffsysteme. Arch. Eisenhüttenwes. Bd. 2, S. 389. 1928.

[3] Vgl. Tammann, G.: Metallographie 2. Aufl., S. 15.

[4] Rinne, F.: Die Kristalle als Vorbilder des feinbaulichen Wesens der Materie. Berlin: G. Bornträger 1921.

[5] Vgl. a. Lehmann, O.: Z. Metallkunde 1921, S. 57.

der Glasplatten konnte sogar die Parallelstellung der Moleküle in eine Schraubenstellung gebracht werden) erst bei 165° wurde die flüssige Masse dunkel und isotrop. Derartige, optisch anisotrope Flüssigkeiten gewisser hochmolekularer Substanzen haben jedoch, wie E. Hückel[1] mittels Durchleuchten mit Röntgenstrahlen zeigen konnte, keine Raumgitterstruktur und die Lehmannschen Beobachtungen werden durch spontane Parallelstellung der Moleküle unter dem Einfluß ihrer eigenen elektrischen und magnetischen Momente erklärt.

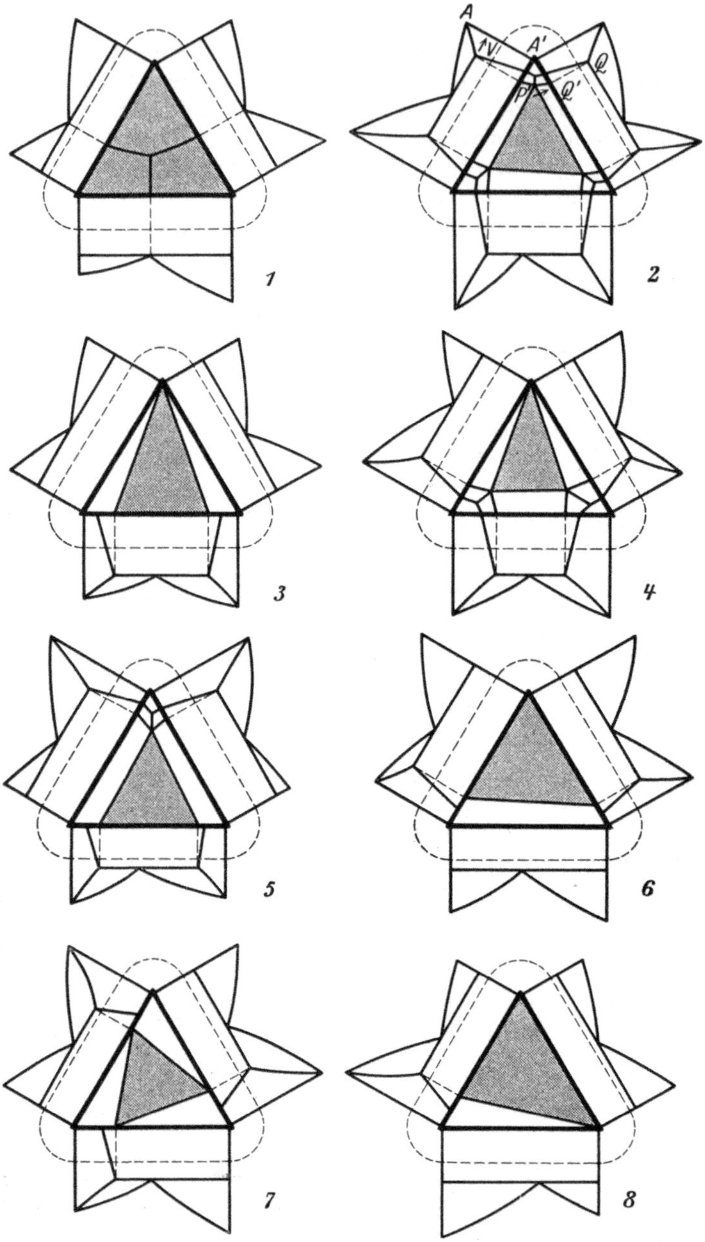

Abb. 4. Die wichtigsten der einfachen ternären Zustandsdiagramme mit beschränkter Löslichkeit im festen Zustand bei Projektion in die Bildebene (die dunklen Felder zeigen die Existenzbereiche des ternären Eutektikums).

Hinsichtlich ihres Aggregatzustandes können unter Umständen Flüssigkeiten, z. B. Metallschmelzen bis in den Stabilitätsbereich des festen Zustandes abgekühlt werden, ohne daß sie erstarren. Natriumsulfat z. B., das bei 56° schmilzt, kann bis zur Zimmertemperatur im geschmolzenen Zustand erhalten werden. Solche labile Zustände bezeichnet man als Unterkühlung. Die Unterkühlung des Wassers beim Erstarren ist bekannt. Auch bei fast allen Metallen oder Legierungen können

[1] Diss. Göttingen 1921.

solche Unterkühlungen bis zu 100° und noch darüber beim Erstarren bzw. beim Phasenwechsel im festen Zustand beobachtet werden. Ja im letzteren Falle führt die geringere Umwandlungsgeschwindigkeit oft sogar zur völligen Unterdrückung des Phasenwechsels. Die passive Resistenz gegen die spontane Kristallisation bei der wahren Gleichgewichtstemperatur eines Phasenwechsels wird jedoch leicht aufgehoben durch das Vorhandensein von Kristallen oder Kernen der neuen Phase. Auch mechanische Erschütterung sowie das Vorhandensein von festen Fremdkörpern äußert sich vielfach in einer Aufhebung der passiven Resistenz. Die Kristallisationsfähigkeit ist eine Funktion zweier Größen, nämlich:

1. der Bildungsgeschwindigkeit spontaner Kerne abgekürzt *K. Z.* $\left[\frac{1}{\text{cm}^3\ \text{min.}}\right]$,

2. der linearen Kristallisationsgeschwindigkeit, abgekürzt *K. G.* [mm/min].

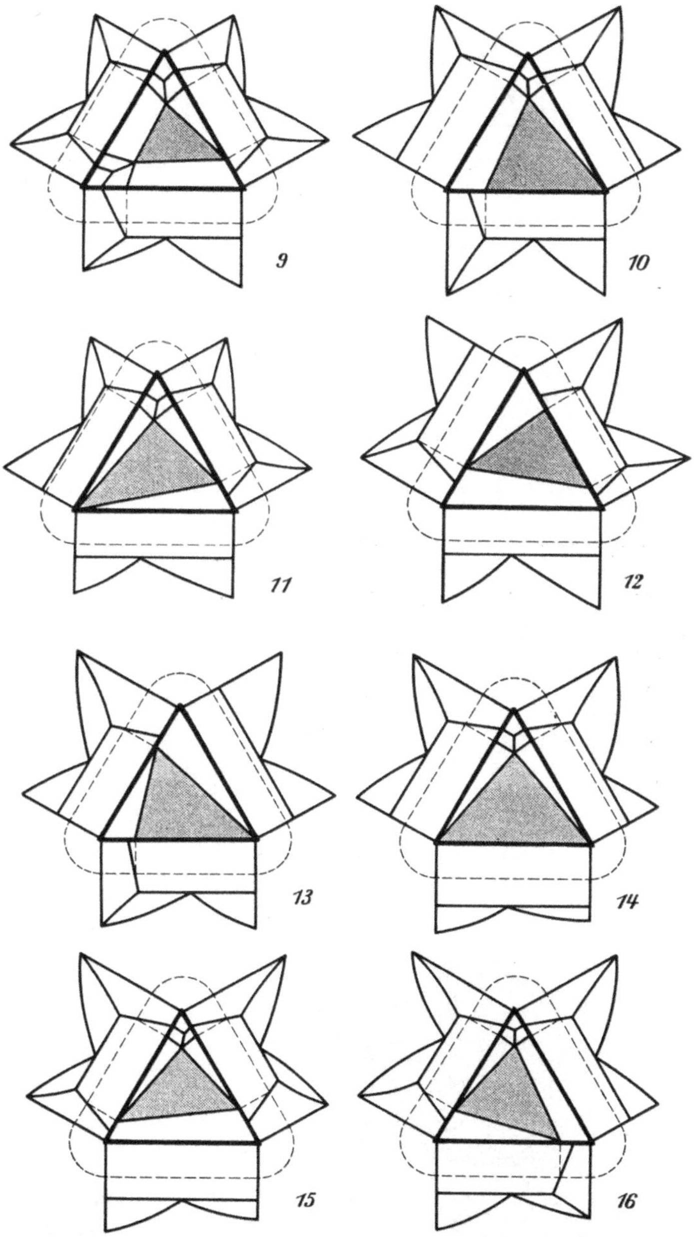

Abb. 4. Die wichtigsten der einfachen ternären Zustandsdiagramme mit beschränkter Löslichkeit im festen Zustand bei Projektion in die Bildebene (die dunklen Felder zeigen die Existenzbereiche des ternären Eutektikums).

Die *K. Z.* ändert sich mit zunehmender Unterkühlung nach einem von G. Tammann[1] mitgeteilten Schema gemäß Abb. 6a.

[1] Aggregatzustände 1922.

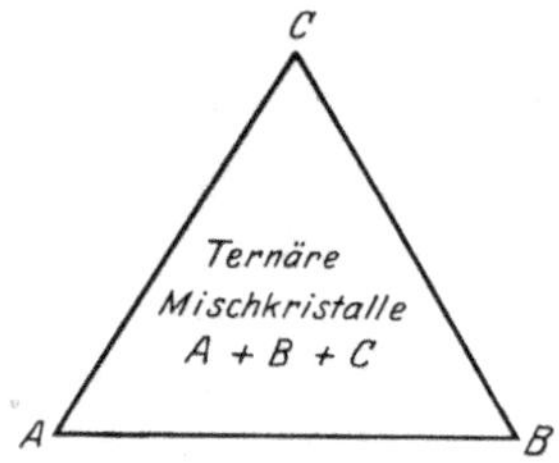

Abb. 4a. Vollkommene Löslichkeit im festen Zustand.

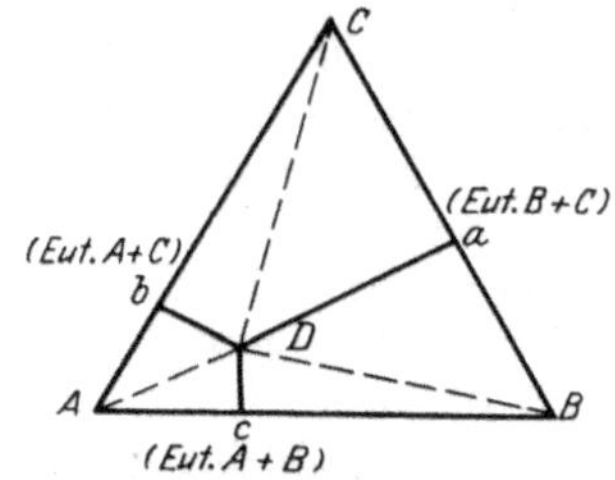

Abb. 4b. Vollkommene Unlöslichkeit im festen Zustand.

Feld	Prim.	Sek. Kristallisation	Tern.
A c D	*A*	*A* + *B*	*A* + *B* + *C*
A b D	*A*	*A* + *C*	*A* + *B* + *C*
B c D	*B*	*A* + *B*	*A* + *B* + *C*
B a D	*B*	*B* + *C*	*A* + *B* + *C*
C a D	*C*	*B* + *C*	*A* + *B* + *C*
C b D	*C*	*A* + *C*	*A* + *B* + *C*

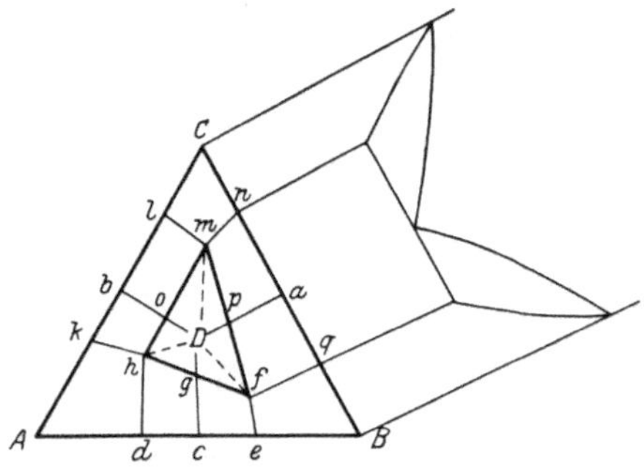

Abb. 4c. Teilweise Löslichkeit im festen Zustand.

Feld	Prim.	Sek. Kristallisation	Tern.
A d h k	tern. *A* reiche Mischkr.	—	—
d c g h	,,	bin. Eut. *A* reiche + *B* reiche Mischkr.	—
c e f g	tern. *B* reiche Mischkr.	,, ,,	—
f D g	,,	,, ,,	tern. Eut. aus gesättigten *A* + *B* + *C* Mischkr.
h g D	tern. *A* reiche Mischkr.	,, ,,	,, ,,

usw.

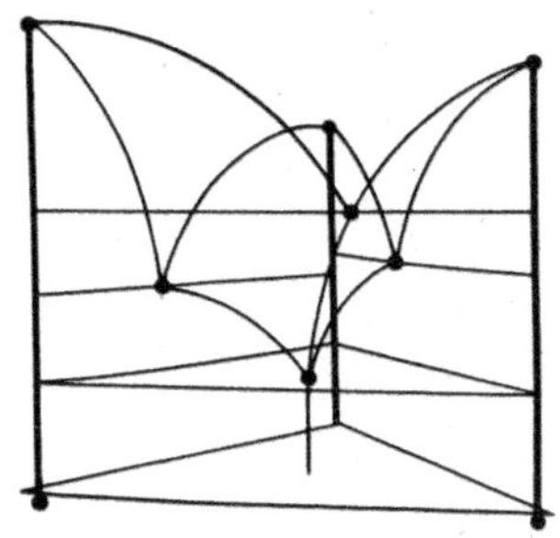

Abb. 5a. Räumliche Darstellung ternärer Systeme (Drahtmethode).

Abb. 5b und 5c. Räumliche Darstellung ternärer Systeme (Glasplattenmethode nach Hanemann).

Die *K.G.* als strukturelle Einordnungsgröße ist eigentlich eine in ihrer wahren Temperaturabhängigkeit monoton fallende Funktion. Die frei werdende Kristallisationswärme verschiebt aber den Verlauf der meßbaren *K.G.* zugunsten einer Temperaturabhängigkeit[1] gemäß Abb. 6b.

Die gegenseitige Lage der *K.Z.* zur *K.G.* bestimmt nun den Kristallisationsvorgang entscheidend. Eine relative Lage der beiden Kurven gemäß Fall *II* (Abb. 6c) erleichtert erklärlicherweise eine isotrope (glasige) Erstarrung, da beide Faktoren der Kristallisation, die *K.G.* und die *K.Z.*, nur innerhalb eines beschränkten Temperaturbereichs, und zwar in unzureichender Größenordnung, koexistieren. Längeres Glühen (Tempern) im Koexistenztemperaturbereich der

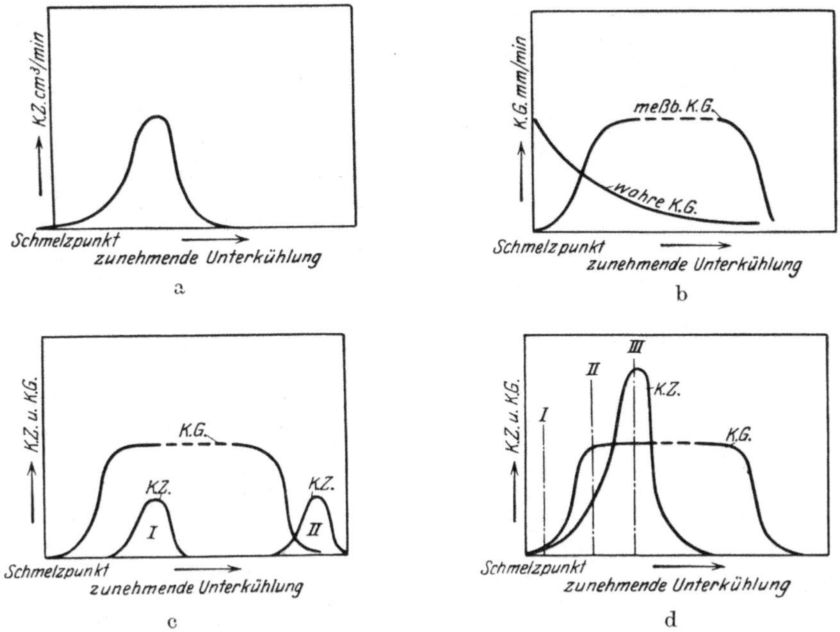

Abb. 6a bis 6d. Abhängigkeit der *K. Z.* und *K. G.* von der Unterkühlung (Abb. 6a und 6b), sowie mögliche relative Lage derselben zueinander (Abb. 6c) schematisch nach G. Tammann bzw. nach Oberhoffer (Abb. 6d) speziell bei Metallen und Legierungen.

K.Z. und *K.G.* führt jedoch zur allmählichen Kristallisation, d. h. zur Anisotropie (Entglasung von Laboratoriumsheizröhren aus ehemals durchsichtigem Kaliglas oder Bergkristall, Entglasung von Schlacken durch Tempern usw.). Fall *I* (Abb. 6c) trifft schematisch für die Erstarrung von Metallen und Legierungen zu, und zwar besitzen Metalle und Legierungen sowie auch chemische Verbindungen von Metallen (z. B. Eisenkarbid) nach Oberhoffer[2] ein Kristallisationsdiagramm gemäß Abb. 6d. Sehr geringe Unterkühlung (Fall *I* in Abb. 6d) führt wahrscheinlich zu mittleren, stärkere Unterkühlung (Fall *II*) zu sehr großen, sehr starke Unterkühlung (Fall *III*) wiederum zu sehr kleinen Kristallen. Abb. 7 und 8 geben Beispiele für den Einfluß der Kokillenwand auf die Unterkühlung. Es ist nun leicht einzusehen, daß die Korngröße proportional der Kristallisationsgeschwindigkeit und umgekehrt proportional der Kernzahl ausfallen muß, d. h.

[1] Vgl. a. Scheil, E.: Studie über die sekundäre Kristallisation des Stahles. Z. anorg. u. allg. Chem Bd. 139, S. 81/107. 1924.

[2] Oberhoffer, P.: Das Technische Eisen S. 287. Berlin: Julius Springer 1925.

ihr absoluter Wert $= c \cdot \frac{K.G.}{K.Z.}$ wird, wobei c eine spezielle Konstante darstellt; entsprechend wird die Kornzahl $= c_1 \cdot \frac{K.Z.}{K.G.}$. Praktisch läßt sich die mittlere Korngröße eines Metallschliffes ermitteln nach der Formel:

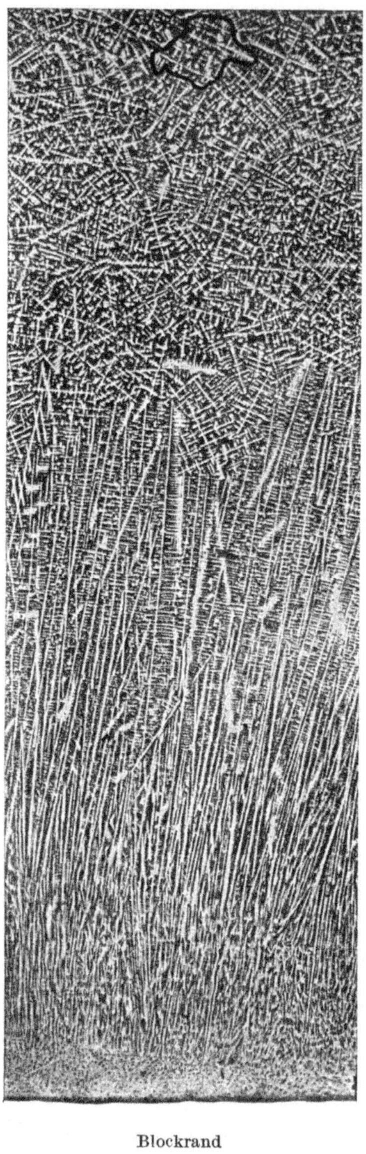

Abb. 7. Teilquerschnitt eines Gußblocks mit 0,8% C; 1% Mn und 0,1% P. Primärstruktur durch Ätzung I. Natürl. Größe (Oberhoffer).

$$\text{Korngröße} = \frac{F}{Z \cdot v^2}.$$

Hier bedeuten:

F = planimetrisch auf der Mattscheibe umfahrene Bildfläche,

Z = Kornzahl,

v = lineare Vergrößerung des Mikroskops.

Bei den meisten Metallen und Legierungen beträgt die Korngröße normalerweise: 100 bis 500000 μ^2 ($\mu = 1/1000$ mm). Künstlich kann man durch die sog. Rekristallisation (kritische Reckung und längere anschließende Glühung bei geeigneter Temperatur) aber auch Kristalle von mehreren Zentimetern (d. h. mehreren Hundert-Mill. μ^2) Länge herstellen.

Die Kernzahl kann nach Czochralski[1] ermittelt werden gemäß:

$$K.\,Z. = \frac{K.G. \cdot Z}{\sqrt[3]{\frac{\text{Vol.}}{Z}}}.$$

Es bedeuten hier:

K = Kernzahl,

Z = Kristallanzahl,

$K.G.$ = Kristallisationsgeschwindigkeit,

Vol. in dm³.

Abb. 9 zeigt den Verlauf des Kristallisationsdiagramms von Zinn nach Versuchen von Czochralski, desgleichen Zahlentafel 1 einige zugehörige Werte der *K.G.* und *K.Z.*

Zahlentafel 1.

Metall	*K.G.* mm/min.	*K.Z.* cm³/min.
Zinn	90	9
Zink	100	10
Blei	140	3,8

Eine starke Unterkühlung bei der Erstarrung eines Metalls äußert sich mitunter in einer Temperatursteigerung nach Einsetzen der Kristallisation, so daß

[1] Czochralski: Moderne Metallkunde S. 77. Berlin: Julius Springer 1924.

die Abkühlungskurve (Temperatur-Zeitkurve) den in Abb. 10 unten gezeichneten Verlauf annimmt gegenüber dem normalen Verlauf gemäß Abb. 10 oben. Die

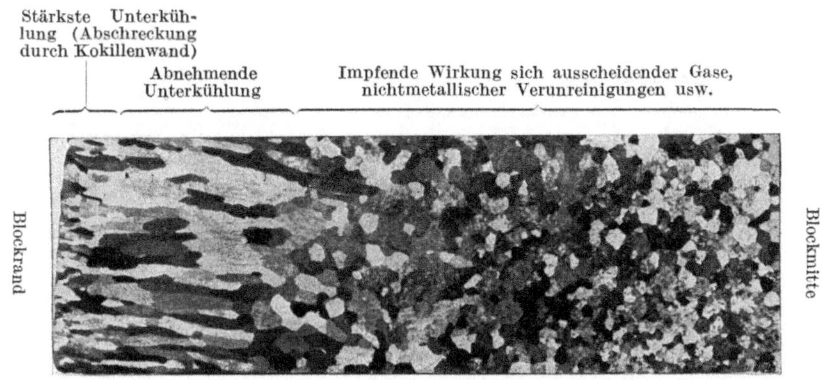

Abb. 8. Einfluß der Unterkühlung auf die Kristallausbildung in einem weichen Gußblock. Ätzung II, × 1.

Höhe dieser Temperatursteigerung ist

$$t_x = a \cdot \frac{Q}{c} \cdot f(t),$$

wobei bedeuten:

Q = Schmelzwärme,
c = spez. Wärme,
a = Konstante,
$f(t)$ = Temperaturfunktion.

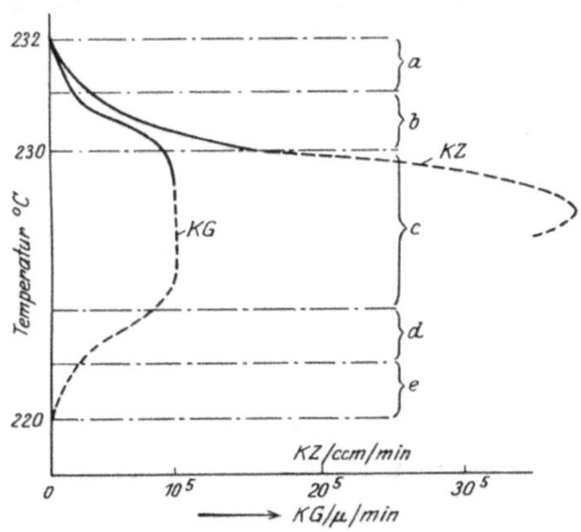

Abb. 9. Kristallisationsverlauf von Zinn nach Czochralski (die ausgezogenen Linien sind experimentell ermittelt).

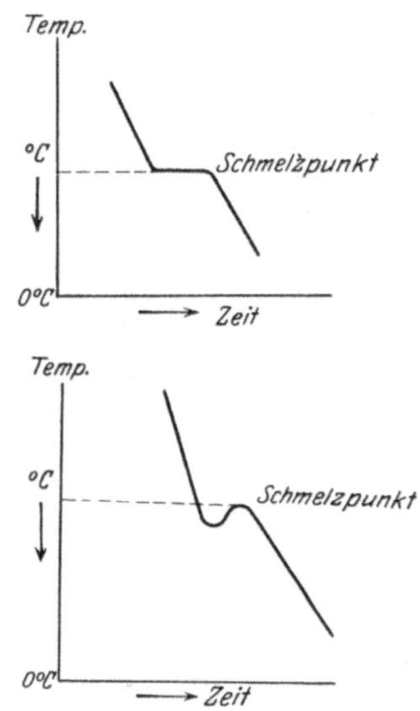

Abb. 10. Abkühlungskurve eines Metalls ohne (oben) und mit (unten) Unterkühlungserscheinung (schematisch).

Die für die Kristallisation aus dem Schmelzfluß gültigen Gesetze sind auch für die Kristallisationsvorgänge im festen Zustand bei technischen Legierungen anwendbar. Kristallisationen im festen Zustand neigen oft infolge erhöhter Resistenz mehr zu Unterkühlungszuständen (Härtungsvorgänge bei Eisenkohlenstoff-, Kupferzinn- und Aluminium-Kupferlegierungen). Die Existenzgebiete der allotropen Modifikationen des reinen Eisens zeigt Abb. 11.

Von den vier mit a–β–γ–δ bezeichneten Modifikationen des Eisens kommt dem β-Eisen, das sich vorwiegend durch die verminderte Magnetisierbarkeit vom α-Eisen unterscheidet, im übrigen aber seine Raumgittergestaltung, die sehr

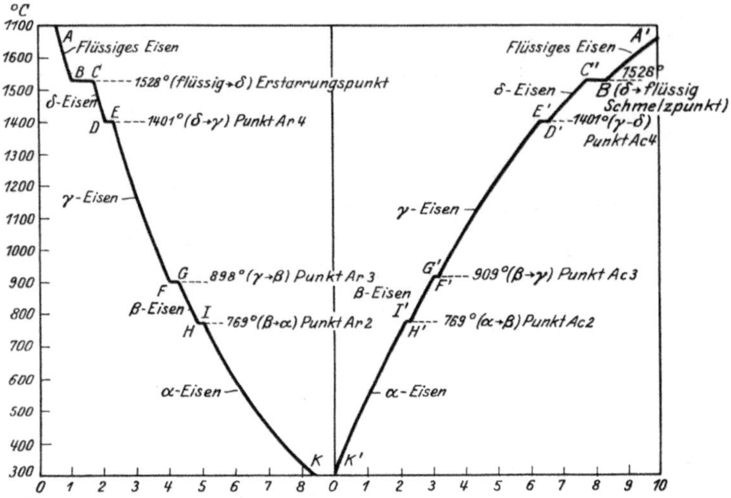

Abb. 11. Abkühlungs- (links) und Erhitzungs- (rechts) Kurve von reinem Eisen.

beschränkte Löslichkeit für Kohlenstoff usw. mit ersterem gemein hat, kaum die Bedeutung einer besonderen Modifikation zu. Da die α- und δ-Modifikation, wie an Hand des Röntgenbildes sowie aus dem Verlauf gewisser physikalischer Eigenschaften (Magnetisierbarkeit, Ausdehnung usw. vgl. Abb. 12) hervorgeht,

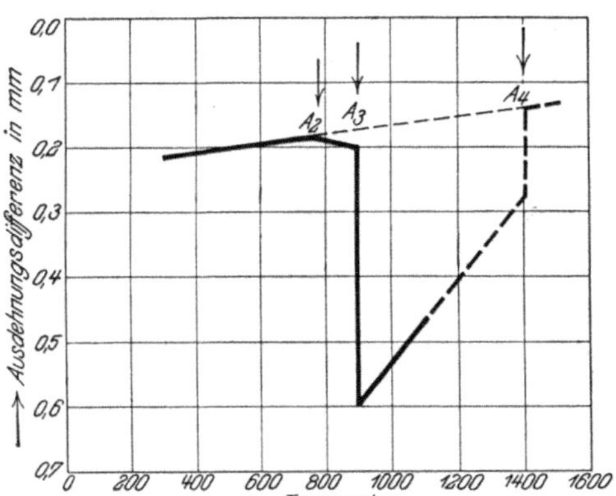

Abb. 12. Differential-Ausdehnungskurve von reinem Eisen.

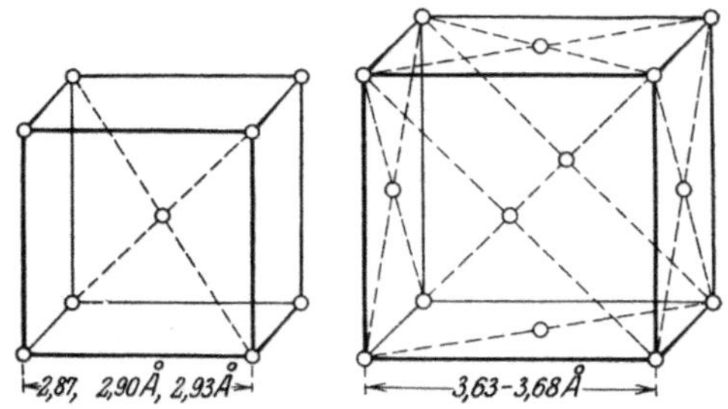

Abb. 13. Anordnung der Atome im raum- bzw. flächenzentrierten Würfeln (Westgren und Phragmén).

gleichgeartete Modifikationen sind, so existiert das Eisen nach heutiger Kenntnis nur in zwei Modifikationen, der raumzentrierten α- (bzw. β und δ) sowie der flächenzentrierten γ-Modifikation (Abb. 13).

3. Über den Begriff und das Zustandekommen einer Legierung.

Legierungen sind homogene feste Lösungen oder heterogene Gemische von zwei oder mehreren Metallen, welche durch gemeinsame Erstarrung entstanden sind. Sogenannte Stampflegierungen, z. B. unter hohem Druck zusammengepreßte Späne von Kupfer und Magnesium[1] oder durch Emulsion künstlich hergestellte Metallgemische[2], z. B. von Eisen und Blei entsprechen nicht dem physikalischen Begriff der Legierung, deren Komponenten sich auf mechanischem Wege nicht mehr voneinander trennen lassen.

In einer aus homogenen Mischkristallen (festen Lösung) bestehenden Legierung sind die den kristallinen Aufbau bewerkstelligenden Atome beider Metalle einander vielfach gleichwertig und können sich im Raumgitterverband bis zur Grenze der Löslichkeit gegenseitig vollkommen ersetzen. Tatsächlich wird die Mischkristallbildung gefördert[3]:

1. durch den gleichen Kristallgittertypus der beteiligten Metalle,
2. durch eine gewisse Ähnlichkeit im Aufbau des Atoms. Kennzeichen hierfür z. B. gegenseitige Nähe im periodischen System,
3. durch geringe Schmelzpunktsdifferenz der Metalle,
4. annähernd gleiche Gitterkonstanten und eine gewisse Nachgiebigkeit[4] des Raumgitters,
5. durch einen noch unbekannten Faktor.

Jedoch bestehen auch manche Ausnahmen. Beispiele hierfür:

Zu Punkt 1: Das hexagonale Zink tritt bis $\sim 33\%$ in die regulären (α) Kupferkristalle ein; das hexagonale Kadmium tritt bis $\sim 37\%$ ins reguläre Silber ein.

Zu Punkt 1 und 4: Gold und Aluminium kristallisieren kubisch mit der Struktur des flächenzentrierten Würfelgitters bei nahe übereinstimmenden Kantenlängen (4,07 gegen 4,05 cm 10^{-8}), besitzen also weitgehende strukturelle Analogie und zeigen dennoch keine Mischbarkeit.

Ein weiteres Beispiel: Silber und Gold sind vollkommen mischbar,
Kupfer und Gold sind vollkommen mischbar,
Silber und Kupfer besitzen dagegen eine große Mischungslücke.

Zu Punkt 2: Die folgenden, nach ihrer Stellung im periodischen System angeordneten, mit einem Strich verbundenen Elemente[5] sind in allen Verhältnissen miteinander mischbar:

Die Kenntnis dieser Zusammenhänge erleichtert das Verständnis der Legierungskunde und gibt guten Anhalt für die legierungstechnische Forschung. Beachtet man ferner die in Zahlentafel 2 nach Goldschmidt[6] zusammengestellten Strukturtypen und die Kennzeichen derselben, ferner die Gitterkonstanten in Zahlentafel 3, so wird man in vielen Fällen bereits bezüglich der Auswirkung eines metallischen Zusatzes auf das Grundelement gewissen Schlüsse ziehen können. Lückenlose Mischkristallreihen wurden übrigens bei Metallen bis zu einer Abstandsdifferenz der Atome von etwa 11,5% gefunden.

Strukturell wird die Mischkristallbildung dahin erklärt, daß die mit einer variablen Atomzahl in das Grundmetall eingehenden Legierungselemente in das

---

[1] Vgl. Guertler: Metallographie S. 178.
[2] Vgl. Friedrichs: Legierungsähnliche Körper. Z. Metallkunde 1910, S. 97.
[3] Vgl. Goldschmidt: Z. Metallkunde 1921, S. 449.
[4] Nickel z. B. verringert die Kantenlänge des γ-Eisen, während sein eigenes Gitter dabei gedehnt wird.
[5] Nach Guertler: Z. Metallkunde 1921, H. 14. [6] Z. Metallkunde 1921, S. 449.

Zahlentafel 2. Die wichtigsten Strukturtypen.

Bezeichnung	Strukturelle Charakteristik	Elemente	Physikalische Charakteristik
Kupfertypus	Flächenzentriertes Würfelgitter	Cu — Ni — Co[1] — Ag — Au — Hg — Pb — Th — Al — Sc — Ga — Jn — Te — (γ) Fe	Ausgesprochene Metalleigenschaften. Große Geschmeidigkeit. Neigung zur dendritischen Kristallausbildung, Zwillingsbildung u. Gleitung nach den Oktaederflächen
Wolframtypus	Raumzentriertes Würfelgitter	a) W — Ni — Cr — (α) Fe — (vielleicht auch V — Mn — Ta) b) Li — Na — K — Rb — Cs	a) Mischkristallbildung mit Eisen b) Alkalimetalle (Metalloide)
Diamanttypus	Zwei flächenzentrierte Würfelgitter ineinander gestellt, um ¼ der Würfeldiagonale gegeneinander verschoben	C — Si — Ge — Sn — (grau und weiß)[1]	Keine typischen metallischen Eigenschaften, spröde u. zum Teil den Metalloiden ähnlich
Magnesiumtypus	Zwei hexagonale Gitter ineinander gestellt. Die Punkte des einen Gitters zentrieren jede zweite dreiseitige Säulenzelle des anderen Gitters	Mg Be (wahrscheinlich wie Mg) Co[1] Zn (wahrscheinlich wie Mg) Cd (wahrscheinlich wie Mg) Pd (wahrscheinlich wie Mg) (Allopadium)	In bezug auf magnetische und elektrische Eigenschaften ausgesprochen metallisch
Antimontypus	Zwei flächenzentrierte Rhombengitter, um einen Bruchteil der senkrechten Achse gegeneinander verschoben	As — Sb — Bi.	Sprödmetalle

Gitter des Grundmetalls sich entweder durch Substitution deren Atome einfügen oder ihre Atome in den Zwischenräumen des Grundgitters anordnen.

Die erstgenannte Anordnung ist die normale, während die letztere beobachtet wurde bei Legierungen von Metallen mit Elementen von sehr kleinem Atomvolumen, z. B. γ-Eisen-Kohlenstoff oder Palladium-Wasserstoff. Strukturell unterscheiden sich chemische Verbindungen kaum von idealen Mischkristallen und sind nach A. Westgren und G. Phragmén[2] dann vorhanden, wenn die strukturell gleichwertigen Atome auch chemisch identisch sind, vor allem aber, wenn die Gittergestaltung stets als gleichbleibend nachzuweisen ist.

---

[1] Vgl. hierzu Zahlentafel 3.

[2] Nature Bd. 113, S. 122 bis 124. 1924; Phil. Mag. Bd. 50, S. 311 bis 341. 1925; Z. Metallkunde Bd. 18, S. 279/84. 1926; Kolloid-Z. Bd. 36. 1925; Ergänzungsbd. S. 86/91, Zsigmondy-Festschrift.

Zahlentafel 3. Kristallgitterbau der Metalle.

Regulär, flächenzentriert		Regulär, raumzentriert		Hexagonal dichteste Kugelpackung			Tetragonal		
Metall	Grundkante	Metall	Grundkante	Metall	Grundkante *a*	Grundkante *c*	Metall	Grundkante *a*	Grundkante *c*
Kupfer . . .	3,61	Lithium .	3,50	Beryllium .	2,28	3,62	β-Zinn . .	5,84	3,15
Silber. . . .	4,08	Natrium .	4,30	Magnesium	3,20	5,20	(eigener Typus)		
Gold	4,07	Kalium . .	5,20	Zink . . .	2,65	4,93	Indium . .	4,58	4,86
Kalzium . .	5,56	Vanadin .	3,04	Cadmium .	2,97	5,61	(flächenzentr.)		
Aluminium .	4,04	Tantal . .	3,32	β-Cer . . .	3,65	5,96			
α-Cer	5,12	α-Chrom .	2,87	Titan. . .	2,95	4,69	Rhomboedrisch		
Thorium . .	5,08	Molybdän.	3,41	Zirkonium.	3,23	5,14	(Selentypus)		
Blei	4,93	Wolfram .	3,16	Hafnium .	3,32	5,46	Selen. . .	4,34	4,95
Niob	4,19	α-Eisen . .	2,86	β-Chrom .	2,71	4,41	Tellur . .	4,44	5,91
γ-Eisen . . .	3,63	β-Eisen . .	2,90	β-Kobalt .	2,51	4,11			
α-Kobalt . .	3,55	δ-Eisen . .	2,93	Ruthenium	2,69	4,28	Rhomboedrisch		
Nickel . . .	3,52			Osmium .	2,71	4,32	(Arsentypus)		
Rhodium . .	3,80	Regulär						α	α
Palladium. .	3,87	Diamantgitter							
Iridium. . .	3,82	Silizium. .	5,42				Arsen. . .	5,60	84°36
Platin . . .	3,91	Germanium	5,62				Antimon .	6,20	86°58
		α-Zinn . .	6,46				Wismut. .	6,52	87°24

Kantenlängen der Elementarkörper in Ångström-Einheiten (10^{-8} cm).

A. Die Kohlenstoffvorkommen im Gußeisen.

Das Eisenkarbid besitzt ein spezifisches Gewicht[1] von 7,82, eine Härte von etwa 6 und ein rhombisches Raumgitter mit den Achsenabständen: 4,48 · 5,04 · 6,7 Å bei 4 Molekeln im Elementarkörper. Die bereits von Wologdine[2] gefundene magnetische Umwandlung des Zementits wurde später von K. Honda[3] und T. Takagi genauer untersucht und die Umwandlungstemperatur zu 212° festgelegt. Der thermische Effekt dieser Umwandlung ist sehr klein und beträgt nach G. Tammann[4] und K. Ewig weniger als 0,02 Kalorien pro 1 g. Nach den gleichen Autoren ist der Übergang in die unmagnetische (β) Form mit einer Volumenzunahme von etwa 0,07 mm^3 für 1 g Zementit verbunden. Während Aluminium und Titan keinen Einfluß auf die Lage der erwähnten Umwandlung ausüben, und auch Silizium erst bei hohen Gehalten einen Einfluß äußert (ca. 14% Si erniedrigten sie um etwa 100°), bewirken bereits rd. 3% Mn eine Erniedrigung um 100°, während ein Zusatz von Bor am stärksten einwirkt (0,5% erniedrigen die Umwandlung um 200°). Zementit wird durch heiße alkalische Pikratlösung dunkel bis schwarz gefärbt, von Säuren angegriffen, besitzt aber ein um 0,032 Volt edleres Potential als Eisen. Die hierdurch bedingte geringere Lösungstension des Eisenkarbids gestattet seine Isolierung aus Eisenkohlenstofflegierungen[5]. Die Bildungswärme des Eisenkarbids beträgt nach Brodie, Jennings und Hayes[6] $= -13{,}6$ cal, nach Ruff und Gersten[7] $= -15{,}6 \pm 2$ cal ($Mn_3C = +12{,}9 \pm 2$ und $Ni_3C = -394 \pm 10$ cal)[8]. Es ist demnach instabil, da nach Tammann[9] eine endotherme Verbindung instabiler ist als das Gemenge ihrer Komponenten, wenn in der Gleichung

$$\zeta = E - \eta T - p \cdot v \tag{3}$$

das Glied $p \cdot v$ gegen E (= molarer Energiewert) zu vernachlässigen ist, was aber bei Atmosphärendruck der Fall ist. Nach dem Prinzip vom kleinsten Zwang[10] muß die Stabilität des endothermen Eisenkarbids mit steigender Temperatur zunehmen gemäß dem Schema:

$$\begin{array}{c} \text{Wärmezufuhr} \longrightarrow \\ 3\,Fe + C \rightleftarrows Fe_3C - \text{cal} \\ \longleftarrow \text{Wärmeabfuhr} \end{array} \tag{4}$$

---

[1] Vgl. auch Wever, A.: Mitt. Eisenforsch. Bd. 4, S. 67. 1922.
[2] Comptes Rendus Bd. 148, S. 776. 1909.
[3] Science Rep. Tohoku Univ. Bd. 4, S. 161. 1915.
[4] Z. anorg. u. allg. Chem. Bd. 167, S. 385. 1927.
[5] Mylius und Förster: Z. anorg. u. allg. Chem. Bd. 13, S. 38. 1897.
[6] Trans. Am. Soc. Steel Treat. Bd. 10, S. 615/29. 1926.
[7] Berichte d. deutschen chem. Gesellschaft Bd. 45, S. 63/172. 1912.
[8] Campbell fand für das Eisenkarbid einen positiven Wert: J. Iron Steel Inst. Bd. 59, S. 217. 1901.
[9] Z. anorg. u. allg. Chemie Bd. 149, S. 89. 1925.
[10] Vgl. Le Chatelier: Equilibres, S. 210; vgl. a. Nernst: Theoretische Chemie.

Wenn es dennoch mit steigender Temperatur mehr und mehr zerfällt, so liegt dies daran, daß mit zunehmender Temperatur die Zerfallsgeschwindigkeit rascher zunimmt als die Stabilität, so daß zwischen Theorie und Praxis auch hier ein Widerspruch nicht besteht. Graphitisiert ein in der Erstarrung begriffenes Eisen im Innern eines Gußstücks, umschlossen von einem bereits erstarrten Kern, so kann das Glied $p \cdot v$ nicht mehr vernachlässigt werden, da die Volumenvergrößerung beim Karbidzerfall mit etwa 7,33%[1] nunmehr gegen die Kohäsion des erstarrten Ringes ansteht.

Das ist auch einer der Gründe dafür, daß im Innern von reinem, Si-freiem Roh- und Gußeisen der Zementit erst oberhalb etwa 1100° mit merklicher Geschwindigkeit zerfällt, während er sich an der Oberfläche der betreffenden Stücke im allgemeinen viel rascher zersetzt. Beobachtungen Ruers (vgl. S. 25), daß reine Fe-C-Legierungen mit 2,5 bis 4% C bis dicht an die Schmelztemperatur des Zementiteutektikums sich erhitzen ließen ohne zu graphitisieren, oberflächlich jedoch (selbst im Stickstoffstrom) eine geringe Graphitisierung zeigten, auch spätere Versuche[2] im Vakuum dieselbe Erscheinung aufwiesen, stehen offenbar mit dem Einfluß des Drucks im Zusammenhang. Auch die vom Verfasser öfters beobachtete Zonenbildung im Gefüge abgegossener Rundstäbe[3] findet damit teilweise ihre Erklärung. D. Hanson[4] machte später dieselbe Beobachtung wie Ruer, jedoch mit dem Unterschied, daß im Vakuum die Graphitisierung auch an der Oberfläche ausblieb. Dies besagt jedoch nichts gegen die Bedeutung des Druckes, da möglicherweise die Schmelzen von Hanson keimfreier und freier von Gaseinschlüssen oder Oxyden waren und hierdurch an sich eine geringere Neigung zur Graphitisierung besaßen.

Allerdings spielt unter normalen praktischen Betriebsbedingungen der katalytische Einfluß von Gasen im allgemeinen eine weit größere Rolle als der Druck.

So konnten bereits Honda und Murakami[5] beobachten, daß durch Einleiten von Kohlensäure bzw. Kohlenoxyd in flüssiges Gußeisen die Graphitbildung begünstigt wurde. Dieselbe Wirkung übten kleine Zusätze von Oxyden des Eisens aus. Sie schlossen aus ihren Versuchen, daß die Graphitbildung über den durch die katalytische Wirkung dieser Gase verursachten Karbidzerfall erfolge etwa gemäß:

$$\left.\begin{aligned} Fe_3C + CO_2 &= 3Fe + 2CO\,, \\ 2CO &= C + CO_2 \end{aligned}\right\} \qquad (5)$$

oder gemäß[6]:

$$\left.\begin{aligned} Fe_3C + 2CO &= 3Fe + 2C + CO_2\,, \\ CO_2 + C &= 2CO\,. \end{aligned}\right\} \qquad (6)$$

Einleiten von Wasserstoff oder Stickstoff begünstigte nicht die Graphitbildung, während Abwesenheit jener kohlenstoffhaltigen Gase (Schmelzen im Vakuum) die Graphitisierung erschwerte.

---

[1] Wenn die spezifischen Gewichte des α-Eisens, des Eisenkarbids bzw. des Graphits mit 7,86, 7,82 bzw. 1,8 in Rechnung gezogen werden.

Roth, W. A. (vgl. S. 22) gibt mit den spez. Gewichten 7,87 bzw. 7,40 (Fe) und 2,26 (C) eine Volumenvergrößerung von 9,7% an.

[2] Z. anorg. u. allg. Chem. Bd. 117, S. 249. 1921.

[3] Stahleisen Bd. 45, S. 457. 1925. [4] Vgl. S. 54.

[5] Science Rep. Tohoku Univ. Bd. 10, S. 273. 1921; vgl. a. Stahleisen Bd. 45, S. 1032 1925.

[6] Vgl. a. Fletscher, J. E.: Vortrag auf der Frühjahrsversammlung der North-East Coast Institution of Engs. and shipbuilders zu Newcastle am 13. März 1925; vgl. a. Zentralbl. Hütten Walzw. Bd. 29, S. 401. 1925.

Auch A. Hayes und G. C. Scott[1] konnten feststellen, daß die Zerlegung freien Eisenkarbids bei höherer Temperatur etwa die Hälfte der sonst erforderlichen Zeit beanspruchte, wenn sie in einem Gasgemisch von Kohlendi- bzw. monoxyd unter mäßigem Druck vor sich ging.

E. Maurer[2] rechnet ferner mit der Mitwirkung jener Gase beim Entstehen des sog. Schwarzbruchs der Werkzeugstähle und E. Piwowarsky[3] führt den raschen Karbidzerfall sowie das verstärkte Wachsen von Grauguß in Heißdampf von 300 bis 450° auf eine ähnliche Ursache zurück. Die gesamten Vorgänge der Graphitisierung jedoch, insbesondere die im Zusammenhang mit dem modernen hochwertigen Grauguß vielfach erörterten, durch die eben besprochenen katalytischen Erscheinungen allein erklären zu wollen, wie es von W. Denecke und Th. Meierling[4] versucht wird, heißt die Vorgänge der Katalyse überschätzen und an der Bedeutung mechanischer und molekularer Impfwirkung vorbeigehen.

Die Mitwirkung jener Gase macht sich übrigens aber auch bei tieferen Temperaturen deutlich bemerkbar.

So fanden z. B. G. Tammann und K. Ewig[5], daß durch Säuren isoliertes reines Eisenkarbid, das nach fünfstündigem Erhitzen auf 500° vollständig zerfallen war, mit großen Gasmengen beladen war, die beim Erhitzen zwischen 300 und 700° größenteils wieder entwichen. 1 g des isolierten Karbids entwickelte hierbei etwa 100 ccm Gas von folgender Zusammensetzung:

14,75% CO_2; 1,65% ungesättigte Kohlenwasserstoffe;
33,2% CO; 39,3% H_2 und 8% N (als Restbest.).

Honda und Murakami[6] stellten magnetometrisch fest, daß nach einer Erhitzungsdauer von 5 Minuten der Spaltungsbeginn des Eisenkarbids bei 400°, wenn auch sehr träge, einsetzte, bei 900° aber die Zersetzung vollkommen war. Schüz[7] hatte bei 500° einen langsamen Zementitzerfall im Gußeisen beobachtet, der nach sechsstündigem Glühen bei 650° vollkommen war. Silizium bzw. ein hoher Kohlenstoffgehalt erhöhen die Zerfallsgeschwindigkeit des Eisenkarbids bedeutend. So zeigt Abb. 280 eine Differentialdilatometerkurve nach einer Arbeit von Oberhoffer und Piwowarsky[8], welche bei einem weiß erstarrten Gußeisen mit 1% Silizium und $\sim$4% Kohlenstoff (schwedisches Roheisen) bereits auf der ersten Anlaßkurve bei etwa 810° eine starke, durch den Karbidzerfall verursachte Längenänderung erkennen läßt. Ein ähnliches, aber kohlenstoffreicheres, ebenfalls in Kokille vergossenes Eisen mit 1,32% Si und 4,5% C zeigte einen gleich starken Effekt bei 650° C.

Geht das Karbid beim Schmelzen von Roheisen in Lösung, so muß es in dieser Lösung diskontinuierlich um so stabiler werden, je verdünnter die Lösung ist, da sein Dissoziationsgrad durch den Überschuß an Eisen vermindert wird. Es ist aber anzunehmen, daß die Neigung eines Roheisens, nach dem stabilen oder metastabilen System zu erstarren, durch die molekulare Eigenart der Schmelze beeinflußt wird. Bleibt die Bildungswärme des Fe_3C der Schmelze noch negativ, so kämen wir zu der eigenartigen Schlußfolgerung, daß mit zunehmender Schmelzüberhitzung gemäß Gleichung (4) eine evtl. Dissoziation des Karbids zurückgedrängt, d. h. die Bildung von Fe_3C-Molekülen in der Schmelze begünstigt wird.

---

[1] Am. Foundrymens. Ass. 1925; vgl. a. Stahleisen 1926, S. 723.
[2] Kruppsche Monatsh. Bd. 4, S. 117. 1923.
[3] Gieß. Bd. 13, S. 481. 1926.
[4] Denecke, W. und Th. Meierling: Bemerkungen zur Katalyse bei der Gußeisengraphitisierung. Gieß.-Zg. Bd. 24, S. 180. 1927.
[5] Zur Kenntnis des Eisenkarbids. Z. anorg. u. allg. Chem. Bd. 167, S. 385. 1927.
[6] J. Iron Steel Inst. Bd. 98, S. 375. 1918.
[7] Stahleisen Bd. 43, S. 1484/88. 1922.
[8] Stahleisen Bd. 45, S. 1173. 1925.

Theoretisch wäre es durchaus denkbar, daß bei höheren Temperaturen die für die Wärmetönung maßgebenden Werte der Formel[1]

$$W_T = W_0 + \int_0^T [c_{Fe_3C} - (3\,c_{Fe} + c_C)]\, d\,T \tag{7}$$

entgegen den Erwartungen derart verlaufen, daß der Wert W_T über Null hinaus allmählich positiv wird. Ein solcher Stabilitätswechsel ist im reinen binären System Eisen-Kohlenstoff allerdings kaum zu erwarten, da dann auch die Kurven CD und $C'D'$ sich bei jener Temperatur des Stabilitätswechsels, und zwar bereits unter Atmosphärendruck wohl überschneiden müßten, was aber bislang nicht beobachtet worden ist, für die Erklärung der Garschaumgraphitbildung allerdings von Edwards[2] angenommen wurde (Abb. 14).

Die im Eisen gemäß den Linien $E'S'$ und $P'S'K'$ (Abb. 17) sich ausscheidende, mit Temperkohle bezeichnete Form elementaren Kohlenstoffs ist im Vergleich mit dem wohlkristallisierten Graphit wiederholt Gegenstand eingehender Untersuchungen gewesen.

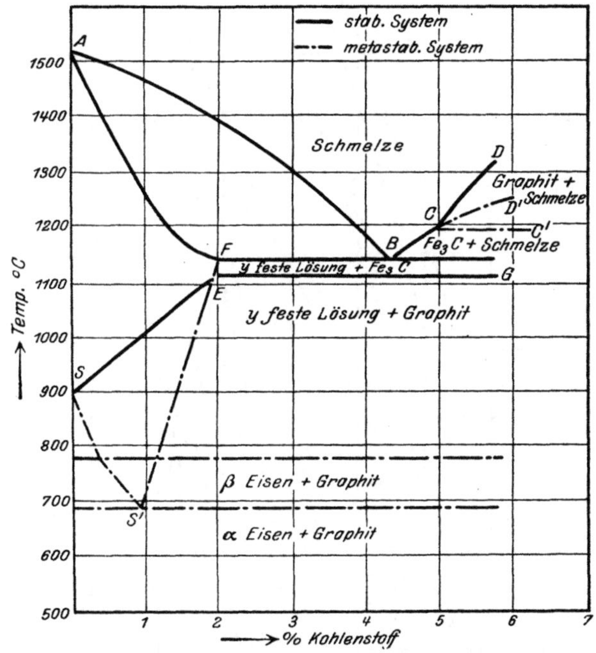

Abb. 14. Eisen-Kohlenstoffdiagramm nach Auffassung von Edwards, Andrews u. a. (entnommen: Hurst, Metallurgy of Cast Iron).

Forquignon und später Ledebur[3] fanden zwischen Graphit und Temperkohle Unterschiede im Verhalten gegen Wasserstoff und Stickstoff. Sie ließen über ein auf Rotglut erhitztes graues Roheisen diese beiden Gase streichen und stellten fest, daß wohl die Temperkohle vergast wurde, nicht aber der Graphit. Nach Untersuchungen von Wüst und Geiger[3] dagegen verhielten sich diese Gase sowohl gegenüber Graphit als auch gegenüber Temperkohle neutral und die von Forquignon erhaltenen Resultate werden auf ungenügende Reinheit des Materials, insbesondere auf die Anwesenheit von Sauerstoff zurückgeführt.

G. Charpy[3] hat diese Versuche wiederholt. Er teilte sein flüssiges Roheisen in zwei Teile, deren einer zur Erzeugung grauen Roheisens langsam, der andere zur Erzeugung weißen Roheisens schnell abgekühlt wurde. Letzterer wurde dann zur Überführung in graues Roheisen bei 1000° zwei Stunden lang getempert.

---

[1] Vgl. Gollitzer, P.: Die Berechnung chemischer Affinitäten nach dem Nernstschen Wärmetheorem. (Sammlung chemischer und chemisch-technischer Vorträge. Herausg. von Prof. W. Herz. Stuttgart: Enke 1911.)

[2] Physico-chemistry of Steel. London 1914; vgl. a. Gonterman: Carnegie Schol. Mem. 1916 und Andrews (J. Iron Steel Inst. Bd. 2. 1911.

[3] Rév. Met. 1908, S. 75.

In einem der Versuche hatte der langsam abgekühlte Teil folgende Zusammensetzung:

Gesamtkohlenstoff	3,94%	Mangan	0,41%
Graphit	3,55%	Phosphor	0,010%
Silizium	9,95%[1]	Schwefel	0,018%.

Das getemperte Eisen enthielt 3,69% elementaren Kohlenstoff (Temperkohle).

Durch Behandlung mit kochender Salpetersäure wurde eine gewisse Menge der beiden Kohlenstoffarten isoliert. Der Verfasser behandelte dieselben sodann nach dem von Moissan angegebenen Verfahren mit einem Gemisch von Salpetersäure und Kaliumchlorat und beide wandelten sich dadurch gleich schnell in Graphitsäure um.

Die Größe der Graphitsäurekristalle war etwas verschieden, desgleichen ihre Färbung. Diesen Unterschied führte Charpy auf den metallographisch leicht festzustellenden Unterschied in der Korngröße der Kohlenstoffarten zurück.

In einem sorgfältig gereinigten Wasserstoffstrom von 1000° C ließen beide Roheisen eine progressive Entkohlung erkennen, bis nach ca. 14stündigem Erhitzen nur noch Spuren von Kohlenstoff vorhanden waren.

Aus diesen Versuchen schloß Charpy, daß entgegen der Annahme Forquignons einerseits, Wüst und Geigers andererseits, Graphit und Temperkohle im Wasserstoffstrom bei 1000° C beide vollkommen vergast werden können, daß beide Formen demnach, wie dies schon Roozeboom tat, als völlig gleichartige Phasen anzusprechen sind.

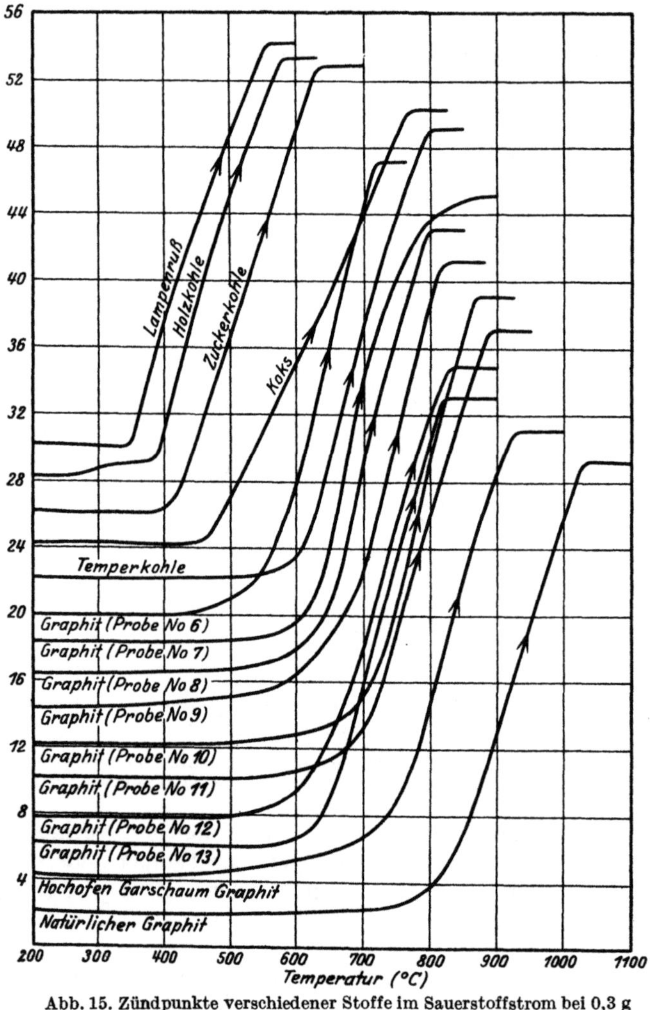

Abb. 15. Zündpunkte verschiedener Stoffe im Sauerstoffstrom bei 0,3 g Einwage und 40 ccm Gas/min. (Sawamura).

[1] Dieser in der Originalabhandlung angegebene Gehalt an Silizium dürfte wohl auf einem Druckfehler beruhen, da die Gegenwart von ca. 10% Si mit derjenigen von 3,94% C unvereinbar erscheint.

Moissan[1] bestimmte die Entzündungstemperaturen verschiedener Kohlenstoffarten im Sauerstoffstrom, indem er die Abgase durch Barytwasser leitete und die erste Trübung desselben beobachtete. Auf dieselbe Weise bestimmte später Northcott[2] die Entzündungstemperaturen und fand für:

Lampenruß	550°
Temperkohle	650°
Nat. Graphit	670°

Lissner und Horney[3] fanden bei subjektiver Beobachtung (Aufglühen im Sauerstoffstrom) als Entzündungstemperaturen für

Temperkohle	620°
Graphit aus Temperkohle .	725°

H. Sawamura[4] ermittelte mittels der Hondaschen[5] Thermowage die Entzündungstemperaturen der in Zahlentafel 4 aufgeführten Materialien. Seine Ergebnisse zeigt Abb. 15. Man sieht daraus, daß sich Temperkohle und Graphit keineswegs scharf voneinander unterscheiden, und daß weniger die mikroskopisch ermittelbare Ausscheidungsgröße als vielmehr wahrscheinlich die submikroskopisch vorhandene Korngröße für die Höhe der Entzündungstemperatur maßgebend ist. Ruff[6], Mautner und Ebert machten Kontrolluntersuchungen über den amorphen und kristallinen Zustand mittels Debye-Scherrer-Aufnahmen unter Anwendung von Cu($k\alpha$ = 1,540 Å)-Strahlen. Sie fanden keine Interferenz, wohingegen Lowry und Morgan[7] mit Mo-Strahlen solche fanden. Es ist also nicht sicher, zu entscheiden, ob dieser Kohlenstoff amorph oder kristallin ist.

Zahlentafel 4.

Probe-Nr.	Art der Proben	Herkunft der Proben	Geschwindigkeit der Abkühlung	Aschegehalt %	Größe der Graphitausscheidung	Temperatur des Oxydat.-Beginns °C
1	Lampenruß	handelsüblich	—	0,65	—	350
2	Holzkohle	—	—	1,09	—	390
3	Zuckerkohle	—	—	0,83	—	410
4	Koks	—	—	3,24	—	460
5	Temperkohle	Temperguß	—	0,08	—	610
6	Graphit	Schleudergußrohr nach dem de Lavaud-Prozeß	schnell	0,11	klein	550
7	Graphit	Kokillenguß	schnell	0,16	klein	620
8	Graphit	Sandguß	langsam	0,10	klein	650
9[8]	Graphit	Kenjiho-Roheisen (a)	langsam	0,07	klein	650
10[9]	Graphit	Kenjiho-Roheisen (b)	langsam	0,09	groß	710
11	Graphit	Gußeisen im Ofen langsam erstarrt	sehr langsam	0,13	groß	710
12	Graphit	Wanishi-Koksroheisen	langsam	0,11	groß	630
13	Graphit	Holzkohlenroheisen	langsam	0,07	groß	640
14	Graphit	Garschaumgraphit	—	0,05	sehr groß	740
15	Natürl. Graphit	von Ceylon	—	0,10	sehr klein	830

Wever[10] äußert auf Grund röntgenographischer Untersuchungen nach der Methode von Debye und Scherrer die Auffassung, daß Graphit und Temper-

[1] Moissan: The Electric furnace 1904. [2] J. Iron Steel Inst. 1923, Nr. 1, S. 491.
[3] Stahleisen Bd. 45, S. 1297. 1925. [4] l. c.
[5] Science Rep. Tohoku Univ. Bd. 4, S. 97. 1915.
[6] Z. anorg. u. allg. Chem. Bd. 167, S. 185. 1927.
[7] J. physic. Chem. Bd. 29, S. 1105. 1925. [8] Bruchgefüge feinkörnig.
[9] Bruchgefüge grobkörnig. [10] Mitt. Eisenforsch. Bd. 4, S. 81. 1922.

kohle gleiche Modifikationen des Kohlenstoffs darstellen und sich lediglich durch die Korngröße unterscheiden. Die im Gußeisen vorhandenen, sehr oft einheitlich ansprechenden Graphitlamellen sind danach aus einer großen Zahl submikroskopisch feiner Kristalle aufgebaut mit einer Teilchengröße von etwa $100 \cdot 10^{-8}$ cm, während diese für Temperkohle etwa $30 - 50 \cdot 10^{-3}$ cm betrug. Alle Formen besitzen nach Wever das bereits von Debye und Scherrer[1] ermittelte Raumgitter, nämlich zwei ineinandergestellte rhomboedrische Gitter, die in der Richtung der trigonalen Achse um ein Drittel der Kantenlänge gegeneinander verschoben sind. W. A. Roth[2] beanstandet den Schluß, aus dem allmählichen Verblassen der Graphitinterferenzen auf eine allmähliche Verkleinerung der Teilchengröße zu schließen. Aus sehr exakten Bestimmungen der Dichte und der Verbrennungswärme schließt Roth vielmehr auf die Existenz zweier Graphitmodifikationen, nämlich dem α- und β-Graphit (vgl. Zahlentafel 5). Der natürliche α-Graphit fand sich in geologisch sehr alten Formationen, deren Begleitmaterialien (Gneis und kristalliner Kalkspat) auf Entstehung bei sehr hohen Drucken schließen ließen. Während nun Dichte und Verbrennungswärme von Garschaumgraphit mit dem des natürlichen β-Graphits identisch ist, zeigte isolierte Temperkohle genau die Werte des natürlichen α-Graphits, ein Beweis für ihre Entstehung unter sehr hohem Druck im Innern des Gußkörpers. Durch Untersuchungen an verschiedenen Glanzkohlensorten (aus Leuchtgas oder Methan bei 800 bis 1000° abgeschieden) fand Roth sogar noch die Existenz einer weiteren Modifikation, nämlich des so oft totgesagten amorphen Kohlenstoffs (mit höchstem Energieinhalt) bestätigt. Daß es sich im letzteren Falle nicht um Graphit feinster Teilchengröße (Graphitkriställchen) handelt, schloß Roth aus einer Berechnung des möglichen Energiezuwachses auf Grund des mit zunehmender Kornfeinheit zunehmenden Wertes der Oberflächenspannung und der Tatsache, daß gemäß Abb. 16 (obere Kurve) die Werte für die Glanzkohle auf einer besonderen winkelabweichenden Geraden liegen gegenüber den Werten für den α- bzw. β-Graphit.

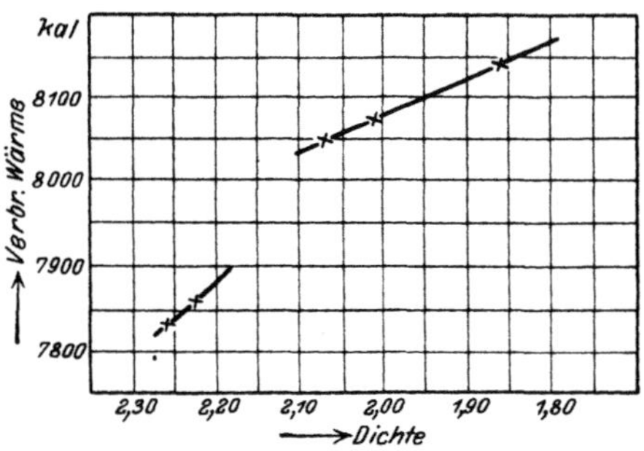

Abb. 16. Verbrennungswärmen von α- und β-Graphit bzw. Glanzkohle (Roth).

Zahlentafel 5.

Kohleart	Spez. Gewicht	Spez. Verbr.-W.
α-Graphit (Temperkohle)	2,28 ± 0,002	7832 cal/g
β-Graphit	2,22 ± 0,002	7856 „
Glanzkohle	2,07	8051 „
Glanzkohle	2,0	8071 „
Glanzkohle	1,86	8148 „

P. Ramdohr[3] fand allerdings auf mikroskopischem Wege auch im Glanzkohlenstoff noch beträchtliche Mengen von Graphit und hält dessen Vorkommen möglicherweise für die Ursache der höheren von Roth gefundenen Kalorimeterwerte. Eine Vereinfachung dürfte das Eisen-Kohlenstoff-Diagramm durch die

[1] Phys. Z. Bd. 18, S. 291. 1917.

[2] Die Modifikationen des Kohlenstoffs. Z. anorg. u. allg. Chem. Bd. 41, S. 273. 1928; Arch. Eisenhüttenwes. 2, S. 245. 1928.

[3] Arch. Eisenhüttenwes. 1, S. 669. 1928; Stahleisen Bd. 48, S. 802. 1928.

Untersuchungen von Roth jedenfalls nicht erfahren. Graphit ist übrigens nach Ramdohr wesentlich härter als man gewöhnlich anzunehmen pflegt. Die scheinbare Weichheit hängt mit der leichten Translationsfähigkeit nach der Basis zusammen.

B. Die binären Zustandsdiagramme Eisen-Kohlenstoff (bzw. Eisen-Eisenkarbid).

Die ältere Fassung des Eisen-Kohlenstoff-Diagramms, welche sich neben den bereits erwähnten Arbeiten von Roberts-Austen und Roozeboom vor allem auf die Darstellungen von Le Châtelier[1], Stansfield[2], Charpy[3], Gutowsky[4], sowie Carpenter und Keeling[5] stützte, hat durch die exakten Arbeiten von Ruer und seinen Mitarbeitern später wertvolle Ergänzungen bzw. Nachprüfungen derjenigen Konzentrationslinien erfahren, welche für die Theorie des Gußeisens von besonderer Bedeutung sind (vgl. Abb. 17). Daß im binären Zustandsdia-

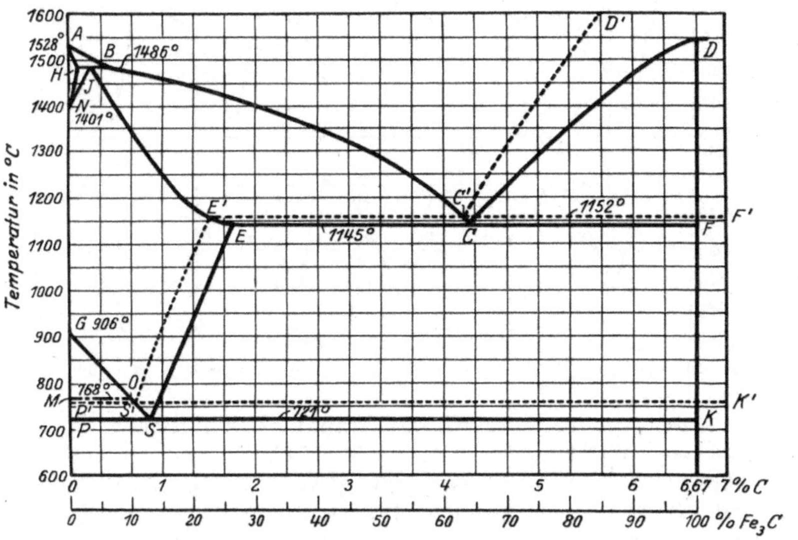

Abb. 17. Eisen-Kohlenstoffdiagramm mit einheitlicher Buchstabenbezeichnung. Die punktierten Linien beziehen sich auf das Eisen-Graphit-System.

gramm zwei verschiedene Kurvensysteme vorkommen müssen, je nachdem der stabile Graphit oder das weniger stabile (metastabile) Eisenkarbid im Gleichgewicht auftritt, war seit den Arbeiten von Le Châtelier und Stansfield, besonders aber seit den Arbeiten von Heyn[6] kaum mehr ernstlich bestritten, wenngleich über den Chemismus ihres Auftretens die Ansichten nicht immer einig waren und einige aus der strengen Berücksichtigung der Phasenlehre abzuleitende Folgerungen hinsichtlich des molekularen Charakters der festen bzw. flüssigen Lösungen selbst heute noch nicht als abgeschlossen gelten können.

[1] J. Iron Steel Inst. Bd. 2, S. 330. 1900; Bull. Soc. d'Enc. (5) 6, S. 661. 1900; Contributions à l'étude des alliages 1901, S. 379.
[2] J. Iron Steel Inst. Bd. 2, S. 317. 1900.
[3] Comptes Rendus Bd. 1141, S. 948. 1905.
[4] Metallurgie Bd. 6. S. 731. 1909.
[5] J. Iron Steel Inst. Bd. 65, S. 224. 1914.
[6] Z. Elektrochem. Bd. 10, S. 491. 1904.

1. Die eutektischen Horizontalen.

Bei weitem am wichtigsten waren die Auffassungen, welche hinsichtlich der Bedeutung der beiden eutektischen Horizontalen vertreten wurden, da diese im engsten Zusammenhang standen mit der Entstehung des grauen Roh- bzw. Gußeisens. Während Charpy annahm, daß je nach den Abkühlungsverhältnissen die Erstarrung nach dem einen oder andern der beiden eutektischen Systeme erfolgen könne, sprachen F. Wüst und P. Goerens[1] die Ansicht aus, daß die Systeme mit elementarem Kohlenstoff stets aus der Umwandlung des zunächst vorhandenen karbidhaltigen entstanden sind. Eine ähnliche Auffassung vertraten auch E. Heyn und O. Bauer[2], welche diesen Mechanismus auch der Graphitisierung selbst siliziumreicherer (~ 4% Si) Eisensorten zugrunde legten.

Durch wiederholte (10malige) Schmelzung und Erstarrung eines synthetisch hergestellten reinen graphitfreien weißen Roheisens mit etwa 2,5% Ges.-C hatten R. Ruer und F. Goerens[3] auf der Erhitzungskurve neben den dem Ledeburit zugehörigen thermischen Schmelzeffekten bei 1146° zunehmend noch einen dem

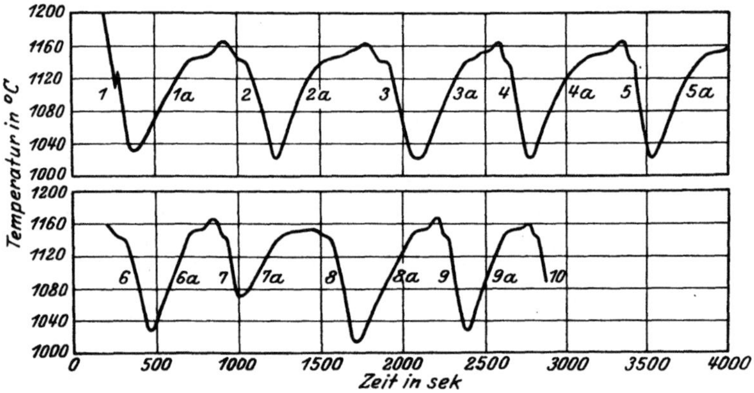

Abb. 18. Pendelversuche zur Ermittelung der Eutektikalen von Roheisen (R. Ruer und F. Goerens).

Schmelzpunkt des stabilen Eutektikum: Graphit, Mischkristalle zugeschriebenen Wärmeeffekt bei 1153° festgestellt, bis schließlich der erstgenannte Effekt verschwand (Abb. 18). Das Eisen war grau geworden. Die Analyse ergab 1,1% Graphit und 1,33% geb. C. Ähnliche Beobachtungen zeigten sich auch an den kohlenstoffreicheren Legierungen, jedoch mit dem Unterschiede, daß der Vorgang der Graphitisierung mit zunehmendem C-Gehalt immer rascher erfolgte. Die Verfasser führen die Auslösung des Erstarrungsvorganges nach dem stabilen System auf die Impfwirkung ungelöster Graphitanteile zurück, die selbst bei Überhitzung um 70° über den Schmelzpunkt noch nachzuweisen war. Die wahren Gleichgewichtstemperaturen der Eutektischen wurden durch Bildung der Mittel aus den oben erwähnten Schmelztemperaturen und den höchstgelegenen beobachteten Erstarrungstemperaturen (1144° für das Zementiteutektikum und 1151° für das Graphiteutektikum) zu 1145° für das metastabile und zu 1152° für das stabile System angegeben. Da wiederholt sowohl an unter- als auch an übereutektischen Legierungen die Bildungstemperatur des Graphiteutektikums im Temperaturintervall zwischen 1147 und 1159°, also noch vor der höchst beobach-

[1] Goerens, P.: Dissertation Aachen 1907.
[2] Stahleisen Bd. 27, S. 1565. 1907; vgl. a. Wetzel-Heyn: Die Theorie der Eisenkohlenstofflegierungen. Berlin: Julius Springer 1924.
[3] Ferrum Bd. 14, S. 161. 1917.

teten Bildungstemperatur des Zementiteutektikums festgestellt werden konnte, sehen die Verfasser die flüssige Phase als Ort der Graphitbildung an, d. h. sie vertreten die Ansicht der direkten Graphitbildung aus der Schmelze. Der Graphitbildung durch Zerfall bereits ausgeschiedener Kristallarten wird, soweit reine Eisen-Kohlenstofflegierungen in Frage kommen, nur eine sekundäre Bedeutung zugeschrieben, wobei in reinen, selbst kohlenstoffreichen Legierungen das Temperaturintervall zwischen 1070° und dem Schmelzpunkt des Zementiteutektikums experimentell als ein solches von sehr kleiner linearer Kristallisationsgeschwindigkeit des Graphits, sowohl im Zementit als auch in den γ-Eisen-

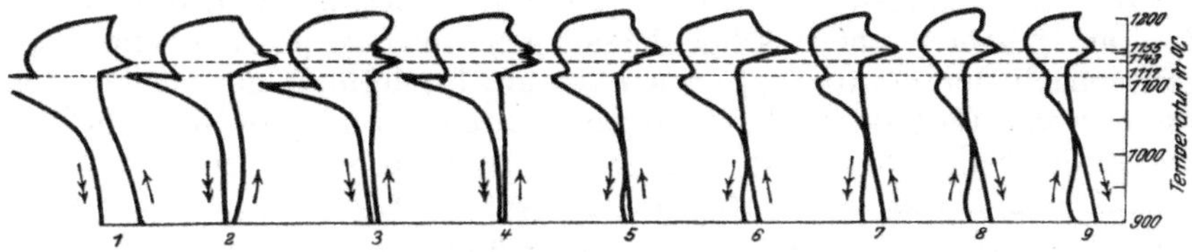

Abb. 19. Differentialkurven zur Feststellung der eutektischen Haltepunkte von weißem und grauem Roheisen (P. Goerens).

mischkristallen erkannt werden konnte. Freilich gilt dies wohl nur unter den erschwerenden Bedingungen des auftretenden Gegendruckes im Innern der Eisenkörper, da oberflächlich bereits durch Erhitzungen auf 1120° Graphitisierung eingetreten war. Diese Auffassung würde dann die Brücke schlagen zu den Feststellungen Ruers, daß reines, aus Weißeisen auf dem Rückstandswege gewonnenes Eisenkarbid bereits von 1125° ab mit merklicher Geschwindigkeit zerfiel. Die Ruerschen Versuche über den Charakter der eutektischen Erstarrung wurden später von P. Goerens[1] wiederholt und mittels Differentialabkühlungskurven völlig bestätigt gefunden (Abb. 19), was diesen veranlaßte, seine frühere Auffassung (S. 24) aufzugeben und sich den Dualisten anzuschließen.

2. Die primäre Kristallisation untereutektischer Schmelzen.

Zahlentafel 6 gibt nach Arbeiten von R. Ruer und R. Klesper[2] sowie nach R. Ruer und F. Goerens[3] eine Zusammenstellung von Zahlen, die sich auf die Kurve des Kristallisationsbeginns reiner Eisen-Kohlenstofflegierungen (0 bis 4,2% C) beziehen.

Zahlentafel 6.

Gewichtsprozente Kohlenstoff	Beginn der Erstarrung °C	Gewichtsprozente Kohlenstoff	Beginn der Erstarrung °C	Gewichtsprozente Kohlenstoff	Beginn der Erstarrung °C
0	1528	0,29	1495	1,94	1390
0,02	1521	0,35	1490	2,11	1371
0,04	1521	0,42	1484	2,51	1344
0,06	1516	0,47	1482	2,62	1326
0,07	1516	0,51	1479	2,92	1303
0,10	1514	0,68	1478	3,20	1265
0,12	1512	0,92	1461	3,35	1244
0,15	1510	1,18	1446	3,68	1215
0,18	1505	1,44	1428	3,88	1174
0,22	1499	1,61	1409	4,20	1145

[1] Stahleisen Bd. 45, S. 137. 1925.
[2] Ferrum Bd. 11, S. 257. 1913/14.
[3] Ferrum Bd. 14, S. 161. 1916/17.

Für den Verlauf des Kurvenstückes $JE'E$ der beendeten Erstarrung sind zunächst die Punkte E' und E bestimmend.

Für die Konzentration des Punktes E' liegen zwei einwandfreie Bestimmungen vor, einmal die Bestimmung des 1,32% betragenden Gehalts an gebundenem Kohlenstoff, den ein grau erstarrter, unmittelbar nach vollendeter Erstarrung abgeschreckter Regulus reiner Eisenkohlenstofflegierungen bei den Versuchen von R. Ruer aufwies, das andere Mal die Bestimmung des im Mittel zu 1,25% gefundenen Kohlenstoffbetrages, welchen ein von niederer Temperatur auf 1120° C erhitztes Eisen zu lösen vermochte[1]. Die beiden Bestimmungen kontrollieren sich gegenseitig und liefern für die Konzentration des Punktes E' den Wert von 1,3% Kohlenstoff. Für den übrigen Verlauf des Kurvenastes liegen außer den früheren thermischen Messungen von Carpenter und Keeling[2] folgende nach der mikroskopischen (Abschreck-)Methode gewonnenen exakten Messungen von Gutowsky[3] vor, welche den merkwürdig flachen Verlauf dieser Kurve in der Nähe der eutektischen Erstarrungstemperatur zeigen:

Gewichtsprozente Kohlenstoff	Ende der Erstarrung °C
1,071	1177
0,827	1218
0,577	1304

Der Punkt B liegt bei etwa 0,36% Kohlenstoff. Die in ihn einmündende, bei 1486° C verlaufende Horizontale HJB des Gleichgewichts zwischen den δ-Mischkristallen H, den γ-Mischkristallen J und der Schmelze B beginnt bei $H =$ etwa 0,075% Kohlenstoff. Die der Kurve NH des Beginns der $\delta\gamma$-Umwandlung beim Erkalten zugrunde liegenden Werte sind in Zahlentafel 7 zusammengestellt[4]. Die Konzentration des Punktes J beträgt 0,18%.

Zahlentafel 7.

Gewichtsprozente Kohlenstoff	Beginn der δ-γ-Umwandlung beim Erkalten °C
0,00	1401
0,02	1414
0,04	1438
0,06	1462
0,07	1478

3. Die Löslichkeit des Graphits in flüssigem Eisen.

Über die Löslichkeit des Graphits arbeiteten O. Ruff[5] und seine Mitarbeiter, ferner Hanemann[6], Wittorf[7], R. Ruer und J. Biren[8] sowie K. Schichtel und E. Piwowarsky[9].

Ruer und Biren benutzten für ihre Versuche ein schwedisches Holzkohlenroheisen mit:

3,8% C, 0,06% Si, Mn = 0%, 0,02% S, 0,06% P.

Da kohlenstoffgesättigte Schmelzen oberhalb 1500° sich nur schwierig oder kaum karbidisch abschrecken lassen, weil die Zerfallsgeschwindigkeit des Fe_3C in diesen Temperaturgebieten bereits außerordentlich groß ist und die sicher in großer

[1] Vgl. Ruer, R. und N. Iljin: Metallurgie Bd. 8, S. 97. 1911.

[2] J. Iron Steel Inst. 1904, Nr. 1, S. 224. [3] Metallurgie Bd. 6, S. 731. 1909.

[4] Ruer, R. und R. Klesper: Ferrum Bd. 11, S. 257. 1914.

[5] Ruff, O. und W. Bormann: Z. anorg. u. allg. Chem. Bd. 88, S. 397. 1914; vgl. a. Ruff und Goecke: Metallurige Bd. 8, S. 417. 1921.

[6] Z. anorg. u. allg. Chem. Bd. 48, S. 1. 1914.

[7] J. d. Russ. Phys. Chem. Ges. Bd. 43, S. 505. 1911 und Z. anorg. u. allg. Chem. Bd. 79, S. 1. 1912.

[8] Z. anorg. u. allg. Chem. Bd. 113, S. 98. 1920.

[9] Über den Einfluß der Legierungselemente Silizium, Phosphor und Nickel auf die Löslichkeit des Kohlenstoffs im flüssigen Eisen. Stahleisen demnächst; vgl. a. Dissertation K. Schichtel, Aachen 1928.

Zahl vorhandenen Graphitkeime bei der Erstarrung eine impfende Wirkung ausüben, so wurden die mit Graphit gesättigten Schmelzen in eine kupferne Kokille zu dünnen Platten von etwa 0,5 bis 0,8 mm abgegossen (Breite etwa 70 mm).

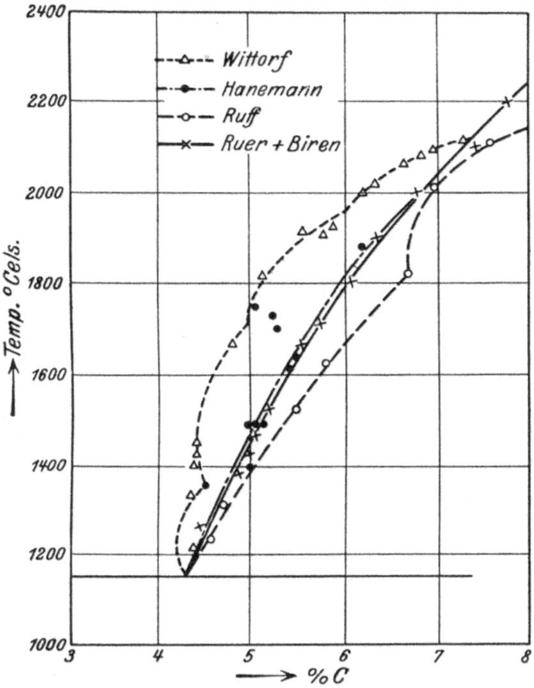

Abb. 20. Löslichkeit des Kohlenstoffs im flüssigen Eisen.

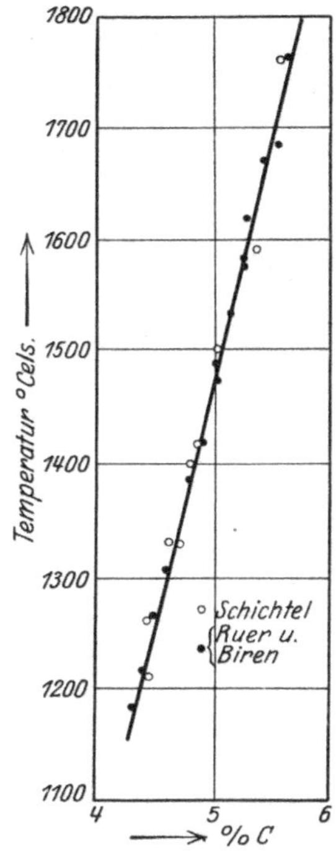

Abb. 21. Löslichkeit des elementaren Kohlenstoffs im flüssigen Eisen.

Die Temperaturmessung der Schmelzen geschah bis etwa 1700° thermoelektrisch; darüber hinaus geschah die Messung nur optisch. Das Ergebnis der Versuche zeigt Zahlentafel 8. Aus dem stetigen Verlauf der Löslichkeitskurve

Zahlentafel 8. Die Löslichkeit des Graphits im geschmolzenen reinen Eisen (nach R. Ruer und J. Biren).

Temperatur °C (thermoelektr.)	Temperatur °C (opt. Messung)	Ges.-C %	Temperatur °C (thermoelektr.)	Temperatur °C (opt. Messung)	Ges.-C %
1190	—	4,34	1710	—	5,72
1215	—	4,41	—	1800	6,06
1265	—	4,51	—	1900	6,34
1305	—	4,64	—	2000	6,75
1385	—	4,85	—	2100	7,30
1420	—	4,96	—	2200	7,76
	1456	5,07	—	2300	8,30
1480	—	5,04	—	2400	8,90
1530	—	5,22	—	2500	9,52
	1570	5,34	—	2550	10,47
1580	—	5,32	—	2600	11,15
1615	—	5,35	—	2650	11,43
1670	—	5,51	nicht mehr gemessen	?	12,26
	1680	5,63			

und der Abwesenheit thermisch nachweislicher Effekte zwischen dieser und der eutektischen Erstarrungstemperatur schließen die Verfasser auf die Abwesenheit eines Stabilitätswechsels der mit der Schmelze koexistierenden Kristallart, was beweise, daß die gefundene Linie tatsächlich die Löslichkeitskurve des Graphits im geschmolzenen Eisen darstelle. Die Extrapolation der Löslichkeitslinie des Graphits auf tiefere Temperatur lieferte für 1152° (die Kristallisationstemperatur des Graphiteutektikums) den Wert 4,15% C.

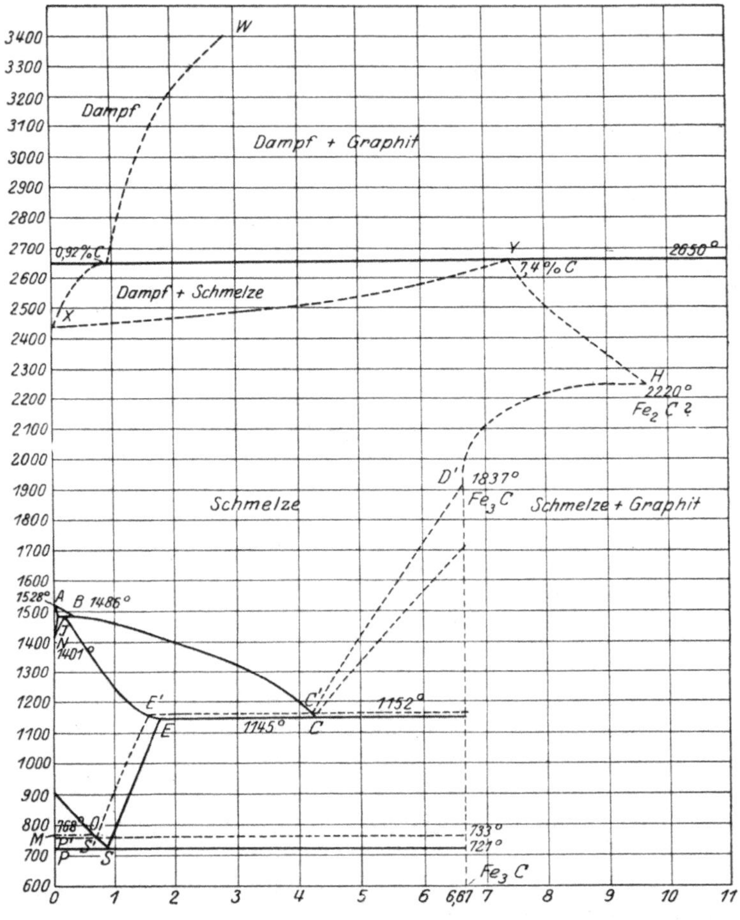

Abb. 22. Das Eisen-Kohlenstoffdiagramm in höheren Temperaturen und Konzentrationen (Ruff).

Von 1800° (bei den Hanemannschen Versuchen schon von 1700°) an waren die Schmelzen sehr zähflüssig, bei 2300° waren sie nicht mehr zum Ausfließen zu bringen. Eine Wiederabnahme der Zähigkeit mit weiterer Temperatursteigerung konnte nicht beobachtet werden.

Im Gegensatz zu den Versuchen von Ruff nimmt nach Ruer auch zwischen 2500° und 2700° die Löslichkeit des Graphits immer noch zu.

Wie Abb. 20 zeigt, weichen die Ergebnisse der Ruerschen Arbeit in wesentlichen Punkten von denjenigen Ruffs und Wittorfs ab und kommen denen von Hanemann recht nahe. Der von Ruff und Wittorf gefundene Stabilitätswechsel einer koexistierenden Molekülart ist unwahrscheinlich und die bereits von Ruff[1] und seinen Mitarbeitern beobachtete, jedoch auf die Entstehung neuer Bodenkörper (Fe_2C ?) zurückgeführte starke Zähigkeit der hochgekohlten Schmelzen führt Ruer einzig und allein auf den gelösten Kohlenstoff zurück. Die von Piwowarsky und Schichtel gefundenen Werte für die Löslichkeit des elementaren Kohlenstoffes im flüssigen Eisen decken sich praktisch völlig (Abb. 21) mit denen von Ruer und Biren. Piwowarsky und Schichtel arbeiteten mit einer evakuierten Saugkokille, welche in die gesättigte Schmelze getaucht wurde und eine schroffe Abschreckung ermöglichte. Abb. 22 zeigt die Ergebnisse der Ruffschen Arbeiten im Bereich sehr hoher Temperaturen.

Es bedeuten in Abb. 22.

X = Siedepunkt des reinen Eisens ($2450^0 \pm 50^0$ bei etwa 30 mm Druck).
Z = Kohlenstoffgehalt des Dampfes der unter etwa 36 mm Druck siedenden, an Kohlenstoff gesättigten Eisenschmelze (0,92% C).
$C'D'HY$ = Löslichkeitslinie für Graphit.
XY = Siedetemperaturen des an Kohlenstoff gesättigten Eisens (36 mm Druck).

Die Temperatur der Verdampfung des reinen und des an Kohlenstoff gesättigten Eisens wurde unter 36 mm Druck ermittelt, desgleichen die Temperatur des der Schmelze entweichenden Dampfes.

4. Die Löslichkeit des Zementits im flüssigen Eisen.

Hierüber liegen ebenfalls eingehende Versuche von R. Ruer[2] vor. Ruer schließt aus seinen Versuchen, daß ein Stabilitätswechsel der mit der Schmelze koexistierenden Kristallart angesichts des geradlinigen Verlaufs der C-D-Kurve nicht wahrscheinlich ist, daß demnach die Linie der Zementitlöslichkeit vollständig unterhalb der Löslichkeitslinie des Graphits liegt, d. h. ausschließlich dem metastabilen System angehört. Aus der Beobachtung an Schmelzen (unter Benutzung des für die Ermittelung der Linie $C'D'$ verwendeten schwedischen Holzkohlenroheisens), die bei ca. 2000^0 mit Graphit gesättigt, alsdann um 100 bis 200^0 überhitzt und alsdann durch Ausgießen in eine dünne Cu-Kokille abgeschreckt worden waren, wobei sich eine strukturell homogene Legierung der Zusammensetzung Fe_3C abgeschieden hatte, leitet Ruer den Schluß ab, daß der Zementit sich aus einer einzigen (flüssigen) Phase und nicht durch Zusammentreten zweier Phasen, etwa einer Schmelze + einer Kristallart gebildet haben könne. Dies bedeutet, daß umgekehrt das Einschmelzen von reinem Zementit zu einer homogenen Schmelze führen müßte. Der direkte Beweis, daß der Zementit unzersetzt, also unter Ausbildung eines offenen (nicht verdeckten) Maximums schmelze, ließ sich allerdings nicht führen, da eben reiner Zementit bei höheren Temperaturen (von 1100^0 ab) mit merklicher Geschwindigkeit unter Abscheidung von Kohle zerfällt. Dies geht aus folgenden Zahlen von Ruer hervor[3], welche die Zersetzung des aus dem oben erwähnten schwedischen Holzkohlenroheisen durch Extraktion mit doppelt normaler Salzsäure nach der von Mylius, Förster und

---

[1] Ruff, O. und W. Bormann: Z. anorg. u. allg. Chem. Bd. 88, S. 397. 1914; vgl. a. Ruff und Goecke: Metallurgie Bd. 8, S. 417. 1911.

[2] Z. anorg. u. allg. Chem. Bd. 117, S. 249. 1921.

[3] Über die Zersetzung von Zementit bei höheren Temperaturen vgl. a. die Arbeiten von: Saniter, E. H.: J. Iron Steel Inst. Bd. 2, S. 115. 1897; Mylius, F., F. Förster und G. Schöne: Z. anorg. u. allg. Chem. Bd. 13, S. 28. 1897; Werkmeister, Otto: Dissertation Karlsruhe 1910, sowie die Angaben S. 16 bis S. 19 dieses Buches.

Schöne[1] gewonnenen Zementits nach 10 Minuten langem Glühen bei der angeführten Temperatur zeigen:

Temperatur °C	Ausgeschiedener Kohlenstoff in %	Zersetzungsgrad[2] in %	Bemerkungen
1112	0,32	6	nicht geschmolzen
1132	3,40	63	,, ,,
1164	—	—	geschmolzen (Ledeburit)

5. Folgerungen aus dem Verlauf der Löslichkeitslinien.

Die Ausscheidungstemperatur des metastabilen Eutektikums entsprechend der Horizontalen ECF war bereits früher zu 1145° C bestimmt worden. Die Konzentration des eutektischen Punktes C ergab sich als Schnittpunkt der Horizontalen ECF mit der Schmelzkurve CD zu 4,25% Kohlenstoff. Die von Ruer angegebene allgemeine Form der Löslichkeitskurve des Zementits (Abb. 17) zeigt einen geringeren Temperaturanstieg als die Linie $C'D'$, d. h. das Temperaturintervall, welches bei weiß erstarrenden Legierungen ohne Kristallabscheidung übersprungen werden muß, wird mit zunehmendem Kohlenstoffgehalt immer größer. Vielleicht ist auch diese Tatsache ein Grund, daß es bei sehr C-reichen Legierungen schwierig ist, die Graphitabscheidung selbst bei schneller Abkühlung zu verhindern.

Verlängert man die Löslichkeitskurven über CD und $C'D'$ nach unten, so ist nach Lage der Kurven ein Schnittpunkt zu erwarten, welcher einem Stabilitätswechsel der mit der Schmelze koexistierenden Kristallart entspräche. Ob sich dieser Unterkühlungszustand praktisch verwirklichen läßt, ist jedoch zweifelhaft.

Aus den Arbeiten von F. Sauerwald und seinen Mitarbeitern[3] über die Volumenänderungen beim Erstarren von weißem und grauem Gußeisen und unter Berücksichtigung der Formel von Clausius-Clapeyron, welche die Abhängigkeit monovarianter Gleichgewichte von Druck und Temperatur darlegt[4]

$$\frac{dT}{dp} = \frac{A v T}{R_p} \tag{8}$$

berechnete E. Scheil[5] den Schnittpunkt der beiden erwähnten Gleichgewichtslinien unter der Annahme, daß ihre Verlängerungen nahezu Gerade darstellen und die Umwandlungswärme R_p für beide Eutektika etwa 40 cal/g beträgt, den Gleichgewichtsdruck zu etwa 300 kg/cm². Da jedoch kleine Fehler in den Bestimmungsgrößen die Lage des Schnittpunktes stark verändern, nahm Scheil vorsichtigerweise die Größenordnung des Gleichgewichtsdruckes zu etwa 1000 kg/cm² an.

6. Die Löslichkeit des Graphits und des Zementits im festen Eisen.

Während E. Heyn[6] ursprünglich dem γ-Eisen keine Löslichkeit für Kohlenstoff glaubte zuschreiben zu können und der Ansicht war, daß das Eisen sich aus der Schmelze kohlenstofffrei ausscheiden müsse, wenn das Gleichgewicht stabil

[1] a. a. O.
[2] Unter Abzug des bei etwa 1120° löslichen Kohlenstoffs (~ 1,25%) berechnet.
[3] Sauerwald, F.: Z. anorg. u. allg. Chem. Bd. 135, S. 327. 1924; Bd. 149, S. 273. 1925.
[4] Vgl. a. Roozeboom, H. W. Bakhuis: Heterogene Gleichgewichte II, 1, S. 415. Braunschweig 1904.
[5] Zur Frage der Stabilität des Eisenkarbids. Z. anorg. u. allg. Chem. Bd. 158, S. 175. 1926.
[6] Z. Elektrochem. Bd. 10, S. 491. 1904.

sei, hielt er diese Auffassung später[1] nicht mehr aufrecht und kam zu dem Schluß, daß dem Graphit doch eine beträchtliche Löslichkeit im festen (γ) Eisen zukomme. Auch G. Charpy[2] beschäftigte sich mit dieser Frage und ermittelte die Löslichkeit des Kohlenstoffs durch Auflösung des vorher bei langsamer Abkühlung im festen Eisen abgeschiedenen elementaren Kohlenstoffs. Durch Zusammenschmelzen eines schwedischen zementierten Eisens mit einem Überschuß an Holzkohle und langsame Abkühlung des geschmolzenen Eisens erhielt Charpy[3] ein graues Roheisen, welches 3,75% Gesamtkohlenstoff mit 3,4% Graphit enthielt. Das Metall enthielt ungefähr 0,001% Silizium und Mangan sowie Spuren von Phosphor und Schwefel.

Würfelförmige Bruchstücke dieser Probe (4 cm Kantenlänge) wurden zur Ermittelung der unterhalb 900° C gelegenen Konzentrationslinie während 6 bis 7 Stunden, für die Feststellung der höher gelegenen Konzentrationslinie während 3 Stunden, auf der gewählten Temperatur belassen und sodann in Wasser abgeschreckt.

Es ergaben sich dabei folgende Gehalte an gelöster Kohle, die durch Differenz zwischen Gesamtkohlenstoff und Graphit ermittelt wurden:

Nach Erhitzung auf	750° C	0,31%
„ „ „	850° C	0,85%
„ „ „	1000° C	1,08%
„ „ „	1090° C	1,36%
„ „ „	1080° C	1,44%
„ „ „	1100° C	1,40%
„ „ „	1150° C	2,47%

Durch Ausglühen eines weißen Roheisens bei 1000° und nachfolgendes Abschrecken hatte Charpy einen geb. Kohlenstoffgehalt von 0,92% erhalten, desgleichen durch langsame Abkühlung des flüssigen Roheisens auf 1000°, nachfolgende Glühung bei dieser Temperatur während 3 Stunden und anschließende Abschreckung einen geb. C-Gehalt von 0,95%.

R. Ruer[4] und N. Iljin benutzten für ihre Versuche zur Ermittelung der Löslichkeit des elementaren Kohlenstoffs im festen Eisen ein weißes schwedisches Roheisen mit 0,05% Si und 4 bis 4,5% C, das durch Umschmelzen im Vakuum und langsame Erstarrung so weit graphitisiert worden war, daß es weniger als 0,5% gebundenen Kohlenstoff enthielt. Das so behandelte Roheisen besaß fein ausgebildeten eutektischen Graphit. Je 4 bis 10 g dieses Eisens wurden in Quarzröhren von 1 cm Weite und 3 cm Länge eingeschmolzen und bis zur Einstellung des Gleichgewichtszustandes bei steigenden Temperaturen geglüht (6 Stunden genügten vollauf) und darauf in kaltem Wasser abgeschreckt. Als untere Grenze der Löslichkeit ergaben sich folgende Resultate:

700°	keine Zunahme an gelöstem Kohlenstoff
800°	0,75%
900°	0,84%
1000°	0,99%
1100°	1,24%
1120°	1,25%

Versuche, von der übersättigten Lösung aus durch Tempern eine direkte Ermittelung der oberen Grenze für die Löslichkeit des elementaren C im festen Eisen vorzunehmen, schlugen fehl, da der beim Erhitzen auf etwa 1100° in Lösung gegangene Kohlenstoff selbst bei sehr langsamer anschließender Abkühlung auf die

[1] Stahleisen Bd. 27, S. 1565. 1907.

[2] Charpy und Grenet: Bull. Soc. d'Enc. Bd. 102, S. 398. 1902; vgl. a. Charpy: Rev. Mét. 1908, S. 77.

[3] Charpy: Metallurgie 1908, S. 276.

[4] Metallurgie Bd. 8, S. 97. 1911.

zwischen 800 und 1100° gelegene Abschrecktemperatur sich nicht wieder ausschied. Eine Wiederausscheidung trat erst dann ein, wenn die Probe vor der Abschreckung schon auf eine unterhalb 800° liegende Temperatur abgekühlt war, merkwürdigerweise aber in diesem Falle selbst dann, wenn das unterhalb 800° liegende Temperaturintervall verhältnismäßig schnell durchlaufen wurde. Dieses Temperaturintervall erhöhter Ausscheidungsgeschwindigkeit war nach unten hin ziemlich verbreitert und selbst bei 400° trat an den von 800° abgeschreckten Proben nach dreistündigem Glühen noch nachweisliche Temperkohlebildung ein. Obwohl demnach zwischen 800 und 1100° eine merkliche Kohleausscheidung nicht stattfand, war dennoch der unterhalb 800° eintretende Betrag der Kohleausscheidung um so größer, je länger das Eisen in dem Intervall oberhalb 800° vorher geglüht worden war. Unter Anlehnung an die oben erwähnten Arbeiten von G. Tammann über die Kristallisations- und Schmelzvorgänge leiteten die Verfasser daraus ab, daß

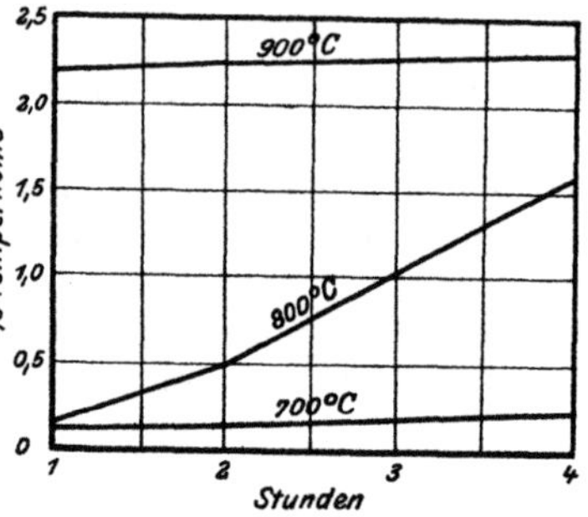

Abb. 23. Einfluß von Zeit und Temperatur auf die Bildung von Temperkohle (Charpy u. Grenet).

1. das Temperaturgebiet zwischen 800 und 1100° als ein solches großer Keimbildung (*K.Z.*) für den elementaren Kohlenstoff, aber geringer Wachstumsgeschwindigkeit (*K.G.*) der gebildeten Kristallisationszentren anzusehen sei;

2. daß das Temperaturgebiet unterhalb etwa 800° als ein solches großer Wachstumsgeschwindigkeit, aber geringer spontaner Keimbildung des elementaren Kohlenstoffs anzusehen sei. Diese Auffassung deckt sich auch mit dem Ergebnis älterer Versuche von Charpy und Grenet[1] an einem Eisen mit 3,2% C und 1,25% Si (Abb. 23).

Zahlentafel 9.
Löslichkeit des Graphits im festen Eisen (nach Hayes und Diederichs).

Glühtemperatur °C	Geb.-C
740	0,08
750	0,12
775	0,57
790	0,78
825	0,68 ?
840	0,81
850	0,73 ?
950	1,10

Zahlentafel 10.
Löslichkeit des Zementits im festen Eisen (nach Wark)

Temperatur °C	Löslichkeit des Zementits in Eisen Gew.-% Kohlenstoff
1065	1,65
1035	1,59
1015	1,55
995	1,50
975	1,45
935	1,32
895	1,21

Im Bereich von etwa 1000° fanden A. Hayes und W. J. Diederichs[2] (vgl. Zahlentafel 9) nach ähnlich durchgeführten Versuchen eine etwas größere Löslichkeit des γ-Eisens für Kohlenstoff als Ruer, während L. Becker[3] auf Grund seiner Zementierungsversuche an Armco-Metall dem Eisen unterhalb etwa 900° jede Löslichkeit für elementaren Kohlenstoff abspricht.

Für die Löslichkeit des Zementits im festen Eisen können die Angaben von Wark[4] gelten. Die von ihm angegebenen Werte sind in Zahlentafel 10 zusammengestellt.

[1] Bull. Soc. d'Enc. Bd. 102, S. 399. 1902.
[2] Trans. Am. Soc. Steel Treat. Bd. 3, S. 918. 1923.
[3] Vgl. S. 46.
[4] Wark, N. J.: Metallurgie Bd. 8, S. 704. 1911.

7. Die eutektoiden Gebiete der Zustandsdiagramme.

Die Gleichgewichtstemperatur für die der Perlitumwandlung entsprechende Horizontale *PSK* ist von R. Ruer[1] zu 721° bestimmt worden. Die Konzentration des Perlitpunktes *S* liegt bei etwa 0,9% Kohlenstoff. Da schon sehr geringe Mengen Kohlenstoff sich in erstarrten Schliffen als Perlit nachweisen lassen, so besitzt das α-Eisen nur ein sehr geringes Lösungsvermögen für Kohlenstoff. Man hielt diesen Betrag der Löslichkeit für so gering[2] und wenig von Bedeutung, daß man ihn im Zustandsdiagramm bisher nicht zum Ausdruck brachte. Neuerdings mißt man dieser Löslichkeit erhöhte Bedeutung zu, da nur sie geeignet erscheint, manche bislang unerklärbare Erscheinungsformen bei den Härtungs- und Anlaßvorgängen von Stählen zu erklären. Auch beim Kapitel „Wachsen von Gußeisen" wird auf die Voraussetzung der Diffusionsfähigkeit des Kohlenstoffs im α-Eisen zur Erklärung einiger Gefügeerscheinungen im Gußeisen zurückzugreifen sein. Während nun Honda und Tamura[3] (vgl. Abb. 24) das Löslichkeitsgebiet des α-Eisens durch entsprechende Verbindung des Nullpunktes mit dem Punkt maximaler Löslichkeit des δ-Eisens (δ-Eisen = α-Eisen mit etwas vergrößerter, durch die thermische Ausdehnung bedingter Gitterkonstante, vgl. S. 12) abgrenzen, spricht J. H. Whiteley[4] dem α-Eisen nur oberhalb 630° eine beschränkte (max. 0,03%) Löslichkeit für Kohlenstoff zu. Neuerdings haben E. H. Schulz und W. Köster[5] die Löslichkeit des reinen Eisens für Kohlenstoff zu 0,04% bei 700° und zu 0,008% bei Zimmertemperatur festgestellt. Bei langsamer Abkühlung scheidet sich der Kohlenstoff als Karbid und zwar sehr gern an den vorhandenen Korngrenzen ab, was die Sprödigkeit mancher Flußeisensorten erklären soll.

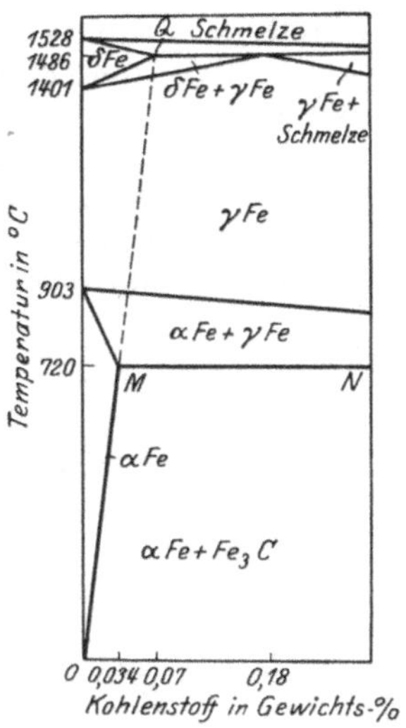

Abb. 24. Löslichkeitsverlauf des Kohlenstoffs im α- und δ-Eisen (Honda und Tamura).

Die Kurve *E'S'* trifft bei kontinuierlicher Verlängerung die Kurve *GOS* bei etwa 740° und einer Kohlenstoffkonzentration von 0,7%. Nimmt man an, daß im stabilen System die Lage der Ferritlinie unverändert bleibt, daß ferner das α-Eisen keine merkliche Lösungsfähigkeit für elementaren Kohlenstoff besitzt, so verlangt die Theorie die Existenz eines Eutektoids von Ferrit und Graphit (Temperkohle). Strukturell hat sich allerdings ein solcher Gefügebestandteil noch nicht einwandfrei nachweisen lassen, wenngleich wiederholte Beobachtungen eine dahingehende Vermutung zulassen. So hat z. B.

Abb. 25. Punktförmige Ausscheidung von elementarem Kohlenstoff an einer harten Stelle von Grauguß Ätzung II × 250.

[1] Z. anorg. u. allg. Chem. Bd. 117, S. 249. 1921.

[2] Jamada, J.: Science Rep. Tohoku Univ. Bd. 15, S. 851. 1926 nimmt als oberste Grenze eine Löslichkeit von 0,01% C an.

[3] J. Iron Steel Inst. 1927; Stahleisen Bd. 47, S. 1462. 1927.

[4] J. Iron Steel Inst. 1927; Ref. Stahleisen Bd. 48, S. 87. 1928.

[5] Stahleisen Bd. 48, S. 1473. 1928.

E. Piwowarsky im Rahmen einer Arbeit über umgekehrten Hartguß[1] als Zufallsprodukt eine Gefügeerscheinung festgestellt, nach welcher im Perlit und an den Randgebieten des sekundär ausgeschiedenen Karbids sehr feine punktförmige Ausscheidungen von elementarem Kohlenstoff zu beobachten waren (Abb. 25), desgl. in einer späteren Arbeit über legierten Hartguß[2] neben einer größeren Temperkohleausbildung noch sehr fein über das gesamte Gefügefeld verteilt eine äußerst feine Ausscheidung elementaren Kohlenstoffs beobachtet (vgl. S. 294), die möglicherweise mit dem stabilen Eutektoid in Zusammenhang gebracht werden könnte.

Auch A. Hayes und H. E. Flanders[3] machten die Beobachtung, daß bei sehr vorsichtigem Polieren am Schliffbild eine große Zahl feiner Graphitpunkte durch den Ferrit verstreut sichtbar waren, die bei weniger vorsichtigem Polieren der Beobachtung entgingen. Dieses Gefüge wurde bei Temperguß erhalten, nachdem dieser einen Tag auf 885° erhitzt worden war, mit einer Geschwindigkeit von 8,9°/st auf 720° abgekühlt, 1 Stunde auf dieser Temperatur gehalten und dann abgeschreckt wurde. Schreckte man bei 720° ab, ohne 1 Stunde auf Temperatur zu halten, so waren nur an den Korngrenzen feine Graphitabscheidungen zu beobachten, im übrigen aber die feste Lösung noch etwa zur Hälfte vorhanden. Das feine Gemisch von Ferrit und Graphit wurde von den Verfassern als das Eisen-Kohlenstoff-Eutektoid angesprochen.

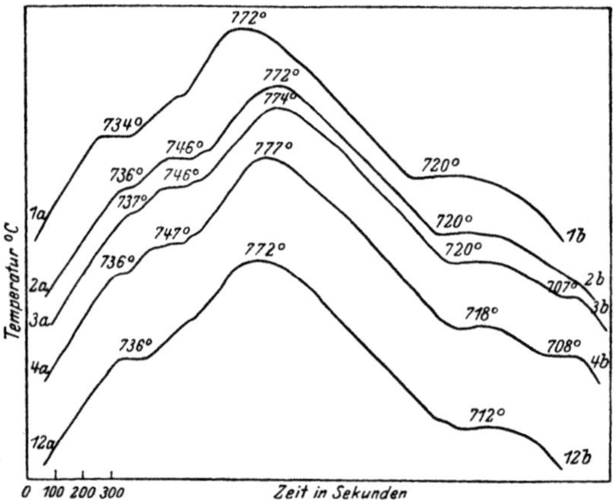

Abb. 26. Zeit-Temperaturkurven zum Nachweis des stabilen Eutektoids (R. Ruer).

Auch H. Pinsl[4] glaubt in grauem Gußeisen diesen Gefügebestandteil beobachtet zu haben.

Thermisch konnte die Existenz des stabilen Eutektoids von R. Ruer[5] nachgewiesen werden. Aus Elektrolyteisen mit 0,0012% C und 0,025% P (frei von Mangan, Kupfer und Silizium) stellte er sich durch Zusammenschmelzen mit Zuckerkohle ein Roheisen mit etwa 5% Kohlenstoff her, das er durch langsame Abkühlung und wiederholte Pendelung zwischen 1000° und etwa 1165° weitgehend graphitisierte. Dieses Eisen zeigte bei wiederholten Pendelungen zwischen 600° und 772° neben dem normalen thermischen Effekt des Perlits einen mit zunehmender Erhitzungszahl immer deutlicher sich ausprägenden 12° höher gelegenen zweiten Haltepunkt auf den Erhitzungskurven (Abb. 26), welcher dem Inlösunggehen elementarer, perlitischer Kohlenstoffanteile zugeschrieben wurde. Der Nachweis zweier eutektoider Linien erfolgte demnach ganz analog der Versuchsführung, durch welche Ruer vorher die Existenz der zwei eutektischen Horizontalen dargelegt hatte. Der eutektoide Perlitpunkt des stabilen Gleichgewichts wurde von Ruer zu 0,7% C und 733° C festgelegt.

[1] Gieß.-Zg. Bd. 18, S. 356. 1921. [2] Gieß. Bd. 14, S. 509. 1927.
[3] Trans. Am. Soc. Steel Treat Bd. 6, S. 623/9; Stahleisen Bd. 44, S. 339. 1924; Bd. 45, S. 660 und 2060. 1925.
[4] Stahleisen Bd. 48 S 473. 1928. [5] Z. anorg. u. allg. Chem. Bd. 117, S. 249. 1921.

C. Über den molekularen Aufbau kohlenstoffhaltiger Lösungen.

Das Dualsystem der Eisen-Kohlenstofflegierungen zwingt uns die Frage auf nach dem molekularen Aufbau der flüssigen bzw. festen Lösungen des Kohlenstoffs im Eisen, über den die Phasenregel bekanntlich keinen Aufschluß gibt. Schon P. Goerens[1] behandelte unter Auswertung des Gesetzes der molekularen Gefrierpunktserniedrigung die Frage, ob der Kohlenstoff als solcher oder als Karbid im flüssigen Eisen in Lösung sich befinde. Aber selbst die für verdünnte Lösungen gültige Rothmundsche Formel:

$$t_0 - t_1 = E\,\frac{c_1 - c_2}{M}$$

M = Molekulargewicht des gelösten Körpers,
t_0 = Schmelzpunkt des reinen Metalls,
t_1 = Bezugstemperatur,
c_1 bzw. c_2 = Konzentrationen der Liquidus- bzw. Solidusphase bei der Temperatur t_1
E = molekulare Gefrierpunktserniedrigung des Lösungsmittels.

erwies sich im vorliegenden Falle als nicht anwendbar, da z. B. eine noch als verdünnt zu bezeichnende Lösung von 1 % Kohlenstoff im Eisen einer etwa 15proz. Karbidlösung entspricht, letztere aber nicht mehr als verdünnt im Sinne des vorliegenden Gesetzes anzusprechen ist. Die Tatsache, daß derartige Rechnungen unter Zugrundelegung des erwähnten Gesetzes sich mit dem Ergebnis der chemischen Analyse auch nicht annähernd deckte, schloß P. Goerens, daß offenbar die Lösung für seine Berechnungen zu konzentriert war, d. h. den Kohlenstoff vorwiegend als Karbid gelöst enthielt.

Die neueren Messungen Sauerwalds[2] und seiner Mitarbeiter über die Volumenänderungen beim Einschmelzen von weißem und grauem Roheisen deuten ebenfalls darauf hin, daß beim Einschmelzen selbst von grauem Gußeisen die entstehende Schmelze der Ort der Bildung erheblicher Karbidmoleküle sei.

Hält man aber am Dualsystem fest, so sollte für die direkte Ausscheidung des Kohlenstoffs aus der Schmelze ebenfalls eine Erklärung gefunden werden. Wofern man eine gewisse Dissoziation des Karbids in der Schmelze annehmen darf, könnte man sich den Vorgang der Graphitisierung unter Zugrundelegung des Massenwirkungsgesetzes wie folgt denken:

$$\frac{[Fe_3C]}{[Fe]^3\,[C]} = K \tag{9}$$

für eine Temperatur unmittelbar vor beginnender Erstarrung. Kristallisiert nun der Kohlenstoff [C] aus, so wird das Gleichgewicht gestört in dem Sinne, daß durch erneuten Zerfall von Karbidmolekülen in der Schmelze die Kohlenstoffkonzentration auf der durch die Konstante K geforderten Höhe bleibt, d. h. die Gleichung

$$Fe_3C = 3\,Fe + C + cal \tag{10}$$

verläuft über den Vorgang fortlaufender Dissoziation des Fe_3C, solange im Sinne nach rechts, bis der eutektische Graphit vollkommen abgeschieden ist. Diese Auffassung entspricht durchaus einer bereits früher von F. Wüst[3] ausgesprochenen Ansicht, wobei dieser sich u. a. wie folgt äußerte:

---

[1] Metallurgie Bd. 3, S. 178. 1906.
[2] Z. anorg. u. allg. Chem. Bd. 149, S. 273. 1925.
[3] Z. Elektrochem. Bd. 15, S. 565. 1909; Bd. 24, S. 965. 1909.

„Vom theoretischen Standpunkte aus müssen bekanntlich sämtliche in einem System auftretenden Molekülarten in jeder Phase vorhanden sein. Daraus folgt, daß die Lösungen von Kohlenstoff im Eisen, da sie nicht nur mit elementarem Kohlenstoff, sondern auch mit Zementit koexistieren können, den Kohlenstoff sowohl in elementarer Form, als auch als Karbid enthalten müssen. Über das Mengenverhältnis, in dem diese Molekülarten zueinander stehen, sagt die Theorie nichts aus. Sie verlangt eben nur, daß die Menge für keine der beiden Formen genau Null ist. Nehmen wir an, die Lösungen des Kohlenstoffes in Eisen enthielten diesen so gut wie ausschließlich in elementarer Form. In diesem Falle und in Anbetracht der guten Kristallisationsfähigkeit, die wir im allgemeinen bei Legierungen beobachten, wäre kein Grund vorhanden, warum der infolge einer Temperaturerniedrigung zu viel gelöste Kohlenstoff sich, wenn überhaupt, nicht in elementarer, d. h. in der unter den gegebenen Bedingungen stabilen Form ausscheiden sollte. Nehmen wir jedoch an, daß der Kohlenstoff so gut wie ausschließlich als Karbid gelöst ist, so wird dies ohne weiteres verständlich. In diesem Falle muß die sich in elementarer Form ausscheidende Kohle in dem Maße, in dem sie abgeschieden wird, durch Zersetzung des Zementits nachgeliefert werden. Erfolgt die Abkühlung gegenüber der Zersetzungsgeschwindigkeit des gelösten Zementits mit sehr großer Geschwindigkeit, so wird die Menge des ausgeschiedenen Graphits praktisch Null sein. Wird nun die Zementitkurve überschritten und dadurch dem Kohlenstoff die Möglichkeit gegeben, sich in Form von Zementit auszuscheiden, so kommt, da der auszuscheidende Körper als solcher in der Lösung vorhanden ist, seine Bildungsgeschwindigkeit für das Kristallisationsvermögen nicht in Betracht. Daher wird es unter sonst gleichen Verhältnissen einer weit größeren Abkühlungsgeschwindigkeit bedürfen, um auch die Gleichgewichtskurve des Systems Zementit-Eisen zu überspringen."

Auch über den molekularen Aufbau kohlenstoffhaltigen γ-Eisens lassen sich ähnliche Betrachtungen anstellen. Hier gehen freilich einige amerikanische Forscher, u. a. H. A. Schwartz[1] so weit, daß sie einen Unterschied machen zwischen der festen Lösung (Austenit) des metastabilen Systems und der mit „Boydenit" bezeichneten entsprechenden Lösung des stabilen Systems, wobei sie allerdings einen gewissen Siliziumgehalt des Eisens als Vorbedingung für die Entstehung des Boydenits anführen. Sie kamen zu diesen Schlußfolgerungen auf Grund von mikroskopischen Untersuchungen sowie Beobachtungen der Löslichkeitseigenschaften und der elektrischen Leitfähigkeit eutektoiden Stahls im Vergleich zu schmiedbarem Guß. Obwohl z. B. bei abgeschrecktem Guß der Gehalt an gebundenem Kohlenstoff die Perlitkonzentration überstieg, sind die Unterschiede des spez. Widerstandes zwischen abgeschreckten und nicht abgeschreckten Proben kleiner als die entsprechenden des eutektoiden Stahls. Im Boydenit kann nach Schwartz das C-Atom die Eisenatome im Gitter ersetzen (Substitution). Interessant ist in diesem Zusammenhang eine persönliche Mitteilung von E. C. Bain an H. A. Schwartz: „Der aus dem Zementit eines weißen Gußeisens durch Lösen in Kupferammoniumchlorid erhaltene C ergab keine Interferenz bei der röntgenographschen Untersuchung, d. h. die Atome dieses C sind nicht oder höchstens nur sehr wenig kristallographisch geordnet. Man kann also annehmen, daß die C-Atome im Gitteraufbau des Zementits, wenn überhaupt an andere Atome gebunden, nur an Fe-Atome gebunden sind."

R. S. Archer[2] und D. Merica[3] sprechen auf Grund ihrer Versuche die An-

---

[1] Schwartz, H. A., H. R. Payne und A. F. Gorton: Trans. Am. Inst. Min. Met. Eng. Aug. 1923; vgl. a. Stahleisen Bd. 43, S. 409. 1923, sowie H. A. Schwartz: Trans Am. Soc. Steel Treat. Bd. 11, S. 277/83. 1927; ferner Foundry Bd. 56, S. 871/3 und 918/20.

[2] Trans. Am. Inst. Min. Met. Eng. Febr. 1920. [3] Am. Bur. of Standards. Nr. 129.

sicht aus, daß nicht nur Temperkohle, sondern auch graphitischer Kohlenstoff direkt im γ-Eisen löslich sei ohne Zwischenstufe einer vorausgegangenen Karbidbildung. K. Honda[1] glaubt auf Grund von Raumgitterbetrachtungen eine atomare Lösung des Kohlenstoffs im Austenit annehmen zu müssen. Auch Jeffries und Archer[2] ziehen aus der guten Diffusionsfähigkeit des Kohlenstoffs im Austenit den Schluß, er könne darin nicht als Zementit vorliegen, wie dies u. a. Sauveur[3] annimmt, da die großen Fe_3C-Moleküle nicht durch das γ-Eisengitter hindurchwandern könnten. Für die Ansicht von Jeffries und Archer spricht auch die Feststellung von R. Schenk[4], daß im Gleichgewicht mit teilweise graphitisierten Legierungen die Gasphase die gleiche ist wie im Gleichgewicht mit Kohlenstoff.

Westgren[5] findet nun bei seinen röntgenographischen Untersuchungen, daß der Kohlenstoff der festen (γ) Lösung nicht die Eisenatome im flächenzentrierten Gitter ersetze, sondern stets in den Gitterzwischenräumen sich anordne, demnach nur eine Art fester Lösung existiere. Das hält allerdings A. Hayes[6] nicht ab, anzunehmen, daß evtl. die beiden mit Austenit und Boydenit bezeichneten Lösungen sich durch die Zahl der kohleeingelagerten Elementarkuben unterscheiden könnten, und wenn der Zementit tatsächlich über die ganze Temperaturskala des festen Aggregatzustandes gegenüber dem reinen Eisen bzw. dem elementaren Kohlenstoff instabil sei, so sei ohne weiteres zu erwarten, daß die Löslichkeit des Eisens für Fe_3C (die metastabile Phase) eine größere sein müsse als diejenige für Kohlenstoff[7].

Jedenfalls wurde auch an vielen anderen, über die Zahl der Messungen Westgrens hinausgehenden Versuchsstücken durch Vergleich der beobachteten und aus den Gitterabständen errechneten Dichte des Austenits bisher lediglich der Nachweis erbracht[6], daß der Kohlenstoff nicht durch Atomsubstitution in das γ-Eisen eintritt, sondern ein eigenes Gitter bildet, das in das γ-Eisengitter hineingestellt ist, wobei eine kleine Dehnung des letzteren eintritt. Die Frage nach der chemischen Konstitution bleibt nach wie vor offen.

D. Der Einfluß des Siliziums auf die Gleichgewichts- und Graphitisierungsvorgänge.

Abb. 27 zeigt das binäre Zustandsdiagramm Fe-Si, wie es auf Grund der jüngeren Arbeiten, insbesondere der Untersuchungen von K. Honda und T. Murakami[8], sowie auf Grund der Röntgen- und metallographischen Gefügeuntersuchungen von G. Phragmén[9] heute als zutreffend angesehen werden kann. Es treten darin drei Silizide auf. Zwei derselben, welche annähernd den Verbindungen FeSi (33,7% Si) und $FeSi_2$ (50,3% Si) entsprachen, sind von

[1] J. Iron Steel Inst. 1926.
[2] The Science of Metals S. 267.
[3] Trans. Am. Inst. Min. Met. Eng. Bd. 73, S. 859. 1926.
[4] Z. anorg. u. allg. Chem. Bd. 167, S. 254. 1927.
[5] Westgren und Phragmén: J. Iron Steel Inst. Bd. 109, Nr. 1, S. 159. 1924.
[6] Vgl. Diskussion zu Schwartz, H. A.: Graphitisation at constant temperature. Trans. Am. Soc. Steel Treat. Bd. 9, S. 883. 1926.
[7] Vgl. die Diskussion der bisherigen Forschungsarbeiten in: M. C. Neuburger: Röntgenographie des Eisens und seiner Legierungen. Stuttgart: F. Enke 1928.
[8] Science Rep. Tohoku Univ. Bd. 12, S. 257. 1924; Iron Age 1928, S. 730.
[9] J. Iron Steel Inst. Bd. 2, S. 397. 1926. Gesamte Literaturangaben finden sich in: Puppe und Stauber: Handbuch des gesamten Walzwerkwesens. Berlin: Julius Springer 1929, sowie in M. C. Neuburger: Röntgenographie des Eisens und seiner Legierungen. Stuttgart: F. Enke 1928.

etwas variabler Zusammensetzung. Diese zwei Phasen und die beiden Endphasen bilden zusammen drei Eutektika. Das α- bzw. δ-Eisen bilden ein zusammenhängendes Konstitutionsgebiet (Abschnürung des γ-Gebietes[1], Grenzkonzentration etwa 2,5% Si). Die Zusammensetzung des α-Eutektikums (Punkt *B*) beträgt 22,5% Si, die Sättigungsgrenze der α-Eisenmischkristalle bei Zimmertemperatur 16,8% Si.

Die Verbindung Fe_3Si_2 (25,3% Si) bildet sich bei etwa 1025° durch Umsetzung des Silizides FeSi (33,7% Si) mit den siliziumreichen Mischkristallen und zeigt eine magnetische Umwandlung bei 90°.

Das ternäre Diagramm, wie es sich insbesondere aus den Arbeiten von W. Gonterman[2] sowie von Honda und Murakami[3] darstellt, zeigt Abb. 28. Nachteilig ist, daß diese Darstellung nicht dem Charakter des Dualsystems angepaßt ist. Zu beachten ist, daß

1. durch den Zusatz von Silizium die Konzentration des Ledeburiteutektikums, der gesättigten γ-Mischkristalle sowie des Perlits an Kohlenstoff verringert wird;
2. ferner die Temperatur der Eutektikalen *ECF* sowie des Eutektoids durch Si-Zusatz erhöht wird (vgl. Abb. 29, 40 und 42);
3. ein ternäres Eutektikum nicht auftritt (was vermuten läßt, daß im System FeSi-Fe_3C weitgehende Mischkristallbildung vorliegt).

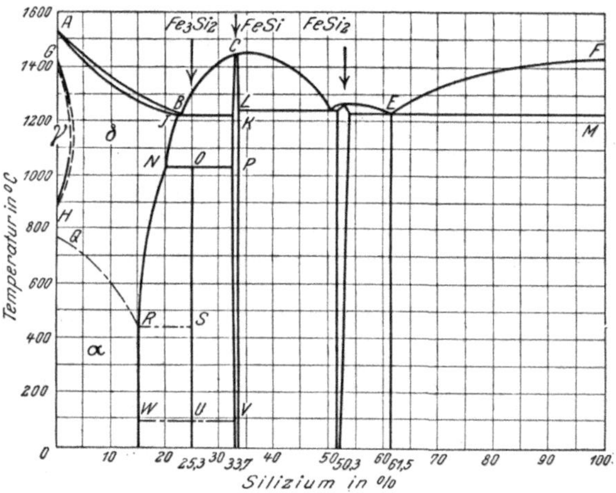

Abb. 27. Binäres Zustandsdiagramm Eisen-Silizium.

Die magnetische Umwandlung des Zementits in normal abgekühlten Schmelzen konnten Honda und Murakami bis zu Siliziumgehalten von 5,5% verfolgen. Bei den Legierungen mit 4 bis 16% Silizium beobachteten sie neben der normalen A_2-Umwandlung noch eine zusätzliche, zunächst bei etwa 580° liegende, mit zunehmendem Siliziumgehalt bis auf 450° sinkende (daher zum Teil von A_2 überdeckte) Umwandlung, die auf das Vorhandensein einer unterhalb jener Temperaturen magnetisierbaren einphasigen, in der Zusammensetzung noch unbestimmten Verbindung zwischen dem Silizid Fe_3Si_2, Eisen und Kohlenstoff (Zementit?) zurückgeführt wird. Legierungen über 16% Si zeigen bis zum Verschwinden der eisenreichen Mischkristalle bei 23% Si die erwähnten Umwandlungen konstant bei 450° wie die kohlenstofffreien Legierungen von Eisen und Silizium. Gleichzeitig setzt mit dem Auftreten der freien Verbindung Fe_3Si_2 die schon früher von Murakami beobachtete magnetische Umwandlung bei 90° mit einer je nach dem prozentualen Anteil dieses magnetisierbaren Silizids veränderlichen Intensität.

Abb. 30 gibt in der Zusammenstellung einer Reihe Magnetisierungskurven von Schmelzen etwa gleichen Kohlenstoffgehalts die Veränderungen der magnetischen Anomalien durch zunehmenden Siliziumgehalt wieder, bei Abkühlung

[1] Vgl. Oberhoffer, P. und H. Esser: Zur Kenntnis der binären Systeme, Fe-P, Fe-Si und Fe-Mn. Stahleisen Bd. 46, S. 1291. 1926.

[2] Z. anorg. u. allg. Chem. Bd. 59, S. 1908. 1908.

[3] Vgl. a. Gieß. 1925, S. 834.

von 600°. Hingewiesen sei besonders auf die Kurven *1* bis *4*, welche in abnehmender Intensität die magnetische Umwandlung des Zementits aufweisen.

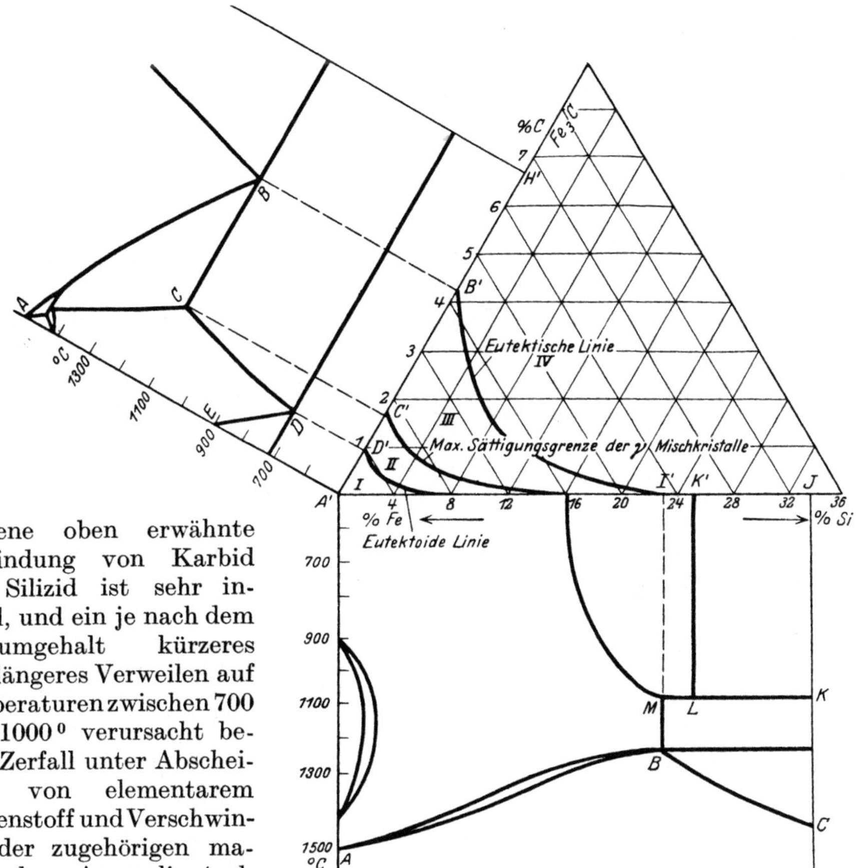

Abb. 28. Ternäres Zustandsdiagramm Eisen-Kohlenstoff-Silizium.

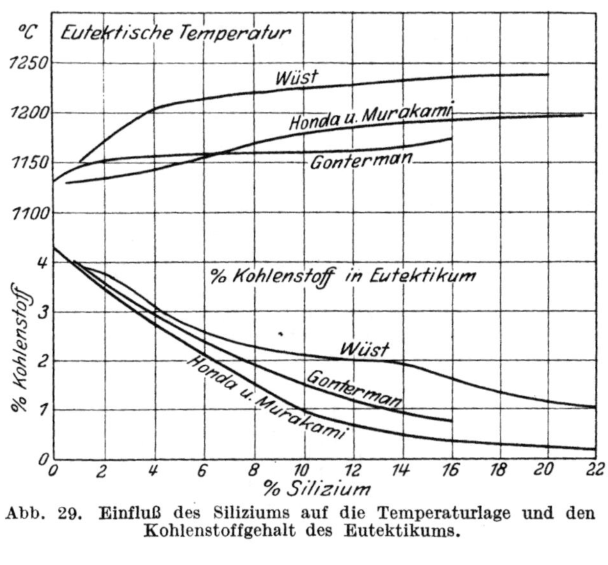

Abb. 29. Einfluß des Siliziums auf die Temperaturlage und den Kohlenstoffgehalt des Eutektikums.

Jene oben erwähnte Verbindung von Karbid und Silizid ist sehr instabil, und ein je nach dem Siliziumgehalt kürzeres oder längeres Verweilen auf Temperaturen zwischen 700 und 1000° verursacht bereits Zerfall unter Abscheidung von elementarem Kohlenstoff und Verschwinden der zugehörigen magnetischen Anomalie (vgl. in Abb. 31 und 32 den Einfluß der Erhitzungstemperatur). Mit zunehmendem Siliziumgehalt wird jene Verbindung beständiger, wie ein Vergleich der Abbildung 30 mit der die gleichen Schmelzen umfassenden Abb. 33 zeigt. Während bei den siliziumärmeren Legierungen die Erhitzung auf 900° bereits den Zerfall verursachte, besitzen die Legierungen mit über 10% Si (Kurve *7* und *8*) nach wie vor die magnetische Umwandlung. Auch aus diesen Kurven geht übrigens die Abnahme der Intensität der hier mit A_0 bezeichneten Zementitumwandlung bei steigendem Siliziumgehalt hervor, sowie das allmähliche Sinken der A_2-Umwandlung auf 450°, bis sie, wie gesagt, von 16% Si konstant bleibt. Desgleichen sei auf den zu- und abnehmenden magnetischen Effekt bei 90° hingewiesen. Die dilatometrischen Messungen ergaben bei den kohlenstoffreichen Legierungen ein rasches Ansteigen von A_3 durch Silizium. Bei 2% Silizium war bei 1050° die Umwandlung noch nicht eingetreten[1]. Mit zunehmendem Kohlenstoffgehalt wird diese Erhöhung immer mäßiger, und bei einer Legierung mit z. B. 5,03% Si und 2,75% C liegen Ac_1 und Ar_1 immer noch bei etwa 950°.

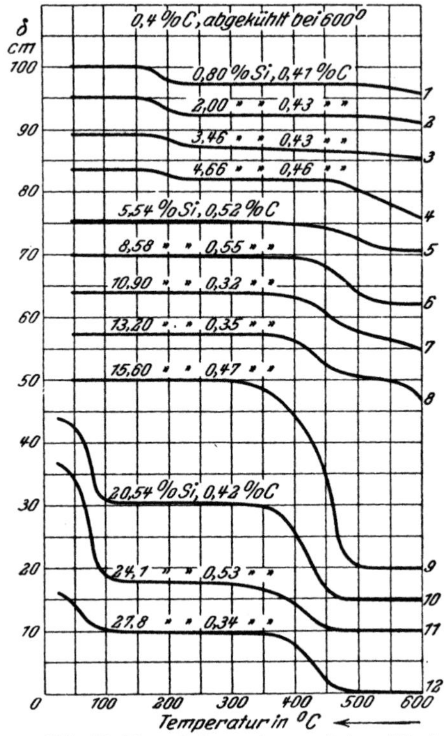

Abb. 30. Magnetisierungskurven bei praktisch konstantem Kohlenstoff- und verändertem Siliziumgehalt bei Abkühlung von 600° (Honda und Murakami).

Auf Grund der magnetischen Untersuchungen bei Abkühlung von 650° stellten die Verfasser ein einfaches, in Abb. 34 wiedergegebenes Strukturdiagramm auf, das dem instabilen (d. h. dem bei normaler oder schneller Erstarrung der Legierungen sich einstellenden) Gleichgewicht entspricht. Es zeigten an magnetischen Effekten alle Legierungen von:

Feld I zwei Umwandlungen bei etwa 700 und 200°,
Feld II drei Umwandlungen bei etwa 700, 500 und 200°,
Feld III zwei Umwandlungen bei etwa 650 bis 500 und 500°,
Feld IV zwei Umwandlungen bei etwa 450 und 90°.

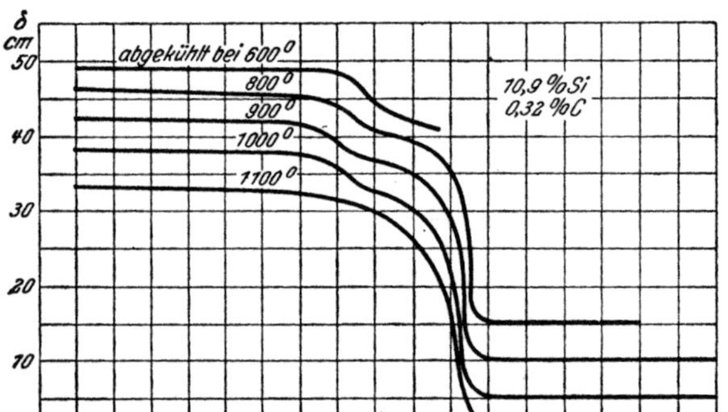

Abb. 31. Der Einfluß der Erhitzungstemperatur auf den Zerfall der problematischen Eisen-Kohlenstoff-Silizium-Verbindung; Nachweis durch Magnetisierungskurven (Honda und Murakami).

Die gestrichelte Linie *HG* trennt das Diagramm in zwei Gebiete gemäß der Beobachtung, daß alle rechts von *HG* gelegenen Legierungen freien, von der Zementitzersetzung herrührenden Graphit aufweisen. Unter Berücksichtigung der mikroskopischen Prüfung kommen nunmehr diesen Feldern folgende Gefügeelemente zu (wobei alle als besondere Phasen zu bezeichnenden Gefügebildner in eckige Klammern gesetzt sind):

I. $[Fe + Fe_3Si_2] + [Fe_3C]$,
IIa. $[Fe + Fe_3Si_2] + [Fe_3C] + [Fe + Fe_3Si_2 + C]$,
IIb. $[Fe + Fe_3Si_2] + [Fe_3C] + [Fe + Fe_3Si_2 + C] + [C]$,
IIIa. $[Fe + Fe_3Si_2] + [Fe + Fe_3Si_2 + C]$,
IIIb. $[Fe + Fe_3Si_2] + [Fe + Fe_3Si_2 + C] + [C]$,
IV. $[Fe + Fe_3Si_2] + [Fe_3Si_2] + [C]$.

[1] Vgl. S. 45 und 46.

Das dem Gleichgewichtszustand entsprechende Strukturdiagramm Abb. 35 wurde erhalten auf Grund der mikroskopischen Untersuchung und unter Berücksichtigung der magnetischen Kurven von Legierungen, die vorher einige Zeit bei Temperaturen von 900 bis 1200° (je nach dem Silizium- und Kohlenstoffgehalt) angelassen waren. Danach kämen den einzelnen Feldern folgende Gefügebildner zu:

I. [Fe + Fe_3Si_2] + [Fe_3C],
II. [Fe + Fe_3Si_2] + [C],
III. [Fe + Fe_3Si_2] + [Fe_3Si_2] + [C],
IV. [Fe_3Si_2] + [FeSi] + [C].

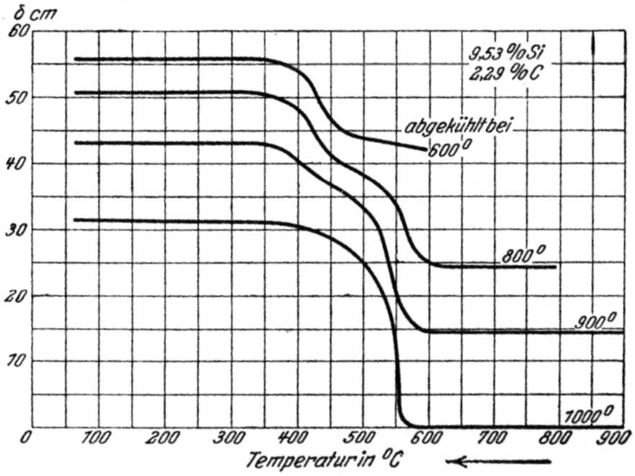

Abb. 32. Wie Abb. 31, jedoch Kurven einer kohlenstoffreicheren Legierung.

Vergleichende mikroskopische Beobachtungen an dem in den ternären Legierungen auftretenden Graphit und dem Vorgang der Graphitisierung zementithaltiger Schmelzen veranlaßten die Verfasser zu der Auffassung, daß es auch im ternären System Fe-C-Si keinen direkt aus den Schmelzen kristallisierenden Graphit gebe, sondern, wie bei den siliziumarmen Eisen-Kohlenstoff-Legierungen, die Graphitbildung stets den Weg über den Zementitzerfall nehme.

Ein dem Hondaschen ähnliches Konstitutionsdiagramm stellte später auch H. Sawamura[1] auf Grund seiner magnetischen Untersuchungen an synthetischen weiß erstarrten Fe-C-Si-Legierungen auf.

Aus den Intensitäten der bei ca. 200° (magnetische Umwandlung des reinen Zementits) und bei 500° (magnetische Anomalie des Silikokarbides) gefundenen magnetischen Effekte konnte Sawamura zeigen:

1. daß der Gehalt an freiem Zementit mit zunehmendem Siliziumgehalt abnimmt und bei ca. 6% Si = Null wird;

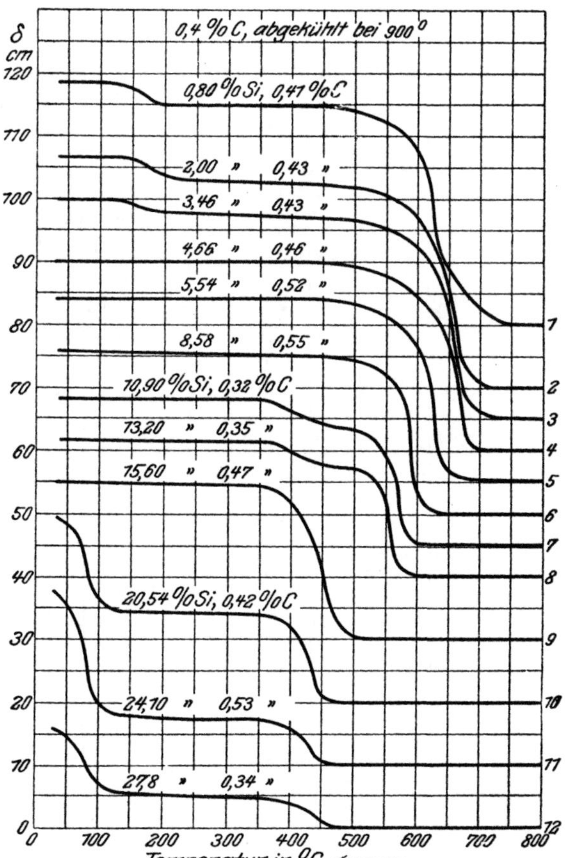

Abb. 33. Magnetisierungskurven eines Eisens mit etwa 0,4 bis 0,5% C und zunehmendem Siliziumgehalt bei Abkühlung von etwa 900° (Honda und Murakami).

[1] Mem. Kyoto Imp. Univ. Bd. 4, Nr. 4. 1926.

2. daß der Anteil des Silikokarbides etwa in gleichem Maße zunimmt, wie der des Zementits zurückgeht.

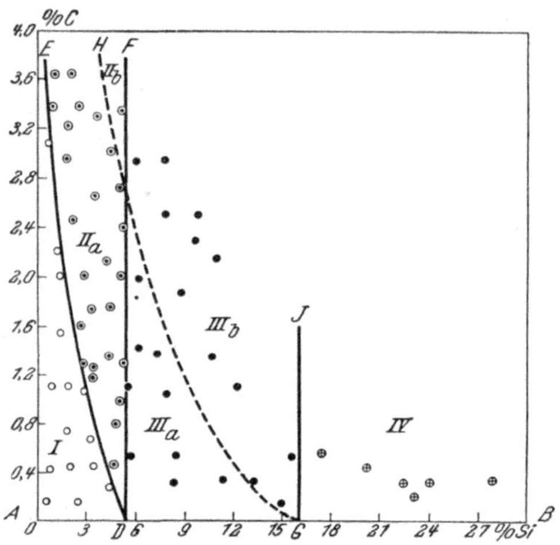

Abb. 34. Strukturdiagramm der Eisen-Kohlenstofflegierungen bei metastabiler Erstarrung (Honda und Murakami).

Sawamura konnte übrigens diese beiden Konstituenten auch

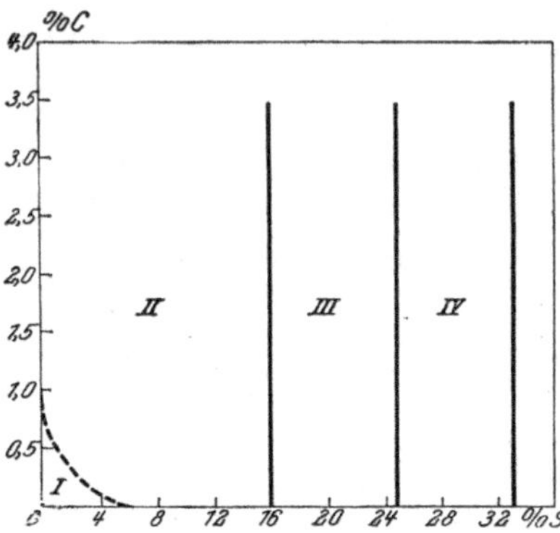

Abb. 35. Strukturdiagramm der Eisenkohlenstoff-Siliziumlegierungen im Gleichgewichtszustand (Honda und Murakami).

metallographisch nachweisen, da bei Ätzung mit heißem alkalischen Natriumpikrat der reine Zementit wesentlich stärker gedunkelt wurde.

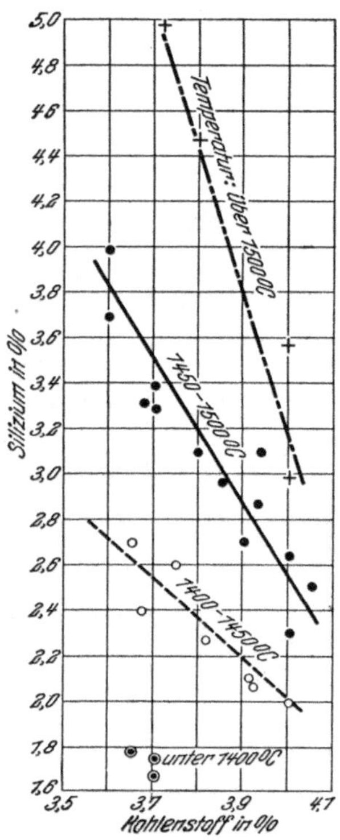

Abb. 36. Beziehung zwischen Kohlenstoff- und Siliziumgehalt von Hämatitroheisen bei verschiedenen Abstichtemperaturen (Michel).

Die Verminderung der Löslichkeit des Kohlenstoffs im Eisen durch zunehmenden Siliziumgehalt ist für die Herstellungsweise von Gießereiroheisen von großer Bedeutung, da es dort nur bei sehr heißem Ofengang gelingt, ein silizium- und gleichzeitig kohlenstoffreiches (gares) Eisen zu er-

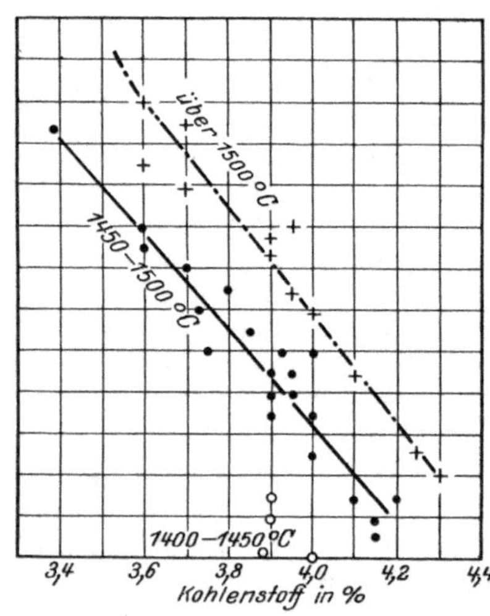

Abb. 37. Beziehung zwischen Kohlenstoff- und Siliziumgehalt von Gießereiroheisen bei verschiedenen Abstichtemperaturen (Michel).

blasen[1], wie es von den Gießereien auch heute noch stark gefragt wird, um die Möglichkeit zu haben, mit erhöhten Schrottanteilen gattieren zu können (Abb. 36 und 37).

Die in Abb. 36 und 37 zum Ausdruck gebrachten Verhältnisse stehen in Übereinstimmung mit den Versuchsergebnissen von Piwowarsky und Schichtel[2], welche die Verschiebung der Linie $C'D'$ im binären Eisenkohlenstoffdiagramm durch Zusätze von Silizium, Phosphor und Nickel (Abb. 38a—c) systematisch bestimmten (Ausgangsmaterial Elektrolyteisen, Schmelzen in reinsten Kohletiegeln). Man sieht, daß die drei Elemente einen gleichgerichteten Einfluß ausüben, der quantitativ allerdings stark verschieden ist.

Berechnet man aus den sich entsprechenden Kohlenstoff- und Silizium (bzw. Phosphor- oder Nickel)gehalten die Anteile Kohlenstoff, welche durch einen Gewichtsanteil des Zusatzelementes aus der Schmelze verdrängt werden, so

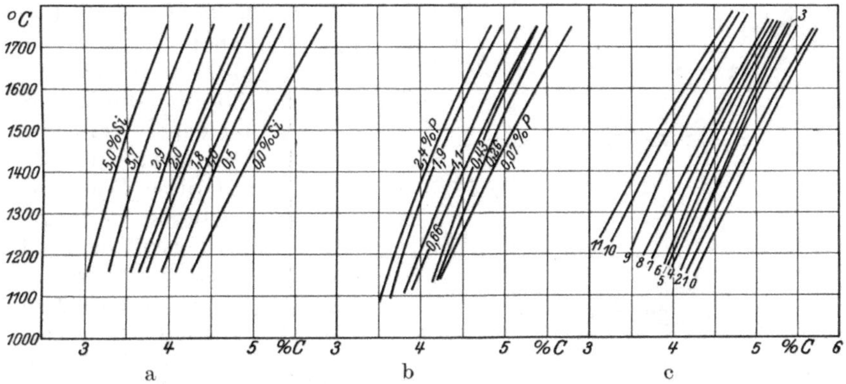

Abb. 38a bis c. Einfluß von Silizium, Phosphor und Nickel auf die Verschiebung der $C'D'$-Linie im Eisenkohlenstoffdiagramm (Piwowarsky und K. Schichtel).

Konzentrationen der Nickelreih (rechts):

0 = 0 % Ni	*4* = 6,2% Ni	*8* = 16,6% Ni
1 = 2,2% ,,	*5* = 7,7% ,,	*9* = 21,9% ,,
2 = 3,4% ,,	*6* = 10,9% ,,	*10* = 27,9% ,,
3 = 4,2% ,,	*7* = 13,3% ,,	*11* = 31,5% ,,

ergeben sich die in Abb. 39 aufgetragenen Werte, wobei die einzelnen Kurven die Temperaturabhängigkeit der Verdrängung zum Ausdruck bringen. Die Verdrängung ist danach bei höheren Temperaturen ausgeprägter als bei tieferen. Ferner zeigt sich, daß die verdrängende Wirkung bei kleinen Gehalten der Zusatzelemente am größten ist, um von einem gewissen Zusatz an konstant zu bleiben. Diese Konvergenzgehalte liegen für Silizium bei ca. 3,0 %, für Phosphor bei etwa 2,5 %, für Nickel bei etwa 14 %. Es zeigte sich übrigens, daß bei gleichzeitigem Vorhandensein z. B. von Nickel und Silizium die Wirkungen sich quantitativ erst dann summieren, wenn bei beiden Elementen der konstante mit der Kohlenstoffverdrängung erreicht ist ($>$ 3,0 % Si und $>$ 14 % Ni). Bei geringeren Gehalten war die Verschiebung der $C'D'$-Linie kleiner als es der Summe der einzelnen Elemente entsprechend zu erwarten gewesen wäre.

Eine Möglichkeit, den Kohlenstoffgehalt des Perlits als eine Funktion des Si-Gehaltes zu bestimmen, geben A. Hayes und Wakefield[3] an. Die grundlegende Voraussetzung für die Richtigkeit der Bestimmung ist, daß die Menge

[1] Vgl. a. Michel, A.: Einfluß des Hochofenganges auf den Gesamtkohlenstoffgehalt des Roheisens. Stahleisen Bd. 47, S. 696. 1927.

[2] Stahleisen demnächst; Diss. Schichtel, Aachen 1928.

[3] Trans. Am. Soc. Steel Treat. Bd. 10, S. 214. 1926.

der Teile eines Bildausschnittes, die mit Perlit bedeckt sind, bei irgendeiner Legierung mit irgendeinem Si-Gehalt proportional dem gefundenen Kohlenstoffgehalt sind. Es wurden Legierungen erschmolzen mit wechselndem Si-Gehalt und mit solchen Mengen an gebundener Kohle, daß genügend Perlit gebildet werden konnte, um etwa 30 bis 60% der Bildfläche zu bedecken. Es wurden dann die Felder sorgfältig ausplanimetriert und die Proben auf ihren C- und Si-Gehalt untersucht. Der Kohlegehalt des Perlits wurde alsdann dadurch bestimmt, daß man die Menge der gebundenen Kohle durch den Perlitgehalt dividerte. Die auf diese Weise im Perlit erhaltene C-Menge wurde ins Verhältnis gesetzt zum Si-Gehalt. Legt man eine Kurve durch die so erhaltenen Punkte, so ist es auch möglich, die Werte für den Kohlegehalt des Perlits für jeden Si-Gehalt innerhalb des Untersuchungsbereichs zu interpolieren.

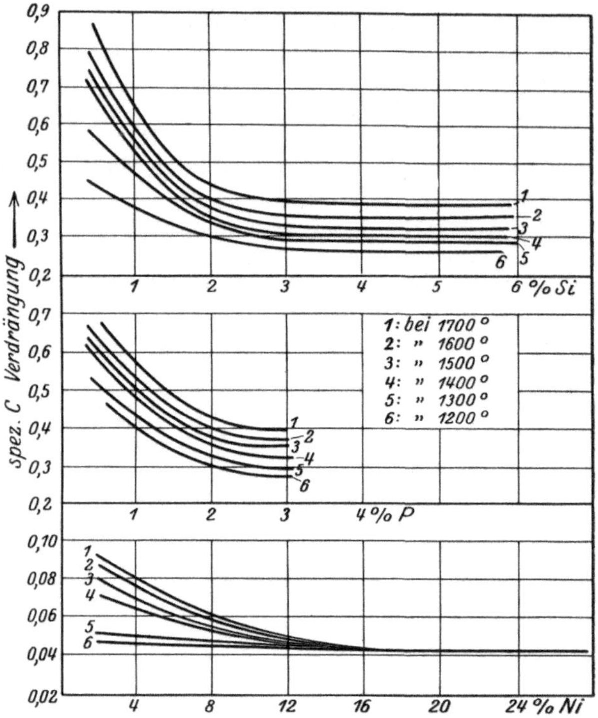

Abb. 39. Verdrängung des Kohlenstoffs der Schmelze durch die Elemente Silizium, Phosphor und Nickel (K. Schichtel und E. Piwowarsky).

Die einzelnen Schmelzen von je etwa 100 g wurden in Magnesittiegeln unter Verwendung von Elektrolyteisen, reinem Graphit und Ferrosilizium hergestellt. Man ließ sie im Ofen derart abkühlen, daß wohlausgebildeter Perlit entstehen mußte. Die Abkühlungsgeschwindigkeiten der Proben wurden möglichst gleichmäßig gestaltet, da die Vermutung bestand, daß der Kohlegehalt des Perlits sich mit der Abkühlungsgeschwindigkeit etwas ändern dürfte.

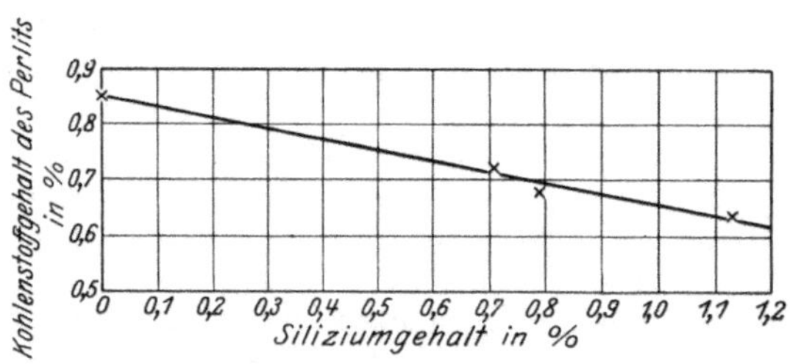

Abb. 40. Konzentration des Perlits an Kohlenstoff in Abhängigkeit vom Siliziumgehalt (Hayes und Wakefield).

Die abgekühlten Proben wurden an vier Stellen durchgesägt und vier der Sägeflächen wurden ausgewertet. Die Stellen mit Perlit, Ferrit und Verunreinigungen wurden an fünf Stellen auf jedem Schnitt gemessen und hieraus der Mittelwert berechnet. Zahlentafel 11 zeigt die Mittelwerte der vier untersuchten Proben, während Abb. 40 die graphische Auswertung der Versuche wiedergibt.

Die Interpolation ergibt hierbei den Wert von 0,65% C für den Kohlegehalt des Perlits bei einer Legierung mit 1% Si.

Zahlentafel 11.

Nr. der Legierung	Geb. Kohlenstoff %	Graphit-kohlenstoff %	Silizium %	Perlit %	Ferrit %	Kohlegehalt des Perlits %
1	0,3895	—	—	45,77	54,23	0,851
2	0,4709	Spuren	0,710	65,29	34,71	0,7213
3	0,289	0,004	0,789	42,22	57,78	0,6845
4	0,468	0,013	1,113	71,06	28,94	0,6403

Die Verschiebung der Linie $E'S'$ des stabilen Systems durch zunehmenden Si-Gehalt des Eisens zeigt Abb. 41 nach einer Arbeit von Morschel[1]. Hierbei wurde nach vollkommener Zersetzung des Gefüges in Ferrit und Graphit durch Glühen bei entsprechender Temperatur das Gleichgewicht angestrebt und durch Abschreckung festgehalten. Über den Einfluß von Silizium auf die Temperatur der Perlitumwandlung und den eutektoiden Kohlenstoffgehalt, vgl. auch Abb. 42.

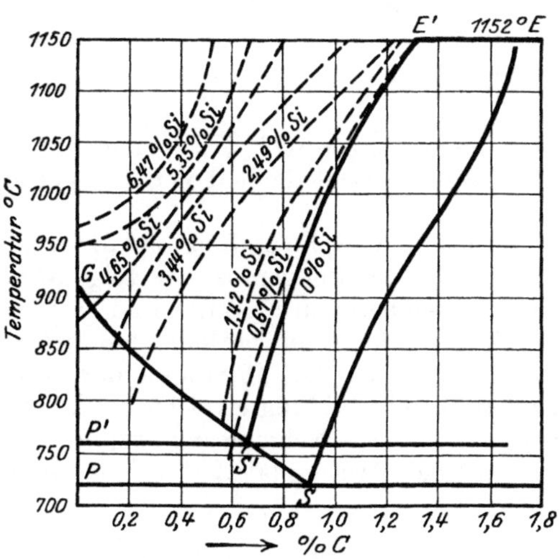

Abb. 41. Einfluß des Siliziums auf die Löslichkeit des Kohlenstoffs im festen Eisen (Morschel).

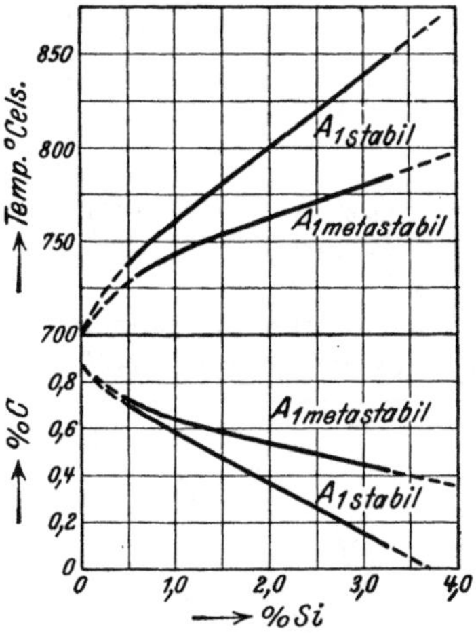

Abb. 42. Einfluß des Siliziums auf die Temperatur der Perlitbildung und den eutektoiden Kohlenstoffgehalt (H. A. Schwarz, M. E. Payne und A. F. Gorton).

Bereits früher hatten H. A. Schwarz, M. E. Payne und A. F. Gorton[2] ähnliche Untersuchungen an einem graphitisierten Weißeisen mit 2,5% C, 0,052% Mn, 0,03% P, 0,03% S bei Siliziumgehalten von 0,4 bis 3,32% angestellt und waren zu einem der Morschelschen Darstellung ähnlichen Diagramm gekommen.

Becker[3] schließt aus seinen Zementationsversuchen in Graphitpulver an Materialien mit verschiedenem Siliziumgehalt, daß unter etwa 900 bis 920° dem elementaren Kohlenstoff keine Löslichkeit im (γ)-Eisen zukomme (vgl. Abb. 43, sowie Zahlentafel 12). Ganz einwandfrei ist diese Schlußfolgerung allerdings nicht, da eine durch unzureichende Berührung der Proben mit dem Graphitpulver einerseits, die durch das Silizium seines Eisens stark erhöhte α/γ-Umwandlung anderseits, die Auflösungsfähigkeit des Graphits an der Probenoberfläche stark beeinträchtigt haben dürfte. Außerdem wäre es einwand-

[1] Dissertation Berlin 1924.
[2] Trans. Am. Inst. Min. Met. Eng. Bd. 69, S. 791, 1923; vgl. Stahleisen Bd. 43, S. 1262. 1923.
[3] Iron Coal Trades Rev. Bd. 111, S. 396/8. 1925; Ref. Stahleisen Bd. 45, S. 1789. 1925.

Zahlentafel 12. Zementationsversuche (nach L. Becker).

Temperatur in °C	Zementationsdauer i. Std.	Gebundener Kohlenstoff in %			
		Armco-Eisen 0,01% Si	1,33% Si	2,54% Si	4,22% Si
800	191	0	0	0	0
850	177	0	0	0	0
	24	0,17			
900	50	0,19			
910	89	0,26	0	0	0
	205	0,26			
	310	0,23			
915	117	0,32			
940	313	0,81	0,64	0,41	0,06
990	295	0,91	0,73	0,55	0,11
1045	158	1,25			
	315	1,21	0,96	0,66	0,08
1100	168	1,61	1,30	0,60	
	41	1,30			
	158	1,58			
	324	1,62	1,34	0,75	0,09

freier gewesen, von Temperkohle als Zementationsmittel auszugehen (vgl. die auf S. 22 diskutierte Ansicht der Modifikationsverschiedenheit von Temperkohle und Graphit).

Den Einfluß des Siliziums auf die prozentuale Graphitbildung und die Löslichkeit des flüssigen Eisens für Kohlenstoff bei Erstarrungstemperatur zeigt Abb. 44 nach Versuchen von F. Wüst und O. Petersen[1]. Hieraus ist ersichtlich, daß bei etwa 3 bis 3,5% Si das Maximum der prozentualen Graphitbildung erreicht wird. Eigenartig ist, daß die Neigung zur Graphitbildung vielfach bei etwa 1 bis 1,25% Si sprunghaft

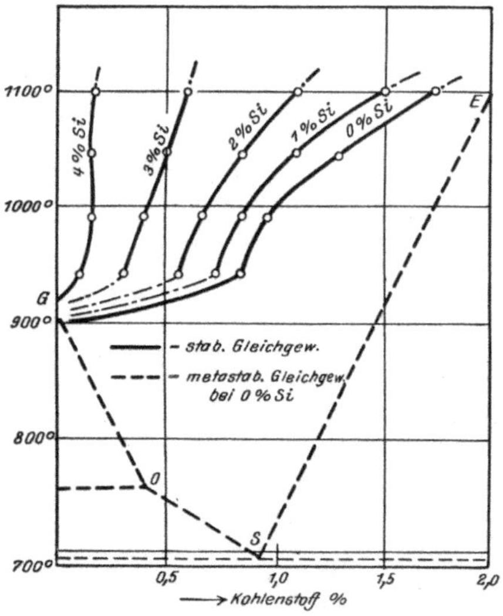

Abb. 43. Einfluß des Siliziums auf das Gleichgewicht des Eisens mit Graphit (Becker).

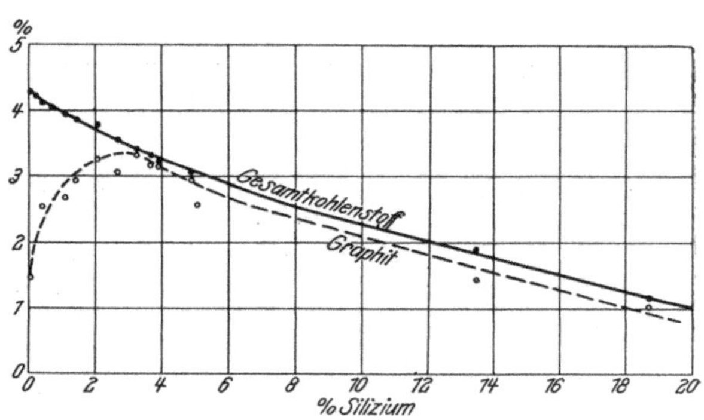

Abb. 44. Einfluß des Siliziumgehaltes auf das Sättigungsvermögen des Eisens für Kohlenstoff und die Graphitbildung (Wüst und Petersen).

zunimmt, daß hier gewissermaßen ein kritischer Si-Gehalt vorliegt, wie die Zahlentafel 13 nach Versuchen von Hague und Turner[2] zeigt.

[1] Metallurgie 1906, S. 811; vgl. a. Stahleisen 1907, S. 482.
[2] J. Iron Steel Inst. 1910, Nr. 2, S. 72.

Zahlentafel 13.

Probe-nummer	Bruch-gefüge	Si %	Ges.-C %	Graphit %	Geb.-C %	Haltepunkte °C		
						Erstarr.-Beginn	Eutekt. Temp.	Perlit-Punkt
1	weiß	0,03	2,71	0,16	2,55	1245	1138	700
2	,,	0,23	2,61	0,17	2,44	1217	1138	714
3	,,	0,66	2,95	0,13	2,82	1244	1136	726
4	,,	0,97	2,56	0,23	2,33	1247	1136	730
5	grau	1,19	2,70	1,32	1,38	1244	1136	734
6	,,	1,50	2,48	1,29	1,19	1230	1137	739

Ähnliche Beobachtungen sind auch von anderen Forschern u. a. von Gontermann gemacht worden. Hatfield[1], der Stäbe von 25 × 9 mm (1 × 3/8 in.) abgoß, fand den kritischen Si-Gehalt etwas höher und zwar bei etwa 1,5 bis 1,6%.

Abb. 45 zeigt die Ergebnisse Turners gegenüber denen von Hatfield. Die Werte der Kurve *B* beziehen sich hier auf eine gegenüber der Kurve *A* höhere Gießtemperatur. Offenbar handelt es sich bei dieser Erscheinung also um einen Unterkühlungsvorgang, da mit höherer Gießtemperatur der kritische Si-Gehalt ansteigt (vgl. das Kapitel: Einfluß der Gießtemperatur, insbesondere die Ausführungen S. 82/83).

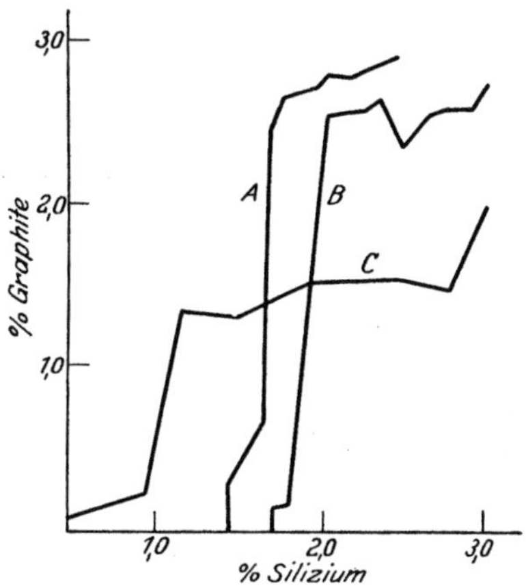

Abb. 45. Einfluß des Siliziums auf die Graphitbildung (Kurven *A* und *B* nach Hatfield, Kurve *C* nach Hague und Turner).

Auch E. Maurer[2] hat dieses diskontinuierliche Verhalten der Kohlenstofflegierungen mit 1 bis 1,5% Si beobachten können, wie das Raumdiagramm der Brinellhärte als Funktion der chemischen Zusammensetzung (Abb. 46 und 47) zeigt. Teilschnitte durch diese Raumdiagramme bei 2,5%, 3% und 3,5% C geben Abb. 48 bzw. 49. Um eine Überlagerung der Kurven zu vermeiden, sind sie um den Abstand = 100 B.E. senkrecht gegeneinander verschoben. Die Vorwärmung der Gießform bewirkte Erniedrigung der kritischen Siliziumgehalte, also eine andere Auswirkung als eine Steigerung der Gießtemperatur. Diese den Ergebnissen von Hatfield zunächst scheinbar widersprechende Abhängigkeit findet mit den im Kapitel „Einfluß der Gießtemperatur" niedergelegten Ausführungen ihre zwanglose Erklärung im Keimreichtum der Maurerschen (nicht überhitzten und bei etwa 1250° vergossenen) Schmelzen.

Der Einfluß des Siliziums auf die Temperatur merklichen Zerfalls des Eisenkarbids geht aus Abb. 50 nach Versuchen von Grenet[3] an einem Eisen mit 3,2 bis 3,6% C hervor. Auch H. Sawamura[4] konnte an Hand dilatometrischer Untersuchungen an reinen, weiß erstarrten Fe-C-Si-Legierungen zeigen, wie mit zunehmendem Siliziumgehalt der Zerfall des Silikokarbids an Intensität zunimmt und bereits bei tieferen Temperaturen vor sich geht (Abb. 51). Zu seinen weiteren Versuchen konnte Sawamura auch die (an und für sich allerdings bereits bekannte) Tatsache bestätigen, daß verminderter Gesamtkohlenstoff-

[1] J. Iron Steel Inst. 1906, Nr. 2, S. 157.
[2] Stahleisen Bd. 47, S. 1805 und 1977. 1927.
[3] a. a. O. S. 32.
[4] Mem. Kyoto Imp. Univ. Bd. 4, Nr. 4. 1926.

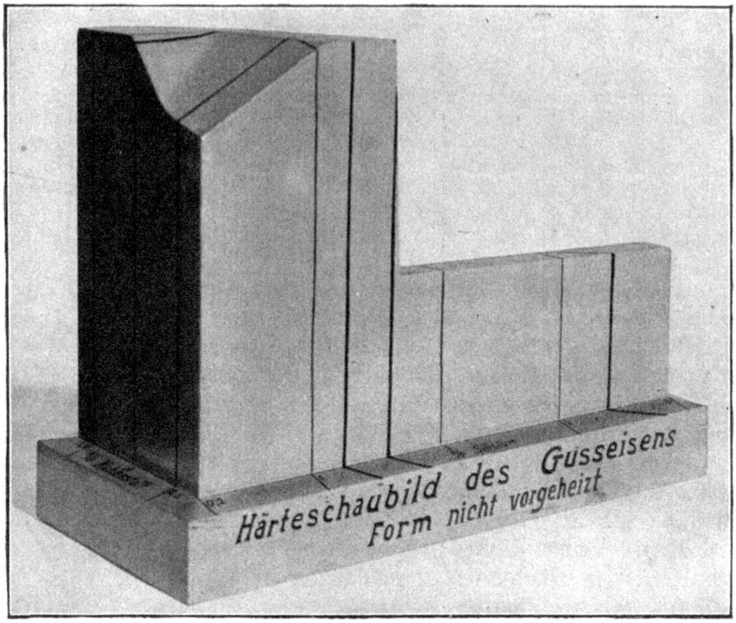

Abb. 46. Härteschaubild des Gußeisens, Vorderseite (Maurer).

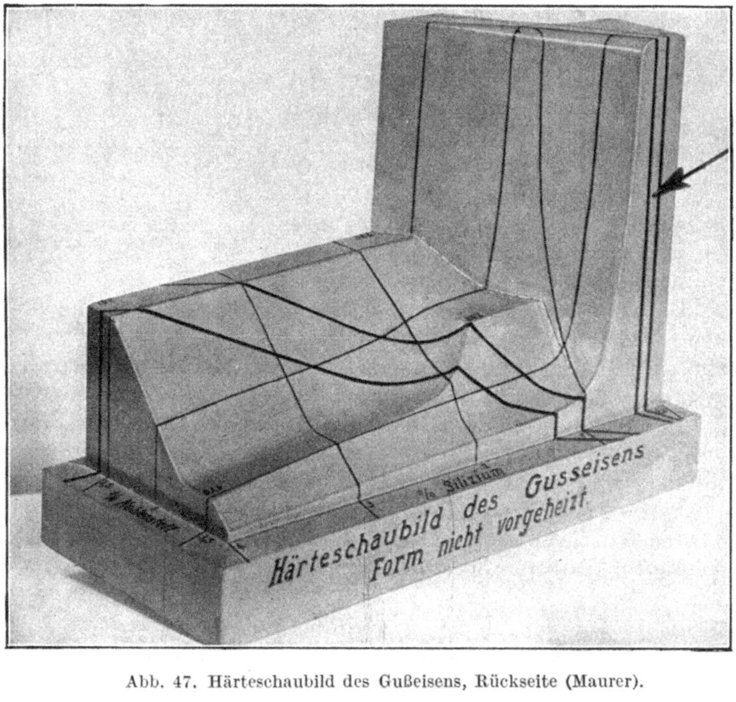

Abb. 47. Härteschaubild des Gußeisens, Rückseite (Maurer).

gehalt den Karbidzerfall behindert, ähnlich den bereits auf S. 18 mitgeteilten Versuchsergebnissen von Oberhoffer und Piwowarsky[1].

Auch Chevenard und Portevin[2] untersuchten den Einfluß des Kohlenstoffs und Siliziums auf die Graphitisation von weißem Eisen. Ihre Legierungen waren Eisensorten mit 0,10 % Mangan, 0,01 % Schwefel und 0,015 % Phosphor und wurden bei 1400° in nicht vorgewärmte Kokillen zu Stäben gegossen; ihr Gehalt an Kohlenstoff erstreckte sich von 1,7 bis 4,5% und an Silizium von 0,2 bis 6%. In dem aufgestellten Raumdiagramm wurden daher nicht allein alle technischen Gußeisensorten berührt, sondern auch die Gesamtheit der hypoeutektischen Erzeugnisse im Eisenkarbidsystem. Bei den Ergebnissen der Versuche wurden zwei Liniengruppen unterschieden, wobei die eine den Einfluß des Siliziums für Kohlenstoffgehalte von 1,7%, 2%, 2,5%, 3%, 3,5% und 4% ausdrückte; diese Kurven verlaufen hyperbolisch, so daß bei den Gehalten von 2,5 bis 3,5% Si die Graphitisationstemperatur sich nur wenig änderte und bei rund 600° konstant blieb. Die anderen Linien sind Graphitisationsisothermen in der Abstufung von 650 bis 1100°; sie verlau-

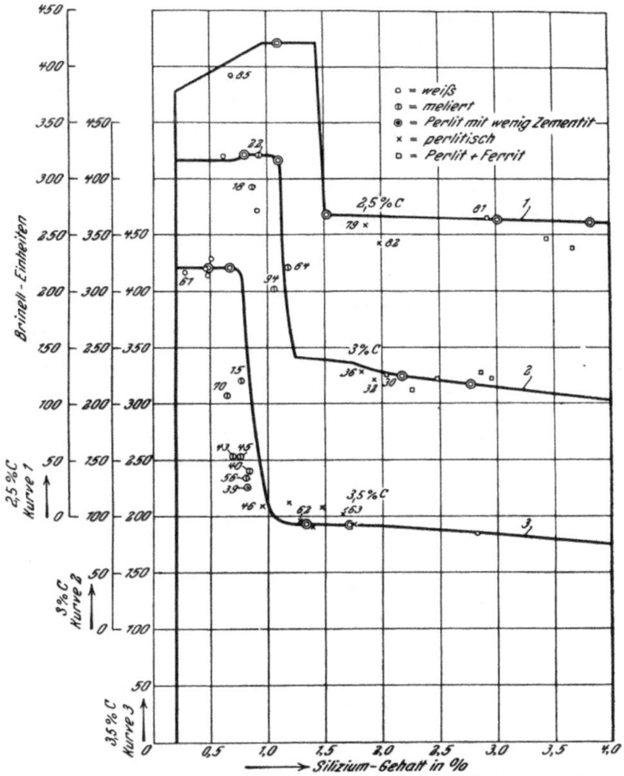

Abb. 48. Schnitte durch das Raumdiagramm gemäß Abb. 46/47.

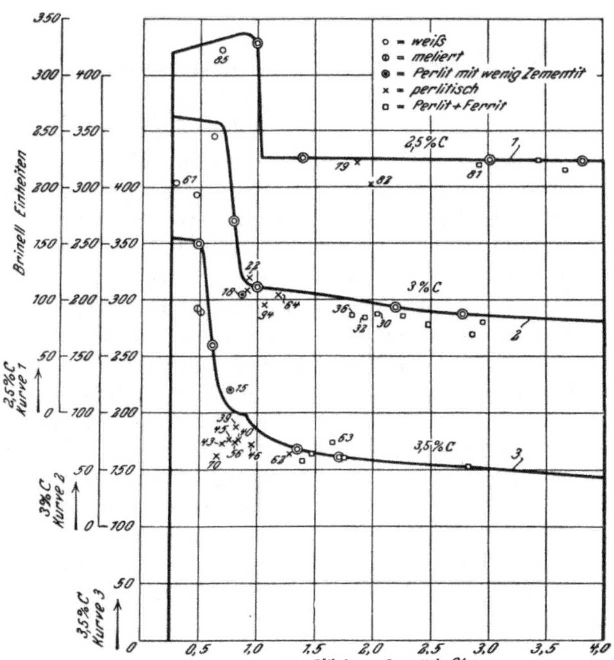

Abb. 49. Wie Abb. 48, jedoch Form vorgeheizt.

[1] Stahleisen 1925, S. 1173.
[2] Comptes Rendus 1926, S. 1283/84; vgl. a. Gieß. 1927, S. 267

fen fast in einer geraden Linie, woraus gefolgert werden kann, daß die Wirkungen des Siliziums und Kohlenstoffs zusammen die Graphitisation begünstigen, daß aber der Einfluß des Kohlenstoffs nur bei geringem Siliziumgehalt (unter 2%) gekennzeichnet ist. Außer Silizium und Kohlenstoff könnten noch andere Faktoren die Graphitisation begünstigen, z. B. gewisse Gehalte an

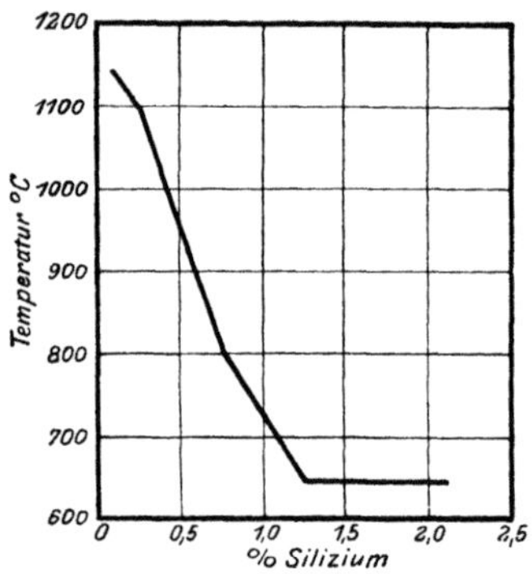

Abb. 50. Abhängigkeit der Temperkohleabscheidung (Karbidzerfall) vom Siliziumgehalt (Grenet).

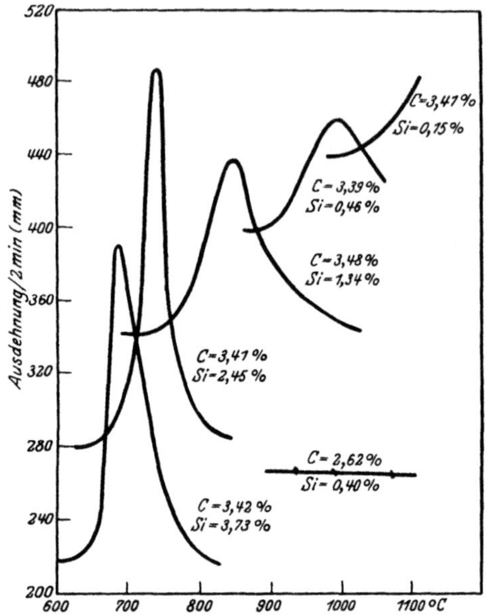

Abb. 51. Einfluß des Siliziums auf den Zerfall des Eisenkarbids (Sawamura).

Mangan und Schwefel, die Zusammensetzung der Gasatmosphäre, die Anwesenheit von Graphitteilchen usw.

E. Über den Mechanismus der Graphitisierung siliziumhaltiger Eisensorten.

Wenngleich die Möglichkeit einer direkten Graphitkristallisation beim Erstarren der Eisen-Kohlenstofflegierungen nicht zu bestreiten ist, theoretisch demnach auch das Doppeldiagramm berechtigt ist, so wird doch bei den Abkühlungsbedingungen des praktischen Betriebes die Graphitbildung sehr oft und in stark untereutektischen Eisensorten wohl ausschließlich den Weg über den Karbidzerfall nehmen, sobald die Abkühlungsgeschwindigkeit größer wird als die Kristallisationsgeschwindigkeit des Graphits aus der Schmelze. Als Forderung für die Möglichkeit dieses Mechanismus ergibt sich allerdings die Annahme, daß die Zerfallsgeschwindigkeit des Karbids bei Erstarrungstemperatur, ausgedrückt durch die in der Zeiteinheit abgeschiedene Kohlenstoffmenge, größer ist als die Kristallisationsgeschwindigkeit des Graphits aus der Schmelze. Schon das mikroskopische Studium melierter oder Übergangszonen vom weiß- zum grau erstarrten Teil gibt Anhaltspunkte für die Existenz eines solchen Mechanismus bei der Graphitisierung des Eisens. So findet man z. B. an solchen Übergangsstellen, daß die Größenordnung und Ausbildungsform des Graphits deutlich der Größenordnung und Ausbildungsform des Karbids folgt[1], vgl. z. B. Abb. 52 nach Versuchen des Verfassers.

[1] Über ähnliche Versuche berichtete bereits Stead, J. E.: Ferrum Bd. 12, S. 25 und 45. 1914/15.

Den metallographischen Nachweis eines Falles von feineutektischer Graphitbildung in Si-reichen Legierungen durch Karbidzerfall konnte E. Piwowarsky wie folgt erbringen:

300 g eines Gußeisens mit 2,78% Si und 3,42% C wurden im Tammannofen (Magnesiatiegel) auf 1350° erhitzt, alsdann nach mäßiger Abkühlungsgeschwindigkeit im Schmelzfluß mitsamt dem Tiegel bei 1120°, d. h. etwa 20 bis 30° unterhalb der eutektischen Erstarrung in Wasser abgeschreckt. Eine weitere Schmelze wurde bei 1300° in eine dickwandige eiserne Kokille zu einem dünnen Stab vergossen.

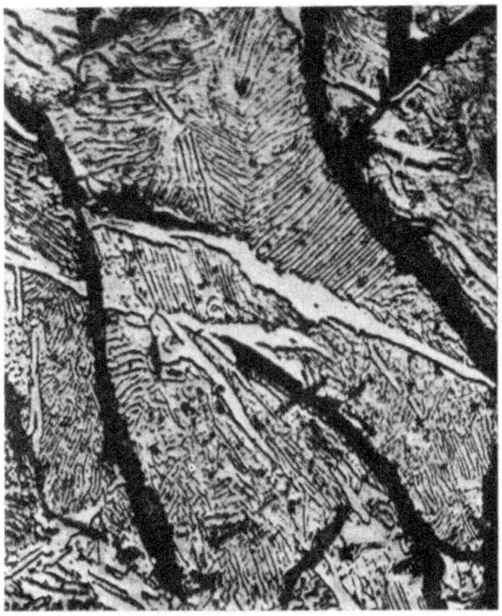

Abb. 52. Gußeisen mit labiler Zusammensetzung, langsam erkaltet. (Ätzung II, × 500.)

Abb. 53 und 54 zeigen das Ergebnis des Versuches. Der Zusammenhang zwischen Ledeburitausbildung in Abb. 53 und dem Graphiteutektikum ist unverkennbar. Das Graphiteutektikum ist von fast reinem Eisen umgeben, das vom Karbidzerfall herrührt und infolge der schnellen Abkühlung keinen Kohlenstoff mehr aus den Mischkristallen durch Diffusion aufnehmen konnte.

Die mäßigere Abschreckung durch Kokillenguß führte neben etwas vergröberter Ledeburitbildung zu zahlreichen, ziemlich gleichmäßig verteilten Graphit-

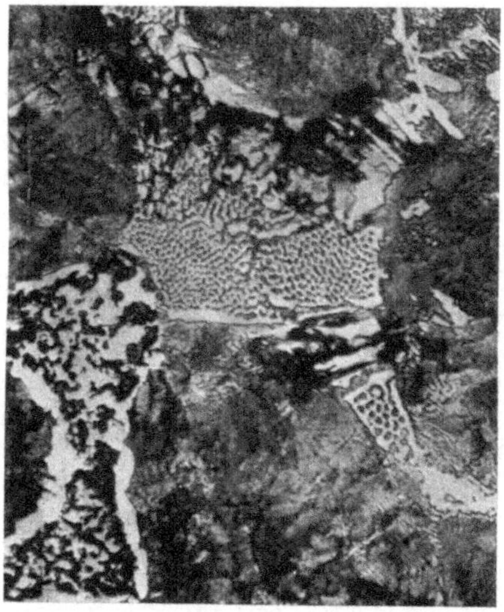

Abb. 53. Gußeisen im Erstarrungsintervall von 1120° in Wasser abgeschreckt. (Ätzung II, × 500.)

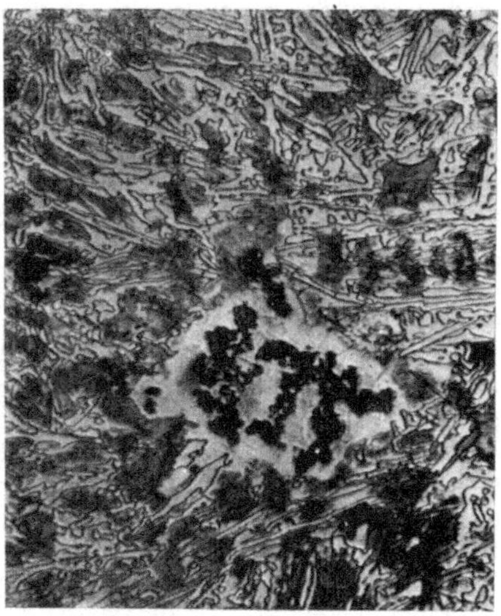

Abb. 54. Gefüge des in Kokille vergossenen Gußeisens. (Ätzung II, × 300.)

nestern (Abb. 54), die ebenfalls von kohlefreiem Eisen umgeben sind, dessen Existenz gleichfalls nur von Karbid-(Silikokarbid)zerfall herrühren kann.

Aus diesen Gründen kann auch das in hochsilizierten Eisensorten (3 bis 3,5% Si) durch Kokillenguß gewonnene feingraphitische Eutektikum, wie es z. B.

E. Schüz[1] beschreibt, nicht ohne weiteres als Graphiteutektikum im Sinne des Gleichgewichtsdiagramms angesprochen werden. Denn auch bei den Versuchen von Schüz folgt der fein-ledeburitischen Randzone seiner Güsse unmittelbar die feingraphitische, ferritische Mittelzone.

Mehrere eigenartige Beobachtungen bei der Graphitisierung von Gußeisen ließen übrigens schon früher[2] den Verfasser die Vermutung aussprechen, daß direkt aus der Schmelze kristallisierender Graphit temperkohleartige Ausbildung habe, während die eutektischen länglichen bis blättrigen Formen der metastabilen Erstarrung zukommen. Hierbei wäre noch der Unterschied zu machen zwischen der nach erfolgter Kristallisation des Karbids einsetzenden Graphitisierung und derjenigen des Karbidzerfalls in statu nascendi. Letzterer Vorgang läßt die Ausbildung geradliniger Lamellen denkbar erscheinen, ohne daß diese lediglich als Beweis für eine direkte Kristallisation des Graphits aus der Schmelze zu gelten hätten.

Tatsächlich sind unter Versuchsbedingungen, welche auf die Verhältnisse des praktischen Betriebes anwendbar sind, auch jene Arbeiten weit zahlreicher, in denen eine Graphitisierung durch Karbidzerfall nachgewiesen wurde, als jene, bei denen der Nachweis einer direkten Graphitkristallisation aus der Schmelze versucht wurde (Benedicks, Hanemann, Guertler, Johnson u. a.[3]).

Abgesehen von den Arbeiten von F. Wüst, P. Goerens, Portevin und Chevenard, Honda und Murakami, M. Hamasumi u. a., sind es insbesondere die umfangreichen Arbeiten von E. Heyn und O. Bauer[4], welche diese Tatsache belegen. So zeigen die Abb. 55a bis c die Änderung des Graphitgehaltes mit sinkender Temperatur bei den Abschreckversuchen dieser Forscher, aus denen hervorgeht, daß hier sowohl in siliziumärmeren übereutektischen als auch in siliziumreicheren etwa eutektischen Eisenkohlenstofflegierungen der größte Anteil des Graphits erst unterhalb der thermisch nachweisbaren eutektischen Erstarrungstemperatur, d. h. also im festen Aggregatzustand gebildet wurde.

Honda und Endo[5] untersuchten neuerdings die Volumenänderung beim Erstarren von sechs eutektischen Gußeisenproben mit nahezu gleichem C-Gehalt (4,1 bis 4,3%) aber verschiedenem Si-Gehalt (0,8 bis 2,3%) nach dem Archimedischen Prinzip durch Bestimmung des Auftriebs in geschmolzenem Natriumchlorid. Das spez. Volumen des Gußeisens beim Schmelzpunkt ergab sich hierbei zu 0,1443. Mit abnehmendem Graphitgehalt in den erstarrten Proben ging die Volumenänderung von einem positiven zu einem negativen Wert über. Für graphitfrei erstarrendes Eisen wurde die Volumenänderung zu $-3,6\%$ extrapoliert. Falls der Graphit erst durch Zersetzung des Zementits (und nicht durch unmittelbare Abscheidung aus der Schmelze) entsteht, so müßte sich der Betrag der grau erstarrenden Eisensorten aus der Differenz des Betrages von $-3,6\%$ und der durch die Zersetzung des Zementits erfolgenden Expansion berechnen lassen. Für die mittleren Ausdehnungskoeffizienten des Graphits und des Zementits wurden die Werte $2,5 \cdot 10^{-6}$ bzw. $15 \cdot 10^{-6}$ zugrunde gelegt. Es ergaben sich

[1] Stahleisen Bd. 45, S. 144. 1925. [2] Stahleisen Bd. 45, S. 457. 1925.

[3] Vgl. hierzu die recht guten Literaturzusammenstellungen betr. die Theorien der Graphitbildung in den Arbeiten von P. Bardenheuer und L. Zeyen: Stahleisen Bd. 48, S. 515. 1928 und Gieß. Bd. 15, S. 354. 1928; sowie v. Kerpely: Gieß.-Zg. Bd. 23, S. 442. 1926.

[4] Vgl. a. Heyn, E.: Die Theorie der Eisenkohlenstofflegierungen, herausgegeben von Wetzel, S. 142ff. Berlin: Julius Springer 1924.

[5] On the Volume Change in Cast Iron during Solidification, with a criticism of the Double Diagramm of the Iron-Carbon System. Science Rep. Tohoku Univ. Bd. 16, S. 1. 1927; vgl. a. Physik. Ber. 1927, S. 2154.

alsdann ihre spezifischen Volumina bei 1130° zu 0,4851 bzw. 0,1378, während das des Austenits sich zu 0,1376 berechnet. Die Volumenänderung durch Zersetzung des Zementits errechnet sich nunmehr zu 11,8%. Berechnet man hiernach die bei der Erstarrung der untersuchten sechs Eisensorten zu erwartende Volumenänderung, so ergibt sich eine gute Übereinstimmung mit den beobachteten Werten (größter Unterschied 0,3%), woraus die genannten Forscher die Richtigkeit ihrer Auffassungen herleiten.

Versuche der Art dagegen wie z. B. die von L. Northcott[1] ausgeführten, der flüssiges Si-haltiges Eisen in dünnem Strahl in kaltes Wasser goß und aus der Abwesenheit von elementarem Kohlenstoff im Eisen den Schluß zog, die Graphit-

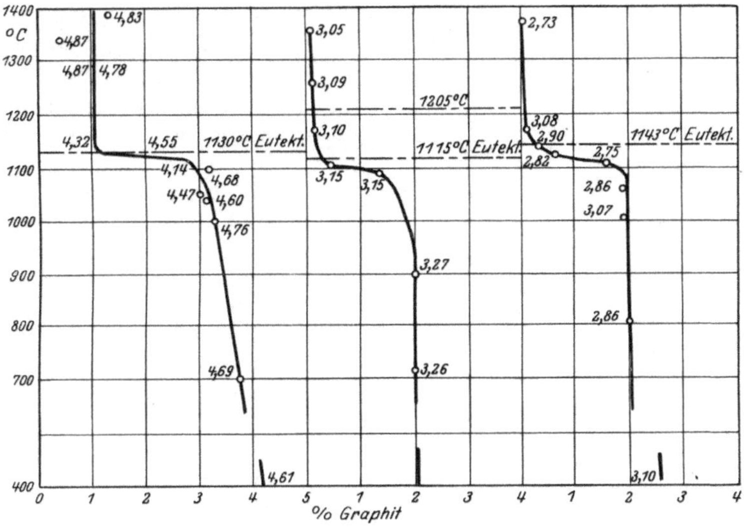

	a	b	c
Si %	0,34	1,2—1,72	2,9—3,27
Mn %	0.29	etwa 0,22	etwa 0,22
P %	0,022	0,09	0,09
S %	0,04	0,03	0,03

Abb. 55a bis c. Graphitabscheidung bei grauem Roheisen in Abhängigkeit von der Temperatur (Heyn und Bauer).

bildung gehe in untereutektischen Eisensorten über den Karbidzerfall, beweisen allerdings nichts gegen die Möglichkeit der direkten Graphitkristallisation und damit gegen die Auslegung des Dualsystems im Sinne von R. Ruer und F. Goerens.

Die Graphitisierung über den Karbidzerfall ist offenbar auch eine der Ursachen, daß man in perlitischen, siliziumärmeren Eisensorten so selten sekundären Zementit nachweisen kann. Vielmehr findet man z. B. an harten Stellen weit eher ledeburitische Karbidanteile als solche aus sekundärer Zementitabscheidung. Unter den Abkühlungsbedingungen des praktischen Betriebes (abgesehen vom Kokillenguß) wird das durch den Karbid-(Silikokarbid)zerfall frei gewordene Eisen aus den benachbarten Mischkristallen Kohlenstoff durch Diffusion aufnehmen können, so daß deren Konzentration sich entsprechend verringert, was zur Folge hat, daß die Linie der sekundären Zementitausscheidung erst bei wesentlich tieferen Temperaturen getroffen wird. Besitzt z. B. ein Gußeisen einen Ges.-C-Gehalt von etwa 3% und haben die Mischkristalle (gemäß dem Gonter-

[1] Foundry Trade J. Bd. 29, S. 515 und 548. 1924; Stahleisen Bd. 44, S. 1777. 1924.

mann-Hondaschen Diagramm) eine maximale Sättigung von $\sim 1{,}5\%$, so werden etwa 1,5% C bei der eutektischen Erstarrung ausgeschieden, was einer Eisenmenge von: $\frac{93{,}33 \cdot 1{,}5}{6{,}67} = \sim 20\%$ entspricht, d. h. bei Aufkohlung dieses Eisens durch Diffusion wird die Konzentration des Austenits an Kohlenstoff von 1,5 auf etwa 1,2% sinken und damit der Konzentrationsunterschied desselben gegen den Perlitpunkt entsprechend fallen.

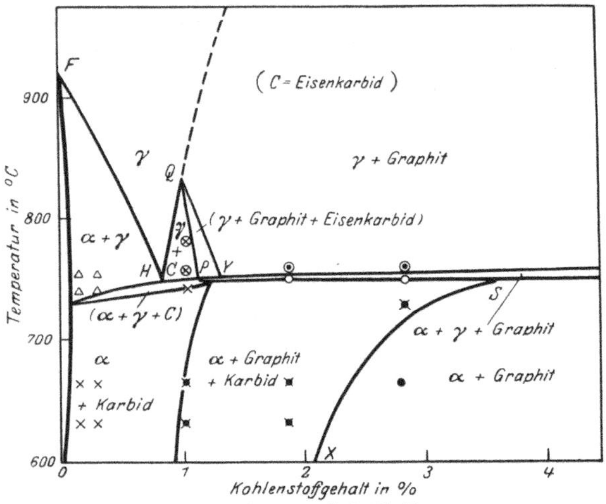

a) Legierung mit 0,4% Si.

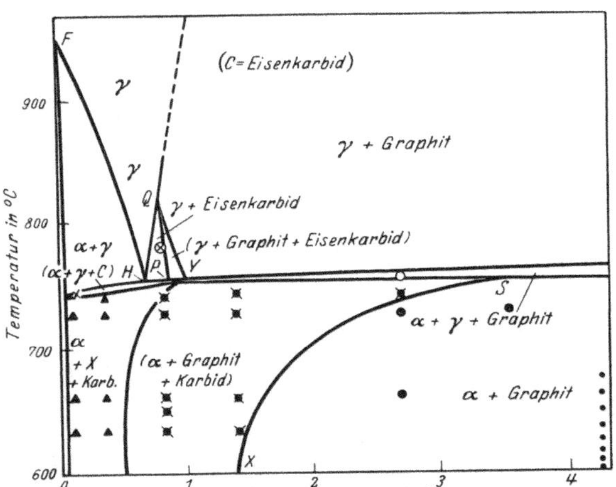

b) Legierung mit 0,9% Si.

Abb. 56a u. b. Schnitte durch das ternäre Raumdiagramm Eisen-Kohlenstoff-Silizium nach D. Hanson.

Da demnach die eutektische Erstarrung grauen Gußeisens in der Mehrzahl der praktischen Fälle durch die metastabilen Kristallarten eingeleitet wird, so ist es nicht angängig, lediglich die Gefügefelder des stabilen Systems zur Erklärung der Erstarrungsvorgänge heranzuziehen, wie dies oft getan wird. Die Vorgänge bei der Erhitzung und beim Einschmelzen einerseits, bei der Erstarrung und Abkühlung andererseits entsprechen sich durchaus nicht hinsichtlich der auftretenden Phasen und ihrer Konzentrationen. Aus ähnlichen Gründen ist aber anderseits auch nicht notwendig, die direkte Graphitbildung zu bezweifeln, wie dies Honda und Endo[1] selbst in neuerer Zeit noch tun, ganz abgesehen davon, daß durch zahlreiche Arbeiten, insbesondere die von R. Ruer und P. Goerens (vgl. S. 24 u. 25) die Möglichkeit der direkten Graphitisierung einwandfrei belegt ist.

Eine eigenartige Auffassung bezüglich der Gleichgewichtsverhältnisse in ternären Eisen-Kohlenstoff-Siliziumlegierungen vertritt D. Hanson[2]. An getemperten Abschreckproben führte er umfangreiche Gefügeuntersuchungen durch, welche die in Abb. 56a bis c dargestellten Ergebnisse zeitigten. Gestützt auf diese Beobachtungen stellte er als kennzeichnend für einen Schnitt durch das ternäre Fe-Si-C-Diagramm parallel zur binären Eisen-Kohlenstoffecke ein Schaubild gemäß Abb. 57 auf, das als Überschneidung der binären Fe-C- bzw. Fe-Fe_3C-

[1] Z. anorg. u. allg. Chem. Bd. 154, S. 238. 1926.

[2] The constitution of silicon-carbon alloys and a new theory of the cast irons. J. Iron Steel Inst. 1927, S. 129; Iron Coal Trades Rev. Bd. 115, S. 437/42. 1927. Vgl. a. Stahleisen Bd. 48, S. 148/58. 1927.

Diagramme angesehen werden könnte. Punkt Q stelle den Schnittpunkt der ES- bzw. $E'S'$-Linien dar, wobei die Strecke QC dem Graphit-, die Strecke QH dem Karbidsystem zukomme. Oberhalb Q scheidet sich nach Hanson demnach elementarer Kohlenstoff, unterhalb Q dagegen das Karbid primär aus dem Austenit als die stabilere Phase aus. Elemente wie Mangan, Chrom u. a., welche die Stabilität des Karbids erhöhen, verschieben den Punkt Q nach oben, Elemente dagegen wie Silizium (Al, Ni u. a.) verschieben ihn dagegen nach unten und erhöhen somit den Existenzbereich des Graphitsystems. Gleichzeitig werden auch diejenigen Gefügefelder, in denen neben γ- bzw. α-Eisen das Karbid bzw. das Karbid neben Graphit im Gleichgewicht koexistent ist, verkleinert, wie aus Abb. 56a bis c hervorgeht. Die gleichen Abbildungen lassen auch erkennen, daß,

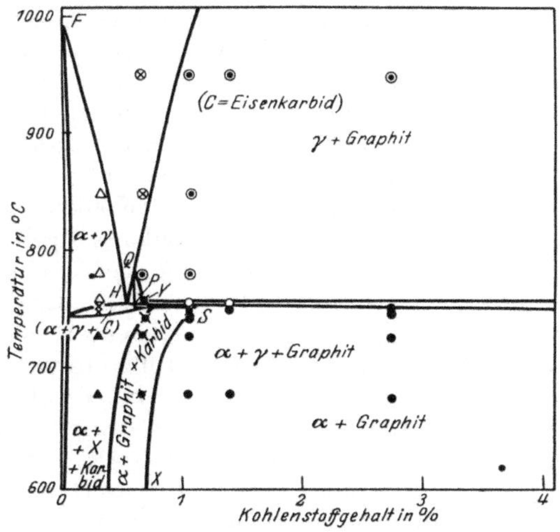

c) Legierung mit 1,9% Si.

Abb. 56c. Schnitte durch das ternäre Raumdiagramm Eisen-Kohlenstoff-Silizium nach D. Hanson.

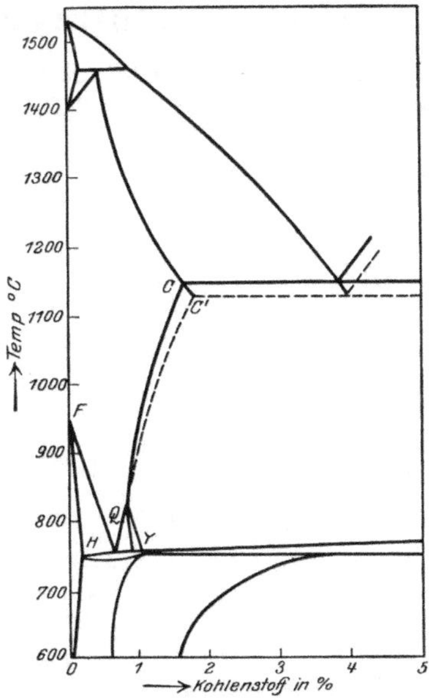

Abb. 57. Hansons Eisenkohlenstoffdiagramm.

abgesehen von siliziumärmeren Guß- und Tempergußsorten die Mehrzahl der Gußeisenlegierungen, bestimmt aber alle mit mehr als etwa 2% Si, nur oberhalb etwa 700° den Graphit als die stabilere Kohlenstofform besitzen.

Diese Negierung des Dualsystems steht mit den Ergebnissen der sehr exakten Arbeiten von Ruer, Morschel, Schenk[1] u. a. im Widerspruch. Wenn in Si-armen Gußeisensorten von etwa 700° abwärts das Karbid als die stabilere Phase angesehen wird, so beweisen die auf S. 16 bis 19 diskutierten Arbeiten, insbesondere aber die Ergebnisse der Untersuchungen von G. Tammann und K. Ewig das Gegenteil. Zwar ist die Bildungswärme der Silikokarbide nicht bekannt, aber die Befunde insbesondere der japanischen Forscher[2], daß diese Verbindungen beim Glühen sehr schnell zerfallen, sprechen gegen die Hansonsche Annahme des Stabilitätswechsels im festen Aggregatzustand. Hanson berücksichtigte eben nicht, wie schwer es ist, von der übersättigten γ-Lösung aus das Gleichgewicht gemäß der $E'S'$-Linie zu erreichen (vgl. S. 31), daß ferner die große Dichte und Gasfreiheit (von CO und CO_2) seiner im Stickstoffstrom erschmolzenen Proben und damit der erhöhte Gegendruck sowie die Abwesenheit katalysierender Gase die Neigung zum Karbidzerfall

[1] Z. anorg. u. allg. Chem. Bd. 167, S. 254/328. 1927. [2] a. a. O. S. 38 bis 41.

bedeutend beeinträchtigen mußten. Auch viele Erscheinungsformen beim Temperborgang, sowie manche andere Erscheinungsformen, z. B. die des sog. Schwarzbruches (d. h. des Karbidzerfalls in siliziumarmen Werkzeugstählen) sprechen gegen die Richtigkeit der Hansonschen Theorie. Es muß demnach mit P. Bardenheuer[1] vermutet werden, daß bei den Hansonschen Temperversuchen der Gleichgewichtszustand nicht völlig erreicht worden war. Auch E. Scheil[2] kommt zur Ablehnung der Hansonschen Hypothese des Stabilitätswechsels unter Atmosphärendruck und spricht den Diagrammen desselben lediglich bei höheren Drücken eine Wahrscheinlichkeit zu.

F. Die Geschwindigkeit der Graphitisierung und deren Beeinflussung durch andere Elemente.

Bereits im Jahre 1915 maß H. A. Schwartz[3] die Geschwindigkeit der Graphitisierung bei konstanter Temperatur als Funktion der Konzentration und fand, daß einmal eingeleitet, jene nahezu konstant bleibt und erst zu fallen beginnt, wenn die Konzentration des gebundenen (Schwartz spricht von agraphitischem) Kohlenstoffs sich etwa dem Kohlenstoffgehalt der Ac_m (ES)-Linie bei der betrachteten Temperatur nähert. Payne[4] hatte beobachtet, daß freier Zementit außerordentlich schnell graphitisiert im Vergleich zum Weißeisen, aus dem er isoliert ist. Bei der mikroskopischen Prüfung harter Eisensorten, in denen eine Graphitisierung eben erst begonnen hatte, stellten jene Forscher fest, daß die Temperkohlebildung ihren Ausgangspunkt niemals in einem Zementitkorn nimmt, auch nur sehr selten in Berührung mit einem solchen, vielmehr fast ausschließlich im Mischkristall (Austenit).

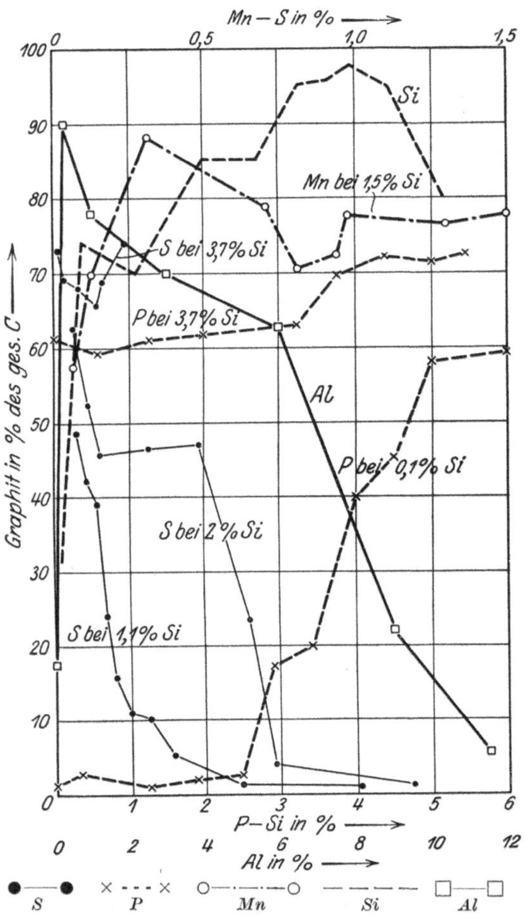

Abb. 58. Einfluß einiger Elemente auf die Graphitbildung (größtenteils nach Wüst und seinen Mitarbeitern).

Den Einfluß verschiedener Elemente auf die Graphitbildung zeigt Abb. 58. Die Abhängigkeiten sind nicht immer eindeutig.

Unter Zugrundelegung seiner dilatometrischen und magnetischen Experimentaluntersuchungen behandelt H. Sawamura[5] die Graphitisierungsgeschwindigkeit (v)

[1] Ref. und Kritik der Arbeit. Stahl-eisen Bd. 48, S. 211/14. 1928.

[2] Gieß. Bd. 15, S. 1086. 1928.

[3] Trans. Am. Inst. Min. Met. Eng. 1926, Nr. 1181.

[4] Trans. Am. Inst. Min. Met. Eng. 1922.

[5] News coll. of eng. Kyoto Un. IV, 4. 1926.

bei verschiedenen Temperaturen auf mathematischem Wege. Er macht die Annahme, daß lediglich der Zementit (m = Gesamtgehalt desselben) graphitisiert würde und daß seine Veränderung nur in einer Graphitisierung bestände. Unter Voraussetzung einer linearen Zeitabhängigkeit: $t = k \cdot T$ (t = Zeit, k = const, T = Temperatur) erhält man die Beziehung

$$-\int \frac{d\,m}{m} = \int v\,d\,t\,.$$

Die Graphitisierungsgeschwindigkeit setzt er in der Form an

$$v = a\,t^n \tag{11}$$

mit a und n als positiven reellen Zahlen. Damit erhält er für den gesamten Zementitgehalt:

$$m = e^{-\frac{a}{n+1} \cdot t^{n+1}} \tag{12}$$

und für den Zerfall:

$$w = m \cdot v = a\,t^n \cdot e^{-\frac{a}{n+1} \cdot t^{n+1}}\,. \tag{13}$$

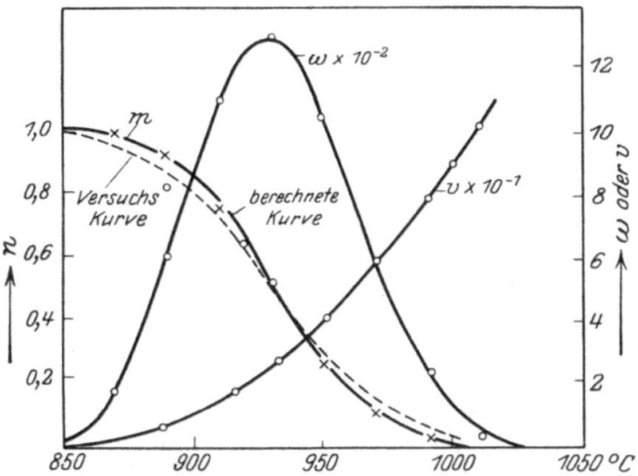

Abb. 59. Geschwindigkeit der Graphitbildung in Abhängigkeit von der Temperatur (Sawamura).

Diese Kurven werden für $n \gtreqless 1$ diskutiert und mit der experimentell gefundenen Kurve verglichen. Es zeigt sich eine allgemeine Übereinstimmung mit der Kurve für $n > 1$ und bei Wahl von $n = 2$ und $a = 4 \cdot 10^{-3}$ fallen mathematische und empirische (an einem Eisen mit 3,42% C und 0,76% Si gefunden) Kurve fast vollkommen zusammen (vgl. Abb. 59), wenn $k = 1$, d. h. $t = T$ (Temperatur) gesetzt werden kann, was dann der Fall sei, wenn als Einheit der Zeit 2 min, als Einheit der Temperatur 10° gewählt wird.

Um dieses Ergebnis allgemein auf das weiße Roheisen übertragen zu können, untersucht Sawamura die gegenseitige Lage des Maximums und der Wendepunkte seiner Kurven für $n > 1$ und findet dabei, daß sie unabhängig von a und lediglich von n abhängig ist.

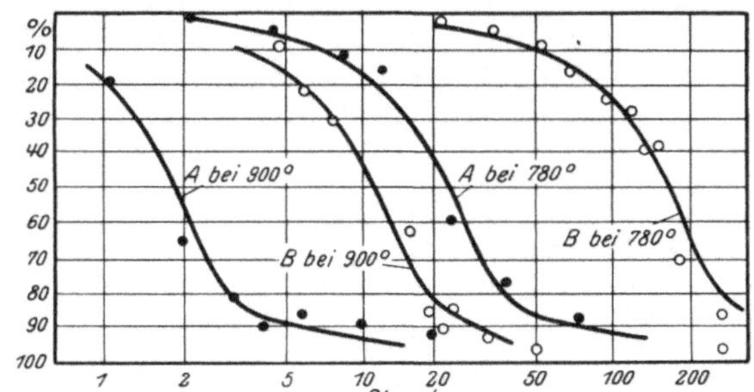

Abb. 60. Zeit-Graphitisierungskurve oberhalb A_1 nach H. A. Schwartz (Graphitisierungsgrad bezogen auf den zur Graphitbildung verfügbaren Gesamtkohlenstoff, vermindert den nichtgraphitischen Kohlenstoff der festen, stabilen Lösung).

Da diese Verhältnisse nach seinen experimentellen Untersuchungen nur wenig schwanken, setzt Sawamura sie als unabhängig von der chemischen Zusammensetzung und $n = \text{const} = 2$; a ist veränderlich und hängt von den Beimengungen ab.

Unter ähnlichen Annahmen untersucht dann Sawamura die Graphitisierungsgeschwindigkeit beim Abkühlen. Bedeutet:

v = jeweilige Graphitisationsgeschwindigkeit,
V = Graphitisationsgeschwindigkeit bei eutektischer Temperatur,
b = Zeit zwischen Ende der eutektischen Erstarrung und dem Beginn der Graphitisierung des Zementits im Gußeisen oder den entsprechenden Temperaturunterschied,

n = positive reelle Zahlen, so findet er unter Annahme von

$$v = \frac{V}{b^n}(b - t)^n \tag{14}$$

alsdann als Beziehung zwischen dem V-Gehalt und der Abkühlungszeit bzw. der Temperatur:

$$m = e^{\frac{V}{(n+1)\cdot b^n}\{(b-t)^{n+1} - b^{n+1}\}} \quad \text{und} \quad m = e^{\frac{V}{(n+1)\, b^n}\{(b-k\cdot T)^{n+1} - b^{n+1}\}}$$

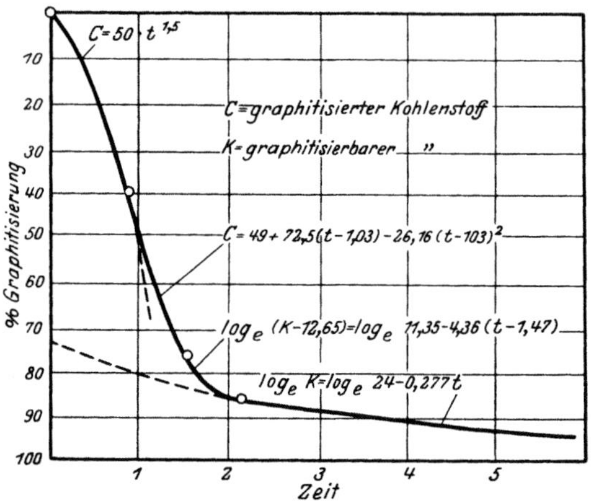

Abb. 61. Zeit-Graphitisierungskurve oberhalb A_1 (H. A. Schwartz).

und berechnet diese Kurven für verschiedene Werte von V, n, b.

Endlich bestimmt Sawamura den Graphitisierungsgrad und findet

$$m_{\min} = e^{-k''\,Vb} \tag{15}$$

(k'' = eine von der Zusammensetzung und der Abkühlungsgeschwindigkeit unabhängige Konstante). Dieser hängt also lediglich von der Temperatur der beginnenden Graphitisierung und der Graphitisierungsgeschwindigkeit ab.

Mit Hilfe seiner Potenzannahme [Gleichung (11)] kommt Sawamura zu einer befriedigenden Übereinstimmung zwischen Rechnung und Beobachtung. Daß diese Annahme eine exakte Lösung des vorliegenden Problems darstellt, ist unwahrscheinlich. Das Endresultat hat also auch nur den Charakter einer Näherungslösung. Mit Hilfe der Theorie ist es Sawamura ebenfalls nicht möglich, die Werte für n und a zu bestimmen. Bei der Übertragung seiner Ergebnisse auf ein beliebiges weißes Roheisen macht Sawamura weiter die Annahme, daß die relative Lage des Maximums zu den Wendepunkten invariant sei. Dies wäre durch feinere Messungen noch nachzuprüfen und erscheint nicht ohne weiteres als einleuchtend. Die übrigen Entwicklungen basieren auf ähnlichen Voraussetzungen, so daß die obigen Einwände auch für sie Geltung haben.

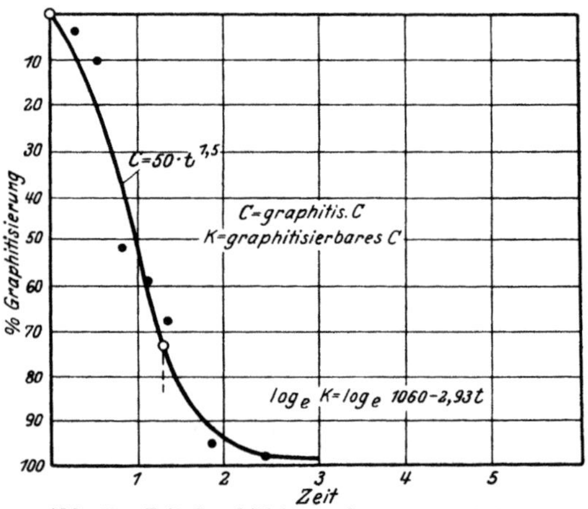

Abb. 62. Zeit-Graphitisierungskurve unterhalb A_1 (H. A. Schwartz).

In einer neueren Arbeit[1] beschäftigt sich H. A. Schwartz wiederum mit der Graphitisierung bei konstanter Temperatur. Wenn man z. B. die in Abb. 60 wiedergegebenen Graphitisierungskurven zweier Eisensorten mit verschiedenem Siliziumgehalt und gültig für zwei verschiedene Temperaturen horizontal verschiebe, so kämen bei dem gewählten Koordinatensystem (Ordinate = prozentuale Graphitisie-

[1] Trans. Am. Soc. Steel. Treat. Bd. 9, S. 883. 1926; Bd. 10, S. 53. 1926.

rung; Abszisse = Zeit in logarithmischer Darstellung) alle Kurven leidlich zur Überdeckung. Wählt man jedoch als Einheit der Abszisse die halbe für eine vollkommene Graphitisierung benötigte Zeit, so fallen alle vier Kurven übereinander (Abb. 61). Die Idealkurve lasse sich nunmehr in vier Kurvenäste aufteilen, deren jeder einer besonderen Gleichung folgt. Auch die Graphitisierung unterhalb A_1 folge ähnlichen Gesetzen (vgl. Abb. 62).

Auf Grund von metallographischen Untersuchungen an Proben, die während des Graphitisierungsvorganges in gewissen Zeitabschnitten abgeschreckt worden waren, folgert Schwartz, daß die Graphitisierung bei konstanter Temperatur durch Wachsen der graphitisierten Anteile fortschreite und nicht durch Entstehung neuer Graphitisationszentren, daß demnach die Geschwindigkeit der Graphitisierung an der Diffusionsfähigkeit des Kohlenstoffs ihre Grenze finde.

Das würde sich auch mit der Feststellung von Gladbill[1] decken, daß der Temperaturkoeffizient der Graphitisierungsgeschwindigkeit quantitativ dem der Diffusionsgeschwindigkeit von C im γ-Eisen gleichkommt. Allerdings fanden Tammann und Schönert[2] nicht, daß allgemein die Elemente die Wanderungsgeschwindigkeit und Graphitisierung in derselben Weise beeinflussen. Zwar bestehen Beispiele, bei denen die Graphitisierung durch ein Unterbinden der Wanderung aufhört. Dies trifft insbesondere bei Bildung nichtmetallischer Einschlüsse in Form dünner Filme, z. B. beim Schwefel ein. Auch der Wechsel vom Positiven zum Negativen beim Einfluß von Bor ist auf Bildung von Eisenboridfilmen zurückzuführen.

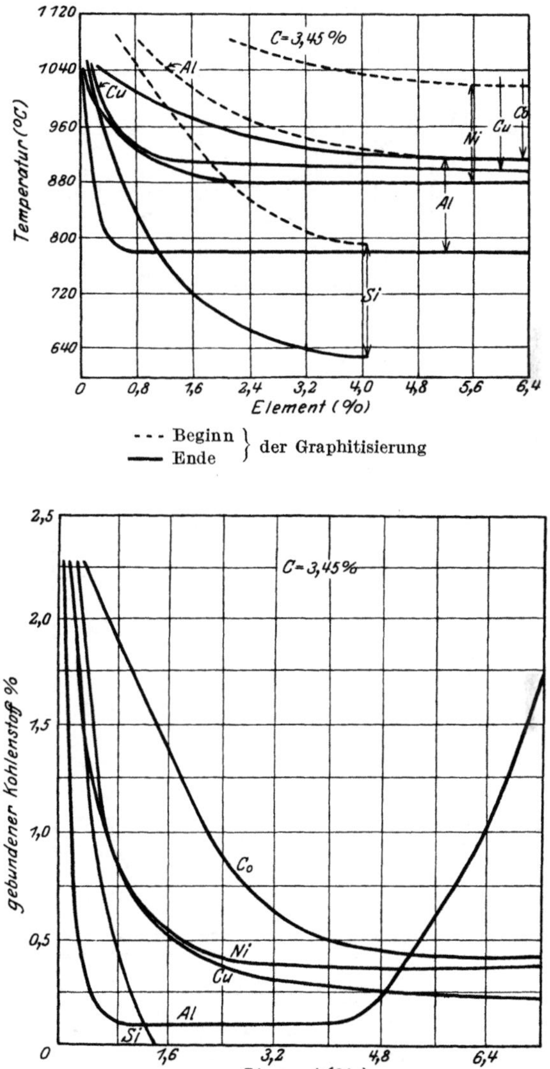

Abb. 63. Einfluß verschiedener Elemente auf die Temperaturgrenzen der Graphitisierung in kohlereichen Legierungen (Sawamura).

H. Sawamura ermittelte auf dilatometrischem Wege und zwar im Vakuum, den Einfluß zahlreicher Spezialelemente auf die Verschiebung der Temperatur-

[1] Trans. Am. Foundrymens Ass. 1921.
[2] Z. anorg. u. allg. Chem. Bd. 122, S. 27. 1922.

grenzen für die Graphitisierung reiner, weiß erstarrter (Kokillenguß) Eisenkohlenstofflegierungen, wobei er folgende Versuchsbedingungen wählte:

Erhitzung	Abkühlung
Raumtemp. → (5°C/min) → etwa 1070°C	→ (5°C/min) → Ar_1 → (Ofenabkühlung) Raumtemp.

Die so geglühten Proben wurden alsdann noch auf ihren Gehalt an gebundener Kohle untersucht. Abb. 63 zeigt den Einfluß von Si—Al—Ni—Cu und Co auf

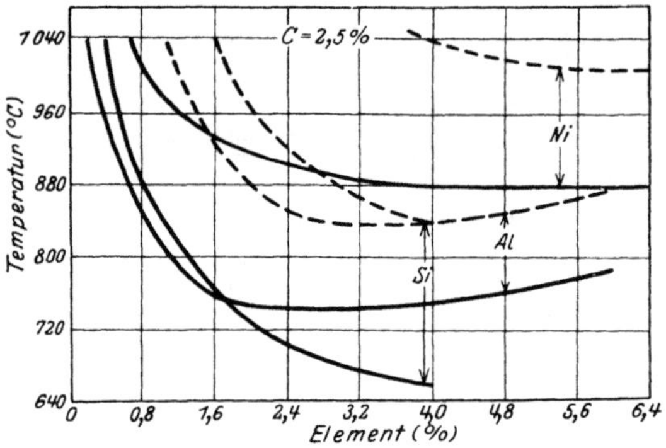

- - - Beginn } der Graphitisierung
—— Ende

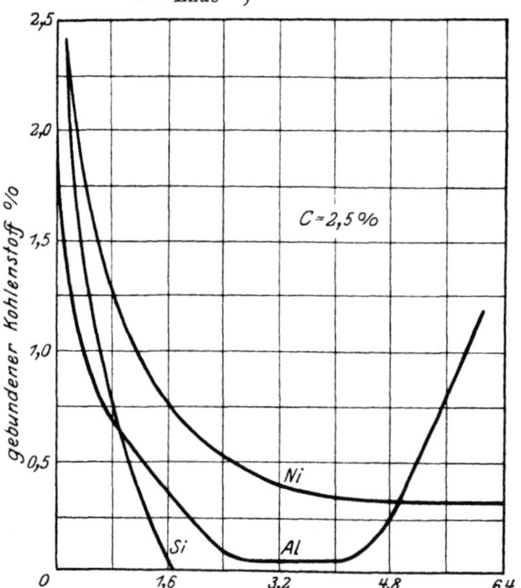

Abb. 64. Einfluß von Silizium, Aluminium und Nickel auf die Temperaturgrenzen der Graphitisierung in kohlearmen Legierungen (Sawamura).

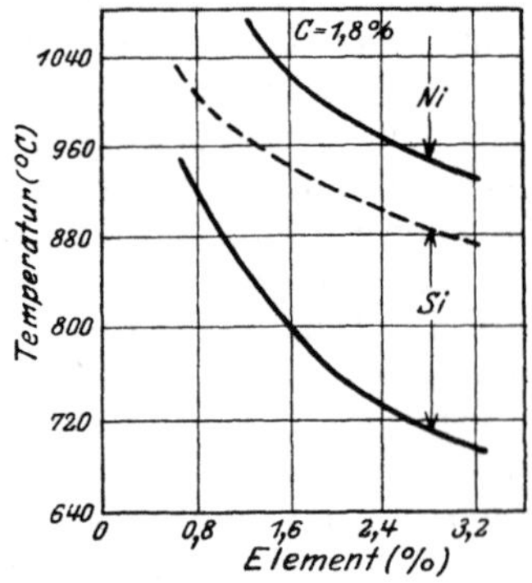

- - - Beginn } der Graphitisierung
—— Ende

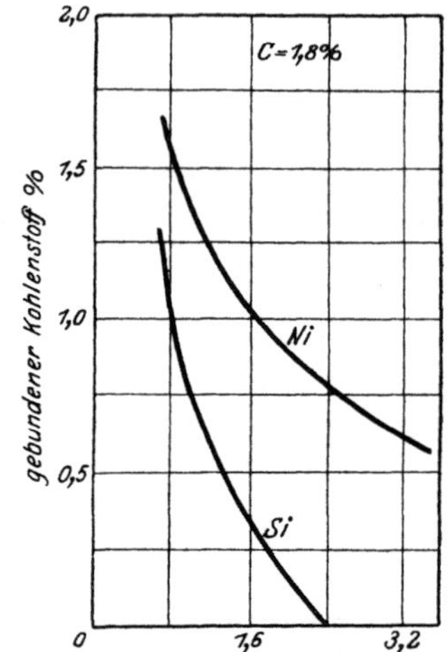

Abb. 65. Wie Abb. 63 u. 64, jedoch für sehr kohlearme Legierungen (Sawamura).

die Temperatur des Graphitisationsbeginns bzw. den geb. Kohlenstoffgehalt bei Legierungen mit ~ 3,45% Ges.-C, desgl. Abb. 64 für Legierungen mit 2,5% Ges.-C, ferner Abb. 65 dasselbe für sehr kohlearme Legierungen (1,8% Ges.-C). Abb. 66 schließlich zeigt die erwähnten Einflüsse an Legierungen mit etwa 2,8% C und 0,8% Silizium. Die Ergebnisse Sawamuras decken sich im Prinzip mit den Ergebnissen ähnlicher Untersuchungen zahlreicher anderer Forscher; lediglich bei den für das Gußeisen weniger wichtigen Elementen Kobalt und Kupfer weichen die Ergebnisse der Sawamuraschen Messungen bedeutender ab. Erwähnenswert ist, daß nach Sawamura die Elemente mit flächenzentriertem Gitter (Al—Ni—Cu—Co—Au—Pt) die Graphitisation begünstigen, während die raumzentrierten (Cr—Va—W—Mo) sie behindern.

Was den Einfluß der Temperatur auf die Graphitisierungsgeschwindigkeit betrifft, so findet H. A. Schwartz die in der physikalischen Chemie allgemein gültige Beziehung, daß eine Temperatursteigerung um 10° die Geschwindigkeit einer Reaktion etwa verdoppelt, im allgemeinen bestätigt, indem er für je 10° einen Faktor von ~ 1,23 (bezogen auf die ursprüngliche Geschwindigkeit) errechnet. Dies deckt sich alsdann mit der Feststellung Ishiwaras, daß die Steigerung der Diffusionsgeschwindigkeit des Kohlenstoffs im γ-Eisen für je 10° dem Faktor 1,103 entspreche.

Die Tatsache, daß Silizium einerseits[1] die Diffusionsfähigkeit des Kohlenstoffs beeinträchtigt, anderseits jedoch die Graphitisierung begünstigt, läßt erkennen, daß in den Überlegungen noch eine weite Lücke klafft. Man könnte sich zur Zeit darüber hinweghelfen durch die Auffassung, daß Silizium die Kernzahl der Graphitisierung in höherem Maße steigert, als es die Diffusionsgeschwindigkeit des Kohlenstoffs im γ-Eisen verringert. Aber auch dies stände mit dem Experiment im Widerspruch, da z. B. bei Temperversuchen von weiß erstarrtem Eisen mit verschiedenem Siliziumgehalt beobachtet werden konnte[2], daß mit steigendem Siliziumgehalt die Zahl der Temperkohleausscheidungen geringer wurde. Gleichzeitig geht die Knötchen- bzw. Nesterform der Kohlenstoffausscheidungen allmählich in die Lamellenform über. Es scheint demnach, als ob einzig und allein die Auffassung Geltung behalte, daß die Bildung komplexer instabiler Silikokarbide mit erhöhter spez. Zerfallsgeschwindigkeit den begünstigenden Einfluß von Silizium auf die Graphitisierung erkläre.

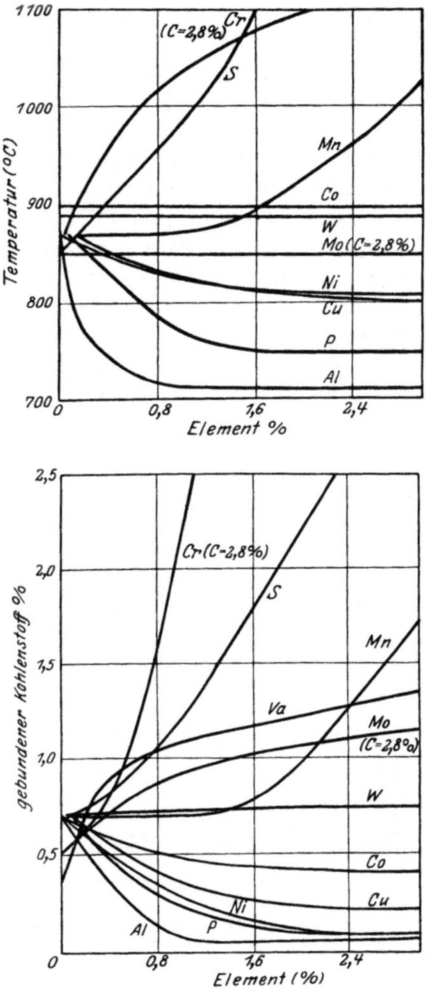

Abb. 66. Einfluß verschiedener Elemente auf den Beginn der Graphitisierung in Legierungen mit 2,8% C und 0,8% Si (Sawamura).

[1] Vgl. a. Z. anorg. u. allg. Chem. Bd. 122, S. 27, 1922.
[2] Vgl. z. B. Sawamura, B. H.: Mem. Kyoto Imp. Univ. Bd. 4, Nr. 1, 1926.

G. Über die strukturelle Beherrschung der metallischen Grundmasse und ihre grundlegende Bedeutung für die Herstellung von Grauguß.

Da, wie noch gezeigt werden soll, die mengenmäßige Einstellung der Gefügebildner (Ferrit, Perlit, Zementit, Graphit, Phosphid) in Abhängigkeit steht mit der Erstarrungs- und Abkühlungsgeschwindigkeit (vgl. Abb. 67)[1], so erhellt, daß es für jeden mechanisch höherwertigen, d. h. vorwiegend perlitischen Grauguß eine seiner chemischen Zusammensetzung angepaßte günstigste Abkühlungsgeschwindigkeit (Wandstärke) geben muß. Umgekehrt verlangt jede Abkühlungsgeschwindigkeit (Wandstärke) eine bestimmte chemische Zusammensetzung zur Erzielung der besten mechanischen Eigenschaften. So zeigt z. B. Abb. 68 die Ergebnisse einer Versuchsreihe nach Beeny[2], welche den ersten Fall demonstrieren. Diese Erkenntnis reicht jedoch bereits in die Zeit zurück, wo chemische Analyse und Bruchaussehen die einzigen Prüfungsarten für Gußeisen darstellten. Bereits aus den systematischen Untersuchungen von Keep[3] geht der Einfluß der Wandstärke klar hervor; aber noch mehr, Keep konnte zeigen, daß mit steigendem Siliziumgehalt die Empfindlichkeit des Materials gegen jede Änderung der Abkühlungsgeschwindigkeit und damit auch der Wandstärke erheblich zunahm. Dies geht aus Abb. 69 hervor. Man erkennt, daß die Grenzen der mechanischen Eigenschaften bei den Si-reichen Legierungen außerordentlich weit auseinanderliegen. Die Ausbildung von harten Silikokarbiden bei den dünnen, von erheblich weicherem Silikoferrit bei den dicken Wandstärken dürfte die Ursache dieser Erscheinung sein. Für einen möglichst weitgehenden Gleichmäßig-

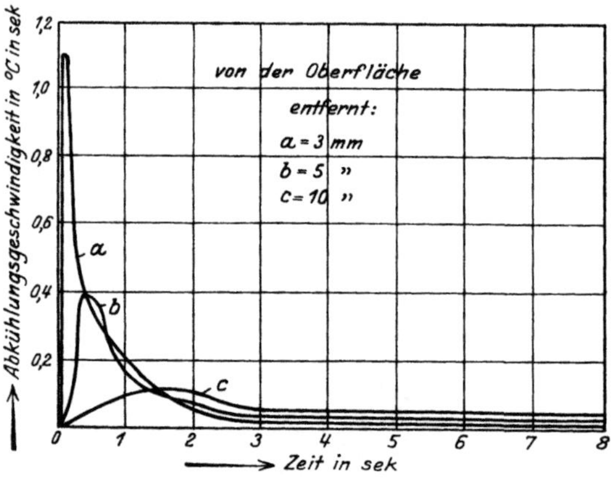

Abb. 67. Abkühlungsgeschwindigkeiten an verschiedenen Stellen eines Gußblocks (entnommen: Hurst, Metallurgy of cast iron).

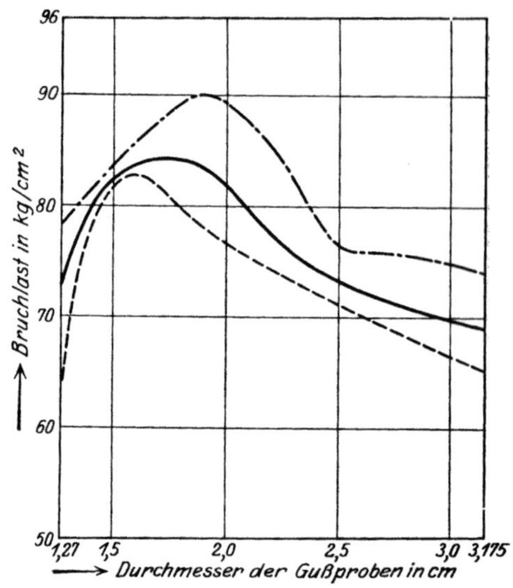

	Ge. C%	Si%	Mn%	S%	P%
— · — · —	3,54	1,13	0,53	0,11	1,00
———	3,56	1,39	0,55	0,11	0,86
— — —	3,23	2,30	0,51	0,08	1,00

Abb. 68. Beziehung zwischen chemischer Zusammenstellung, Wandstärke und Festigkeit von Grauguß (Beeny).

[1] Foundry Trade J. 1925, S. 476; vgl. a. Hurst: Metallurgy of Cast Iron. 1926, S. 200.
[2] Inst. Brit. Foundrym. 1924.
[3] Cast Iron. New York: J. Willey & Sons 1902.

keitsgrad des Gefüges bei wechselnden Wandstärken des Gußeisens ergibt sich demnach die wichtige Folgerung, den Si-Gehalt so niedrig zu bemessen, als es die übrige Zusammensetzung des Gusses (insbesondere sein Kohlenstoffgehalt) und die voraussichtliche Abkühlungsgeschwindigkeit eben zulassen.

Aber nicht nur die mit zunehmender Wandstärke wechselnden Gefügearten, sondern auch die Zahl und Größe der bei der Erstarrung sich bildenden Graphitlamellen üben einen ähnlichen Einfluß aus. Abb. 70 zeigt unter metallographischer Auswertung von Versuchen nach Jüngst und O. Leyde[1] den Einfluß der Querschnittsabmessungen auf die Festigkeit und die Graphitausscheidung eines Gußeisens mit 2,1% Si nach E. Heyn[2]. Man sieht, daß selbst nach Erreichen eines konstanten Graphitgehaltes (von Querschnittskante 54,7 mm an aufwärts) die Biegefestigkeit weiter abnimmt, obwohl offenbar keine weitere quantitative Änderung der einzelnen Strukturbildner auftritt. Dagegen beweist die zunehmende Verminderung der ausgezählten Graphitteilchen, daß die Lamellengröße des Graphits kontinuierlich zunimmt und für die weitere Beeinträchtigung der mechanischen Eigenschaften verantwortlich zu machen ist. Diese Tatsachen erklären die Beobachtungen, daß die Festigkeit von Gußeisen auch an verschiedenen Stellen eines Querschnittes verschieden groß ist. Bei grober Graphitausbildung tritt ferner annähernde Quasiisotropie[3] erst bei Prüfstabdurchmessern von 30 mm ein (Abb. 71). Da für die Abkühlungsgeschwindigkeit aber auch das Verhältnis von Stückvolumen zu Gußstückoberfläche maßgebend ist, so erklärt sich ferner

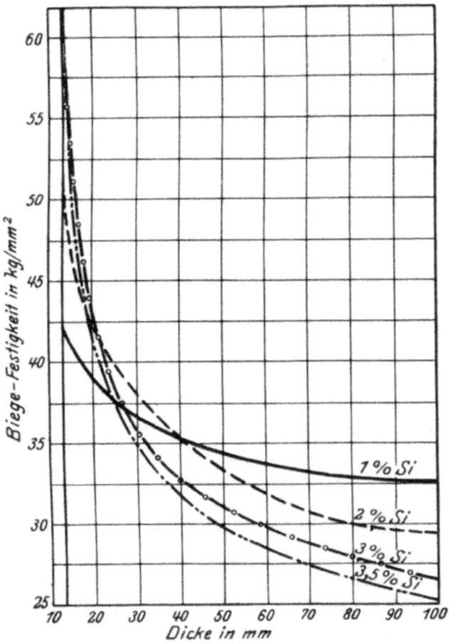

Abb. 69. Der Einfluß des Siliziums auf die Quasiisotropie von Grauguß (Keep).

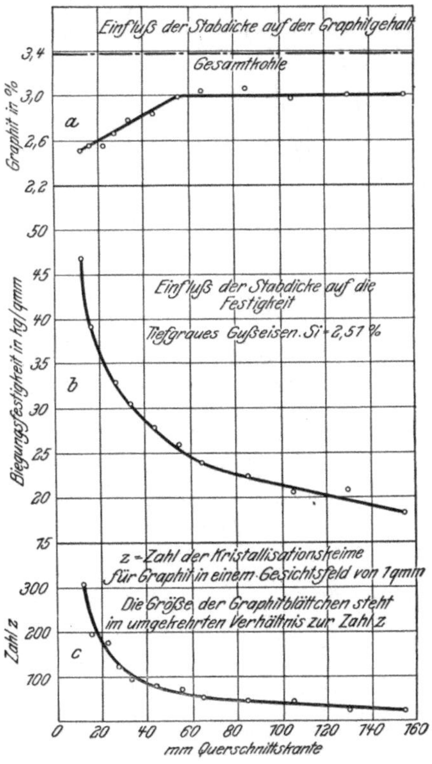

Abb. 70. Einfluß der Querschnittsabmessungen auf die Biegefestigkeit und die Graphitbildung von Grauguß (Jüngst, Seyde, Heyn).

[1] Stahleisen 1904, S. 94. [2] Stahleisen Bd. 25, S. 1295. 1906.

[3] Oberhoffer und Poensgen: Über den Einfluß des Probestabquerschnittes von Gußeisen. Stahleisen Bd. 42, S. 1189. 1922.

die Beobachtung, daß die Festigkeit angegossener Prüfstäbe meist höher ausfällt, als die aus Gußstücken von gleichem Durchmesser (besser Wandstärke) herausgearbeiteten Prüfstäbe. Im Jahre 1909 legten die Gebr. Sulzer, Winterthur, dem Int. Verbd. f. d. Mat.-Prüf. der Technik zu Kopenhagen einen Bericht[1] vor, dem die Zahlentafeln 14 und 14a sowie folgende Ausführungen entlehnt sind:

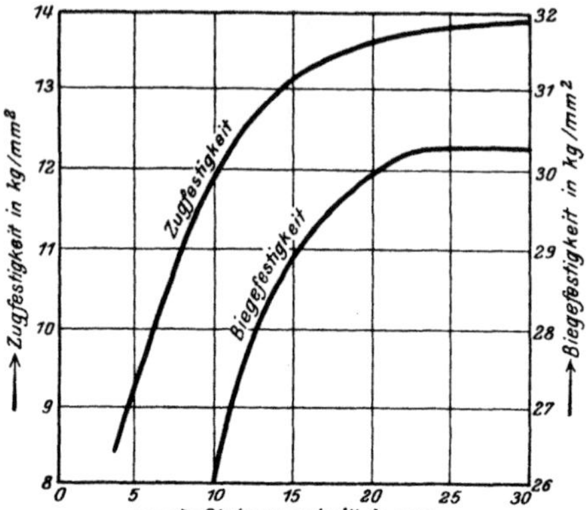

Abb. 71. Einfluß des Probestabquerschnitts auf Zug- und Biegefestigkeit eines Gußeisens mit 3,24% C, 2,75% Graphit u. 1,78% Si (Oberhoffer und Poensgen).

Die Versuchsreihe I wurde mit einem Gußeisen zäher Qualität, wie wir solches für Hochdruckstücke, für Dampfleitungsteile und sonstige Konstruktionsteile, an die man große Anforderungen in bezug auf Festigkeit stellt, verwenden, die zweite Versuchsreihe dagegen mit gewöhnlichem Maschinenguß für größere Stücke ausgeführt. Die separat gegossenen Probestäbe, sowie die Gußstücke, aus denen die Probestäbe herausgearbeitet wurden, sind bei beiden Versuchen aus einer und derselben Pfanne gegossen. Sämtliche Formen waren geschwärzt und gut getrocknet. Die vierkantigen Probestäbe wurden schief liegend von unten, die Probestäbe mit rundem Querschnitt sowie die Gußstücke vertikal und ebenfalls von unten gegossen. Die Stäbe, Platten und Hohlkörper blieben in der Form vollständig erhalten.

Die vierkantigen Zugstäbe sind aus den Gußstücken direkt herausgearbeitet, während die runden Zugstäbe, sowie die Stäbe für die Schlagversuche und die Würfel für die Druckproben aus den gebrochenen Biegestäben herausgearbeitet sind. Alle angegebenen Resultate sind je Mittelwerte aus Versuchen mit mindestens 3 Stäben. Die Schlagfestigkeit in kg/m entspricht der Summe der Arbeit einzelner Schläge eines Fallbären von 12 kg Gewicht bei einer Distanz der Auflagemesser von 160 mm. Der erste Schlag erfolgte je nach Stärke der Probestäbe aus einer Höhe von 150, 300 oder 400 mm. Nach jedem Schlage wurde die Fallhöhe um je 100 mm vergrößert, der letzte Schlag, bei welchem der Bruch erfolgte, ist mitgerechnet.

Während im allgemeinen die separat gegossenen Stäbe mit quadratischem und kreisrundem Querschnitte, sowie die Stäbe aus den Platten bei abnehmender Querschnittsgröße zunehmende Festigkeitsziffern aufweisen, blieben diese bei den aus den Hohlkörpern herausgearbeiteten Stäben aller Querschnittsgrößen so ziemlich gleich. Die Probestäbe kreisrunden Querschnittes zeigen größere Biege- und Zugfestigkeit wie diejenigen mit quadratischem Querschnitt. Die Stäbe aus Platten herausgearbeitet stehen an Festigkeit den separat gegossenen etwas nach. Ebenso bleiben die Festigkeitsziffern der verschiedenen Wandstärken der Hohlkörper hinter denjenigen der separat gegossenen Stäbe und weniger hinter denjenigen der Platten zurück. Dies zeigt sich weniger deutlich bei den starken Dimensionen, ganz deutlich aber bei den schwachen Dimensionen. Der Vergleich der Schlagfestigkeit zeigt, daß letztere der herausgearbeiteten Stäbe größer ist, wie solche der separat gegeossenen Stäbe[2], ebenso ist die Einbiegung der ersteren Stäbe größer wie diejenige der letzteren.

Die Platten haben sich etwas langsamer abgekühlt wie die Stäbe. Das Material fiel weicher aus, dafür in bezug auf Biege-, Zug- und Druckfestigkeit geringer, aber in bezug auf Einbiegung und Schlagfestigkeit besser. In vermehrtem Maße zeigen dies die Hohlkörper. Diese haben sich naturgemäß noch langsamer abgekühlt wie die Platten, und zwar muß sich die Hitze im ganzen Körper so ausgeglichen haben, daß die Abkühlung in allen Dimensionen bei 30, 40, 50 und 60 mm Stärke gleichzeitig erfolgte. Die Körnung blieb in allen vier Wandungen dieselbe und dementsprechend auch die Festigkeit des Materials.

Ähnliche Ergebnisse teilte einige Jahre später Jüngst[3] mit, der ferner fand, daß eine nur wenige Zehntelmillimeter betragende Bearbeitung der Quadratstäbe deren Durchbiegung und Biegefestigkeit erhöhte, und zwar bei den dünneren

---

[1] Stahleisen Bd. 29, S 1177. 1909.

[2] Nach P. Stühlen (Diss. Aachen 1922) übertreffen die Festigkeitseigenschaften der aus dem Gußstück herausgearbeiteten Probestäbe bei richtiger Anordnung der Eingüsse diejenigen von gleichzeitig in besonderer Form abgegossenen.

[3] Beitrag zur Untersuchung des Gußeisens. Verlag Stahleisen m. b. H. 1913.

mehr und bei den dickeren weniger (Wirkung von Ecken auf die Ausbildung einer spröden spannungsreichen Gußhaut). Auch W. Rother[1] gab später ähnliche Versuche bekannt[2].

Tatsächlich regelte man von jeher die mechanischen Eigenschaften des Graugusses durch eine den Wandstärken und damit der Abkühlungsgeschwindigkeit (bezogen auf Raumtemperatur) angepaßte chemische Zusammensetzung. Bei dieser Arbeitsweise fiel denn auch folgerichtig ein Guß mit vorwiegend perlitischer Grundmasse, mit Sicherheit allerdings nur in den mittleren Wandstärken.

Zwar fand das Mikroskop erst etwa nach 1905 seinen Eingang in die Gießereibetriebe; doch zeigten nachträgliche mikroskopische Untersuchungen bereits früher abgegossener Probekörper z. B. aus den Materialsammlungen staatlicher Prüfungsstellen[3], daß bei sorgfältig gattierten Gußstücken höherer Festigkeit stets eine vorwiegend perlitische Grundmasse von körniger bis lamellarer Karbidausbildung vorlag. Den klaren Zusammenhang zwischen den mechanischen

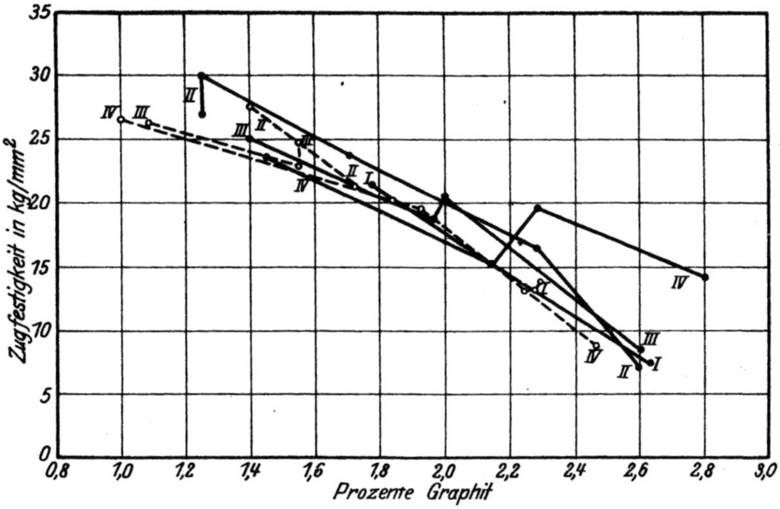

Abb. 72a. Abhängigkeit der Zugfestigkeit von Grauguß vom Graphitgehalt bei gleichem Siliziumgehalt (Wüst und Kettenbach).

Eigenschaften von Graueisen und der strukturellen Grundmasse hatte ja erst P. Goerens[4] erkannt, auf Grund seiner Untersuchungen das perlitische Gefüge als Träger der höheren Festigkeitseigenschaften des grauen Eisens gekennzeichnet und die Aufnahme der Gefügeuntersuchung als wichtige Hilfswissenschaft dem Gießereiingenieur empfohlen.

Zahlentafel 15 zeigt z. B. die Gattierungstafel einer süddeutschen Maschinenfabrik aus dem Jahre 1911, die für höherwertigen Guß ebenfalls ein Eisen mit etwa 0,8 bis 0,9% geb. C vorsieht.

Schon vor Jahrzehnten hatte man erkannt, daß für die Eigenschaften des Graugusses der absolute Gehalt des Graphits und demnach auch des Gesamt-

[1] Iron Age Bd. 70, S. 326/28. 1924; vgl. Gieß. 1924, S. 777.

[2] Nach DIN Blatt 1691 (vgl. a. Gieß. Bd. 15, S. 669. 1928) soll fortan die Biegfestigkeit an einem getrennt gegossenen unbearbeitetem Biegestab von 30 mm Durchm. und 600 mm Stützweite geprüft werden, während die Zugfestigkeit durch angegossene Probestäbe zu ermitteln ist, deren Durchmesser der mittleren Wandstärke des Gußstückes angepaßt ist.

[3] Aus verschiedenen, in beglaubigten Abschriften mir zugestellten Attesten entnommen.

[4] Stahleisen 1906, S. 1219.

Zahlentafel 14.

Festigkeitseigenschaften von gewöhnlichem Maschinenguß bei verschiedenen Querschnitten von separat gegossenen und aus Gußstücken herausgearbeiteten Probestäben.

Probestäbe separat gegossen																	
Kreisrunder Querschnitt									Quadratischer Querschnitt								
Stab-bezeichnung	Stab-dimensionen	Meßlänge [1]	Biege-festigkeit	Einbiegung	Zug-festigkeit		Druckfestigkeit mit Verkürzung in %	Schlag-festigkeit	Stab-bezeichnung	Stab-dimensionen	Meßlänge [1]	Biege-festigkeit	Einbiegung	Zug-festigkeit		Druckfestigkeit mit Verkürzung in %	Schlag-festigkeit
Nr.	mm	mm	kg/mm²	mm	mm ⌀	kg/mm²	kg/mm²	kg/m	Nr.	mm	mm	kg/mm²	mm	mm ⌀	kg/mm²	kg/mm²	kg/m
	◯								▨								
I—III	60	1000	34,70	13,03	48	18,17		37,1	I—III	60 × 60	1000	28,37	12,30	48	17,27		
IV—VI	50	1000	35,33	16,60	38	18,23			IV—VI	50 × 50	1000	29,10	12,80	38	17,70		52,8
VII—X	40	800	36,33	13,67	30	20,00	83,15 12,9%	10,8	VII—IX	40 × 40	1000	29,55	16,37	30	18,55	84,30 15,0%	10,8
XI—XIV	30	600	38,13	10,78	20	23,03	88,03 10,6%	1,8	X—XIV	30 × 30	1000	32,29	22,62	20	22,40	90,67 12,7%	5,7
XV—XVIII	20	400	40,29	7,87	15	24,87			XV—XVIII	20 × 20	1000	32,59	31,24	15	23,37		

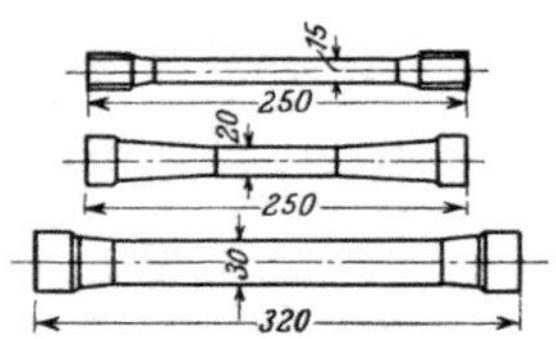

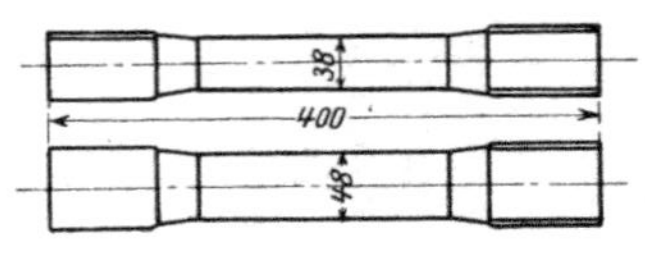

[1] Auflagerentfernung für den Biegeversuch.

Probestäbe aus Gußstücken herausgearbeitet

Aus Platten

Stab-bezeichnung	Stab-dimensionen	Meßlänge[1]	Biege-festigkeit	Einbiegung	Zug-festigkeit		Druckfestigkeit mit Verkürzung in %	Schlag-festigkeit
Nr.	mm	mm	kg/mm²	mm	mm ⌀	kg/mm²	kg/mm²	kg/m
▨ I—III	60 × 60	1000	27,50	12,53	48	16,13		
IV—VI	50 × 50	1000	27,56	15,87	38	17,30	95,7	
VII—IX	40 × 40	1000	28,26	18,97	30	17,30	66,50 15,5%	24,0
X—XIV	30 × 30	1000	29,76	25,63	20	18,53	73,00 13,3%	9,0
XV—XVIII	20 × 20	1000	31,31	41,50	15	21,10		

Aus Hohlkörpern

Stab-bezeichnung	Stab-dimensionen	Meßlänge[1]	Biege-festigkeit	Einbiegung	Zug-festigkeit		Druckfestigkeit mit Verkürzung in %	Schlag-festigkeit
Nr.	mm	mm	kg/mm²	mm	mm ⌀	kg/mm²	kg/mm²	kg/m
▨ I—III	60 × 60	1000	28,60	14,73	48	16,43		
IV—VI	50 × 50	1000	27,27	16,27	38	16,35		81,6
VII—IX	40 × 40	1000	26,17	21,00	30	16,68	63,80 17,5%	20,8
X—XII	30 × 30	1000	27,56	26,57	20	17,63	67,06 14,0%	7,2

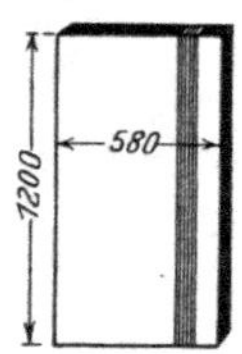

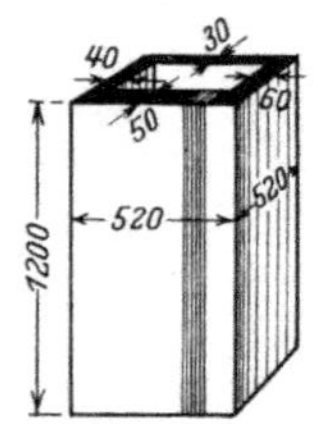

[1] Für den Biegeversuch.

Zahlentafel 14a.

Festigkeitseigenschaften von Gußeisen einer zähen Qualität bei verschiedenen Querschnitten von separat gegossenen und aus Gußstücken herausgearbeiteten Probestäben.

Probestäbe separat gegossen

Kreisrunder Querschnitt

Stabbezeichnung	Stabdimensionen	Meßlänge[1]	Biegefestigkeit	Einbiegung	Zugfestigkeit		Druckfestigkeit mit Verkürzung in %	Schlagfestigkeit
Nr.	mm	mm	kg/mm²	mm	mm ∅	kg/mm²	kg/mm²	kg/m
	◯ (schraffiert)							
I—III	60	1200	44,9	29,2	40	23,8		
IV—VI	50	1000	44,3	22,8	40	24,2		
VII—IX	40	800	44,2	19,3	34	24,1	94,0 15,0%	
X—XII	30	600	45,4	18,3	20	25,5	96,6 18,3%	
XIII—XV	20	400	55,8	9,0	14	35,3		
XVI—XVIII	10	250	57,3	5,0				

Quadratischer Querschnitt

Stabbezeichnung	Stabdimensionen	Meßlänge[1]	Biegefestigkeit	Einbiegung	Zugfestigkeit		Druckfestigkeit mit Verkürzung in %	Schlagfestigkeit
Nr.	mm	mm	kg/mm²	mm	mm ⌀	kg/mm²	kg/mm²	kg/m
	▢ (schraffiert)							
I—III	60 × 60	1000	33,0	16,3	40	18,1		
A		500	33,1	4,4				
IV—VI	50 × 50	1000	35,0	17,3	38	19,4		
A		500	35,2	4,5				
VII—IX	40 × 40	1000	37,0	19,2	28	23,2	82,0	31,2
A		500	37,1	5,7			14,1%	
X—XII	30 × 30	1000	42,5	27,0	18	25,6	77,9	
A		500	42,4	8,5	25	25,6	15,7%	

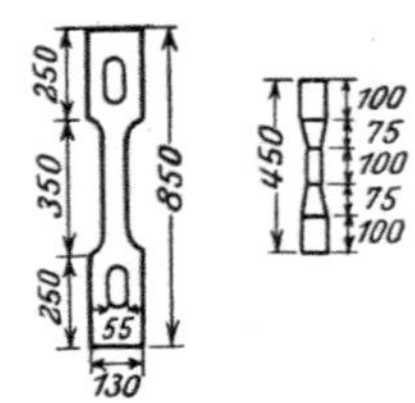

[1] Für den Biegeversuch.

Probestäbe aus Gußstücken herausgearbeitet

Form und Kern aus Formsand

Stab-bezeichnung	Stab-dimensionen	Meßlänge[1]	Biege-festigkeit	Einbiegung	Zug-festigkeit		Druckfestig-keit mit Ver-kürzung in %	Schlag-festigkeit
Nr.	mm	mm	kg/mm²	mm	mm □ Ø	kg/mm²	kg/mm²	kg/m
S	▨							
I—III	60 × 60	1000	32,3	18,8	60/45	18,0		
A		500	33,9	5,4	40	19,7		
IV—VI	50 × 50	1000	33.1	22,4	50/45	18,2		
A		500	34,5	6,2	40	19,2		
VII—IX	40 × 40	1000	33,0	28,4	40/50	18,0	72,1	36,0
A		500	33,4	7,4	30	19,2	15,0 %	
X—XII	30 × 30	1000	33,1	32,0	30/40	18,8	72,8	
A		500	33,8	11,0	25	19,3	17,7 %	

Form aus Sand, Kern aus Lehm

Stab-bezeichnung	Stab-dimensionen	Meßlänge[1]	Biege-festigkeit	Einbiegung	Zug-festigkeit		Druckfestig-keit mit Ver-kürzung in %	Schlag-festigkeit
Nr.	mm	mm	kg/mm²	mm	mm □ Ø	kg/mm²	kg/mm²	kg/m
L	▨							
I—III	60 × 60	1000	32,1	19,3	60/45	17,7		
A		500	34,2	5,7	40	19,0		
IV—VI	50 × 50	1000	32,1	20,8	50/45	18,0		
A		500	34,4	6,3	40	19,3		
VII—IX	40 × 40	1000	33,2	27,1	40/50	19,0	70,5	36,6
A		500	33,9	7,7	30	19,2	15,2 %	
X—XII	30 × 30	1000	32,4	33,5	30/40	18,8	71,2	
A		500	33,0	12	25	19,5	17,9 %	

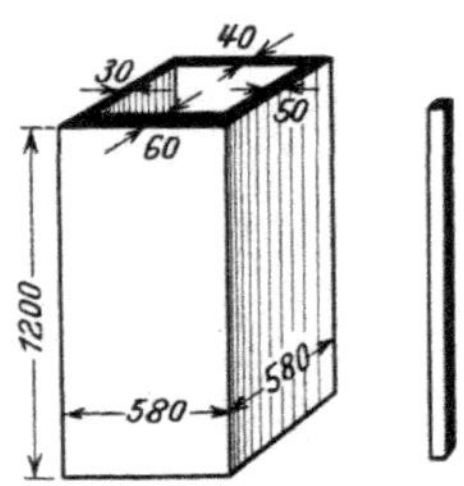

[1] Für den Biegeversuch.

Zahlentafel 15. Graugußgattierungen ein

Satz Nr.	Benennung der einzelnen Sätze	Einteilung der Gußstüc Wandstärke der Gußstücke
0	Bau- und gewöhnlicher Maschinenguß	15 mm und darüber
I Si	Sehr weicher Maschinenguß	bis 3 mm
I	Weicher Maschinenguß	3 mm und darüber
II	Harter Maschinenguß	7 mm und darüber
III	Sehr harter Maschinenguß	10 mm und darüber
V	Schwacher Zylinderguß	25 mm und darüber
VI	Starker Zylinderguß	40 mm und darüber
VII	Räderguß	30 mm und darüber
VIII	Kokillenguß	sämtl. vorkommende Wandstärk
IX	Pressenguß	40 mm und darüber
X	Hartguß	10 mm und darüber
C.E.	Schieberguß	10 mm und darüber
S P.	Spiralenguß	bis 5 mm

Normal-Analysen der einzelnen Sätze

Satz Nr.	Gesamt. C %	Graphit %	Gebund. C %	Si %	Mn %	P %	S %
0	ca. 3,60	ca. 3,00	ca. 0,60	1,7 —2,20	0,50—0,70	0,80—1,20	unter 0,13
I Si	ca. 3,70	ca. 3,00	ca. 0,70	2,50—3,50	0,50—0,70	unter 0,60	unter 0,10
I	ca. 3,70	ca. 3,00	ca. 0,70	2,00—2,50	0,50—0,70	unter 0,60	unter 0,10
II	ca. 3,50	ca. 2,70	ca. 0,80	1,60—2,00	0,60—0,80	unter 0,40	unter 0,10
III	unter 3,40	ca. 2,50	ca. 0,90	1,40—1,60	0,80—0,90	unter 0,30	unter 0,10
V	unter 3,30	ca. 2,40	ca. 0,90	1,20—1,40	0,80—1,00	unter 0,20	unter 0,10
VI	unter 3,20	ca. 2,30	ca. 0,90	1,00—1,20	0,80—1,00	unter 0,20	unter 0,10
VII	ca. 3,50	ca. 2,60	ca. 0,90	1,20—1,60	0,60—0,80	unter 0,50	unter 0,10
VIII	ca. 3,60	ca. 3,00	ca. 0,60	2,00—3,00	0,50—0,70	unter 0,10	unter 0,08
IX	unter 3,10	ca. 2,20	ca. 0,90	0,80—1,00	0,80—1,20	unter 0,20	unter 0,10
X	unter 3,40	ca. 2,50	ca. 0,90	0,80—1,00	0,40—0,60	unter 0,20	unter 0,09
C.E.	ca. 3,90	ca. 3,40	ca, 0,50	1,00—1,20	0,50—0,60	unter 0,30	unter 0,09
SP	ca. 3,60	ca. 3,00	ca. 0,60	2,50—3,50	0,50—0,70	0,80—1,00	unter 0,08

ßüddeutschen Maschinenfabrik.

n die einzelnen Sätze

Maschinenfabrik-,	Kunden-Guß
Rohe Kesselarmaturen, Einfeuerungsteile, Säulen, Herdguß usw.	Bauguß
Gußstücke, welche besonders weich sein müssen	Guß mit magnetischen Eigenschaften, z. B. Anker, Polschuh, Rippenzylinder usw.
Gußstücke, bei welchen es nicht auf besondere Festigkeit ankommt	Riemenscheiben, Rundstühle, Klavierplatten, Formmaschinenguß usw.
Dichte Gußstücke, wie Ventile, Kegel, Kolben, Kolbenringe, Zylinderdeckel usw.	Autozylinder mit Wasserkühlung, Kolben, Kolbenbüchsen für Auto usw.
Dichte Gußstücke, wie Ventile, Kegel, Kolben, Kolbenringe, Zylinderdeckel, Lagerbalken und Ammoniakarmat. usw.	Wie Satz II
Lokomotiv-, Dampf- u. Kompressorzylinder, Zylinderbüchsen, Kolben, Zylinderdeckel, Lagerbalken, Pumpen usw.	
Wie Satz V	
Seilscheiben, Riemen u. Schwungräder, Grundplatten usw.	NB. Die Einteilung des Kundengusses ist genau wie die des Gusses der Maschinenfabrik wenn nichts anderes vorgeschrieben ist
Kokillen	
Preßgestelle, Matritzen, Patritzen, Plungerkolben, Walzen nicht in Kokillen gegossen usw.	
Walzen in Kokillen gegossen, feuerbeständiger Guß usw.	
	Schieber für Daimler
	Spiralen für Elektron

Normal-Festigkeiten der einzelnen Sätze										Bemerkung
Rohe Probestäbe						Bearb. Probestäbe				
Dimensionen		Biegeprobe		Schlagfestigkeit	Härte nach Brinell	Dimensionen		Zugfestigkeit		
Ø	Entfernung Auflage mm	Festigkeit kg/mm²	Durchbieg. mm			roh Ø	bearb. Ø	kg/mm²		
30	600	ca. 32	ca. 8		170—190	30	20	12—16		Werden an einem Gußstück Probestäbe für Zugproben angegossen oder werden dieselben für sich gegossen, so wird der rohe Durchmesser der Probestäbe so gewählt, daß derselbe mindestens 10 mm stärker ist als die Wandstärke des Gußstückes
20	400	ca. 35	ca. 7			30	20	12—16		
30	600	ca. 30	ca. 10		130—150					
20	400	ca. 35	ca. 6			30	20	12—18		
30	600	ca. 30	ca. 10		150—170					
20	400	nicht unt. 40	ca. 7			30	20	16—20		
30	600	ca. 37	ca. 10		170—190					
30	600	nicht unt. 40	ca. 10		190—210	40	20	18—22		
40	800	nicht unt. 44	ca. 15			40	20	20—26		
30	600	ca. 48	ca. 12		210—220					
40	800	nicht unt. 46	ca. 15			40	20	22—26		
30	600	ca. 48	ca. 12		220—240					
40	800	nicht unt. 35	ca. 14			40	20	18—20		
30	600	ca. 40	ca. 11		180—210					
40	800	ca. 22	ca. 18			30	20	10—14		
30	600	ca. 30	ca. 12		120—150					
40	800	ca. 48	ca. 15			40	20	24—30		
30	600	ca. 50	ca. 10		240—260					
40	800	ca. 30	ca. 12			30	20	18—22		
30	600	ca. 35	ca. 10		200—230					
20	400	ca. 30	ca. 6			30	20	10—16		
30	600	ca. 25	ca. 10		130—150					
20	400	ca. 35	ca. 6			30	20	10—16		
30	600	ca. 28	ca. 10		130—150					

kohlenstoffs maßgebend sind, wie dies später von Wüst und Kettenbach[1] an Hand systematischer Versuchsreihen gezeigt werden konnte (Abb. 72a bis e).

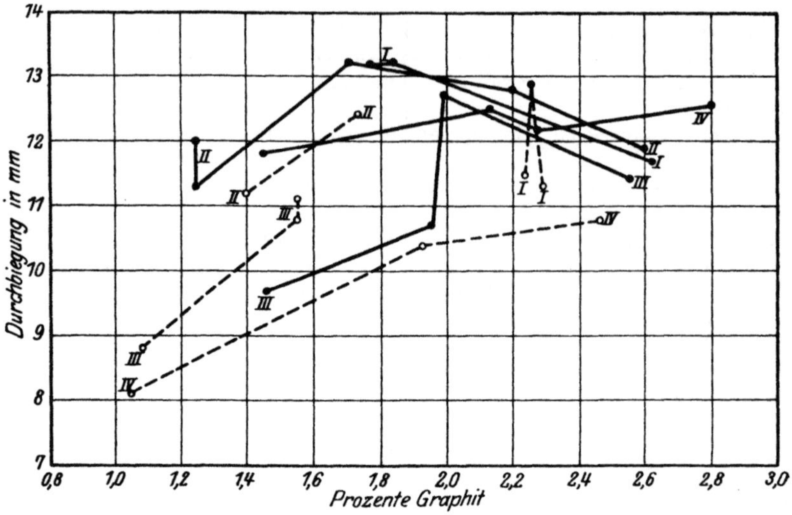

Abb. 72b. Abhängigkeit der Durchbiegung von Grauguß vom Graphitgehalt bei gleichem Siliziumgehalt (Wüst und Kettenbach).

Die chemische Zusammensetzung der Versuchsreihen *1* der Abb. 72 a bis e (gestrichelte Linienzüge) bzw. der Versuchsreihe *2* (ausgezogene Linienzüge) betrug:

	C%	Graph. %	Mn%	P%	S%	Si%
1	2 bis 3,8	0,8 bis 2,47	0,14	0,051	0,011	0,45 bis 3,24
2	2,6 „ 4,0	1,25 „ 2,81	0,13	0,045	0,010	0,54 „ 3,23

Die nach dem Siliziumgehalt in vier Gruppen eingeteilten Schmelzen besaßen:

I	0,8 bis 1 % Si	*III*	1,5 bis 1,9 % Si
II	1,1 „ 1,4 % „	*IV*	2,1 „ 2,4 % „

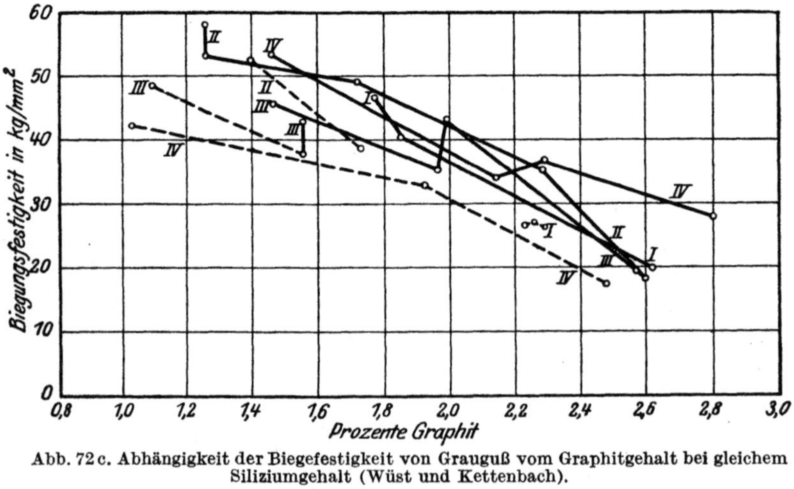

Abb. 72c. Abhängigkeit der Biegefestigkeit von Grauguß vom Graphitgehalt bei gleichem Siliziumgehalt (Wüst und Kettenbach).

Seit der Mitte des vorigen Jahrhunderts wurden daher fortlaufend Versuche angestellt, durch flüssigen Stahlzusatz zum Grauguß durch Verwendung von Stahl-

[1] Ferrum 1913/14, S. 51.

abfällen im Einsatz der Schmelzöfen oder durch Nachfrischen des kohlereichen Schmelzerzeugnisses ein kohlenstoffärmeres Eisen mit höheren Festigkeitseigenschaften zu erzeugen. Man hatte auch erkannt, daß kohlereiche Gußeisen-

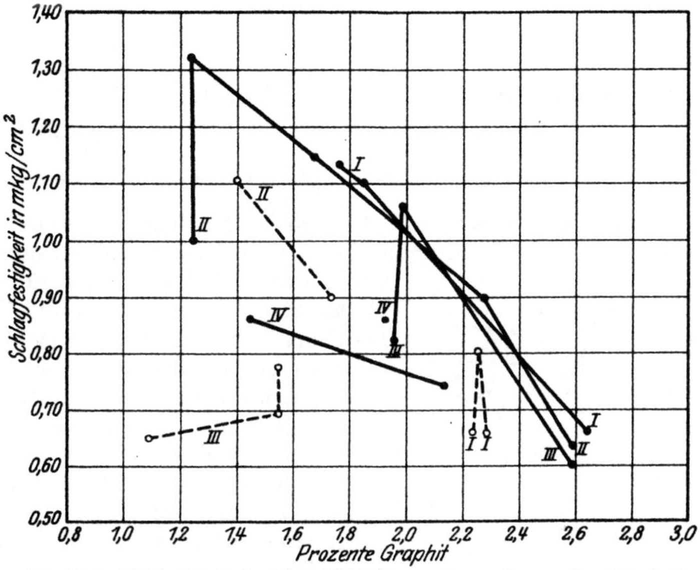

Abb. 72d. Abhängigkeit der Kerbzähigkeit von Grauguß vom Graphitgehalt bei gleichem Siliziumgehalt (Wüst und Kettenbach).

sorten leichter graphitisieren und zu gröberer Graphitausbildung neigen, daß also zunehmender Kohlenstoff eine ähnliche Wirkung ausübe wie ein zunehmender Siliziumgehalt bzw. wie eine zunehmende Verzögerung der Abkühlungsgeschwin-

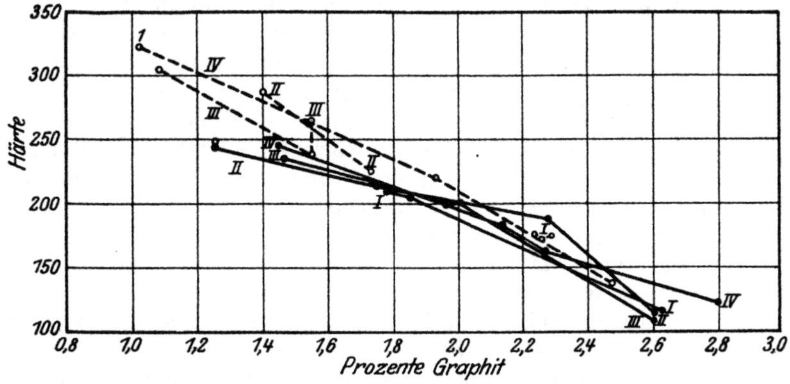

Abb. 72e. Abhängigkeit der Härte von Grauguß vom Graphitgehalt bei gleichem Siliziumgehalt (Wüst und Kettenbach).

digkeit. Die Folge war, daß im Guß höherer Festigkeit auch der Gesamtkohlenstoffgehalt gedrückt wurde. Diese Beziehungen kamen bereits in den alten Gattierungstafeln zum Ausdruck (vgl. Zahlentafel 15). Sie entsprachen in vielen Fällen einer zahlenmäßigen Beziehung, die schon Ledebur zu berücksichtigen empfohlen hatte, nämlich:

$$\frac{\text{Ges-C} + \text{Si}}{1{,}5} = 4{,}2 - 4{,}4\,.$$

Nach Ledebur galt diese Formel für Si-Gehalte von 1 bis 3%, und zwar galt die Zahl 4,2 für dickere, die Zahl 4,4 entsprechend für dünnere Gußstücke.

F. J. Cook[1] paßte die Ledebursche Formel unter der abgeänderten Form:

$$\frac{\text{Ges. C}}{4{,}26 - \frac{\text{Si}}{3{,}6}} = H$$

noch enger den Bedürfnissen der Praxis an. Er setzt hierbei H:

für gewöhnlichen Guß (Rohre usw.) . . . . . = 0,90 bis 1,00,
für höherwertige Stücke . . . . = 0,83,
für höchstwertige (Dampf-, Dieselzylinder usw.) . = 0,75 bis 0,82.

In der graphischen Darstellung Abb. 73 liegen demnach zwischen den Geraden *2* und *3* die C + Si-Summen für hochwertige, zwischen den Geraden *4* und *5* die (C + Si)-Summen für gewöhnliche Gußstücke. Die Geraden *6* und *7*, welche der Ledeburschen Beziehung entsprechen, liegen etwa an der Grenzfläche dieser beiden Gebiete. Während der letzten Jahre sind nun diese Verhältnisse unter Heranziehung des Mikroskops in Beziehung zu dem Gefügeaufbau gebracht worden. Abb. 74 gibt das von E. Maurer aufgestellte Diagramm wieder, das für mittlere Abkühlungsverhältnisse gilt. In dieses Diagramm sind gestrichelt eingezeichnet die Begrenzungslinien des Perlitfeldes, welche sich später[2] ergaben unter Berücksichtigung verschiedener Wandstärke der Gußstücke bzw. bei Vorwärmung der Gießform, welche ja eine der zunehmenden Wandstärke parallele Verzögerung in der Abkühlungsgeschwindigkeit von Gußstücken mittlerer Wandstärke verursacht[3]. (Nach den Abkühlungsversuchen von Maurer ergibt eine Vorwärmung der Gießform auf ca. 450° bei Gußstücken mittlerer Wandstärke eine gleiche Abkühlungsgeschwindigkeit wie das Abgießen 90 mm starker Gußstücke in Formen von etwa Raumtemperatur.) Das in Abb. 74 schraffierte Feld gibt demnach diejenigen Konzentrationen von (Si + C) an, welche auch bei Gußstücken mit stark verschiedenen Wandstärken noch mit größter Sicherheit in allen Querschnitten ein vorwiegend perlitisches Gefüge gewährleisten. Das Abbiegen des perlitischen Feldes im Diagramm Abb. 74 war geboten, da infolge des bereits auf S. 47 bis 49 erwähnten diskontinuierlichen Verhaltens im Einfluß des Siliziumgehaltes in die Spitze des ursprünglichen Perlitfeldes noch zu viele Schmelzen mit meliertem Bruchgefüge hineinfielen.

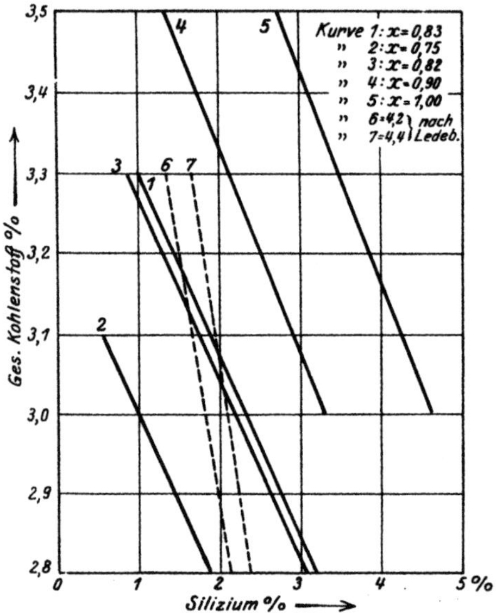

Abb. 73. Summe C + Si bei verschiedenen Gußeisensorten (Cook).

Es geht daraus hervor, daß man z. B. um auch bei etwas wechselnder Wandstärke ein vorwiegend perlitisches Eisen zu erzielen, die Zusammensetzung des Eisens hinsichtlich seines Kohlenstoff- und Siliziumgehaltes zweckmäßig etwa der Winkelhalbierenden $B'AD'$ anpassen wird. Die höherwertigen, niedriggekohlten Gußeisensorten werden dann etwa in der eingekreisten Zone zu liegen

[1] Brit. Cast Iron Res. Ass. Bull. Nr. 13.
[2] Maurer, E. und P. Holtzhausen: Stahleisen Bd. 47, S. 1805/12 und 1977/84. 1927.
[3] Die Bedeutung der römischen Zahlen in Abb. 74 ist die gleiche wie in Abb. 77.

kommen (Kruppscher Sternguß)[1], d. h. einen Kohlenstoffgehalt von 2,4 bis 2,8% bei einem Siliziumgehalt von 1,5 bis 2,2% haben. Welchen Einfluß ein Stahlzusatz und damit eine Kohlenstoffverminderung des flüssigen Eisens auf die Festigkeitseigenschaften, z. B. die Biegungsfestigkeit, ausübt, zeigt Abb. 75 nach

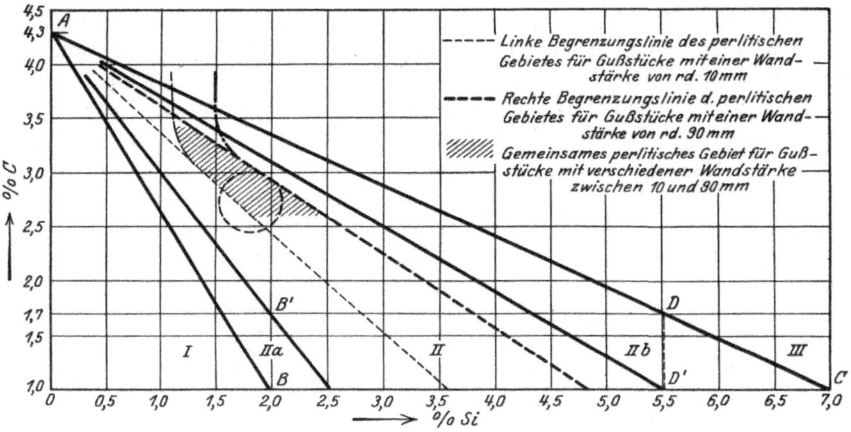

Abb. 74. Maurers Gußeisendiagramm.

J. W. Bolton[2], wenngleich diese Zahlen weit unter den erreichbaren und bei hochwertigem Guß heute schon erreichten liegen.

Die weitgehend gleichgerichtete Beeinflussung der Eigenschaften von Grauguß durch die Elemente Kohlenstoff und Silizium führte Klingenstein[3] dazu, auch auf den Konzentrationsordinaten diese Elemente zusammenzufassen. So zeigt Abb. 76 den Einfluß des C + Si-Gehaltes auf die Biegungsfestigkeit bzw. die Härte von Grauguß. Beachtenswert ist der Wendepunkt der Kurve für die Biegungsfestigkeit bei etwa 5% (C + Si), was bedeutet, daß man in höherwertigem Guß stets unter dieser Summenzahl bleiben sollte.

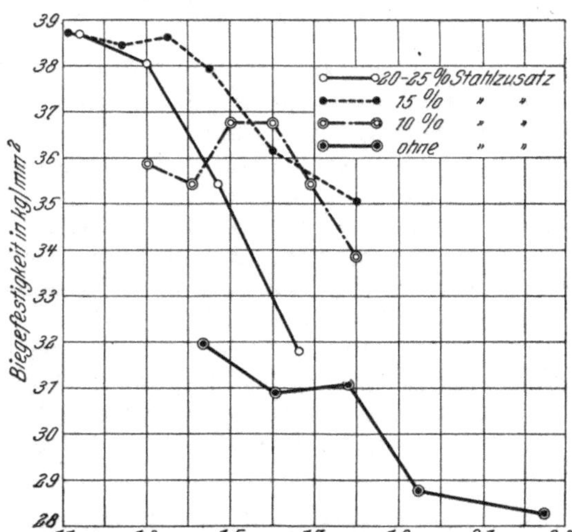

Abb. 75. Beziehungen zwischen Siliziumgehalt und Biegefestigkeit bei verschiedenem Stahlzusatz in der Gattierung (Bolton).

F. Greiner und Th. Klingenstein[4] brachten ein in der Aufteilung der Gefügefelder dem E. Maurerschen ähnliches Gußeisendiagramm mit der Summe C + Si als Ordinate und der Wandstärke als Abszisse (Abb. 77). Die Gleichstellung der beiden Elemente Kohlenstoff und Silizium hinsichtlich ihrer Auswirkung im Gußeisen ist natürlich nur mit Einschränkung und innerhalb bestimmter Bezugs-

[1] Kruppsche Monatsh. 1924, S. 115.
[2] Trans. Am. Soc. Test. Mat. 1924, S. 408; vgl. Stahleisen Bd. 45, S. 844. 1925.
[3] Automobil-Flugtechn. Z. Motorwagen. Jg. 29, H. 21.
[4] Stahleisen Bd. 45, S. 1173. 1925; Z. V. d. I. 1926, S. 388.

bedingungen (perlitische Gußeisensorten) berechtigt. Tatsächlich ergibt ja auch die Mittellinie des perlitischen Feldes im Maurerschen Diagramm einen Winkel von etwa 45⁰ bei maßstäblich gleichen Ordinaten, was nichts anderes besagt, als daß für die gegebenen mittleren Abkühlungsverhältnisse in perlitischen Gußeisensorten die Summe C + Si als Bezugsgröße berechtigt ist. Ob diese Beziehung in den extremen, von Greiner und Klingenstein berücksichtigten Wandstärken jedoch noch zutrifft, ist zweifelhaft. Dagegen geht auch aus dem letzteren Diagramm die wichtige, wenn freilich nicht mehr unbekannte Tatsache hervor, daß, je niedriger die Summe C + Si ist, desto größer der Bereich des perlitischen Zustandsfeldes wird, desto unabhängiger ist daher auch die Gefügeausbil-

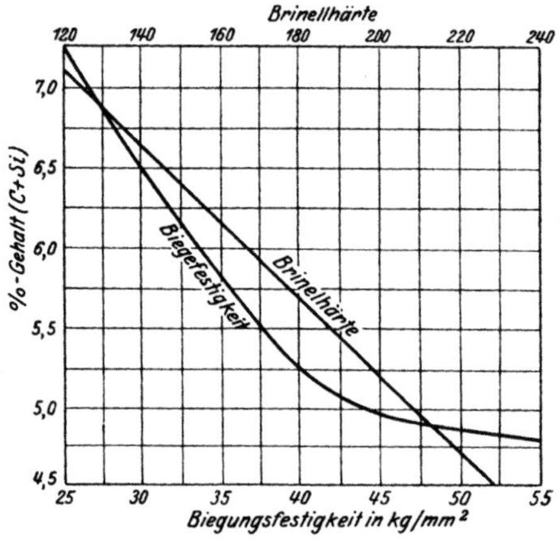

Abb. 76. Abhängigkeit der Härte und der Biegefestigkeit von Grauguß von der Summe Si + C (Klingenstein).

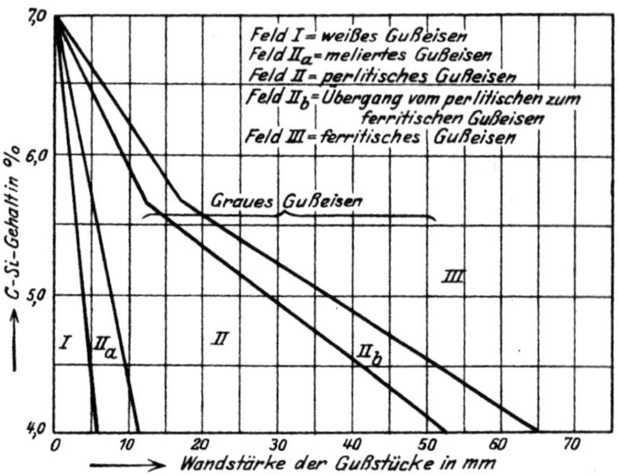

Abb. 77. Gußeisendiagramm nach Greiner und Klingenstein.

dung von Wandstärke und Abkühlungsgeschwindigkeit. Es wird sich später zeigen lassen, wie vorteilhaft diese Erkenntnis bei den modernen Bestrebungen zur Herstellung hochwertigen Gußeisens sich ausgewirkt hat (z. B. Möglichkeit der Erniedrigung des Kohlenstoff-, insbesondere aber des Siliziumgehaltes durch künstliche Vorwärmung der Form nach Lanz; auch der Guß nach Emmel fällt in die Nutzanwendung dieser Beobachtung hinein).

Trotz dieser Erkenntnisse läßt die Treffsicherheit vieler Gießereien noch sehr zu wünschen übrig. Entsprechende Versuche in zehn verschiedenen Gießereien, über deren Ergebnisse M. Rudeloff[1] berichtete, zeigten bei gegebener Gattierung Schwankungen in der Biegefestigkeit von 34 bis 43,5 kg/mm² und in der Zugfestigkeit von 17 bis 24 kg/mm². Gattierungen nach freier Wahl aber bei geforderter Biegefestigkeit von 28 bis 34 kg/mm² und 7 bis 10 mm Durchbiegung ergaben ausreichende Festigkeiten mit einer Streuung von 34 bis 44,5 kg/mm².

H. Der Einfluß der Gießtemperatur und die Bedeutung der Schmelzüberhitzung.

Über den Einfluß der Gießtemperatur auf die Graphitbildung, das Gefüge und die mechanischen Eigenschaften von Roh- bzw. Gußeisen gingen die im Schrifttum vertretenen Ansichten früher weit auseinander[2].

[1] Gieß. Bd. 12, S. 561/581/601. 1925.

[2] Vgl. a. Adamson: Stahleisen Bd. 29, S. 1577. 1909; Cook: Castings Bd. 2, S. 18. 1908; Bolton: Foundry Bd. 50, S. 436. 1922; Smalley: Eng. Bd. 114, S. 277. 1922 u. a. m.

So fand Longmuir[1], daß eine mittlere Gießtemperatur die besten mechanischen Eigenschaften ergibt. Hatfield dagegen fand, daß die höchste Gießtemperatur stets die besten Werte ergab. Es sei allerdings bemerkt, daß Hatfield mit verhältnismäßig dünnen Versuchsstäben arbeitete (24 · 9 mm). Hailstone[2] stellte an einem Eisen mit 3,24% Ges.-C, 1,87% Si, 0,30% Mn, 1,4% P und 0,1% S mit zunehmender Gießtemperatur bis 1425⁰ (höhere Temperaturen wurden nicht in Betracht gezogen) eine deutliche Abnahme des prozentualen Graphitgehaltes und eine Besserung der Festigkeitseigenschaften fest (vgl. Zahlentafel 16). Zu ähnlichen Ergebnissen kamen auch Honda und Murakami[3], welche als Ursache für die zunehmende Karbidbildung eine abnehmende Gasentwicklung der Schmelze und damit ein Zurücktreten der katalytischen Reaktion: $2\,CO = CO_2 + C$ und $CO_2 + Fe_3C = 2\,CO + 3\,Fe$ zugrunde legten. Im Gegensatz zu diesen Forschern fand später L. Northcott[4] an einem Eisen mit 3,4% Ges.-C, 1,4% Si, 0,9% Mn, 1,07% P und 0,09% S bei zunehmender Gießtemperatur (von 1210 bis 1410⁰) eine Zunahme des Graphitgehaltes von 2,5% auf 2,84% (bezogen auf den Rand der Schmelzproben), wenn Proben aus dem gleichen Tiegel in verschiedenen Stadien der Abkühlung vergossen wurden (Zahlentafel 17).

Zahlentafel 16.

Probe-Nr.	Gießtemperatur °C	Geb.-C %	Graphit %	Ges.-C %
2	1400	0,406	2,840	3,246
3	1390	0,399	2,862	3,261
4	1386	0,365	2,891	3,256
5	1361	0,366	2,915	3,281
6	1348	0,357	2,926	3,283
7	1330	0,340	2,951	3,291
8	1302	0,308	2,987	3,295
9	1272	0,293	3,012	3,305
10	1264	0,186	3,126	3,312

Oberhoffer und Stein[5] fanden bezüglich der mechanischen Eigenschaften (Zug- und Biegefestigkeit) als günstigsten Wert der Gießtemperatur 1240 bis 1250⁰; die Härte verhielt sich ähnlich. Die spezifische Schlagarbeit sank mit abnehmender Gießtemperatur stetig. Die Schwindung (aus dem Stabdurchmesser errechnet) nahm ebenfalls mit der Gießtemperatur ab. Beim Vergießen unter 1200⁰ trat leicht starke Blasenbildung auf. Die verwendeten Eisensorten hatten ungefähr folgende Zusammensetzung: Ges.-C = 3,3 bis 3,7%, Si = 1,68 bis 1,88%, Mn = 0,32 bis 1,30%, P = 0,57 bis 1,02% und S = 0,083 bis 0,107%. Der Graphitgehalt wechselte zwischen 2,60% und 2,98%. Die in letztgenannter Arbeit mitgeteilten Ergebnisse können allerdings hinsichtlich des Einflusses der Gießtemperatur auf die Graphitbildung nur mit Einschränkung ausgewertet werden, da die gewählte Temperaturspanne (1170 bis 1310⁰) zu gering war.

Zahlentafel 17.

Gießtemperatur °C	Brinellhärte		Graphit %	
	Mitte	Rand	Mitte	Rand
1410	170	138	2,80	2,84
1350	163	150	2,96	2,70
1270	166	150	2,86	2,60
1240	174	138	2,87	2,56
1210	179	159	2,78	2,50

Geht man von der wohl kaum umstrittenen Tatsache aus, daß die mit steigender Eisentemperatur zunehmende Vorwärmung der Gießform den Tempe-

[1] Longmuir: Iron Age Bd. 98, S. 241. 1916, II; Stahleisen Bd. 26, S. 286. 1906.
[2] Hailstone: Carnegie School. Mem. Bd. 5, S. 51. 1913.
[3] Science Rep. Tohoku Univ. Bd. 10, S. 273. 1921.
[4] Foundry Trade. Jg. 29, S. 515. 1924.
[5] Gieß. Bd. 10, S. 424. 1923.

raturabfall im Intervall der eutektischen Erstarrung verzögert, so wäre ganz allgemein mit zunehmender Gießtemperatur eine Begünstigung der Graphitbildung zu erwarten[1]. Die wiederholt gemachten gegenteiligen Beobachtungen lassen aber vermuten, daß die Graphitbildung von mindestens zwei gegensätzlich sich auswirkenden Umständen abhängig sein muß.

Tatsächlich haben die Arbeiten von Piwowarsky[2] an kohlenstoffreicheren (3,23 bis 4,01 %) gezeigt, daß die Neigung zur graphitischen oder weißen Erstarrung auch von der Schmelzbehandlung (Schmelz- bzw. Behandlungstemperatur im Schmelzfluß und Dauer dieser Behandlung) der Eisensorten abhängt. Piwowarsky benutzte für seine ersten Versuche als Ausgangswerkstoff ein weißes schwedisches Holzkohlenroheisen folgender Zusammensetzung: 4,01 % Ges.-C, 0,063 % Si, 0,13 % Mn, 0,019 % P und 0,075 % S. Sämtliche Schmelzen wurden in einem gegen Luftzutritt geschützten Tammann-Kurzschlußofen ausgeführt,

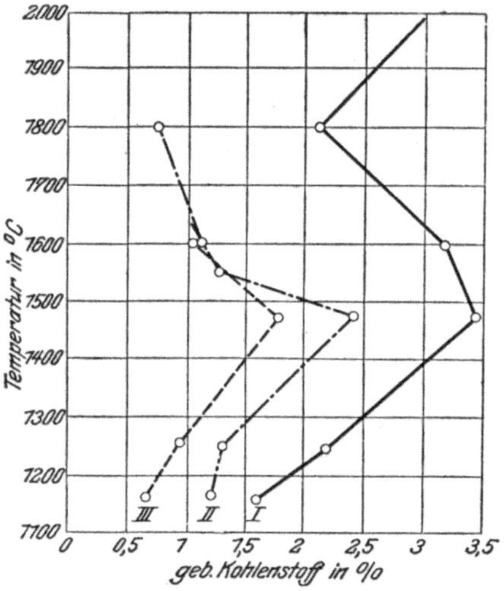

Abb. 78. Einfluß der Erhitzungstemperatur der Schmelze auf den Karbid-Kohlenstoffgehalt.

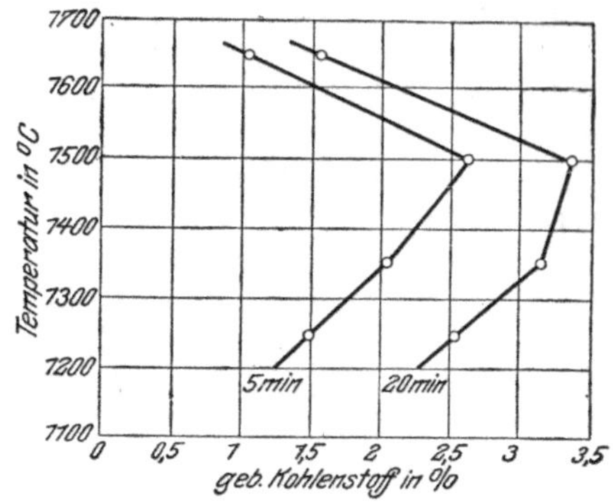

Abb. 79. Wirkung einer längeren Glühdauer.

und zwar Versuchsreihe I (vgl. Zahlentafel 18) im Kohletiegel, Reihe II und III dagegen im Magnesiatiegel unter Zusatz von etwas reiner Elektrodenkohle. Das Gewicht der einzelnen Schmelzen betrug bei diesen ersten Versuchen je 50 g. Während der Schmelzversuche der Reihe II und III wurde die Apparatur unter Stickstoffatmosphäre gebracht. Die Schmelzen wurden bis auf die angegebene Temperatur erhitzt und mit genau 3°/min abgekühlt (Regelung durch Stromdrosselung), ungefähr 20 bis 30° unterhalb des eutektischen Haltepunktes mit dem Tiegel in Wasser getaucht und abgeschreckt. Die Temperaturmessung geschah optisch. Während der Abkühlung wurde bei 1200° ein auf eben diese Temperatur vorgewärmtes Thermoelement in die Schmelze eingeführt, um mit Hilfe der Abkühlungskurve die Lage des eutektischen Haltepunktes zu beobachten. Die Ergebnisse der drei Versuchsreihen sind in Zahlentafel 18 sowie in Abb. 78 zum Ausdruck gebracht. Die eigentümliche Charakteristik der Kurven war unabhängig von der Art der Versuchsführung, sofern diese in den einzelnen Schmelzreihen gleichblieb. Die Kurven zeigten, daß

1. der (eutektische) Karbid-Kohlenstoff-Gehalt mit der Erhitzungstemperatur bis ungefähr 1500° zunahm,

[1] Vgl. die zahlreichen grundlegenden Arbeiten von Wüst, Goerens, Gutowski und Schüz in den Mitt. Eisenhüttenm. Inst. Aachen. Bd. 1—4.

[2] Stahleisen Bd. 45, S. 1455. 1925; ferner Werkstoffaussch. Nr. 63 und Disk. dazu.

Zahlentafel 18. Ergebnisse der Versuchsreihen.

Temp. °C	1153	1250	1475	1550	1600	1810	2010	2200	
Ges.-C %	4,01	4,70	5,20	—	5,74	6,00	—	7,96	Reihe I
Geb.-C %	1,83	2,19	3,43	—	3,20	2,14	—	3,73	
Ges.-C %	4,01	4,60	4,30	4,25	4,20	3,80			Reihe II
Geb.-C % . . .	1,22	1,28	2,43	1,28	1,15	0,73			
Ges.-C %	4,01	5,10	5,00	—	4,80				Reihe III
Geb.-C %	0,68	0,89	1,76	—	1,18				

2. eine weitere Steigerung der Erhitzungstemperatur bis etwa 1800° hingegen die (eutektische) Graphitbildung begünstigte.

Mit demselben schwedischen Roheisen wurden in Magnesiatiegeln ohne Kohlezusatz ferner einige Schmelzen im Gewicht von je 100 g durchgeführt bei steigenden Temperaturen bis etwa 1650° und wechselnder Haltezeit bei den gewählten Versuchstemperaturen. Das Abschrecken geschah hier in allen Fällen bei 1000°. Zahlentafel 19 und Abb. 79 zeigen die analytischen Ergebnisse dieser Versuche. Es geht daraus hervor, daß

1. eine Wendetemperatur in Übereinstimmung mit den Vorversuchen bei annähernd 1500° auftrat,

2. unterhalb der Wendetemperatur **zunehmende Schmelzdauer** auf die Karbidbildung in demselben Sinne wirkte wie eine **Temperaturerhöhung**.

Zahlentafel 19.

Erhitzungstemperatur °C	Dauer Min.	Analyse		
		Ges.-C %	Graphit %	Geb.-C %
1250	5	4,0	2,50	1,50
1250	20	3,95	1,40	2,55
1350	5	4,01	1,99	2,02
1350	20	3,91	0,78	3,13
1500	5	3,88	1,28	2,60
1500	20	3,80	2,45	3,35
1650	5	3,82	2,77	1,05
1650	20	3,74	2,24	1,50

Für die weiteren Versuche wurden etwa 1,2 kg schwedisches Roheisen unter Zusatz von etwas hochprozentigem Ferrosilizium im Gastiegelofen umgeschmolzen. Die so erhaltene Schmelze wurde in einer getrockneten Form zu Stäben von 20 mm Durchmesser vergossen. Die Durchschnittsanalyse dieser neuen Legierung war: 3,6% Ges.-C, 2,4% Si, 0,13% Mn, 0,019% P und 0,075% S. Von diesem Eisen wurden je 120 g im Tammann-Kurzschlußofen unter Verwendung von reinen Tonerdetiegeln bei möglichster Verhinderung von Luftzutritt mit einer Erhitzungsgeschwindigkeit von stets 25 bis 30°/min eingeschmolzen, auf bestimmte steigende Temperaturen erhitzt, 1 Minute auf der gewünschten Höchsttemperatur belassen und mit 50 bis 60°/min abgekühlt. Bei 1050° wurden die erstarrten Schmelzen aus dem Ofen genommen und in Kieselgur der weiteren Abkühlung überlassen. Die Temperaturmessung geschah mit Hilfe eines geeichten Ardometers. Von den erkalteten Schmelzen wurden für die Analyse einwandfreie Durchschnittsproben entnommen. Die Ergebnisse dieser Versuche gibt Zahlentafel 20 sowie Abb. 80 wieder. Auch hier ist der gleiche Verlauf der Kurven wie früher zu beobachten mit dem Unterschied, daß der Bereich der Karbidumkehr bei rd. 1400° lag, durch den Siliziumgehalt von etwa 2,3 bis 2,4% demnach um etwa 70 bis 100° erniedrigt worden war.

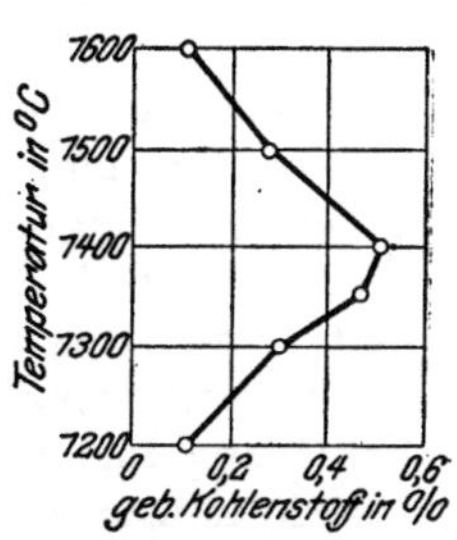

Abb. 80. Wirkung eines höheren Siliziumgehaltes.

Zahlentafel 20. Siliziertes Eisen.

Erhitzungs-temperatur °C	Erhitzungs-dauer Min.	Analyse			
		Ges.-C %	Graphit %	Geb.-C %	Si %
1200	1	3,46	3,34	0,12	2,36
1300	1	3,54	3,25	0,29	2,35
1360	1	3,29	2,83	0,46	2,33
1400	1	3,32	2,83	0,49	2,35
1500	1	3,32	3,03	0,28	2,34
1600	1	3,23	3,12	0,11	2,30

Zahlentafel 21. Siliziertes Eisen.

Erhitzungs-temperatur °C	Erhitzungs-dauer Min.	Analyse			
		Ges.-C %	Graphit %	Geb.-C %	Si %
1200	1	3,60	3,55	0,05	2,59
1400	1	3,51	3,35	0,16	2,53
1600	1	3,54	3,50	0,04	2,55
1200	5	3,56	3,38	0,18	2,51
1400	5	3,42	3,08	0,34	2,49
1600	5	3,44	3,37	0,07	2,50
1200	20	3,52	2,83	0,69	2,49
1400	20	3,44	2,53	0,91	2,49
1600	20	3,38	2,75	0,63	2,47

Um auch bei diesen Versuchen die Zeit zu berücksichtigen, war unter gleichen Bedingungen, wie vorher mitgeteilt, eine neue rd. 1,2 kg schwere Ausgangsschmelze hergestellt worden, die sich von der ersten nur durch einen etwas höheren Siliziumgehalt unterschied (2,6% gegen 2,4% Si). Mit dieser Legierung wurden die Versuche unter den gleichen oben erwähnten Bedingungen durchgeführt mit dem Unterschied, daß nur drei, gemäß Abb. 80 die extremsten Kurvenpunkte erfassende Temperaturen berücksichtigt und auf den Höchsttemperaturen je 1 Minute, 5 Minuten und 20 Minuten gehalten wurden. Zahlentafel 21 und Abb. 81 geben das Ergebnis wieder, aus dem hervorgeht, daß längeres Glühen im Schmelzfluß im gleichen Sinne sich auswirkte wie eine Temperatursteigerung.

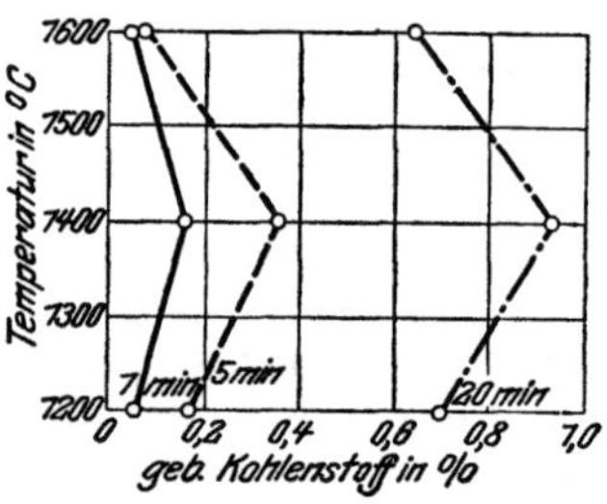

Abb. 81. Wirkung verschiedener Glühdauer.

Der Wendebereich lag bei allen drei Versuchsreihen wiederum auf gleicher Höhe und die Verschiebung der Einzelkurven ist dieselbe wie bei den Versuchen mit dem unlegierten schwedischen Eisen (Abb. 79).

Die Beobachtung, daß offenbar bei jedem Roh- oder Gußeisen unter gewissen Versuchsbedingungen ein bestimmter kritischer Temperaturbereich bestehe, bei dessen Überschreiten das flüssige Eisen in zunehmendem Maße die Neigung erhält, grau zu erstarren, kam dem Verfasser selbst einigermaßen überraschend. So bedeutungsvoll diese Tatsache erschien, so schwierig war es, eine geeignete Erklärung für diese Erscheinung zu finden. Versuchte er die mit zunehmender Überhitzungstemperatur zunächst abnehmende Neigung des Eisens, grau zu erstarren, mit dem allmählichen Verschwinden ungelöster Graphitanteile **allein** zu erklären, so entzog er sich damit der Möglichkeit, für die Umkehrung der Kurve nach Überschreiten der kritischen Wendetemperatur eine

Erklärung zu geben. Für den unteren Teil der Kurvenäste war eine solche Ursache auf Grund zahlreicher ähnlicher Beobachtungen und Arbeiten von Karsten[1], Ledebur[2], Ruer usw. als hauptanteilig mit Recht anzunehmen.

Um für die Beobachtung der Wendetemperatur wenigstens eine hypothetische Erklärung zu geben, vermutete Piwowarsky die Existenz eines mit der Temperatur veränderlichen Gleichgewichtszustands zweier Molekülarten im flüssigen Eisen, der sich jedoch infolge geringer Reaktionsgeschwindigkeit erst bei längerer Erhitzungsdauer einstelle. Es lag nahe, diese beiden molekularen Möglichkeiten als die karbidische und die elementare Kohlenstoffanordnung zu kennzeichnen. Würde die den endgültigen Gleichgewichtszustand kennzeichnende Kurve etwa der Charakteristik der Kurven[3] laut Abb. 78 bis 81 entsprechen, d. h. von einem bestimmten Temperaturbereich an eine gegensätzliche Tendenz besitzen, so könnte man sich tatsächlich zu der Annahme veranlaßt sehen, daß die Wärmetönung bei der Bildung des Eisenkarbids in diesem Temperaturbereich durch einen Nullwert geht, während sie unterhalb dieses Temperaturbereichs negativ, oberhalb desselben aber positiv wäre, so daß eine Temperatursteigerung im Bereich der negativen Wärmetönung zur Bildung von Eisenkarbid, eine Temperatursteigerung im Bereich der positiven Wärmetönung dagegen zum Zerfall des Eisenkarbids der flüssigen Lösung führen müßte nach folgendem für reine Eisen-Kohlenstoff-Schmelzen gültigen Schema:

$$3\,Fe + C = Fe_3C + W; \text{ dabei wäre:}$$
$$W = -\text{cal im Bereich von rd. } 1150 \text{ bis } 1500^0,$$
$$W = \pm 0\,\text{cal im Bereich von rd. } 1500 \text{ bis } 1550^0,$$
$$W = +\text{cal im Bereich von rd. } 1550 \text{ bis } 1650^0.$$

Bleiben wir zunächst einmal bei der Auffassung des Nebeneinanderbestehens zweier Molekülarten im flüssigen hochgekohlten Eisen, so wäre unter Berücksichtigung der Versuchsergebnisse anzunehmen, daß beim Einschmelzen von Roh- bzw. Gußeisen das im Augenblick des Schmelzvorganges vorhandene Eisenkarbid als solches in Lösung geht, während der elementare Kohlenstoff zunächst gleichfalls als solcher in Lösung geht, aber das Bestreben hat, nach erfolgter Auflösung sich in die karbidische Molekülanordnung umzuwandeln. Auf die Trägheit dieses Einformungsvorganges wäre es alsdann zurückzuführen, daß ein einmal grau erstarrtes Eisen selbst bei Überhitzung um 50 bis 150° die Neigung behält, wiederum grau zu erstarren, indem der einmal elementar gelöste Kohlenstoff als solcher wieder auszukristallisieren[4] vermag. Der so ausgeschiedene Graphit in Verbindung mit der Impfwirkung ungelöster Graphitanteile aber dürfte verursachen, daß die Ledeburitbildung ohne wesentliche Unterkühlung, und zwar noch innerhalb des Temperaturintervalles ausreichender Zerfallsgeschwindigkeit des Eisenkarbids zustande kommt. Tatsächlich hatte Piwowarsky[5] feststellen können, daß mit zunehmender Überhitzung des Eisens auch eine zunehmende Verfeinerung des Graphits eintrat, die schließlich bis zu temperkohleartiger Ausbildung führte, vgl. Abb. 82. Als Ursache dieser Erscheinung konnte Piwowarsky[6] eine mit zunehmender Schmelzüberhitzung zunehmende Unterkühlung der eutektischen Erstarrung nachweisen. Seine Versuchsführung war folgende:

---

[1] Eisenhüttenkunde 1816. [2] Eisenhüttenkunde. 1906.

[3] Natürlich ist in Wirklichkeit der Wendepunkt nicht so scharf ausgebildet, wie es bei direkter Verbindung der Versuchspunkte scheinen mag; jedoch wurde davon abgesehen, idealisierte Kurven durch die gefundenen Kennpunkte zu legen.

[4] Vgl. Archer, R. S.: Trans. Am. Inst. Min. Met. Eng. Bd. 67, S. 445/65. 1922, der die Möglichkeit der direkten Kristallisation des Graphits aus der Schmelze behandelt.

[5] Stahleisen Bd. 45, S. 1455. 1925. [6] Gieß.-Zg. Bd. 23, S. 379. 1926.

In einem Versuchstiegelofen wurden aus gleichartigen Rohmaterialien drei Schmelzen gleicher Zusammensetzung (3,2% C, 2,2% Si, 0,45% Mn, 0,02% P,

Schmelzreihe *A*. Ungeätzt × 100.

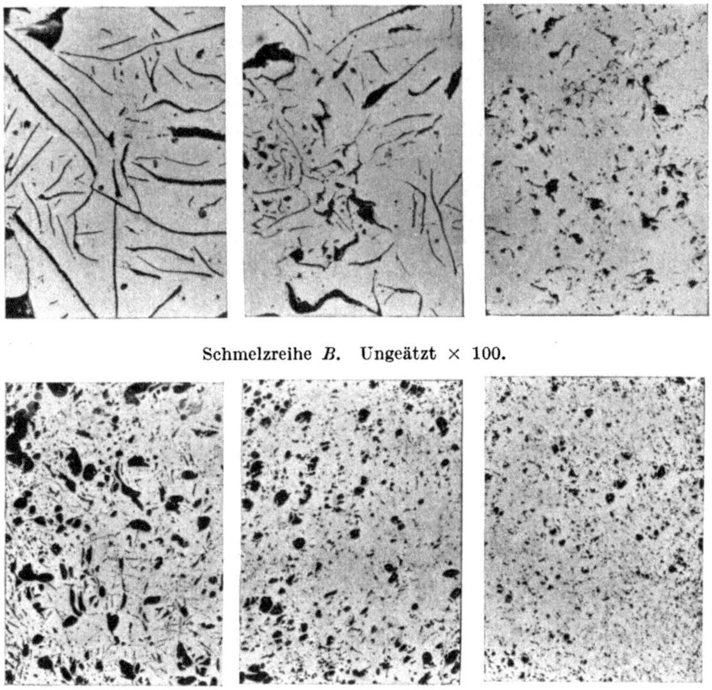

Auf 1250° 1425° 1600° erhitzt
bei 1250° vergossen.

Abb. 82. Einfluß der Temperatur auf die Graphitbildung in kohlenstoffreichem Gußeisen.

S in Spuren) erschmolzen, die erste derselben auf 1260°, die zweite auf 1420°, die dritte auf 1590° überhitzt, in allen Fällen 10 Minuten auf Maximaltemperatur belassen, alsdann sofort vergossen zu je einem Stab von 30 mm Durchmesser und etwa 500 mm Länge unter Benutzung einer Gießform gemäß Abb. 83. Die Gießform war zur weitgehenden Änderung der Abkühlungsgeschwindigkeit aus fünf Teilen je gleicher Länge zusammengesetzt, und zwar aus einem Kokillenstück, einem Naß-, einem Trockenformstück, alsdann aus einem mittels eingebautem Chromnickeldrahtofen vor dem Vergießen auf 500° vorgewärmten Oberteil, an den sich der reichlich dimensionierte verlorene Kopf anschloß. In der Mitte einer jeden Teilform war ein Thermoele-

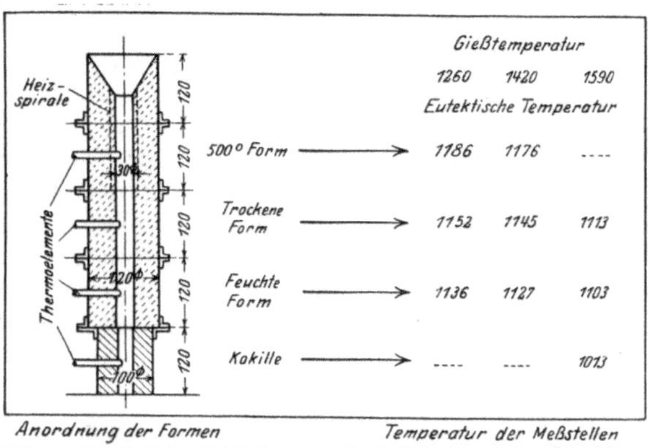

Abb. 83. Einfluß der Abkühlungsgeschwindigkeit und der Überhitzung auf die eutektische Erstarrungstemperatur.

ment eingelassen. Die ermittelten Werte der eutektischen Haltetemperaturen sind in Abb. 83 aufgeführt. Man sieht hieraus, daß nicht nur die Abkühlungsgeschwindigkeit (Zahlen vertikal), sondern auch die Schmelzüberhitzung (Zahlen horizontal) einen gleichgerichteten Einfluß auf die Lage der eutektischen Temperatur ausübt; bei der infolge zunehmender Gießtemperatur verzögerten Abkühlungsgeschwindigkeit in den Horizontalreihen hätte man eher (entsprechend dem Einfluß der Abkühlungsgeschwindigkeit bei den Vertikalreihen) eine Erhöhung des eutektischen Haltepunktes erwarten können. Aber über die Kompensation

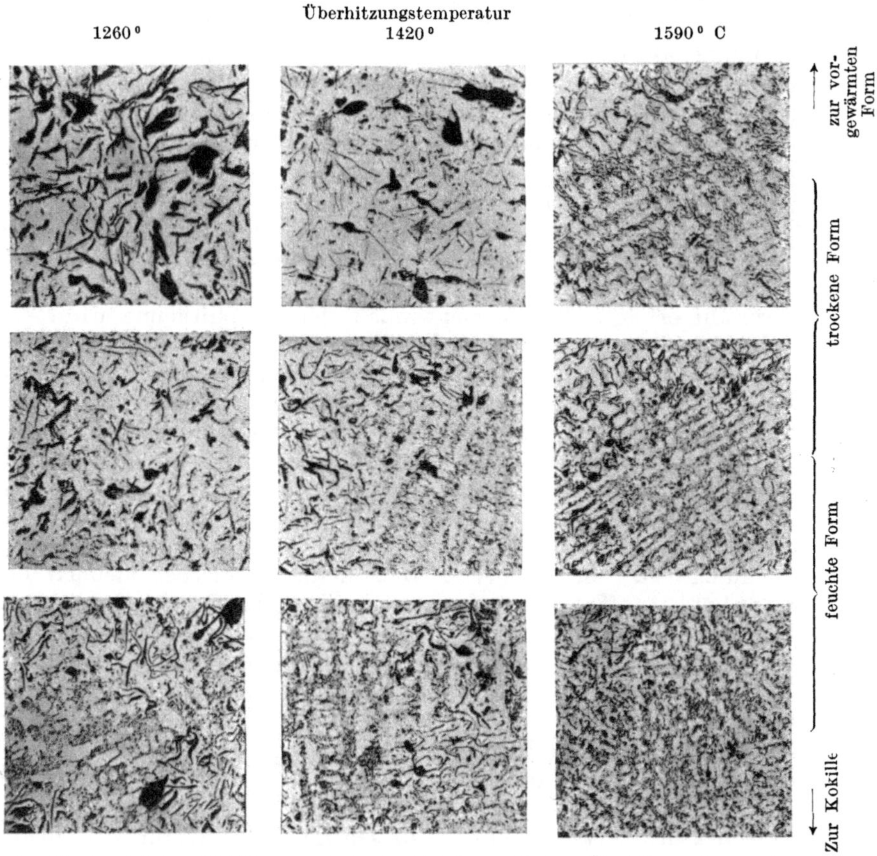

Abb. 84. Einfluß der Abkühlungsgeschwindigkeit bei verschiedener Überhitzungstemperatur im Schmelzfluß auf die Graphitausbildung im Grauguß. Ungeätzt × 50.

des Einflusses dieser zunehmenden Verzögerung hinaus trat mit zunehmender Schmelzüberhitzung im Gegenteil noch eine sehr stark zunehmende Unterkühlung der Schmelzen ein. Diese Beobachtung gab demnach die zahlenmäßige Erklärung für den Mechanismus der schon früher[1] vom Verfasser beobachteten Gefügeverfeinerung mit zunehmender Überhitzungstemperatur. Abb. 84 zeigt die Graphitausbildung dieser drei Schmelzen in den verschiedenen Zonen des Stabes, und zwar unmittelbar unterhalb der Meßstellen. Die zunehmende Graphitvergröberung durch Verzögerung der Abkühlung in den Vertikalreihen läßt demnach dem Grade nach mit der Überhitzungstemperatur deutlich nach. Man

[1] Vgl. Werkstoffaussch., Erörterung zu Bericht Nr. 63, sowie Stahleisen 1925, S. 1455; desgl. Gieß. 1925, S. 836/37.

sieht also, daß das auf die anormal hohe Temperatur von 1590° erhitzte Eisen hinsichtlich seiner Graphitausbildung weit weniger empfindlich ist gegen Änderung der Abkühlungsgeschwindigkeit oder, was gleichbedeutend ist, weitgehender unabhängig ist von der Wandstärke, indem es auch bei langsamer Abkühlung (große Wandstärke) sein feingraphitisches Gefüge leichter beibehält. Die systematische Graphitverfeinerung durch anormale Schmelzüberhitzung läuft also letzten Endes auf eine systematische Unterkühlung der Schmelze ohne Steigerung der Abkühlungsgeschwindigkeit hinaus. Dieses Verfahren hat den Vorzug, den Abkühlungsverhältnissen beim Sandguß sich vollkommener anzupassen und für alle Roheisensorten, unabhängig von der chemischen Zusammensetzung, anwendbar zu sein.

Piwowarsky faßte die Folgerungen seiner Versuche wie folgt zusammen[1]:

1. Die mit zunehmender Überhitzung der Schmelzen zunächst stets beobachtete zunehmende Karbidbildung[2] im erstarrten Eisen wäre mit dem Verschwinden von Graphitanteilen sowie der Zunahme von Karbidmolekülen in der Schmelze zu erklären (Körber, Hanemann, Sauerwald).

2. Die bereits in mäßigen Überhitzungsbereichen zunehmend auftretende Graphitverfeinerung kommt durch allmähliche Erniedrigung der eutektischen Haltetemperatur zustande, da die Erstarrung in Gebieten zunehmender spontaner Kernzahl erfolgt. Das Verschwinden der Graphitkeime überwiegt in seinem Einfluß den gegensätzlichen, auf Aufhebung der Unterkühlung und auf erhöhten anschließenden Karbidzerfall im erstarrenden Eisen gerichteten Einfluß der Gase und den der verzögerten Erstarrungsgeschwindigkeit infolge der stärkeren Vorwärmung der Gießform durch die evtl. höhere Gießtemperatur.

3. Die bei stärkerer Überhitzung beobachtete weiter zunehmende Graphitverfeinerung wäre dann auf die sich verstärkende Neigung zur Erstarrung in noch größeren Unterkühlungsbereichen weiter stark ansteigender spontaner Kernzahl des Karbids zurückzuführen als Folge der allmählich abnehmenden Gasentwicklung aus der Schmelze. Daß dennoch hierbei vielfach eine auf den Gesamtkohlenstoffgehalt bezogene prozentuale Graphitzunahme in der festen Phase auftritt (rückläufige Kurven), ließe sich zurückführen:

a) auf die bei zunehmender Unterkühlung zeitlich stärker konzentrierte Entwicklung der freiwerdenden Schmelzwärme und deren Anlaßwirkung auf das Eisenkarbid;

b) auf die bei Überschreitung der Wendetemperatur zunehmende Bildung von Molekülen der elementaren Kohlenstoffanordnung in der Schmelze (Dissoziation);

c) für den Fall des Vergießens bei diesen hohen Temperaturen auf die nunmehr erst sich voll auswirkende Verzögerung der Abkühlungsgeschwindigkeit innerhalb oder kurz unterhalb des Erstarrungsintervalls durch die weitgehende Vorwärmung der Gießform.

Dieser auf die Qualität kohlenstoffreicheren Gußeisens so günstig sich auswirkende Einfluß der Graphitverfeinerung und Gasverminderung infolge Behandlung der Schmelze bei anormal hohen Temperaturen dürfte sich nach dem Vorausgegangenen teilweise auch einstellen durch eine bei etwas mäßigeren Temperaturen (etwa 1400 bis 1500°) durchgeführte Behandlung im Vakuum oder durch eine ausreichende mechanische Erschütterung der Gußeisenschmelze, wie dies bei Flußeisen oder Stahl schon vor Jahren durchgeführt wurde.

Was die zunehmende Neigung des Eisens zur Graphitentwicklung bei Überschreiten der Wendetemperatur betrifft, so müßte bereits bei gleichbleibendem

---

[1] Gieß.-Zg. Bd. 14, S. 379. 1926. [2] Vgl. a. Wedemeyer: Stahleisen 1926, S. 557.

prozentualen Graphitgehalt der anormal hoch erhitzten Schmelzen eine gegenüber dem mittleren Überhitzungsbereich erhöhte Neigung zur Graphitentwicklung abgeleitet werden, da der den Karbidzerfall begünstigende (Maurer, Honda und Murakami) Einfluß im Erstarrungsintervall sich ausscheidender Gase ja zunehmend in Fortfall kommt und kompensiert werden muß.

Für die Erklärung der Umkehrkurven hält demnach Piwowarsky nicht mehr unbedingt an seiner ursprünglichen Hypothese fest, wohl aber vermutet er eine der ursprünglichen Annahme ähnliche Molekülumlagerung im Schmelzfluß von noch unbekannter Art, die er mit der Existenz von komplizierten Molekülkomplexen zwischen Siliziden und Karbiden und deren Rückwirkung auf die Erstarrungsvorgänge in Zusammenhang bringt. Entsprechende Versuche sind im Fluß, aber noch nicht abgeschlossen. Tatsächlich steht jene ursprüngliche hypothetische Deutung, soweit reine Eisen-Kohlenstofflegierungen in Frage kommen, ja auch im Widerspruch zu der Ausbildungsform des Dualdiagramms, das auf die Abwesenheit eines Stabilitätswechsels der mit der Schmelze koexistierenden Kristallart hindeutet.

Piwowarsky[1] konnte übrigens auch zeigen, daß die Tendenz zur Karbidumkehr erhalten blieb, wenn das verschieden hoch erhitzte Eisen zunächst weiß (Kokillenguß) vergossen und alsdann in sekundärem Prozeß getempert wurde, wobei auch im getemperten Eisen das ehedem hoch überhitzte Eisen die beste Temperkohlenausbildung ergab.

Die Versuche Piwowarskys wurden von verschiedenen Seiten nachkontrolliert. Th. Klingenstein[2] fand sie im allgemeinen bestätigt und konnte auch die Karbidumkehr feststellen.

F. Meyer[3] fand an 11 von 13 Schmelzreihen dieselbe Beobachtung, während zwei derselben einen gegenteiligen Verlauf der Karbidabhängigkeit zeigten.

Auch Wedemeyer[4] konnte, soweit die unteren Kurvenäste in Frage kommen, an Hand von Großversuchen (10 bis 26 t schwere Schmelzen aus dem Gießereiflammofen) die Beobachtungen von Piwowarsky bestätigen, daß eine längere Zeitdauer der Schmelzbehandlung in demselben Sinne wirkt wie eine Temperaturerhöhung. Er fand auch bestätigt, daß bei siliziumärmerem Guß (Walzenguß) die Unterschiede im gebundenen Kohlenstoffgehalt der erstarrten Schmelzen weit größer ausfielen als beim siliziumreicheren Eisen (Hämatit), vgl. Zahlentafel 22.

Die Umkehrkurven sind übrigens von Piwowarsky nicht immer beobachtet worden. Vor allem blieben sie recht oft aus, wenn die Schmelzen im Vakuum durchgeführt wurden. Auch Kerpely[5] und Hanemann[6] konnten sie entweder gar nicht oder nicht immer beobachten. An sich hält jedoch Hanemann ihre Existenz für berechtigt, gibt jedoch eine andere Erklärung für deren Ursache, die allerdings nur in Spezialfällen zutreffen wird. Schmilzt man danach ferritischen Grauguß bei zu tiefen Temperaturen (unterhalb der Liquiduslinie) ein, oder ist die Schmelzdauer zu kurz, so können noch ungelöste Mischkristalle oder solche, welche mangels der nötigen Zeit und Temperatur hinter ihrer maximal möglichen Konzentration gemäß dem Diagramm von Morschel (vgl. S. 45) an Kohlenstoff zurückgeblieben sind, bei anschließender Erstarrung des Gusses zu einer karbidärmeren Grundmasse führen. Praktisch zutreffender und den An-

---

[1] Die thermische Schmelzüberhitzung und ihre Rückwirkung auf den metallurgischen Verlauf des Temperprozesses. Stahleisen Bd. 45, S. 2009. 1925.

[2] Gieß.-Zg. Bd. 24, S. 335/40. 1927. [3] Dissertation Aachen 1926. [4] l. c.

[5] Vgl. Zuschriftenwechsel Wedemeyer-v. Kerpely: Stahleisen Bd. 46, S. 874. 1926.

[6] Stahleisen Bd. 47, S. 693. 1927.

sichten Piwowarskys durchaus nicht zuwider dürfte schon die Anschauung von P. Bardenheuer und L. Zeyen[1] sein, nach der an der Luft geschmolzenes Gußeisen mit zunehmender Keimfreiheit der Schmelze bei steigender Überhitzung an sich wachsende Neigung zur karbidischen Erstarrung in sich birgt, jedoch veranlaßt durch die aus den Reaktionen der Schmelze (insbesondere bei den höheren Temperaturen) mit der Tiegelwand oder dem Schmelzherd entstehenden Gase durch Berührung mit keimförderndem Tiegelmaterial mitunter wieder zu erhöhtem Karbidzerfall hinüberwechselt. Eine Erklärung für die Feststellung Piwowarskys, der bei seinen ersten Versuchen unabhängig vom Tiegelmaterial (Graphit- oder Magnesiatiegel) nach dem Abschrecken der Schmelzen von 1000° C die Umkehrkurven gefunden hatte, für den Karbidanteil demnach nur die eutektischen Erstarrungsvorgänge maßgebend sein konnten (was Hanemann offenbar übersehen hatte), ist jedenfalls noch nicht erbracht worden.

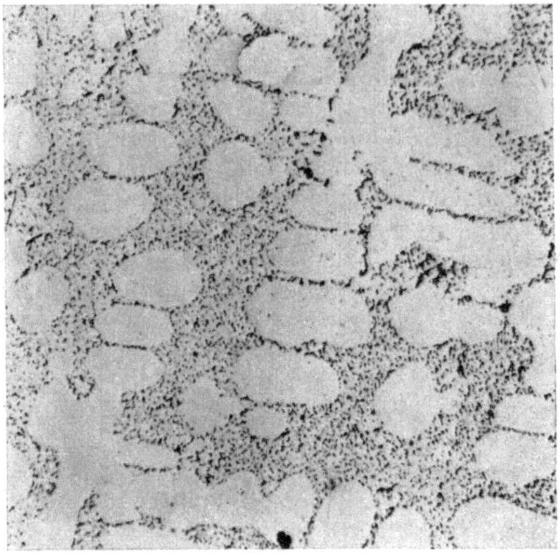

a

a = bei 1200° C im Vakuum ½ Std. geglüht. Ungeätzt × 100. Im Ofen abkühlen gelassen.

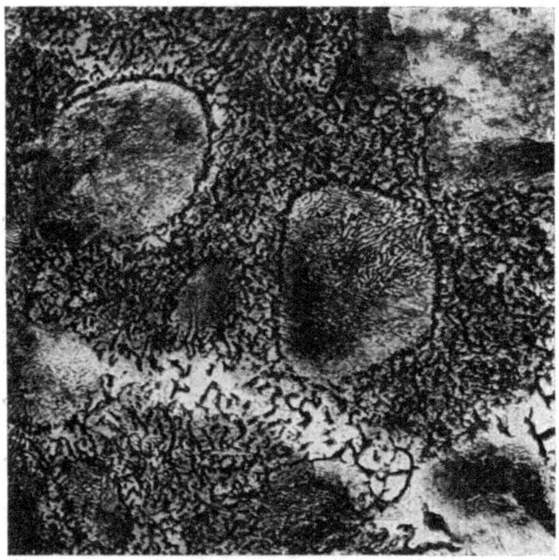

b

b = wie a, jedoch Ätzung II × 250.

Abb. 85 a und b. Graphitisierung eines siliziumarmen schwedischen Holzkohlenroheisens bei Abkühlung aus einer graphitkeimreichen Schmelze.

Immerhin ist die von Hanemann für den oberen (rückläufigen) Ast der Umkehrkurve gegebene Erklärung, wonach die mit der Schmelzüberhitzung zunehmende Graphitverfeinerung infolge der zunehmend größeren Oberfläche einen wachsenden Anreiz zur Graphitkristallisation aus den Mischkristallen ausübt, für das Auftreten der rückläufigen Kurve unter normalen Abkühlungsbedingungen durchaus brauchbar.

Aus den Arbeiten von Hanemann geht aber hervor, daß der von E. Piwowarsky an sich nicht bezweifelten Einwirkung ungelöster Graphitanteile auf die Unterkühlungsfähigkeit und damit auf

[1] Stahleisen Bd. 48, S. 515. 1928, sowie Gieß. Bd. 15, S. 354. 1928.

das Gefüge von Gußeisen ein ausschlaggebender Einfluß zukommt. Geht mit zunehmender Graphitauflösung durch höhere Schmelztemperaturen der impfende Einfluß ungelöster Graphitpartikeln zurück, so wirkt sich die nunmehr erhöhte Neigung zur Erstarrung im Unterkühlungsintervall und damit zur erhöhten Karbidbildung stärker aus als der gegensätzliche Einfluß einer verringerten Abkühlungsgeschwindigkeit bei höherer Gießtemperatur. Bemerkenswert ist, daß im Vakuum auch aus keimreicher Schmelze ein feines Graphiteutektikum zu kristallisieren vermag; ein Beweis für die Bedeutung der Gasphase bei der Graphitisierung. Abb. 85a bis c zeigt einen solchen Fall nach Versuchen des Verfassers.

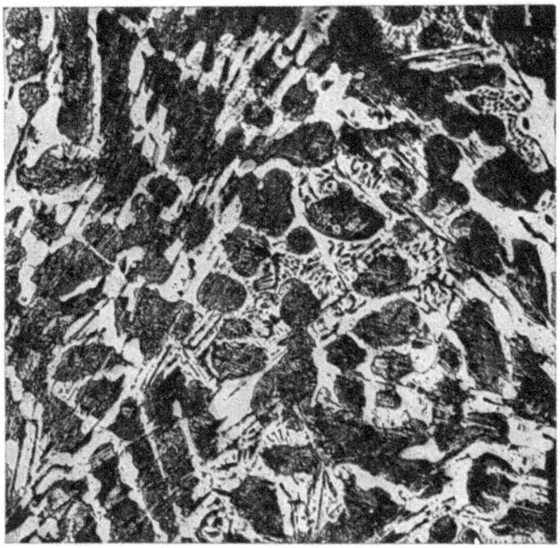

c

c = bei 1450° im Vakuum ½ Std. geglüht. Ätzung II × 250. Im Ofen abkühlen gelassen.

Abb. 85c. Gefüge des siliziumarmen schwedischen Holzkohlenroheisens bei Abkühlung aus höherer Temperatur. Beseitigung der ungelösten Graphitreste zur Erzielung eines weißen Eisens.

Honda und Murakami[1] glauben allerdings nicht an die Wirkung von ungelösten Kohleteilchen auf die Graphitbildung, nachdem ein in die Schmelze eingeführter Graphitstab die Graphitbildung nicht begünstigte. Demgegenüber stehen gegenteilig ausgewertete Versuche von E. Scheil[2], der einen Kohlestab in eine Schmelze von reinem, weißem Gußeisen tauchte und 15 Minuten lang bei 1300° darin behielt. Die abgekühlte Probe ließ lange, vom Kohlestab aus in die Schmelze hineinwachsende Graphitkristalle erkennen, während die Schmelze im übrigen weiß erstarrt war. Ein Beweis für die Kristalli-

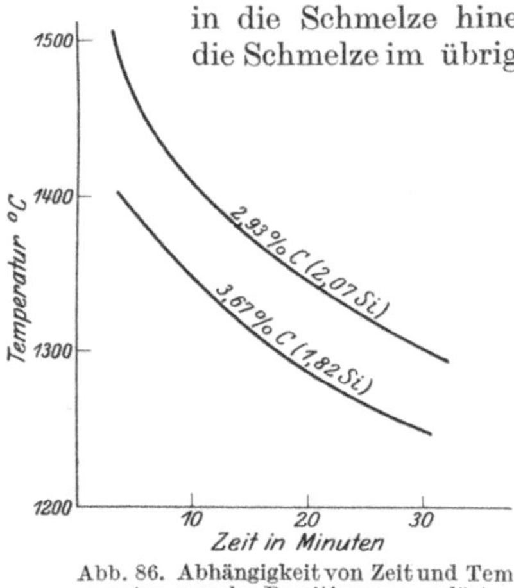

Abb. 86. Abhängigkeit von Zeit und Temperatur zwecks Beseitigung ungelöster Graphitanteile (Hanemann).

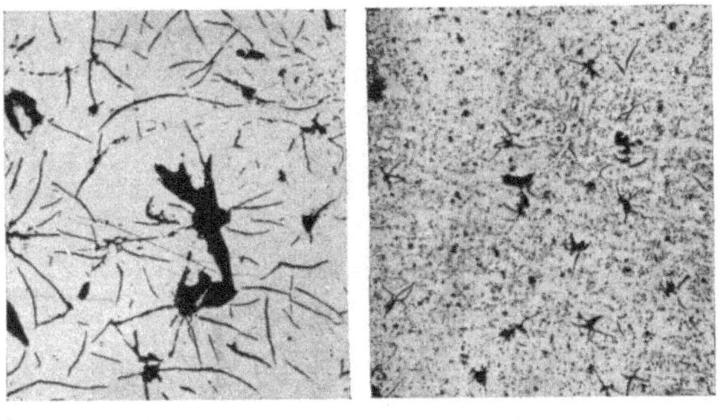

a b

Abb. 87a und b. Einfluß ungelöster Graphitanteile auf die Graphitausbildung. Ungeätzt × 100.

[1] Science Rep. Tohoku Univ. 1921, Nr. 10, S. 273/303; vgl. a. Stahleisen Bd. 45, S. 1032/33. 1925.

[2] Vgl. Stahleisen Bd. 47, S. 219. 1927.

sation des Graphits direkt aus der Schmelze ist dieser Versuch allerdings noch nicht, da ein in statu nascendi (mit geringster Unterkühlung bezogen auf das metastabile System) zerfallender Karbidkristall die gleiche Erscheinung hervorrufen kann.

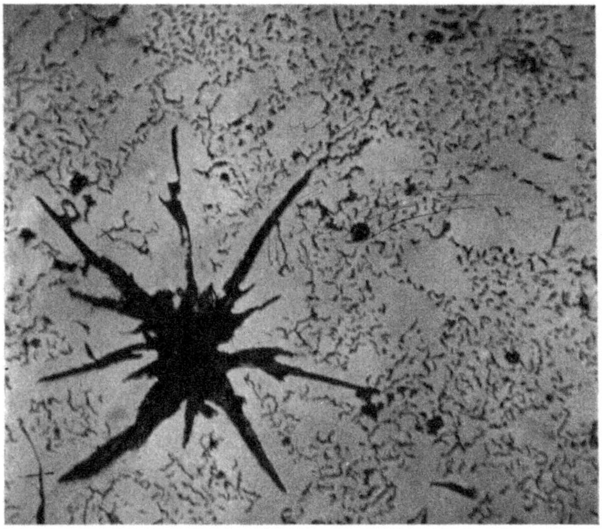

Abb. 88. Ähnlich wie Abb. 87 b aber aus einer anderen Versuchsreihe des Verfassers. Ungeätzt × 500.

Hanemann[1] konnte den Einfluß des allmählichen Verschwindens ungelöster Graphitteilchen auf die zunehmende Unterkühlung bei der eutektischen Erstarrung auf metallographischem Wege zeigen, wobei er bei konstanter Temperatur das Eisen zunehmende Zeiten im Schmelzfluß hielt und alsdann unter gleichartigen Bedingungen zum Erstarren brachte.

Niedriggekohlte Legierungen sollen sich nach Hanemann infolge ihres höheren Schmelzpunktes schwieriger graphitfrei glühen lassen (Abb. 86), obwohl die Auflösungsgeschwindigkeit ungelöster Anteile (hier des Graphits) mit abnehmender Konzentration wächst[2]. Abb. 87b nach Kontrollversuchen des Verfassers läßt

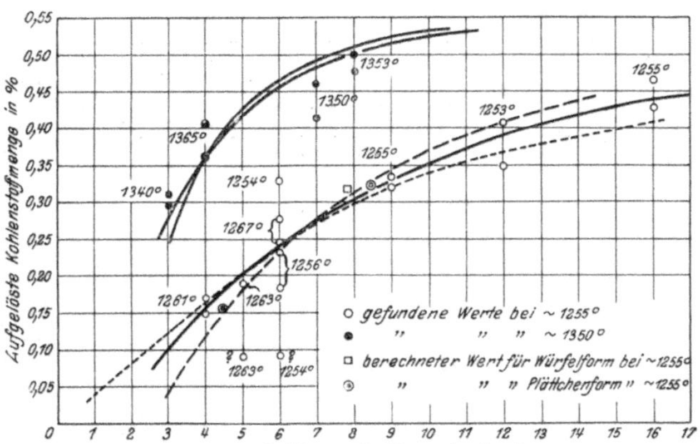

Abb. 89. Abhängigkeit der Graphitauflösung von Zeit und Temperatur (Sauerwald und Koreny).

[1] Monatsblätter des Berliner Bezirksvereins Deutscher Ingenieure 1926, Nr. 4.

[2] Sauerwald, F. und A. Koreny: Stahleisen Bd. 48, S. 537. 1928, versuchten, experimentell absolute Werte für die Auflösungsgeschwindigkeit des Graphits im geschmolzenen Eisen zu finden. Sie gingen aus von einem ungesättigten Eisen mit 3,62% C, 0,16% Si, 0,78% Mn, 0,61% P und 0,05% S, dem abgewogene Mengen von Graphit zugesetzt wurden. Die Eisenmengen im Gewicht von je 10 bis 12 g (?) wurden eingeschmolzen, zunehmende Zeiten auf Temperatur gehalten, dann abgeschreckt und der ungelöste Graphit analytisch bestimmt. Die Ergebnisse ihrer Versuche bei 1255 und 1350° zeigt Abb. 89. Daraus ist ersichtlich, daß mit zunehmender Sättigung die weitere Auflösung sehr langsam verläuft. Der rechnerischen Erfassung der Auflösungsgeschwindigkeit aus der Reaktionsoberfläche und dem Konzentrationsgefälle nach dem Aufsatz von A. A. Noyes, W. R. Withney und W. Nernst: Theor. Chemie 1926, S. 617, wie sie von Sauerwald und Koreny ebenfalls versucht wurde, stehen in der einwandfreien Erfassung der wahren Reaktionsfläche und der Bestimmung der Größenordnung der kritischen Endteilchengröße vorläufig noch gewisse Schwierigkeiten entgegen.

Zahlentafel 22. Zusammenstellung der Versuchsbedingungen und Ergebnisse.

Schmelze	Nr. d. Probe	Größe des Einsatzes t	Art des Einsatzes	Ofen wurde angesteckt abends	Probe wurde entnommen morgens	Temperatur des Bades °C	Gesamt-Schmelzdauer st	Dauer der Überhitzung st	Gesamt-C %	Geb. C %	Graphit %	Si %	Mn %	P %	S %
1	13	26	Walzeneisen	5^{30}	7^{05}				2,94	0,82	2,12	0,59	1,08	0,31	0,086
	14				8^{00}				2,94	0,96	1,98	0,56			
	15				8^{55}				2,94	1,00	1,94	0,56			
	16				10^{00}	1270			2,90	1,18	1,72	0,59	1,07	0,31	0,090
							16¾	3							
2	17	17	Walzeneisen	6^{00}	6^{05}	1350			2,86	1,14	1,72	0,54	1,12	0,30	0,078
	18				7^{10}				2,81	1,40	1,41	0,52			
	19				8^{40}	1370			2,84	1,79	1,05	0,51			
	20				9^{20}				2,82	1,86	0,96	0,50	1,12	0,30	0,073
							15½	3¼							
3	21	21	Walzeneisen	7^{00}	6^{00}	1270			2,88	0,66	2,22	0,66	0,89	0,28	0,090
	22				7^{10}				2,89	0,72	2,17	0,65			
	23				8^{10}	1295			2,89	0,92	1,97	0,65			
	24				9^{30}				2,84	0,95	1,89	0,61	0,93	0,27	0,097
							14¾	3½							
4	25	14	Walzeneisen	6^{00}	6^{40}				2,82	1,12	1,70	0,46	0,83	0,32	0,085
	26				7^{45}				2,77	2,43	0,34	0,35			
	27				8^{55}				2,78	2,61	0,17	0,33			
	28				9^{50}	1295			2,77	2,57	0,20	0,32	0,81	0,29	0,086
							16	3¼							
5	30	18	Walzeneisen	8^{30}	7^{30}				2,77	0,80	1,97	0,50	0,93	0,32	0,078
	31				8^{15}				2,79	1,49	1,30	0,48			
	32				9^{00}				2,82	2,18	0,64	0,46			
	33				10^{05}	1250			2,84	2,53	0,31	0,45	0,92	0,32	0,082
							14	3							
6	49	21	Walzeneisen	6^{00}	6^{45}				2,97	0,83	2,14	0,48	0,83	0,31	0,083
	50				7^{25}				2,91	1,01	1,90	0,47			
	51				8^{00}				2,90	1,05	1,85	0,46			
	52				8^{50}				2,86	1,61	1,25	0,45			
	53				9^{25}	1320			2,80	1,98	0,82	0,43	0,85	0,31	0,083
							16	3							
7	34	17,5	Walzeneisen	8^{00}	6^{45}				2,66	2,28	0,38	0,41	0,86	0,318	0,108
	35				7^{20}				2,69	2,41	0,28	0,41			
	38				9^{10}	1280			2,69	2,51	0,18	0,38	0,84	0,315	0,110
							14	3½							
8	54	25	Hämatit	4^{00}	7^{30}				3,57	0,81	2,76	1,24	0,56	0,114	0,057
	56				8^{20}				3,54	0,82	2,72	1,23			
	58				9^{30}				3,63	0,97	2,66	1,23			
	60				10^{15}	1290			3,66	1,00	2,66	1,23	0,59	0,114	0,060
							18½	3							
9	61	11	Hämatit	10^{00}	6^{10}	1270			3,83	0,89	2,94	1,72	0,74	0,093	0,046
	64				7^{55}				3,68	0,83	2,85	1,65			
	66				8^{50}				3,76	0,96	2,80	1,64			
	67				9^{00}				3,68	1,03	2,65	1,62	0,74	0,092	0,046
							11½	3½							

erkennen, daß die durch den Abschreckvorgang in der Kokille am Wachstum gehinderten Graphitkeime in etwa gleichem Abstand voneinander liegen, wie die Kristallisationszentren in Abb. 87a, ein Beweis, daß bei der langsamen Abkühlung im Ofen sich nennenswerte Mengen spontaner Kerne nicht gebildet haben. Abb. 88 zeigt einen der Abb. 87b ähnlichen Fall bei stärkerer Vergrößerung. Auch in Schleudergußmaterial kann beim Vergießen eines keimreichen Eisens angesichts der schnellen Erstarrung der ungelöste Graphit seine Impfwirkung selten (nur bei größeren Wandstärken) voll entfalten, so daß der elementare Kohlenstoff hier fast stets in feiner Ausbildung vorliegt (starke Unterkühlung). Auf das Verschwinden von Graphitanteilen mit zunehmender Überhitzung ist es wohl auch zurückzuführen, daß mit zunehmender Gießtemperatur oft höhere Siliziumgehalte nötig werden, um gemäß den Ausführungen auf S. 47 bis 49 eine weiße oder melierte Erstarrung der Schmelze zu verhindern.

Nicht die Gießtemperatur allein ist demnach maßgebend für das Gefüge und die Eigenschaften von Grauguß, sondern auch die maximal beim Schmelzen durchlaufene Temperatur bzw. die Abstichtemperatur sowie die zeitliche Dauer des Schmelzflusses sind von Bedeutung. Beim Einfluß der Gießtemperatur muß demnach vor allem unterschieden werden, ob man von einem keimfreien Eisen ausgeht oder nicht, und unter diesem Gesichtspunkt finden viele sich widersprechende Ergebnisse der verschiedensten Forscher ihre zwanglose Erklärung.

J. Über den Einfluß der ständigen Eisenbegleiter auf die mechanischen Eigenschaften von Grauguß einschließlich physikalisch-chemischer Betrachtungen über die Reaktionen im flüssigen Zustand.

1. Der Einfluß des Schwefels.

Abb. 90 und Abb. 91 zeigen die für die folgenden Betrachtungen notwendigen binären Zustandsdiagramme. Nach den Diffusionsversuchen von A. Fry[1]

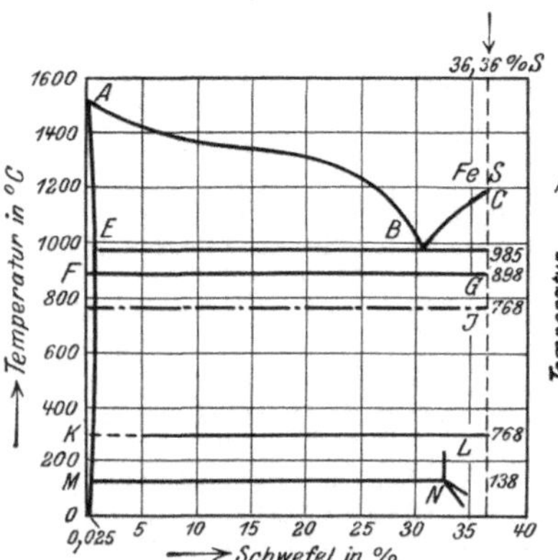

Abb. 90. Zustandsdiagramm Eisen-Schwefel (Becker).

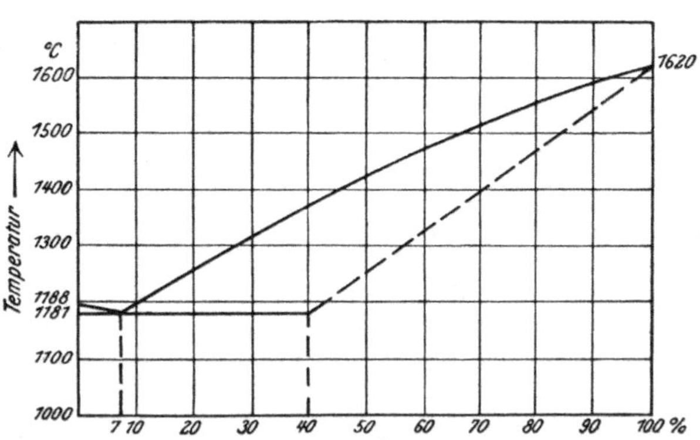

Abb. 91. Zustandsdiagramm Eisensulfid-Mangansulfid (Röhl).

löst festes reines Eisen etwa 0,025% S (= 0,068% FeS) bei etwa 950°C. FeS dagegen vermag etwa 2% Fe in fester Lösung zu halten, desgleichen Spuren von MnS. Das hochschmelzende reguläre MnS dagegen löst auch im festen Zustand noch etwa 60% des hexagonalen FeS. Die maximale Sättigung sulfi-

[1] Diss. Breslau 1919; Stahleisen Bd. 43, S. 1039. 1923.

discher Mischkristalle entspricht etwa der Zusammensetzung 3 FeS·2 MnS, woraus auf die Existenz einer entsprechenden chemischen Verbindung geschlossen wird. Aus dem Vorhandensein des weitgehenden Mischkristallgebietes im System MnS—FeS schließen Th. Meierling und W. Denecke[1] auch auf eine ziemlich weitgehende Löslichkeit des MnS für Mn, zumal die letzteren beiden regulär kristallisieren, so daß die aus Gußeisensorten sich ausschei-

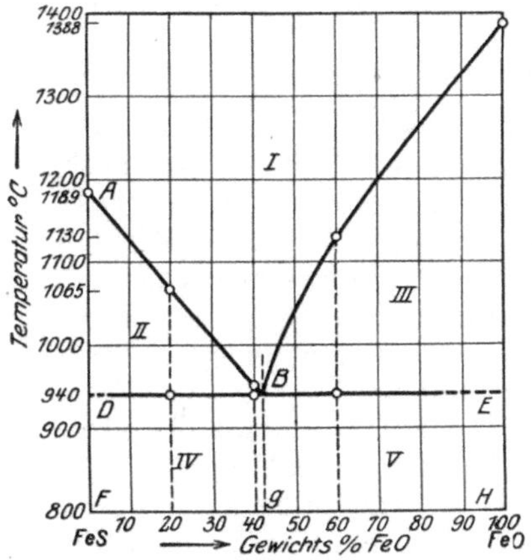

Abb. 92. Binäres Zustandsdiagramm FeS-FeO (Giani).

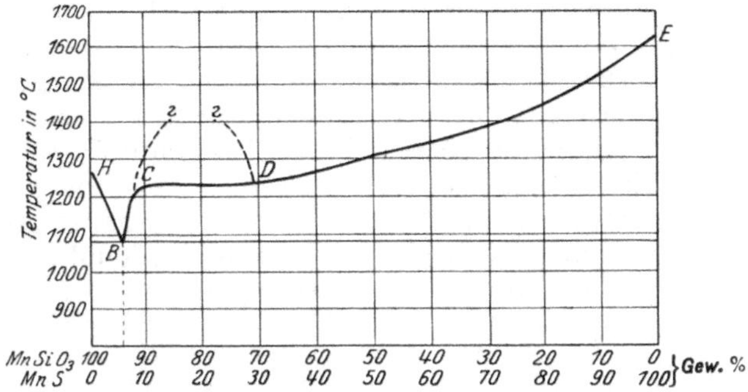

Abb. 93. System MnS—$MnSiO_3$ (Glaser).

denden sulfidischen Segregationen von komplizierter Natur sind. Diese Verhältnisse können bei Hinzutritt oxydischer Bestandteile sich noch verwickelter gestalten, nachdem Sulfid und Oxyd im flüssigen Zustande löslich sind und bei der gemeinsamen Erstarrung ein Eutektikum bilden (vgl. Abb. 92 nach Giani). Treten schließlich noch Silikate auf, so bilden sich bei Gegenwart der gleichmetallischen Sulfide zwei Schichten entsprechend den Mischungslücken des flüssigen Zustandes[2] (Abb. 93). Es bleibt demnach zur Zeit nichts übrig, als die Beziehungen des Schwefels zum Gußeisen auf die einfachste Form zu bringen. Im allgemeinen kennzeichnen sich die eisenreichen vor den manganreichen Sulfiden im Gußeisen wie folgt[3]:

	eisenreiches Sulfid	manganreiches Sulfid
Ausscheidungsform im Guß	zahlreiche, gleichmäßig verteilte feine Einschlüsse	gröbere, meistens wohlkristallisierte, oft nesterförmig auftretende Einschlüsse
Lage zum prim. Korn	meist in den Korngrenzen	innerhalb der Körner
Farbe	rötlich bis bräunlich	bläulich bis grau
Verhalten beim Anlassen	eilt vor, beim Anlassen auf z. B. 255° dunkelgelb — bläulich	bleibt zurück beim Anlassen z. B. auf 255° fahlweißlich
Verhalten bei der Baumannschen S-Probe	Gleichmäßige, leichte Dunkelung des Papiers.	unregelmäßig verteilte, starke Dunkelung des Papiers
Verhalten gegen 1%ige Essigsäure in Äthylalkohol[4]	starke Bräunung	erscheinen schwach bläulich

[1] Über die Entschwefelung des Gußeisens. Gieß.-Zg. Bd. 23, S. 175. 1926.

[2] Vgl. Glaser: Diss. Aachen 1925, sowie G. Tammann: Zur Analyse des Erdinnern. Z. anorg. u. allg. Chem. Bd. 131, S. 99. 1923.

[3] Vgl. a. die Arbeiten von Arnold u. Waterhouse: Ir. St.-Inst. Bd. 1, S. 101/368. 1903, über die Identifizierung der Sulfide, sowie Oberhoffer: Das technische Eisen, Kapitel Schwefel.

[4] Roehlsches Reagens.

Ein Ätzverfahren zur generellen Unterscheidung von Sulfiden gegenüber anderen Schlackeneinschlüssen gab Künkele[1] an. Die molekulare Bildungswärme des FeS ist 23070 cal, diejenige des Mangansulfids = 62900 cal. Wenngleich theoretisch die Bildungswärme (Berthelot) kein quantitativer Maßstab für die Affinität einer Verbindung ist, hierfür vielmehr die freie Energie (Nernst) in Frage kommt, so ist sie doch recht oft ein qualitativer Maßstab hierfür. Da ferner die Reaktion:

$$\mathrm{Mn} + \mathrm{FeS} = \mathrm{Fe} + \mathrm{MnS} + 39\,830\ \mathrm{cal} \qquad (16)$$

stark exotherm ist, so ist es erklärlich, daß Mangan als Entschwefelungsmittel gilt, obwohl die (sicherlich nur geringe) Löslichkeit des Mangansulfids im Eisen noch nicht genau ermittelt worden ist. Je manganreicher nun das sulfidische Reaktionsprodukt ist, um so höher demnach dessen Erstarrungspunkt, um so leichter wird (insbesondere beim Gußeisen mit dessen gegenüber Stahl wesentlich tieferer Erstarrungstemperatur) eine Segregation von Schwefelverbindungen erfolgen. Hinzutritt von Oxyden scheint die Entschwefelung zu erschweren, da der Erstarrungspunkt der Ausscheidungsprodukte alsdann sinkt. So mag eine Feststellung von Mc Cance[2] erwähnt werden, wonach der Schmelzpunkt des MnS durch Zusatz von 9% MnO von 1620° auf 1400° heruntergedrückt wird.

Aus der Art der Reaktion (16), die auch bei hohem Manganüberschuß nicht vollständig verläuft, ergibt sich, daß sie umkehrbar sein muß und zum Stillstand kommt, wenn die für eine bestimmte Temperatur gültige Gleichgewichtskonstante

$$K = \frac{[\mathrm{Mn}][\mathrm{FeS}]}{[\mathrm{MnS}]} \qquad (17)$$

erreicht ist, daß ferner das Mangansulfid im Bad tatsächlich etwas löslich sein muß.

Daher ist es für Gleichgewichtsmessungen über die Entschwefelungsvorgänge in Abhängigkeit vom Mangangehalt auch gleichgültig, von welcher Seite der Reaktion aus man sich dem Gleichgewicht nähert. Da nach dem „Prinzip vom kleinsten Zwang" exotherme Reaktionen durch Temperaturabfall begünstigt werden, so ist mit sinkender Temperatur ein Verlauf der Reaktion

$$\mathrm{FeS} + \mathrm{Mn} \rightleftarrows \mathrm{MnS} + \mathrm{Fe} + 39\,830\ \mathrm{cal}$$

nach rechts, d. h. eine bessere Entschwefelung zu erwarten (Abb. 96b).

Tatsächlich hat man seit jeher beim Abstehenlassen schwefelhaltiger Roh- und Gußeisensorten eine Entschwefelung feststellen können. Ein längerer Transport des flüssigen Eisens wirkt demnach in gleicher Richtung (Mischerbetrieb, vgl. die Versuche von Simmersbach[3], Springorum[4], Spetzler[5] u. a. Osann[6] glaubt zwar an eine mechanische Art der Entschwefelung auf Grund einfacher Koagulation und des Auftriebs der sulfidischen spezifisch leichteren Segregationen, die auf der Oberfläche des Bades alsdann einen flüssigen Stein bilden. Die Ansicht Heikes[7] über den Einfluß der Temperatur sowie des Mangangehaltes und die Ergebnisse seiner Beobachtungen (Abb. 94) decken sich jedoch besser mit den Forderungen der Theorie. Auch die Beobachtung, daß nach einem längeren Pfannentransport (stärkere Abkühlung) zu einem beheizten Mischer in letzterem oft keine weitere Entschwefelung stattfindet, spricht für obigen Reaktionsmechanismus. Allerdings kann

---

[1] Werkstoffaussch. Nr. 75. [2] J. Iron Steel Inst. Bd. 97, S. 239. 1918.
[3] Stahleisen Bd. 31, S. 253, 337 u. 387. 1911. [4] Stahleisen Bd. 35, S. 825. 1915.
[5] Ber. Stahlw.-Ausschuß V. d. Eisenh. Nr. 72. 1923.
[6] Stahleisen Bd. 39, S. 677. 1919. [7] Stahleisen Bd. 33, S. 811. 1913.

nach Blum[1] auch eine Rückschwefelung von Schwefel aus sulfidischen Segregationen stattfinden, wenn durch Oxydation von Silizium (an der Luft) Kieselsäure gebildet wird, so daß etwa folgender Vorgang einsetzt:

$$2\,MnS + 2\,SiO_2 + O_2(\text{Luft}) + 2\,Fe = 2\,MnO\cdot SiO_2 + \underset{\searrow\text{ins Bad}}{2\,FeS}. \qquad (18)$$

Nach Blum ist also der Grad der Entschwefelung weitgehend abhängig vom Verhältnis $SiO_2 : Mn$ in der Schlacke (Abb. 95). Ist dieses $< 0{,}8$ bis 1, so sei die Entschwefelung gut, bei einer Höhe von 1,2 bis 1,3 mäßig, während bei Beträgen von $\geqq 2$ eine Rückschwefelung zu erwarten sei. J. Ciochina[2] beobachtete zunehmende Entschwefelung in Abhängigkeit von der Entfernung der Entnahmestelle der Probe vom Stichloch des Hochofens (Zahlentafel 23), führt diese Erscheinung aber auf das Vorhandensein gelöster Schwefeldämpfe im flüssigen Eisen zurück. Diese Auffassung von der Koexistenz freien Schwefels neben Sulfiden soll nach Ciochina die zahlreichen Beobachtungen erklären, daß nicht immer ein klarer Zusammenhang zwischen dem Schwefelgehalt von Eisen- und Stahlbädern und dem Mangangehalt derselben besteht. Unter der Annahme, daß sich bei der Entschwefelung des Eisens reines Mangansulfid ausscheidet, kann man in Gl. (17) die Konzentration des MnS konstant setzen, so daß erstere übergeht in:

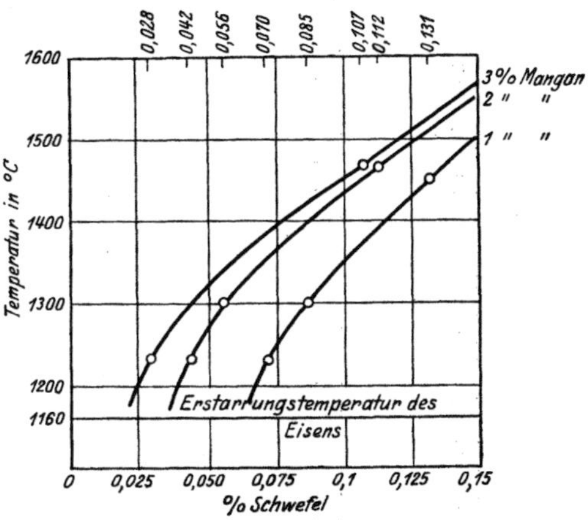

Abb. 94. Entschwefelung bei verschiedenem Mangangehalt des Roheisens mit sinkender Temperatur bei einem Ausgangsschwefelgehalt von 0,15% (Heike).

$$[FeS]\cdot[Mn] = K_1. \qquad (19)$$

Ist wirklich die Löslichkeit des reinen MnS im Eisen verschwindend klein, so ist die

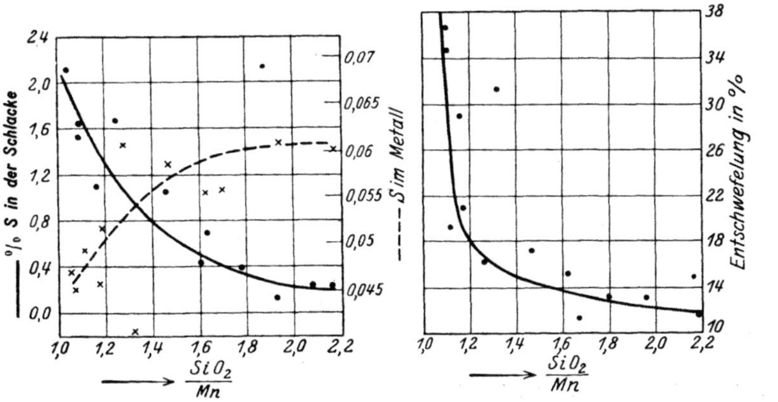

Abb. 95. Abhängigkeit der Entschwefelung von Roheisen vom Verhältnis SiO_2: Mn (Blum).

Konzentration des FeS im Metall dann praktisch proportional dem Gesamt-S-Gehalt (ΣS), so daß Gl. (19) auch geschrieben werden könnte:

$$[\Sigma S]\cdot[Mn] = K_2, \qquad (20)$$

[1] Stahleisen Bd. 36, S. 1125. 1916.

[2] Le probleme du soufre dans la fonte et dans les aciers. Extr. de chimie et industrie. Bd. 16, Nr. 6. 1926.

Zahlentafel 23. Schwefelmenge im Roheisen (Ciochina).

Nr.		Am Stichloch	1 m hinter der Schlacken-abscheidung	5 m hinter der Schlacken-abscheidung	aus der Pfanne n. 20 Min.
1	weiß	0,031	0,024	0,012	0,011
2	—	0,032	0,028	0,017	0,013
3	—	0,026	0,019	0,019 (?)	0,006
4	—	0,020	0,018	n. b.	0,008
5	—	0,020 (?)	0,022	0,013	n. b.
6	—	0,033	0,031	0,01o	0,015
7	—	0,024	n. b.	0,011	0,007
8	—	0,020	—	0,009	0,005
9	—	n. b.	0,019	0,007	0,010 (?)
10	—	0,029	0,027	n. b.	0,014
11	—	n. b.	0,025	0,017	0,012
12	—	0,030 (?)	0,031	0,024	0,018
13	—	0,017	0,014	0,016 (?)	n. b.
14	meliert	n. b.	0,011	0,009	0,008
15	—	0,017	0,016	0,012	0,009
16	—	0,024 (?)	0,024	0,017	n. b.
17	—	0,024	—	—	0,011
18	—	0,015	0,012	0,012 (?)	0,005
19	—	0,014	0,014	0,013	0,005
20	grau	0,016	n. b.	0,008	n. b.
21	—	n. b.	0,020	0,014	0,009
22	—	0,022	0,019	0,012	0,008
23	—	0,029	0,026	0,018	0,012

was aber bedeutet, daß bei konstanter Temperatur die Konzentration des im Metall beständigen Schwefels eindeutig von dessen Gehalt an metallischem Mangan abhängt. Tatsächlich glauben Herty und Gaines[1] auf Grund ihrer Versuche und Beobachtungen von Betriebsergebnissen an die Gültigkeit jener

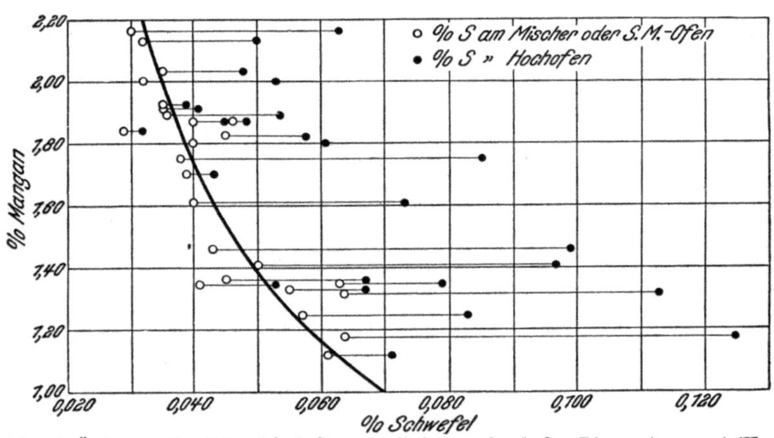

Abb. 96. Änderung des Schwefelgehaltes von Roheisen durch den Pfannentransport (Herty und Gaines).

Beziehung. In der Roheisenpfanne trat Entschwefelung ein, wenn das Produkt $\% \mathrm{Mn} \cdot \% \mathrm{S} \gtreqless 0{,}07$ (bei etwa 1315°) war. Tatsächlich paßten sich die Betriebsdaten gut einer durch die obige Gleichung dargestellten Hyperbel (Abb. 96) an. Einen allgemein gültigen Wert hat die Zahl für $K_2 = 0{,}07$ nicht, da sie

[1] Trans. Am. Inst. Min. Met. Eng. Bd. 73, S. 434, 1927; Stahleisen Bd. 47, S. 802. 1927.

durch die Begleitelemente (P, Si usw.) des Eisens sicherlich verändert wird (Abb. 96a). Tatsächlich errechnet sich aus den oben erwähnten Versuchen von Heike für die Temperatur = 1315⁰ ein Wert von $K_2 = 0{,}105$, also bedeutend

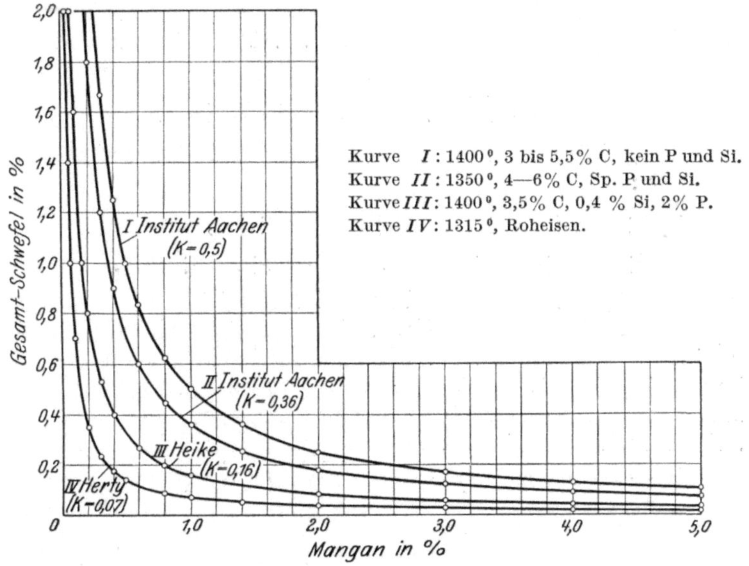

Abb. 96a. Isothermen der aus der Reaktion FeS + Mn $\rightleftarrows$ MnS + Fe abgeleiteten K-Werte (K = [Mn] × [S]).

höher. In Wirklichkeit werden die Verhältnisse also viel komplizierter liegen. Es ist auch sicherlich nicht ganz zutreffend, die Konzentration des MnS im Bad während des Entschwefelungsvorganges konstant zu setzen. Überdies besitzt ja das MnS eine ziemlich beträchtliche Löslichkeit für FeS, so daß gemäß dem Nernstschen Verteilungssatz das auskristallisierende MnS einen Teil des FeS (des Bades) herauslösen wird (durch Diffusion des FeS), d. h. es kristallisiert tatsächlich ein komplexes Sulfid und nicht reines Mangansulfid aus dem Bad. Ferner gelten die den Gl. (16) bis (20) zugrunde liegenden theoretischen Überlegungen ja nur für die Vorgänge bei Abwesenheit von Kohlenstoff. Bei Anwesenheit des letzteren tritt eine Störung durch die Reaktion: $3\,Mn + Fe_3C \rightleftarrows Mn_3C + 3\,Fe$ ein, die gemäß:

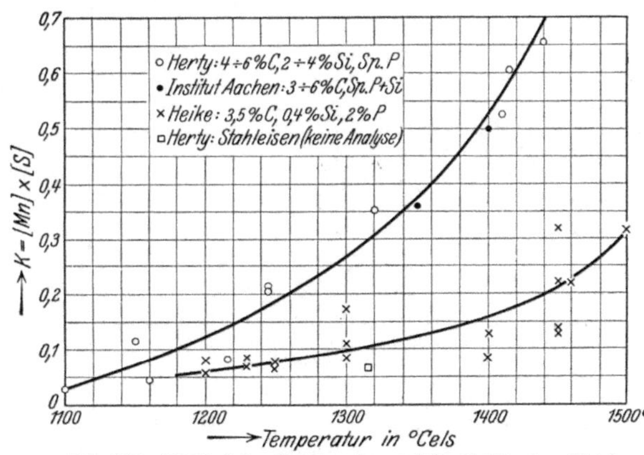

Abb. 96b. Einfluß der Temperatur auf die Größe der Gleichgewichtskonstanten für die Entschwefelung mit Mangan.

$$\frac{[Mn]^3 \cdot [Fe_3C]}{[Mn_3C]} = K'$$

einem Gleichgewicht zustrebt. Der zur Entschwefelung verfügbare Mangangehalt ist demnach geringer als der Gesamtmangangehalt, und nur durch eine

Gleichung höheren Grades zu ermitteln, zu deren Ansatz allerdings noch die experimentell zu ermittelnden Unterlagen fehlen. Abb. 97 nach Versuchen im Eisenhüttenmännischen Institut in Aachen weist bereits auf eine bestimmte Abhängigkeit der Entschwefelungsvorgänge vom Kohlenstoffgehalt des Bades hin[1].

Die vollständige Fixierung des Reaktionssulfids in der Schlacke ist nur bei Abwesenheit von (freiem) Eisenoxydul[2], d. h. in neutraler oder reduzierender Atmosphäre möglich, da andernfalls gemäß

$$MnS\,(CaS) + FeO \rightleftarrows FeS + MnO\,(CaO)$$

Rückschweflung eintritt. Wir müssen daher den Entschwefelungsvorgang wie folgt darstellen:

$$FeS + MnO\,(CaO) + C = MnS\,(CaS) + Fe + CO, \quad (21)$$

$$MnO + 2\,FeS + CaO + CaC_2 = 2\,CaS + Mn + 2\,Fe + 2\,CO\,. \quad (22)$$

Da wie gesagt das MnS, besonders als Mischkristall mit dem FeS, im Eisen etwas löslich ist, hingegen das CaS keine wesentliche Löslichkeit für die Sulfide des Eisens und Mangans, vor allem aber keine Löslichkeit im Eisen besitzt, selbst im flüssigen nicht, so ist der besonders für die Verhältnisse des basischen Elektroofens maßgebende Entschwefelungsvorgang gemäß Gl. (22) der günstigste. Aber auch im basischen Flammofen kann er bei reduzierender Flamme, Aufwerfen von Ferrosilizium oder besser Kohle, weitgehend verwirklicht werden. Die Möglichkeit der Herstellung höchstwertiger legierter Bau- und Werkzeugstähle im basischen Martinofen, wie manche deutsche Edelstahlwerke dies heute bereits tun, ist der beste Beweis dafür.

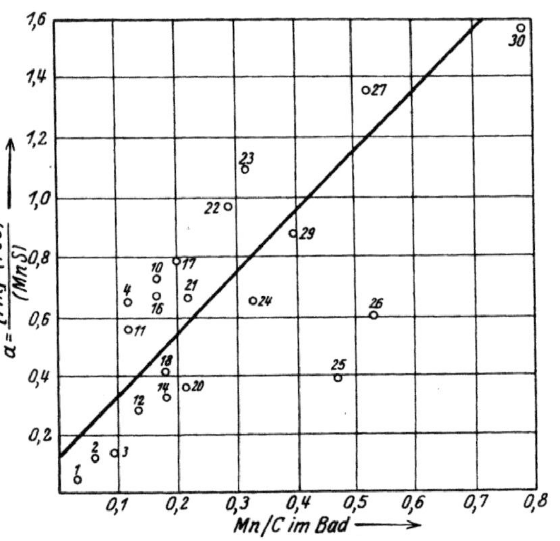

Abb. 97. Versuche zur Bestimmung der Gleichgewichtslagen bei der Entschwefelung kohlenstoffreichen Eisens mit 4,5 bis 5,5% C bei 1350°.

Zahlentafel 23a.

Probe	S %	Mn %	Si %
1	0,236	0,37	2,10
2	0,216	0,36	2,16
3	0,210	0,35	2,20
4	0,185	0,35	—
5	0,182	0,33	0,33
6	0,182	0,33	0,33
7	0,178	0,32	—
8	0,164	0,27	2,15
9	0,144	0,26	2,12
10	0,128	0,26	2,16
11	0,126	0,24	2,14
12	0,122	0,21	2,16

Zahlentafel 23a nach Meierling und Denecke[3] zeigt die Veränderungen der chemischen Zusammensetzung von schwefelhaltigem Gußeisen vom Abstich (Probe 1) über den Transport zur Gießstelle und der Verteilung in kleine Handpfannen, wobei der Temperaturabfall bis zum Eintreten merklicher Dick-

[1] In der Ordinate der Abb. 97 bedeuten die in runde Klammern gesetzten Ausdrücke die Konzentrationen in der Schlacke, die in eckigen Klammern stehenden dagegen die Konzentrationen im Metallbad.

[2] Vgl. a. Herty u. Gaines: Blast Furnace Bd. 16, S. 233. 1928.

[3] a. a. O.

flüssigkeit ging. Während dieser Operationen waren in entsprechenden Zeitabschnitten fortlaufend zwölf Proben abgegossen worden.

Während eine Entschwefelung des Gußeisens durch Abstehenlassen der Schmelze unter den Verhältnissen des praktischen Betriebs bis zu etwa 0,08 bis 0,10% S verhältnismäßig leicht möglich ist, gelingt eine weitere Entschwefelung entweder durch nachfolgende Raffination in einem (öl-)beheizten Vorherd bzw. im Elektroofen oder aber durch Einwirkung von Alkalisalzen (Soda)[1] auf das flüssige Eisenbad. Nach den Untersuchungen von H. Ostermann[2] tritt jedoch nur dann Entschwefelung (bis 60%) ein, wenn es zur Bildung einer Silikatschlacke kommt. Diese muß nunmehr genügend freies Alkalioxyd lösen, das alsdann erst wie folgt einwirkt:

$$\left.\begin{array}{l} Na_2O + C = CO + 2\,Na \\ 2\,Na + FeS = Na_2S + Fe \end{array}\right\} \text{wenn Kohlenstoff als Reduktionsmittel auftritt,}$$

und

$$\left.\begin{array}{l} 2\,Na_2O + Si = SiO_2 + 4\,Na \\ 2\,Na + FeS = Na_2S + Fe \end{array}\right\} \text{wenn Si als Reduktionsmittel vorliegt.}$$

Das Aufnahmevermögen der Alkalisilikatschlacken für Mangansulfid und Natriumsulfid liegt zwischen 30 bis 40% bzw. 20 bis 30%.

Zusätze von Ferrosilizium und Kalziumkarbid u. a. zu der aufgegebenen Soda schützen den Siliziumgehalt des Bades. Andernfalls nimmt letzterer infolge Silikatbildung ab. Die Reaktion zwischen Soda und Eisenbad nimmt nach Ostermann mit steigender Temperatur wegen der gleichzeitig wachsenden Verdampfungsverluste ab. Stahlbäder und voraussichtlich auch sehr hoch überhitztes Gußeisen können daher durch Alkalien nicht entschwefelt werden. Im übrigen müssen oxydische Ofenschlacken vom Bad ferngehalten werden, da sonst die Soda völlig verschlackt z. B. gemäß:

$$Na_2O + 2\,FeO \cdot SiO_2 = 2\,FeO + Na_2O \cdot SiO_2\,.$$

Auch das vorzeitige Einwerfen der Sodamischung in die rotwarme Gießpfanne führt zur Bildung eines Alkalisilikates ohne freies Alkali und ist daher wirkungslos. Auf schlackenfreier Badoberfläche dagegen regelt sich die Menge des verfügbaren Alkalioxyds dadurch von selbst, daß die bei der Reduktion durch Silizium entstehende Kieselsäure Alkali zu Silikat bindet (Ostermann).

Die Wirkung des Entschwefelungsmittels nach Walter soll auch in einer zusätzlichen Entgasung[3] (vgl. Zahlentafel 24) der Schmelze beruhen, die allerdings schon aus der längeren Abstehdauer während der Behandlung mit dem sodareichen Salz allein zu erwarten ist. Der im Schmelzkoks des Kupolofens enthaltene Schwefel wird nach Osann[4] als Schwefeldi- und -trioxyd vergast und entweicht bis zu 70% mit den Gichtgasen, wobei stark oxydierendes Schmelzen günstig wirkt. Der Rest wird vom Eisen aufgenommen. Der Einfluß eines Flußspatzusatzes im Sinne eines verringerten Schwefelzubrands im Kupolofen ist arg umstritten[5] und bedarf noch der Klärung. Immerhin setzt man schon

[1] Das bekannte R. Waltersche Entschwefelungsmittel enthält (gemäß Gieß.-Zg. Bd. 19, S. 282. 1922): 94% Na_2CO_3, 4% $BaCl_2$, 0,6% FeO und 0,9% H_2O. Vgl. a. Stahleisen Bd. 42, S. 506. 1922; Bd. 45, S. 449/51. 1925.

[2] Über die Einwirkung von Alkalien auf Eisenbäder, Diss. Aachen 1927; vgl. Mitt. K.W.I. Eisenforsch. Bd. 9 (enthält eine gute kritische Literaturzusammenstellung der Materie).

[3] Mehrtens, J.: Entschwefelungs-, Entgasungs- und Desoxydationsverfahren für hochwertiges Gußeisen. Stahleisen Bd. 45, S. 451. 1925.

[4] Die Vorausbestimmung des Schwefelgehaltes im Gußeisen beim Kupolofenbetrieb. Gieß. Bd. 15, S. 204. 1928.

[5] Stahleisen Bd. 47, S. 128. 1927, sowie vgl. den Zuschriftenwechsel Osann/Wilke-Dörfurt und Klingenstein: Stahleisen Bd. 47, S. 881. 1927.

aus Gründen einer besseren Ofenführung (dünnere Schlacke, Verhinderung des Hängens) dem zur Verschlackung der Koksasche dienenden Kalkstein vielfach etwas Flußspat zu, und zwar bis zu einem Drittel der Gewichtsmenge des gesamten Flußspat-Kalkstein-Gemisches, das nach Osann[1] auf 2,7 kg für 1 kg Koksasche bei gutem (höchstens 5% Rückstand), entsprechend höher bei minderwertigem Kalkstein zu bemessen ist. Vor Verwendung von Flußspat ist eine Analyse auf dessen eigenen Schwefelgehalt empfehlenswert, da Flußspat oft mit Metallsulfiden verunreinigt ist.

Zahlentafel 24. In 100 g Gußeisen waren enthalten:

Gußeisensorten	S %	Entschwefelung %	CO_2 cm³	CO cm³	H_2 cm³	N_2 cm³	Gesamtgasgeh. cm³	Gasabnahme %	Brinellhärte
12622 A, nicht entschwefelte Probe	0,096	—	4,53	49,27	31,78	0,0	85,58	—	315
Dieselbe entschwefelt . .	0,052	45,8	1,35	10,34	31,16	1,20	44,05	48,6	293
19622 B, nicht entschwefelte Probe	0,089	—	4,13	45,42	11,58	3,79	64,92	—	320
Dieselbe entschwefelt . .	0,056	37,1	0,93	33,60	10,32	1,07	45,92	29,2	291

Was nun den Schwefelgehalt des Graugusses betrifft, so decken sich die überaus zahlreichen darüber angestellten Arbeiten in dem Ergebnis, daß der Schwefel insbesondere in der Form des Eisensulfids die karbidische Erstarrung des Gusses sowie dessen Schwindung[2] begünstige, zur Ausbildung harter Stellen im Guß und zur Rißbildung führe, das Eisen dickflüssig mache und darüber hinaus auch unmittelbar die mechanischen Eigenschaften in nachteiligem Sinne beeinflusse. Die durch Schwefel bewirkte Erhöhung der Beständigkeit des Eisenkarbides scheint übrigens darauf zurückzuführen zu sein, daß das Eisenkarbid im festen Zustand bei höheren Temperaturen merkliche Mengen von Eisensulfid löst[3].

Die praktische Folgerung aus den zahlreichen Forschungsarbeiten ist, daß man den Schwefel im Gußeisen soweit als möglich zu drücken sucht, im allgemeinen heute aber zufrieden ist, wenn sein Gehalt den Betrag von 0,08 bis 0,1% nicht überschreitet. Oft findet man die Auffassung vertreten[4], daß als untere Grenze des Mangangehaltes die stöchiometrisch zum Abbinden des Schwefels als MnS notwendige Manganmenge zu gelten habe.

Die jüngste Entwicklung der Qualitätsgußerzeugung läuft nun teilweise auf eine Erniedrigung des Gesamtkohlenstoff- und auch des Siliziumgehaltes im Fertigguß hinaus. Die Beobachtungen über die Ursachen des sog. umgekehrten Hartgusses, die systematischen Arbeiten von Wüst und Miny[5] usw. deuten aber bereits darauf hin, daß der Schwefel um so mehr zu Störungen der Gefügeausbildung führt, überhaupt in seiner Einwirkung um so mehr hervortritt, je „labiler" die chemische Zusammensetzung wird in bezug auf die Sicherstellung ausreichender Graphitbildung. Das beweisen auch die Untersuchungen von E. Piwowarsky und F. Schumacher[6], die an manganarmen Eisensorten

[1] Die Verwendung von Flußspat beim Kupolofenschmelzen. Gieß.-Zg. Bd. 24, S. 659. 1927.
[2] Osann, B.: Lehrbuch der Eisen- und Stahlgießerei, 5. Aufl., S. 152. 1922.
[3] Vgl. Stahleisen Bd. 48, S. 1828. 1928.
[4] Gilmore, L. E.: Foundry Bd. 55, S. 734. 1927; Ref. Chem. Zentralblatt Bd. 98, S. 25. 1927.
[5] Ferrum Bd. 14, S. 97. 1916/17. [6] Gieß. Bd. 12, S. 773. 1925.

den Einfluß des Schwefels auf die Karbidbildung zu erfassen suchten unter Berücksichtigung:

1. wechselnden Gesamtkohlenstoffgehaltes,
2. wechselnden Siliziumgehaltes,
3. wechselnder Erstarrungs- und Abkühlungsgeschwindigkeit.

Diesem Plan entsprechend, sah ihr Versuchsprogramm zwei Hauptversuchsreihen mit eutektischem (Reihe *A*) und untereutektischem (Reihe *B*) Kohlenstoffgehalt vor, deren jede wiederum vier Schmelzreihen (Siliziumreihen) umfaßte, in denen der Siliziumgehalt zu bzw. 3% — 2% — 1% — 0,5% angestrebt wurde. Jeder Siliziumreihe waren schließlich eine Anzahl Schmelzen mit steigendem Schwefelgehalt zugehörig, ausreichend genug, um den Einfluß des Schwefels klar erkennen zu lassen. Um endlich den Einfluß der Abkühlungsgeschwindigkeit (d. h. praktisch den Einfluß der Wandstärke) zu erfassen, waren sämtliche der vorgenannten Schmelzen zweimal hergestellt und einmal mit einer Abkühlungsgeschwindigkeit von ca. 50°/min, das andere Mal mit einer solchen von 10°/min zum Abkühlen gebracht worden. Die genannten Abkühlungsgeschwindigkeiten sollten etwa die Mittelwerte der in dem Temperaturgebiet zwischen beginnender und beendeter Erstarrung beobachteten Abkühlungsgeschwindigkeiten darstellen; sie wurden gewählt unter Anpassung an Beobachtungen des Temperaturverlaufs beim Abgießen von Gußstücken mittlerer bis dünner Wandstärke.

Zu beachten war bei Herstellung der Versuchsproben, daß Silizium die Lösungsfähigkeit des Eisens für Kohlenstoff erniedrigt und steigende Gehalte an Silizium den eutektischen Punkt *C* (Ledeburit) des Eisen-Kohlenstoffdiagramms nach links, d. h. zu niedrigeren Kohlenstoffgehalten verschieben.

Unter Berücksichtigung dieser Tatsache war demnach in der eutektischen Kohlenstoffreihe:

bei	3,0%	Si	ein	Gehalt	von	etwa	3,40%	Kohlenstoff,
,,	2,0%	Si	,,	,,	,,	,,	3,67%	,,
,,	1,0%	Si	,,	,,	,,	,,	3,95%	,,
,,	0,5%	Si	,,	,,	,,	,,	4,07%	,,

und entsprechend in der kohlenstoffärmeren Gruppe, die um den Betrag von 0,75% C untereutektisch gewählt wurde,

bei	3,0%	Si	ein	Gehalt	von	etwa	2,65%	Kohlenstoff,
,,	2,0%	Si	,,	,,	,,	,,	2,92%	,,
,,	1,0%	Si	,,	,,	,,	,,	3,20%	,,
,,	0,5%	Si	,,	,,	,,	,,	3,32%	,,

angestrebt worden.

Als Ausgangsstoff zur Herstellung der Versuchsproben diente ein manganarmes, schwedisches Holzkohlenroheisen nachfolgender Zusammensetzung:

C%	Si%	Mn%	P%	S%
4,25	0,22	0,32	0,04	0,02

Aus diesem Material wurden in einem Gasflammtiegelofen unter Zugabe von Ferrosilizium (80,99 proz.) vier verschieden hoch silizierte, eutektische Gußeisensorten von je 5 kg Gewicht erschmolzen und in Sandformen zu Stäben vergossen. Diese Roheisenstäbe wurden zu kleinen Stückchen zersägt und die dabei aufgefangenen Sägespäne zur chemischen Analyse verwendet. Die Zusammensetzung dieser vier Vorschmelzen, die das Ausgangseisen für die einzelnen Versuchsreihen (Siliziumreihen) abgaben, war:

	Ges.-C %	Si %	Mn %	P %	S %
I	3,30	2,90	0,26	0,038	0,023
II	3,70	1,80	0,26	0,038	0,024
III	3,85	0,80	0,26	0,040	0,023
IV	4,14	0,45	0,24	0,036i	0,023

Die nachfolgenden Zahlentafeln 25 bis 28 geben die den einzelnen Versuchsreihen zugehörigen Analysen wieder unter gleichzeitiger Angabe der Abkühlungsgeschwindigkeit und des Bruchaussehens der Schmelzproben.

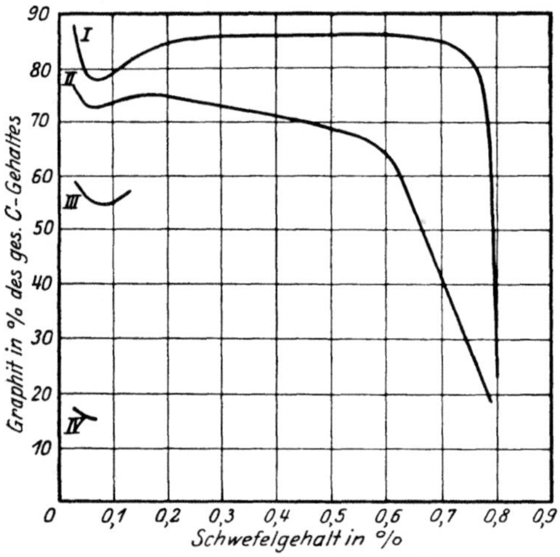

Abb. 98. (Versuchsreihe A).

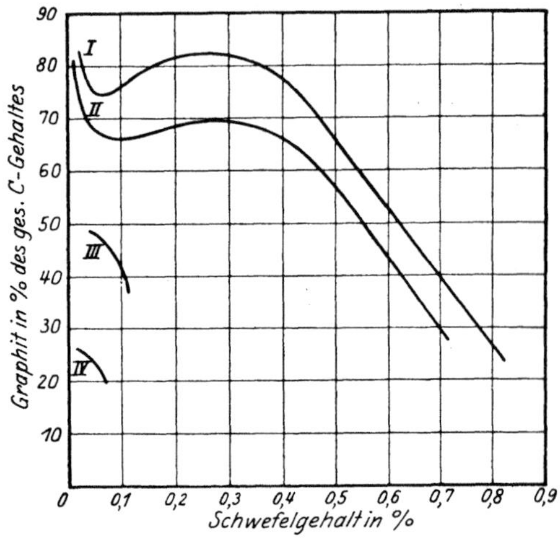

Abb. 99. (Versuchsreihe A_1).

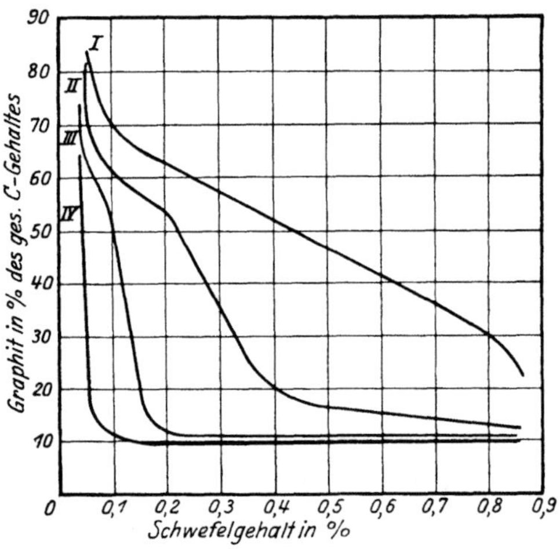

Abb. 100. (Versuchsreihe B).

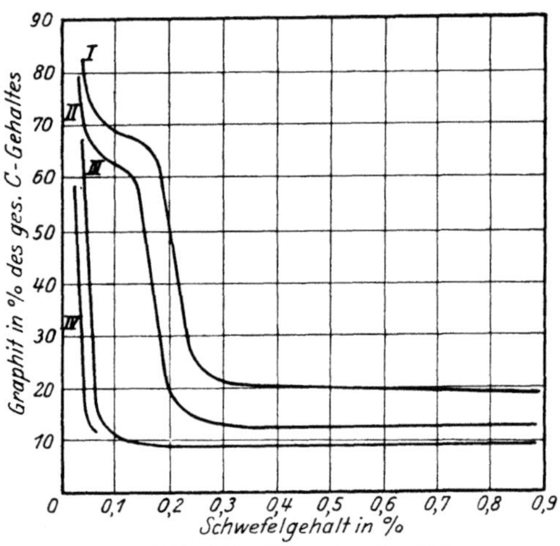

Abb. 101. (Versuchsreihe B_1).

Abb. 98 bis 101. Einfluß des Schwefels auf die Graphitbildung in Abhängigkeit vom Kohlenstoff- und Siliziumgehalt sowie von der Abkühlungsgeschwindigkeit.

Durch die aus den Analysenwerten konstruierten Kurven Abb. 98 bis 101 kommt der Einfluß des Schwefels besonders deutlich zum Ausdruck. Man erkennt die starke, die Graphitbildung beeinträchtigende Wirkung des Schwefels, die um so mehr und um so stärker in Erscheinung tritt, je geringer der Siliziumgehalt, je größer die Abkühlungsgeschwindigkeit und je geringer der

Zahlentafel 25. Versuchsreihe A. Eutektischer Kohlenstoffgehalt. Abkühlungsgeschwindigkeit 10°/min. Analysen der Schmelzproben.

Si angestrebt %	Vers.-Nr.	Si %	S %	Ges.-C %	Graphit %	Graphit in % vom Ges.-C	Bruchaussehen	Kurve
3	0	2,82	0,043	3,60	3,16	87,5	grau	*I* Abb. 100
	I	2,40	0,050	3,84	2,99	77,8	grau	
	II	2,94	0,125	3,44	2,79	81,0	grau	
	III	2,94	0,378	3,60	3,07	85,5	grau	
	IV	2,76	0,736	3,68	3,10	84,3	grau	
	V	2,70	0,802	3,24	0,74	22,8	weiß	
2	0	1,83	0,035	3,52	2,61	74,3	grau	*II* Abb. 100
	I	1,68	0,046	3,64	2,66	73,0	grau	
	II	1,68	0,115	3,65	2,71	74,2	grau	
	III	1,86	0,296	3,64	2,62	72,0	grau	
	IV	1,84	0,572	3,48	2,28	65,5	grau (geringe weiße Sprenkel im Kern)	
	V	2,08	0,790	3,24	0,59	18,2	weiß	
1	0	0,83	0,040	3,96	2,31	58,4	grau	*III* Abb. 100
	I	0,88	0,075	3,98	2,22	55,7	halbiert	
	II	0,86	0,130	3,90	2,23	57,2	weiß, Kern grau	
0,5	0	0,50	0,027	3,90	0,65	16,6	weiß, geringe graue Sprenkel	*IV* Abb. 100
	I	0,50	0,068	3,98	0,62	15,6	weiß	

Zahlentafel 26. Versuchsreihe A_1. Eutektischer Kohlenstoffgehalt. Abkühlungsgeschwindigkeit 50°/min. Analysen der Schmelzproben.

Si angestrebt %	Vers.-Nr.	Si %	S %	Ges.-C %	Graphit %	Graphit in % vom Ges.-C	Bruchaussehen	Kurve
3	0	3,05	0,030	3,45	2,87	83,3	grau	*I* Abb. 101
	I	2,90	0,045	3,42	2,59	75,7	grau	
	II	2,96	0,078	3,50	2,58	74,1	grau	
	III	3,04	0,200	3,44	2,80	81,5	grau	
	IV	2,80	0,496	3,66	2,82	77,3	grau (weiße Sprenkel im Kern)	
	V	2,94	0,818	3,05	0,75	24,6	weiß	
2	0	1,65	0,023	3,60	2,94	81,7	grau	*II* Abb. 101
	I	1,68	0,024	3,66	2,91	79,5	grau	
	II	1,68	0,072	3,70	2,51	67,8	grau	
	III	1,88	0,142	3,66	2,46	67,5	grau	
	IV	1,84	0,395	3,62	2,38	65,8	grau (geringe weiße Sprenkel im Kern)	
	V	2,06	0,698	3,54	1,06	29,9	weiß	
1	0	0,84	0,032	3,92	1,92	49,0	grau	*III* Abb. 101
	I	0,88	0,070	4,00	1,88	47,0	grau	
	II	0,86	0,120	4,02	1,44	35,8	weiß, innerst. Kern grau	
0,5	0	0,47	0,030	3,95	0,93	23,8	weiß, geringe graue Sprenkel	*IV* Abb 101
	I	0,50	0,060	4,10	0,85	20,7	weiß	

Gesamtkohlenstoffgehalt des Gußeisens ist. So beginnt z. B. bei eutektischem Kohlenstoffgehalt (Reihe A und A_1) und einer Abkühlungsgeschwindigkeit von 10°/min (Abb. 98, Kurve *I*) beim Si-reichsten Eisen mit ca. 2,80% Silizium die

Zahlentafel 27. Versuchsreihe *B*. Untereutektischer C-Gehalt. Abkühlungsgeschwindigkeit 10°/min. Analysen der Schmelzproben.

Si angestrebt %	Vers.-Nr.	Si %	S %	Ges.-C %	Graphit %	Graphit in % vom Ges.-C	Bruchaussehen	Kurve
	0	2,60	0,046	3,32	2,78	83,8	grau	
	I	3,00	0,064	2,84	2,23	78,5	grau	
	II	3,40	0,122	2,92	1,96	67,2	grau	
3	III	2,73	0,452	3,00	1,46	48,7	grau	*I* Abb. 98
	IV	3,44	0,740	2,44	0,84	34,4	halbiert bis weiß	
	V	2,80	0,870	2,92	0,64	21,9	weiß	
	0	2,32	0,042	3,24	2,67	82,5	grau	
	I	2,20	0,070	2,98	1,98	66,0	grau	
2	II	2,12	0,208	3,08	1,60	51,9	grau, geringe weiße Sprenkel im Kern	*II* Abb. 98
	III	2,28	0,375	2,90	0,67	23,1	weiß	
	IV	2,26	0,584	3,00	0,48	16,0	weiß	
	V	2,26	0,778	2,92	0,40	13,8	weiß	
1	0	1,06	0,040	3,36	2,46	73,0	grau	
	I	0,74	0,064	3,20	1,88	58,8	halbiert	*III* Abb. 98
	II	0,82	0,158	3,20	0,40	12,5	weiß	
0,5	0	0,67	0,048	3,52	2,42	68,7	grau	*IV* Abb. 98
	I	0,86	0,063	3,45	0,38	11,1	weiß	

Zahlentafel 28. Versuchsreihe B_1. Untereutektischer C-Gehalt. Abkühlungsgeschwindigkeit 50°/min. Analysen der Schmelzproben.

Si angestrebt %	Vers.-Nr.	Si %	S %	Ges.-C %	Graphit %	Graphit in % vom Ges.-C	Bruchaussehen	Kurve
	0	3,24	0,040	3,24	2,68	82,6	grau	
	I	3,24	0,062	2,80	2,12	75,65	grau	
	II	3,20	0,170	2,68	1,76	65,65	grau	
3	III	3,14	0,250	2,62	0,65	24,80	weiß. innerst. Kern. grau	*I* Abb. 99
	IV	3,10	0,520	2,60	0,54	20,75	weiß	
	V	3,02	1,060	2,96	0,56	18,93	weiß	
	0	2,16	0,040	3,32	2,68	81,00	grau	
	I	2,12	0,066	2,92	1,88	64,35	grau	
	II	2,14	0,096	2,96	1,84	62,25	grau, geringe weiße Sprenkel im Kern	*II* Abb. 99
2	III	2,28	0,208	2,76	0,48	17,40	weiß	
	IV	2,20	0,370	2,96	0,40	12,28	weiß	
	V	2,00	0,945	3,26	0,36	12,16	weiß	
	0	1,00	0,044	3,40	2,28	67,00	grau	
1	I	0,86	0,064	3,18	0,38	11,95	weiß	*III* Abb. 99
	II	0,88	0,120	3,20	0,30	9,38	weiß	
0,5	0	0,54	0,031	3,70	2,08	56,3	meliert	*IV* Abb. 99
	I	0,56	0,064	3,48	0,38	10,7	weiß	

Gefahr eines Auftretens harter Stellen erst bei einem Schwefelgehalt von mehr als etwa 0,70%, bei einem Siliziumgehalt von etwa 1,8% (Abb. 98, Kurve *II*) hingegen schon mit einem Schwefelgehalt von etwa 0,5%, während bei Gegenwart von nur etwa 0,8% Si selbst bei verzögerter Abkühlung (Abb. 98, Kurve *III*) eine Probe mit 0,12% S bereits weiß erstarrte Randzonen aufwies. Der Unterschied der Kurven der Abb. 98 und 100 gegenüber 99 und 101 bringt den Einfluß der Abkühlungsgeschwindigkeit auf die verstärkte Wirksamkeit des Schwefels zum Ausdruck. Während z. B. in der untereutektischen Reihe B_1 bei einer Abkühlungsgeschwindigkeit von 50°/min das kritische Übergangsgebiet vom grauen zum weißen Eisen bei einem Si-Gehalt von ungefähr 3% (Abb. 101, Kurve *I*) schon mit etwa 0,2% S (Mittelwert des abfallenden Astes der Graphitkurve) erreicht ist, tritt man bei einer Abkühlungsgeschwindigkeit von 10°/min (Abb. 100, Kurve *I*) und sonst gleichbleibendem Si- bzw. C-Gehalt erst mit einem Schwefelgehalt von etwa 0,3 bis 0,4% in dieses Gebiet ein. Wie außerordentlich durch Erniedrigung des Kohlenstoffgehaltes die Wirkung des Schwefels auf die Karbidbildung verschärft wird, tritt durch Vergleich der Abb. 98 mit 100 und 99 mit 101 in die Erscheinung. Man erkennt, daß, besonders in den siliziumärmeren Reihen, eine Erniedrigung des Kohlenstoffgehaltes die Wirkungsweise des Schwefels fast noch empfindlicher beeinflußt, als eine Vergrößerung der Abkühlungsgeschwindigkeit. Die Versuche zeigen ferner, daß der Einfluß des Schwefels um so ausgeprägter wird, der Übergang von grauem zu weißem Eisen also um so plötzlicher auftritt, je silizium- und kohlenärmer das Eisen und je größer die Abkühlungsgeschwindigkeit ist. In dieser Beobachtung liegt offenbar auch eine der Ursachen zur Erklärung der Erscheinung des umgekehrten Hartgusses, der im Rahmen der vorliegenden Versuche tatsächlich auch wiederholt beobachtet werden konnte.

Von besonderer Bedeutung dürften die durch die Abb. 100 und 101 wiedergegebenen Versuchsergebnisse sein im Hinblick auf die heutigen Bestrebungen zur Erzielung hochwertigen Qualitätsgußeisens. Die den Kurven der genannten Abbildungen zugrunde liegenden chemischen Analysen umfassen ja bezüglich ihres Kohlenstoff- und Siliziumgehaltes teilweise die Zusammensetzungen hochwertigen Gusses. Reicht hier die bisherige 0,08 bis 0,1% Schwefelgrenze noch aus, um vor den früher erwähnten Folgen der harten Stellen, der Rißbildung usw. gesichert zu sein, soweit es sich um größere Wandstärken (kleinere Abk.-Geschw. Abb. 100) handelt, so muß für kleinere Wandstärken (größere Abk.-Geschw. Abb. 101) selbst ein Schwefelgehalt von 0,05 bis 0,08% schon als bedenklich gelten.

Dies alles gilt allerdings nur, soweit es sich, wie im vorliegenden Falle, um manganärmeres Eisen handelt, worin der Schwefel vorwiegend in Form von Eisensulfid sich vorfindet, das im flüssigen Eisen ja weitgehend und sogar im erkalteten immer noch (und zwar im α- wie γ-Eisen) teilweise, und zwar bis 0,025% löslich ist (nach Fry[1]). Da die molekulare Bildungswärme des Eisensulfids wesentlich kleiner ist als die des Mangansulfids (23070 cal gegen 62900 cal), so begünstigt ein Manganzusatz naturgemäß die Bildung des im festen Eisen unlöslichen und selbst im flüssigen Eisen wahrscheinlich[2] nur teilweise löslichen Mangansulfids. Auch die Auffassung von Wüst und Miny[3], daß das Mangan auf die Graphitbildung begünstigend einwirke, weil durch die Bildung von Mangansulfid der Schmelze Schwefel entzogen würde, bevor die Graphitbildung einsetzt, entspringt der Annahme einer Mischungslücke im flüssigen Zustand. Schließlich weisen auch die in den Kurven der Abb. 98 bis 99 zu beobachtenden Buckel auf eine Einwirkung von gebildetem Mangansulfid hin. Nun glauben Arnold und

[1] Diss. Breslau 1919; vgl. a. Stahleisen 1923, S. 1039.

[2] Vgl. die auf eine Mischungslücke im flüssigen Zustand hinweisenden Viskositätsversuche von Wimmer: Diss. Aachen 1922.

[3] Ferrum 1916/17, S. 97.

Bolsover[1] auch metallographisch festgestellt zu haben, daß bereits 1% Mangan im Eisen genüge, um einen Schwefelgehalt von 0,28% in ein manganreiches Sulfid überzuführen. Das zur Überführung des Schwefels in die harmlosere Form eines manganreichen Sulfids notwendige Verhältnis von Mn zu S im Guß ist von Stead mit 8 : 1 angegeben worden. Stead erwähnt auch einen Fall, wo ein vollkommen weißes Eisen mit 2,98% C, 1,89% Si, 0,29% Mn und 0,27% S durch Erhöhung

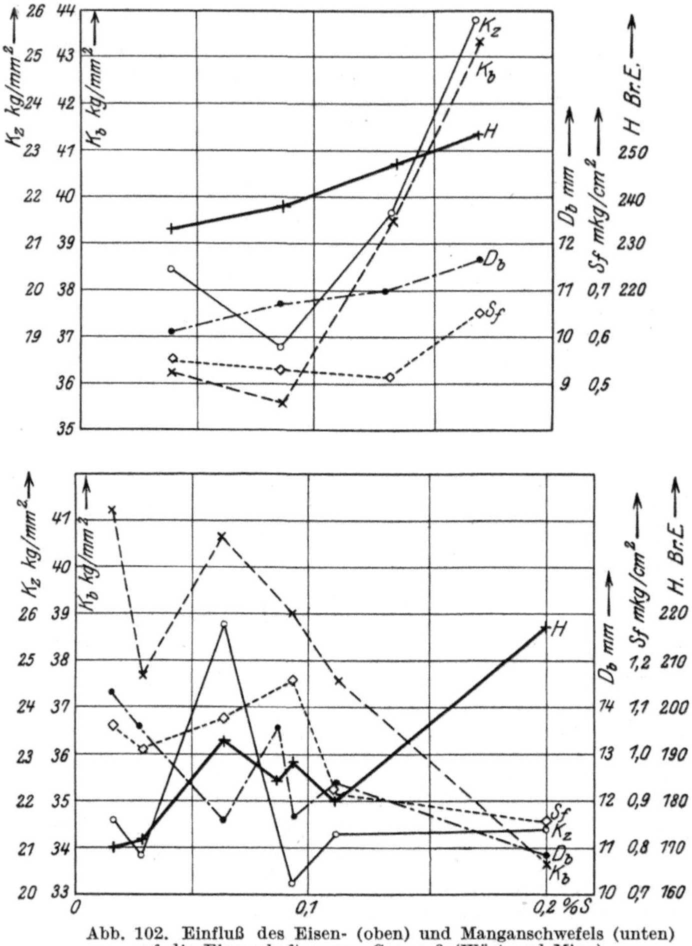

Abb. 102. Einfluß des Eisen- (oben) und Manganschwefels (unten) auf die Eigenschaften von Grauguß (Wüst und Miny).

des Mangangehaltes auf 1% grau wurde, ein Zeichen, daß der Schwefel in Form des manganreichen Sulfids die Abscheidung des Graphits eher begünstigt. Dies stände in Übereinstimmung mit der Tatsache, daß hochwertige, manganreiche Gußeisensorten nach den modernen Verfahren heute oft Schwefelgehalte bis zu 0,15% besitzen, ohne die gefürchteten Merkmale zu hohen Schwefelgehaltes im Grauguß aufzuweisen[2]. J. Shaw[3] sieht die Grenze erst bei 0,2% Schwefel, während P. Bardenheuer und L. Zeyen[4] bei desoxydiertem Gußeisen sogar

[1] Stahleisen Bd. 34, S. 973. 1914.
[2] Stahleisen Bd. 45, S. 1467. 1925; Bd. 43, S. 555. 1923.
[3] Foundry S. 471/519 und 584. 1928. [4] Gieß. Bd. 15, S. 1124. 1928.

Werte bis 0,27 % gelten lassen wollen. Alle diese Tatsachen und Beobachtungen, welche bereits die Bedeutung genügender Manganmengen in den höherwertigen technischen Gußeisensorten dartun, zeigen übrigens, daß die mit den verschiedenen Verfahren zur Entschwefelung des Graugusses unter Benutzung der bewährten Vorherde nach System Löhe, Rein, Dürkopp-Luyken, Dechêsne usw. erzielten Qualitätsverbesserungen des Gußeisens nicht mit der Schwefelverminderung allein, sondern mit zusätzlichen, ihrem Sinn nach noch nicht völlig klargelegten Auswirkungen der entsprechenden Behandlungsmethoden auf die mechanische Reinigung, die Desoxydation und Entgasung im Zusammenhang stehen müssen.

Abb. 102 zeigt den Einfluß von Schwefel auf einige Eigenschaften von Grauguß (3,21 bis 3,47% C) nach Wüst und Miny[1]. Während der Einfluß des Eisensulfids (obere Kurven mit 0,09% Mn im Guß) ziemlich eindeutig ist, werden die Einflüsse bei den manganreicheren Versuchsreihen (untere Kurven mit 0,64 bis 0,85% Mn im Guß) offenbar durch andere Faktoren (Gießtemperatur, Schmelzüberhitzung, Sulfidsegregationen usw.) stark überdeckt. Schmauser[2] fand an Grauguß mit etwa 2,2% Si, etwa 3% C, 0,5% Mn und 0,7% P die in Abb. 103 dargestellte Abhängigkeit.

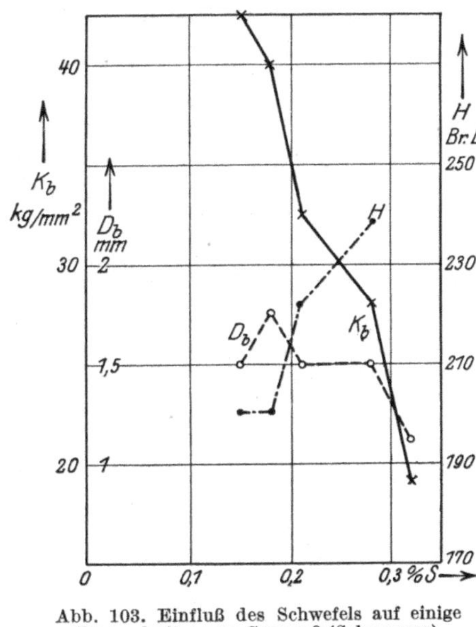

Abb. 103. Einfluß des Schwefels auf einige Eigenschaften von Grauguß (Schmauser).

J. Shaw glaubt auf Grund zahlreicher Untersuchungen an einen sehr verwickelten ursächlichen Zusammenhang zwischen dem Schwefel und den übrigen Begleitelementen in ihrer Auswirkung auf die Eigenschaften des Gußeisens, insbesondere die Schreckwirkung[3]. Den Einfluß von Zeit und Temperatur auf die Abscheidung sulfidischer Segregate fand er mehrfach als nicht vorhanden, wie z. B. folgende Zahlen zeigen[4]:

	Eisen von 1430°	Nach 27 Min. Eisentemp. 1220°
Mn % . . .	0,36	0,37
S %	0,219	0,216
Härtetiefe .	46 mm	41 mm

Auch folgender Fall bestätigt seine Ansicht, daß ein hoher Mangangehalt die Schwefelabscheidung nicht wesentlich fördere.

Zahlentafel 29.

	C %	Si %	Mn %	S %
Flammofeneisen . . .	1,820	0,080	0,075	0,145
Silikospiegel	2,920	4,250	9,400	0,033
Errechnete Analyse . .	2,096	1,081	2,313	0,118
Wirkliche Analyse . .	1,960	1,120	2,070	0,115
Unterschied	— 0,109	+ 0,039	— 0,243	— 0,003

[1] Ferrum 1916/17, S. 97. [2] Gieß.-Ztg. 1920, S. 355.
[3] Foundr. Trade J. 1926, S. 425/30.
[4] Foundr. Trade J. v. 30. IX. 1926, S. 281/83. Vgl. a. Gieß. 1926, S. 890.

Shaw schreibt u. a., die Brightside-Gießerei stelle zum Guß für Dieselmaschinen im Flammofen ein kohlenstoffarmes Eisen her und decke den hierbei entstehenden Verlust an Silizium und Mangan dadurch, daß dem Flammofeneisen verflüssigter Silikospiegel (im Kleinkupolofen erschmolzen) in der Pfanne zugesetzt wird. Trotz des hohen Mn-Gehaltes von 2 bis 3% zeigte sich keine merkliche Verringerung des Schwefels. Zahlentafel 29 lasse das deutlich erkennen. Zwischen dem Abstich und der Erstarrung der Proben lag ein Zeitraum von etwa 30 Minuten. Der Verlust an Mangan sei lediglich auf seine Desoxydationstätigkeit im Flammofeneisen zurückzuführen. Der Einfluß des Schwefels auf die Härtetiefe war nicht beträchtlich, jedenfalls wurde er durch andere Faktoren stark überdeckt.

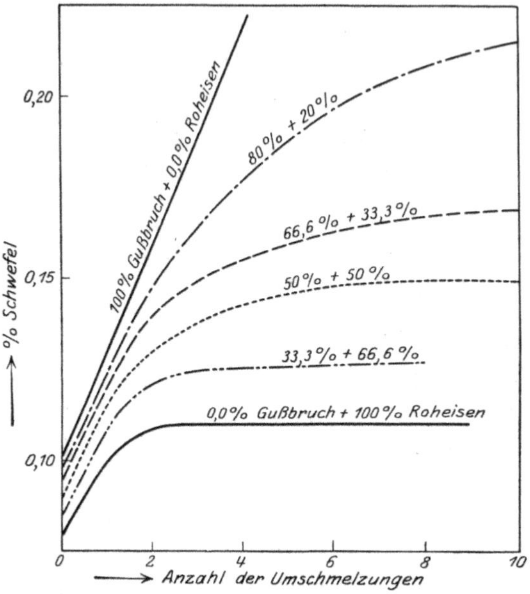

a) Graues Eisen (0,03% S im Roheisen, 0,10% S im ersten Gußbruch).

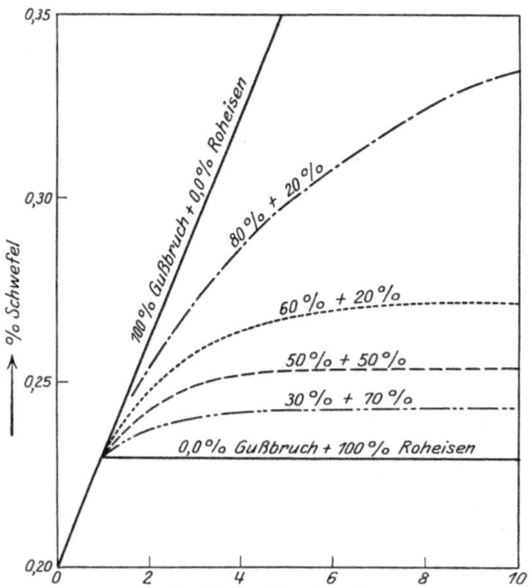

b) Weißes (Temper) Eisen 0,2% S im Roheisen, 0,23% S im ersten Gußbruch.

Abb. 104 a und b. Der Einfluß des wiederholten Umschmelzens auf den Schwefelgehalt des erschmolzenen Gußeisens (J. E. Fletcher).

Wenngleich J. Shaw im allgemeinen nicht unrecht hat, daß das Problem des Schwefels im Grauguß noch der klaren Lösung harrt und manche eigenartigen metallurgischen Beobachtungen[1] sowie auch manche eigenartigen metallographischen Kennzeichen ihre einwandfreie Erklärung nicht gefunden haben (vgl. z. B. die oft beobachtete Erscheinung ringförmiger eutektoider Gebilde um das manganreichere Sulfid im ungeätzten Schliff), so dürfte sich doch für die mangelnde Entschwefelung im kohlenstoffarmen Gußeisen folgende Ursache angeben lassen:

Im kohlenstoffreichen Eisen ist durch die Karbidbildung ein weit größerer Teil des Eisens bereits gebunden und für die Sulfidbildung nicht mehr verfügbar als im kohlenstoffärmeren, demnach die Konzentration des Schwefels im freien Eisen bei ersterem größer, was die Segregation sicherlich begünstigt. Bei gleicher Temperatur ist ferner die Viskosität des kohlearmen Eisens wesentlich größer und damit die Segregationsmöglichkeit erschwert. Offenbar im Zusammenhang mit der erstgenannten Begründung

[1] Gilmore, L. E.: Foundry 1927, S. 734, z. B. weist darauf hin, daß das Kupolofeneisen zur Unschädlichmachung des Schwefels eines höheren Mangangehaltes bedürfe als das aus dem Flamm- oder Elektroofen herrührende Eisen.

steht die Tatsache, daß schrottreiche Gattierungen aus dem Schmelzkoks des Kupolofens mehr Schwefel aufnehmen. Dasselbe gilt von Gußbruch, der ein wiederholtes Umschmelzen hinter sich hat (Gefahr der Inzucht). Wie klar hier der Zusammenhang ist, zeigt Abb. 104a und b nach J. E. Fletcher[1].

2. Der Einfluß des Phosphors.

Das Eisen-Phosphor-Diagramm wurde von Saklatwalla, Gercke, Konstantinow, Haughton, Oberhoffer und Esser[2] untersucht. Aus dem Zustandsschaubild (Abb. 105) erhellt, daß mit steigendem Phorphorgehalt der Schmelzpunkt des Eisens stark erniedrigt wird. Bei Phosphorgehalten von 0 bis etwa 1,7% treten in reinen Eisen-Phosphorlegierungen bei Zimmertemperatur nur homogene Mischkristalle auf. Dies tritt natürlich nur unter der Voraussetzung hinreichen-

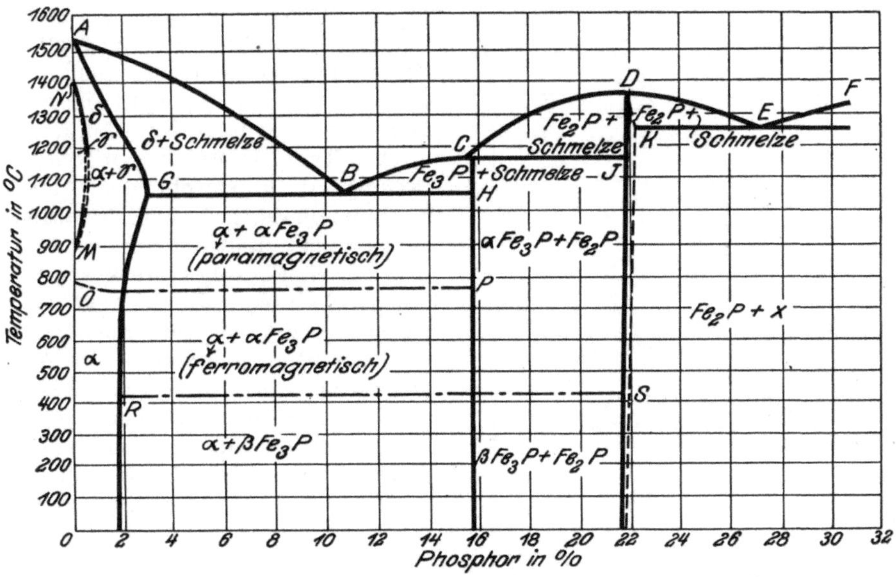

Abb. 105. Zustandsschaubild Eisen-Phosphor (Haughton, Oberhoffer und Esser).

der Diffusionsgeschwindigkeit des Phosphors im Austenit ein. Verunreinigungen (auch gelöster Sauerstoff und Kohlenstoff wirken in gleichem Sinne[3]), welche die Kristallseigerung begünstigen, sowie erhöhte Abkühlungsgeschwindigkeit verursachen das vorzeitige Auftreten eines neuen Gefügebestandteiles, der dem Diagramm gemäß erst jenseits von etwa 1,7% auftreten dürfte. Dieser hat meistens zellenartige Struktur und stellt das Eutektikum von Eisen und Eisenphosphid (Fe_3P) mit 10,2% P dar. Oberhalb 10,2% P scheidet sich in binären Eisen-Phosphorlegierungen das Phosphid als primäre Kristallart aus. Das Phosphideutektikum ist außerordentlich hart, seine Härte beträgt 5,5 auf der

[1] British Cast Iron Res. Ass. Juli 1925, Res. Rep. Nr. 7.

[2] Über die gesamte Literatur vgl. die entsprechenden Kapitel in Oberhoffer: Das technische Eisen, 2. Aufl. Berlin: Julius Springer 1925; sowie Puppe und Stauber: Handbuch des gesamten Walzwerkswesens. Berlin: Julius Springer 1929.

[3] Oberhoffer, Schiffler und Hessenbruch: Sauerstoff im Eisen und Stahl. Arch. Eisenhüttenwes. Bd. 1, S. 57. 1928.

Mohrschen Härteskala. Im ternären Zustandsdiagramm (Abb. 106) der Eisen-Phosphor-Kohlenstofflegierungen tritt nach Wüst, P. Goerens und Dobbelstein[1] ein ternäres Eutektikum mit 6,89% P, 1,96% C und 91,15% Fe auf, das bei 953° erstarrt und ein Bestandteil fast aller weiß erstarrten, phosphorhaltigen Eisensorten (z. B. Thomasroheisen) ist. Auch tritt dieses durch Kristallseigerung in technischen Eisensorten oft bereits bei geringeren P-Gehalten auf, als der Sättigungsgrenze im ternären Mischkristallgebiet entspricht. Der eutektische, das Phosphid enthaltende Bestandteil führt bei grauem Gußeisen den Namen Steadit. Über seine binäre bzw. ternäre Konstitution bestehen noch gegensätzliche Auffassungen[2], doch dürfte der binär erscheinende (kein Karbid enthaltende) Steadit ein Zerfallsprodukt des ternären Eutektikums sein.

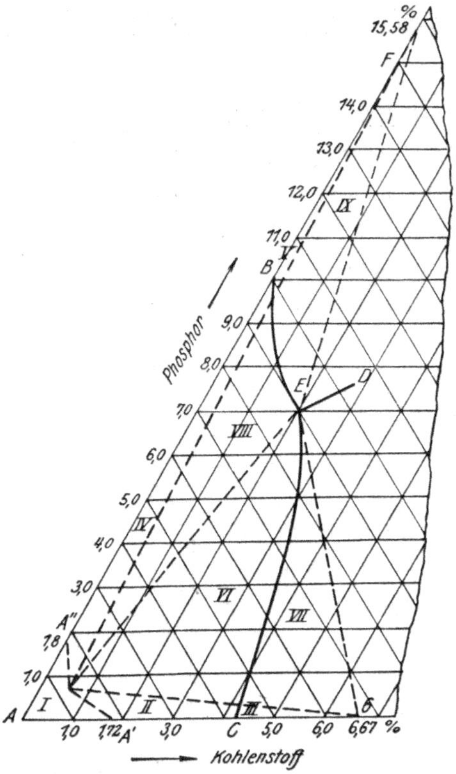

Abb. 106. Ternäres Zustandsdiagramm Eisen-Kohlenstoff-Phosphor (Wüst, Goerens u. Dobbelstein).

Die Temperatur beginnender Erstarrung, d. h. sowohl der Ausscheidungsbeginn der primären Mischkristalle als auch der eutektischen Konstituenten wird durch Phosphor stark erniedrigt. Phosphorhaltiges Eisen bleibt also länger flüssig. Dies geht auch aus den in Abb. 107 wiedergegebenen Abkühlungskurven von Coe[3] hervor, deren Ergebnis die Wüstschen[4] Beobachtungen bestätigt. Die Temperaturlage der Eutektoiden (Perlit) wird darnach durch den Phosphorgehalt kaum beeinflußt, der entsprechende thermische Effekt konnte aber von Wüst nur bis etwa 15% P beobachtet werden. Phosphid und Karbid im Gefüge lassen sich, obwohl beide weiß und hart sind, dadurch voneinander unterscheiden, daß bei der Ätzanlaßprobe das Phosphid sich edler verhält. Nach dem von Matweieff[5] zuerst an-

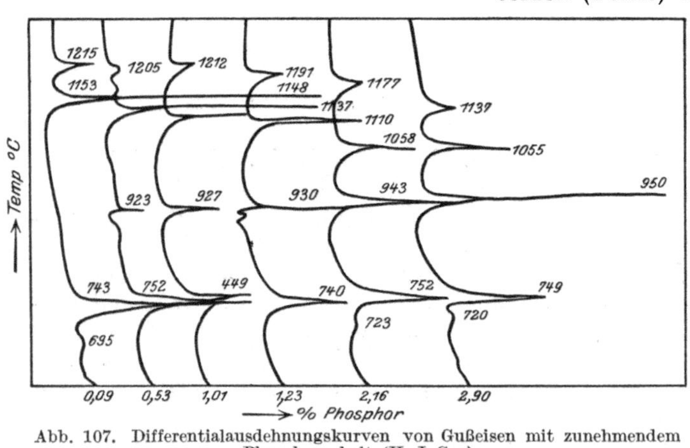

Abb. 107. Differentialausdehnungskurven von Gußeisen mit zunehmendem Phosphorgehalt (H. J. Coe).

[1] Metallurgie Bd. 5, S. 73 und 561. 1908; Bd. 6, S. 537. 1909.
[2] Vgl. die kritischen Ausführungen in: Oberhoffer, Das technische Eisen, 2. Aufl.
[3] Vgl. W. Bolten: Foundry Bd. 54, S. 378. 1926.
[4] Metallurgie 1908, S. 73. [5] Rev. Met. Bd. 7. 1910, Mem. S. 848/50.

gegebenen Ätzverfahren wird bei Behandlung mit neutralem Natriumpikrat das Phosphid dunkel bis schwarz gefärbt, während das Karbid weiß bleibt (vgl. Abb. 108). Alkalisches Natriumpikrat dagegen dunkelt beide Bestandteile (vgl. Abb. 109).

Stead untersuchte den Einfluß verschiedener Zusätze auf Eisen-Phosphorlegierungen mit abgesättigten Mischkristallen und fand, daß weiße Roheisensorten nur noch geringe Phosphorgehalte in fester Lösung halten. Im grauen Roheisen wird meistens nur die feste Lösung und der zellenförmig angeordnete Steadit beobachtet. Eisen mit mehr als 0,5% P enthält für gewöhnlich die größte Menge des Phosphors in Form des eutektischen Steadits[1]. Dieses binäre Eutektikum scheint entstanden auf Grund des durch den Siliziumgehalt und die geringe Abkühlungsgeschwindigkeit verursachten Zerfalls der karbidischen Komponente des ternären Eutektikums. Das wird auch dadurch bestätigt, daß in schneller erstarrten, siliziumärmeren Eisensorten das ternäre Eutektikum recht oft beobachtet werden kann[2]. Daß sehr kohlenstoffreiche Eisensorten, insbesondere Si-haltige, praktisch keinen Phosphorgehalt mehr in fester Lösung enthalten, konnte Stead durch seine Spezialätzung an oberflächlich entkohlten Gußeisensorten nachweisen.

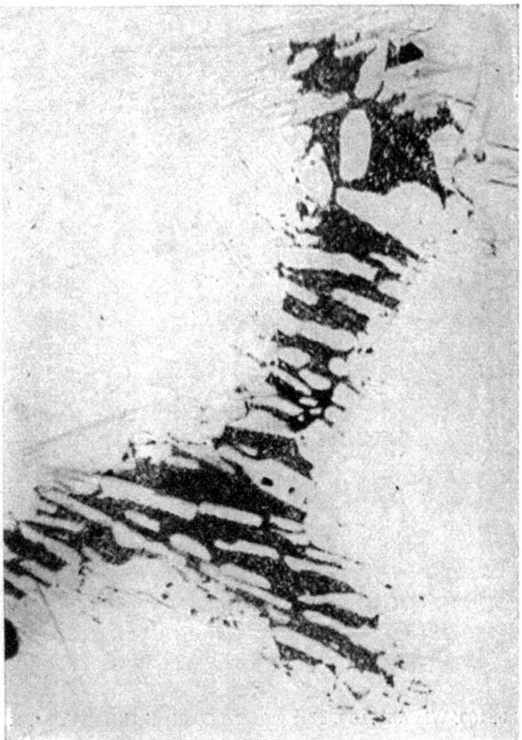

Abb. 108. Ternäres Phosphideutektikum, geätzt mit neutralem Natriumpikrat. × 500.

Die ersten planmäßigen Untersuchungen über den Einfluß von Phosphor auf den eutektischen C-Gehalt in Fe-C-Legierungen sind von Stead[3] ausgeführt worden. Er schmolz Eisen mit überschüssiger Kohle und steigenden Phosphorgehalten zusammen und fand eine starke, wenn auch nicht, wie er vermutet hatte, stöchiometrische Verdrängung des Kohlenstoffs durch das Eisenphosphid, das nach seiner Annahme kein Lösungsvermögen für Kohlenstoff besitzen sollte. Die Ergebnisse sind unter Zugrundelegung der heute bekannten eutektischen Konzentration der Fe-C-Legierungen in Abb. 110 eingetragen. Temperaturmessungen und Phosphorkontrolle nach dem Schmelzen wurden nicht ausgeführt. Stead fand jedoch wie Osmond einen neuen Haltepunkt bei ca. 900° und vermutet ein niedrig schmelzendes Eutektikum, dessen Zusammensetzung er nicht genau angeben kann.

[1] Kruppsche Monatsh. Bd. 5, S. 95/8. 1924.
[2] Vgl. a. Hurst: Metallurgy of Cast Iron, S. 122.
[3] J. Iron Steel Inst. Bd. 58, S. 109. 1900.

Fettweis[1] wiederholte diese Versuche mit etwas abgeänderter Arbeitsweise. Er kontrollierte die Phosphorgehalte seiner Legierungen nach dem Schmelzen und fand etwas höhere Kohlenstoffwerte als Stead. Er zeigt, daß die Steadsche Annahme der Unlöslichkeit des Kohlenstoffs in Fe_3P nicht zu halten ist, da sonst das nicht an Fe_3P gebundene Eisen bis zu 41% Kohlenstoff lösen müßte. Auch Fettweis führte noch keine Temperaturmessung aus.

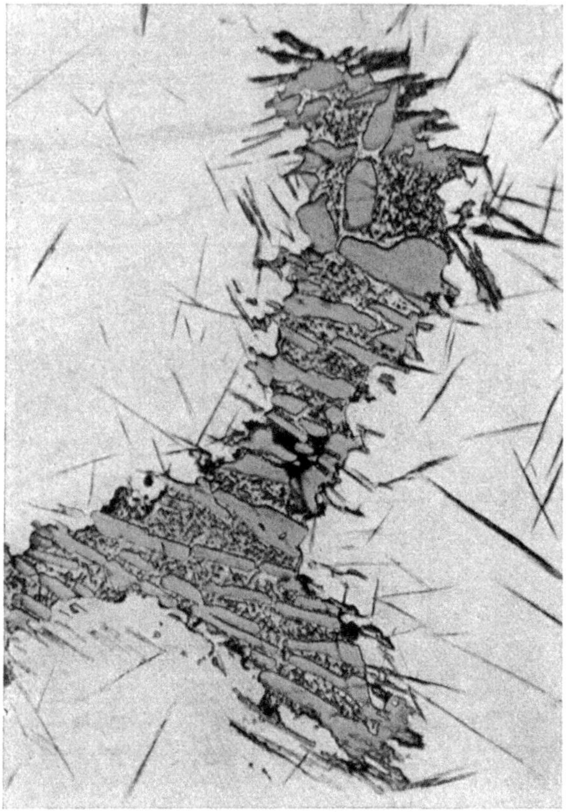

Abb. 109. Wie Abb. 108, aber geätzt mit alkalischem Pikrat. × 500.

Wüst[2] untersuchte eingehend auf thermischem und metallographischem Wege das ternäre System bis zu 13% Phosphor und 4,3% C.

Die Versuchsergebnisse sind ebenfalls in Abb. 110 eingetragen; sie ergeben erhebliche Abweichungen gegenüber den früheren Arbeiten.

Mac Kenzie[3] setzt den

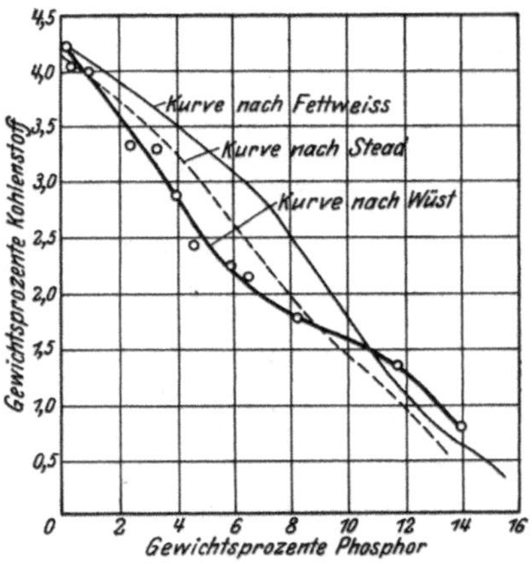

Abb. 110. Einfluß des Phosphors auf den Kohlenstoffgehalt des Eutektikums.

Sättigungsgrad reinen Eisens an Kohlenstoff mit 4,6% ein. In dem Maße nun, wie Phosphor an Eisen zu Fe_3P gebunden werde, müsse alsdann der zugehörige Ges.-C-Gehalt des Eisens (gleiche Löslichkeiten vorausgesetzt) vermindert werden. Eine solche Rechnung ergibt die in folgender Zahlentafel aufgeführten Werte:

Beziehungen zwischen Phosphor und Kohlenstoff

berechnet				beobachtet	
Reines Fe %	Phosphid %	P %	Ges.-C %	P %	C %
100	0,00	0,00	4,60	0,00	4,15
75	25	3,89	3,45	4,15	3,25
50	50	7,78	2,30	7,90	2,00
25	75	11,67	1,15	13,00	0,70
0	100	15,58	0,00	16,00	0,00

[1] Metallurgie 1906, S. 60. [2] Metallurgie 1908, S. 73.
[3] Trans. Am. Foundrymen's Ass. Bd. 33.

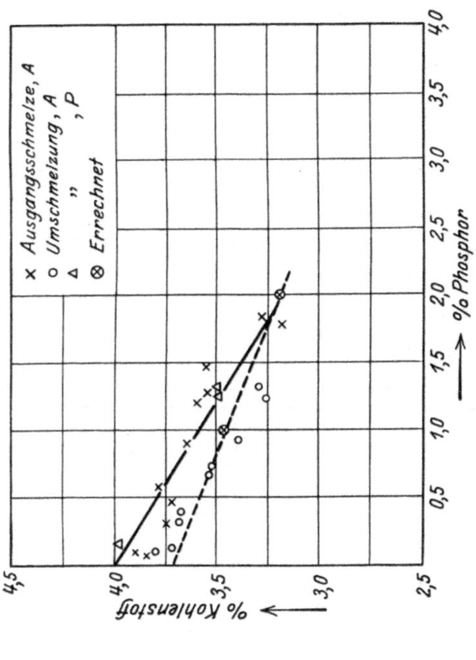

Abb. 111a. Abhängigkeit des Kohlenstoffgehaltes vom Phosphorgehalt, Ausgangsmaterial Nr. 1 (Mac Kenzie).

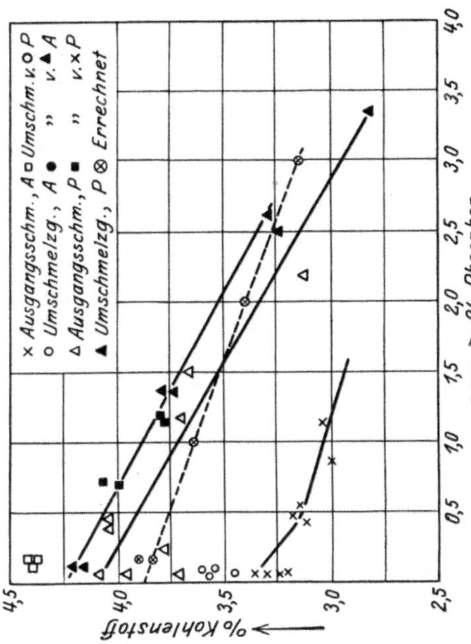

Abb. 111b. Wie Abb. 111a, jedoch Ausgangsmaterial Nr. 2.

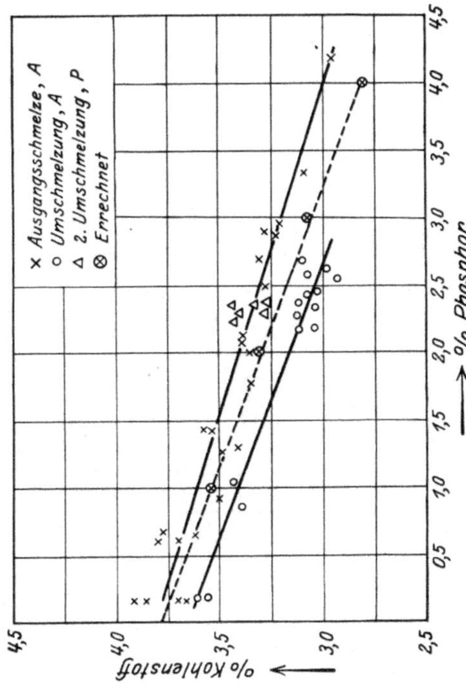

Abb. 111c. Wie Abb. 111a, jedoch Ausgangsmaterial Nr. 3 mit Stahlzusatz.

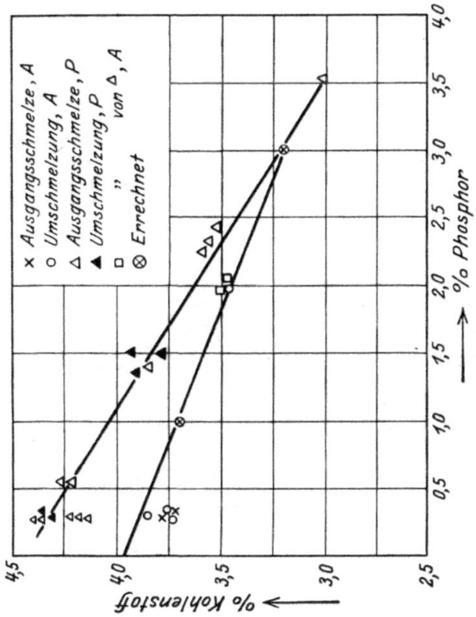

Abb. 111d. Wie Abb. 111a, jedoch Ausgangsmaterial Nr. 4.

Die Werte wurden nachgeprüft an Hand von Proben, die unter verschiedenen Versuchsbedingungen und verschiedenem Ausgangsmaterial erschmolzen wurden. Die Schmelzen wurden in einem Versuchskupolofen von 460 mm ∅ vorgenommen mit einer stündlichen Leistung von ~ 550 kg. Die Kokssorten wurden ebenfalls gewechselt:

A. 10% Asche, 0,6% S,
B. 4% Asche, 0,5% S,
D. 17% Asche, 1,7% S,
P. 0,4% Asche, 0,4% S.

Zwischen den einzelnen Umschmelzungen wurden noch Kombinationen vorgenommen, Ferrophosphor, Ferrosilizium, Stahl usw. zugegeben. Die Ergebnisse sind für die entsprechenden Ausgangsmaterialien in den Abb. 111a bis f zusammengestellt. (Zusammensetzung der Schmelzen gemäß Zahlentafel 30[1].) Man erkennt, daß die Beschaffenheit des Kokses offenbar ohne jeden Einfluß bleibt. Die praktisch ermittelten Löslichkeitswerte weichen von den errechneten teilweise ziemlich stark ab, während die Grundtendenz überall ausgeprägt ist. Eine exakte Beziehung läßt sich aus den Ergebnissen nicht ableiten und auch die früheren Arbeiten von Wüst und Stotz[2] haben eine solche Beziehung nicht ergeben. (Über die Verschiebung der Löslichkeit des Kohlenstoffs im flüssigen Roheisen durch Phosphor vgl. a. Abb. 38b.)

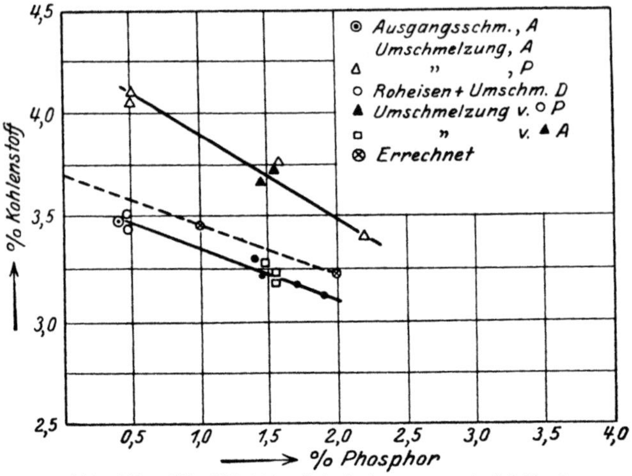

Abb. 111e. Wie Abb 111a, jedoch Ausgangsmaterial Nr. 5.

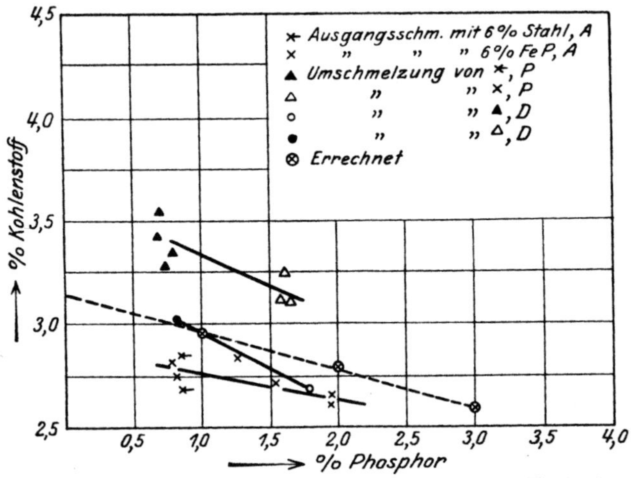

Abb. 111f. Wie Abb. 111a, jedoch Ausgangsmaterial Nr. 6 mit Stahl- und Ferrophosphorzusatz.

Zahlentafel 30. Zusammensetzung der Ausgangsschmelzen 1 bis 6 von Mac Kenzie.

	Roheisen aus Stahlschrott erblasen	Synthetisches Roheisen aus basischem Elektroofen	Normaler Temperguß	Holzkohlenroheisen	Roheisen aus dem Kokshochofen	Si-reiches Roheisen
Si%	2,10	1,43	1,94	0,99—1,34	2,42	4,70
S%	0,04	0,013	0,035	0,30—0,05	0,05	0,033
Mn%	0,70	0,52	0,54	0,35—0,80	0,94	0,73
P%	0,06	0,02	0,19	0,33	0,45	0,75
V%	0,01	0,01	0,03	0,01	0,02	0,10
Ti%	0,03	0,02	0,09	0,02	0,07	0,22
C%	4,05	3,07	4,12	3,87	3,66	2,99

[1] Die großen Buchstaben in den Abb. 111a bis f beziehen sich auf die verschiedenen Kokssorten. [2] Ferrum Bd. 12, S. 98. 1913/14.

Man könnte vermuten, daß in Gußeisensorten mit 2,5 bis 3,3% C und z. B. 0,4 bis 0,6% P die nach dem Diagramm von Wüst und Dobbelstein bei vollkommener Diffusion kein ternäres Phosphideutektikum zeigen sollten, die Gießtemperatur einen Einfluß auf die quantitative Ausbildung des Phosphideutektikums habe. Jungbluth und Gummert[1] stellten hierüber einige Versuche

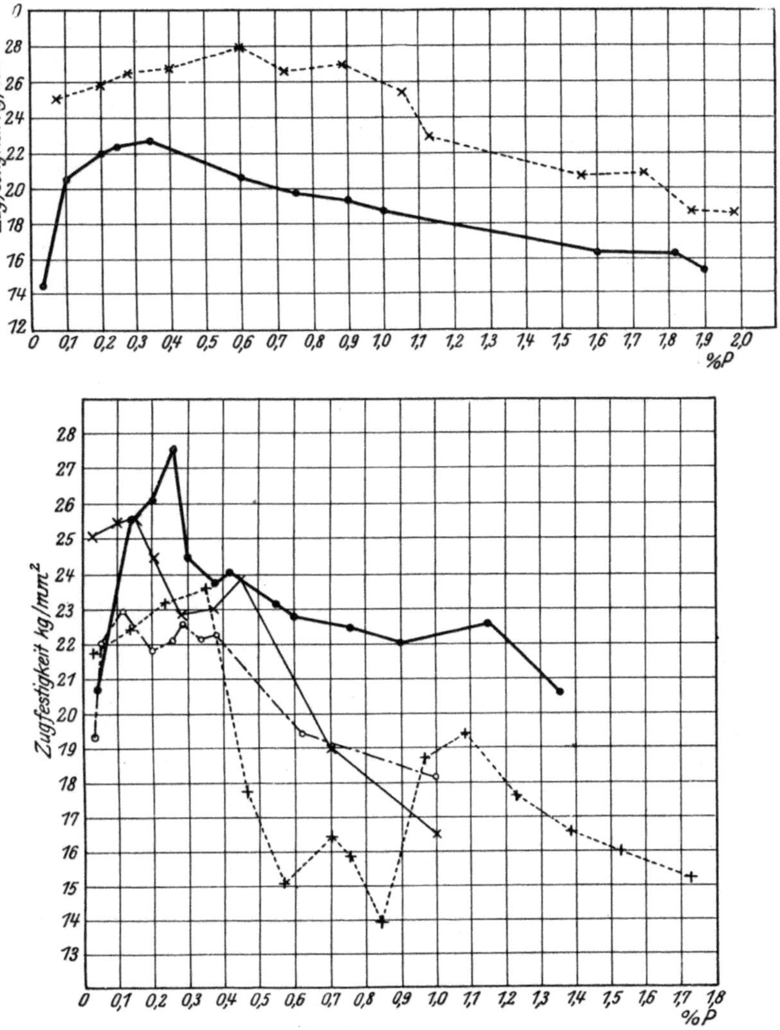

Abb. 112. Abhängigkeit der Zugfestigkeit des Graugusses vom Phosphorgehalt bei gleichem Siliziumgehalt (Wüst und Stotz[2]).

an. Eine Anzahl Schmelzen der in Zahlentafel 31 wiedergegebenen Zusammensetzung wurden mit hoher (*H*) und niedriger (*K*) Gießtemperatur zu Keilen vergossen. Das Gefüge war in allen Fällen perlitisch. Durch Ausplanimetrieren der Phosphidfläche bei 250facher Vergrößerung ergab sich als Mittel für das Material mit hohem C-Gehalt (Schmelze 1 bis 5) für heißgegossene Proben ein Wert von 2,82% Phosphidflächenanteil, für mattgegossenes Material dagegen von

[1] Kruppsche Monatsh. Bd. 7, S. 41. 1926.

[2] Die Kurven in Abb. 112 und 113 beziehen sich auf die gleichen Schmelzen wie die Abb. 114 bis 116 (vgl. auch Zahlentafel 34).

4,06%. Bei den Schmelzen mit niederem C-Gehalt betrugen die Werte 2,5 bzw. 3,2%. Die höhere Gießtemperatur ergibt demnach eine wesentliche Verringerung

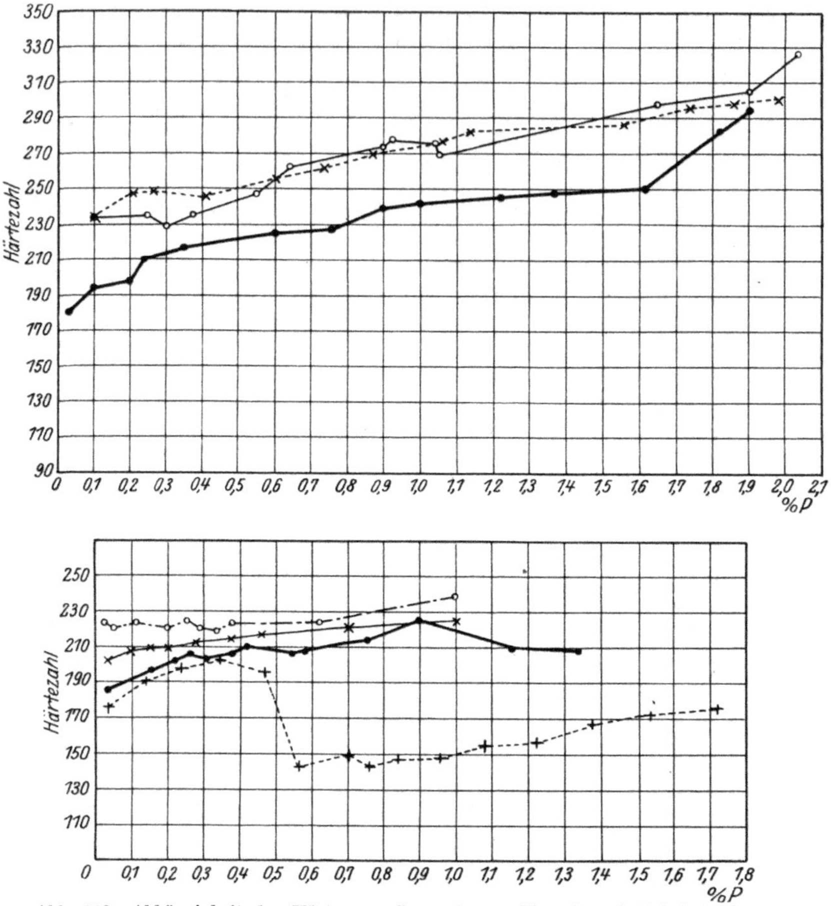

Abb. 113. Abhängigkeit der Härte von Grauguß vom Phosphorgehalt bei gleichem Siliziumgehalt (Wüst und Stotz).

des freien Phosphids, eine durchaus beachtenswerte Feststellung (vgl. a. Zahlentafel 32). Die durchschnittliche Korngröße des Phosphids war bei allen Proben ungefähr gleich, so daß eine Beeinflussung hier offenbar nicht vorhanden ist.

Zahlentafel 31.

Bezeichnung	Zusammensetzung				
	C %	Si %	Mn %	P %	S %
1	3,31	1,13	0,7	0,47	0,11
2	3,20	1,75	0,73	0,54	0,13
3	3,30	1,97	0,69	0,64	0,13
4	3,05	1,50	0,98	0,62	0,14
5	3,20	2,06	1,09	0,47	0,14
6	2,56	1,1	0,57	0,44	0,16
7	2,56	1,55	0,8	0,39	0,073
8	2,32	1,93	0,8	0,35	0,086

Ähnlich wie E. Schüz, der bei Glühungen bis 700° noch keine Diffusion des Phosphors beobachtet hatte, fanden die erwähnten Verfasser eine beachtenswerte Verringerung des kristallgeseigerten Phosphids erst durch Glühen bei Temperaturen oberhalb 700°; lediglich bei Schmelze 8 war der Einfluß des Glühens nicht so ausgeprägt (vgl. Zahlentafel 33). Bei 830° machte sich übrigens eine Zusammenballung des Phosphids bemerkbar, dabei erhielten sich nur um das Phosphid noch Perlitinseln. Diese Feststellungen decken sich auch mit den Beobachtungen von A. Pinsl[1], sowie denen von E. Piwowarsky[2] an phosphorhaltigem Manganhartstahl.

Zahlentafel 32.

Bezeichnung	Phosphidanteil in Flächenprozent
1 *K*	3,1
1 *H*	3,5
2 *K*	3,2
2 *H*	2,4
3 *K*	3,1
3 *H*	1,4
4 *K*	7,0
4 *H*	5,3
5 *K*	3,9
5 *H*	1,3
6 *K*	4,5
6 *H*	2,6
7 *K*	2,8
7 *H*	2,4
8 *K*	2,4
8 *H*	2,5

Zahlentafel 33.

Bezeichnung	Glühtemperatur in °C	Phosphidanteil in Flächenprozent
5 *H*	600	4,3
5 *H*	700	4,3
5 *H*	830	2,4
5 *H*	900	2,3
6 *H*	600	4,0
6 *H*	700	4,0
6 *H*	830	3,7
6 *H*	900	1,6
7 *H*	600	3,4
7 *H*	700	4,0
7 *H*	830	1,9
7 *H*	900	1,9
8 *H*	600	2,7
8 *H*	700	2,6
8 *H*	830	2,3
8 *H*	900	2,2

Die Abb. 112 bis 116 zeigen den Einfluß des Phosphors auf einige Eigenschaften von Gußeisen nach Versuchen von Wüst und Stotz[3]. Die zugehörigen Analysen gibt Zahlentafel 34 wieder.

Zahlentafel 34.

Reihe	Ges.-C %	Graphit %	Geb.-C %	P %	Mn %	Si %	S %
I	3,28	1,80	1,48	0,09—2,04	0,12	1,12	0,014
II	3,25	1,83	1,44	0,09—1,98	0,12	1,15	0,013
III	3,53	2,19	1,34	0,10—1,90	0,11	1,34	0,010
IV	3,17	2,12	1,15	0,03—1,0	0,11	2,10	0,005
V	3,18	2,70	0,49	0,04—1,7	0,10	2,56	0,010
VI	3,22	2,64	0,58	0,04—1,3	1,04	1,94	0,010
VII	3,37	2,92	0,45	0,03—1,0	1,26	1,63	0,004

In Übereinstimmung mit späteren Versuchen von M. Hamasumi[4], F. Wüst und P. Bardenheuer[5], sowie P. Bardenheuer und L. Zeyen[6], liegt der Höchstwert der Festigkeit bei etwa 0,3% Phosphor.

Der Abfall der Biegefestigkeit bei etwa 0,3 bis 0,4% P tritt meist mit dem konstitutionellen Merkmal zusammen, daß bei diesem P-Gehalt die eutektischen

[1] Stahleisen Bd. 47, S. 537. 1927. [2] Stahleisen Bd. 45, S. 1075. 1925.
[3] Ferrum 1914/15, S. 89.
[4] Sc. Rep. Toh. Imp. Un. Bd. 13, S. 133. 1924; Stahleisen Bd. 45, S. 1672. 1925.
[5] Mitt. K.-W.-Inst. Eisenforsch. Bd. 4, S. 125. 1922. [6] Gieß. Bd. 15, S. 1124. 1928.

Phosphideinschlüsse unter mittleren Betriebsbedingungen gerade ausreichen, um sich zu einem zusammenhängenden Netzwerk zusammenzuschließen. Höhere Gießtemperatur begünstigt die Ausbildung einer ausgeprägten Netzwerkstruktur, niedrige hingegen (nach erfolgter Überhitzung) eine feinere und gleichmäßigere Verteilung. Auch in Eisensorten mit stark untereutektischem Kohlenstoffgehalt ist das Phosphid im allgemeinen günstiger verteilt. E. Piwowarsky und H. Nipper[1] konnten systematische Beziehungen zwischen der Graphit-

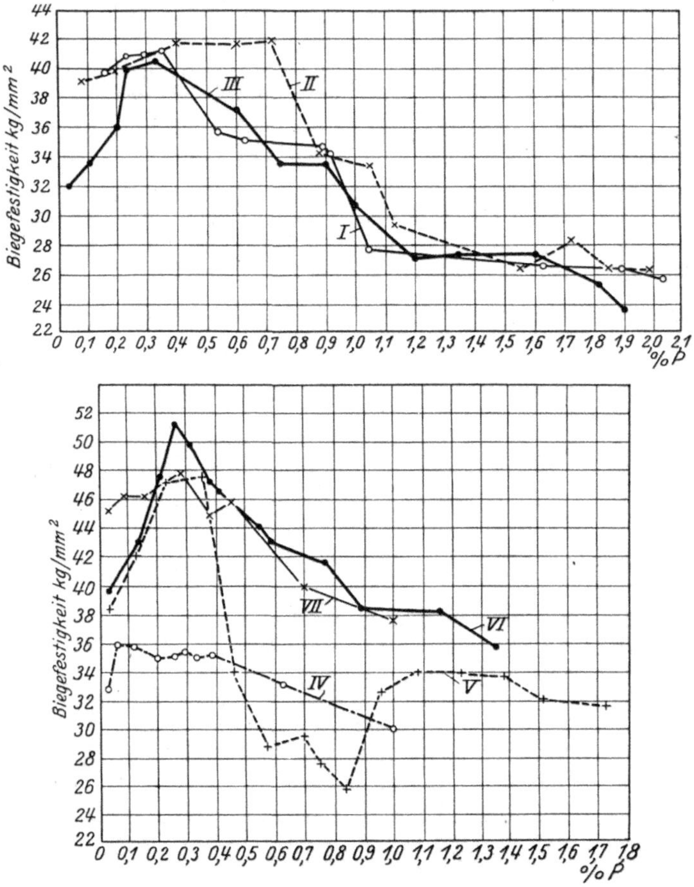

Abb. 114. Abhängigkeit der Biegefestigkeit des Graugusses vom Phosphorgehalt bei gleichem Siliziumgehalt (Wüst und Stotz).

ausbildung und dem Verteilungsgrad des Phosphids feststellen, wobei sie fanden, daß alle Maßnahmen, welche eine Graphitverfeinerung hervorrufen, auch eine entsprechend feinere Ausbildung des Phosphideutektikums verursachen (vgl. Abb. 117). Phosphor beeinträchtigt vor allem die dynamischen Eigenschaften des Gußeisens, während bei einer rein statischen, insbesondere bei Zug-(Normal-)beanspruchung, nur eine sehr mäßige Beeinträchtigung und bei niederen P-Gehalten eher eine Erhöhung der Zugfestigkeit auftritt. Auch Hurst[2] schreibt, daß der Einfluß des Phosphors oft überdeckt wird durch die nachteilige Wirkung grober Graphitlamellen, und daß bei feiner Graphitverteilung

[1] Unveröffentlicht. [2] Metallurgy of Cast Iron, S. 125.

gerade P-reiche Legierungen zu erhöhter Zugfestigkeit neigen. Dies geht auch aus den umfangreichen Versuchen von v. Kerpely[1] hervor, der hochwertige, P-reiche Gußeisensorten mit feiner Graphitverteilung aus dem Elektroofen vergoß (vgl. a. Zahlentafel 108). Auch Scherbeanspruchung eignet sich anscheinend weniger für P-reiche Eisensorten[2] und der Abfall der Druckfestigkeit, wie er z. B. aus den Versuchen von W. E. Dennison[3] an Eisensorten mit 0,8 bis 1,2% Phosphor (vgl. Abb. 118) hervorgeht, scheint wenigstens zum Teil auf eine in-

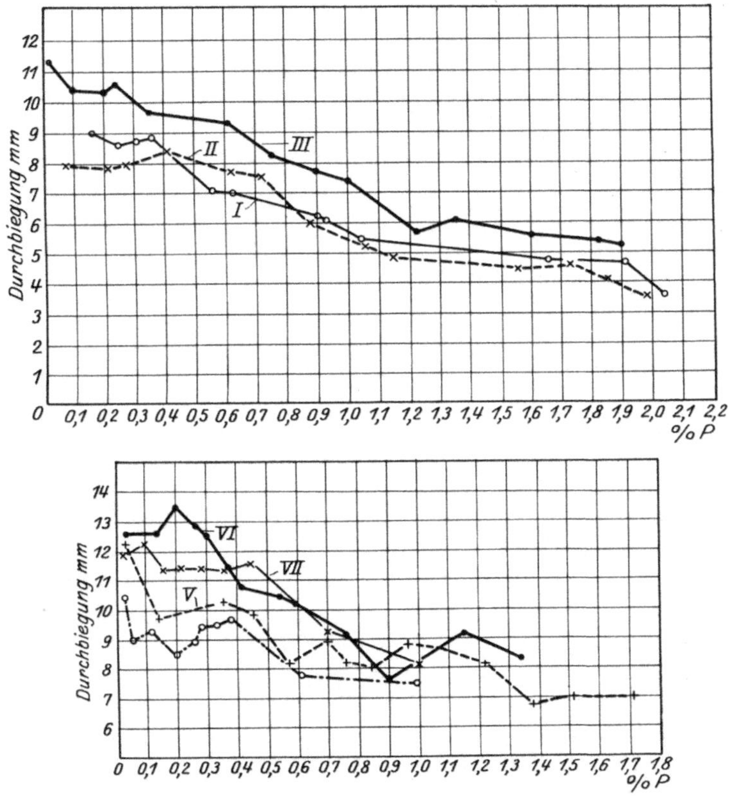

Abb. 115. Abhängigkeit der Durchbiegung des Graugusses vom Phosphorgehalt bei gleichem Siliziumgehalt (Wüst und Stotz).

folge Reibung an den Endflächen hervorgerufene Scherbeanspruchung (Rutschkegel) zurückzuführen zu sein. Die Kurve für die Zerreißfestigkeit nach Dennison bestätigt übrigens die obigen Ausführungen. Immerhin erscheint die Ermittlung der Scherfestigkeit von Bedeutung, da aus Lochscherversuchen nach Sipp-Rudeloff[4] lineare Beziehungen der Lochscherfestigkeit $\tau_{st.}$ zu den übrigen Festigkeiten sich ergaben, die nach Rudeloff[5] sich wie folgt ausdrücken lassen:

Biegefestigkeit	σ'_B . . .	$= 1{,}85\ (\tau_{st.} - 4)$
Zugfestigkeit	σ_B . . .	$= 1{,}10$ („ $- 8$)
Druckfestigkeit	σ_{-B} . . .	$= 3{,}60$ („ $- 4$)

[1] Gieß.-Zg. Bd. 18, S. 33/44. 1926.

[2] Vgl. Elliot, G. K.: Trans Am. Foundrymen's Ass. 1927; Stahleisen Bd. 47, S. 1089. 1927.

[3] Foundry Trade J. 1927, S. 229/30.

[4] Stahleisen Bd. 46, S. 97/101. 1926.

[5] Rudeloff, M.: Scherversuche zur Beurteilung der Festigkeitseigenschaften von Gußeisen. Gieß. Bd. 13, S. 577/84 u. 594/98. 1926.

Auch Dennison fand bei seinen Schmelzen (vgl. Zahlentafel 35) eine leichte Abnahme des Ges.-C vor allem aber eine sehr starke Abnahme des im Perlit gebundenen Kohlenstoffs mit zunehmendem P-Gehalt. Vielleicht ist dies auch

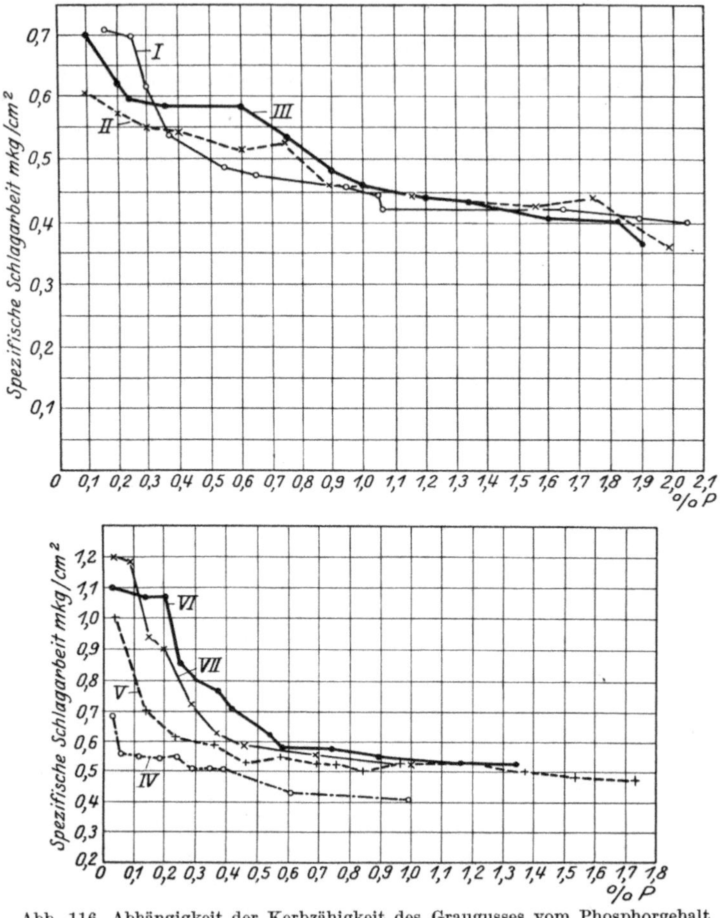

Abb. 116. Abhängigkeit der Kerbzähigkeit des Graugusses vom Phosphorgehalt bei gleichem Siliziumgehalt (Wüst und Stotz).

eine Erklärung für die gegensätzlichen Feststellungen Mac Kenzies, daß der Phosphor die Zugfestigkeit seiner Proben etwas beeinträchtige. Seine Probestäbe waren mit einem Durchmesser von 25 mm abgegossen und dann auf 14,3 mm abgedreht worden.

Zahlentafel 35. Zusammensetzung der Schmelzen von Dennison.

Nr.	Si %	Graphit %	Geb.-C %	Ges.-C %	P %	S %	Mn %
1	2,02	2,78	0,31	3,09	0,79	0,071	0,59
2	2,00	2,79	0,28	3,07	0,86	0,072	0,57
3	2,01	2,80	0,25	3,05	0,92	0,069	0,56
4	1,96	2,81	0,21	3,02	0,99	0,072	0,54
5	1,98	2,81	0,19	3,00	1,04	0,070	0,56
6	1,99	2,80	0,17	2,97	1,12	0,070	0,54
7	2,04	2,80	0,15	2,95	1,20	0,068	0,55

Um in den phosphorhaltigen Legierungen einen genügend hohen Geb.-C.-Gehalt zu erhalten, müsse man nach Dennison den Siliziumgehalt bei Steigerung des Phosphorgehaltes entsprechend vermindern. Der geringe Unterschied in den Zugfestigkeiten lasse vermuten, daß der Phosphorgehalt (offenbar durch zunehmende Mischkristallbildung mit dem reinen Eisen, d. Verf.) einen kleinen festigkeitsteigenden Einfluß ausübt in dem Maße, wie die Erniedrigung des Kohlenstoffs der Karbidform fortschreitet.

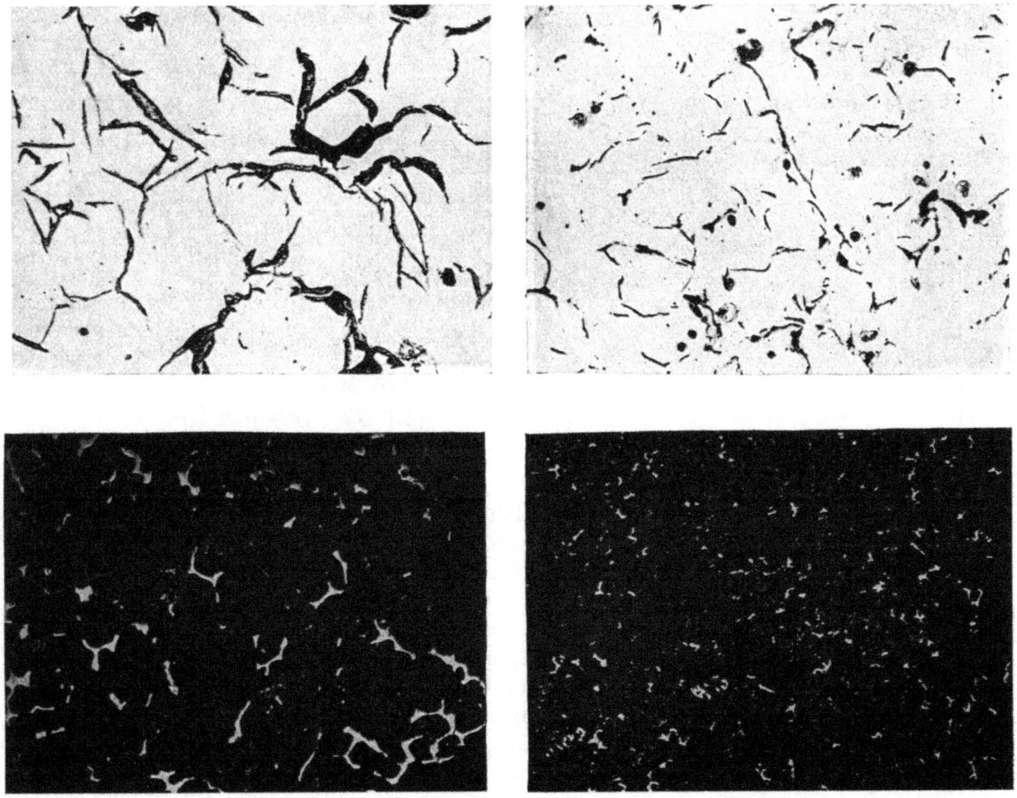

Abb. 117. Gefüge eines Gußeisens mit 0,35% Phosphor, links dickwandig, rechts dünnwandig in Sand vergossen, oben ungeätzt × 100, unten Tiefätzung auf Phosphid, × 50.

Während Wüst und Stotz[1] fanden, daß mit steigendem Phosphorgehalt die Durchbiegung beim Biegeversuch bis etwa 0,4% P konstant bleibt und dann abnimmt, fand J. T. Mac Kenzie[2] bei seinen Versuchen, daß Phosphor die Durchbiegung etwas erhöhe, allerdings nur bei geringen Belastungen, eine Feststellung, welche er bei einer späteren Nachprüfung[3] seiner Ergebnisse nicht mehr aufrecht erhalten konnte.

Beachtenswert ist die Feststellung von Oberhoffer und Esser[4], daß Phosphor im reinen Eisen, ähnlich wie Si, Al, Sn, Cr, Mo, Va das γ-Gebiet abschnürt.

---

[1] Ferrum Bd. 12, S. 89. 1914/15.
[2] Trans. Am. Foundrymen's Ass. Bd. 33, S. 445/67. 1926.
[3] Trans. Am. Foundrymen's Ass. Bd. 34, S. 986, 1927; Stahleisen Bd. 47, S. 1086. 1927.
[4] Ber. Werkstoffaussch. v. d. Eisenh. Nr. 69. 1925.

Für die Abscheidung des Phosphors aus Eisenbädern kommt folgende primäre Reaktionsgleichung in Frage:

$$5\,FeO + 2\,Fe_3P \rightleftarrows 11\,Fe + P_2O_5 + W.E. \tag{23}$$

Evtl. noch innerhalb des Bades erfolgt dann sofort:

$$3\,FeO + P_2O_5 \rightleftarrows (FeO)_3 \cdot P_2O_5\,, \tag{24}$$

das sich mit dem Kalk der Schlacke umsetzt zum stabileren Trikalziumphosphat:

$$3\,FeO \cdot P_2O_5 + 3\,CaO \rightleftarrows (CaO)_3 \cdot P_2O_5 + 3\,FeO\,. \tag{25}$$

Gewöhnlich wird durch Addition von Gl. (23) und (25) der Vorgang der Entphosphorung dargestellt durch:

$$5\,FeO + 2\,Fe_3P + 3\,CaO \rightleftarrows 11\,Fe + (CaO)_3 \cdot P_2O_5 + W.E. \tag{26}$$

Wendet man hierauf das Massenwirkungsgesetz[1] an, wobei der Phosphor proportional dem Phosphid gesetzt, die Phosphorsäure proportional dem Phosphat, das im Überschuß vorhandene Eisen aber in die Konstante einbezogen wird, so ergibt sich:

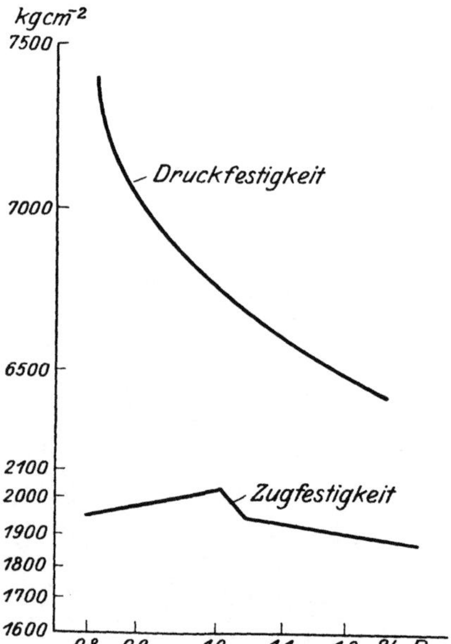

Abb. 118. Einfluß des Phosphors auf die Zug- und Druckfestigkeit von Gußeisen (Dennison).

$$\frac{(FeO)^5 \cdot [P]^2\,(CaO)^3}{(\Sigma P_2O_5)} = K_p\,. \tag{27}$$

Wird nunmehr mit H. Schenck[2] der Proportionalitätsfaktor der Entphosphorung $\eta_p = \frac{(\Sigma P_2O_5)}{[P]^2}$ gesetzt, so ergibt sich:

$$\eta_p = \frac{(\Sigma P_2O_5)}{[P]^2} = \frac{(FeO)^5 \cdot (CaO)^3}{K_p}\,, \tag{28}$$

d. h. Gl. (28) sagt in Übereinstimmung mit der Praxis aus, daß die Phosphorabscheidung durch wachsende Basizität und steigenden Eisenoxydulgehalt (Erzzusatz) der Schlacke begünstigt wird. Da anderseits die Phosphatbildung gemäß Gl. (26) mit einer positiven Wärmetönung (exotherm) verbunden ist, K_p (Gl. 27) also mit steigender Temperatur steigt, mit sinkender Temperatur aber fällt (Prinzip vom kleinsten Zwang), so besagt die Stellung von K_p im Nenner der Gl. (28), daß bei gleichbleibender Schlackenzusammensetzung der Grad der Entphosphorung mit steigender Temperatur zurückgeht (Reduktion des Phosphors aus der Schlacke), wenn nicht durch sehr starke Erhöhung der Basizität bzw. des Oxidulgehaltes der Schlacke eine gewisse Kompensation dieser Rückwirkung erfolgt. Leider tritt mit zunehmendem Kohlenstoffgehalt des Eisens (Roh- bzw. Gußeisen) eine zunehmende Reduktion des Phosphors aus der Schlacke ein, etwa gemäß:

$$(CaO)_3P_2O_5 + 5\,Fe_3C \rightarrow 2\,Fe_3P + 3\,CaO + 9\,Fe + 5\,CO. \tag{29}$$

Da Reaktion (29) im Sinne der Pfeilrichtung endotherm ist, so wird steigende Temperatur die Rückphosphorung begünstigen. Allerdings kann die Rück-

[1] Eigentlich gilt das gewöhnliche Massenwirkungsgesetz nur für verdünnte Lösungen, doch kommt es bei den vorliegenden und ähnlichen Betrachtungen nicht auf Absolutwerte an, sondern auf eine allgemeine qualitative Behandlung der Vorgänge. Für exakte quantitative Messungen käme die Anwendung des von Lorenz abgeänderten Massenwirkungsgesetzes in Frage.

[2] Vgl. a. Schenck, H.: Über die Anwendung der theoretischen Chemie auf einige für die Stahlerzeugung wichtige Vorgänge. Arch. Eisenhüttenwes. Bd. 1, S. 483. 1927/28.

phosphorung zunächst durch weiter erhöhten Kalkzuschlag und damit durch Bildung wenig dissozierter Tetra-Kalziumphosphate etwas aufgehalten werden, aber auch dieses (Schmelzpunkt etwa 1630 °) wird bei anhaltender Temperatursteigerung zunehmend dissoziieren gemäß:

$$Ca_4P_2O_9 \rightleftarrows 4\,CaO + P_2O_5\,, \qquad (30)$$

wodurch eine weitere Phosphorreduktion einsetzt. Tatsächlich wird bei Kohlenstoffgehalten oberhalb 3% das Tetraphosphat von 1600 ° an sehr schnell reduziert und selbst die höchsten Kalkgehalte sind nicht mehr imstande, diesen Vorgang aufzuhalten. Versuche des Eisenhüttenmännischen Instituts[1] zu Aachen durch Aufwerfen von reinem Kalkphosphat auf ein phosphorfreies Eisenbad (Graphittiegel) an das Gleichgewicht heranzukommen, schlugen fehl trotz der langen Einwirkungsdauer von 45 bis 90 Minuten, wobei oberhalb etwa 1600 ° das Phosphat fast bis zum reinen Kalk (91 bis 97%) reduziert worden war, ein Beweis, wie stark das zu erwartende Gleichgewicht durch den Kohlenstoffgehalt nach der Seite des im Eisenbad gelösten Phosphors verschoben wird.

Alle diese Tatsachen und Ausführungen lassen erkennen, daß für normale Gußeisensorten eine Entfernung des Phosphors durch metallurgische Operationen nicht in Frage kommt, daß ferner bei allen Schmelzprozessen praktisch der gesamte Phosphor des Einsatzes (Gattierung) in das Fertigprodukt übergeht.

3. Der Einfluß des Mangans.

Die Abb. 119 bis 121 geben bereits die wichtigsten der bestehenden Diagramme der Fe-Mn-C-Legierungen wieder[2].

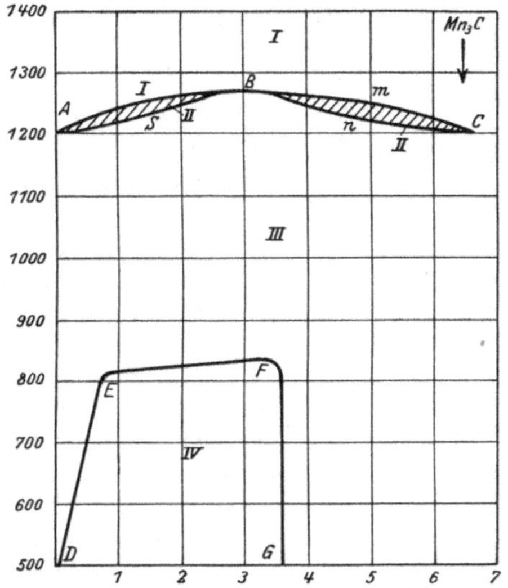

Abb. 119. Zustandsdiagramm Mangan-Kohlenstoff (Stadeler).

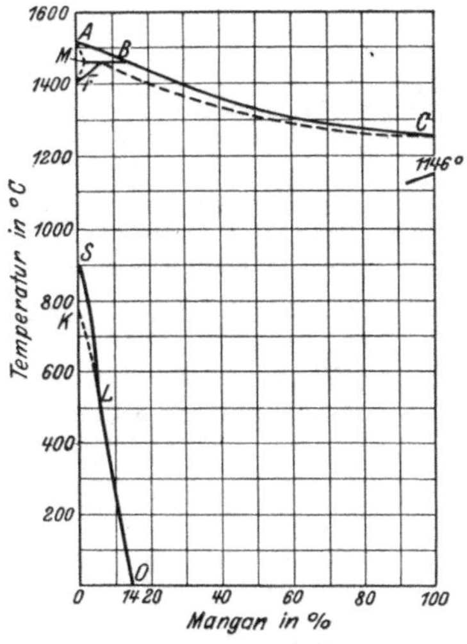

Abb. 120. Zustandsdiagramm Eisen-Mangan (Rümelin, Fick, Oberhoffer und Esser).

Da zwischen Mangan und Kohlenstoff (Abb. 119) in dem in Frage kommenden Bereich vollkommene Löslichkeit besteht, auch Mangan und Eisen

[1] Bisher unveröffentlicht.

[2] Bezügl. der Literatur vgl. Oberhoffer: Das technische Eisen, 2. Aufl. Berlin: Julius Springer 1925.

völlig ineinander löslich sind (Abb. 120), so wird, wie zu erwarten, die Mischungslücke des festen Zustandes im binären System Eisen-Eisenkarbid durch zunehmenden Mangangehalt verkleinert und schließlich zum Verschwinden gebracht (Abb. 121).

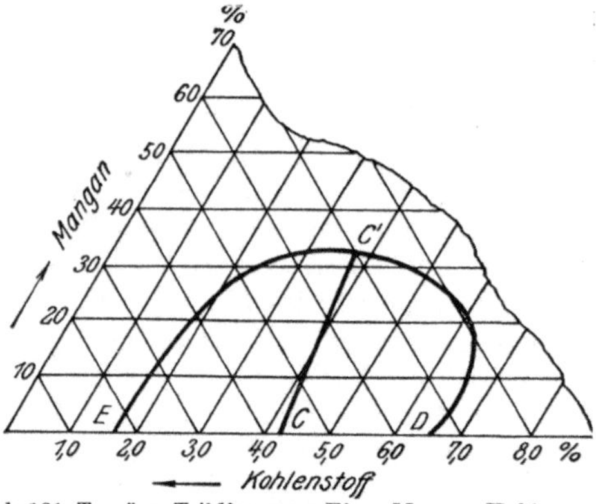

Abb. 121. Ternäres Teildiagramm Eisen-Mangan-Kohlenstoff (Wüst, Goerens).

Nach Wüst, Durrer[1] und Meuthen wird der A_3-Punkt in den kohlenstoffreien Eisenlegierungen durch Mangan-Zusätze bis ~ 2% sehr stark erniedrigt, um dann konstant zu bleiben. Nach Dejean[2] dagegen wird er kontinuierlich erniedrigt, um bei 14% Mn bis auf Zimmertemperatur zu sinken. In kohlehaltigen Legierungen ist die Erniedrigung nicht so stark. Osmond fand in einer Legierung mit 0,45% C eine Erniedrigung der γ/α-Umwandlung durch 4% Mn auf etwa 300°, in etwas kohleärmeren Legierungen eine Erniedrigung auf 100° durch ~ 5% Mn, während über 7% Mn die Umwandlung bis Zimmertemperatur nicht mehr auftrat (homogener Austenit). Ein 12%iger austenitischer Manganstahl mit etwa 1% C zeigte beim Anlassen[3] die γ/α-Umwandlung immer noch bei etwa 653°,

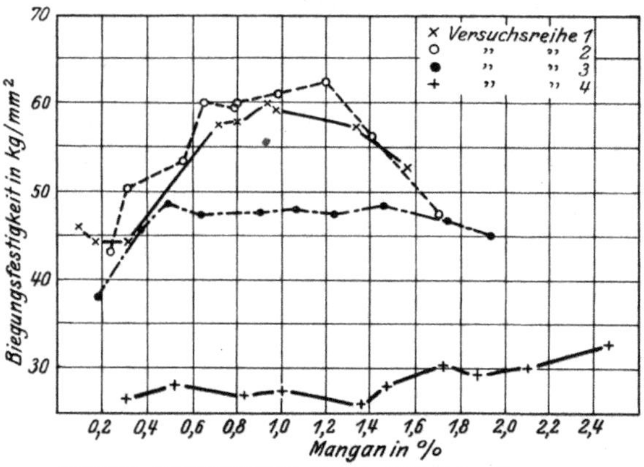

Abb. 122. Abhängigkeit der Biegefestigkeit des Graugusses vom Mangangehalt bei gleichem Siliziumgehalt (Wüst und Meißner).

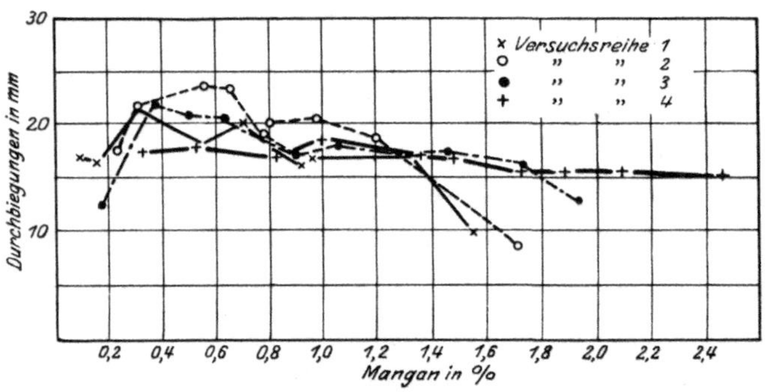

Abb. 123. Abhängigkeit der Durchbiegung des Graugusses vom Mangangehalt bei gleichem Siliziumgehalt (Wüst und Meißner.)

Nach Arnold und Read[4], welche die Karbide aus den betreffenden Legierungen elektrolytisch trennten, bilden in etwa eutektoiden Fe-C-Legierungen die Karbide Fe_3C und Mn_3C bis ~ 4,98% Mn feste Lösungen miteinander, um von 4,98 bis 13,38% Mn als Doppelverbindung $3Fe_3C \cdot Mn_3C$ aufzutreten. Darüber hinaus trete wahrscheinlich ein neues manganreicheres Karbid $(2Fe_3C \cdot Mn_3C)$ auf.

In schwefelhaltigen, manganfreien Gußeisensorten macht sich ein Manganzusatz zunächst indirekt über die Keimwirkung gebildeten Mangansulfids in einer Erhöhung der

[1] Forsch.-Arb., Heft 204. [2] Comptes Rendus 1920, S. 791.
[3] Vgl. Maurer, E.: Mitt. Eisenforsch. Bd. 1, S. 39/86. 1920.
[4] J. Iron Steel Inst. Bd. 1, S. 169. 1910.

Graphitbildung bemerkbar (vgl. Abb. 98 und 99). Dies zeigen auch folgende Zahlen nach Hague und Turner[1].

Nr.	Bruch-aussehen	Si %	Ges.-C %	Graphit %	Geb.-C %	Mn %
12	grau	3,06	2,77	1,93	0,84	—
17	grau	3,00	2,62	2,40	0,22	0,50

Abb. 122 bis 126 zeigen den Einfluß des Mangans im Grauguß auf dessen Eigenschaften nach Versuchen von Wüst und Meißner[2] (zugehörige Analysen

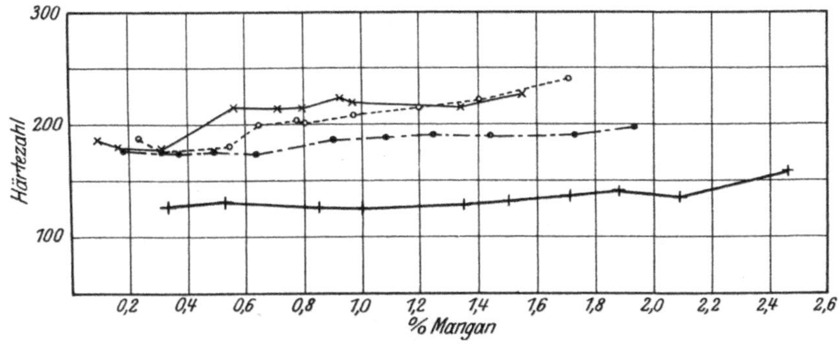

Abb. 124. Abhängigkeit der Härte des Graugusses vom Mangangehalt bei gleichem Siliziumgehalt (Wüst und Meißner).

siehe Zahlentafel 36). Man erkennt, daß die Wahl eines Mangangehaltes in Höhe von 0,6 bis 1,4% im höherwertigen, niedrig oder mäßig gekohlten Grauguß von Vorteil ist. Zugfestigkeit und Härte werden wenig beeinflußt, während die Kerbzähigkeit einen ähnlichen Verlauf nimmt wie die Biegefestigkeit.

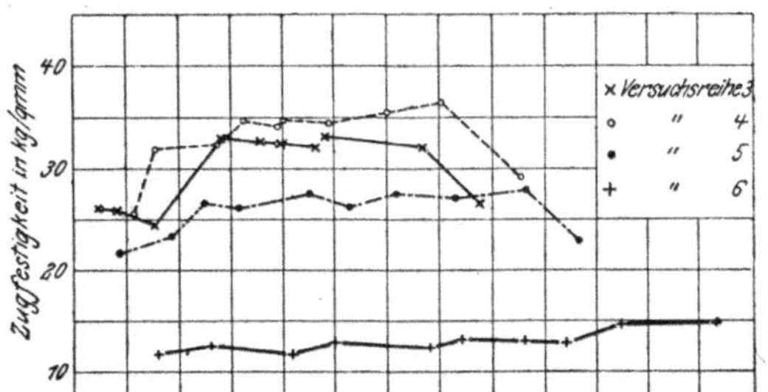

Abb. 125. Abhängigkeit der Zugfestigkeit des Graugusses vom Mangangehalt bei gleichem Siliziumgehalt (Wüst und Meißner).

Beachtenswert ist auch die übersichtliche Abb. 127, welche auf Grund amerikanischer Arbeiten[3] den Einfluß der hier behandelten Elemente auf die Zugfestigkeit eines Eisens der Grundanalyse: Ges.-C = 3 %, Si = 2,25% ausübt. In manganreicheren Legierungen liegen die Festigkeitszahlen phosphorhaltiger Eisensorten in Übereinstimmung mit

Zahlentafel 36.

Reihe	1	2	3	4
Ges.-C % . .	2,79	3,08	3,39	3,89
Graphit % . .	2,06	2,29	2,67	3,21
Geb.-C % . .	0,73	0,79	0,72	0,68
P %	0,030	0,061	0,035	0,033
S %	0,005	0,010	0,010	0,011
Si %	1,56	1,47	1,58	1,72

[1] J. Iron Steel Inst. 1910, vgl. a. E. Hurst: Metallurgy of Cast Iron, S. 112/13.

[2] Ferrum 1913/14, S. 97.

[3] Entnommen einer von G. W. Syndon und F. K. Vial bearbeiteten Werbeschrift der Assoc. of Manuf. of chilled car wheels, betitelt: The chilled iron car wheel.

ähnlichen Beobachtungen von Wüst und Stotz[1] wesentlich höher. Auch der Einfluß des Schwefels in manganfreien Eisensorten kommt in Abb. 127 deutlich zum Ausdruck.

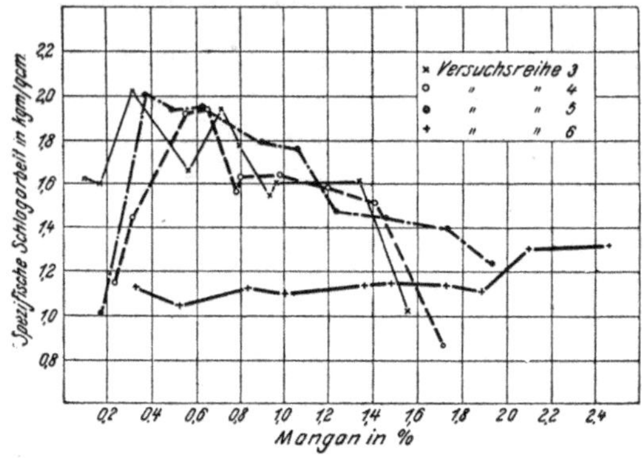

Abb. 126. Abhängigkeit der Zugfestigkeit des Graugusses vom Mangangehalt bei gleichem Siliziumgehalt (Wüst und Meißner).

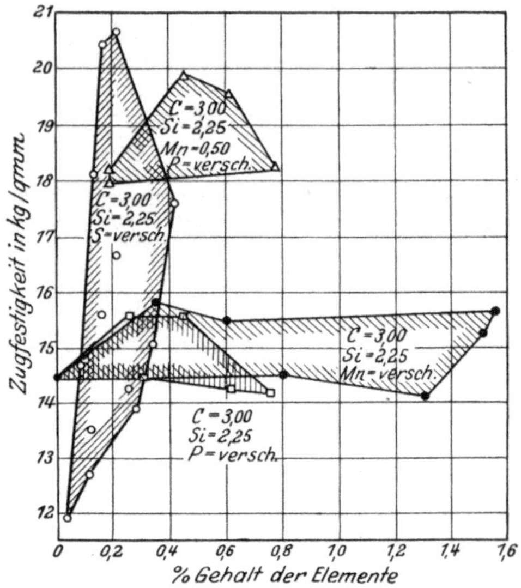

Abb. 127. Einfluß von Mangan, Phosphor und Schwefel auf die Zugfestigkeit von Gußeisen (einer Werbeschrift der Assoc. of Manuf. of chilled car wheels entnommen).

4. Der Einfluß der Gase.

Daß Metalle und Legierungen im flüssigen und auch festen Zustand gewisse Gase aufnehmen, ist nicht mehr zu bezweifeln. Liegt lediglich einfache Lösung vor, so folgt die im flüssigen Metall gelöste Gasmenge dem Henry-Daltonschen Absorptionsgesetz (1803 und 1807), d. h. die gelöste Gasmenge ist dem Partialdruck des Gases proportional, oder anders ausgedrückt: Bei gegebener Temperatur ist das Verhältnis der Konzentration des Gases im Gasraum (c_1) zu derjenigen in der Flüssigkeit (c) konstant gemäß: $\frac{c_1}{c} = L_1$, worin nach dem Vorbild von Nernst der Proportionalitätsfaktor L mit Löslichkeitskoeffizient bezeichnet wird. Ändert sich jedoch beim Lösungsvorgang der Molekularzustand des Gases, so bedarf das Gesetz zu seiner Erfüllung einer weiteren Ergänzung durch eine von der Molekularart abhängigen individuellen Konstante (Nernst 1891).

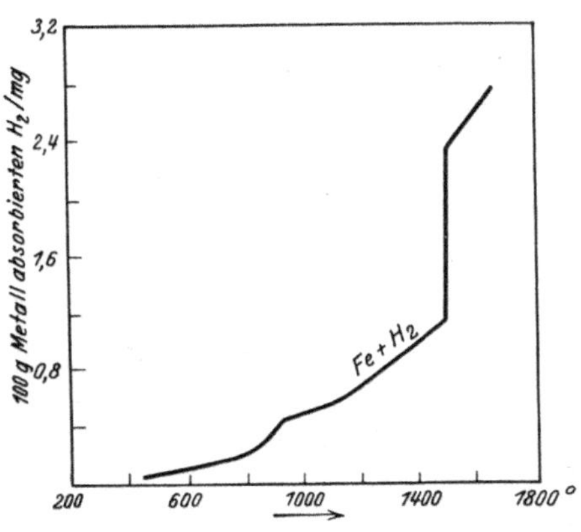

Abb. 128. Löslichkeit von Wasserstoff im Eisen bei verschiedenen Temperaturen (Sieverts).

Sieverts[2] fand für die Löslichkeit (m) des Wasserstoffs im Eisen in Abhängigkeit vom Druck (p in Atmosphären) für konstante Temperatur die Beziehung:

$$m = c \cdot \sqrt{p}, \tag{31}$$

worin c eine Konstante bedeutet.

[1] Ferrum 1914/15, S. 89.

[2] Sieverts und Krumbhaar: Ber. D. Chem. Ges. Bd. 43, S. 893 1910, sowie Sieverts: Z. Elektrochem. 1910, S. 707.

Die Abhängigkeit von der Temperatur bei Atmosphärendruck zeigte eine Beziehung gemäß Abb. 128, d. h. beim Wechsel des Aggregatzustandes tritt eine diskontinuierliche Änderung der Löslichkeit ein (auch die α/γ-Umwandlung ist mit einer bemerkenswerten Löslichkeitsverschiebung verknüpft). Dieser Verlauf der Löslichkeit wird im allgemeinen bei der Wechselwirkung zwischen Metallen und Gasen zu erwarten sein. Die Bemühungen, den Anteil der reinen Absorption (atomar gelöst) bzw. der Reaktionsabsorption (als Verbindung gelöst) von der Gesamtlöslichkeit zu ermitteln, brachten, soweit hochschmelzende Metalle (oberhalb etwa 1300° C) und Legierungen in Betracht kommen, bislang nicht den erwünschten Erfolg, da die Frage eines für exakte Laboratoriumsversuche geeigneten, hochfeuerfesten und dabei völlig gasdichten (vakuumdichten) Rohr- und Tiegelmaterials erst in jüngster Zeit einer Lösung näher gebracht worden ist. Die für die Gasbestimmung an Eisen, Gußeisen und Stahl bisher benutzten Apparaturen[1] erfaßten jedenfalls sowohl die gelösten und die Reaktionsgase, als auch die aus der evtl. Dissoziation von Gas-Metallverbindungen (Hydride, Nitride usw.) herrührenden Anteile.

Zahlentafel 37.

Versuchs-Nr.	Roheisen				Abgesaugte Gase			
	Mn %	P %	S %	Si %	CO_2 %	CO %	H_2 %	N_2 %
I	1,69	2,11	0,065	0,35	0,84	24,00	30,80	44,26
	Das flüssige Roheisen wurde bei Beginn des Abstiches nach den Kokillen geleitet.				0,40	28,20	39,30	31,80
					0,40	31,40	46,00	21,90
					0,60	30,80	49,60	18,60
					0,85	29,40	47,30	22,15
II	2,01	2,35	0,065	0,45	0,74	36,40	42,83	19,80
	Das Roheisen wurde etwa in der Mitte des Abstiches abgeleitet				0,45	39,49	47,23	12,63
					0,55	38,86	49,69	9,76
					0,55	39,62	48,02	11,54
					0,57	41,90	46,22	11,15
III	1,90	2,23	0,065	0,41	0,40	43,30	45,80	10,50
	Entnahme des Roheisens gegen Ende des Abstiches				0,35	43,90	44,10	11,55
					0,30	42,20	48,30	9,10
					0,35	43,00	45,20	10,55
					0,48	40,70	46,20	12,52
	Analysen a: . . .				0,30	0,80	2,10	Rest
	b: . . .				0,30	0,95	1,80	Rest

In den von erstarrendem Roheisen abgegebenen Gasen konnte u. a. Piwowarsky[2] neben Kohlenoxyd, Kohlensäure und Wasserstoff auch Stickstoff und Methan feststellen (vgl. Zahlentafel 37). Die Gase wurden hierbei dem aus dem Hochofen abgestochenen flüssigen Roheisen entnommen. Später[3] bestimmten Piwowarsky und Wüster die Gasmengen bei der Erstarrung phosphorreichen Gußeisens an Laboratoriumsschmelzen und fanden die in Zahlentafel 38 mitgeteilten Werte. Die hohen Methanmengen lassen auf sekundäre

[1] In Frage kommen heute in erster Linie die von Oberhoffer und seinen Mitarbeitern entwickelten Gasbestimmungsverfahren zur Bestimmung der Gase in festen Metallen (vgl. Stahleisen), sowie das für die Ermittlung der Gase von flüssigen Schmelzen geeignete Verfahren nach Piwowarsky und Wüster: Stahleisen Bd. 47, S. 698. 1927.

[2] Stahleisen Bd. 40, S. 1365. 1920. [3] a. a. O.

Zahlentafel 38.
Gasbestimmung im Gußeisen nach dem Vakuum-Aufsaugeverfahren.
Analyse des Gußeisens: 3,36% C; 1,41% Graphit; 1,36% Si; 0,029% P; 0,018% S.

Nr.	Temperatur der Schmelze °C	Gasmenge auf 100 g Eisen cm³	Gasanalyse in Volumprozenten				
			CO_2	N_2	H_2	CO	CH_4
1	1280	6,93	5,51	25,20	39,60	20,42	9,24
2	1340	4,96	14,30	18,66	31,99	24,18	10,90
3	1370	4,78	12,33	15,30	31,60	29,90	10,88
4	1390	—	11,45	11,11	41,81	22,24	13,38
5	1410	8,07	7,62	12,57	32,98	24,00	22,83
6	1440	6,93	12,50	13,40	32,34	29,28	12,50
7	1490	8,71	13,12	15,75	29,67	29,67	11,81
8	1520	8,90	9,36	20,43	36,81	26,61	6,73

Analyse des Gußeisens: 3,25% C; 1,90% Si; 0,038% P; 0,03% S.

Nr.	Temperatur der Schmelze[1] °C	Gasmenge auf 100 g Eisen cm³	Gasanalyse in Volumprozenten				
			CO_2	N_2	H_2	CO	CH_4
1	1580	8,32	21,44	12,04	28,00	28,42	10,07
2	1570	5,78	17,70	13,80	33,60	23,05	11,91
3	1510	4,84	14,70	13,11	34,65	30,43	7,08
4	1500	5,67	14,60	12,98	34,70	24,32	13,22
5	1400	7,41	16,00	13,88	35,49	23,76	10,93
6	1340	5,36	16,93	20,00	32,38	20,91	9,85

Gasmenge und Gaszusammensetzung bei der Erstarrung eines phosphorreichen Graugusses in Abhängigkeit von der Überhitzung im Schmelzfluß.
Analyse des phosphorreichen Graugusses: 3,24% C; 1,26% Si; 0,40% Mn; 0,94% P.

Nr.	Probe	Temperatur °C	Gasmenge auf 100 g cm³	Gasanalyse in Volumprozenten				
				CO_2	N_2	H_2	CO	CH_4
1	Grauguß	1270	4,89	8,22	19,00	63,85	2,85	6,08
2	,,	1280	7,41	5,51	25,20	39,60	20,42	9,24
3	,,	1300	4,5	14,9	23,42	36,2	15,33	9,36
4	,,	1320	6,03	18,12	8,74	18,00	47,00	8,15
5	,,	1340	5,35	14,3	18,66	31,99	24,18	10,90
6	,,	1345	6,65	14,78	18,48	42,80	11,08	13,02
7	,,	1350	4,39	20,31	10,62	33,31	27,28	8,48
8	,,	1370	5,17	12,33	15,30	31,60	29,90	10,88
9	,,	1390	9,56	13,12	15,75	29,67	29,67	11,81
10	,,	1400	5,56	19,25	15,40	25,63	31,53	8,20
11	,,	1410	8,6	7,62	12,57	32,98	24,00	22,83
12	,,	1435	9,84	15,90	7,94	40,50	26,20	9,54
13	,,	1440	9,1	18,06	15,3	27,8	32,32	6,39
13a	,,	1440	7,7	12,50	13,40	32,34	29,28	12,50
14	,,	1500	4,7	16,09	9,70	38,72	27,20	8,25
15	,,	1520	9,7	9,36	20,43	36,81	26,61	6,73
16	,,	1570	6,5	17,70	13,8	33,6	23,05	11,91
17	,,	1600	5,3	14,70	13,1	34,6	30,4	7,08
18	,,	1600	4,02	12,11	8,46	41,10	32,10	6,20
51	Schwed. Roheisen	1500	10,12	13,4	9,52	27,08	42,4	7,57
52	,, + 0,8% P-Zusatz	1500	6,97	8,98	11,54	37,40	31,02	11,03

[1] Die Schmelze wurde zunächst stets auf etwa 1600° erhitzt, dann abgekühlt, worauf das Gas abgesaugt wurde.

Reaktion innerhalb der abgesaugten Gasmengen schließen. K. Iwasé[1] fand bei Gleichgewichtsversuchen zwischen Wasserstoff und verschiedenen Metallen den in Abb. 129 wiedergegebenen Verlauf der Löslichkeit, welcher sich der Form nach (nicht quantitativ) an die Ergebnisse von Sieverts anschließt.

Während die Existenz von Hydriden des Eisens metallographisch noch nicht bewiesen werden konnte, sind die Nitride des Eisens und seiner Begleitelemente (Mangan-, Silizium-, Aluminium-, Chrom- und Titannitrid) vielfach mikroskopisch beobachtet worden. Die sehr stabilen (1700° und darüber) Nitride des Eisens mit Titan[2] sind bereits am ungeätzten Schliff als rötliche, meist quadratische Einschlüsse zu beobachten und in manchen Roheisensorten zahlreich zu finden. Die Eisennitride sind nur unterhalb etwa 400° vollkommen beständig[3], während das Nitrid des Mangans wesentlich stabiler, das des Siliziums[4] sogar bis etwa 1600° beständig ist. Dem Nitrid des Aluminiums wird von Tschiechewski[5] sogar noch eine weit höhere Stabilität zugeschrieben. Tatsächlich führt man die beruhigende Wirkung der Metalle Silizium und Aluminium auf erstarrende Eisenbäder teilweise auch auf deren Fähigkeit zurück, den gelösten Stickstoff als Nitrid zu binden. Abb. 130 nach Iwasé zeigt für festes Eisen sowie flüssiges Kupfer und Gußeisen die Gleichgewichte mit Stickstoff unter der Annahme, daß keine Nitridbildung eintritt.

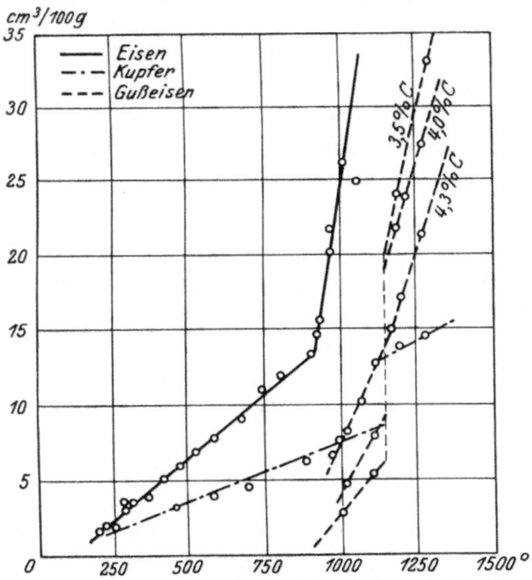

Abb. 129. Gleichgewichte zwischen Wasserstoff und Eisen, Gußeisen mit 3,5%, 4,0% und 4,3% C und Kupfer (Iwasé).

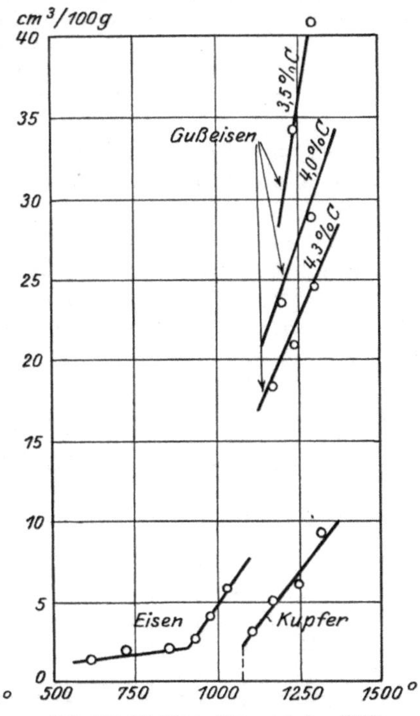

Abb. 130. Gleichgewichte zwischen Stickstoff und verschiedenen Metallen (Iwasé).

Der Sauerstoff liegt im flüssigen Eisen einmal als Eisenoxydul bzw. Oxyde der Eisenbegleiter (Mn, Si, Al, Ti, Va usw.) vor, andererseits als Kohlen-

[1] Science Rep. Tohoku Univ. Bd. 15, S. 531. 1926; Stahleisen Bd. 47, S. 1786. 1927.
[2] Spiegel: Der Stickstoff und seine wichtigsten Verbindungen. Braunschweig 1903. Vgl. a. Lamort: Ferrum 1913/14, S. 225.
[3] Nach Tschischewski: Diss. Tomsk 1914: Stahleisen Bd. 36, S. 147. 1916; Fry, A.: Kruppsche Monatsh. Bd. 4, S. 137. 1923.
[4] Nach Spiegel: a. a. O. [5] a. a. O.

oxyd bzw. -dioxyd, soweit deren Löslichkeit reicht. Die großen CO- und CO_2-Mengen, welche bei der Erstarrung technischer Eisensorten entweichen und vorwiegend die Ursache der Porosität und Blasenbildung sind, stammen aber weniger aus der Abscheidung gelöster Gasanteile, als vielmehr aus der Wechselwirkung der Metalloxydule mit dem Kohlenstoff. Nur auf Grund dieser Erkenntnisse[5] war es möglich, die Oberhoffersche Gasbestimmungsmethode in Gegenwart von überschüssigem Kohlenstoff zur Gesamtsauerstoffbestimmung auszubauen durch Errechnung der an die Reaktionsgase CO und CO_2 gebundenen Sauerstoffmengen. Reines flüssiges Eisen löst kurz über Schmelzpunktstemperatur etwa 0,20% Sauerstoff (Zahlentafel 39), mit steigender Temperatur verändert sich die Löslichkeit nach neueren Arbeiten des U. S. Bureau of Mines und des Carnegie Institute of Technologie[6] gemäß Abb. 131. Es ist anzunehmen, daß mit zunehmendem Kohlenstoffgehalt die gelöste Sauerstoffmenge zurückgehen wird, da alsdann gemäß

Zahlentafel 39.

Name des Forschers	Sauerstoff %	Bemerkungen
Austin[1]	0,28	Temperaturangabe fehlt
U. S. Bureau of Standards[2]	0,21	Beim Schmelzpunkt
Tritton and Hanson[3]	0,21	Beim Schmelzpunkt
Herty[4]	0,27	Oberhalb des Schmelzpunktes
Herty[4]	0,22	Beim Schmelzpunkt

$$FeO + C = Fe + CO \tag{31}$$

ein Teil derselben reduziert wird (Abb. 132). Da flüssiges Eisen den Kohlenstoff wahrscheinlich als Karbid gelöst enthält, andererseits bekannt ist, daß unter Atmosphärendruck eine völlige Sauerstoffentfernung (Desoxydation) aus dem Eisen nicht möglich ist, sich also offenbar ein Gleichgewicht zwischen den an der Reaktion beteiligten Stoffen einstellt, so ist der Vorgang laut Gl. (31) besser zu schreiben:

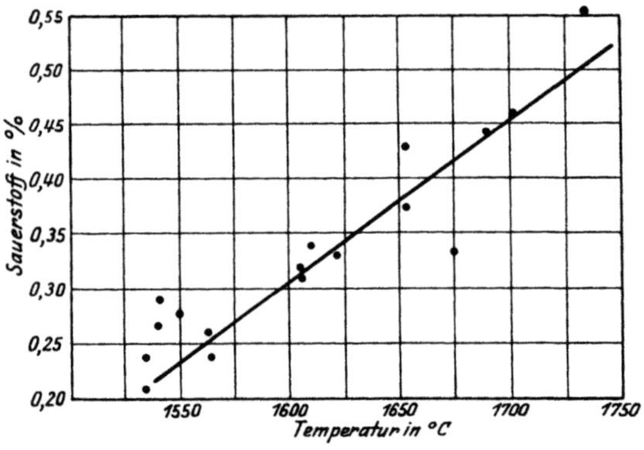

Abb. 131. Löslichkeit von Eisenoxydul in reinem Eisen mit steigender Temperatur (U. S. Bureau of Mines & Carnegie Inst. of Technology).

$$Fe_3C + FeO \rightleftarrows 4\,Fe + CO - 20900\,\text{cal}. \tag{32}$$

Nimmt man an, daß vor der Desoxydation das Bad an FeO übersättigt ist, so kann geschrieben werden (Fe konstant gesetzt):

$$\frac{p\,CO}{[Fe_3C]\cdot[FeO]} = K\,, \tag{33}$$ [7]

[1] J. Iron Steel Inst. Bd. 92, S. 157. 1915. [2] Chem. Met. Engg. Bd. 26, S. 778. 1922.
[3] J. Iron Steel Inst. Bd. 109, S. 90. 1924.
[4] Trans. Am. Inst. Min. Met. Engs. Bd. 73, S. 1107. 1926.
[5] Piwowarsky, E.: Habilitationsschrift. Techn. Hochsch. Breslau 1920; Maurer, E.: Über Gase im Eisen und Stahl. Stahleisen Bd. 42, S. 447. 1922; Oberhoffer, P. u. E. Piwowarsky: Zur Bestimmung der Gase im Eisen. Stahleisen Bd. 42, S. 801. 1922; Bd. 44, S. 113. 1924; Klinger, P.: Die Gase im Stahl. Stahleisen Bd. 46, S. 1245/1284 und 1353. 1926.
[6] Carnegie Institute of Technologie, Bull. Bd. 34, S. 1/69. 1927; Trans. Am. Inst. Min. Met. Eng. Techn. Publication Nr. 88; Stahleisen Bd. 48, S. 831. 1928.
[7] In dieser Gleichung kann auch im Nenner [C] statt $[Fe_3C]$ stehen.

wobei K mit der Temperatur wächst (Prinzip vom kleinsten Zwang), d. h. mit zunehmender Temperatur wird die Desoxydation durch Kohlenstoff begünstigt (Abb. 132), wobei die dem Gleichgewicht entsprechende gelöste Gasmenge (CO) abnehmen muß. Tatsächlich fand auch Iwasé bei seinen Gleichgewichtsversuchen in CO-reichen (85 bis 98%) $CO + CO_2$-Gasgemischen einen Abfall der Gasmenge mit steigender Temperatur (Abb. 133). Auch die mit zunehmendem Kohlenstoffgehalt kleiner werdenden Gasmengen stehen mit den Forderungen der Gl. (33) in Einklang. Allerdings sei darauf hingewiesen, daß in den übrigens unwahrscheinlich hoch erscheinenden absoluten Gasmengen der Abb. 133 auch die durch die Koexistenz von Karbid und Oxydul latent gebundene Gasmenge mit enthalten ist. Abführung der Gasphase nun, z. B. Desoxydation

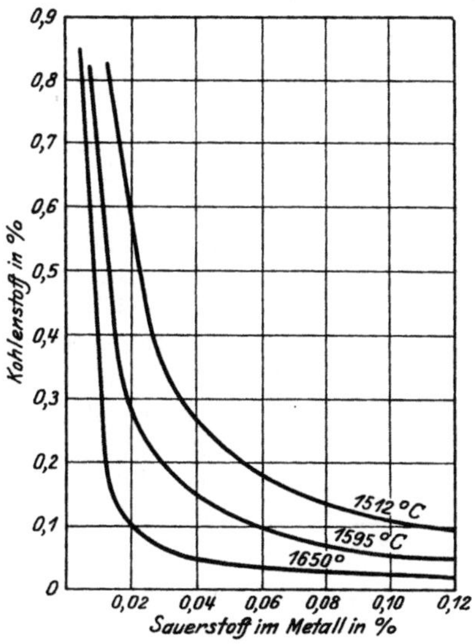

Abb. 132. Gleichgewicht zwischen Kohlenstoff und Sauerstoff im Eisen bei verschiedenen Temperaturen (U. S. Bureau of Mines & Carnegie Inst. of Technology).

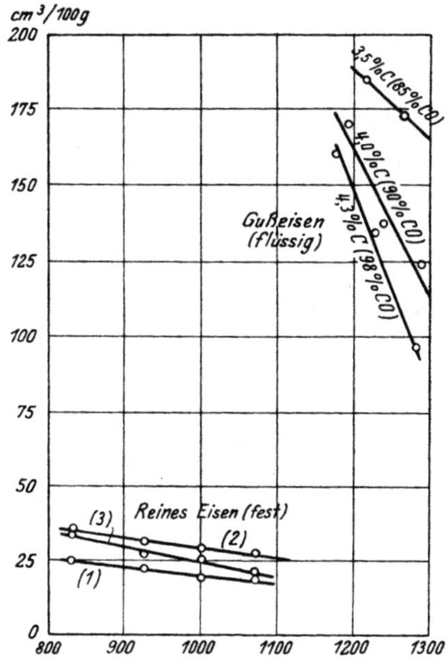

Abb. 133. Gleichgewichte zwischen Kohlendioxyd-Kohlenoxydgemischen und Eisen- bzw. Eisen-Kohlenstoff-Legierungen (Iwasé).

mit Kohlenstoff unter Vakuum muß zur restlosen Sauerstoffentfernung führen gemäß Gl. 33 (ideale Desoxydation). Wird dieser Fall im Großbetrieb auch schwierig zu erreichen sein, so läßt dennoch Gl. (33) erkennen, daß kohlenstoffreiche Eisensorten weniger Sauerstoff enthalten müssen als weiches Eisen oder niedrig gekohltes Gußeisen und daher, wie gleich zu folgern sein wird, auch weniger zur Blasenbildung neigen werden.

Hat nämlich eine sauerstoffhaltige Eisenkohlenstofflegierung bei einer gewissen Überhitzungstemperatur den Gleichgewichtszustand gemäß Gl. (33) erreicht und kühlt sie nunmehr ab, so muß die Abkühlung im Schmelzfluß zunächst ohne CO-Entwicklung vor sich gehen, da gemäß dem Prinzip vom kleinsten Zwang eine Verschiebung der Reaktion Gl. (32) im Sinne nach links, d. h. eine Abnahme der in Koexistenz mit Oxydul und Karbid gelösten CO-Mengen zu erwarten ist. Beginnt das Eisen jedoch zu erstarren, wird also reines Eisen oder ein gegenüber dem Gesamtkohlenstoffgehalt der Schmelze kohlenstoffarmer Mischkristall ausgeschieden, so darf bei unseren Betrachtungen die Konzentration des Eisens nicht mehr konstant gesetzt werden, d. h. Gl. (33) wäre umzuwandeln in:

$$\frac{p\,CO \cdot [Fe]^4}{[Fe_3C] \cdot [FeO]} = K'. \tag{34}$$

Es wird nunmehr klar, daß eine Kristallisation der eisenreichen Mischkristalle durch Verringerung der Fe-Konzentration zu einer Verminderung des Nenners der Gl. (34) unter CO-Entwicklung führen muß, bis der Stahl oder das (untereutektische) Gußeisen vollkommen erstarrt ist. Diese Reaktion, welche dem sog. „Steigen" des Stahls bei seiner Erstarrung sicherlich zugrunde liegt (unbeschadet einer diskontinuierlichen Änderung gelöster N_2- oder H_2-Mengen) ist auch in erster Linie für die Gasblasenbildung erstarrender Gußeisensorten verantwortlich zu machen (vgl. a. Zahlentafel 83).

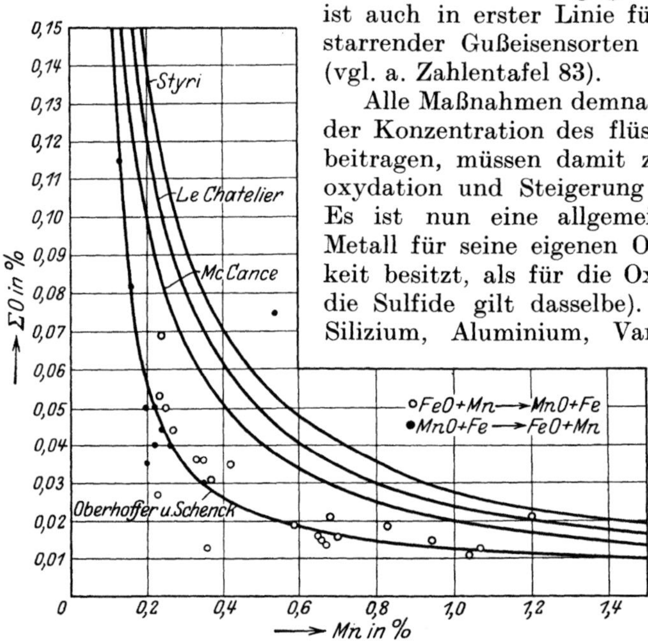

Abb. 134. Isothermen für das Gleichgewicht bei 1600° bei der Desoxydation mit Mangan.

Alle Maßnahmen demnach, welche zur Verringerung der Konzentration des flüssigen Eisens an Sauerstoff beitragen, müssen damit zur Verbesserung der Desoxydation und Steigerung der spez. Dichte führen. Es ist nun eine allgemeine Erscheinung, daß ein Metall für seine eigenen Oxyde eine größere Löslichkeit besitzt, als für die Oxyde anderer Elemente (für die Sulfide gilt dasselbe). Da andererseits Mangan, Silizium, Aluminium, Vanadium, Titan usw. eine größere Affinität zum Sauerstoff besitzen als das Eisen, so ist es möglich, diese Elemente als Desoxydationsmittel zu benutzen. Betrachten wir zunächst den Fall der Desoxydation durch Mangan, der gemäß:

$$FeO + Mn \rightleftarrows MnO + Fe + 25\,800\,\text{cal} \tag{35}$$

zu einem Gleichgewicht führen muß, da eine restlose Desoxydation mit Mangan erfahrungsgemäß nicht möglich ist, was übrigens schon a priori zu der Annahme einer teilweisen (wenn auch noch so geringen) Löslichkeit des MnO im flüssigen Eisen zwingt. Das Massenwirkungsgesetz für konstante Temperatur erfordert (die Konzentration des im Überschuß vorhandenen Fe konstant gesetzt):

$$\frac{[FeO]\,[Mn]}{[MnO]} = K\,, \tag{36}$$

wobei K mit der Temperatur wächst, d. h. von dem Gesichtspunkt der Gl. (35) aus würde die Desoxydation mit Mangan zweckmäßig bei tiefer Temperatur des Eisenbades zu erfolgen haben.

Ähnlich den Betrachtungen bei der Entschwefelung wird, solange die maximale Konzentration des gelösten Sauerstoffs nicht erreicht ist, entsprechend der Nernstschen Verteilungskonstanten das Eisenoxydul auf Bad und Schlacke sich verteilen gemäß:

$$L_{FeO} = \frac{(FeO)}{[O]_{Fe}}. \tag{37}$$

Es ist demnach eine vollkommene Desoxydation nicht möglich, solange die Schlacke freie, nicht abgesättigte (d. h. gelöste oder durch Dissoziation frei gewordene) Oxyde aufweist, für die auch das Eisenbad eine gewisse Löslichkeit besitzt (FeO, MnO usw.). Es ergibt sich hieraus die Forderung:

a) Bei metallurgischen Operationen mit kalkreichen Silikatschlacken (basischer Martin-, Flamm- oder Elektroofen) durch Raffinieren in reduzierender Flamme, Aufwerfen von Ferrosilizium oder Kohle bei guter Abdichtung des Herdraumes gegen Luftzutritt eine möglichst weitgehende Reduktion der vorhandenen Eisen- und Manganoxyde anzustreben.

b) Bei Schmelzöfen mit sauren Arbeitsschlacken (sauer zugestellte Herde) die Dissoziation der Eisen- bzw. Mangansilikate durch möglichst großen Überschuß an Kieselsäure zurückzudrängen.

Es hat sich nun gezeigt, daß bei experimentellen Untersuchungen der Gleichgewichte bei der Desoxydation mit Mangan das Bad geringere Sauerstoffmengen enthält als entsprechend der Gleichung:

$$FeO + Mn \rightleftarrows MnO + Fe \tag{38}$$

rechnungsmäßig zu erwarten ist. (Vgl. in Abb. 134 die von P. Oberhoffer und H. Schenck[1] experimentell ermittelte Kurve gegenüber den von Styri[2], Le Châtelier[3] und Mc Cance[4] rechnerisch festgelegten Isothermen bei 1600°.) Daraus ist mit Oberhoffer und Schenck[5] zu schließen, daß das Desoxydationsprodukt bei der Behandlung des Eisens mit Mangan nicht reines MnO ist, daß vielmehr das letztere, da es voraussichtlich eine gewisse Löslichkeit für FeO besitzt, dieses bis zu der durch den Nernstschen Verteilungssatz bedingten Grenze zusätzlich aus dem Bad herauslöst. Trifft[6] dies zu, so müßte auch mit zunehmendem MnO-Gehalt der Ofenschlacke die Desoxydation günstiger werden, weil damit das freie FeO derselben in einen im Eisenbad weniger löslichen Zustand gebracht wird. Tatsächlich fand J. M. Gaines[7] bei Berechnung der Verteilungskonstanten

$$L_{FeO} = \frac{(FeO)}{[\Sigma O]} \tag{39}$$

mit Hilfe einiger von Oberhoffer und Schenck[8] angegebenen Metall- und Schlackenanalysen und der dort angewandten Gleichungen mit zunehmendem MnO-Gehalt der Schlacke ein sehr starkes Ansteigen für L_{FeO} (vgl. Zahlentafel 40). Von Herty und Gaines war für eine Schlacke, die kein MnO enthielt und fast nur aus FeO bestand, L_{FeO} zu 339 bestimmt worden[9].

Zahlentafel 40.

Probe	O %	Mn %	(FeO) %	(MnO) %	L_{FeO}
R 18	0,115	0,13	74,5	25,5	
					375
R 21	0,050	0,22	63,5	36,5	
					635
R 15	0,044	0,24	61,5	38,5	
					810
R 14	0,040	0,26	59,6	40,4	
					1050
R 16	0,030	0,35	52,2	47,8	

[1] Stahleisen Bd. 47, S. 1526/36. 1927. [2] J. Iron Steel Inst. Bd. 108, S. 189. 1923.
[3] Rev. Mét. Bd. 9, S. 513. 1912. [4] Trans. Faraday Soc. Bd. 21, S. 188. 1925.
[5] Schenck, H.: Anwendung der theoretischen Chemie bei der Stahlerzeugung. Arch. Eisenhüttenwes. Bd. 1, S. 483. 1928.
[6] Von C. Benedicks und H. Löfquist (vgl. Stahleisen 1928, S. 1828) werden für die Löslichkeit von FeO in MnO genannt: bei 1400° 10%, bei 1200° 8%.
[7] Blast Furnace 1928, S. 479. [8] a. a. O.
[9] The Physical Chemistry of Steel Making: The Solubility of Iron Oxide in Iron. Bull. 34, Carn. Inst. of Techn. Okt. 1927. Vgl. a. Blast Furnace 1928, Heft 3, S. 376.

Das starke Ansteigen der Verteilungskonstanten L_{FeO} mit steigendem MnO-Gehalt der Schlacke besagt, daß in dem Teilungsverhältnis:

$$L_{FeO} = \frac{(FeO)}{[\Sigma O]} \qquad (40)$$

mit steigendem MnO-Gehalt der Nenner $[\sum O]$ kleiner wird in dem Maße wie ein gewisser Teil des FeO in der Schlacke durch MnO daran gehindert wird, ins Metallbad zu gehen. Gaines nennt dies „inaktivieren". Diese Überlegung deckt sich demnach mit der Feststellung von Oberhoffer und Schenck, daß die Oxydgemische um so weniger in Eisen löslich sind, je höher deren MnO-Gehalt ist.

Durch eine weitere Auswertung der Schenckschen Proben versucht Gaines die angestellte Überlegung zahlenmäßig zu belegen. Er berechnet mit Hilfe der wahren Gleichgewichtskonstanten

$$K = \frac{[O]_{Fe} \cdot [Mn]}{[O]_{Mn}} = 1{,}82 \qquad (41)$$

(nach Oberhoffer und Schenck) aus dem Gesamtsauerstoffgehalt und dem Mn-Gehalt den im Metall an Fe gebundenen Sauerstoff

$$[O]_{Fe} = \frac{1{,}82\,[\Sigma O]}{[Mn] + 1{,}82}\,. \qquad (42)$$

Mit Hilfe der Gleichung

$$L_{FeO} = \frac{(FeO)\ \text{aktiv}}{[O]_{Fe}} = 339 \qquad (43)$$

(nach Herty und Gaines) kommt er zum aktiven FeO-Gehalt der Schlacke:

$$(FeO)\,\text{aktiv} = 339 \cdot [O]_{Fe}\,.$$

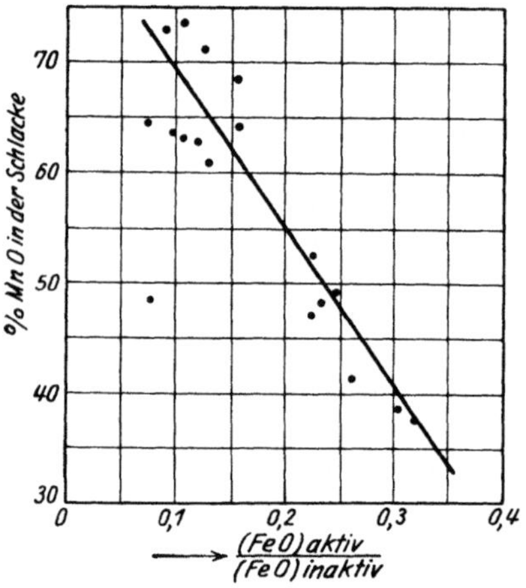

Abb. 135. Einfluß des Manganoxyduls der Schlacke auf die Inaktivität des Eisenoxyduls (Gaines).

Dieser ist klein in bezug auf den inaktiven FeO-Gehalt, d. h. den nach Gaines durch MnO gebundenen FeO-Betrag. Mit fallendem MnO-Gehalt der Schlacke steigt das Verhältnis

$$\frac{(FeO)\ \text{aktiv}}{(FeO)\ \text{inaktiv}} \ \text{von } 0{,}073 \text{ bis } 0{,}466\,.$$

Abb. 135 zeigt eine lineare Abnahme dieses Verhältnisses, d. h. eine Abnahme der Aktivität des FeO mit steigendem MnO-Gehalt der Schlacke.

Diese ganzen Überlegungen decken sich mit der Tatsache, daß man beim Arbeiten im sauren S.M.-Ofen auf Qualitätsstahl unter einen gewissen MnO-Gehalt der Schlacke nicht gern heruntergeht.

Die qualitative Berücksichtigung dieser Zusammenhänge wird auch für die Desoxydationsvorgänge bei Gußeisen (im beheizten Vorherd, Flamm- und Elektroofen) von Vorteil sein, wenngleich die quantitativen Beziehungen durch den hohen Kohlenstoffgehalt und die damit bedingte Verringerung des verfügbaren freien Eisens einerseits, die Mangankarbidbildung andererseits die Verhältnisse in ähnlichem Sinne verändern und komplizieren wird, wie dies beim Kapitel Entschwefelung (S. 96) erwähnt wurde. Auch für die Desoxydationsvorgänge mit Si, Al, Ti, Va usw. sind die hier entwickelten Gedankengänge anwendbar, wobei zu beachten ist, daß die Löslichkeit der hier fallenden Desoxydationsprodukte im Eisen wahrscheinlich noch kleiner ist als die des MnO.

Da sie ferner stabiler und schwerer reduzierbar sind, so wird auch im Intervall der Erstarrung die Reduktion der Oxyde (SiO_2, Al_2O_3, TiO_2 usw.) parallel dem Vorgang der Gl. (34) mit geringerer Geschwindigkeit vor sich gehen.

Auch eine das Auftriebsvermögen fördernde Koagulation der Desoxydationsprodukte durch Begünstigung der Bildungsmöglichkeit leicht flüssiger Silikate oder Aluminate (Desoxydation mit Ferromangansilizium, Sikal, Alsimin usw.) wirkt sich bei der Desoxydation stets günstig aus, wobei der Faktor Zeit allerdings eine nennenswerte Rolle spielt (Abstehenlassen, Zentrifugieren usw.). Tatsächlich ist die Auftriebsgeschwindigkeit U gemäß der Formel von Stoke: $U = \frac{2 \cdot r^2}{9\,\eta} \cdot g\ (d' - d)$ nur einfach proportional der Dichtedifferenz $(d - d')$ der Medien, aber eine quadratische Funktion der Teilchengröße r, woraus die überragende Bedeutung der Koagulation hervorgeht.

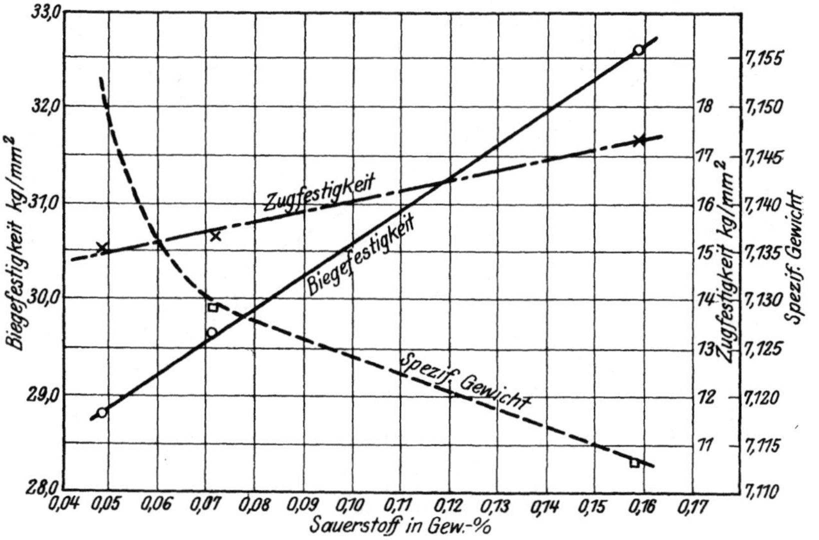

Abb. 136. Einfluß des Sauerstoffs auf Zug-, Biegefestigkeit und spezifisches Gewicht von Grauguß (Oberhoffer und Mitarbeiter).

Betreffend den Einfluß einzelner Gase auf die mechanischen Eigenschaften von Gußeisen existiert außer den Arbeiten von J. Johnson jr.[1] noch keine Literatur[2] von Bedeutung. Die von Johnson geäußerte Ansicht, erhöhter Sauerstoffgehalt im Gußeisen steigere dessen Festigkeit, bedarf noch des direkten Beweises. Denn auch die jüngeren Versuche von Th. Hill beweisen noch nichts im Sinne der Johnsonschen Auffassung. Die von Oberhoffer[3] und seinen Mitarbeitern mitgeteilten Zusammenhänge zwischen dem Sauerstoffgehalt und den mechanischen Eigenschaften (Abb. 136 und 137), waren die Folgen eines Trugschlusses und Fehlers bei der Sauerstoffbestimmung. Für letztere waren Frässpäne verwendet worden. Der Graphit der Späne adsorbierte Luft, die bei Zimmertemperatur im Vakuum nicht wieder völlig abgegeben wurde und erst während der Erhitzung zum Zweck der Sauerstoffbestimmung nach der Heißextraktionsmethode gewonnen wurde. Je feiner nun der Graphit, um so größer

[1] Vgl. a. Stahleisen Bd. 38, S. 684. 1918.

[2] Vgl. Iron Age 1925, S. 1037.

[3] Oberhoffer, Piwowarsky, Pfeiffer-Schießl und Stein: Stahleisen Bd. 44, S. 113. 1924; vgl. a. Oberhoffer: Das technische Eisen, S. 547/60/61. Berlin: Julius Springer 1925.

aber ist dessen Oberfläche und Adsorptionsfähigkeit, um so höher also fiel auch damals der Sauerstoffwert aus. Die von Oberhoffer und seinen Mitarbeitern gefundene Rückwirkung des Sauerstoffs auf die Graphitverfeinerung besteht demnach nicht zu Recht, vielmehr verursachte die zunehmende Graphitverfeinerung den irrtümlich festgestellten höheren Sauerstoffgehalt. Die in Abb. 136 und 137 wiedergegebenen Änderungen der mechanischen Eigenschaften waren demnach eine verwickelte Funktion zweier Größen, nämlich der Graphitverfeinerung und der (bei jenen Versuchen gewechselten) Gießtemperatur. Inzwischen ist der oben noch nicht erkannte Zusammenhang geklärt worden[1] und hat zur Verwendung von kompakten Stücken für die Sauerstoffbestimmung geführt. Der nunmehr in Gußeisensorten nachweisliche Sauerstoffgehalt liegt in den Grenzwerten von etwa 0,001 bis 0,04%. Die inzwischen vervollkommneten Gas- und

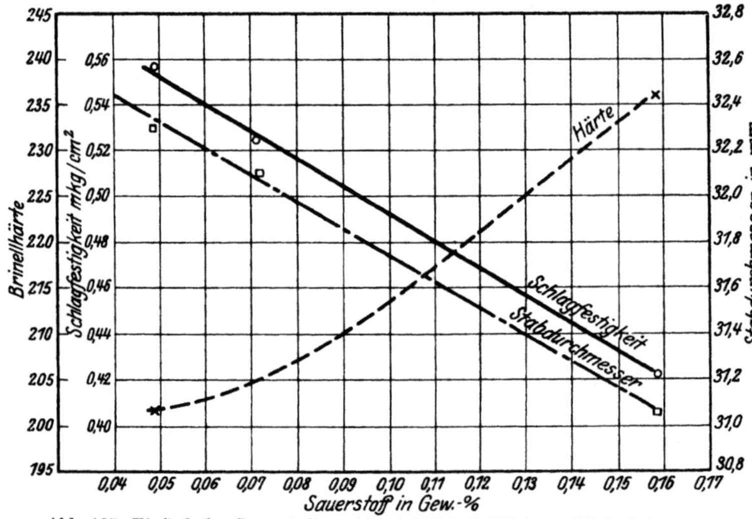

Abb. 137. Einfluß des Sauerstoffs auf Kerbzähigkeit, Härte und Schwindung von Grauguß (Oberhoffer und Mitarbeiter).

Sauerstoffbestimmungsmethoden[2] einschließlich der Rückstandsbestimmungsmethode[3] (zur Ermittlung von SiO_2, Al_2O_3 und evtl. FeO)[4] werden in Zukunft vielleicht eine einwandfreiere Aufstellung der erwähnten Beziehungen gestatten.

Den günstigen Einfluß einer Desoxydation des Gußeisens vor seinem Vergießen konnte der Verfasser an Hand von größeren, noch unveröffentlichten Versuchsreihen dartun, bei denen Eisensorten von 48 bis 52 kg/mm² Biegefestigkeit durch Zusatz von 0,05 bis 0,15% Si in Form von Ferrosilizium oder Alsimin regelmäßig eine Erhöhung der Biegefestigkeit um 4 bis 6 kg, also auf etwa 52 bis 58 kg/mm² erfuhren. Heiß erschmolzene Gußeisensorten verlangen zur Erzielung dichter, blasenfreier Güsse stets eine Endbehandlung mit etwas Silizium, Aluminium, Titan oder Vanadin. Verfasser konnte allerdings die merkwürdige Beobachtung machen, daß nickelhaltige Schmelzen bedeutend weniger zu Blasenbildung neigten; meist konnten bei Vergleichsschmelzen die nickelhaltigen

[1] Stahleisen Bd. 46, S. 403 1926.

[2] Oberhoffer, P. und W. Hessenbruch: Ein verbessertes Schnellverfahren zur Bestimmung der Gase in Metallen. Arch. Eisenhüttenwes. Bd. 1, S. 583. 1927/28.

[3] Amman, E. und P. Oberhoffer: Stahleisen Bd. 47, S. 1536. 1927; sowie Willems, F: Beitrag zur Bestimmung von Oxyden im Stahl. Arch. Eisenhüttenwes. Bd. 1, S. 655. 1927/28.

[4] Wasmuht, R.: Diss. Aachen 1928.

Probestäbe sogar ohne Kenntnis der Analyse und lediglich erkennbar an dem dichteren, feinkörnigeren Bruchgefüge und der glatteren, sauberen Oberfläche aus den gesamten Probestäben herausgefunden werden. Bei Verwendng von Ferrotitan als Desoxydationsmittel fanden P. Bardenheuer und L. Zeyen[1] bei geglühtem Kokillenguß bessere Dehnungswerte, während bei Sandguß durch Erhöhung des Graphitgehaltes ein Abfall der Festigkeitswerte eintrat.

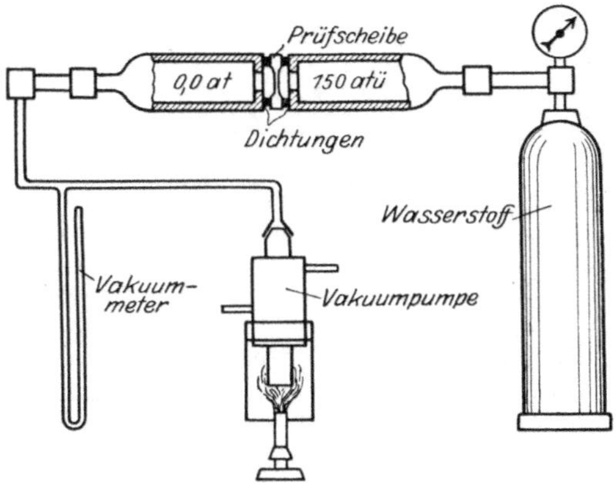

Abb. 138. Apparatur zur Prüfung der Porosität von Gußeisen (Piwowarsky und Esser).

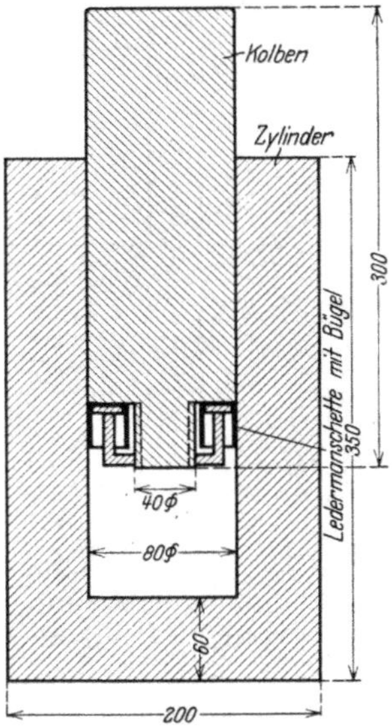

Abb. 139. Apparat zur Porositätsprüfung von Gußeisen (Roll).

Das spezifische Gewicht der verschiedenen Gußeisensorten[2] schwankt zwischen etwa 6,8 und 7,5 je nach dem Kohlenstoff-, Silizium- und Graphitgehalt, teilweise auch beeinflußt durch die mikroskopische und makroskopische Porosität. Blasenfreies, heiß erschmolzenes Gußeisen ist aber meistens wesentlich dichter als vielfach angenommen. Beim Abpressen 0,5 bis 2 mm starker Gußeisenplatten mit 150 bis 175 at Wasserstoff gegen einen mit hoch empfindlichem Vakuummeter verbundenen luftleeren Raum (Anordnung gemäß Abb. 138), konnten E. Piwowarsky und H. Esser[3] entweder gar keine oder eine nur sehr langsame Drucksteigerung des Vakuummeters beobachten, wenn höherwertige Gußeisensorten geprüft wurden, ja selbst Roh- oder grobgraphitische Gußeisensorten zeigten nur eine geringe Gasdurchlässigkeit. Ähnlich, wie es bereits von G. Tammann und H. Bredemeier[4] vorgeschlagen, prüfte F. Roll[5] die Porosität von Gußeisen nach der Farbstoffeindringungsmethode. In den freien Raum eines Stahlzylinders mit gut dichtendem Kolben (Abb. 139) wurden Guß-

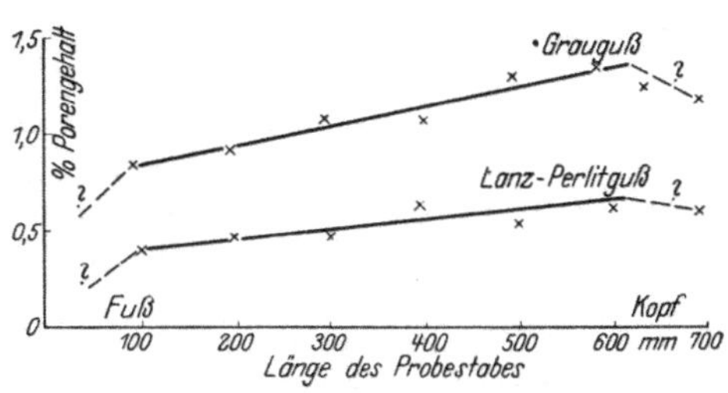

Abb. 140. Porengehalt von Grau- und Lanz-Perlitguß längs eines Stabes (Sipp und Roll).

[1] Gieß. Bd. 15, S. 1124. 1928.
[2] Vgl. a. Gieß.-Zg. Bd. 25, S. 62/63. 1928.
[3] Gieß. demnächst.
[4] Über Hohlkanäle in Metallen, die an die Oberfläche eines Metallstückes münden. Z. anorg. u. allg. Chem. Bd. 142, S. 54. 1925.
[5] Die Dichte von Grauguß und der Lanz-Perlitguß: Gieß.-Zg. Bd. 24, S. 576. 1927.

eisenwürfel von 30 bzw. 60 mm Kantenlänge eingesetzt, mit einer $\frac{n}{100}$ bis $\frac{n}{500}$ Fuchsin- oder Eosin-haltigen wässerigen Lösung übergossen und während 10 bis 30 Minuten mittels einer Presse einem hydrostatischen Druck von 200 bis 2000 at

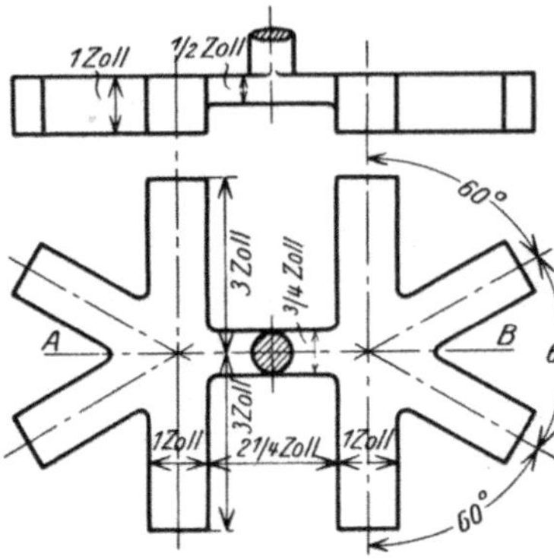

Abb. 141. Porositäts- und Lunkerprobe nach Cook.

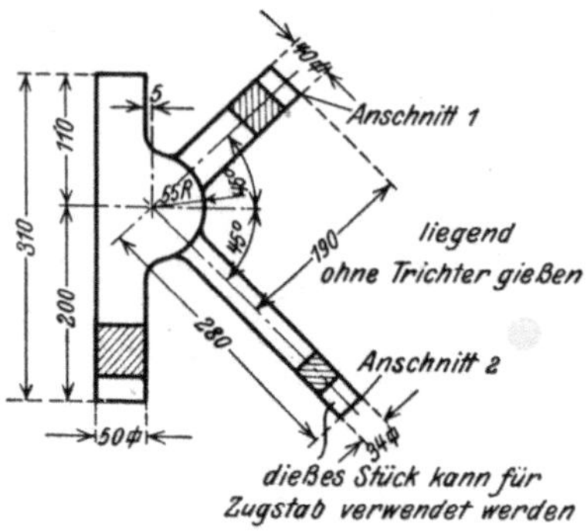

Abb. 142. Zur Normalisierung in Deutschland vorgeschlagene Lunkerprobe (nach H. Pinsl).

ausgesetzt. Die farbstoffhaltige Lösung dringt in die Poren und feinen Kanäle, wobei die darin enthaltenen Gase unter dem starken Druck von der Lösung absorbiert werden. Schließlich werden die Proben herausgenommen, getrocknet, auf der Drehbank möglichst fein zerspant, in ein Kolorimeter gebracht, mit Hilfe einer Vergleichslösung auf Farbtiefe abgeglichen und hieraus die Porosität ermittelt. Zahlentafel 40a soll die Überlegenheit des Lanzschen Perlitgusses (*P* 85) gegenüber gewöhnlichem Grauguß (*G* 85) zeigen; Abb. 140 zeigt dieselben Beziehungen an zwei Eisensorten der in Zahlentafel 41 wiedergegebenen Zusammensetzung, wobei der Einfluß des ferrostatischen Druckes auf die größere Dichte des Fußendes der Probestäbe zu beachten sei. Die Rollschen Versuche beweisen gegenüber den Versuchen von E. Piwowarsky und H. Esser jedoch noch

Abb. 143. *K*-Probe, Ansicht (*a*) und Bruchaussehen von Grauguß (*b*) und Lanz-Perlitguß (*c*); entnommen Meyersberg: Perlitguß.

Zahlentafel 40a. Zusammensetzung der Gußklötze.

	C %	Si %	Mn %	P %	S %
G 85	3,38	1,75	0,38	0,39	0,06
P 85	3,28	1,35	0,70	0,45	0,08

Porosität in %.

	30 mm Klotz		60 mm Klotz		
	Würfel A	Würfel B	Würfel A	Würfel B	
G 85	0,92	1,02	0,98	1,32	
P 85	0,41	0,61	0,50	0,65	

nichts, solange der Anteil des durch den Graphit adsorbierten Farbstoffs nicht festgestellt worden ist. Für die laufende Betriebsüberwachung wird die makroskopische Prüfung auf Lunkerung und grobe Porosität mittels der Cookschen *K*-Probe[1] als technologische Probe gute Dienste leisten (Abb. 141). Abb. 142 und 143 zeigen die Abmessungen der vom technischen Ausschuß für Gießereiwesen zur Normalisierung vorgeschlagenen *K*-Probe.

Zahlentafel 41.

	C%	Si%	Mn%	P%	S%
G 18	3,30	1,65	0,85	0,40	0,08
P 18	3,21	1,15	0,87	0,36	0,06

Auf die Bedeutung eingeschlossener oder gelöster Gase auf den Wachstumsvorgang wird im Kapitel „Das Wachsen von Gußeisen" hingewiesen werden.

Bei phosphorreicherem Gußeisen begünstigt eine große spezifische Dichte das Auftreten der sog. Schwitzkugeln (Abb. 144). Diese letzteren stellen meist ein Segregat niedrig schmelzender eutektischer Restbestandteile dar, welche unter dem Schwindungsdruck des Eisens an gewissen Stellen der Gußkörper herausgepreßt werden. Besonders die phosphorreichen ternären oder quaternären Eutektika neigen zur Segregation. Tatsächlich nähert sich die chemische Zusammensetzung der Schwitzkugeln oft dem Phosphideutektikum[2] mit 7% P und 2% C. Höhere Mangangehalte (über etwa 0,8%) im Grauguß begünstigen das Auftreten der Schwitzkugeln. Auch andere Elemente, z. B. Molybdän, scheinen ähnlich zu wirken. Inwiefern der Gasgehalt des Gußeisen, sowie die Abkühlungsgeschwindigkeit oder auch die Graphitisierungsvorgänge während der Erstarrung auf die Erscheinung der Schwitzkugelbildung von Bedeutung sind, bedarf noch eingehender Klärung.

Abb. 144. Schwitzkugeln an der Oberfläche einer phosphorhaltigen Laboratoriums-Gußeisenschmelze. × 2.

Die spezifische Dichte flüssigen Gußeisens bei etwa 1450° C folgt nach H. A. Schwartz[3] etwa folgender Beziehung:

$$d = 7{,}16 - (0{,}1\,\mathrm{Si} + 0{,}07\,\mathrm{C})\,.$$

[1] Entnommen: Brit. Cast. Iron Res. Ass. 1925. Dez.-Bericht. Nr. 14.
[2] Vgl. z. B. Stotz: Gieß.-Zg. 1921, S. 325.
[3] Ind. Engg. Chem. Bd. 17, S. 647/9. 1925.

K. Die chemische Zusammensetzung ein unzulänglicher Maßstab der Qualität.

Es ist eine bekannte Erscheinung, daß die Qualität eines Roheisens auf die Qualität des Gusses zweiter Schmelzung von Einfluß ist; andererseits können aber auch Roheisensorten trotz gleicher (bislang erfaßbarer) chemischer Zusammensetzung dem Guß zweiter Schmelzung verschiedene Eigentümlichkeiten[1] verleihen (Neigung zu harten Stellen und Rißbildung, zum Weichwerden, verschiedene Bearbeitbarkeit usw.). Tatsächlich können z. B. die Vorzüge des Holzkohlenroheisens nicht allein auf die geringeren Gehalte desselben an Schwefel und Phosphor zurückgeführt werden.

W. E. Jominy[2] versuchte, auf Grund einer über 100 Abstiche umfassenden Versuchsreihe einen Zusammenhang zu finden zwischen den Eigenschaften verschiedener Roheisensorten und der Art des Herstellungsverfahrens; er hoffte dabei die Tatsache erklären zu können, daß Holz- bzw. Kokshochofeneisen gleicher Analyse in ihrem mechanischen und metallurgischen Verhalten so starke Abweichungen zeigen.

Die Versuche kamen an fünf verschiedenen Holzkohlen- bzw. Kokshochöfen zur Durchführung und erstreckten sich über einen Zeitraum von vier Monaten. Die entsprechenden Kokshochöfen wurden mit 700° Windtemperatur betrieben bei einer Windpressung von etwa 1 at, die Holzkohlenöfen entsprechend mit 570° Windtemperatur bei 0,32 at Pressung. Das Koksroheisen lief im Durchschnitt um 150° heißer aus dem Ofen als das Holzkohleneisen. Genau beobachtet wurden insbesondere die Temperatur und Druckverhältnisse an den Öfen sowie die Zusammensetzung der Schlacken unmittelbar vor jedem Abstich. Etwa 17 m vom Hochofen entfernt wurden während der einzelnen Abstiche aus der Laufrinne mit einer Kelle die Eisenproben entnommen und zu Stäben von etwa 32 mm Durchmesser und etwa 380 mm Länge in Sandformen vergossen. Die Gießformen an den Holzkohlenöfen wurden getrocknet, die Formen an den Kokshochöfen dagegen blieben naß, um einen Ausgleich gegen die 150° höhere Roheisentemperatur zu schaffen. An mechanischen Versuchen wurde die Zug-, Biege- (einschließlich Durchbiegung) und Härteprüfung durchgeführt. Die Proben für die chemische und die Gefügeuntersuchung wurden benachbarten Stellen des vom Biegeversuch herrührenden Bruches entnommen. Zum einwandfreien Vergleich kamen nur insgesamt 40 verschiedene Roheisenproben. Die übrigen wurden wegen Bruchfehlern, Gasblasen usw. verworfen. Der Schwefel- und Phosphorgehalt der Eisensorten schwankte nur wenig (S = 0,08 bis 0,12%; P = 0,14 bis 0,17%). Der Mangangehalt betrug beim Holzkohleneisen meist 0,5 bis 0,7%, beim Koksroheisen 0,70 bis 0,95%. Der Siliziumgehalt lag in weiten Grenzen (1,3 bis 3,6% Si), jedoch waren in beiden Eisengattungen dem Anteil nach alle Roheisensorten gleichmäßig vertreten. Das Holzkohleneisen zeigte sich dem Koksofeneisen stets überlegen, wie folgende Zahlen dartun:

	Holzkohleneisen	Koksofeneisen
Brinellhärte	134— 171	121— 159
max. Biegekraft kg.	950— 1475	770— 1300
Zugfestigkeit in kg/cm²	12100—18500	8600—16000

Nach erfolgter Prüfung wurden die einzelnen, jedem Abstich zugehörigen Bruchstücke in einem Booth-Elektroofen unter gleichen Bedingungen ein-

[1] Auf eine Rundfrage des Gießereiverbandes im Sommer 1928 bezüglich dieser Erscheinung antworteten 378 Gießereien, wovon sich 134 zu dieser Beobachtung bekannten.

[2] Trans. Am. Foundry mens Ass. 1924. Vgl. a. Stahleisen Bd. 45, S. 843. 1925.

geschmolzen und wiederum zu Stäben obiger Abmessungen vergossen, wobei die Eisentemperatur stets zu 1425° angestrebt wurde.

Bei der nachfolgenden Untersuchung zeigte es sich, daß durch das Umschmelzen die Unterschiede in den beiden Roheisengattungen sich wesentlich verstärkt hatten. Die mechanische Prüfung ergab folgende Werte für das Holzkohleneisen (bzw. für das Koksroheisen):

Brinellhärte	158— 195	(116— 166)
Zugfestigkeit kg/cm²	14800—21900	(11900—17900)
Zugfestigkeit des Holzkohleneisens im Mittel von 24 Versuchen	19000 kg/cm²	
Zugfestigkeit des Koksroheisens im Mittel von 16 Versuchen	14500 kg/cm²	

Die maximale Biegekraft im Mittel dieser Versuche betrug 1440 (1140) kg. Jominy versuchte durch Ordnen nach steigendem Siliziumgehalt einen vorherrschenden Einfluß dieses Elementes auf die Eigenschaften festzustellen. Ein solcher Zusammenhang konnte jedoch nicht nachgewiesen werden.

Die Bruchstücke der einzelnen Proben wurden schließlich noch ein zweites Mal eingeschmolzen, vergossen und geprüft. Es ergab sich eine weitere Verschärfung der Unterschiede zwischen zwei Eisengattungen, allerdings in weit geringerem Ausmaß als durch die erste Umschmelzung.

Die metallographische Untersuchung an den ungeätzten Schnitten zeigte, daß sämtliche Proben der Holzkohlenroheisensorten ein wesentlich feineres Gefüge besaßen, das durch die Umschmelzung im allgemeinen noch weiter verfeinert wurde. Das Koksofeneisen dagegen hatte stets ein weit gröberes graphitisches Gefüge und die Neigung zur Verfeinerung durch Umschmelzen trat weniger hervor.

Leider haben in der Arbeit nur die Gesamt-Kohlenstoffgehalte Aufnahme gefunden, auch die so wichtige Bestimmung des prozentualen Graphitgehaltes fehlt durchweg. Ohne Berücksichtigung dieses Wertes muß jede Untersuchung über die mechanischen Eigenschaften an Roh- und Gußeisen erfolglos bleiben. Tatsächlich konnte Jominy auch nicht den geringsten Zusammenhang zwischen mechanischen Eigenschaften und dem Gefüge einerseits, der chemischen Zusammensetzung und dem Hochofengang andererseits feststellen.

J. E. Fletscher[1] macht die zahlreichen Unterschiede in der Betriebsführung der Öfen für das verschiedenartige Verhalten des Roheisens verantwortlich und erörtert u. a. die Betriebsführung zweier Öfen, welche unter sehr abweichenden Bedingungen zwar Eisensorten gleicher Analyse (2% Si, 1% P usw.) zu liefern imstande sind, die jedoch qualitativ kaum gleichwertig sein dürften. Fletscher wies auch wiederholt auf die Bedeutung des bei gleicher Analyse oftmals verschiedenartigen strukturellen Aufbaues von Roheisensorten hin, der nicht ohne Einfluß bleiben könne (vgl. Zahlentafel 42 und Abb. 145).

Tatsächlich verursacht die Ausscheidungsform des Kohlenstoffs ein ganz verschiedenartiges Verhalten des betreffenden Roheisens beim Einschmelzen (verschiedene Lösungsgeschwindigkeit des groben bzw. feinen Graphits und damit im Zusammenhang verschiedenartige Überhitzungsmöglichkeit z. B. im Kupolofen, unterschiedlicher Gehalt an ungelösten Graphitanteilen mit den auf S. 84 bis 88 besprochenen Rückwirkungen).

L. Jordan, J. R. Eckman und E. Jominy[2] untersuchten die Schmelzen der Jominyschen Arbeit auf ihren Gehalt an Sauerstoff (Heißextraktion im Hochfrequenzofen), um die von Johnson ausgesprochene Vermutung nachzu-

[1] Brit. Cast. Iron. Res. Ass. Res. Rep. Nr. 7 (1925), Juli.
[2] Foundry Bd. 54, S. 506. 1926.

Zahlentafel 42.

	Ges.-C %	C %	Graphit %	Si %	Mn %	S %	P %
Grobkörniges Eisen . .	3,30	0,30	3,00	1,8	1,0	0,08	1,0
Feinkörniges Eisen . .	3,30	0,65	2,65	1,7	0,9	0,10	1,0

Zu Zahlentafel 42. Anteil der einzelnen Gefügebildner.

	Grobkörnig		Feinkörnig	
	Gewichts-%	Volumen-%	Gewichts-%	Volumen-%
Graphitische Kohle	3,00	9,52	2,65	8,52
Phosphideutektikum	14,73	14,45	14,72	14,60
Mangansulfid	0,22	0,39	0,27	0,49
Perlit (Si und Mn enthaltend) .	2,83	2,58	42,40	39,00
Silikoferrit	79,22	73,06	39,96	37,39
	100,00	100,00	100,00	100,00

prüfen, ob nicht der im Eisen in wechselnder Form (Oxyde, Silikate) und Menge vorhandene Sauerstoffgehalt in Zusammenhang gebracht werden könne mit dem verschiedenartigen Verhalten analytisch gleicher oder ähnlicher Roheisensorten. Ihre Untersuchungen aber erbrachten wiederum keine Beziehungen der erwarteten Art. Inzwischen hatten P. Oberhoffer und E. Piwowarsky[1] an 20 Koks- und 14 Holzkohlenroheisensorten verschiedenster Herkunft Sauerstoffbestimmungen durchgeführt und kamen zu folgenden Ergebnissen:

1. Der Sauerstoffgehalt der schwedischen Holzkohlenroheisensorten schwankte zwischen 0,012 und 0,033 Gewichtsprozent und betrug im Mittel 0,023%,
2. entsprechend ergaben sich bei dem Koksroheisen Sauerstoffgehalte von 0,012 bis 0,036% bei im Mittel = 0,022%.

Die Werte[2] liegen demnach praktisch gleich hoch, dagegen zeigte es sich, daß beim Holzkohleneisen der Sauerstoffgehalt mit zunehmendem Siliziumgehalt stieg, und zwar prägte sich der Übergang von weiß in halb grau deutlicher aus als derjenige von halbgrau zu grau, wie z. B. folgende Zahlen erkennen lassen:

Gefüge	Sauerstoffgehalt im Mittel in Gew.-%	Anzahl der untersuchten Roheisensorten
weiß	0,015	3
halbgrau . .	0,021	5
grau	0,028	6

Rückstandsanalysen nach dem Bromverfahren ergaben, daß mit steigendem Siliziumgehalt (und entsprechend zunehmendem grauen Gefüge) der Sauerstoff zunehmend als Kieselsäure vorlag, wie folgende Zahlen zeigen:

Chem. Zusammensetzung			Kieselsäure im Rückstand in Gew.-%	Gesamtsauerstoff nach der Heißextraktionsmethode in Gew.-%	Davon Sauerstoff an Kieselsäure gebunden in Gew.-%
C %	Si %	Mn %			
4,5	0,05	1,25	0,009	0,015	0,005
4,0	0,5	1,1	0,028	0,018	0,015
3,5	1,0	1,0	0,070	0,033	0,033

Eine von Oberhoffer und Piwowarsky vorgenommene Auswertung der Eckman- und Jordanschen Bestimmungen in der oben gekennzeichneten Rich-

[1] Stahleisen Bd. 47, S. 521. 1927.

[2] Die Werte für den Sauerstoffgehalt haben nur relative Bedeutung. Nach Ausschaltung weiterer Fehlerquellen bei der Sauerstoffbestimmung ergeben sich heute im Roh- und Gußeisen wesentlich kleinere Sauerstoffgehalte. Vgl. a. S. 134.

tung ließen für die dort untersuchten Holzkohlenroheisensorten die gleiche Tendenz erkennen.

Warum nun aber diese Dinge nur für Holzkohlen-, offenbar aber nicht für Koksofenroheisen Geltung haben, das erschöpfend zu beantworten, erschien kaum möglich, doch dürfte die für eine vollkommene Reduktion der Kieselsäure des Eisenbades unzureichende Herstellungstemperatur des Holzkohlenroheisens in erster Linie hierfür verantwortlich zu machen sein. Trug man übrigens die Sauerstoffgehalte in Abhängigkeit vom Karbidgehalt des Eisens schaubildlich auf, so ergab sich bei Kokshochofeneisen mit steigendem Karbidgehalt ein ansteigender Sauerstoffgehalt des Eisens. Die Ursache ist unklar. Holzkohleneisen ließ diese Beziehung nicht erkennen.

Auch J. A. Leffler[1] versucht, die Vorzüge des schwedischen Holzkohlenroheisens gegenüber dem Koksroheisen auf einen geringeren Gehalt des ersteren an Eisenoxydul zurückzuführen, indem er von der Vermutung ausging, daß die reaktionsfähigere Holzkohle trotz des kälteren Windes (max. 400°) eine Verminderung der oxydierenden Zone vor den Blasformen besitze. Die oben erwähnten Untersuchungen von Oberhoffer und Piwowarsky stehen allerdings im Widerspruch zu dieser Vermutung. Ferner begünstige die größere Azidität der Holzkohlenhochofenschlacke im Zusammenhang mit ihrem weit höheren Magnesiagehalt die Abscheidung des im Bad gelösten Eisenoxyduls, eine Auffassung, welche allerdings nach neueren Anschauungen über die Konstitution der Schlacke und ihre Reaktionsmöglichkeiten mit dem flüssigen Eisen zu beachten wäre. Auch der höhere Vanadin- und Titangehalt der meisten schwedischen Erze wirkt

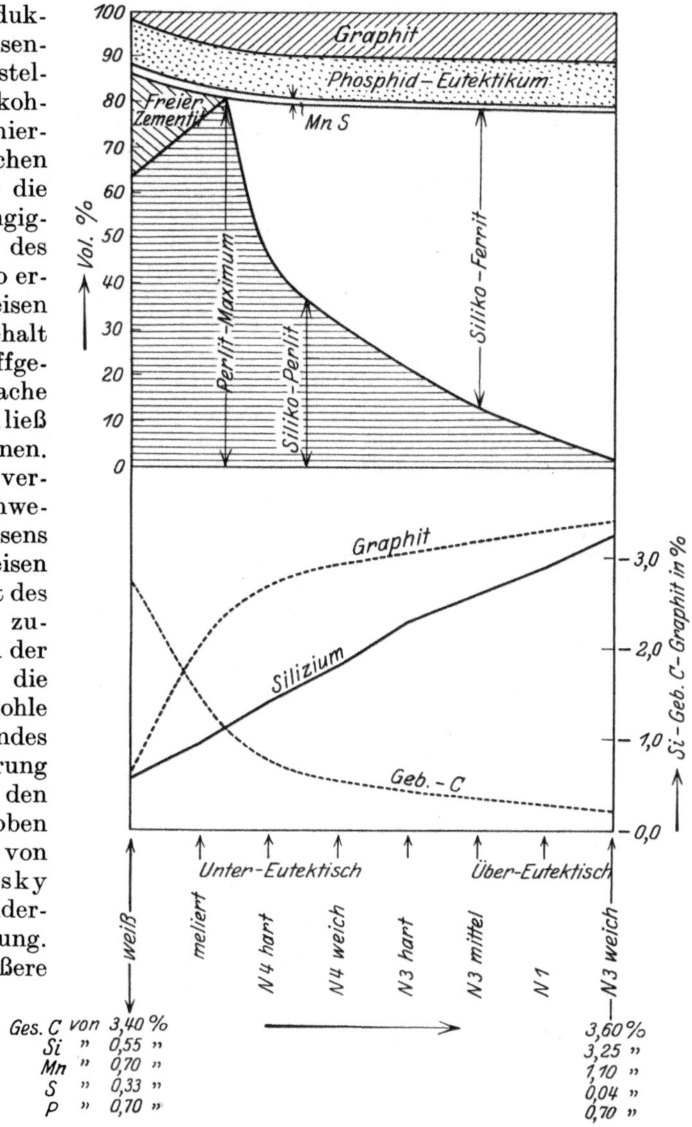

Abb. 145. Gefügeaufbau einer Reihe von Roheisensorten aus demselben Ofen (Fletcher).

[1] Schwedisches Eisen und Stahl. W. Zachrissons Boktryskeri. Göteborg 1923.

nach Leffler im gleichen Sinne reinigend auf das reduzierte Eisen. Eine der Lefflerschen ähnliche Vermutung sprach auch bereits Moldenke[1] aus.

Anknüpfend an den von E. Piwowarsky behandelten Einfluß der Überhitzung auf die Eigenschaften, insbesondere aber das graphitische Feingefüge des Roh- und Gußeisens untersuchte A. Wagner[2] die Ursachen der Qualitätsunterschiede gleich zusammengesetzter Eisensorten. Er fand keine maßgebende Beeinflussung der Eigenschaften des Roheisens durch wechselnde Windtemperatur, konnte dagegen Beziehungen aufstellen zu der fühlbaren Schlackenwärme. Danach begünstige eine große Schlackenmenge den weichmachenden Einfluß des Roheisens, eine Ansicht, die früher bereits von F. S. Wickinson[3] ausgesprochen wurde, indem er sagte, das Roheisen sei um so „besser", je langsamer der Hochofen geht. Tatsächlich liefern deutsche Hochofenwerke, welche mit 120% und mehr durchschnittlichen Schlackenmengen arbeiten (Buderus, Wasseralfingen), sowie auch englische Hochofenwerke (z. B. in Cleveland), bei denen sogar Schlackenmengen bis 170% durch Verhüttung eisenarmer Erze fallen, ein qualitativ hochstehendes, weichmachendes Gießereiroheisen[3]. Im Gegensatz hierzu arbeiten manche Hochofenwerke in Deutschland mit Schlackenmengen bis herunter zu 40%. Auch die Lage der Zone höchster Temperatur, sowie der Schmelzpunkt der Schlacke, ihre Basizität und Viskosität beeinflussen nach Wagner die Wärmeübertragung an das reduzierte Eisen und die Herstellungsmöglichkeit sog. „warmer" Eisensorten und damit die Menge und Ausscheidungsform des Kohlenstoffs. An Hand von etwa 1000 Schliffbildern und mehreren tausend Festigkeitsproben von Holzkohlen- und Koksroheisen gleicher Zusammensetzung konnte A. Wagner[4] später im Gegensatz zu Jominy metallographisch, analytisch und physikalisch nicht den geringsten Unterschied finden, spricht aber dem Gasgehalt der Eisensorten gewisse Einflüsse zu. Bei Umschmelzversuchen an 24 verschiedenen Roheisensorten stellte Wagner eine ständige Gütezunahme (Festigkeitssteigerung) des Eisens fest, ohne daß die Zusammensetzung sich wesentlich änderte. Zwischen der 1. und 5. Umschmelzung betrug die Festigkeitssteigerung oft bis zu 100%, und zwar war sie bei Gießereieisen größer als bei den Hämatiten, was z. T. auf eine kontinuierliche Verfeinerung des Phosphideutektikums zurückgeführt wurde. Ein beachtenswerter Einfluß wird von Wagner auch dem Titan zugeschrieben, dessen Gehalt in fast allen Handelshämatiten zwischen 0,06 und 0,07% sich bewegt. Titan bewirkt, wie auch E. Piwowarsky[5] schon nachweisen konnte, eine Kornverfeinerung und begünstigt die Graphitbildung. Titannitrid begünstigt nach Wagner (a. a. O.) auch die Ausseigerung von Mangansulfid, wodurch Unregelmäßigkeiten im Gefüge herbeigeführt werden können. Einen dem Wagnerschen ähnlichen Standpunkt vertritt auch R. Fowler[6] bei seinem Versuch, die bei Gießereiroheisensorten auftretenden Unterschiede durch den Einfluß der Koks- und Erzqualität, sowie der Windmenge und Windfeuchtigkeit usw. zu erklären. Auch R. Moldenke[7] wies wiederholt auf die Bedeutung der Schlackenmenge, des Schrottzusatzes, der Oxydationszone vor dem Formen usw. in diesem Zusammenhang hin.

E. Piwowarsky[8] konnte an synthetischen Holz- und Koksroheisensorten

[1] Stahleisen Bd. 33, S. 1813. 1913.
[2] Ber. Hochofenaussch. V. d. Eisenh. 1926, Nr. 75; vgl. Stahleisen Bd. 46, S. 1005/12. 1926.
[3] Foundry Trade J. 1921, 22. Dez., S. 495; Iron Coal Trades Rev. 1921, 23. Dez., S. 911.
[4] Stahleisen Bd. 47, S. 1081. 1927. [5] Stahleisen Bd. 43, S. 1491. 1923.
[6] Foundry Trade J. Bd. 38, S. 153. 1928.
[7] Trans Am. Inst. Min. Met. Engs. Bd. 35, S. 323/7. 1927 und ebenda Bd. 75, S. 443/56. 1927; vgl. Stahleisen Bd. 47, S. 1992. 1927; Bd. 47, S 1377/8. 1927.
[8] Bislang unveröffentlicht.

keine ausgeprägten Unterschiede finden, wohl aber eine größere Neigung des Holzkohleneisens zur Ausbildung körnigen Perlits. Er vertritt die Auffassung, daß die Ausbildung komplexer Molekülarten (mit trägem Einformungs- und Zerfallsvermögen) zwischen den Siliziden, Phosphiden und Karbiden als Funktion der Herstellungsbedingungen und der Schmelzbehandlung eine direkte und indirekte Beeinflussung der Erstarrungsvorgänge und der entstehenden Kristall-

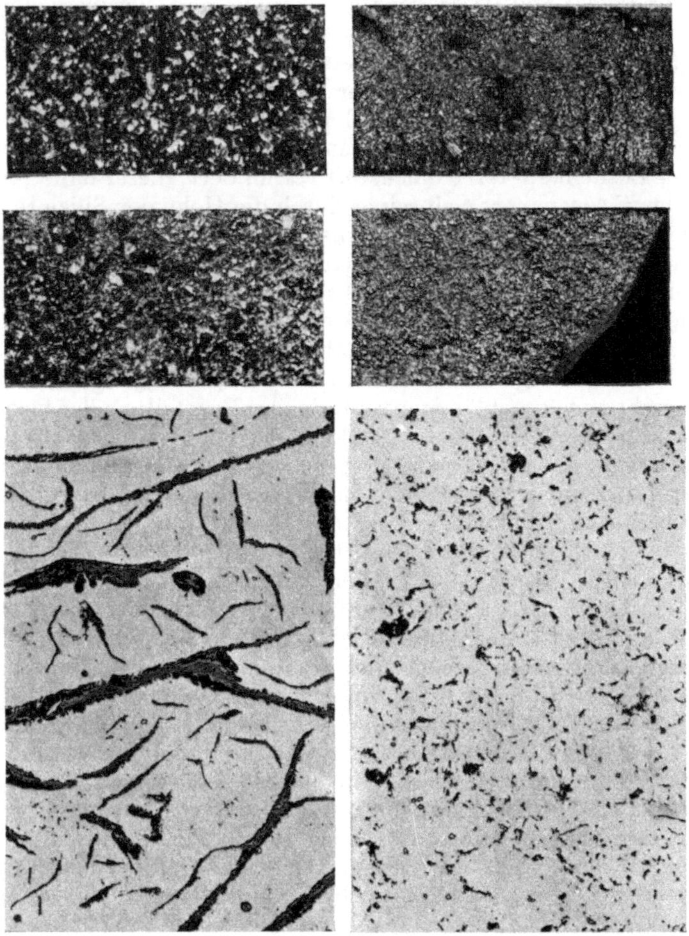

Abb. 146. Bruchgefüge (oben) und Graphitausbildung (unten) von grobkristallinem (links) bzw. im Bruch feinkristallinem (rechts) Gießereiroheisen. (Bruch × 1, Mikrogefüge ungeätzt × 100.)

arten veranlaßt, eine Anschauung, welche in ähnlicher Form inzwischen auch von R. S. Mc Caffery[1] geäußert worden ist. Die Tatsache nun, daß die im Bruch grobkristallinen, im Gefüge grobgraphitischen und oft Ferrit führenden Eisensorten zum Weichmachen neigen, die im Bruch feinkörnigen, im Gefüge feingraphitisch und vorwiegend perlitischen (Ab. 146) dagegen ein härteres Gußeisen ergeben, läßt die Vermutung aufkommen, daß dem Einfluß der Graphitausbildung ein wesentlicher Anteil an dem Verhalten des Roheisens

[1] Trans. Am. Foundrymen's Ass. Bd. 35, S. 427. 1927; Ref. Stahleisen Bd. 47, S. 1825. 1927.

beim Umschmelzen zukommt. Das grobkörnige Eisen wird ja infolge des verminderten Auflösungsvermögens seines groben Graphits viel schwieriger sich keimfrei umschmelzen lassen; danach müßten starke Überhitzungen (z. B. im Flamm- oder Elektroofen) geeignet sein, die Vererbungseigenschaften völlig zu beseitigen. Für die Entstehung des grob- bzw. feinbrüchigen Roheisens im Hochofen könnten außer den bereits von A. Wagner diskutierten Einflüssen (Temperatur, Schlackenmenge, Gase) natürlich noch zahlreiche andere Faktoren in Frage kommen. So ist beobachtet worden, daß vorübergehende stärkere Kühlung und Abkühlung des Gestells sofort zu feinkörnigem oder im Bruch fleckigem (feinbrüchige Partien inmitten groben Bruchs) Eisen führt. Auch die Reihenfolge der Silizierung gegenüber der Aufkohlung in Rast und Gestell dürfte von Bedeutung sein. So wäre der Fall denkbar, daß ein in Schacht und Rast schon sehr weit aufgekohltes Eisen nunmehr im Gestell siliziert wird, wodurch dessen Löslichkeit für Kohlenstoff vermindert, dieser daher ausgeschieden wird, d. h. das Eisen nähert sich seiner durch die Höhe der Silizierung bedingten Gleichgewichtskonzentration an Kohlenstoff von der Kohlenstoffübersättigung aus. Es wird demnach keimreich (an Graphit) fallen, während ein kohlenstoffarmes, in der Rast aber bereits weit aufsiliziertes, im Gestell sich erst völlig aufkohlendes Eisen keimfreier entsteht, da es sich seiner Kohlenstoffkonzentration von der entgegengesetzten Seite aus nähert. Natürlich wird in allen Fällen der katalytische Einfluß der gelösten und der Reaktionsgase (vgl. S. 17) auf die Graphitausbildung nicht zu vernachlässigen sein. Bei der Beurteilung der hier behandelten Fragen sei auch auf die in ihrer Rückwirkung noch völlig ungeklärte Beeinflussung der Roheisenqualität durch erhöhten Schrottzusatz[1] im Hochofen hingewiesen. Bei Nachprüfungen der laut gewordenen Beanstandungen wird ferner die Art der Gußstücke, ihre Nachbehandlung und ihr Verwendungszweck in Betracht zu ziehen sein. Gelten z. B. die Eisensorten von Schalke, Buderus und Meiderich, sowie die meisten englischen Ostküsten Hämatite und einige indische Eisensorten (z. B. das der Tata Iron Comp.) als weichmachend, so beklagen sich manche Gießereien z. B. über die härtende Wirkung des Amberger Eisens, während zahlreiche andere Gießereien im Gegensatz hierzu erklären, ohne das Amberger Eisen nicht auskommen zu können. In zahlreichen Fällen wird also der spezielle Verwendungszweck eine ausschlaggebende Rolle spielen, so ist es vielleicht nicht ausgeschlossen, daß für die Emaillierfähigkeit das durch die Oberflächengestaltung beeinflußte Haftvermögen eine Rolle spielt und daß in solchen oder ähnlichen Fällen die Frage, ob Sandguß oder Kokillenguß, Trocken- oder Naßguß zu wählen ist, von größerer Bedeutung sein wird als die Herkunft des verwendeten Roheisens. In wie zahlreichen Fällen ferner die Beanstandungen zu unrecht bestehen, vielmehr unsachgemäße Ofenführung, schlechter Gußbruch (Inzucht) usw. die Ursache der beträchtlichen Mißerfolge sind, dem nachzugehen, bedarf ebenfalls noch eingehender Klärung.

L. Der Einfluß einer thermischen Behandlung auf die Gefügeänderungen und die Eigenschaften perlitischer Grundmassen.

Wird ein lamellar-perlitisches Material (Abb. 147) kurz unterhalb A_1 (Perlitpunkt) längere Zeit geglüht, so versuchen die Karbidlamellen vermöge ihrer Oberflächenspannung kugelige Form anzunehmen, sie beginnen zu koagulieren.

[1] Trans. Am. Foundrymen's Ass. Bd. 35, S. 319. 1927; Stahleisen Bd. 47, S. 1618. 1927.

Je nach Glühtemperatur und Glühdauer entstehen dann die in Abb. 148 und 149 gekennzeichneten Gefügearten, deren Endglied der sog. körnige Perlit ist. Man kann jedoch auch in kürzerer Zeit zum Ziele kommen, wenn man das Material nur wenig über A_1 hinaus erhitzt und alsdann langsam abkühlen läßt. Es bleiben nämlich nach der Umwandlung des Perlits zunächst immer noch zahlreiche Karbidteilchen ungelöst, welche bei der nachfolgenden Abkühlung im Umwandlungsbereich impfend wirken und die Perlitbildung mit geringster Unterkühlung vor sich gehen lassen. Der Perlit entsteht dann mehr und mehr bei seiner wahren Gleichgewichtstemperatur mit dem Austenit und fällt nicht lamellar, sondern körnig aus. Den Beweis, daß lamellarer Perlit aus unterkühlter (und etwas übersättigter) Lösung entsteht, erbrachten u. a. die Versuche von Whiteley, der durch die Wirkung ungelöster Karbidpartikelchen[1] einerseits, durch mechanische Verformung[2] im Temperaturbereich kurz unterhalb der wahren Gleichgewichtstemperatur (Ar_1) andererseits, die Entstehung körnigen Perlits erzwingen konnte.

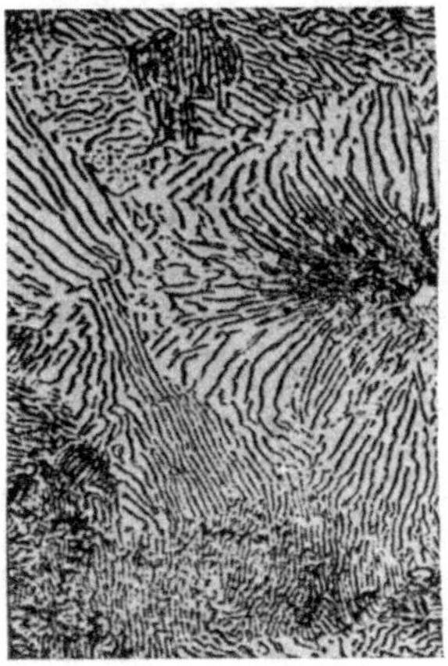

Abb. 147. Lamellarer Perlit. × 500.

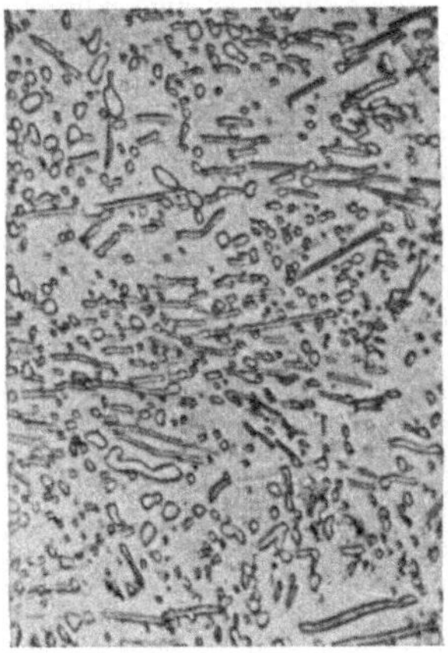

Abb. 148. Perlit, teilweise koaguliert. × 500.

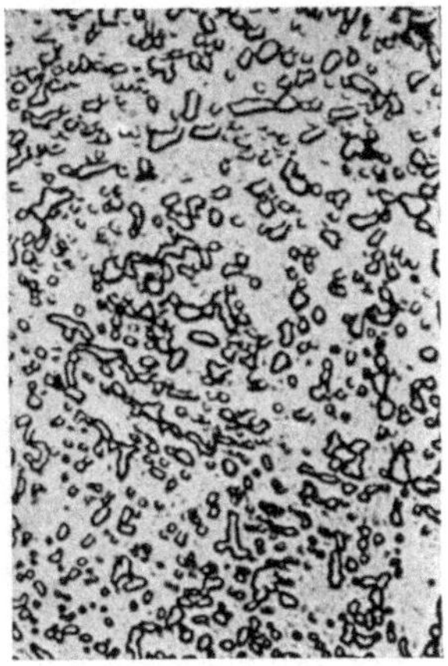

Abb. 149. Körniger Perlit.

Erhitzt man ein weiches Eisen (unter etwa 0,45% C) mit perlitisch-ferritischer Grundmasse etwa 40 bis 60⁰ über den Perlitpunkt und läßt es sehr langsam bis etwa 650⁰ wieder abkühlen, so beobachtet man nicht selten ein Zusammenballen des Zementits zu größeren Anteilen, das sich bei Wiederholung dieser Behandlungsart (Pendeln um den A_1-Punkt) unter Umständen allmählich bis zum völligen Verschwinden des perlitischen Strukturelementes steigern kann, wobei der Zementit dann oft in die Korngrenzen des Ferrits sich einordnet. Als Ursache dieser Erscheinung müssen ungelöste Ferritanteile angesehen werden, an denen die ferritische Komponente des Perlits sich ablagert und den Zementit nach den Korngrenzen zurückdrängt (Korngrenzenzementit Abb. 150a bis c). Gute Diffusionsfähigkeit des Kohlenstoffs in der Grundmasse ist eine wesentliche Vorbedingung für ein so weitgehendes Zusammenfließen. Fremde Elemente wie P—Si—Ni—Co und Cr verhindern nach E. Piwowarsky[3] in steigendem Maße das Zusammenfließen. Kritische Verformung untereutektoider Eisen-

[1] J. Iron Steel Inst. Bd. 106, 1922; Stahleisen Bd. 42, S. 1598. 1922.
[2] Engg. Bd. 114, S. 733/6. 1922; Stahleisen Bd. 43, S. 204. 1923.
[3] Werkstoffaussch. V. D. E. 1924, Nr. 33; vgl. a. Körber und Köster: Mitt. Eisenforsch. Bd. 5, S. 145. 1924; sowie T. Isihara: Sc. Rep. Tohoku Imp. Univ. 1925, S. 377/90.

sorten begünstigt nach Pomp[1] ebenfalls das Auftreten von Korngrenzenzementit. Ähnliche Beobachtungen können an übereutektoiden Eisensorten bei der gleichen Wärmebehandlung gemacht werden, nur daß der hier ungelöste Zementit als Keim für die Anlagerung weiterer Zementitmengen wirkt. Bei Abb. 151, welche diese Erscheinungsform an einem übereutektoiden Stahl mit etwa 1,1% C zum Ausdruck bringt, ist der kornverfeinernde Einfluß des Chroms deutlich ersichtlich, dem selbst eine 50malige Pendelung um den A_1-Punkt keinen Abbruch tun konnte. Während körniger Perlit dem Material eine größere Verformungsfähigkeit und Bearbeitbarkeit verleiht, als sie dem lamellaren Zustand eigen ist, verursacht der Korngrenzenzementit eine Abnahme der Kerbzähigkeit des Materials.

Wird eine reine Eisenkohlenstofflegierung, z. B. eine eutektoide, aus dem Bereich des homogenen γ-Gebiets mit zunehmender Geschwindigkeit abgekühlt, so tritt eine zunehmende Unterkühlung der γ/α-Umwandlung ein, gleichzeitig wird der entstehende Perlit immer feiner, bis er fast strukturlos (Abb. 152)

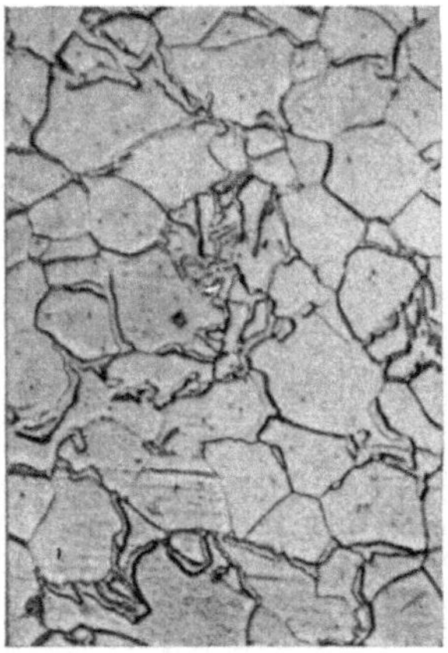

Abb. 150a. Korngrenzenzementit in einem Stahl mit etwa 0,54% C, 30 Min. bei 760° geglüht, mit 0,015°/sek abgekühlt. Ätzung II × 50.

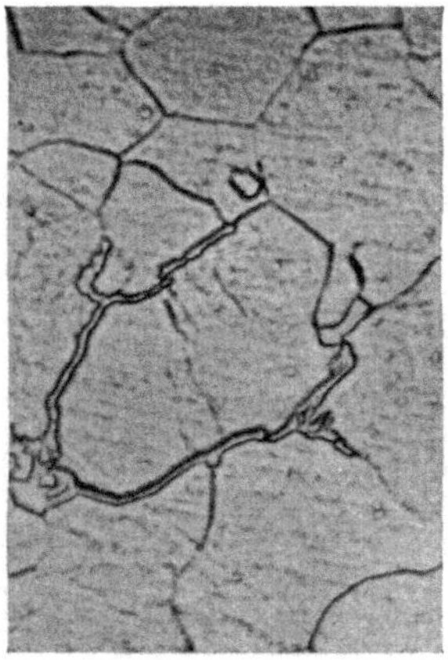

Abb. 150b. Korngrenzenzementit in einem weichen Eisen mit etwa 0,1% C. Ätzung II × 250.

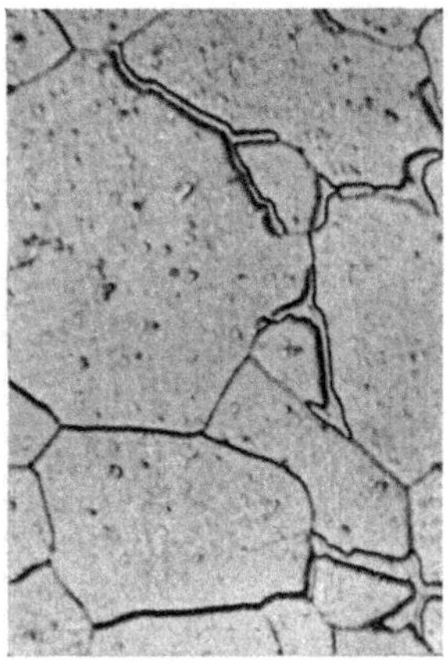

Abb. 150c. Wie Abb. 150b, jedoch andere Stelle.

erscheint. Er führt dann den Namen Sorbit. Dieser letztere verleiht dem Material bei etwa gleicher Festigkeit eine gute Verformungs- und Ziehfähigkeit, hohe Dehnung, sowie gute dynamische Eigenschaften (Schlagprobe). Steigert man die Abkühlungsgeschwindigkeit, so sinkt die A_1-Umwandlung weiter, bis schließlich der A_1-Effekt konstant bei einer (der maximal erniedrigten) bestimmten Temperatur auftritt, die in reinen Eisen-Kohenstofflegierungen im allgemeinen bei etwa 600 bis 650° liegt[2]. Mit dem Auftreten dieses mit Ar' bezeichneten tiefsten Erniedrigungspunktes tritt ein mit Troostit gekennzeichneter Gefügebestandteil auf, der sich durch besonders starke Angriffsfähigkeit gegenüber Ätzmitteln (starke Dunkelung) auszeichnet und dem Material bei verminderter Verformungsfähigkeit gute elastische Eigenschaften bei etwas erhöhter Festigkeit verleiht. Troostit gehört zu den Unterkühlungsstrukturen des Perlits

[1] Stahleisen Bd. 44, S. 1694/96. 1924.
[2] Déjean: Actualités Métallurgiques 1925, S. 104/8; Rev. Mét. 1917—1920; Portevin u. Garvin: Bull. Soc. d'Enc. 1920, Nr. 2—3; J. Iron Steel Inst. Bd. 1, S. 469. 1919; Chevenard: Comptes Rendus Bd. 165, S. 59. 1917; French u. Klopsch: Trans Am. Soc. Steel. Treat. Bd. 6. S. 251/93. 1924.

und führt das ausgeschiedene Karbid in submikroskopisch feiner (nach Benedicks in kolloidaler) Ausbildungsform. Wird die Abkühlungsgeschwindigkeit weiterhin

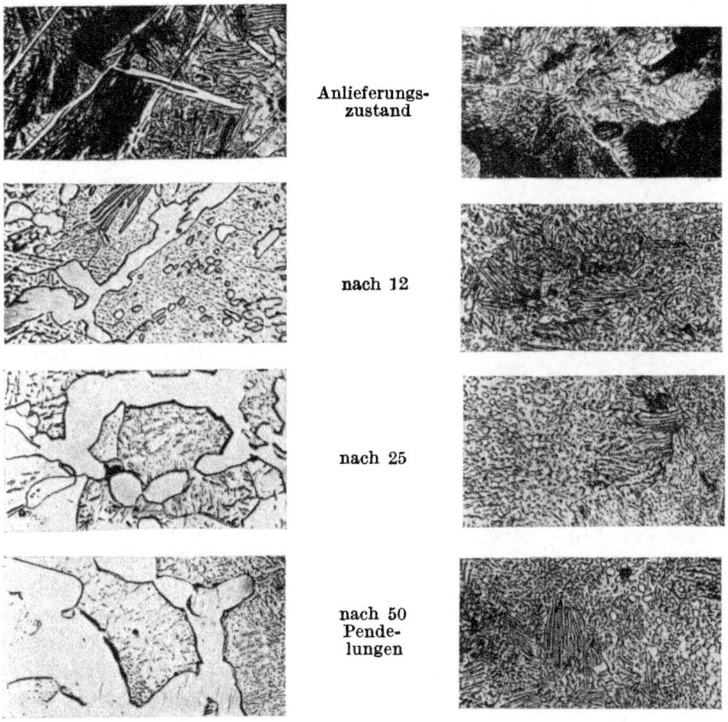

umlegiert mit 0,5% CrO

Abb. 151. Einfluß der Pendelglühung auf die Koagulation und das Zusammenfließen des Zementits (geätzt × 500).

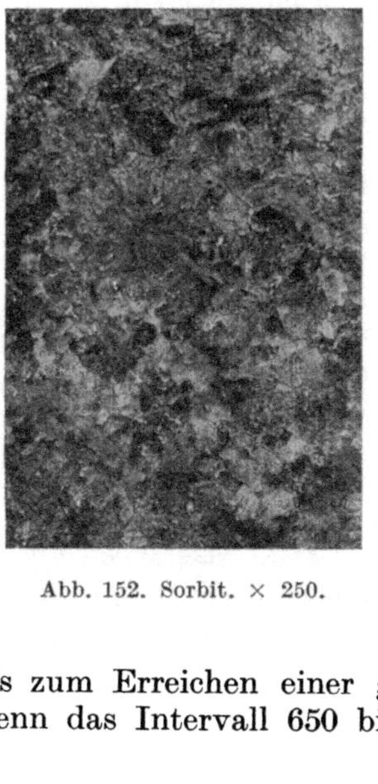

Abb. 152. Sorbit. × 250.

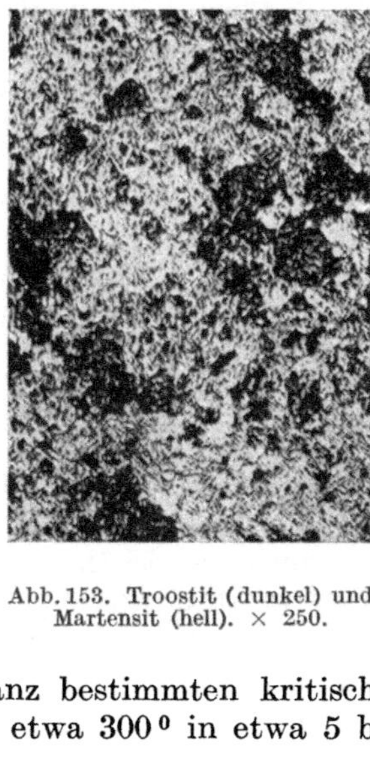

Abb. 153. Troostit (dunkel) und Martensit (hell). × 250.

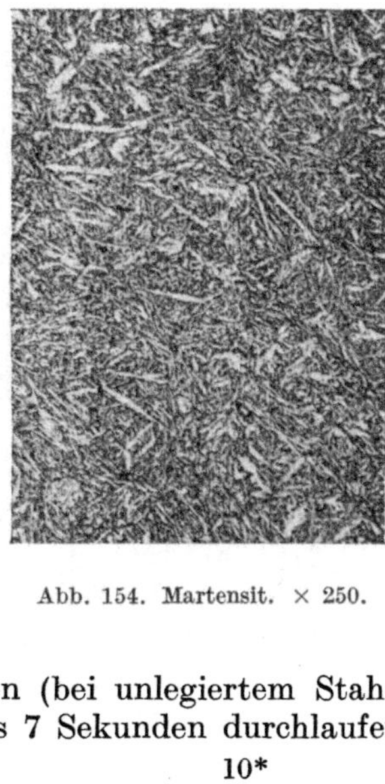

Abb. 154. Martensit. × 250.

bis zum Erreichen einer ganz bestimmten kritischen (bei unlegiertem Stahl, wenn das Intervall 650 bis etwa 300 ^{0} in etwa 5 bis 7 Sekunden durchlaufen wird) Temperatur gesteigert, so tritt eine Spaltung des Ar'-Punktes auf, indem bei etwa 250 bis 300° ein zweiter mit Ar'' bezeichneter thermischer (auch dilatometrisch nachweisbarer) Effekt erkennbar wird, mit dessen Auftreten das Material eine besonders große Härtesteigerung erfährt. Gleichzeitig tritt im Gefüge neben dem Troostit ein mit Martensit bezeichneter Gefügebestandteil auf (Abb. 153). In dem Maße nun, wie der Troostiteffekt nachläßt, erhöht sich der Martensiteffekt, bis er schließlich allein auftritt und auch das Gefüge reinen Martensit zeigt (Abbildung 154). Bei weiter gesteigerter Abschreckung z. B. in Eiswasser oder flüssiger Luft nimmt der Martensiteffekt allmählich (insbesondere bei hochgekohlten Legierungen) wieder ab, das Material härtet weniger durch (Überhärtung), da von nun ab in zunehmendem Maße der weichere unmagnetische Austenit (Unterdrükkung der γ/α-Umwandlung) im Gefüge auftritt (Abb. 155). Reiner Austenit tritt nur bei höhergekohlten Legierungen auf, besonders wenn sie Nickel und Mangan enthalten (Abb. 156).

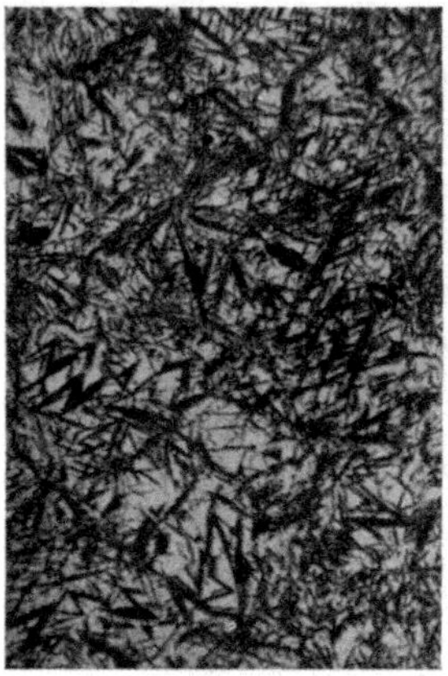

Abb. 155. Austenit und Martensit. Ätzung II × 500.

Abb. 156. Homogener Austenit. Ätzung II × 500.

Abb. 157 zeigt in graphischer Darstellung die quantitativen Effekte dieser Vorgänge nach dilatometrischen Versuchen von Portevin und Chevenard[1]. Ihre Rückwirkung auf die Änderungen der Härte gibt Abb. 158 nach Versuchen von H. Jungbluth[2] wieder.

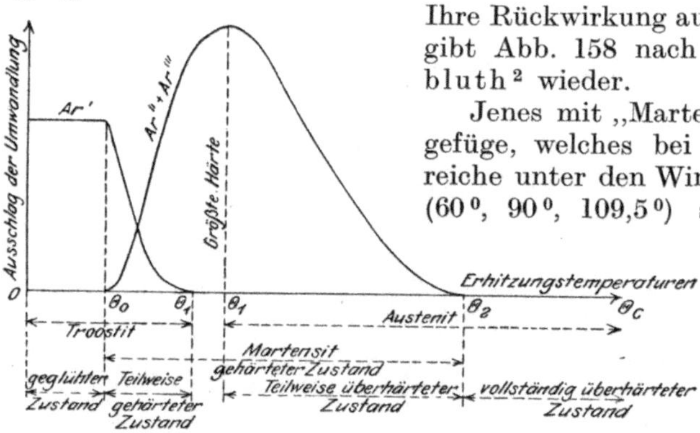

Abb. 157. Schematische Darstellung des Einflusses der Abkühlungsgeschwindigkeit auf die Intensität der Haltepunkte (Portevin und Chevenard).

Jenes mit „Martensit" bezeichnete Härtungsgefüge, welches bei typischer Ausbildung zahlreiche unter den Winkeln des regulären Systems (60°, 90°, 109,5°) sich kreuzende Nadeln erkennen läßt, tritt bei guter Durchglühung und anschließender Abschreckung aus einem Temperaturgebiet kurz oberhalb völliger Kohlenstoffauflösung (Ac_3) in Form einer sehr feinkörnigen, fast strukturlosen Ausbildung auf, die Hanemann[3] mit „Hardenit" bezeichnete. Neben zu schroffer Abschreckung führt auch Härtung aus zu hohen Temperaturbereichen oberhalb Ac_3 (Überhitzung) zu grober Martensitausbildung (Abb. 159), die stets von einer erhöhten Sprödigkeit des Materials begleitet ist. In demselben Sinne wirkt ein zu langes Glühen selbst bei an und für sich nicht zu hoher Temperatur. Ein Abschrecken aus einer je nach Zusammen-

[1] Rev. Mét. 1917, S. 135; 1919, S. 62; 1922, S. 564.
[2] Stahleisen Bd. 42, S. 1393. 1922. [3] Stahleisen Bd. 32, S. 1397. 1912.

setzung und Stückgröße 20 bis 50⁰ oberhalb Ac_3 gelegenen Temperatur nach 5 bis 30 minutenlangem Glühen auf dieser Temperatur zwecks völliger und gleichmäßiger Auflösung des Kohlenstoffs stellt die Grenzwerte für die meisten der praktischen Fälle dar.

Martensit tritt also auf, wenn die Abschreckgeschwindigkeit der Eisen-Kohlenstofflegierungen aus dem γ-Gebiet kleiner ist als die Geschwindigkeit der Phasenumwandlung γ/α, aber größer als die zugehörige Kristallisationsgeschwindigkeit (*K.G.*) des Kohlenstoffs aus der festen Lösung. Zusatz fremder Elemente wie Ni und Mn, Cr, W usw. ermöglicht eine geringere Härtungsgeschwindigkeit (Lufthärtung, Vorteil: geringere Wärmespannungen), die aber auch notwendig ist, da z. B. die Elemente Ni und Mn die Geschwindigkeit der Phasenumwandlung γ/α verzögern, bei zu schroffer Härtung demnach Austenit erhalten und

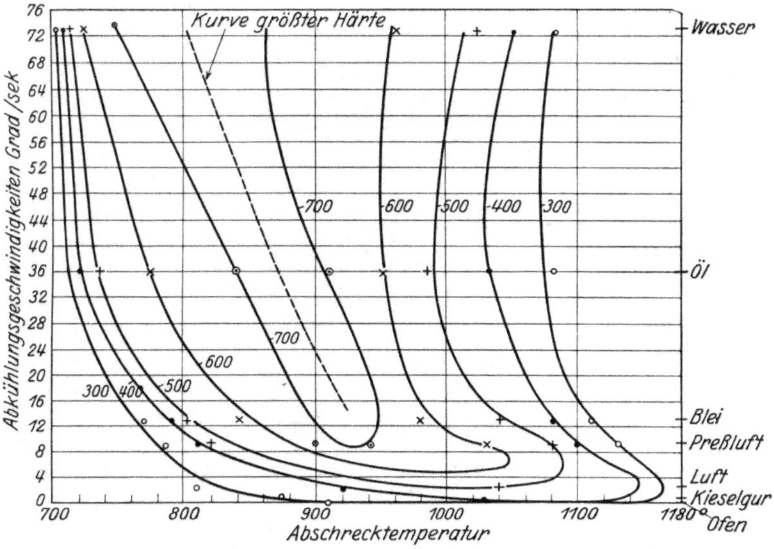

Abb. 158. Kurven gleicher Härte bei einem Stahl mit 0,6% C und 1,6% Cr (Jungbluth).

damit ein ungenügender Härtegrad erzielt würde. Der Übergang des flächenzentrierten γ-Eisens in die raumzentrierte Form des α-Eisens ist mit einer bemerkenswerten Volumenvergrößerung (beim reinen Eisen $\sim$ 0,26%) verbunden, deren Wert durch die infolge starker Unterkühlung beim Härten erst in der Gegend von 200 bis 300⁰ vor sich gehende Phasenumwandlung noch vergrößert wird, da die Legierung sich beim Härtungsvorgang bis zum Eintreten der Phasenumwandlung mit dem Ausdehnungskoeffizienten des γ-Eisens ($\sim 22 \cdot 10^{-6}$ gegen $\sim 12 \cdot 10^{-6}$ des α-Eisens) zusammenzieht.

Die Kristallisation des Karbids aus der festen Lösung ist nun ebenfalls mit einer meßbaren Kontraktion[1] verbunden, deren Intensität nach der Theorie von E. Maurer[2] durch Unterkühlung in demselben Maße wächst wie die γ/α-Dilatation. Durch Verhinderung der Karbidkristallisation beim Härten wird demnach dem kristallisierenden α-Eisen ein um den Betrag der ausbleibenden Kontraktion höheres spezifisches Volumen aufgezwungen (gehärteter Stahl hat ein um 0,6 bis 1% höheres spez. Volumen), was zu starken molekularen

[1] De Nolly und Veyret: J. Iron Steel Inst. Bd. 90, S. 165. 1914.

[2] „Über das Beta-Eisen u. über Härtungstheorien". Mitt. Eisenforsch. Bd. 1, S. 39/86 1920.

Spannungen und einer mechanischen Kaltverformung (Martensitnadeln = Gleitlinien) führt, deren Folge die Härtesteigerung bei der Martensitbildung ist (Maurer 1920). Wird durch späteres Anlassen auf etwa 100 bis 300 ° die Karbidkristallisation eingeleitet, so führt diese zunächst zu feinster submikroskopischer Ausbildung des Karbids, verbunden mit einer entsprechenden Volumenkontraktion und einem starken Härtenachlaß (Beseitigung der Molekularspannungen) des Materials, das nunmehr wesentlich weicher wird und auch die magnetische Karbidanomalie bei etwa 212 ° wieder zeigt. Dieser durch eine starke Angriffsfähigkeit (Dunkelung) gegenüber Ätzmitteln gekennzeichnete Gefügezustand ist strukturell wahrscheinlich identisch mit jenem bereits früher erwähnten Troostit, zeigt jedoch oft noch martensitähnliche Ausbildungsform. Weiteres Anlassen auf etwa 350 bis 650 ° ruft auch ein allmähliches Abklingen der durch die Kaltverformung bedingten Verfestigung und der hierdurch verursachten Vergrößerung des spez. Volumens hervor, verbunden mit weiterem, aber mäßigerem Härtenachlaß und führt über sorbitische Gefügeerscheinungen zu einer fortschreitenden Koagulation des Karbids, die schließlich zu einem mikroskopisch auflösbaren sehr feinen und gleichmäßigen körnigen Zementit führt (Abb. 160). Für den beim Anlaßvorgang auftretenden troostitischen Gefügebestandteil schlägt Maurer[1] den Namen Osmondit vor. Für den Anlaßsorbit wird von E. Scheil[2] der Ausdruck körniger Sorbit vorgeschlagen zum Unterschied von dem durch Abkühlung entstandenen lamellaren Sorbit.

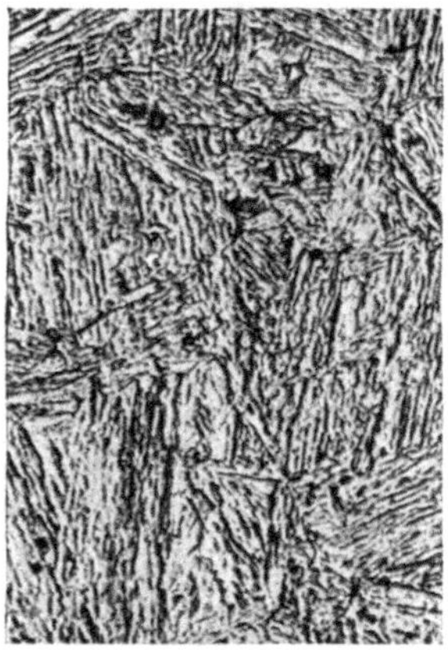

Abb. 159. Martensit, grob. × 250.

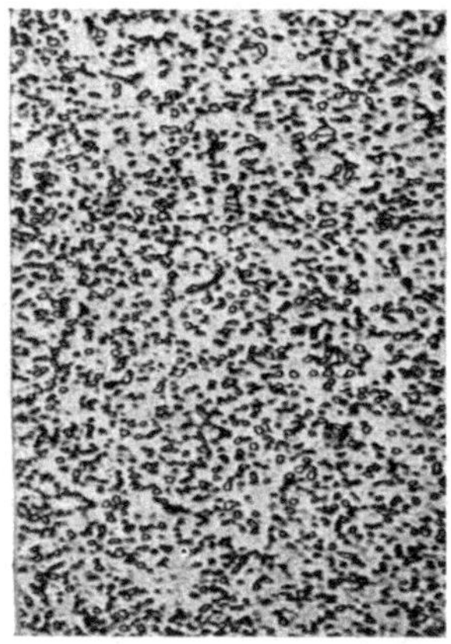

Abb. 160. Korniger Persit durch Anlassen gekörnteten Stahls entstanden. × 500.

Wir stellten oben fest, daß der Härtungsvorgang auf einer starken Unterkühlung der γ/α-Umwandlung und Verhinderung der Karbidkristallisation beruht. Einflüsse, welche die Unterkühlungsfähigkeit beeinträchtigen, vermindern demnach auch die Durchhärtung des Materials, z. B. als Keime wirkende nichtmetallische Einschlüsse von Sulfiden, Oxyden, Silikaten; auch eingelagerter Graphit wirkt wahrscheinlich ähnlich. Im gleichen Sinne und zwar sehr stark, wirken ungelöste Zementit- bzw. Ferritreste. Im teilweisen Zusammenhang hiermit steht die geringere Härtbarkeit unlegierter, kohlenstoffarmer (unter 0,3% C), d. h. ferritreicher Eisensorten, sowie das Auftreten von Troostitfeldern an den Korngrenzen gehärteter übereutektoider Stähle.

Überhärtetes und daher neben erhöhter Sprödigkeit zu weiches, austenithaltiges Material kann durch vorsichtiges Anlassen auf etwa 150 bis 250 ° nachgehärtet werden, indem durch diese Behandlung der Austenit allmählich zerfällt. Die dabei auftretende, mit der γ/α-Umwandlung verknüpfte Volumenzunahme zersprengt allerdings alsdann in vielen Fällen derartige unzweckmäßig gehärtete Werkstücke.

[1] Stahleisen Bd. 44, S. 622. 1924. [2] Z. anorg. u. allg. Chem. Bd. 139, S. 81/107. 1924.

Obwohl thermodynamisch der Austenit instabiler ist als der Martensit, so zeigt jener doch oft eine größere passive Resistenz gegenüber Anlaßvorgängen unterhalb 250°. In diesen Fällen wandelt sich dann der Martensit schneller in die perlitähnlichen Gefügeausbildungen um[1]. Lediglich in ausgeprägten Tieftemperaturbereichen, insbesondere aber in flüssiger Luft, wandelt sich der Austenit vermutlich infolge erhöhter *K.Z.* (Kernzahl) verhältnismäßig schnell in Martensit um. Bei Anlaßtemperaturen über + 250° dagegen geht der Austenit wahrscheinlich direkt[2], d. h. ohne den Umweg über den Martensit in die perlitischen Strukturen über. Außer der oben erwähnten Maurerschen Härtungstheorie existieren noch zahlreiche andere Anschauungen über die Vorgänge bei der Stahlhärtung, unter denen insbesondere auf diejenigen von Jeffries und Archer[3], Hanemann und Schrader[4] sowie von Honda[5] hingewiesen sei. Über die Ursachen der Härtesteigerung beim Abschrecken gehen die Ansichten stark auseinander, desgleichen über den Mechanismus der Anlaßvorgänge[6].

Eine Wärmebehandlung von Grauguß erfolgt oft, besteht jedoch im allgemeinen lediglich in einer Glühung der Gußstücke bei Temperaturen bis max. etwa 900° zur Beseitigung harter Stellen oder Erhöhung der Bearbeitbarkeit[7] (Weichglühen). Eine Abschreckung unlegierter Gußstücke kommt für die Praxis kaum in Frage, abgesehen vielleicht von kleinen, einfacheren Teilen. Solange der Graphit in unzweckmäßiger Ausbildung vorliegt, kann durch thermische Vergütung (Abschrecken + Anlassen) lediglich die Härte beeinflußt werden, die Festigkeitseigenschaften dagegen bleiben so lange eine Funktion der Graphitausbildung, als diese nicht in feinster eutektischer oder besser temperkohleartiger Gestaltung vorliegt (vgl. S. 285 die Versuchsergebnisse von G. Neumann). In letzterem Falle ist allerdings eine Gütesteigerung durch Vergütung zu erwarten, wofern die konstruktive Eigenart des Gußstückes eine solche Behandlung angesichts der starken hierbei auftretenden Wärme- und Härtespannungen zuläßt. Größere Aussicht gewährt die Vergütung hochwertiger, legierter Gußeisensorten, insbesondere dann, wenn als Legierungselemente Nickel und Mangan gewählt werden, da alsdann Ölbad-, Bleibad- oder Lufthärtung möglich wird. Zu beachten für die Vergütung perlitischen Gußeisens ist, daß mit zunehmendem Siliziumgehalt der Perlitpunkt steigt (Abb. 42), und daß im Umwandlungsintervall das Eisen erhöhte Neigung zum Wachsen besitzt. Tatsächlich fand O. W. Potter[8] bei seinen umfangreichen Versuchen zur Gütesteigerung des Gußeisens durch Vergütung Wachstumswerte bis 1,92% bei Überschreitung der Phasenumwandlung. Potter gibt zur Bestimmung der kritischen (mindestens zu erreichenden) Härtetemperatur die Formel an:

$$t = 730 + (28 \cdot \mathrm{Si}\,\%) - (25 \cdot \mathrm{Mn}\,\%)\,. \qquad (44)$$

In einzelnen Fällen konnte Potter durch Abschrecken von Gußeisen von etwa 790° neben der zu erwartenden Härtezunahme noch eine 5 bis 20 proz. Steigerung der Biege- und eine 25 bis 40 proz. Steigerung der Schlagfestigkeit fest-

[1] Vgl. hierzu Tammann, G. u. E. Scheil: Die Umwandlungen des Austenits und Martensits in gehärteten Stählen. Z. anorg. u. allg. Chem. Bd. 157, S. 1, 1926; Maurer, E.: Untersuchungen über das Härten und Anlassen von Stahl, Diss. Aachen 1909; ferner Scheil, E.: a. a. O.

[2] Tammann, G. und E. Scheil: a. a. O.

[3] Vgl. die kritische Würdigung derselben durch F. Koerber: Werkstoffausschuß Nr. 25.

[4] Werkstoffaussch. 1925, Nr. 61.

[5] Arch. Eisenhüttenwes. Bd. 1, S. 527/33. 1928.

[6] Fränkel und Heymann: Kinetik der Anlaßvorgänge im Stahl. Z. anorg. u. allg. Chem. Bd. 134, S. 137. 1924.

[7] Vgl. z. B. die Wärmebehandlung von Grauguß bei der Ford Motor Co. Iron Age Bd. 121, S. 663/64. 1928; Gieß. Bd. 15, S. 378. 1928.

[8] Foundry Bd. 54, S. 633/67 und 678/80. 1926.

stellen. Zu beachten ist aber, daß hierbei Probestäbe (30 mm Durchmesser und 360 mm Länge) vergütet und geprüft wurden und keine Gußstücke.

In neuerer Zeit wird auch über Versuche berichtet[1], ein Al-Cr-Ni oder Ti-haltiges Gußeisen zu nitrieren, wobei Oberflächenhärten von 75 bis 80 nach Shore erreicht wurden.

M. Die wichtigsten physikalischen und chemischen Eigenschaften.

1. Der Flüssigkeitsgrad des Gußeisens.

Für den Gießvorgang, das Auslaufen des Gusses und die Schärfe der Konturen ist der Flüssigkeitsgrad (Viskosität) des Gußeisens von Bedeutung. Der Reibungskoeffizient η selbst ist durch die Beziehung $\varphi = \eta^{-1}$ mit dem Koeffizienten des Flüssigkeitsgrades (φ) verknüpft. Seine Ermittlung geschieht nach:

1. dem Durchflußverfahren (Kapillarverfahren),
2. dem Schwingungsverfahren.

Im ersten Falle wird η aus der Strömungsgeschwindigkeit durch eine Kapillare bei gleichbleibendem Druck unter Verwendung des Gesetzes von Poiseulle:

$$v = \frac{\pi \cdot p \cdot r^4 \cdot t}{8 \cdot l \cdot \eta} \tag{45}$$

ermittelt.

v = ausfließendes Volumen in cm^3 in der Zeit t (sec);

p = Druckdifferenz an den Rohrenden in dyn/cm^2;

l und r = Länge und Halbmesser des Rohres in cm;

evtl. unter Berücksichtigung gewisser Korrektionsfaktoren (z. B. des Hagenbachschen[2]).

Nach dem zweiten Verfahren wird die Flüssigkeit in Drehschwingungen versetzt, wobei das Schwingungssystem die Flüssigkeit umschließt (Tiegel, Zylinder), oder von ihr umschlossen wird (Kugel, Zylinder, Scheibe). Nach diesem Verfahren sind u. a. Versuche von Ch. Fawsitt[3], von P. Oberhoffer und A. Wimmer[4], sowie von H. Thielmann und A. Wimmer[5] durchgeführt worden. Während für das Durchflußverfahren die mathematische Erfassung der absoluten Viskositätswerte durchführbar ist, wird die Anwendung der für die Schwingungsmethode beim Arbeiten unter Luftzutritt gültigen Formeln zur absoluten Viskositätsmessung durch zahlreiche Versuchsschwierigkeiten (Einfluß der Bodenflächen, Störungen in den Strömungsverhältnissen, durch die Aufhängevorrichtung usw.) sehr erschwert. Durch Eichung der Apparatur mit Flüssigkeiten oder Schmelzen bekannter innerer Reibung gelingt es jedoch auch hier zu brauchbaren Werten zu gelangen, wobei diese Methode den Vorzug hat, daß sie unter den heute gültigen Materialverhältnissen für die Messung bei höheren Temperaturen sich besser eignet als die Kapillarmethode. Die Ermittlung der η-Werte gelingt bei den Schwingungsmethoden aus dem beobachteten Dämpfungsdekrement λ (Logarithmus des Amplitudenverhältnisses zweier aufeinanderfolgender Schwingungen, vgl. auch Abb. 162), das dem Wert

[1] Engineer Bd. 146, Heft 3796.

[2] Vgl. z. B. die Arbeiten von Plüß: Z. anorg. u. allg. Chem. Bd. 93, S. 1. 1915, sowie Sauerwald: Z. anorg. u. allg. Chem. Bd. 135, S. 255. 1924.

[3] J. Chem. Soc. Bd. 93, S. 1299. 1908.

[4] Stahleisen Bd. 45, S. 969. 1925.

[5] Stahleisen Bd. 47, S. 389. 1927.

$\sqrt{\eta \cdot \varrho}$ (ϱ = Dichte der Flüssigkeit) proportional ist. Zahlentafel 43 gibt die Werte für die Dämpfungsdekremente verschieden zusammengesetzter Roheisenproben bei 100 bis 200° Überhitzung.

Zahlentafel 43. Dämpfungsdekremente verschiedener Gußeisensorten (Oberhoffer und Wimmer).

	Schmelze Nr.	P %	Mn %	C %	Si %	S %	log. Dekrement	Temp. d. beginn. Erstarr. °C
Gruppe 1	4	2,28	0,2	3,30	0,43	0,040	0,01333	1230
	12	2,32	0,93	3,40	0,30	0,048	0,01641	1130
	2	2,31	1,64	3,20	0,42	0,032	0,01587	1125
	1	2,29	1,66	3,20	0,42	0,036	0,01381	1130
	3	2,32	1,68	3,30	0,42	0,034	0,01390	1140
Gruppe 2	16	2,09	1,07	3,25	0,28	0,044	0,01314	1190
	10	2,06	0,82	3,05	0,28	0,346	0,01779	1240
	9	2,08	0,83	3,15	0,28	0,364	0,01587	1280
Gruppe 3a	8	1,96	1,34	3,46	0,51	0,080	0,01497	1265
	15	1,98	1,46	3,10	0,61	0,020	0,01562	1235
Gruppe 3b	13	1,83	1,70	2,80	0,70	0,050	0,01571	1275
	7	1,82	1,70	3,26	0,79	0,040	0,01451	1280
Gruppe 4	17	0,061	5,06	4,10	1,26	0,028	0,01799	1150
	18	0,068	5,10	3,80	1,70	0,040	0,01319	1190
	19	0,079	4,46	4,20	2,24	0,050	0,01788	1200
	20	0,080	5,30	4,00	2,60	0,040	0,01884	1200
Gruppe 5	14	1,37	0,50	3,08	2,23	0,080	0,01626	1245
	11	1,33	3,13	3,01	1,58	0,040	0,01624	1220

Für Gruppe 1 (Einfluß des Mangans) ergibt sich im flüssigen Zustand keine klare Gesetzmäßigkeit. Gruppe 2 zeigt, daß der Schwefel die Viskosität und die Temperatur beginnender Erstarrung stark erhöht. Es ist jedoch nicht ausgeschlossen, daß der durch den plötzlichen Anstieg des logarithmischen Dekrementes ermittelte Erstarrungsbeginn mit dem Auftreten einer Mischungslücke für die Löslichkeit des Mangansulfids in Zusammenhang steht, was sich mit der Entschweflungshypothese durch Ausseigerung recht gut in Zusammenhang bringen ließe. Daß Silizium die Viskosität etwas erhöht und Phosphor dieselbe stark erniedrigt, scheint aus den Zahlen ebenfalls hervorzugehen. Tatsächlich geben die Verfasser die Änderungen der Viskosität einer Ausgangslegierung mit 2,8% C (0,0135 log. Dekr.) mit Vorbehalt wie folgt wieder:

0,1% ändert das log. Dekrement um %

C	+ 1,5	Si	+ 0,75
P	− 1,0	S(MnS)	+ 3,00
Mn	+ 0,4		

Die von den Verfassern benutzte offene Apparatur mit subjektiver Spiegelablesung zeigte sich nicht empfindlich genug, um die Änderung der Viskosität mit der Temperatur eindeutig erkennen zu lassen. Dagegen zeigte sich sehr scharf die plötzliche starke Zunahme der Viskosität bei Ausscheidungsbeginn primärer Kristallarten, wie auch aus der Zahlentafel 44 für das Dekrement für ein Eisen mit 2,62% C, 0,08% Si, 0,09% Mn, 0,05% P, 0,00% S hervorgeht.

Mit einer empfindlicher gestalteten Vakuumapparatur bestimmten später Thielmann und Wimmer die innere Reibung verschiedener Gußeisensorten (Analysen in Zahlentafel 45), wobei der Einfluß zunehmender Überhitzung klar zum Ausdruck kam. Als Bezugsgröße der graphischen Darstellung wählten sie den Quotienten aus der absoluten Versuchs- und der zu-

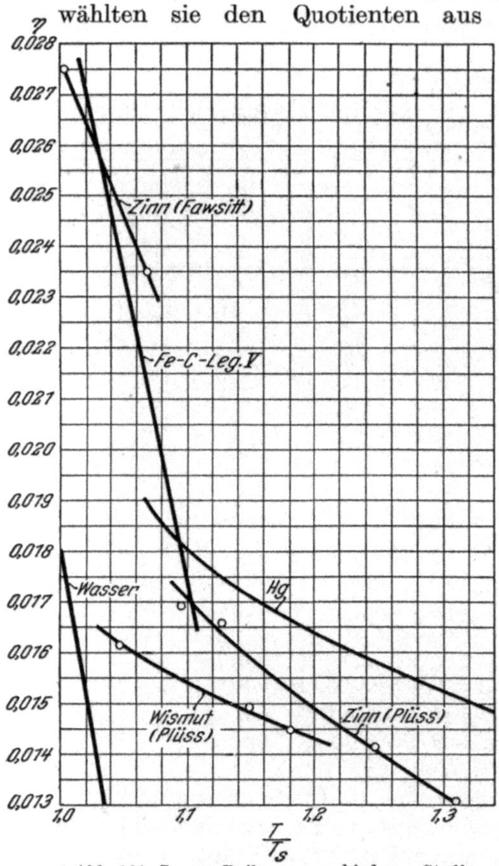

Abb. 161. Innere Reibung verschiedener Stoffe.

Abb. 162. Schwingungsamplituden in Quecksilber (Viskosimeter von Thielmann und Wimmer).

Zahlentafel 44. Abhängigkeit des Dämpfungsdekrementes von der Temperatur (Oberhoffer und Wimmer).

Versuchs-temperatur °C	Gemess. log. Dekrement %	Mittelwert %
1440	0,01324	0,01296
1430	0,01421	
1425	0,01281	
1420	0,01320	
1400	0,01212	
1394	0,01004	
1390	0,01310	
1385	0,01257	
1340	0,02024	
1325	0,08014	
1305	0,56140	
1295	0,69412	
1290	0,70814	

gehörigen Liquidustemperatur. Als Eichflüssigkeiten benutzten sie Quecksilber, Zinn und Wismut (Abb. 161). Es ergab sich, daß die Eisen-Kohlenstofflegierungen anscheinend den relativ größten Temperaturkoeffizienten der inneren Reibung besitzen, während die Reibungskoeffizienten der verschiedenen Gußeisensorten selbst sich wenig voneinander unterscheiden. Die innere Reibung der Eisen-Kohlenstofflegierungen in Abhängigkeit von Temperatur und Konzentration stellten sie für das untersuchte Temperaturgebiet schaubildlich in Form von Isothermen (Abb. 163) dar. Diese Darstellung ist insofern bemerkenswert, als sie die zunehmend wachsende Temperaturabhängigkeit der inneren Reibung mit zunehmendem Kohlenstoffgehalt klar zum Ausdruck bringt, eine für höherwertiges niedrig gekohltes Gußeisen wichtige Erkenntnis, welche sich mit den Betriebserfahrungen deckt, daß niedrig gekohltes Eisen sehr schnell dickflüssig wird und keinen langen Transport bzw. ein längeres Abstehenlassen verträgt.

Bei weiterer Verfeinerung der Meßgenauigkeit dürfte die Messung der inneren Reibung neben der Messung des elektrischen Leitwiderstandes ein ausgezeichnetes Mittel darstellen, den molekularen Aufbau von Legierungen im Schmelzzustand zu erfassen. Es bestehen nämlich, wie z. B. N. S. Kurnakow und seine Mitarbeiter zeigen konnten[1], zwischen den Grundtypen der Schmelzdiagramme und der inneren Reibung gewisse Beziehungen. So entspricht im allgemeinen die Konzentration einer Verbindung einem Maximum der inneren Reibung, während das Minimum der inneren Reibung oft bei oder in der Nähe eutektischer Konzentrationen liegt. Jedoch ist der letztere Fall noch umstritten. Abb. 164 zeigt den ersten Fall nach Kurnakow. Die der chemischen Verbindung zugehörigen Maxima werden mit zunehmender Temperatur immer flacher (Dissoziation), um bei starker Überhitzung wohl gänzlich zu verschwinden. Diese

Zahlentafel 45. Zusammensetzung der untersuchten Fe-C-Legierungen.

	C %	P %	Mn %	S %	Si %
I.	2,71	0,062	0,38	0,109	—
II.	3,25	0,069	0,31	0,144	0,15
III.	3,45	0,075	0,34	0,131	0,15
IV.	3,65	0,081	0,37	0,138	0,15
V.	3,85	0,087	0,40	0,140	0,15
VI.	4,05	0,095	0,44	0,113	0,15

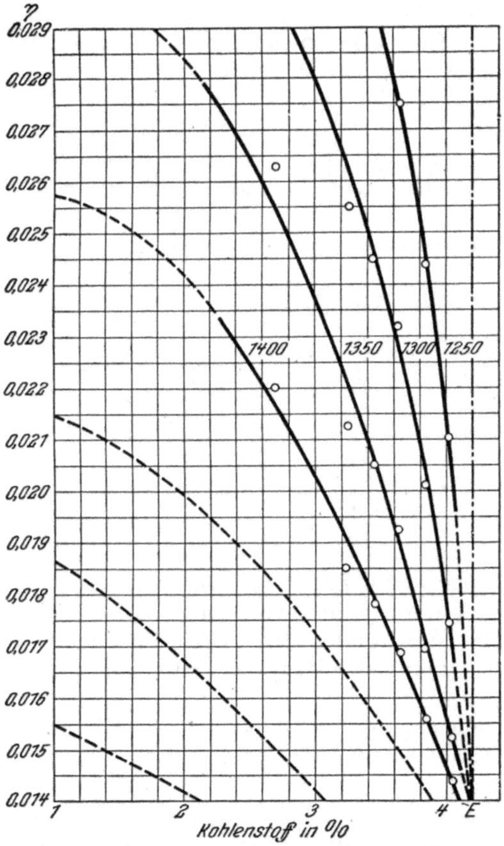

Abb. 163. Reibungskoeffizient von flüssigem Gußeisen in Abhängigkeit vom Kohlenstoffgehalt und der Temperatur (Thielmann).

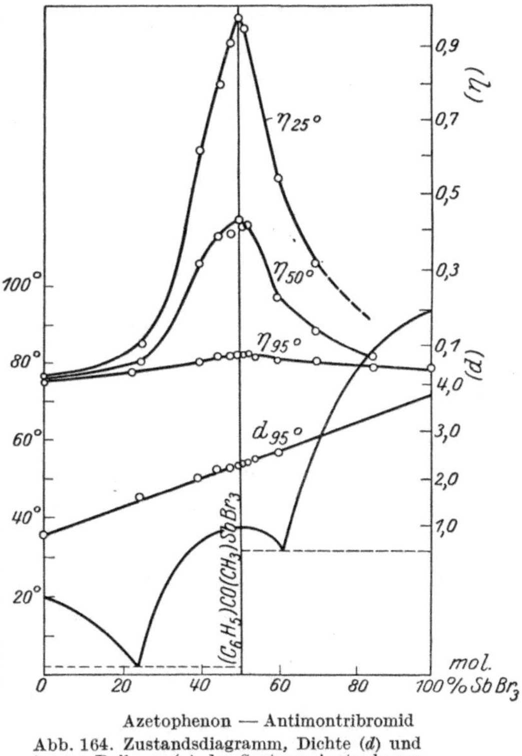

Abb. 164. Zustandsdiagramm, Dichte (d) und innere Reibung (η) des Systems Azetophenon-Antimontribromid (Kurnakow).

[1] Vgl. Kurnakow, N. S.: Journ. Russ. Chem. Ges. Bd. 47, S. 558. 1915, sowie Bd. 48, S. 1658/98. 1916; Referat Z. anorg. u. allg. Chem. Bd. 135, S. 81. 1924.

Beziehungen legen die Anwendung der Viskositätsprüfung zur Untersuchung der Molekularzustände flüssiger Eisen-Kohlenstofflegierungen nahe[1].

In der Praxis wird man im allgemeinen damit auskommen, an technologischen Proben vergleichsweise den Flüssigkeitsgrad der Gußeisenlegierungen zu bestimmen. Vielfach begnügt man sich hierbei mit der subjektiven Beobachtung des Ausfüllvermögens einer keilförmigen oder einer dünnen, spiralförmigen Form.

Über derartige technologische Messungen der Viskosität berichteten J. E. Hurst[2] sowie C. Hamelink[3] (Bonvillain-Probe) und C. Curry[4].

Was die P-reichen, angeblich dünnflüssigeren Gußeisensorten betrifft, so scheint es heute noch durchaus nicht einwandfrei erwiesen, ob das gute Auslauf- und Füllungsvermögen derselben mit einer verringerten Viskosität in Zusammenhang gebracht werden kann. Es besteht vielmehr die Möglichkeit, daß eine verringerte Oberflächenspannung P-haltiger Gußeisensorten die Ursache jener so geschätzten Erscheinung ist. Leider befinden sich die Messungen der Oberflächenspannung hochschmelzender Metalle oder Legierungen erst im Anfangsstadium experimenteller Behandlung. Die verhältnismäßig leicht zu messenden Oberflächenspannungen niedrigschmelzender Metalle sind von Hogness[5] ermittelt worden. Nach Turner[6] beträgt die Oberflächenspannung von Eisen etwa 1200 dyn/cm (zum Vergleich: Wasser = 73, Quecksilber = 447, Zinn = 480 und Kupfer = 1178). G. Draht und F. Sauerwald[7] haben später derartige Messungen nach der Blasendruckmethode an einem grauen Gußeisen mit

3,32 % C; 2,76 % Si; 0,492 % P; 0,56 % Mn; 0,126 % S

ausgeführt, wobei sie zu folgenden Werten kamen:

Versuch Nr.	Temperatur °C	Dichte d_t	Oberflächenspannung dyn/cm
1	1277	6,80	938
2	1267	6,81	936
3	1318	6,74	914
4	1310	6,75	917

Diese wenigen Zahlen ermöglichen noch keine Schlußfolgerungen, zeigen lediglich, daß die Oberflächenspannung des untersuchten Gußeisens mehr als doppelt so hoch ist als die der meisten Zinn-, Blei- und Antimonlegierungen (auch des Quecksilbers) und in der Größenordnung des Kupfers und der zinnarmen Kupferlegierungen liegt.

Zahlentafel 46 zeigt die Oberflächenspannung verschiedener Metalle nach einer Zusammenstellung von Cecil H. Desch[8].

---

[1] Nach einer neueren Arbeit von W. Herz (Z. anorg. u. allg. Chem. Bd. 168, S. 89. 1928) ist bei organischen Substanzen die sechste Wurzel aus der inneren Reibung der Anzahl Molekeln im Kubikzentimeter proportional.

[2] Foundry Trade J. Bd. 31, S. 468. 1925; Z. Metallkunde Bd. 15, S. 21. 1923.

[3] De Gieterij 1928, S. 20; Gieß. Bd. 15, S. 379. 1928.

[4] Foundry Bd. 55, S. 800. 1927; Ref. Chem. Zentralblatt Bd. 99, S. 113. 1928.

[5] J. Am. Chem. Soc. Bd. 42, H. 12. 1920.

[6] J. Inst. Metals, Mai 1921; vgl. a. E. Libman: University of Illinois Bulletin Bd. 25, Nr. 32. 1928; Gieß.-Zg. Bd. 25, S. 313. 1928.

[7] Z. anorg. u. allg. Chem. Bd. 162, S. 301. 1927.

[8] Am. Inst. Min. Met. Engs. New York: Meeting 1927.

Zahlentafel 46.

Metall	Temperatur °C	Oberflächen-spannung dyn/cm	Temperatur °C	Oberflächen-spannung dyn/cm
Antimon	—	—	840— 850	274
Wismut	269	378	700— 850	346
Blei	327	452	770— 780	424
Quecksilber	20	465	15— 17	447
Zinn	232	562	770— 780	480
Aluminium	—	—	780— 820	520
Kadmium	320	630	—	—
Zink	410	758	580— 630	707
Silber	—	—	980—1120	858
Gold	—	—	1120	1018
Kupfer	—	—	1150	1178

2. Die Volumenänderungen beim Schmelzen und Erstarren und die Schwindung.

Die Ausdehnungskurve eines Metalls ohne allotrope Umwandlungspunkte zeigt schematisch die Abb. 165. Daraus geht hervor, daß

1. der Ausdehnungskoeffizient des flüssigen und festen Zustandes bis herunter zu etwa 0°C praktisch linear mit der Temperatur verläuft,

2. der flüssige Zustand im allgemeinen einen höheren Ausdehnungskoeffizienten besitzt als der feste Aggregatzustand,

3. der Übergang in den flüssigen Aggregatzustand mit einer diskontinuierlichen (sprunghaften) Volumenzunahme verbunden ist, die bei der Erstarrung reversibel verläuft.

Zahlentafel 47 nach C. Desch[1] enthält den Ausdehnungskoeffizienten des festen Zustandes und den Volumenwechsel beim Schmelzen für eine Anzahl von Metallen.

Zahlentafel 47. Ausdehnungskoeffizient fester Metalle und Volumenänderung beim Schmelzen (nach C. Desch).

Metall	Ausdehnungs-koeffizient $\cdot 10^{-6}$	Volumenänderung beim Schmelzen in %
Reines Eisen[2]	—	+ 4,0
Aluminium	27,4	+ 6,4
Antimon	10	+ 1,4
Wismut[3]	13	— 3,2[4]
Kadmium	31	+ 4,7[4]
Kupfer	16,5	+ 4,0
Gold	14,5	+ 5,2
Blei	29	+ 3,4[4]
Magnesium	29	—
Nickel	16	—
Silber	24	+ 5,0
Zinn	22	+ 2,8[4]
Zink	26	+ 6,5

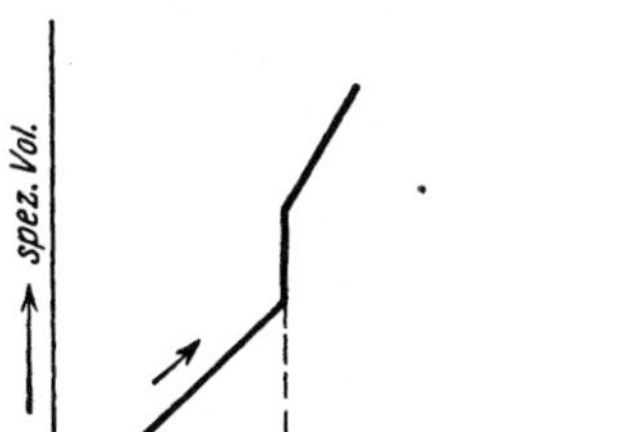

Abb. 165. Verlauf des spez. Volumens mit der Temperatur bei reinen Metallen (schematisch).

[1] Vortrag vor dem Inst. of Brit. Foundrymen, 5. bis 8. Juli 1926 zu Sheffield.

[2] J. Iron Steel Inst. Bd. 113, S. 159. 1926.

[3] Vgl. a. Tammann, G.: Lehrbuch der Metallographie, S. 38. Leipzig u. Hamburg: L. Voß 1914.

[4] Vicentini, G. u. D. Omodei: Beibl. 12, S. 176. 1888, fanden folgende Werte:
Sn = + 0,003894; Pb = + 0,003076;
Cd = + 0,00564; Bi = — 0,00342 in $cm^3 \cdot g^{-1}$.

Auch die Verbindungen und technischen Legierungen folgen im allgemeinen diesen Gesetzen, nur daß im festen Zustand Anomalien auftreten, falls Modifikationswechsel vorhanden ist. Von den Metallen zeigt nur das Wismut, von den Verbindungen lediglich eine der Al—Sb-Reihe insofern eine Abweichung, als sie im Gegensatz zu den übrigen Metallen und Legierungen unter Kontraktion schmelzen. Auch das graue Gußeisen schmilzt im Gegensatz zum Weißeisen unter Kontraktion. Abb. 167 zeigt nach Untersuchungen von Sauerwald[1] und seinen Mitarbeitern die nach der Auftriebsmethode ermittelte Ausdehnungskurve eines weißen bzw. grauen Roheisens folgender Zusammensetzung:

	C %	Graphit %	Si %	Mn %	S %	P %
grau	3,32	2,72	2,76	0,56	0,126	0,492
weiß	4,15	—	—	2,2	Sp.	Sp. (synthetisch erschmolzen)

Während das graue Roheisen unter Kontraktion schmolz, dehnte sich das weiße Eisen beim Schmelzen aus. Auch L. Zimmermann und Esser[2] bestimmten im Vakuum auf dilatometrischem Wege die Ausdehnungswerte weißen Gußeisens mit 3,5 bis 3,92% C, 0,06 bis 0,1% Mn und 0,13 bis 0,67% Si und erhielt im Mittel eine Volumenvergrößerung beim Schmelzen von ca. 1,35% (vgl. Abb. 166). K. Honda und H. Endo[3] hatten für graphitfrei erstarrendes Gußeisen etwa eutektischer Zusammensetzung eine Kontraktion von 3,6% gefunden.

Aus den Werten der spez. Volumina nach Sauerwald errechnet sich für das graue Eisen eine Kontraktion beim Schmelzen von etwa 0,90%, während die Verfasser in einer früheren Arbeit den Wert von 0,62%, bezogen auf das Volumen vor der Schmelzung gefunden hatten. Die wahren Ausdehnungskoeffizienten $\frac{1}{v_0} \cdot \frac{dv_s}{dt}$ des flüssigen Zustandes liegen nach Sauerwald für das Grau- und das Weißeisen sehr nahe beieinander und sind mit $0{,}31 \cdot 10^{-4}$ bzw. $0{,}30 \cdot 10^{-4}$ praktisch gleich, unterscheiden sich jedenfalls kaum mehr als um 1%. Dies läßt auf gleichen Molekülzustand der Schmelzen schließen. Da nun Zementit ein kleineres spezifisches Volumen besitzt, als es sich aus dem Volumen von Eisen und Graphit nach der Mischungsregel errechnet, so führt Sauerwald jene dem Graueisen zugehörige Kontraktion auf die Bildung erheblicher Mengen von Karbidmolekülen beim Schmelzvorgang zurück. Dies bestätigt demnach den bereits von Wüst aus der Anwendung des Gesetzes der Gefrierpunktserniedrigung (vgl. S. 35/36) abgeleiteten Schluß, daß geschmolzenes hochgekohltes Eisen den Kohlenstoff vorwiegend in der Karbidform gelöst enthalte.

Die in Abb. 167 deutliche Kontraktion beim Erhitzen des Graueisens im Intervall von 900 bis 1000° führt Sauerwald auf die Auflösung von Graphit in den γ-Mischkristallen zurück. Da die Auflösung von Karbidkohlenstoff nach den dilatometrischen Messungen von de Nolly und Veyret[4] u. a. vielmehr mit einer Volumenvergrößerung verbunden ist, so könnte[5] auch angenommen werden, daß in ferritischem Gußeisen die stark erhöhte γ-Umwandlung (oberhalb 900°) des stellenweise vorhandenen karbidfreien (temperkohle- oder graphithaltigen) Silikoferrits gegenüber den perlitischen Gefügeanteilen mit tiefliegender

[1] Z. anorg. u. allg. Chem. Bd. 135, S. 327. 1924; Bd. 149, S. 273. 1925; Bd. 155, S. 1. 1926.
[2] Diss. L. Zimmermann, Aachen 1928.
[3] Vgl. a. Honda und Endo: Z. anorg. u. allg. Chem. Bd. 154, S. 238. 1926.
[4] a. a. O. Auch die Maurersche Härtungstheorie basiert z. T. auf dieser Erscheinung. Maurer, E.: a. a. O.
[5] Falls das Inlösunggehen von elementarem Kohlenstoff dilatometrisch sich gleich verhält, was allerdings noch zu beweisen wäre.

(750 bis 800°) γ-Umwandlung eine zeitliche und temperaturgemäße Spaltung der mit einer Kontraktion verbundenen γ-Eisenbildung verursacht (vgl. a. S. 312 betr. Ursachen des Wachsens von Gußeisen). Für ein aus dem Schmelzfluß erstarrendes (karbidmolekülreiches) Eisen besteht nach dem Vorausgegangenen kein Grund zu einer diskontinuierlichen Volumenzunahme, vielmehr müßte eine durch die gleichzeitig einsetzende Graphitbildung in ihrem Ausmaß mehr oder weniger behinderte Kontraktion erwartet werden. Tatsächlich nennt

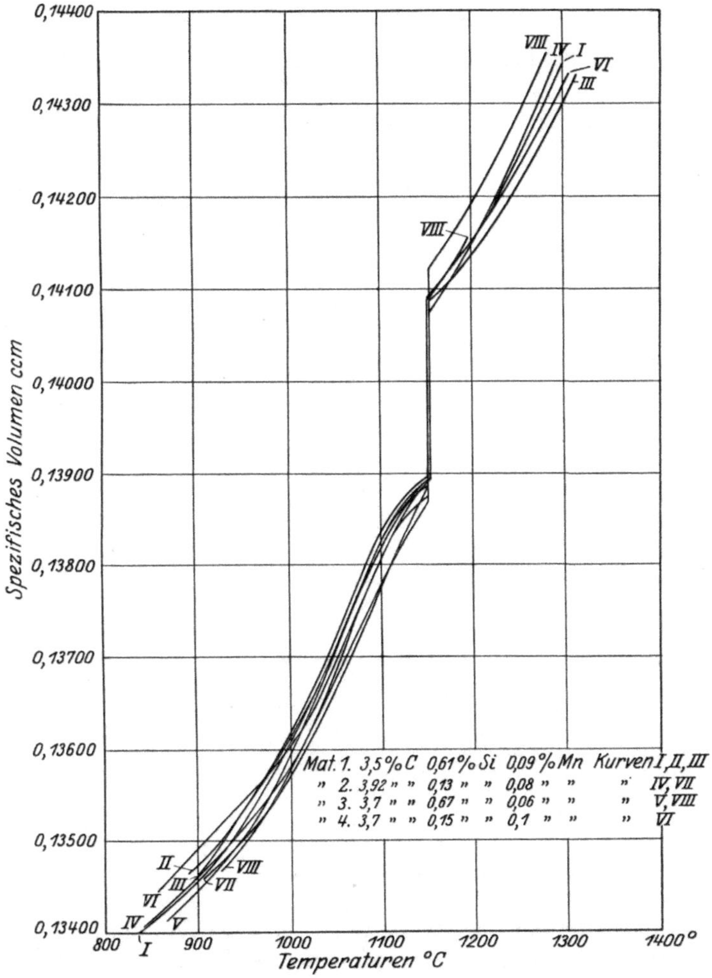

Abb. 166. Volumenmessungen an weißem Roheisen (Zimmermann und Esser).

z. B. S. Longden[1] auf Grund seiner experimentellen Arbeiten als Maximalwert den Betrag von 4,5% hierfür. Nun haben aber zahlreiche Forscher, u. a. Keep, Turner, Hailstone, Smalley eine deutliche Ausdehnung des Graugusses im Erstarrungsintervall nachweisen können, eine Beobachtung, welche auch im praktischen Betrieb sich leicht feststellen läßt.

Nach T. Turner und A. Hague[2] besitzt aber reines Weißeisen und reines Si-freies Gußeisen keine ausgesprochene anfängliche Ausdehnung bei der Er-

[1] Foundry Trade J. 1926, S. 85. [2] Metallurgie Bd. 8, S. 118. 1911.

starrung, sondern nur eine schwache Verzögerung der Schwindung. Schon ein geringer Betrag an Silizium ruft jedoch eine ausgesprochene Ausdehnung hervor, noch bevor die Graphitausscheidung einsetzt.

H. J. Coe[1] fiel es auf, daß z. B. ein Eisen mit:

4,25 % C, 1,14 % Gr, 3,11 % Geb.-C, 17,57 % Mn, 2,54 % Si

eine etwa dreimal so große lineare Ausdehnung (0,0859 mm) während der Erstarrung zeigte als ein viel weitgehender graphitisiertes Eisen mit:

3,63 % C, 3,16 % Gr, 0,47 % Geb.-C, 1,61 % Mn, 2,35 % Si,

welches bei gleicher Stablänge nur eine Ausdehnung von 0,0354 mm ergab. Er

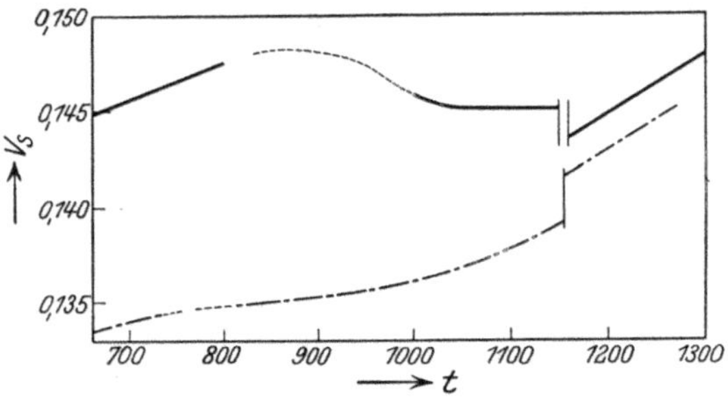

Abb. 167. Spez. Vol. von grauem — bzw. weißem —·—·— Roheisen bei langsamer Erwärmung (Sauerwald).

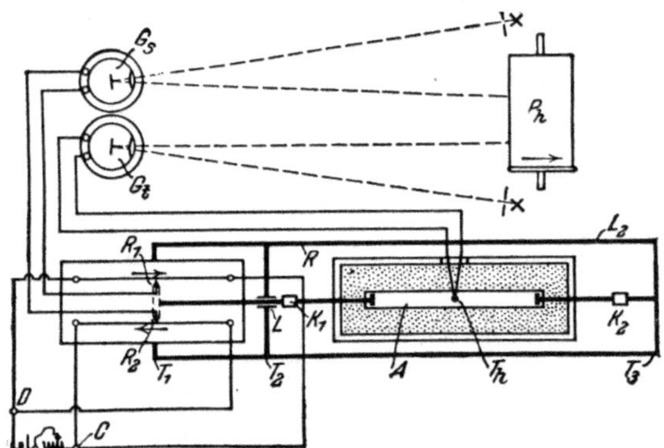

Abb. 168. Schwindungsmesser nach Wüst und Schitzkowski.

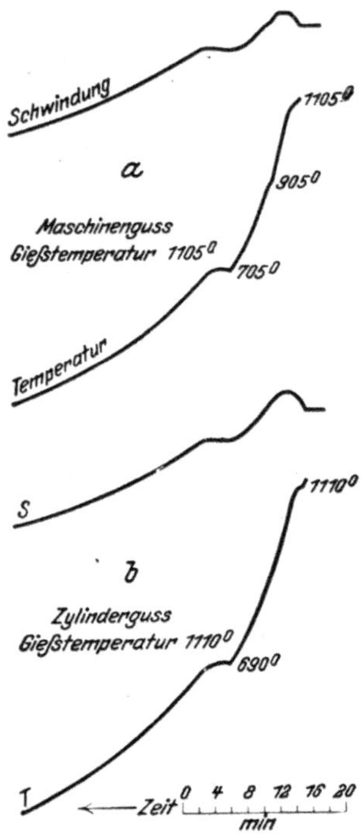

Abb. 169. Schwindungs- und Abkühlungskurven von verschiedenen Gußeisensorten (Wüst und Schitzkowski).

zweifelte demnach an der bis dahin üblichen Anschauung, daß die Volumenzunahme während der Erstarrung auf den ausscheidenden Graphit zurückzuführen sei. Ähnliche Beobachtungen hat übrigens auch Wrigthson[2] gemacht. Auch F. Sauerwald[3] hatte an einem Gußeisen der auf S. 158 mitgeteilten Zusammensetzung anfängliche Ausdehnungen von 0,33 bis 0,39 % beobachtet.

C. Ebbefeld und P. Bardenheuer[4] konnten nun zeigen, daß die anfängliche Ausdehnung sowohl des weißen wie die des grauen Eisens in enger Beziehung zum Gasgehalt der Schmelze steht und demnach die sprunghafte Abnahme der Gaslöslichkeit des Eisens bei seiner Erstarrung eine der Ursachen jener Erscheinung sei. Tatsächlich zeigte ein weißes schwedisches Roheisen

[1] Metallurgie Bd. 8, S. 102. 1911.
[2] J. Iron and Steel Inst. Bd. 1, S. 11. 1880.
[3] Z. techn. Phys. Bd. 45, S. 650/62. 1927.
[4] Mitt. Eisenforsch. Bd. 6. 1925.

eine um so geringere Ausdehnung, je vollständiger ihm im Vakuum die Gase entzogen wurden. Ein manganreiches schwedisches Roheisen ferner, das an der Luft geschmolzen unter großer Ausdehnung erstarrte, zeigte nach kurzer Behandlung im Vakuum überhaupt keine Ausdehnung mehr. Der Unterschied in der Schwindung des erstarrten weißen und grauen Eisens erstreckt sich nach diesen Versuchen hauptsächlich auf den vorperlitischen Teil der Schwindung, verursacht durch den in diesem Intervall sekundär abgeschiedenen Graphit (Temperkohle), vgl. Zahlentafel 48. Die nachperlitische Schwindung ist bei grauem und weißem Eisen jedoch praktisch gleich groß.

Zahlentafel 48.

Schmelze Nr.	Analyse		Bruchaussehen	Schwindung			Gießtemperatur °C
	C ges. %	Graphit %		Gesamt %	Vorperlitisch %	Nachperlitisch %	
28	3,23	—	weiß	1,888	0,877	1,010	1191
68	3,20	—	,,	1,872	0,947	0,925	1201
72	3,17	1,67	grau	1,263	0,297	0,966	1253
73	3,17	1,97	,,	1,225	0,255	0,971	1305

F. Wüst und G. Schitzkowski[1] untersuchten den Einfluß von: C, Si, Mn, P, S, Cr und Ni auf die Schwindung des reinen Eisens unter Benutzung des von ihnen erbauten, selbstregistrierenden Schwindungsmessers (vgl. Abb. 168) bei gleichzeitiger Aufnahme einer Schwindungs- und einer Temperatur-Zeitkurve (Abb. 169). Sie kamen hierbei zu folgenden Ergebnissen (vgl. a. Abb. 170 u. Abb. 171):

Kohlenstoff verringert die Schwindung des reinen Eisens, die sich auf 2,39% beläuft. Bei einem Gehalt von 1,7 bis 2% C erreicht die Schwindung mit etwa 1,9% einen kleinsten Wert. Bei weiterer Kohlenstoffzunahme nimmt die Schwindung langsam zu.

Ähnlich wie Kohlenstoff wirkt Phosphor. Einer Abnahme der Schwindung bis zu 1,3% bei etwa 1,7% Phosphor folgt ein Wiederanstieg mit weiter erhöhtem Phosphorgehalt.

In beiden Legierungsreihen stehen die gefundenen Schwindungswerte in Beziehung zu dem Zustandsschaubild. Die Bildung von Mischkristallen ver-

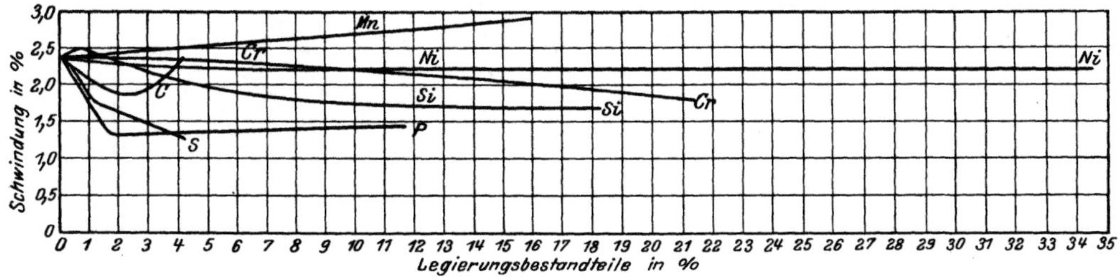

Abb. 170. Der Einfluß der Legierungselemente auf die Schwindung reinen Eisens (Wüst und Schitzkowski).

ringert die Schwindung; sobald jedoch die Grenze der Löslichkeit überschritten ist und zu den Mischkristallen noch Eisenkarbid (Ledeburit) bzw. Eisenphosphid (Phosphideutektikum) hinzutritt, wird die Schwindung vergrößert.

Bei den Eisen-Kohlenstofflegierungen erleidet nur die vorperlitische Schwindung mit wechselndem Kohlenstoffgehalt Änderungen, während die Schwin-

[1] Mitt. Eisenforsch. Bd. 4, S. 105/24. 1922.

dung, die nach dem Perlitpunkt erfolgt, unabhängig von der Konzentration des Kohlenstoffs ist und sich ungefähr auf den Betrag von 1% stellt.

Silizium wirkt, von geringen Zusätzen abgesehen, verkleinernd auf die Schwindung; dieselbe sinkt von 2,39% auf 1,7% bei einem Gehalt von 18,24% Silizium.

Mangan ist der einzige der untersuchten Zusätze, der eine gegensätzliche Wirkung hat. Bei dem höchsten untersuchten Mangangehalt von 15,5% war die Schwindung auf 2,89% gestiegen.

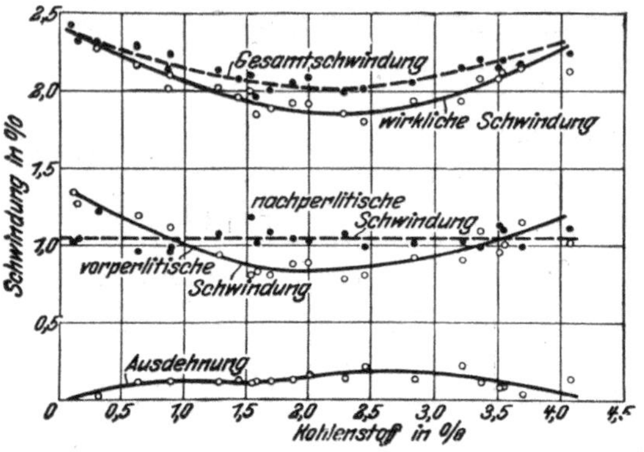

Abb. 171. Einfluß des Kohlenstoffs auf die Schwindung des Eisens (Wüst und Schitzkowski).

Schwefel wirkt bis zu einem Gehalt von 1% stark erniedrigend auf die Schwindung. Bei weiterer Steigerung des Schwefelgehaltes wird der Einfluß auf die Schwindung geringer. Kleine Schwefelzusätze wirken ebenso stark erniedrigend wie entsprechende Phosphorgehalte. Während aber weiterer Phosphorzusatz über 1,7% die Schwindung wieder vergrößert, wirkt Schwefelzusatz bis zu den höchsten untersuchten Gehalten weiter erniedrigend.

Nickel verringert die Schwindung des reinen Eisens nur sehr schwach. Bei einem Gehalt von 25% Nickel scheint die Schwindung einen kleinsten Wert zu durchlaufen.

Chrom wirkt gleichfalls erniedrigend auf die Schwindung des Eisens. Diese nimmt ziemlich gleichmäßig bis zum Werte 1,80% bei 21,4% Cr ab.

Auch die graphitfreien Eisenkohlenstofflegierungen zeigen zu Beginn der Erstarrung eine Ausdehnung, deren Größe etwa mit dem Erstarrungsintervall der betreffenden Legierung sich änderte.

C. Ebbefeld und P. Bardenheuer[1] konnten nachweisen, daß die Anordnung der das Schreibwerk betätigenden Übertragungsdrähte in der Längsachse der Versuchsstäbe die Aufzeichnung der Schwindungskurven infolge eigener Wärmeausdehnung störend beeinflussen mußte. Sie ordneten daher bei ihren Schwindungsversuchen die 8 bis 10 mm starken Übertragungsdrähte senkrecht zur Stabachse an mit

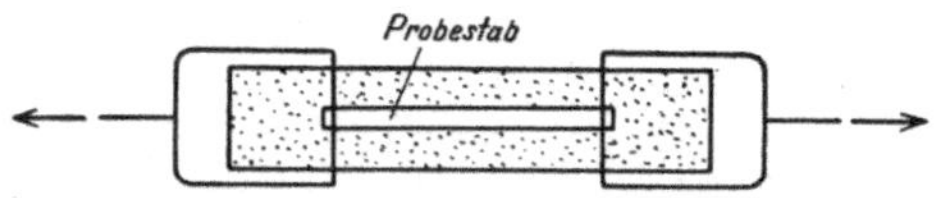

Abb. 172. Anordnung der Übertragungsdrähte im Schwindungsmesser (Ebbefeld u. Bardenheuer).

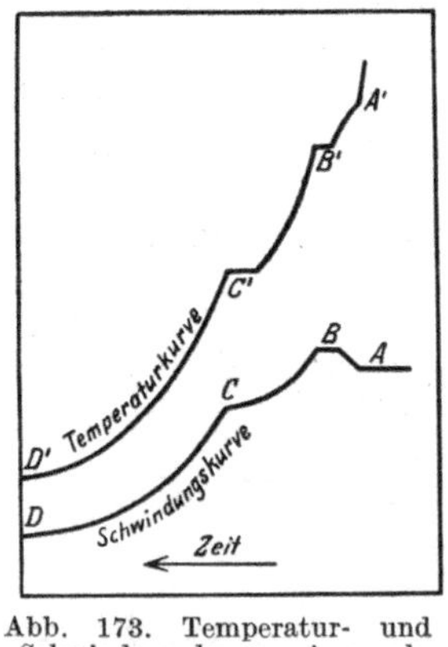

Abb. 173. Temperatur- und Schwindungskurve eines abkühlenden Gußeisenstabes.

seitlichen Bügeln für die axiale Übertragung der Längenänderungen (vgl. Abb. 172). Mit dieser neuen Anordnung konnten sie die von Wüst und Schitzkowski beobachtete Gesetzmäßigkeit zwischen der Größe des Erstarrungsintervalles und der anfänglichen Ausdehnung nicht bestätigt finden. Abb. 173 zeigt nun den idealisierten Verlauf einer mit dem Wüstschen Schwindungsmesser gewonnenen

[1] a. a. O.

Temperatur- Zeit und Schwindungskurve für einen untereutektischen Grauguß. *A'* entspricht dem Beginn der Erstarrung (Ausscheidung primärer Mischkristalle), *B'* dem eutektischen Intervall, *C'* der Perlitbildung. Der Schwindungsapparat beginnt allerdings erst zu arbeiten, wenn die Erstarrung der Schmelze so weit fortgeschritten ist, daß die Reibung des Übertragungsmechanismus von der Zugfestigkeit des erstarrenden Probestabes überwunden wird. Alsdann entspricht die Strecke *A B* der Volumenänderung während der anfänglichen Ausdehnung, die Strecke *BC* der vorperlitischen durch die Graphitisierung beeinträchtigten Schwindung, während die Strecke *CD* der nachperlitischen Schwindung zugehörig ist. Im Perlitintervall selbst (bei C) ist infolge der γ/α-Ausdehnung die stärkste Verzögerung der Schwindung zu beobachten. Was den Einfluß der Legierungselemente betrifft, so fanden Ebbefeld und Bardenheuer, „daß solche Elemente und Einflüsse, welche die Abscheidung von (sekundärem) Graphit fördern, eine Verminderung und solche, die sie erschweren, eine Vergrößerung der vorperlitischen und damit auch der Gesamtschwindung bewirken."

Silizium, das nach Wüst und Schitzkowski die Schwindung des graphitfreien Eisens verkleinert, wirkt infolge seiner Begünstigung der Graphitbildung auf die Schwindung des grauen Gußeisens in der gleichen Richtung ein (Zahlentafel 49 und 50), bei nassen Formen eindeutig anscheinend jedoch nur bis etwa 3% Si.

Zahlentafel 49. Einfluß des Siliziumgehaltes auf die Schwindung (nach C. Ebbefeld). 1. Versuchsreihe (nasse Formen).

Schmelze Nr.	Analyse								Schwindung				
	Ges.-C %	Graphit %	Graphit in % d. Ges.-C	C geb. %	Si %	Mn %	P %	S %	Gesamt %	Vorperlitisch %	Nachperlitisch %	Ausdehnung %	Gießtemperatur °C
22	3,17	2,12	66,9	1,05	0,96	0,60	0,4	0,08	1,380	0,377	0,870	0,133	1201
27	3,26	2,22	68,2	1,04	0,98				1,364	0,395	0,878	0,091	1195
37	3,29	2,17	66,0	1,12	1,42				1,318	0,260	0,896	0,162	1222
35	3,25	2,25	69,3	1,00	2,15				1,234	0,212	0,932	0,090	1196
23	3,41	2,24	65,8	1,17	2,06				1,185	0,184	0,866	0,135	1150
32	3,04	2,40	79,0	0,64	2,73				1,172	0,273	0,877	0,022	1181
25	2,98	2,04	68,4	0,94	3,00				1,175	0,322	0,853	—	1178
26	3,20	2,60	81,3	0,60	3,12				1,250	0,365	0,885	—	1150
30	2,99	2,20	73,6	0,79	3,76				1,300	0,333	0,967	—	1211
24	3,07	2,21	72,0	0,86	4,08				1,318	0,339	0,979	—	1139

Zahlentafel 50. Einfluß des Siliziumgehalts auf die Schwindung (nach C. Ebbefeld). 2. Versuchsreihe (getrocknete Formen).

Schmelze Nr.	Analyse								Schwindung				
	Ges.-C %	Graphit %	Graphit in % d. Ges.-C	C geb. %	Si %	Mn %	P %	S %	Gesamt %	Vorperlitisch %	Nachperlitisch %	Ausdehnung %	Gießtemperatur °C
69	3,40	2,15	63,3	1,25	1,26	0,64	—	—	1,341	0,359	0,982	0,169	1305
86	3,25	2,30	70,9	0,95	2,00	—	—	—	1,220	0,300	0,920	0,057	1232
85	3,23	2,44	75,6	0,79	3,24	—	—	—	1,163	0,192	0,971	0,054	1212
87	3,15	2,44	77,5	0,71	3,56	—	—	—	1,011	0,123	0,898	0,024	1232

Mangan hat nicht nur eine Vergrößerung der Schwindung des reinen Eisens, sondern auch eine solche des grauen Gußeisens zur Folge, da es die Graphitbildung erschwert (Zahlentafel 51).

Zahlentafel 51. Einfluß des Mangangehalts auf die Schwindung (nach C. Ebbefeld).

Schmelze Nr.	Analyse								Schwindung				
	Ges.-C %	Graphit %	Graphit in % d. Ges.-C	C geb. %	Si %	Mn %	P %	S %	Gesamt- %	Vorperlitisch %	Nachperlitisch %	Ausdehnung %	Gießtemperatur °C
73	3,17	1,97	62,2	1,20	1,48	0,61	0,43	0,077	1,225	0,255	0,971	0,062	1305
72	3,17	1,67	52,7	1,50		1,22			1,263	0,297	0,966	0,063	1253
74	3,08	1,31	42,5	1,77		2,63			1,422	0,427	0,995	0,096	1268
75	3,03	0,12	3,96	2,91		3,20			1,628	0,607	1,021	0,120	1326

Phosphor beeinflußt unter den angewandten Versuchsbedingungen bis zu Gehalten von 3,0% das Maß der Schwindung praktisch nicht, obwohl das Schwindmaß des kohlenstoffarmen Eisens durch Phosphorgehalte bis zu 1,7% stark herabgesetzt wird (Zahlentafel 52).

Zahlentafel 52. Einfluß des Phosphors auf die Schwindung (nach C. Ebbefeld).

Schmelze Nr.	Analyse								Schwindung					Gießtemperatur °C
	Ges.-C %	Graphit %	Graphit in % d. Ges.-C	C geb. %	Si %	Mn %	P %	S %	Gesamt- %	Vorperlitisch %	Nachperlitisch %	Ausdehnung %	Dauer d. Ausdehn. sec.	
73	3,17	1,97	62,2	1,20	1,48	0,61	0,43	0,077	1,225	0,255	0,971	0,062	335	1305
70	3,03	1,87	61,7	1,16	—	—	1,44	—	1,248	0,233	1,015	0,092	503	1253
71	2,89	1,86	64,4	1,03	—	—	2,53	—	1,203	0,241	0,962	0,087	588	1315
76	2,81	1,42	50,5	1,39	—	—	2,98	—	1,238	0,240	0,999	0,049	305	1289

Während Schwefel die Schwindung des reinen Eisens stark ermäßigt, nimmt im grauen Eisen infolge der Erschwerung der Graphitabscheidung das Schwindmaß mit dem Schwefelgehalt stark zu (Zahlentafel 53).

Zahlentafel 53. Einfluß des Schwefels auf die Schwindung (nach C. Ebbefeld).

Schmelze Nr.	Analyse								Schwindung				
	Ges.-C %	Graphit %	Graphit in % d. Ges.-C	C geb. %	Si %	Mn %	P %	S %	Gesamt- %	Vorperlitisch %	Nachperlitisch %	Ausdehnung %	Gießtemperatur °C
73	3,10	1,97	62,2	1,20	1,48	0,61	0,43	0,077	1,225	0,255	0,971	0,062	1305
79	3,22	1,88	58,4	1,34				0,20	1,292	0,282	1,010	0,114	1232
78	3,10	1,33	42,9	1,77				0,31	1,484	0,472	1,020	0,096	1278
77	3,09	0,00	—	3,09				0,39	1,626	0,598	1,028	0,057	1263

Obwohl nach diesen Versuchen der Phosphor im Gußeisen die Schwindung kaum beeinflußt, nimmt mit zunehmendem Phosphorgehalt (Phosphideutektikum) das Erstarrungsintervall und damit die Zeitdauer zu, während welcher der Abguß ein größeres Volumen einzunehmen bestrebt ist, als es die Gußform besitzt (Abb. 174). In dem hierdurch entstehenden, lang anhaltenden Anpreßdruck sehen Ebbefeld und Bardenheuer eine Erklärung für den bekannten, konturenfördernden Einfluß des Phosphors (Kunstguß). Auch im Hartguß ist diese Eigenschaft des Phosphors, welche die Berührungsdauer des Eisens mit der Form erhöht, von größter Bedeutung.

Da eine Vorwärmung der Form (Lanz-Verfahren) die Abscheidung des sekundären Graphits fördert, so beeinträchtigt sie ebenfalls die vorperlitische Schwindung und damit die Gesamtschwindung und wirkt demnach günstig im Sinne einer Verminderung der Gießspannungen (vgl. Zahlentafel 54). In gleicher Weise ist ein Unterschied der Schwindungs- und Spannungsverhältnisse bei Naß- gegenüber Trockenguß zu erwarten (vgl. Zahlentafel 49 mit Zahlentafel 50).

Zahlentafel 54.
Einfluß der Temperatur der Form auf die Schwindung (nach C. Ebbefeld).

Nr. der Probe	Analyse								Temperatur der Form	Schwindung			Gießtemperatur	Härte nach Brinell
	Ges.-C %	Graphit %	Graphit i. % des Ges. C	C geb. %	Si %	Mn %	P %	S %	°C	Gesamt- %	Vorperlitisch %	Nachperlitisch %	°C	
42	3,29	2,09	63,6	1,20	1,27	0,67	0,36	0,077	15	1,279	0,337	0,942	1206	217
43	3,25	2,08	64,0	1,17	—	—	—	—	175	1,163	0,176	0,988	1206	209
44	3,27	2,07	63,3	1,20	1,18	—	—	—	297	1,124	0,119	1,005	1242	196
41	3,30	2,48	75,2	0,82	—	—	—	—	403	1,019	0,075	0,944	1200	186
45	3,27	2,58	79,0	0,69	—	—	—	—	554	0,878	0,003	0,875	1247	171
47	3,23	—	—	3,23	0,06	0,00	0,06	0,02	414	1,630	0,630	1,000	1227	—

Aus den Werten der Zahlentafeln 49 und 50 nach Ebbefeld kann man übrigens erkennen, daß die anfängliche Ausdehnung im Erstarrungsintervall nicht auf die Graphitbildung zurückzuführen ist. Wäre dies nämlich der Fall, so müßte mit zunehmendem Siliziumgehalt im Guß eine Erhöhung der anfänglichen Ausdehnung zu erwarten sein, tatsächlich aber war hier gerade das Gegenteil zu beobachten, so daß vielmehr der Zusammenhang zwischen der entgasenden Wirkung des Siliziums und jener bemerkenswerten Erscheinung erneut dokumentiert wird. Dagegen zeigen die Werte der Zahlentafeln wiederum deutlich, daß die Gesamtschwindung des Gusses mit dem Zusatz eines graphitfördernden Mittels abnimmt.

Das gleiche geht aus Schwindungsversuchen nach einer Arbeit von Piwowarsky[1] hervor (vgl. Zahlentafel 55), denn die wirkliche Schwindung betrug dort:

bei Schmelzreihe I mit etwa 2,0% Si 0,486% i. M.
„ „ II „ „ 1,6% Si 0,587% i. M.
„ „ III „ „ 0,95% Si 1,08 % i. M.

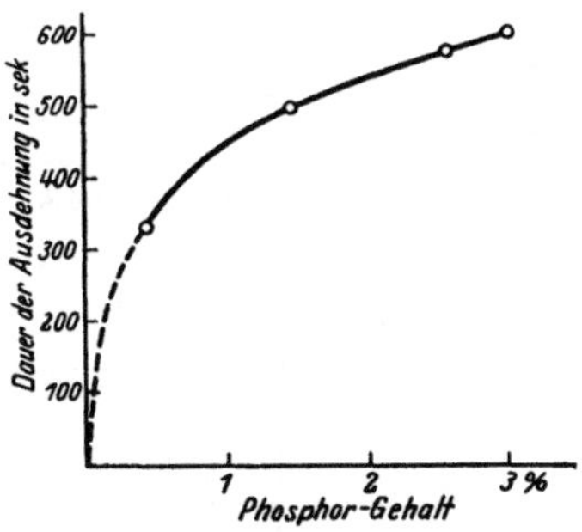

Abb. 174. Einfluß des Phosphorgehalts auf die Ausdehnung bei der Erstarrung von Gußeisen (Ebbefeld und Bardenheuer).

Die Zahlen nach Piwowarsky zeigen übrigens eine starke Abhängigkeit der anfänglichen Ausdehnung von der Schmelzbehandlung insofern, als im mittleren Überhitzungsbereich die anfängliche Ausdehnung am größten ist, um bei weiterer Temperatursteigerung wiederum abzufallen. Tatsächlich fanden Piwowarsky und Wüster[2] mit einer neuartigen Apparatur an einem phosphorreichen Gußeisen einen gleichartigen Verlauf der aus dem Schmelzfluß entweichenden Gasmengen, wenngleich die dort mitgeteilten Zahlen noch nicht völlig ausreichen, einen parallelen Verlauf zwischen Gasabscheidung und anfänglicher Ausdehnung sicherzustellen. In diesem Zusammenhang sind auch die Schwindungsmessungen von P. H. Wilson[3] am Kupolofeneisen von Interesse. Wilson beobachtete, daß nur das bei zu hoher Windpressung erschmolzene

[1] Gieß.-Zg. 1926, S. 379. [2] Stahleisen Bd. 47. S. 698. 1927.
[3] Inst. Brit. Foundrymen, Juli 1927; Ref. Stahleisen Bd. 47, S. 1613. 1927.

Eisen die Ausdehnung im Erstarrungsintervall zeigte (Abb. 175), was die Existenz der eben diskutierten Zusammenhänge bestätigen dürfte.

Zahlentafel 55. Ausdehnung im Erstarrungsintervall bei gleicher Gießtemperatur in Abhängigkeit von der voraufgegangenen Überhitzung

Schmelz-reihe	Schmelze Nr.	C %	Graphit %	Si %	Behandlung		Wirkliche Schwindung %	Ausdehnung im Erst.-Intervall %	Gesamtschwindung %
					erhitzt auf °C	vergossen bei °C			
I	1	3,26	3,02	2,24	1300	1250	0,385	0,352	0,737
	2	3,30	2,51	2,18	1450	1250	0,320	0,529	0,849
	3	3,23	1,99	2,24	1600	1250	0,753	0,240	0,993
II	4	3,52	3,08	1,74	1300	1250	0,497	0,192	0,689
	5	3,36	1,71	1,54	1450	1250	0,833	0,448	1,281
	6	3,56	2,22	1,74	1600	1250	0,432	0,417	0,849
III	7	3,28	1,51	0,82	1300	1250	0,933	0,256	1,189
	8	3,02	1,23	0,98	1450	1250	1,008	0,481	1,489
	9	3,24	1,16	0,92	1600	1250	1,300	0,0962	1,369

Die Schwindmaße von Grauguß im Vergleich zu anderen Metallen und Legierungen verhalten sich wie folgt[1]:

Gußeisen	0,5 —1,0 %
Temperguß	1,2 —2,0 %
Stahlguß	1,5 —2,0 %
Bronze und Rotguß	0,8 —1,5 %
Aluminiumguß	0,9 —1,75 %
Messingguß	0,85—1,50 %
Silumin	1,0

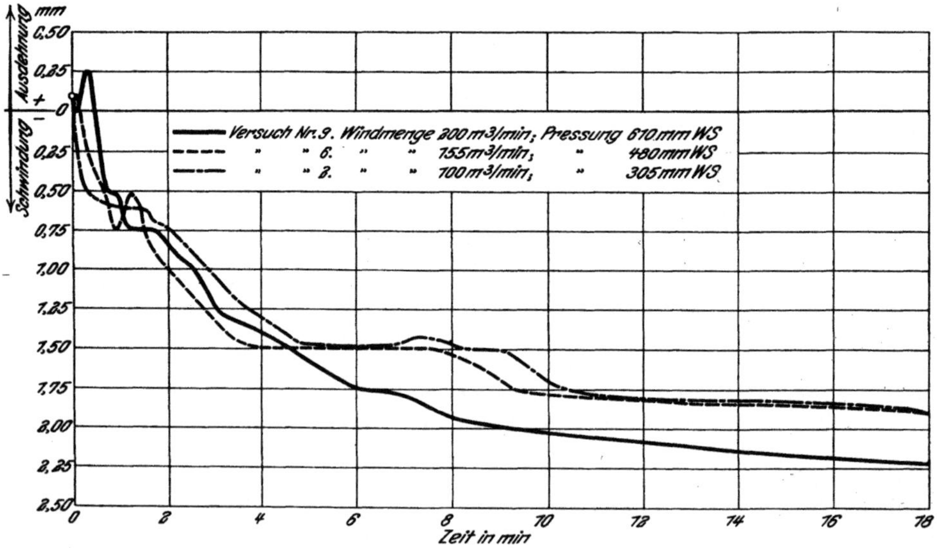

Abb. 175. Einwirkung des Winddrucks beim Kupolofenbetrieb auf die Ausbildung der Schwindungskurven des Gußeisens (Wilson).

Aus den voraufgehenden Ausführungen ist leicht abzuleiten, daß die sog. Lunkerung der Gußmetalle um so höher ausfallen wird:

[1] DIN-Entwurf E 1511 Bl. 2 (Gießereiwesen); vgl. a. Gieß. Bd. 15, S. 500. 1928.

1. je größer die Kontraktion der betreffenden Legierung bei der Erstarrung ist (vgl. Zahlentafel 47),

2. je größer die Schwindung ist,

3. je höher die Gießtemperatur und

4. je größer der Temperaturunterschied zwischen Rand und Mitte des erstarrenden Gußstücks ausfällt (Funktion der Leitfähigkeit von Metall und Gießform).

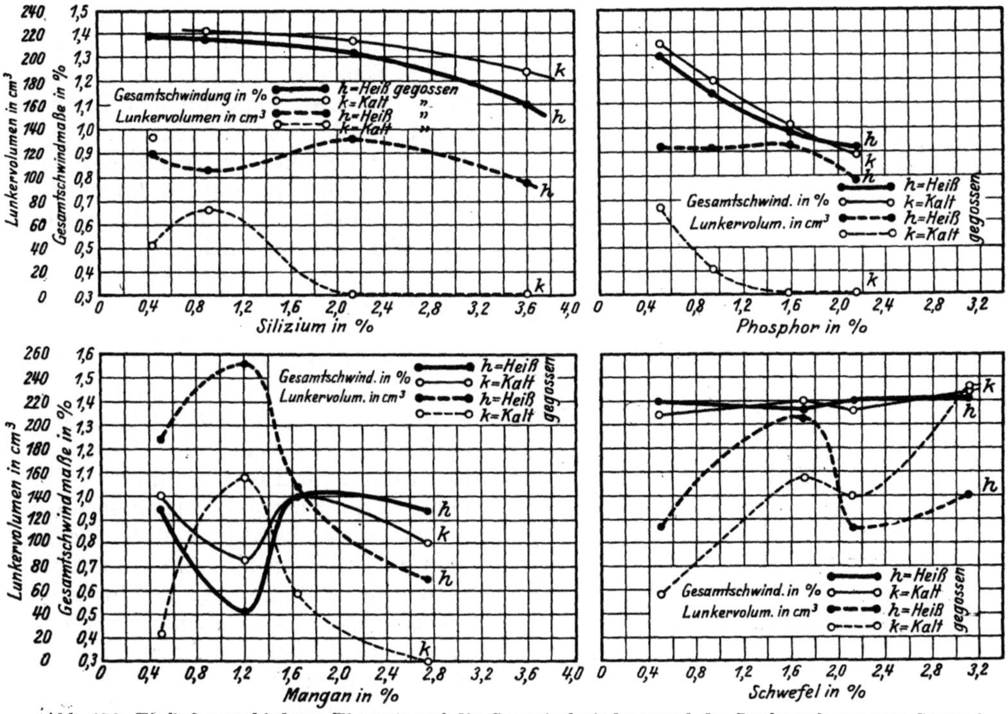

Abb. 176. Einfluß verschiedener Elemente auf die Gesamtschwindung und das Lunkervolumen von Grauguß (Bauer und Sipp).

Diese Beziehungen fanden auch Bauer und Sipp[1] bei ihren umfangreichen Schwindungsversuchen an sehr reinen Gußeisensorten bestätigt (Abb. 176), wenngleich der Umfang der Graphitisierung bei derartigen Untersuchungen die rein physikalischen Zusammenhänge mitunter verwischt.

3. Über Gußspannungen.

Bei den großen Temperaturunterschieden zwischen dem Metall und der Form erfolgt unmittelbar nach dem Einguß ein starker Wärmeabfall der mit den Formwänden direkt in Berührung kommenden Teile des Gußmaterials. Je langsamer nun der Wärmeausgleich im Gußstück sich vollzieht, um so größer werden die Temperaturunterschiede zwischen Rand und Mitte, welche maßgeblich sind für die Neigung zur Lunkerung und für das Auftreten von Wärmespannungen. Fallen bei den in Abb. 177a bis c schematisch dargestellten Temperaturkurven die Maxima des Temperaturunterschiedes Z_m nahe an Z_b (Beginn der

[1] Stahleisen Bd. 43, S. 1239. 1923; Gieß. 1923, S. 459.

Erstarrung), d. h. in die Erstarrungsperiode oder gar in den Zeitpunkt beendeter Erstarrung (Abb. 177c), so ist die Neigung zu Warmrissen oder bleibenden Spannungen am größten. Ein Erstarrungsvorgang gemäß Fall a dagegen ist sowohl hinsichtlich Lunkerausbildung als auch hinsichtlich der Entstehung von Spannungen am günstigsten, denn hier ist das Maximum des Temperaturunterschiedes kleiner und tritt auf, bevor sich noch eine feste Gußhaut gebildet hat. Da ferner auch die flüssige Schwindung gemäß $v = v_0 \cdot 3\alpha (T_1 - T_2)$ eine Funktion des Temperaturunterschiedes ist, so wird der Lunker um so größer, je rascher das Gußstück abkühlt und je höher die Gießtemperatur ist, falls nicht künstlich dafür gesorgt wird, daß flüssiges Material bis zum Zeitpunkt Z_b nachfließen kann.

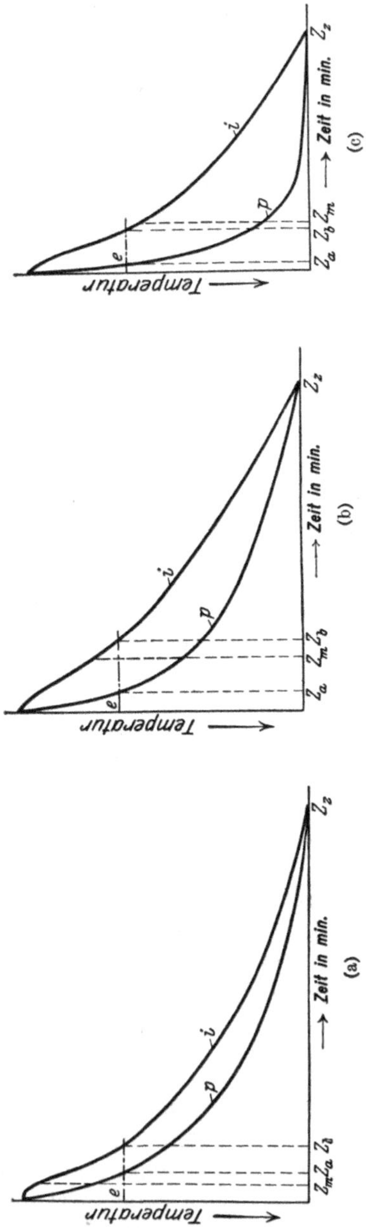

Abb. 177 a bis c. Temperaturverlauf innerhalb eines Gußstückes bei langsamer (a), schneller (b), und sehr schneller (c) Abkühlung. Es bedeuten:
e = Erstarrungstemperatur,
i = Kernzone } des Gußstücks,
p = Randzone } des Gußstücks,
Z_a = Beginn der Erstarrung in Randzone,
Z_b = Beginn der Erstarrung im Kern,
Z_m = Auftreten des max. Temperaturunterschiedes zwischen Randzone und Kern.

Man denke sich in Anlehnung an E. Heyn[1] zwei Stäbe *I* und *II* fest miteinander verbunden, so daß sie gezwungen sind, unter allen Umständen gleiche Lage zu behalten. Ferner sei aus Gründen der Einfachheit angenommen, daß die Querschnitte beider Stäbe und die Dehnungszahl des Materials für Zug und Druck gleich sei. Außerdem sollen die Bedingungen erfüllt sein, daß die Stäbe sich nicht krümmen können, beide bei der Temperatur t_1 ohne Spannung sind und die gleiche Länge l_0 besitzen. Dem Stab *II* werde nun die Temperatur t_2, die größer sein soll als t_1, erteilt, während Stab *I* seine Temperatur beibehält. Wären die beiden Stäbe frei, nicht verkuppelt, so würde Stab *II* die Länge

$$l_2 = l_0 [1 + a \cdot (t_2 - t_1)] \qquad (46)$$

annehmen, wobei a der Wärmeausdehnungskoeffizient ist. Infolge der Verkupplung mit Stab *I* ist er aber daran verhindert, und beide Stäbe müssen sich auf eine mittlere Länge l_m einigen, wobei

$$l_m = \frac{l_0 + l_2}{2} = \frac{l_0 + l_0 [1 + a (t_2 - t_1)]}{2} \qquad (47)$$

wird. Hierdurch wird aber Stab *I* verlängert, Stab *II* verkürzt; d. h. es entstehen in Stab *I* Zug-, in Stab *II* Druckbeanspruchungen. Solange diese die Streckgrenze des Materials nicht überschreiten, solange also die Formverände-

[1] Martens-Heyn: 2. Aufl., Bd. 2a, S. 331/32.

rungen rein elastisch sind, entstehen auf diese Weise in den Stäben Spannungen, im kälteren Stabe Zug-, im wärmeren Druckspannungen, die man berechnen kann. Bezeichnet man die Verlängerung des Stabes *I* mit ε_1 und die Verkürzung des Stabes *II* mit ε_2, so ist

$$+\varepsilon_1 = -\varepsilon_2 = l_m - l_0$$

und nach Einsetzen des Wertes für l_m

$$-\varepsilon_2 = +\varepsilon_1 = \frac{l_0}{2} \cdot a \cdot (t_2 - t_1)\,. \tag{48}$$

Um eine gleiche Verlängerung in einem Stabe von der Länge l_0 durch äußere Kräfte zu erzielen, müßte im Stab *II* eine Druckspannung und im Stab *I* eine Zugspannung erzeugt werden, wobei

$$\varepsilon_1 = \frac{l_0 \cdot \sigma_1}{E} \tag{49}$$

und E der Elastizitätsmodul des Materials ist. Durch Gleichsetzen der beiden Werte für σ in Gl. (48) und (49) erhält man

$$\sigma_1 = -\sigma_2 = \frac{E \cdot a}{2}\,(t_2 - t_1)\,. \tag{50}$$

Die entstehenden Spannungen sind danach proportional dem Elastizitätsmodul, dem Wärmeausdehnungskoeffizienten des Materials und dem Temperaturunterschied, dagegen unabhängig von der Länge der Stäbe. Die Spannungen sind folglich unter sonst gleichen Verhältnissen in langen Stäben nicht größer als in kürzeren.

Ist der Querschnitt der beiden Stäbe nicht gleich, sondern f_1 und f_2, so verlangt die Gleichgewichtsbedingung die Beziehung: $f_1 \cdot \sigma_1 + f_2 \cdot \sigma_2 = 0$. Daraus folgt

$$\left|\frac{\sigma_1}{\sigma_2}\right| = \frac{f_2}{f_1}\,, \tag{51}$$

d. h. die Spannungen verhalten sich umgekehrt wie die Größe der Querschnitte, in denen sie auftreten. Um einen Überblick über das Größenmaß solcher Spannungen zu erhalten, deren Wirkung meistens unterschätzt wird, soll ermittelt werden, welcher Temperaturunterschied $t_2 - t_1$ nötig ist, damit die Spannung in einem Eisen mit 40 kg/mm² Festigkeit und einer Streckgrenze von etwa 24 kg/mm² die letztere erreicht. Der Elastizitätsmodul E werde zu 20000 kg/mm² und der Wärmeausdehnungskoeffizient zu 0,000012 gerechnet. Aus Gl. (50) ergibt sich dann:

$$24 = \frac{20000}{2} \cdot 0{,}000012 \cdot (t_2 - t_1)\,.$$

Hieraus folgt

$$\Delta t = t_2 - t_1 = \frac{24 \cdot 2}{20000 \cdot 0{,}000012} = 200^0\,\mathrm{C}.$$

Bei höheren Temperaturen mit entsprechend geringeren Werten für die Festigkeit werden natürlich bereits wesentlich kleinere Temperaturunterschiede zur Rißbildung führen können.

Besteht für die Stäbe die Möglichkeit, sich unter dem Einfluß der Spannungen zu krümmen, so werden diese zum Teil wieder verschwinden.

Es wäre nun wiederum in Anlehnung an E. Heyn[1] der Fall zu betrachten, daß das Material nur plastischer und keiner elastischen Formveränderung

[1] Martens-Heyn: Bd. 2a, S. 334, 335, 337.

fähig wäre. Hier läßt sich sagen, daß bei völlig plastischen Körpern zwar ein Längenausgleich auf eine gemeinschaftliche Länge l_m eintritt, daß aber keine Spannungen entstehen. Nach Aufhören des Temperaturunterschiedes nehmen die einzelnen Stabteile keine andere Länge an. Sie behalten die Länge l_m unter bleibender Streckung bzw. Stauchung bei. Krümmungen können eintreten, aber ebenfalls nur plastischer Art. Sie bleiben nach Beseitigung der Temperaturunterschiede bestehen.

Nach den bisherigen Ausführungen lassen sich die bleibenden Spannungen, die nach dem Erkalten in den Gußstücken fast stets vorhanden sind, nicht erklären; denn nach diesen müssen die langsamer abkühlenden Stabteile vorübergehend unter Druck stehen, während gerade bei den bleibenden Gußspannungen diese Teile Zugspannungen besitzen. Dies ist durch den Umstand begründet, daß die Metalle bis zu einer bestimmten Grenze vorwiegend elastische Formveränderungen und oberhalb dieser vorwiegend plastische Formveränderungen erleiden. Wird die Elastizitätsgrenze überschritten, so treten plastische Formveränderungen ein. Nun haben aber gerade metallische Stoffe bei hohen Wärmegraden eine sehr niedrige Elastizitäts- und Streckgrenze. Dies trifft sowohl für Stahl als auch für Gußeisen zu. Die heute noch in weiten Kreisen verbreitete Ansicht, Gußeisen sei unterhalb der Erstarrungstemperatur unplastisch, ist nur so weit richtig, daß es nicht die ausgeprägte Plastizität zeigt wie Stahl und Flußeisen. Nach Versuchen von Rudeloff und Steiger[1] kann die Kurve der elastischen Dehnung des Gußeisens bis zu einer Beanspruchung von 500 kg/cm² mit genügender Genauigkeit als konstant angenommen werden. Oberhalb 400° nimmt die Widerstandsfähigkeit rasch ab, und oberhalb 620° geht das Material in einen weitgehend plastischen Zustand über. In dieser Periode vermögen die Stabteile sich plastisch zu strecken oder zu verkürzen, ohne daß wesentliche Spannungen entstehen.

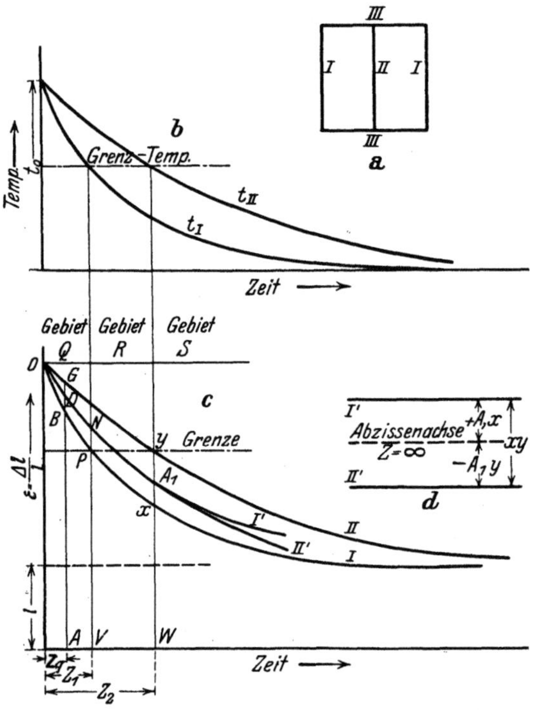

Abb. 178a bis d. Vorgänge bei der Abkühlung von Gußstücken (Martens und Heyn).

Um zu einer richtigen Vorstellung von den Verhältnissen zu gelangen, werde die Überlegung an Hand der Abb. 178 durchgeführt. Abb. 178a stelle einen gitterförmigen Rahmen dar, in welchem ein System von 3 Stäben *I*, *I* und *II* durch die Joche *III* starr gekuppelt ist, analog der Abb. 179, so daß keiner seine Länge verändern kann, ohne die andern zu beeinflussen. Auch sollen die Stäbe so geführt sein, daß sie sich nicht krümmen können. Das System kühle sich von der Gießtemperatur bis auf die Außentemperatur ab, die der Einfachheit halber gleich Null Grad angenommen werde. Dabei werden

[1] Steiger: Diss. Zürich 1913.

sich die Stäbe I, die untereinander gleich sind, rascher abkühlen als der dickere Stab II. Trägt man die Temperatur der beiden Stäbe in einem Temperatur-Zeit-Diagramm auf, so erhält man ein Schaubild nach Abb. 179b. Die Kurven I und II nähern sich der Abszissenachse, die sie aber erst nach unendlich langer Zeit erreichen. Um ein ungefähres Bild von dem Verlauf der Kurven zu erlangen, werde angenommen, daß die Abkühlungsgeschwindigkeit $\frac{dt}{dZ}$ proportional dem Temperaturgefälle $t - t_1$ und einer Konstanten k sei, die abhängig ist von dem Verhältnis zwischen Masse und Oberfläche der abkühlenden Stäbe. Also $\frac{dt}{dZ} = -k(t - t_1)$. Das Minuszeichen wird gesetzt, weil mit wachsendem Z der Wert t abnimmt. Durch Integration erhält man dann $\ln(t - t_1) = -kZ + C$. Die Integrationskonstante C ergibt sich aus der Bedingung, daß für $Z = 0$, und $t = t_0$ alsdann $C = \ln(t_0 - t_1)$ wird und somit die Gleichung der Kurven

$$t = t_0 \cdot e^{-kZ}. \tag{52}$$

Setzt man die Konstante k für den rascher abkühlenden Stab k_1, so erhält man für Kurve I

$$t = t_0 \cdot e^{-k_1 Z} \tag{53}$$

und für die Kurve II bei k_2

$$t = t_0 \cdot e^{-k_2 Z}. \tag{54}$$

Da die Werte t der Kurve II für gleiche Z höher liegen als die der Kurve I, folgt, daß $k_1 > k_2$ sein muß. Einem größeren Verhältnis von Masse zu Oberfläche entspricht langsamere Abkühlung, also der kleinere Wert k_2.

Aus dem Schaubild Abb. 179b kann man ein anderes ableiten, das als Funktion der Zeit die Längenänderung darstellt, welche die Stäbe erleiden würden, wenn sie sich frei zusammenziehen könnten (Abb. 179c). Als Maß wird die Längenänderung $\left(\frac{\Delta l}{l}\right)$ gewählt, bezogen auf die Einheit der Länge bei der Temperatur 0^0, also das Schwindmaß.

Unterhalb der Erstarrungstemperatur läßt sich mit genügender Genauigkeit sagen:

$$\varepsilon = a\,t, \quad t = \frac{\varepsilon}{a} \tag{55}$$

und für t_0

$$\varepsilon_0 = a\,t_0, \quad t_0 = \frac{\varepsilon_0}{a}. \tag{56}$$

Durch Einsetzen der Werte für t und t_0 aus den Gl. (55) und (56) in die Gl. (53) und (54) erhält man für Kurve I

$$\varepsilon_I = \varepsilon_0 \cdot e^{-k_1 Z} \tag{57}$$

und für Kurve II

$$\varepsilon_{II} = \varepsilon_0 \cdot e^{-k_2 Z} \tag{58}$$

Das Material der Stäbe I und II sei oberhalb einer bestimmten Grenztemperatur t_0 plastisch, unterhalb dieser dagegen elastisch. Nach Abb. 178b wird die Grenztemperatur nun von den Stäben I und II nach verschiedenen Zeiten Z_1 und Z_2 erreicht. In Abb. 178c entspricht der Grenztemperatur eine bestimmte Verlängerung Δl, die als Grenze zwischen den beiden Zonen plastischer und elastischer

Formveränderungen auftritt. Die beiden Zeiten Z_1 und Z_2 ergeben sich aus den Abszissen der Schnittpunkte P und y:

$$\Delta l = \varepsilon_0 \cdot e^{-k_1 Z_1},$$

woraus

$$Z_1 = \frac{1}{k_1} \ln \frac{\varepsilon_0}{\Delta l} \tag{59}$$

und in ähnlicher Weise

$$Z_2 = \frac{1}{k_2} \ln \frac{\varepsilon_0}{\Delta l}. \tag{60}$$

Durch die beiden Ordinaten VP und Wy zu den Abszissen Z_1 und Z_2 wird die Gesamtheit der Abkühlung in drei Gebiete eingeteilt:

Gebiet Q, in dem sich die Stäbe I und II innerhalb der Zone der plastischen Formänderung befinden.

Gebiet R, in dem Stab I bereits nur noch elastisch ist, Stab II dagegen noch in der plastischen Zone verweilt; und schließlich

Gebiet S, in dem beide Stäbe ausschließlich nur elastischer Formänderungen fähig sind.

Verschiebt man nun den Koordinatenursprung um die ursprüngliche Länge l nach unten, so geben die Ordinaten $(l + \varepsilon)$ ein Maß der Stablänge. Innerhalb des Gebietes Q im Zeitpunkt Z_q würden die Stäbe I, wenn sie außer fester Verbindung mit Stab II wären, je die Länge $l = AB$ einnehmen; der Stab II dagegen würde unter gleichen Verhältnissen $l = AG$ lang sein. In Wirklichkeit verhindert aber der Stab II mit der größeren Länge die Stäbe I, die kleine Länge anzunehmen und umgekehrt. Der Stab II wird infolgedessen gestaucht, die Stäbe I gestreckt und beide werden sich auf eine gemeinsame Länge $l = AD$ einigen, die durch die Kurve ODN dargestellt wird, so daß die Formveränderungsarbeit durch Streckung der Stäbe I gleich ist der Formänderungsarbeit zur Stauchung des Stabes II. Spannungen bleiben nicht zurück.

Da im Gebiet R die Stäbe I schon in die Zone nur noch elastischer Formänderungen eingetreten sind, während der Stab II dies noch nicht ist, wird letzterer noch weiterhin gestaucht und nimmt die Länge der Stäbe I an. Im Zeitpunkt Z_2 ist demnach die gemeinsame Länge der Stäbe I und II gleich $l = WA_1$. Spannungen bleiben auch jetzt noch nicht zurück.

Erst im Gebiet S treten Spannungen auf, nachdem nun auch Stab II nur noch elastischer Formveränderungen fähig ist. Würden die Stäbe sich jetzt unbeeinflußt voneinander zusammenziehen können, so würden die Stäbe I ihre Länge nach der Kurve I' ändern, die an allen Stellen den vertikalen Abstand A_1x von der Kurve I hat, und der Stab II würde einer Kurve II' folgen, die an allen Stellen im Vertikalabstand A_1y unterhalb der Kurve II liegt. Bei $Z = \infty$ würden die Kurven I' und II' also die in Abb. 178d dargestellte Lage haben. Die schließliche Länge der Stäbe würde dann sein: Für Stäbe $I = l + A_1x$ und für $II = l - A_1y$. Wenn sie aber miteinander verkuppelt sind, müssen sie sich auf eine mittlere Länge einigen, und zwar wird hierbei Stab I elastisch zusammengedrückt, steht also unter Druckspannungen, während der Stab II elastisch gestreckt wird, also Zugspannungen besitzt. Je größer die Strecke $\overparen{A_1x} + \overparen{A_1y} = \overparen{xy}$ ist, um so größer werden auch die Spannungen unter sonst gleichen Umständen werden. Ihr Höchstmaß tritt ein, wenn die Grenztemperatur die Kurve II in einem solchen Punkt schneidet, in dem der vertikale Abstand zwischen Kurve I und II den Höchstwert erreicht. Dagegen wird $\widehat{xy} = 0$ bei $Z = 0$ oder wenn die Grenztemperatur mit der Abszissenachse zusammenfällt. Da nach Einsetzen des Wertes Z_2 für Z die Strecke $\widehat{xy}$ sich aus der Differenz der beiden Ordinaten nach Gl. (59) und (60) ergibt, kann man sich auch durch Rechnung von der Größenordnung der eingetretenen Spannungen überzeugen:

$$\widehat{xy} = \varepsilon_{II} - \varepsilon_I = \varepsilon_0 \left[e^{-k_2 Z_2} - e^{-k_1 Z_1}\right]. \tag{61}$$

Demnach ist die Größe der Spannungen abhängig:

1. von ε, also von dem Schwindmaß;
2. von Z_2 resp. von der Lage der Grenztemperatur;
3. von der Größe der Zahlen k_1 und k_2, d. h. von dem Unterschied in der Abkühlungsgeschwindigkeit der einzelnen Teile eines Gußstückes.

Nach Kenntnis dieser drei Faktoren durch Versuch oder Berechnung wäre bei einem idealen Material die Ermittelung der Spannungen nicht sehr schwierig. In Wirklichkeit trifft dies aber meist nicht zu, sondern es sprechen hier noch verschiedene andere Umstände mehr oder weniger wesentlich mit.

So trifft die Annahme nicht zu, die Stäbe seien starr verbunden; sondern die Verbindung ist durch gleichfalls gegossene Joche erzielt. Die gegenseitige Beeinflussung wird also verringert, da einmal das Joch auch einen plastischen Zustand durchmacht und so selbst einen Teil der bleibenden Deformationen aufnimmt, zum andern, besonders wenn es sehr dünn gehalten wird, in der Gefahrzone R merklich federt, so daß der Einfluß der Stäbe I zur Stauchung des Stabes II und infolgedessen die für die später bleibenden Spannungen ausschlaggebende Deformation des Stabes II verringert wird.

Eine weitere Voraussetzung, daß das System in einem widerstandslosen Medium liege, wird in der Praxis nicht erfüllt, sondern der Formsand kann infolge seiner Festigkeit einen sehr erheblichen Widerstand bieten, besonders bei Kernmaterial und bei solchem für Stahlformguß, wodurch eine Beeinflussung der Schwindung und somit eine der Spannungszustände hervorgerufen wird.

Auch die Annahme, die Stäbe seien axial geführt und könnten sich nicht ausbiegen, trifft im Formsand nur bis zu einem gewissen Maße zu.

Eine weitere wesentliche Abweichung von den vereinfachten Annahmen bedingen die früher besprochenen Einflüsse auf die Schwindung. So könnten z. B. die Spannungen sehr bedeutend erhöht werden, wenn das Material aus Grauguß bestände und bei genügend großem Temperaturunterschied Stab II infolge der Beeinflussung durch die Stäbe I an einer Ausdehnung im Erstarrungsintervall verhindert, wodurch das Schwindmaß des Stabes II erhöht und damit der Schwindungsunterschied wesentlich vergrößert würde.

Es besteht übrigens keine so scharfe Grenze, wie angenommen, zwischen der elastischen und plastischen Zone, sondern der Übergang geht allmählich vor sich. Auch wird die Annahme nicht zutreffen, daß oberhalb der Grenztemperatur ausschließlich bleibende, unterhalb derselben ausschließlich elastische Formveränderungen auftreten. Die erstere Annahme ist vielleicht zulässig, da die kleinen elastischen Deformationen, die in diesem Zustand auftreten, gegenüber den späteren jedenfalls zu vernachlässigen sind. Die bleibenden Formänderungen aber, die auch bei tieferen Temperaturen neben den elastischen auftreten, müssen unbedingt berücksichtigt werden.

Wie man sieht, liegen die Verhältnisse bedeutend verwickelter als bei der vereinfachten Annahme, doch können die Nebenumstände das ideale Bild nicht derart wesentlich ändern, daß die vom Erstarrungsvorgang gemachte Auffassung vollkommen umgestoßen werden müßte oder eine rechnerische Erfassung der Spannungen unmöglich wäre.

Es gibt nun noch einen zweiten Weg, die Größe der Spannungen festzustellen, und zwar den experimentellen. Diesen Nachweis hat Steiger[1] für Gußeisen

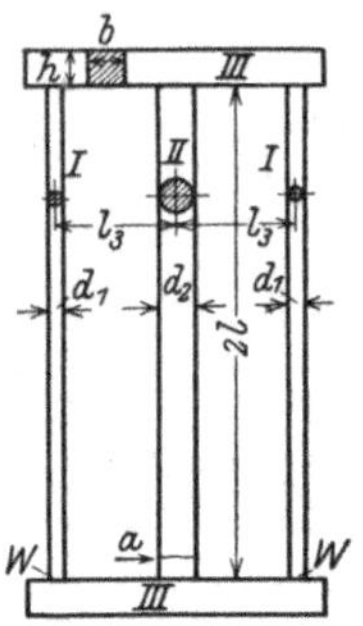

Abb. 179.

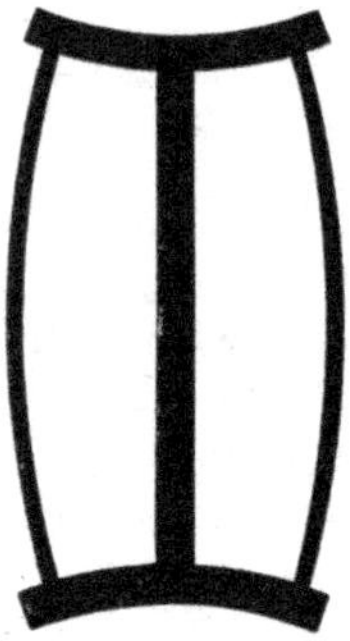

Abb. 180.

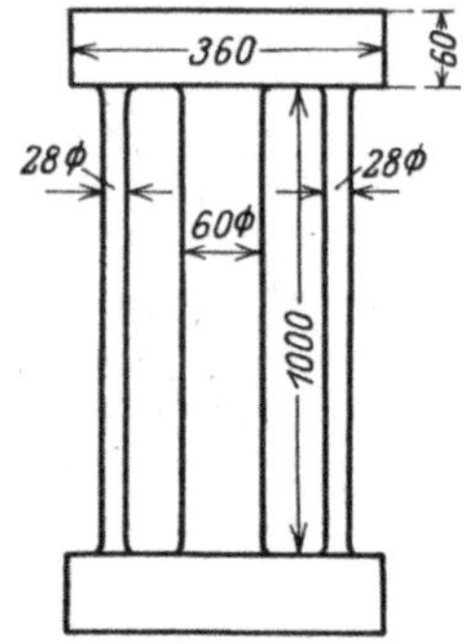

Abb. 181 (genormt).

Abb. 179 bis 181. Spannungsgitter.

durchgeführt, indem er sich gitterförmige Rahmen gießen ließ und nach dem Erkalten des Gußstückes den Stab *II* bei *a* durchschneiden ließ (Abb. 179) und so die Spannungen aufhob. Bei *a* trat ein Klaffen ein, das bei einer Stablänge von einem Meter zwischen 0,5 bis 3 mm betrug und das ihm als Unterlage zur Auswertung seiner Versuche diente. Er ging dabei von folgendem Gedankengang aus:

Ein Gitter, wie es in Abb. 179 dargestellt[2] ist, nimmt in gespanntem Zustande eine Gestalt an, wie sie in der Abb. 180 in stark verzerrtem Maß-

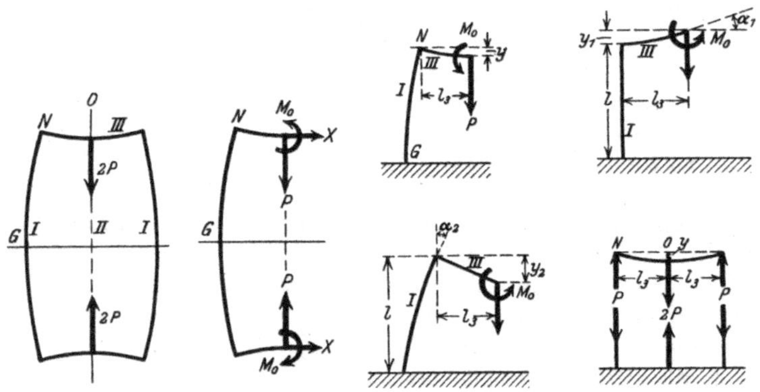

Fig. 1. Fig. 2. Fig. 3. Fig. 4.

Abb. 182. Spannungsgitter.

stab wiedergegeben ist. Nun kann man den Mittelstab *II* durch eine Kraft $2P$ ersetzen (Abb. 182, Fig. 1) und das ganze System nach einer vertikalen Symmetrieachse durch 0 trennen. Um nach der Trennung das Gleichgewicht zu erhalten, muß man an dem übrig gebliebenen Stück Ergänzungs-

[1] a. a. O.

[2] Abb. 181 zeigt die Abmessungen des vom Techn. Ausschuß für Gießereiwesen zur Normalisierung vorgeschlagenen Spannungsgitters.

kräfte anbringen, welche in ihren Wirkungen den Reaktionskräften entsprechen, die das abgetrennte Stück ausübte (Fig. 2). Da die elastische Linie des Stabes I bei G eine vertikale Tangente besitzt, so kann man ferner sich den Stab I bei G geschnitten und eingespannt denken, wie Fig. 3 (oben) zeigt. Da die Summe der an dem einzelnen Stab angreifenden Horizontalkräfte verschwindet, ist die Horizontalkraft x gleich Null und infolgedessen das Problem zurückgeführt auf die Bestimmung der zwei Größen: Vertikalkraft P und Drehmoment M_0, die in 0 angreifen. Man geht nun nach dem Prinzip der Superposition vor, indem man zuerst den einen Stab als starr auffaßt (Fig. 4 oben), die Deformation des andern berechnet und dann umgekehrt vorgeht (Fig. 3 unten). Zum Schluß summiert man die Teildeformation und erhält so folgende Gleichungen, aus denen P und M_0 berechnet werden können.

$$P\left(\frac{l_3}{3J_3}+\frac{l\cdot l_3^2}{J_1}+\frac{2l}{f_2}+\frac{l}{f_1}\right)-M_0\left(\frac{l_3^2}{2J_3}+\frac{l_3 l}{J_1}\right)=e\cdot E\,,$$

$$P\left(\frac{l_3^2}{2J_3}+\frac{l_3\cdot l}{J_1}\right)-M_0\left(\frac{l_3}{J_3}+\frac{l}{J_1}\right)=0\,,$$

wobei bedeutet:

$2e$ = gemessenes Klaffen bei a.
$2l$ = 1000 mm = Länge sämtlicher Stäbe.
l_3 = Abstand der Stäbe I und II.
f_1 = Querschnitt von I.
f_2 = Querschnitt von II.
J_1 = Trägheitsmoment von I.
J_3 = Trägheitsmoment von III.
E = Elastizitätsmodul.

Die größten Spannungen in den Stäben sind dann:

Stab I: $\sigma_1=\frac{-P}{f_1}-\frac{P\cdot l_3-M_0}{J_1}\,,$

Stab II: $\sigma_2=\frac{2P}{f_2}\,,$

Stab III: $\sigma_3=\frac{M_0}{J_3}\,.$

Die Abmessung der Stäbe und die berechneten Werte der Kräfte und Spannungen finden sich in Zahlentafel 56 zusammengestellt. Die Biegungsspannung σ_3 im Punkte O des Joches, nimmt unter den drei Spannungen die größten Werte

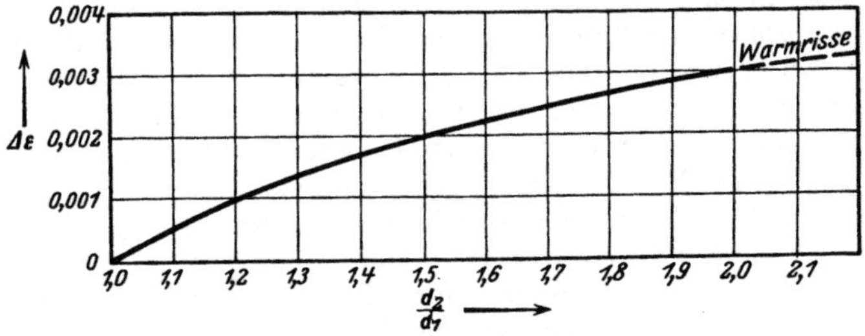

Abb. 183. Schwindungsdifferenzen.

an. In Abb. 184 ist dieselbe nochmals graphisch dargestellt, während das Schaubild in Abb. 183 die Schwindungsdifferenzen zeigt in Abhängigkeit von $\frac{d_2}{d_1}$.

Wie man aus der Zusammenstellung ersieht, können die Beträge der Gußspannungen ganz bedeutende Höhen erreichen. Das Gefährliche dabei ist, daß man sich an dem fertig gegossenen Stück gar kein Bild von der Größe der Span-

Zahlentafel 56.

Abmessungen mm	$\frac{d_2}{d_1}$	2 e mm	P t	M_0 kg/cm	$-\sigma_1$ kg/cm²	σ_2 kg/cm²	σ_3 kg/cm²	Bemerkungen	Kennzeichen
$d_1 = 20{,}5$ $d_2 = 41$ $h = 41$ $b = 41$ $l_3 = 150$	2,00	—	—	—	—	—	—	Warmrisse bei W.	Normales Joch
$d_1 = 20{,}5$ $d_2 = 40{,}5$ $h = 41$ $b = 41$ $l_3 = 150$	1,98	2,89	1554	23200	590	241	2018	—	„
$d_1 = 26{,}8$ $d_2 = 40{,}8$ $h = 42$ $b = 40$ $l_3 = 150$	1,52	1,98	1221	18080	334	186	1541	—	„
$d_1 = 30{,}5$ $d_2 = 41{,}5$ $h = 41{,}5$ $b = 41{,}5$ $l_3 = 150$	1,36	1,48	955	14000	245	142	1175	—	„
$d_1 = 36$ $d_2 = 40{,}7$ $h = 41$ $b = 41$ $l_3 = 150$	1,13	0,73	485	6930	120	75	602	—	„
$d_1 = 21$ $d_2 = 61$ $h = 82$ $b = 32$ $l_3 = 150$	2,90	—	—	—	—	—	—	Warmrisse bei W.	Hohes schmales Joch
$d_1 = 30{,}8$ $d_2 = 41{,}0$ $h = 82$ $b = 32$ $l_3 = 150$	1,33	1,60	2750	41000	475	416	1145	—	„
$d_1 = 21$ $d_2 = 41$ $h = 22$ $b = 42$ $l_3 = 150$	1,95	2,55	265	3820	274	40	1125	—	Schwach. Joch
$d_1 = 30{,}5$ $d_2 = 41{,}0$ $h = 22{,}5$ $b = 41$ $l_3 = 150$	1,34	1,09	152	1965	134	23	595	—	„
$d_1 = 21$ $d_2 = 41$ $h = 41$ $b = 41$ $l_3 = 60$	1,95	2,12	3830	22950	345	580	1995	—	Enges Gitter
$d_1 = 31$ $d_2 = 41$ $h = 41$ $b = 41$ $l_3 = 60$	1,32	1,16	2425	14380	345	368	1250	—	„

nungen machen kann. Denn selbst, wenn man von den extremen Fällen absieht, so zeigt die Zusammenstellung schon bei den niedrigen Verhältnissen der Stabquerschnitte, wie 1,3 : 1, welche bei konstruktiven Ausführungen sehr oft vorkommen, noch Spannungswerte, die weit über die Grenze hinausgehen, welche man als Beanspruchung von Gußkonstruktionen zugrunde zu legen pflegt. Es ist darum erklärlich, daß die Verspannungen, wenn sie noch höhere Werte erreichen, einen Bruch des Gußstückes schon während der Abkühlung oder kurz nachher verursachen. Besonders letzteres tritt oft ein; hier genügt dann schon ein Umfallen des Gußstückes, ein Hammerschlag beim Putzen oder irgendeine andere geringe mechanische Einwirkung, um die Spannungen zur Auslösung zu bringen. In diesem Fall spricht man von Kaltrissen zum Unterschied von Warmrissen, die meistens kurz unterhalb der Erstarrungstemperatur, immer aber noch in glühendem Zustand des Gußstückes eintreten.

In Abb. 185 und 186 ist die Entstehung eines solchen Warmrisses dargestellt. Da der dickere Teil erst eine verhältnismäßig dünne Kruste ansetzt und im Innern noch flüssig ist, wie in Abb. 185 durch Punktierung angedeutet, so kann bei Zugwirkung innerhalb des in der Abkühlung schon bedeutend vorgeschritteneren dünneren Querschnittes Trennung des Zusammenhangs nach Abb. 186 erfolgen.

Stahlguß reißt leicht in einem solchen Fall, wenn in Abhängigkeit von der chemischen Zusammensetzung unmittelbar nach der Erstarrung sein plastisches Formänderungsvermögen sehr gering ist. Am meisten jedoch neigt weiches Flußeisen mit etwa 0,1 bis 0,3% Mangan, 0,05 bis 0,2% Silizium und 0,1% Kohlenstoff zu Warmrissen.

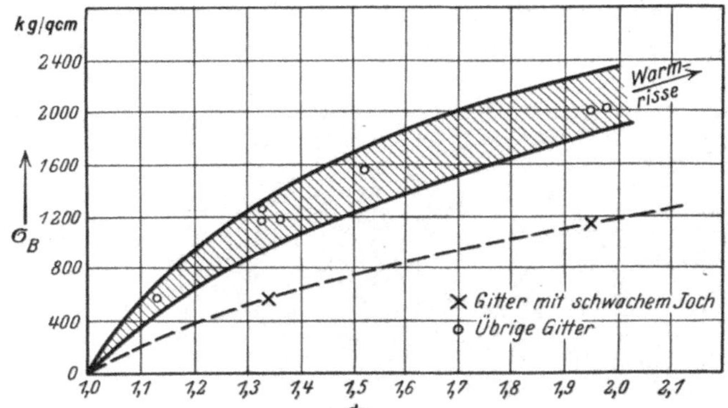

Abb. 184. Biegespannungen gemäß Zahlentafel 56 in graphitischer Darstellung.

Des weiteren kann die Gefahr der Rißbildung durch scharfe Ecken bei dem Übergang des einzelnen Querschnittes zum andern gefördert werden. Und zwar hängt dies damit zusammen, daß bei der Erstarrung die Kristalle mit ihren Hauptachsen in Richtung des Wärmestromes einstellen. Wie durch die strahlige Anordnung der Kristalle an einer scharfen Ecke die Riß- oder Lunkerbildung begünstigt wird, geht aus der Abb. 187a und b hervor. Bei einer genügenden Abrundung der Ecken würden diese Fehler nicht entstehen, wie Abb. 187c zeigt. Durch vernünftiges Anbringen von Verstärkungsrippen oder starke Abrundung der Hohlkehlen (großer Radius) wird der Gefahr des Auf- oder Abreißens mit Erfolg zu begegnen sein.

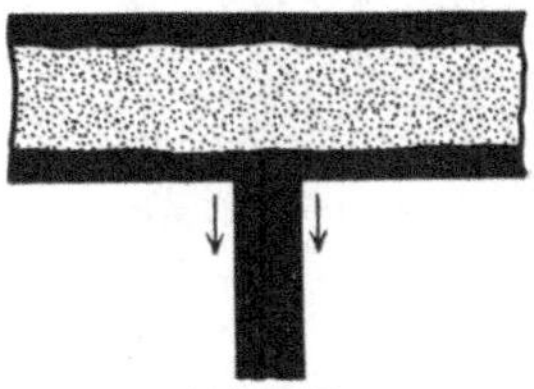

Abb. 185.

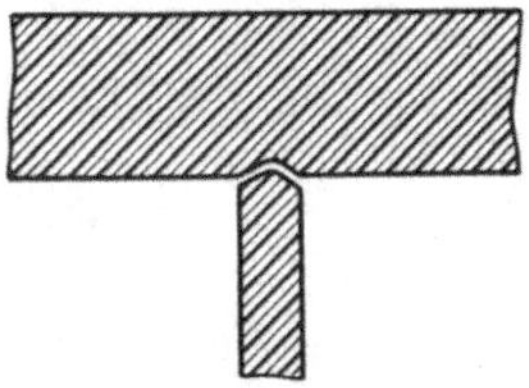

Abb. 186.

Abb. 185 und 186. Entstehung eines Warmrisses.

Die Vorgänge der Schwindung und Lunkerung sind auch zu beachten, wo Prüfstäbe dem Gußstück anzugießen sind. Metallurgisch widersinnige Ausbildungsformen, etwa gemäß Abb. 188, werden leicht zu Oberflächenschäden am Gußstück oder gänzlich unzutreffenden Ergebnissen am Prüfstab führen.

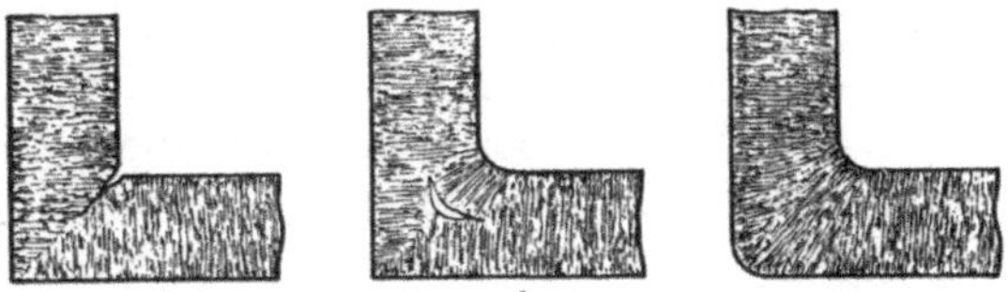

a b c

Abb. 187a bis c. Schematische Darstellung der Transkristallisation der Wirkung scharfer Ecken.

Wirklich ganz frei von Gußspannungen wird der Gießer wohl selten ein Gußstück aus der Form heben. Bei Stahlguß werden diese durch das nachträgliche Ausglühen zum allergrößten Teile wieder beseitigt.

Wie wir gesehen haben, beruhen die meisten unangenehmen Erscheinungen beim Abgießen von Gußstücken zum großen Teil auf einer ungleichmäßigen Abkühlung der einzelnen Konstruktionsteile. Daraus ergeben sich folgende auch für Grauguß zutreffende grundlegende Forderungen[1]:

[1] 1 bis 4 nach Krieger, R.: Stahleisen Bd. 38, S. 412. 1918.

1. Jedes Gußstück, auch das kleinste, soll grundsätzlich so konstruiert werden, daß alle Wandstärken gleichmäßig abkühlen. Teile mit der Möglichkeit gleicher Abkühlungsgeschwindigkeit sollen deswegen gleich gehalten werden. Weit hervorragende Teile, die wie Nasen in den Formsand hineinragen und große Oberfläche im Verhältnis zu ihrer Masse haben, müssen mit größerer Wandstärke gewählt werden als andere, die im Verhältnis zur Masse geringere Oberfläche besitzen, da hierdurch ein Ausgleich in den Abkühlungsgeschwindigkeiten geschaffen wird. Aus demselben Grunde sollen die äußeren Wandungen etwas stärker gehalten werden als die innerhalb des Gußstückes liegenden Konstruktionsteile.

Abb. 188. Unzweckmäßig angeordnete Prüfstäbe an einer bronzenen Schiffsschraube.

2. Läßt sich diese Bedingung aus andern Gründen nicht erfüllen, so muß das Gußstück, um der Entstehung von Schwindungshohlräumen zu begegnen, so eingeformt werden können, daß die Anordnung richtig dimensionierter Gußtrichter auf allen Teilen größter Wandstärken möglich ist.

Widersprechen Konstruktionszweck oder andere wichtige Umstände auch dieser Forderung, so muß

3. dem Gießereimann der Ausweg offen bleiben, mit Hilfe geeigneter, in ihrer Wirkung sicherer Maßnahmen (wie das Verstärken dünnwandiger Teile) die Stellen größter Stoffanhäufung so lange unter dem Einfluß des aus den Trichtern nachfließenden Gußmaterials zu halten, bis die Schrumpfung im Abguß vollendet ist.

4. Die Übergänge in den Wandstärken sollen möglichst sanft erfolgen, vor allem sind zu scharfe Hohlkehlen und Abrundungen zu vermeiden.

5. Bei Konstruktionsteilen, auf die nicht direkt ein verlorener Kopf oder ein Schlackenkranz aufgesetzt werden kann, soll die wagerechte Fläche möglichst klein gehalten werden[1].

6. Hohlkörper, besonders solche, die höheren oder sogar wechselnden Drücken ausgesetzt sind, sollen so konstruiert sein, daß für die Kerne genügend Auflagerflächen vorhanden sind, so daß die Anwendung von besonderen Kernstützen möglichst eingeschränkt werden kann.

[1] Vgl. Oeking: Stahleisen Bd. 43, S. 841. 1923.

4. Die Abnutzung (Verschleiß) des Gußeisens.

(Unter Berücksichtigung der Bearbeitbarkeit.)

Im Betrieb unterliegen alle metallischen Baustoffe bei Beanspruchung auf rollende oder gleitende Reibung einer fortschreitenden Abnützung. In Anlehnung an die Beanspruchungsmöglichkeiten im praktischen Betrieb (rollende oder gleitende Reibung mit und ohne Schmiermittel, Metall gegen Metall oder gegen schleifend wirkende Stoffe usw.) sind zur Nachbildung dieses Vorganges zahlreiche Prüfmaschinen gebaut und gebraucht worden, ohne bislang in ihren Ergebnissen völlige Übereinstimmung mit den Beobachtungen der Praxis zu ergeben.

Rollende Reibung ist bei den Maschinen Bauart Amsler und Bauart Mohr und Federhaff einstellbar und zwar mit oder ohne Schlupf bzw. Schmierung.

Gleitende Reibung (Lagerreibung) läßt neben anderen Bauarten auch die Maschine von Amsler zu.

Bei der Maschine nach Spindel (MAN) wird gleitende Reibung durch den Einschliff einer umlaufenden, dünnen (1 mm) Blechscheibe bewirkt. Eine stärkere Scheibe unter Zusatz eines Schleifmittels benutzt Brinell, während nach Scheibe bzw. nach Robin das Verhalten beim Andrücken gegen eine Karborundumscheibe bzw. gegen Schmirgelpapier ermittelt wird. Bei allen diesen Verfahren ist der Anpreßdruck verstellbar, und der Gewichtverlust gilt als Maßstab für den Verschleißwiderstand. Letzteres ist auch bei der Kessnerschen Probe der Fall, wo die zu prüfenden Stücke (meist Würfel von 20 mm Kantenlänge) in einer Schmirgelpackung einer Rollbewegung ausgesetzt werden. Herbert glaubt, unter Benutzung seines Pendelhärteprüfers in der Bearbeitungshärte (Skalenprüfung) und der sog. Fließhärte (Skalenhärte zu Zeithärte) einen Anhaltspunkt für den Verschleißwiderstand metallischer Stoffe gefunden zu haben[1]. Aus der Verschleißprüfung an Eisen und Stahl ist nun bekannt[2], daß zunehmende Härte des Werkstoffs im allgemeinen den Verschleißwiderstand zu erhöhen vermag. Doch sind Korngröße sowie der Grad der Zähigkeit und Kalthärtbarkeit imstande, das Bild zu verwischen. Eindeutige Beziehungen zwischen den physikalischen oder mechanischen Eigenschaften einerseits, dem Verschleißwiderstand anderseits, konnten bei Stahl jedenfalls noch nicht gefunden werden. Bezüglich der Verschleißeigenschaften von Gußeisen macht Kühnel[3] auf Grund seiner Untersuchungen an Zylinder- und Schieberbuchsenguß sowie auf Grund seiner Beobachtungen an gußeisernen Lokomotivteilen den freien Ferrit in erster Linie für den hohen Verschleiß gußeiserner Werkstücke verantwortlich und empfiehlt ein vorwiegend perlitisches Gefüge, jedenfalls aber Brinellhärten über 180 und Zugfestigkeiten über etwa 18 kg/mm², ohne allerdings strenge Beziehungen zwischen dem Verschleißwiderstand, der Härte und der Zugfestigkeit gefunden zu haben. Dies deckt sich mit den Ergebnissen einer Arbeit von F. B. Coyle[4], der ebenfalls bei etwa 22 kg Anpreßdruck und gleitender Reibung ohne Schmierung bei Gußeisensorten unter etwa 170 B. E. ein sehr starkes Ansteigen der Verschleißziffer feststellte (vgl. Abb. 189). Einen anderen Zusammenhang zwischen Zugfestigkeit und Abnutzung fand man[5] im Laboratorium von Ludw. Loewe & Co. durch Hin- und Herreiben gußeiserner Stücke unter Druck

[1] Zu einer ablehnenden Auffassung kommen Pomp, A. und H. Schweinitz: Mitt. K. W. Inst. Eisenforsch. Bd. 8. S. 79 1926.

[2] Vgl. Werkstoffaussch. Nr. 37. 1923; Nr. 59. 1925; Nr. 90. 1926.

[3] Gieß. Bd. 11, S. 211, 493, 509 und 573. 1924; ferner ebenda Bd. 11, S. 17. 1925. Vgl. a. Stahleisen Bd. 45, S. 259. 1925.

[4] Persönl. Mitt. an den Verfasser.

[5] Persönl. Mitt. der Fa. L. Loewe; vgl. a. Hurst, J. E.: Met. of Cast Iron. 1926, S. 259.

gegen eine gehärtete Stahlplatte. Abb. 190 läßt erkennen, daß Eisensorten mit etwa 20 bis 22 kg/mm² Zugfestigkeit auch hier relativ einen sehr geringen, solche von etwa 16 kg/mm² einen mäßigen, dagegen weiche Sorten mit etwa 10 bis 12 kg/mm² (etwa 120 bis 140 B. E.) einen sehr hohen Verschleiß aufweisen. Da aber der Verschleiß in erster Linie von der Art der metallischen Grundmasse, die Zugfestigkeit dagegen vorwiegend von der Graphitausbildung beeinflußt wird, so wäre es natürlich richtiger, den Verschleiß in Beziehung zur Härte zu setzen.

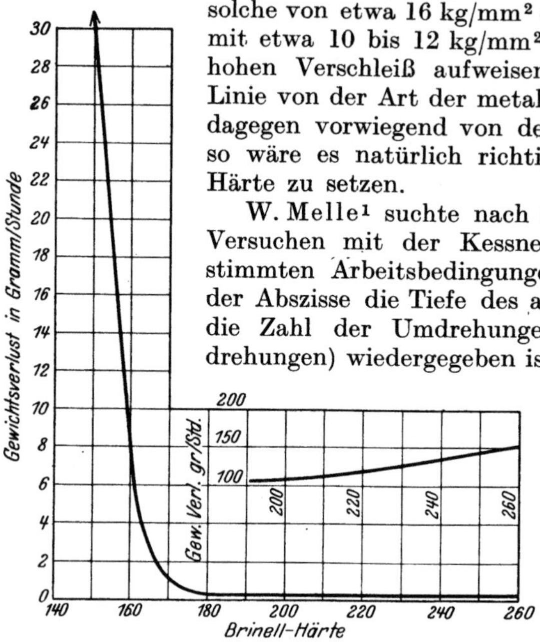

Abb. 189. Beziehung zwischen Brinellhärte und Verschleiß von Gußseien nach Coyle (oberhalb 190 B. E.-Maßstab vergrößert).

W. Melle[1] suchte nach einer solchen Beziehung an Hand von Versuchen mit der Kessnerschen Bohrmaschine, die unter bestimmten Arbeitsbedingungen ein Diagramm ergibt, in dem auf der Abszisse die Tiefe des ausgebohrten Loches, auf der Ordinate die Zahl der Umdrehungen des Bohrers (50 mm = 100 Umdrehungen) wiedergegeben ist[2]. Damit die Versuchsergebnisse miteinander verglichen werden können, müssen die Arbeitsbedingungen der Maschine konstant gehalten werden. In den genannten Versuchen waren die Bedingungen folgende:

1. Druck auf den Bohrer ausgeübt = 55 kg;
2. Durchmesser des Bohrers = 10 mm;
3. Schnittgeschwindigkeit = 10 m/min;
4. Schnittwinkel des Bohrers = 120°;
5. keine Kühlung des Bohrers;
6. zur Behebung des Einflusses der Kreuzschneide des Bohrers wurde vor Beginn des Versuches ein Loch in die Probe gebohrt, dessen Durchmesser der Länge der Kreuzschneide entsprach (Abb. 191 links).

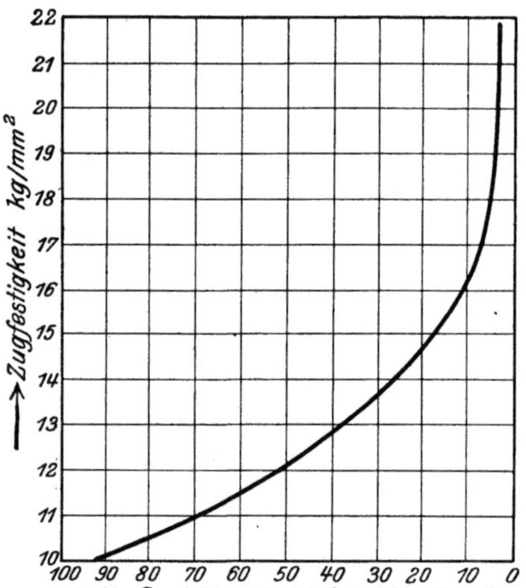

Abb. 190. Zusammenhang zwischen Zugfestigkeit und Verschleiß von Gußeisen (n. Versuchen bei L. Loewe & Co).

Die Versuche wurden mit verschiedenen Gußeisensorten gemacht, deren Brinellhärten im Bereich von 90 bis 240 B. E. waren. Um die Schneidkraft des Bohrers nach jedem Versuch zu prüfen, wurde ein Gußeisen von 150 B. E. gebohrt. Wenn die Ergebnisse dieser eingelegten Versuche voneinander um 6 bis 7% abwichen, wurde ein anderer Bohrer für die nächsten regulären Versuche gebraucht. Aus Abb. 191 kann man erkennen, daß die Versuchsergebnisse praktisch mit der Kurve übereinstimmen, welche wiedergegeben wird durch die Gleichung:

$$B \cdot H^{1,47} = \text{konstant} = 10000 .$$

[1] Gieß.-Zg. Bd. 24, S. 485. 1927; Foundry Trade J. Bd. 37, S. 201. 1927.

[2] Das Losenhausenwerk in Düsseldorf liefert einen Bohrprüfapparat, welcher in jede Bohrmaschine eingesetzt werden kann und neben dem Bohrdruck auch das Drehmoment anzeigt, aus dem dann der Schnittdruck sich ermitteln läßt.

Hierin ist:

B = Bearbeitbarkeit = Länge der Abszisse im Bohrdiagramm (Ordinate = Umdrehungszahl der Bohrspindel in cm nach 100 Umdrehungen des Bohrers;

H = Brinellhärte.

Die Ergebnisse zeigen, daß es wohl möglich ist, die Bearbeitbarkeit von Gußeisen durch die Brinellprobe zu untersuchen, aber die Beziehung zwischen diesen beiden Eigenschaften ist keine lineare. W. Melle[1] konnte übrigens experimentell zeigen, daß der spez. Schnittwiderstand bei Gußeisen langsamer zunimmt als die Härte, Druck-, Zug- und Biegefestigkeit, woraus sich auch vom Standpunkt der Bearbeitung die Wirtschaftlichkeit der Gußeisenveredelung nachweisen lasse.

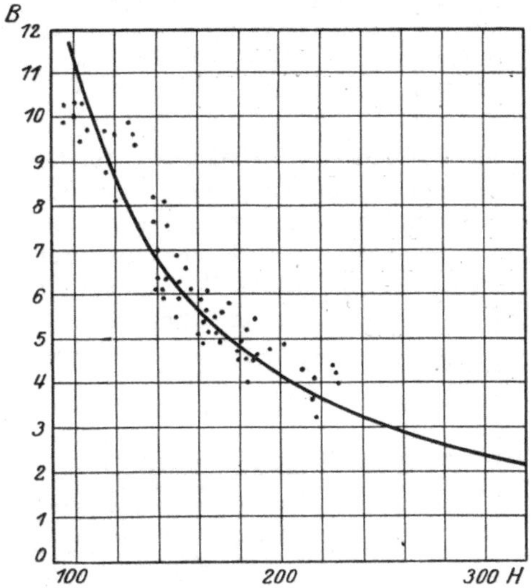

Abb. 191. Beziehung zwischen Bearbeitbarkeit und Härte bei Gußeisen (Melle).

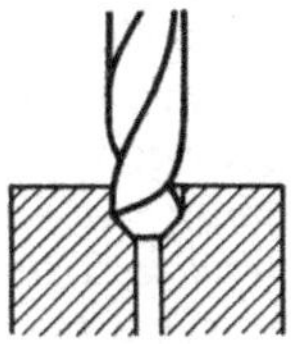

O. H. Lehmann[2] untersuchte mittels einer der Konstruktion von Hanffstengel ähnlichen Maschine die Verschleißeigenschaften verschieden zusammengesetzter Gußeisensorten gegenüber Stahl, hartem und weichem Gußeisen bei etwa 20 kg Anpreßdruck. Er konnte keine Beziehungen zwischen Kugeldruckhärte, chemischer Zusammensetzung und Graphitausbildung einerseits, der Abnutzungsfestigkeit andererseits feststellen, fand bei Prüfung von Gußeisen auf Stahl auch keinen Zusammenhang der letzteren mit der Bearbeitbarkeit[3] (Kessnersche Bohrprobe), dagegen bei Prüfung von Gußeisen gegen Gußeisen einen wohltuenden Einfluß der Graphitschmierung. Den geringsten Verschleiß zeigten auch hier wiederum die Gußteile mit rein perlitischem Gefüge (vgl. Zahlentafel 57).

Bei Prüfung von Gußeisen auf Stahl wurde ferner ein ungünstiger Einfluß des Phosphideutektikums festgestellt, das bei Prüfung von Gußeisen auf Gußeisen sich unschädlich zeigte. Diese letztere Feststellung ist bemerkenswert, weil sie den Ansichten mancher Maschinenfabriken zuwiderläuft, die z. B. bei Dieselmaschinenzylindern eine verschleißhemmende Rückwirkung des Phosphideutektikums beobachtet haben. Dem Verfasser sind u. a. zwei große ausländische

---

[1] Gieß.-Zg. Bd. 25, S. 557 und 596. 1928.

[2] Gieß.-Zg. Bd. 23, S. 597/600, 623/27 und 654/56. 1926.

[3] Das auf den alten Härtebohrversuch nach Keep zurückzuführende „Kessnersche Bohrverfahren" gibt nach F. Rapatz und K. Krekeler: Stahleisen Bd. 48, S. 257. 1928, keinen Aufschluß über die anzuwendende wirtschaftliche Schnittgeschwindigkeit. Zur Bestimmung der letzteren eignet sich nach den erwähnten Verfassern lediglich der Drehzeitversuch. Der aus der Abnutzung und der Schneidhaltigkeitsdauer des Werkzeugs (Standzeit) abgeleitete Maßstab für die Bearbeitbarkeit scheint nach A. Wallichs und K. Krekeler: Gieß. Bd. 15, S. 1289. 1928, tatsächlich das beste Unterscheidungsmerkmal für die Bearbeitbarkeit zu sein. Allerdings ist bei Vergleichsversuchen auf die Beziehungen zwischen Standzeit und Schnittgeschwindigkeit in Abhängigkeit von der Spanform und dem Vorschub zu achten. (Vgl. Abb. 192.)

Zahlentafel 57.
Abnützung verschiedener Gußeisensorten (nach O. H. Lehmann).

Nr.	Chem. Zusammensetzung %						Gefüge		Graphit	Brinellhärte	Abnutzung in g
	Ges.-C %	Graphit %	Mn %	Si %	P %	S %	Ferrit %	Perlit %			
1	2,99	2,80	0,44	2,45	0,88	0,18	fast rein	—	dicke grobe Nadeln	129/105	0,55/0,42
2	3,02	2,48	0,44	2,64	0,78	0,24	rd. 95	rd. 3	viele feine „	157/143	0,39/0,44
3	2,94	2,89	0,44	2,57	0,72	0,20	„ 75	„ 20	mittelgrobe „	149/171	0,35/0,36
4	2,84	2,60	0,44	2,57	0,97	0,22	„ 60	„ 30	lange dünne „	147/175	0,26/0,33
5	2,96	2,56	0,44	2,37	0,95	0,13	„ 50	„ 40	mittelstarke „	172	0,21
6	2,90	2,28	0,44	2,50	0,97	0,17	„ 25	„ 60	wenig mittelst. „	161	0,19
7	ähnlich Nr. 6						„ 10	„ 75	mittelstarke „	170	0,17
8	Proben aus Nr. 5 u. Nr. 7						„ 5	„ 90	„ „	151/188	0,17/0,18
9	—	—	—	—	—	—	„ 1	„ 95	„ „	—	—

Maschinenfabriken bekannt, welche in großzügiger Weise die Zusammensetzung der Zylinderbüchsen ihrer Schiffsmaschinen systematisch änderten, die Schiffe in Dienst stellten und gelegentlich einer späteren Reparatur oder Überholung die durch Verschleiß bewirkte Maßänderung der Büchsen feststellten. Hierbei zeigte es sich, daß die Verschleißfestigkeit mit zunehmendem Phosphorgehalt bis etwa 1% und darüber noch stetig zunahm, daß hingegen die gleichzeitig rasch ansteigende Empfindlichkeit eines derartigen Materials gegen dynamische Beanspruchung eine Steigerung des Phosphorgehaltes über etwa 0,8% Phosphor nicht ratsam erscheinen ließ. Tatsächlich bewegen sich die P-Gehalte der meisten in der Praxis hergestellten Zylinderbüchsen zwischen 0,45 und 0,65%. E. Piwowarsky[1] hat nun über einige vergleichende Versuche an Gußeisensorten vorwiegend perlitischer Grundmasse berichtet, welche unter Benutzung neuerer Verschleißmaschinen verschiedenartiger Konstruktion zu ähnlichen Resultaten führten und bei Wahl geeigneter Prüfbedingungen die zahlenmäßige Kennzeichnung des Verschleißwiderstandes phosphorhaltiger Gußeisensorten nicht ganz aussichtslos erscheinen lassen.

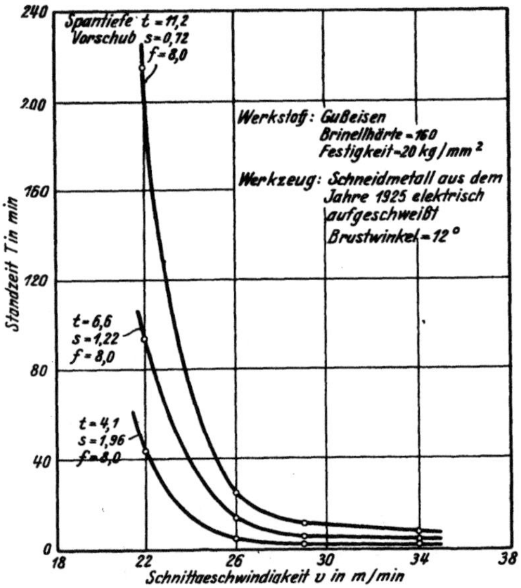

Abb. 192. Einfluß der Spantiefe und des Vorschubs bei konstantem Spanquerschnitt auf die Standzeit (Schallbroch).

Im Rahmen der ersten Versuchsreihe wurden zwei der Praxis entnommene, als Zylinderguß angelieferte Materialien (im folgenden mit Nr. 1 bzw. Nr. 6 bezeichnet) sowie fünf synthetisch in der Versuchsgießhalle (Öltiegelofen) des Instituts für Gießereiwesen der T. H. Aachen erschmolzene Gußeisensorten verschieden hohen Phosphorgehalts geprüft. Die chemische Zusammensetzung der Proben zeigt Zahlentafel 58. Die Verschleißversuche wurden in der Versuchsanstalt der Dortmunder Union (damalige Leitung Herr Prof. Dr.-Ing. E. H. Schulz)

[1] Vortrag Intern. Kongreß f. d. Mat.-Prüf. i. d. Technik. Amsterdam, September 1927. Vgl. a. Gieß. 1927, S. 743.

mit einer dort stehenden „Spindel"-Maschine[1], sowie auf der Versuchsanstalt der August Thyssen-Hütte zu Hamborn (Leitung Herr Dr.-Ing. H. Meyer) an einer „Amsler"-Maschine bei gleitender Reibung und einer Umdrehungszahl bis 200/min durchgeführt[2]. Im letzteren Falle diente stets als feststehende Gegenrolle ein aus der Praxis dem Verfasser überlassener Kolbenringguß. Für die Verschleißprüfung war in allen Fällen die Gußhaut der Proben entfernt worden (vgl. Zahlentafel 59, 59a und 60).

Zahlentafel 58.

Material Nr.	C %	Mn %	Si %	P %	S %	Graphit %
1[3]	3,12	0,92	2,00	0,068	0,090	2,42
2	3,17	0,74	1,08	0,30	0,023	2,35
3	3,12	0,77	1,23	0,35	0,028	2,47
4	3,17	0,75	1,10	0,51	0,027	2,31
5	3,10	0,68	1,01	0,55	0,028	2,47
6[4] (6a)	3,20	0,61	2,04	0,58	0,124	2,70
7 (7a)	3,15	0,86	1,08	0,70	0,021	2,35

Zahlentafel 59.
Abnutzungsversuche von Gußeisenproben auf der Maschine von „Spindel".

Einschlifflänge Nr.	Einschliffsehnenlängen des Materials in mm								
	1	2	3	4	5	6	6a	7	7a
				a) Belastung = 3 kg					
1	31,0	21,0	23,0	20,5	13,0	17,0	20,0	15,5	14,0
2	17,0	11,0	14,0	9,5	11,0	10,0	13,0	12,0	11,5
3	14,0	9,0	11,5	8,0	7,0	10,0	18,0	13,0	12,0
4	13,5	8,0	11,0	7,5	7,0	7,0	13,0	11,5	11,5
5	12,0	8,0	10,0	7,0	7,0	6,5	12,0	12,0	11,5
6	12,0	12,0	9,0	—	7,0	6,5	11,0	11,0	—
Mittel 3—6	12,9	9,2	10,4	7,5	7,0	7,5	12,0	11,9	11,7
				b) Belastung = 5 kg.					
1	60,0	47,0	41,0	37,0	32,0	30,0	28,5	21,0	22,0
2	55,0	38,5	39,0	31,0	27,0	22,5	22,0	18,0	18,5
3	47,5	42,5	42,5	27,0	26,0	21,5	20,0	18,5	17,5
4	53,0	41,0	41,5	24,0	27,0	23,0	20,0	16,5	16,5
5	58,0	41,0	34,0	24,0	26,5	19,5	20,0	15,5	—
6	59,0	42,0	32,5	24,0	25,0	20,0	19,0	15,0	18,0
Mittel 3—6	54,5	41,8	37,8	25,0	26,1	21,0	19,7	16,3	17,3
				c) Belastung = 10 kg.					
1	—	—	—	79,0	—	63,0	66,0	28,0	31,5
2	—	—	—	90,0	—	60,0	65,0	27,5	28,0
3	—	—	—	89,0	—	59,5	65,5	28,5	30,0
4	—	—	—	100,0	—	60,0	65,0	27,5	26,0
5	—	—	—	—	—	59,0	63,0	22,5	26,0
6	—	—	—	—	—	59,0	66,0	22,5	19,0
Mittel 3—6	—	—	—	—	—	59,4	64,9	25,2	27,3

[1] Nähere Beschreibung der konstruktiven Einzelheiten findet sich z. B.: Z. V. d. I. 1926, Nr. 12, S. 415; s. a. Z. öst. Ing.-V. 1926, H. 11/12; Z. V. d. I. 1922, Nr. 15, S. 377/78.

[2] Wofür auch an dieser Stelle nochmals bestens gedankt sei.

[3] Phosphorarmer perlitischer Zylinderguß aus dem Betrieb.

[4] Phosphorreicher Zylinderguß aus dem Betrieb.

Zahlentafel 59a.
Abnutzungsversuche von Gußeisenproben auf der Maschine von „Spindel“.

Belastung	Abnahme des Durchmessers der Schleifscheiben in mm								
	1	2	3	4	5	6	6a	7	7a
3 kg	0,005	0,005	0,005	0,005	0,005	0,01	0,015	0,02	0,025
5 kg	0,07	0,095	0,13	0,055	0,06	0,04	0,03	0,03	0,03
10 kg	—	—	—	—	—	0,33	0,315	0,08	0,08

Zahlentafel 60. Verschleißversuche durchgeführt bei einem Anpreßdruck von 50 kg und Zylinderöl als Schmiermittel auf der Amsler-Maschine während 60 Stunden.

Material Nr.	Versuchsrolle		Gegenscheibe	
	Härte B. E.	Verschleiß nach 60 st in g	Härte B. E.	Verschleiß nach 60 st in g
1	199	0,0172	192	0,0120
2	184	0,0117	194	0,0182
3	187	0,0041	197	0,0084
4	167	0,0100	191	0,0107
5	185	0,0032	196	0,0043
6	210	0,0070	199	0,0060
7	200	0,0090	184	0,0118
7 a	201	0,0041	186	0,0105

Aus diesen Zahlen sowie aus der graphischen Darstellung derselben in Abb. 193 geht hervor, daß bei der Prüfung nach Spindel eine überraschend klare Beziehung zwischen dem Phosphorgehalt des Gußeisens und dem Verschleißwiderstand sich ergab. Ferner ist hervorzuheben, daß z. B. die Schmelzen Nr. *2* und 3 mit 0,30 bzw. 0,35% Phosphor sich in ihren Ergebnissen bei der Verschleißprüfung fast vollkommen decken, obwohl die Schmelze *2* weit weniger Graphit enthält, also mehr Karbid besaß als die Schmelze *3*. Man ersieht hieraus, daß für den Verschleiß vorwiegend perlitischer Gußeisensorten das Phosphid anscheinend von ausschlaggebender Wirkung ist. Dasselbe zeigt sich auch bei den Schmelzen *4* und *5*, welche annähernd doppelt so viel Phosphor enthalten. Auch hier decken sich die Ergebnisse der Abnutzungsprüfung fast vollkommen, obwohl auch hier die Schmelze *4* viel mehr karbidisch erstarrt ist. Den größten Widerstand gegen Abnutzung zeigt die Schmelze *7* mit etwa 0,70% Phosphor.

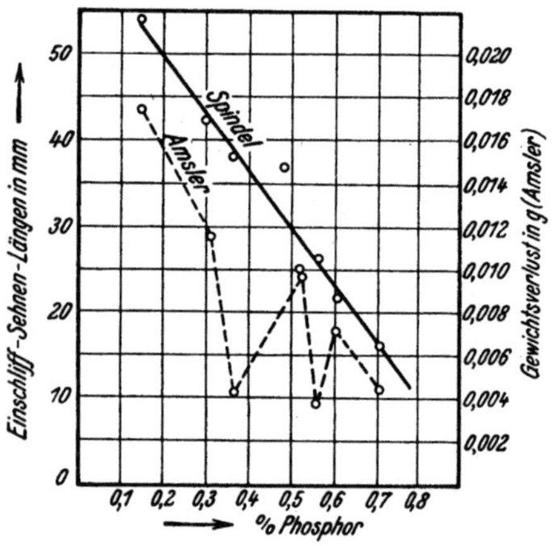

Abb. 193. Einfluß des Phosphors auf den Verschleißwiderstand von Gußeisen.

Die beiden phophorreichsten Proben *6* und *7* geben selbst bei dem Anpreßdruck von 10 kg noch gute Einschnitte, während für alle andern Proben dieser Anpreßdruck bereits zu hoch ist.

Wesentlich unübersichtlichere Resultate ergab die Prüfung auf der Amslermaschine, wenngleich auch hier die Tendenz der Ergebnisse gleichgerichtet bleibt (vgl. Abb. 193).

Die nunmehr folgenden Resultate wurden erhalten im Rahmen einer Arbeit, welche einen Beitrag zur Frage des Einflusses der Überhitzungstemperatur bei Schmelzen mit zunehmendem Phosphorgehalt auf die mechanischen und physikalischen Eigenschaften von Grauguß liefern sollte. Die Schmelzen im Einzelgewicht von etwa 20 kg wurden in einem Kokstiegelofen Bauart Baumann hergestellt, auf 1400, 1500 bzw. 1600° C überhitzt, stets bei 1350° C in getrocknete Sandform vergossen, und zwar zu Vierkantstäben 35 · 35 · 300 mm für die Abnutzungsprobe nach Spindel und zu Rundstäben von 40 · 300 mm zwecks Herstellung von Abnutzungsproben nach Amsler. Die Zusammensetzung der Schmelzen gibt Zahlentafel 61 wieder. Auch hier erfolgte die Verschleißprüfung stets nach Entfernung der Gußhaut.

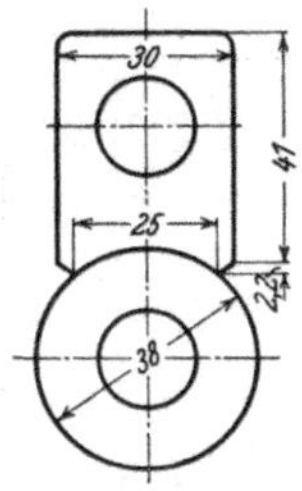

Abb. 194. Versuchskörper und Gegenscheibe bei den Verschleißversuchen.

Zur Durchführung der Abnutzungsversuche nach Amsler waren aus den 40-mm-Rundstäben Versuchsscheiben von 38 mm gedreht worden. Als Gegenmaterial wurde hier nicht eine Versuchsscheibe, sondern ein Gegenstück verwendet, wie dies aus Abb. 194 ersichtlich ist. Das Gegenstück bestand aus dem bereits oben erwähnten Kolbenringmaterial.

Abb. 195 zeigt ferner graphisch den Verschleißwiderstand in Abhängigkeit vom Phosphorgehalt bei den verschiedenen Überhitzungstemperaturen (vgl. a. Zahlentafel 62 und 63).

Die bei allen Überhitzungstemperaturen und Belastungen vollkommen eindeutige Steigerung des Verschleißwiderstandes mit steigendem Phosphorgehalt kommt auch hier deutlich, und zwar unabhängig vom Arbeitsprinzip der Verschleißmaschine zum Ausdruck.

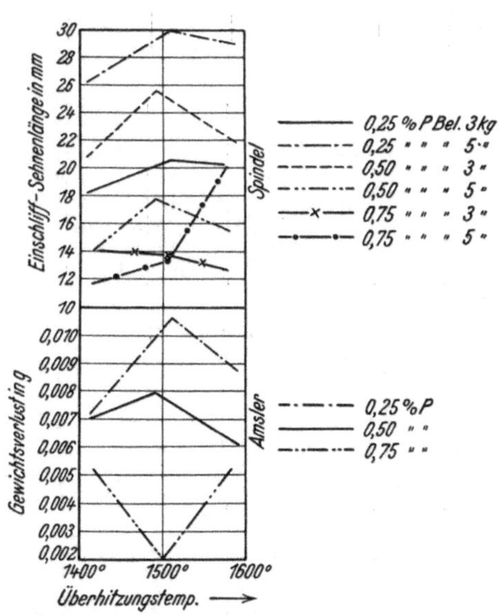

Abb. 195. Einfluß der Schmelzüberhitzung (Graphitverfeinerung) auf den Verschleißwiderstand von Gußeisen.

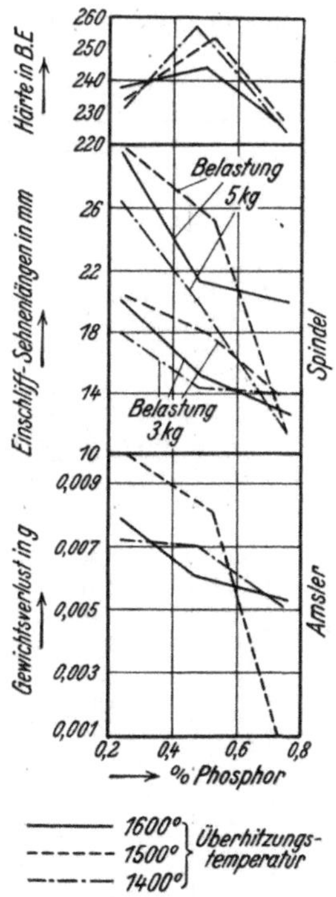

Abb. 196. Einfluß des Phosphors auf den Verschleißwiderstand von Gußeisen.

Wie bereits oben erwähnt, war versucht worden, die Beeinflussung der Verschleißfestigkeit durch den Grad der Schmelzüberhitzung zu verfolgen.

Zahlentafel 61.

Versuchsreihe	Schmelze Nr.	Erhitzt auf °C	Vergossen bei °C	Chemische Analyse in %						
				P	ges. C	geb. C	Graphit	Si	Mn	S
I	1	1410	1350	0,24	3,00	0,92	2,08	1,25	0,98	0,061
	2	1510	1350	0,25	3,06	1,00	2,06	1,23	0,90	0,062
	3	1580	1350	0,24	3,16	1,13	2,03	1,28	0,97	0,652
II	4	1410	1350	0,47	2,93	0,95	1,98	1,25	1,02	0,046
	5	1490	1350	0,52	2,94	0,94	2,00	1,23	1,15	0,039
	6	1590	1350	0,49	2,97	1,09	1,88	1,27	1,00	0,050
III	7	1415	1350	0,77	3,13	0,73	2,40	1,21	0,92	0,044
	8	1500	1350	0,75	2,92	0,68	2,24	1,27	0,91	0,049
	9	1580	1350	0,77	3,16	0,74	2,42	1,16	0,89	0,044

Tatsächlich kommt in vier von den sechs aufgetragenen Kurven der Versuche nach Spindel (Abb. 195) ein deutliches Minimum der Verschleißfestigkeit bei der Überhitzungstemperatur von 1500° zum Ausdruck, den auch die entsprechenden Kurven nach Amsler (Abb. 195 unten) zeigen. Merkwürdig ist, daß mit einer Ausnahme die jeweils niedrigste Überhitzungstemperatur die besten Verschleißwerte lieferte.

Zahlentafel 62. Verschleißprüfung nach Spindel.

Einschliff Nr.	Versuchsreihe I				Versuchsreihe II			Versuchsreihe III				
	1	2a	2b	3	4	5	6	7	8a	8b	9a	9b
a) Belastung = 3 kg												
1	22,0	24,0	30,0	23,5	22,0	18,0	23,0	18,0	17,0	18,0	23,0	23,5
2	19,0	22,0	22,0	21,0	18,0	16,0	17,0	15,0	15,0	19,0	17,0	17,0
3	19,0	21,5	21,0	20,0	15,0	17,0	14,0	14,0	12,0	16,0	15,0	14,5
4	19,0	21,0	21,0	20,5	15,0	18,0	16,5	14,0	13,0	16,0	15,0	11,0
5	17,0	21,0	19,5	20,5	13,0	19,0	15,0	14,0	12,5	12,0	15,0	10,5
6	17,0	21,0	20,0	20,0	14,0	16,5	15,0	11,5[1]	8,0[1]	10,0[1]	14,0	10,0
Mittel 3—6	18,0	21,1	20,4	20,2	14,2	17,6	15,1	14,0	12,5	14,7	14,0	11,5
b) Belastung = 5 kg												
1	44,5	48,0		45,5	26,0	31,0	26,0	19,5	19,0		27,0	
2	28,0	35,0		35,0	21,0	26,0	22,0	16,0	16,0		22,0	
3	27,5	29,0		29,0	20,0	28,0	22,0	12,5	14,0		20,0	
4	26,0	28,0		29,0	21,0	26,0	21,5	11,5	12,0		19,5	
5	26,0	28,0		29,0	20,5	24,5	21,0	11,0	12,0		20,0	
6	25,5	34,0		30,0	20,0	24,0	16,0[1]	11,0	13,5		20,0	
Mittel 3—6	26,2	29,7		29,2	20,4	25,6	21,5	11,5	12,9		19,9	
c) Belastung = 10 kg												
1	—	—	—	—	32,5	—	35,0	36,0	25,0		—	—
2	—	—	—	—	33,0	—	29,5	18,0	18,5		—	—
3	—	—	—	—	29,5	—	32,0	20,0	19,0		—	—
4	—	—	—	—	28,5	—	31,0	20,0	17,0		—	—
5	—	—	—	—	28,0	—	32,0	21,0	20,5		—	—
6	—	—	—	—	25,0	—	31,5	17,0	19,0		—	—
Mittel 3—6	—	—	—	—	27,7	—	31,6	19,5	18,9		—	—

[1] Diese streuenden Werte wurden bei der Mittelbildung nicht berücksichtigt.

Wenn auch aus der geringen Zahl der Versuche kein endgültiges Urteil gebildet werden kann, so scheint doch der Einfluß des Phosphorgehaltes den Einfluß der Überhitzungstemperatur auf die Verschleißfestigkeit bei weitem zu überwiegen, wenn der letztere überhaupt vorhanden sein sollte, was auf Grund der vorliegenden Versuche jedenfalls nur mit sehr starken Einschränkungen angenommen werden kann.

Für den aus Zahlentafel 63 ersichtlichen, in zwei Fällen den der Versuchsrolle stark überschreitenden Verschleiß der Gegenscheibe bei der Prüfung nach Amsler konnte keine Erklärung gefunden werden.

Zahlentafel 63. Verschleißprüfung nach Amsler, Zylinder-Anpreßdruck 50 kg, Versuchsdauer 60 st.

Versuchsreihe	Schmelze Nr.	Versuchsrolle		Gegenscheibe	
		Härte in B. E.	Ges. Verschleiß in g	Härte in B. E.	Ges. Verschleiß in g
I	1	216	0,0071	203	0,0045
	2	227	0,0105	203	0,0050
	3	199	0,0081	203	0,0128
II	4	249	0,0070	203	0,0037
	5	242	0,0079	203	0,0020
	6	227	0,0060	203	0,0034
III	7	212	0,0051	203	0,0028
	8	199	0,0020	203	0,0060
	9	218	0,0052	203	0,0027

Der gleichartige Verlauf der Werte trotz prinzipiell gänzlich verschiedener Verschleißprüfapparaturen kann für die Praxis als sehr wertvoll bezeichnet werden, um so mehr, als er sich auch mit den verschiedenen empirischen Beobachtungen aus der Praxis, die hauptsächlich an Zylindermaterial gemacht wurden, zu decken scheint.

Beachtenswert erscheint auch die Feststellung, daß mit (Amsler) und ohne (Spindel) Schmiermittel gleich verlaufende Werte erzielt werden konnten.

Wenn man die bei den vorliegenden Schmelzen auftretenden Härtezahlen (Abb. 196) mit den zugehörigen Verschleißwerten vergleicht, so kann in keinem Falle ein Zusammenhang eindeutiger Art festgestellt werden.

Interessant sind die Angaben von J. E. Hurst[1] über den besseren Verschleißwiderstand nach dem Hurst-Ball-Prozeß geschleuderter Körper (Kolbenringe, Zylinderfutter) gegenüber sandgegossenen (Zahlentafel 64), was weniger auf die feinere Graphitausbildung als vielmehr auf den höheren Karbidgehalt der ersteren zurückgeführt wird.

Wie in der „Western Machinery World"[2] mitgeteilt wird, wird durch Nickelzusatz die Verschleißfestigkeit von Gußeisen wesentlich erhöht. Die Größe des Nickel- bzw. des in Verbindung damit oft vorhandenen Chromzusatzes hängt von der Gattierung sowie von der Form und Wandstärke der Stücke ab. So benutzte eine amerikanische Automobilfabrik z. B. für Zylinder ein Eisen mit 1,75% Si und 2% Ni. Durch letzteres wurde die Brinellhärte von 150 auf 200 gesteigert. Die auf diese Weise hergestellten Zylinder wurden alsdann im Betriebe beobachtet und zeigten nach 80000 km keinen größeren Verschleiß als gewöhn-

[1] Foundry Bd. 55, S. 649. 1927; Ref. Gieß.-Zg. Bd. 25, S. 20. 1928.
[2] Vgl. a. Gieß.-Zg. Bd. 25, S. 94. 1928.

liche Graugußzylinder nach 40000 km. Die größere Verschleißfestigkeit wird dabei nicht nur auf die größere Härte, sondern auf das feinere Gefüge des mit Nickel legierten Eisens zurückgeführt. Trotz erhöhter Härte zeigen chromnickellegierte Gußeisensorten eine recht gute Bearbeitbarkeit (vgl. S. 303 sowie Zahlentafel 102).

Zahlentafel 64. Vergleichende Abnutzungsversuche mit geschleuderten und sandgegossenen Proben (Kolbenring-Zylinderstücke) nach Hurst.

	Schleuderguß		Sandguß	
	Gewicht g	Verlust g	Gewicht g	Verlust g
Ursprüngliches Gewicht	6,7500	0,0...	6,7530	0,0075
Nach 3 Millionen Umdrehungen.	6,7349	0,0151	6,7445	0,0075
Nach 4 Millionen Umdrehungen.	6,7339	0,0010	6,7425	0,0030
Nach 5 Millionen Umdrehungen.	6,7335	0,0004	6,7325	0,0100
Nach 7 Millionen Umdrehungen.	6,7331	0,0004	6,7220	0,0105
Gewichtsverlust insgesamt . . .		0,0169		0,0310

5. Die magnetischen und elektrischen Eigenschaften von Gußeisen.

Die magnetische Permeabilität (M) eines Stoffes ist gekennzeichnet durch das Verhältnis magnetische Induktion zu Feldstärke $\left(\frac{\mathfrak{B}}{\mathfrak{H}}\right)$. Die Magnetisierung eines ferromagnetischen Körpers erfolgt gemäß Abb. 197 (I = jungfräuliche Kurve, J_∞ = Sättigungswert). Die übrigen grundlegenden Begriffe gehen aus der Abbildung hervor. Bei Dauermagneten sucht man die von Magnetisierungskurven umschlossene Fläche möglichst groß zu halten (maßgeblich für die Leistung des Magneten ist hier das Produkt: Koerzitivkraft × Remanenz = $J_r \times \mathfrak{H}_c$). In magnetischen Wechselfeldern dagegen soll zur Vermeidung von Energieverlusten (Hysteresisverluste) diese Fläche möglichst klein sein.

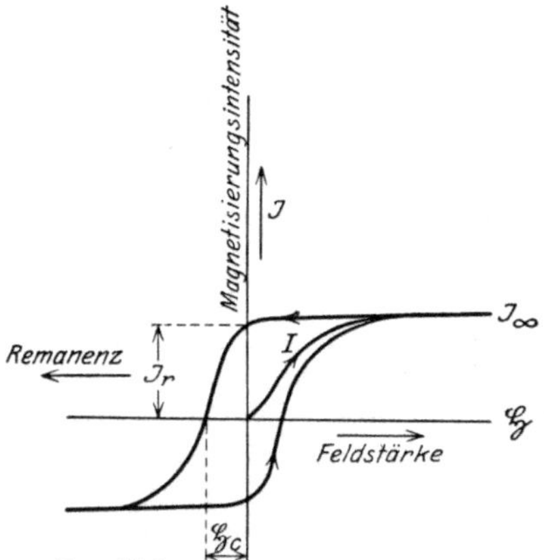

Abb. 197. Magnetisierungskurve eines ferromagnetischen Stoffes.

Das bisherige Schrifttum über dieses Gebiet ist verhältnismäßig spärlich. Neben den älteren Arbeiten von Parshal[1] und Reusch[2] ist noch eine Arbeit von Nathusius[3] erschienen, welcher insbesondere auf die Bedeutung des Kleingefüges hingewiesen hat, sowie eine Arbeit von Schweitzer[4], welcher den Einfluß von Aluminium bis zu 3% ermittelte und fand, daß die magnetischen Eigenschaften durch höhere Aluminiumgehalte beeinträchtigt werden. Nach Nathusius waren in einem unlegierten Gußeisen mit mehr als etwa 3% ges. C nicht über 8000 c. g. s., bei etwa 1,8% ges. C nicht über 13700 c. g. s. erreichbar. Den Einfluß des gebundenen Kohlenstoffs zeigte er an folgenden Zahlen:

[1] Min. Proc. Inst. Civ. Engs. Bd. 126, S. 220. 1895/96.
[2] Stahleisen Bd. 22, S. 1196. 1902. [3] Stahleisen Bd. 25, S. 99, 164 und 290. 1905.
[4] ETZ Bd. 22, S. 363. 1901.

geb. C%	Graphit%	Si%	Induktion bei Amp. Wind. pro cm 25	50	100	200
0,24	3,19	2,83	7100	9200	11200	12900
0,82	2,47	2,11	5900	7500	9200	11300

Im Jahre 1921 stellte F. Goltze[1] fest, daß Silizium, Kohlenstoff, Mangan, Phosphor und Schwefel die Permeabilität des Gußeisens verringern und darum so niedrig wie möglich gehalten werden sollten. Eine Arbeit von J. H. Partridge[2] bringt Ergebnisse planmäßiger Untersuchungen über den Einfluß von Silizium, Mangan, Aluminium, Nickel, Phosphor und Kobalt auf die magnetischen und elektrischen Eigenschaften von Gußeisen. Partridge ging bei diesen Versuchen von einem sehr reinen, weißen Roheisen amerikanischer Herkunft aus, welches neben etwa 3,2 bis 3,8% Ges.-C nur 0,05 bis 0,06% als Summe sämtlicher anderen Beimengungen enthielt. Die magnetische Prüfung erfolgte in einem Iliovici-Apparat. Die Hysteresisverluste wurden nach dem Jochverfahren ermittelt, die elektrischen Eigenschaften durch Potentialdifferenz in einem schwachen elektrischen Strom gemessen.

Der Verfasser hat versucht, die in höchst unübersichtlicher Weise an Hand von 24 Zahlentafeln mitgeteilten Versuchsergebnisse in Zahlentafeln 65 bis 67 zusammenzutragen. Wo nichts besonders angegeben ist, beziehen sich die hier mitgeteilten Werte auf rohgegossenes Eisen. Bei Durchsicht der Zahlentafeln ergibt sich, daß die besten Werte für die magnetische Induktion und die Permeabilität in den angelassenen Proben erreicht werden. Die magnetische Induktion wurde durch einfaches Anlassen um höchstens 70% erhöht, die Permeabilität dagegen bis auf das 10fache gesteigert. Wird in Gußeisen hohe Permeabilität verlangt, so muß der Kohlenstoff nach Möglichkeit in Form von Graphit oder besser noch in Form von Temperkohle vorliegen. Die aluminiumhaltigen Proben A 5 und A 6 zeigen dies am besten. Durch das Anlassen war hier bei Probe A 5 der elementare Kohlenstoff von 0,65 auf 2,1% gesteigert worden, in Probe A 6 entsprechend von 1,18 auf 2,45%.

Silizium erhöht im Falle der Proben 1 bis 10 die magnetische Induktion. Die höchste Permeabilität steigt ebenfalls mit zunehmendem Siliziumgehalt und ist in den angelassenen Proben mehr als doppelt so groß wie im rohgegossenen Zustande. Der Hysteresisverlust und die Koerzitivkraft sinken mit zunehmendem Siliziumgehalt und nähern sich im Falle der Probe 10 den Werten für weichstes Eisen. Während bei den Proben 1 bis 10 das Silizium mittelbar durch Beeinflussung der Kohlenstofform die hier untersuchten Eigenschaften beeinflußte und der spezifische Einfluß des Siliziums hierdurch verdeckt wurde, zeigen die Proben der Schmelzen 11 bis 16, daß der spezifische Einfluß des Siliziums eine Verringerung der magnetischen Induktion und der Remanenz zur Folge hat. Infolge allzu großer magnetischer Härte konnten einige der siliziumhaltigen Proben nicht in den Grenzen von $\mathfrak{B} < 10000$ Maxw. ermittelt werden. Die Grenzen der Induktion, zwischen denen die Verlustziffer bestimmt wurde, gehen aus den Zahlentafeln deutlich hervor.

Mangan, Nickel und Chrom scheinen geeignet, eine hohe magnetische Induktion zu bewirken. Im angelassenen Zustande erhöhen Mangan und Chrom die Koerzitivkraft und den Hysteresisverlust und verringern die Remanenz. In genügenden Zusätzen dem Gußeisen hinzugefügt, machen Nickel und Mangan dasselbe unmagnetisch infolge Ausbildung eines austenitischen Gefüges.

[1] Gieß-Zg. Bd. 10, S. 1, 39 und 71. 1913.
[2] J. Iron Steel Inst. 1925, sowie Brit. Cast. Ir. Res. Ass. 1925, April, Rep. Nr. 6; Ref. Stahleisen Bd. 46, S. 112. 1926.

Zahlentafel 65. Zusammensetzung der untersuchten Proben.

Einfluß von	Proben	Ges.-C %	Graphit %	Si %	Mn %	Sonderelemente %
Silizium	1	2,77	0,89	0,6	0,015	
	2	2,79	0,65	0,807	Sp.	
	3	3,11	2,87	1,43	0,024	
	4	2,95	2,60	1,97	0,025	
	5	2,74	2,28	2,26	0,02	
	6	2,675	2,42	2,46	Sp.	
	8	2,70	1,24	2,41	0,04	
	9	2,58	1,48	2,745	0,035	
	10	2,54	1,19	4,165	0,035	
	11	3,06	1,71	2,54	0,02	
	12	2,97	1,72	2,87	0,03	
	13	2,97	1,80	3,41	0,032	
	14	2,76	1,88	4,76	0,053	
	15	2,61	2,52	6,04	0,085	
	16	2,4	2,30	7,38	0,095	
Mangan	M 1	2,64	1,29	1,724	0,235	
	M 2	2,82	1,44	1,736	0,63	
	M 3	2,69	1,2	1,727	1,07	
	M 4	2,73	1,32	1,705	1,49	
	M 5	2,65	—	1,466	2,66	
Aluminium	A 1	3,09	0,03	0,047	Sp.	0,31 Al
	A 2	3,05	0,09	0,047	,,	0,62 ,,
	A 3	2,84	1,50	0,046	,,	1,03 ,,
	A 5	2,56	0,65	0,045	,,	1,23 ,,
	A 6	2,60	1,18	0,046	,,	3,00 ,,
	A 7	3,61	2,26	0,03	,,	0,865 ,,
	A 9	3,63	2,15	0,03	,,	1,52 ,,
	A 10	3,52	1,89	0,02	,,	2,23 ,,
	A 11	3,64	2,30	0,023	,,	2,50 ,,
	A 12	3,50	1,91	0,025	,,	2,83 ,,
	A 13	3,61	2,25	0,018	,,	3,60 ,,
	A 14	3,42	1,85	0,02	,,	4,06 ,,
Chrom	C 1	2,59	1,38	2,632	0,02	0,63 Cr
	C 2	2,42	1,48	3,627	Sp.	1,06 ,,
	C 3	2,45	1,39	3,116	0,015	1,79 ,,
	C 6	2,10	—	1,71	0,01	7,51 ,,
Nickel	N 3	2,56	1,4	1,30	0,025	12,35 Ni
,, u. Phosphor	F	2,20	1,61	2,57	2,04	10,00 ,, 1,96 P
Kobalt	Co 1	2,76	1,48	2,18	0,045	1,86 Co
	Co 2	2,91	1,34	0,905	0,02	6,51 ,,
	Co 4	2,36	1,11	0,66	0,01	19,9 ,,
	Co 5	2,20	1,37	0,65	0,01	23,33 ,,

Aluminium verringert im Rohguß die magnetische Induktion, die Permeabilität und die Remanenz, vergrößert hingegen die Koerzitivkraft und den Hysteresisverlust. Durch das Anlassen aluminiumhaltigen Gußeisens wird bis zum Gehalt von 1% Aluminium die magnetische Induktion und die höchste Permeabilität verringert, während Koerzitivkraft und Hysteresisverlust zunehmen. In Gehalten von 1 bis 3% steigert Aluminium hingegen die Induktion und Permeabilität bedeutend, wie die Proben A 5 und A 6 zeigen. Es verursacht auch eine bedeutende Abnahme von Koerzitivkraft und Hysteresisverlust.

Zahlentafel 66. Magnetische Eigenschaften der untersuchten Proben.

Proben	$\mathfrak{B}_{max}$ bei $\mathfrak{H}_{max}$ rd. 100	Permeabilität μ	$\mathfrak{H}$ für μ_{max}	Remanenz	Bemerkungen
1	9977	264,0	15,1	5025	Gußzustand
2	9678	237,0	16,2	4733	,,
3	11480	481,5	8,0	5124	15 Min. bei 900° geglüht
4	11644	497,0	8,0	5523	
5	11747	549,0	6,9	4578	
6	11900	737,0	7,8	4724	
8	11090	271,6	16,0	4667	Gußzustand
9	10833	253,0	16,0	4431	,,
10	10540	254,0	14,0	4060	,,
11	10190	230	16,4	4300	,,
12	10100	218	16,4	4290	,,
13	9845	213	15,2	3800	,,
14	9455	193	20,48	2900	,,
15	9200	1021	2,25	2900	,,
16	8935	383	5,88	1650	,,
M 1	10900	264	15	4950	Gußzustand
M 2	11225	260	17,2	4960	,,
M 3	11016	241,2	20,2	5420	,,
M 4	10240	234	16,6	5090	,,
M 5	8420	160	30	4600	,,
A 1	10530	319	13,2	5900	15 Min. bei 900° geglüht
A 2	10510	289	15,0	5660	
A 3	9980	245	18,0	4940	
A 5	8780	125,5	42,75	3970	Gußzustand
A 6	7950	105,2	38,5	4170	,,
A 7	9450	196	19,88	3850	,,
A 9	9155	199	16,20	3850	,,
A 10	8750	165	20,56	3580	,,
A 11	8440	158	18,12	3500	,,
A 12	8140	134	26,0	3040	,,
A 13	7260	109	32,36	3410	,,
A 14	6660	87	41,30	3210	,,
C 1	9925	231	15,1	4460	Gußzustand
C 2	10970	330	13,1	5150	,,
C 3	9920	229,7	17,4	4160	,,
C 6	6120	80	45,0	3310	,,
N 3	419	4,6	60	6	Gußzustand
F	377	3,8	60	—	,,
Co 1	10600	231	16,2	4700	Gußzustand
Co 2	10340	206	20,3	5240	,,
Co 4	13095	266	20,0	6000	,,
Co 5	13440	286	21,3	6100	,,

Phosphor hat nur einen geringen Einfluß auf die magnetischen Eigenschaften von Gußeisen, scheint aber in siliziumhaltigen Gußeisensorten die Induktion etwas zu erhöhen.

Kobalt bewirkt eine Erhöhung der Induktion und Remanenz bei gleichzeitiger Erhöhung der Permeabilität. Die Probe Co 5 der Zahlentafel 66 hat einen Induktionswert von 13440 C. G. S., welcher für Gußeisen im rohgegossenen Zustande als sehr hoch anzusehen ist.

Mangan und Chrom machen das Gußeisen infolge der starken Erhöhung der

Zahlentafel 67. Magnetische Eigenschaften der in Zahlentafel 65 verzeichneten Proben nach angegebener Behandlung.

Proben	Bemerkungen	$\mathfrak{B}_{max}$ für $\mathfrak{H}$ rd. 100[1]	$\mathfrak{H}_c$	Hyst.-Verl. Erg/cm³Per.	Watt-Verl. je kg d. Met.	$\mathfrak{B}_r$
1	Bei 875° geglüht, mit 30°/st bis 675° abgekühlt, dann Ofenabkühlung	10170	—	—	—	—
2		9810	12,7	34080	46,3	—
3		11060	9,8	27680	34,9	—
4		11320	8,5	26120	34,2	—
5		11480	7,0	23860	31,3	—
6		11430	6,5	18850	24,9	—
8		11690	—	—	—	—
9		11570	7,6	20120	26,3	—
10		11960	3,5	8700	11,4	—
11		10000	12,7	32435	42,5	—
12		10000	13,1	32900	43,1	—
13		10000	12,0	28,700	37,6	—
14		10000	9,8	22840	29,9	—
15		8000	2,2	4075	5,3	—
16		4500	1,7	2390	3,1	—
M 1	Bei 875° geglüht und langsam abgekühlt	11160	—	Probe gebr.	—	5550
M 2		11400	9,5	28200	26,8	5930
M 3		11180	11,0	29550	39,6	5800
M 4		10560	12,0	31600	41,3	5440
M 5		8520	20,0	35000	45,8	4760
A 1	Bei 875° geglüht und langsam abgekühlt	10700	9,9	28000	36,7	6210
A 2		10540	13,0	36210	47,3	5990
A 3		10370	12,4	36100	47,1	5760
A 5		13470	3,4	9000	11,8	4800
A 6		12850	2,7	7100	9,3	4600
A 7		9600	13,4	31750	41,5	—
A 9		9100	12,7	30335	39,8	—
A 10		8800	14,4	30810	40,3	—
A 11		8500	14,8	31880	41,8	—
A 12		8100	18,4	39790	52,1	—
A 13		—	—	—	—	—
A 14		6700	24,6	41540	54,4	—
C 1	Bei 875° geglüht und langsam abgekühlt	—	11,8	31130	41,5	5550
C 2		—	10,0	29000	38,1	5290
C 3		—	8,7	24000	31,4	4960
C 6		—	33,0	45350	59,4	3350
N 3	Bei 875° geglüht und langsam abgekühlt	3140	57	—	—	1330
F		3280	57	—	—	1630

Koerzitivkraft zur Herstellung von guten Dauermagneten geeignet. Leider wird die Remanenz unverhältnismäßig stark beeinträchtigt.

Die im Normblatt DIN 1691 vorgesehenen Werte für die magnetische Induktion sind nur in einem vorwiegend ferritischen, gut desoxydierten Gußeisen erreichbar. Um diese Gefügeform zu erhalten, strebt man in der Praxis ein Gußeisen an, das möglichst wenig Kohlenstoff, Mangan und Schwefel und nur so viel Silizium enthält, als unter Berücksichtigung der Wandstärken zum annähernd vollständigen Zerfall des Zementits erforderlich ist. Bei schwachwandigen und

[1] Untere Grenze der Induktion zur Ermittelung der Hysteresisverluste.

auch noch bei mittelstarken Gußstücken ist ein vollständiger Zementitzerfall jedoch nicht ohne weiteres zu erreichen. Man hilft sich bei derartigen Gußstücken dadurch, daß man sie bei etwa 1000° glüht und dann langsam abkühlen läßt. Auch ein mehrfaches Pendeln um das Temperaturintervall der Perlitbildung führt hier zum Ziel.

Über das für die Ermittelung der magnetischen Induktion maßgebende Meßverfahren wurde noch keine Vereinbarung erzielt. Die elektrotechnische Industrie bedient sich meistens der Verfahren von Rogowski, während die Praxis im allgemeinen die Prüfung mittels der Apparate von Köpsel & Kath bzw. von Hartmann & Braun vornimmt.

Mit der Frage der Anwendung abgeschreckten Gußeisens für permanente Magnete beschäftigten sich u. a. auch Ashworth und Pierce, ferner Campbell und Thompson[1]. Sie fanden, daß sorgfältig hergestellte Hartgußmagnete sogar manchen Stahlmagneten vorzuziehen seien. Leider sollen derartige Stücke bei der Härtung zur Ausbildung feiner Haarrisse neigen. Einen guten Vergleich zwischen den magnetischen Eigenschaften von Grauguß, Temperguß und Stahl gibt Abb. 198 nach einer Arbeit von H. Field[2].

Zahlentafel 68. Aus Widerstandsmessungen gewonnene Werte.

Proben	Sonderelement in %	Spez. Widerstand in Mikro-Ohm/cm³
1	0,6 Si	46,8
2	0,807 Si	50,66
3	1,43 Si	47,73
4	1,97 Si	57,15
5	2,26 Si	60,95
6	2,46 Si	61,59
8	2,41 Si	74,35
9	2,745 Si	85,41
10	4,165 Si	111,5
A 1	0,31 Al	38,47
A 2	0,62 Al	47,44
A 3	1,03 Al	88,47
A 5	1,23 Al	69,56
A 6	3,0 Al	89,76
M 1	0,235 Mn	61,94
M 2	0,63 Mn	59,36
M 3	1,07 Mn	59,40
M 4	1,49 Mn	64,95
M 5	2,26 Mn	66,5
N 3	12,35 Ni	115,9
F	10,00 Ni, 2,04 Mn	101,4
P	1,86 P	88,7
C 1	0,63 Cr	90,63
C 2	1,06 Cr	—
C 3	1,79 Cr	113,5
C 6	7,51 Cr	64,6

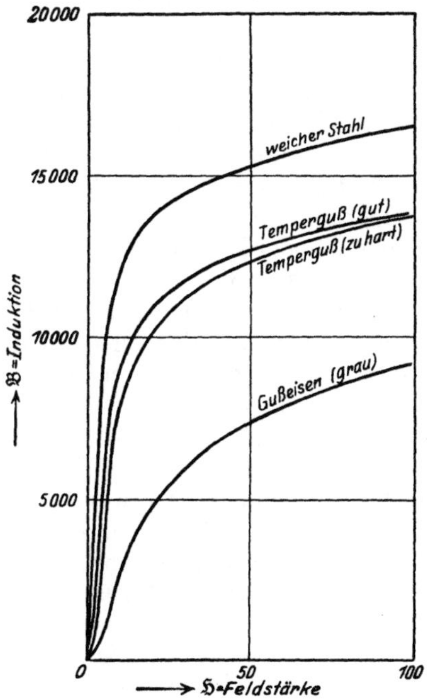

Abb. 198. Magnetische Eigenschaften verschiedener Werkstoffe (H. Field).

Die aus den Widerstandsmessungen von Partridge gewonnenen Werte sind in Zahlentafel 68 wiedergegeben. Im allgemeinen hat Gußeisen einen sehr

[1] Vgl. a. Hurst, J. E.: Metallurgy of Cast Iron. S. 267/68. London: J. Pittman & Sons 1926.
[2] Foundry Trade J. Bd. 1, S. 291. 1927.

hohen spezifischen elektrischen Widerstand und eignet sich hierdurch vorzüglich für Widerstandskörper, welche hohe Stromstärken aufzunehmen haben. Von den Begleitelementen des Eisen erhöhen besonders Silizium und Aluminium, sowie Phosphor, Mangan und Chrom den Widerstand des Gußeisens ganz beträchtlich.

Bekannt ist ferner die Herstellung von Widerstandsgittern für Kontroller usw., welche bis 5% Nickel enthalten und von vorzüglicher Elastizität sind. Zahlentafel 69 zeigt den Einfluß von je 1% Legierungselement auf den spez. elektrischen Widerstand von reinem Eisen nach Norbury[1].

In einer neueren Arbeit kam H. Pinsl[2] auf Grund von Messungen an einer größeren Anzahl verschiedenartiger Gußeisensorten sowie an verschieden rasch erstarrten Stäben zu folgenden Ergebnissen:

1. „Von den Begleitelementen des Graugusses üben Silizium und Graphit den ausschlaggebenden Einfluß auf die elektrische Leitfähigkeit aus. Man kann je Prozent Silizium eine Widerstandssteigerung von 12 bis 14 Mikroohm je Kubikzentimeter annehmen, während beim Graphit je nach dessen Ausbildung stärkere Schwankungen, etwa 10 bis 20 Mikroohm je Prozent auftreten.

2. Mit zunehmender Graphit- und Kornverfeinerung sinkt bei sonst gleicher chemischer Analyse der Widerstand und erreicht anscheinend bei feineutektischer Ausbildung des Graphits und zementitfreier Grundmasse das Minimum, bei möglichst vollständiger Abscheidung der Kohle als grobblättriger Graphit das Maximum für die betreffende Zusammensetzung.

3. Der gebundene Kohlenstoff wirkt um so mehr im Sinne einer Widerstandssteigerung, je mehr sich der Perlit der sorbitischen Ausbildung nähert; freier Zementit oder Ledeburit erniedrigt ebenfalls die Leitfähigkeit, aber um verhältnismäßig geringe Beträge.

4. Phosphor erhöht den Widerstand des Graugusses nicht in dem gleichen Maße wie im Stahl, weil er nicht als Mischkristall, sondern als Steadit auftritt und außerdem bei höheren Gehalten eine für die Leitfähigkeit günstige Anordnung des Graphits zur Folge hat.

5. Ein erkennbarer direkter Einfluß des Mangans und Schwefels in den Gehaltsgrenzen, wie diese Elemente im Grauguß vorhanden sind, ließ sich nicht feststellen; eine indirekte ist mit Rücksicht auf die gebundene Kohle anzunehmen.

6. Beim Ausglühen von Grauguß erniedrigt sich in allen Fällen, in denen die gebundene Kohle ganz oder teilweise zu Ferrit und Temperkohle abgebaut wird, der elektrische Widerstand am stärksten da, wo sie vorher in sorbitischer Ausbildung vorhanden war.“

Als Sonderheit sei hier noch das austenitische nicht magnetische (Nomag) Gußeisen mit Nickelgehalten von 12 bis 16% erwähnt. Es eignet sich für weniger beanspruchte Teile elektrischer Maschinen, die in magnetischen Streu- oder Wechselfeldern liegen. Folgende Zahlen geben eine Vorstellung von den Eigenschaften des „Nomag“:

	Max. magnetische Permeabilität	Spez. Widerstand Mikro-Ohm/cm³
Gew. Gußeisen . . .	330,00	95,0
Nomag	1,03	140,0
Bronze	1,00	7,5

Das unmagnetische Gußeisen ist Gegenstand der englischen sog. Ferranti-Dawson[3]-Patente. Es hat den Vorteil, bei guter Gießfähigkeit auch zu komplizierten und dünnwandigen Guß-

[1] J. Iron Steel Inst. 1920, Nr. 1. [2] Gieß.-Zg. 1928, S. 72/83.

[3] S. E. Dawson ist Betriebsleiter der Ferranti Ltd., Hollinwood, Lanc.; vgl. a. Foundry Trade J. Bd. 29, I, S. 439/44. 1924.

Zahlentafel 69. Einfluß verschiedener Elemente auf den elektrischen Leitwiderstand des Eisens (Norbury).

1		2	3	4	5
Forscher	Jahr	Element	Atomgewicht	Zunahme d. elektrischen Leitwiderst. f. 1% d. zugef. Elementes (in Mikro-Ohm/cm³	Temperatur bei der Messung
Guillet	1914	Leitwiderstand von reinem Eisen = 9,90 Mikro-Ohm/cm³			b. 20°
Yensen	1914	„ „ „ „ = 9,81 „ „			20°
Gumlich . . .	1919	„ „ „ „ = 9,94 „ „			20°
Campbell . . .	1915	Kohle[1]	12,0	34,0	20°
Braune	1905	Stickstoff	14,0	14,6	20°
Barrett	1902	Aluminium	27,1	11,1	18°
Portevin . . .	1909	„	...	11,7	23°
Yensen	1917	„	...	12,0	20°
Gumlich . . .	1919	„	...	12,0	20°
Le Chatelier . .	1898	Silizium	28,3	14,0	...
Barrett	1902	„	...	10,3	18°
Burgess	1910	„	...	12,0	...
Paglianti . . .	1912	„	...	13,0	15°
Yensen	1915	„	...	13,0	20°
Gumlich . . .	1919	„	...	14,0	20°
Wahrscheinlichster Wert		„	...	13,5	...
D'Amico . . .	1913	Phosphor	31,0	11,05	...
Portevin . . .	1909	Vanadin	51,1	5,0	...
Portevin . . .	1909	Chrom	52,0	5,4	12°
Le Chatelier .	1898	Mangan	54,9	5,0 (magnetisch)	...
Le Chatelier . .	1898	„	...	3,5 (unmagnetisch)	...
Barrett	1902	„	...	5,0	18°
Lang	1911	„	...	5,5	20°
Matsushita . .	1919	„	...	5,5	30°
Gumlich . . .	1919	„	...	5,0	20°
Portevin . . .	1909	Nickel	58,7	1,5	...
Honda	1918	„	...	1,5	30°
Honda	1919	Kobalt	59,0	1,0	30°
Burgess	1910	Kupfer	63,6	3,0 oder 4,0	...
Ruer	1913	„	...	4,0	...
Portevin . . .	1909	Molybdän	96,0	3,4 (annähernd)	17°
Barrett	1902	Wolfram	184,0	1,1	18°
Portevin . . .	1909	„	...	1,5	15°
Guertler . . .	1911	Gold	197,2	1,1	...

[1] Abgeschreckt bei 1100°.

stücken leicht bearbeitbar zu sein. Aus wirtschaftlichen Gründen wird in dieser Legierung öfters ein Teil des Nickels durch Mangan ersetzt. So kennt die Praxis z. B. eine Zusammensetzung mit 6% Mn und 9% Ni. Dieser Nickelzusatz darf allerdings nicht mehr wesentlich unterschritten werden, weil dann die Bearbeitbarkeit des Materials schnell nachläßt. Über das unmagnetische sog. Monel-Gußeisen der Intern. Nickel Company (Cu-Ni-Cr-legiert) siehe S. 208.

6. Über die spezifische Wärme des Gußeisens.

Saburo Umino[1] gibt für ein Gußeisen mit 4,3% C Werte gemäß Abb. 199 und 200. Daraus ergibt sich für weißes Gußeisen eine Schmelzwärme von 46,63 cal/g; Schmidt[2] fand dagegen für ein Gußeisen mit 4,35% C den Wert 59 cal/g.

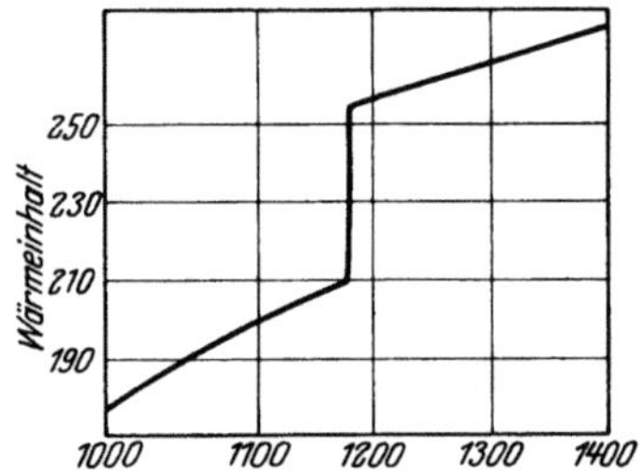

Abb. 199. Wärmeinhalt (cal) von Gußeisen (S. Umino).

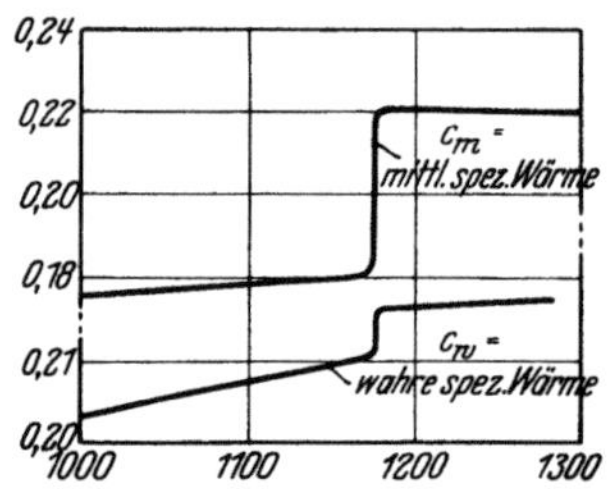

Abb. 200. Mittl. und wahre spez. Wärme von Gußeisen (S. Umino).

Levin und Schottky[3] zeigten aus Untersuchungen an weißem und grauem Roheisen, daß die spezifischen Wärmen bei beliebigen Gehalten an freiem Kohlenstoff aus den spezifischen Wärmen des Eisens, Eisenkarbids und Graphits berechnet werden können:

t °C	Atomwärme Eisen cal	Atomwärme Graphit cal	Summen (3 Fe + C) cal	Molekularwärme Fe_3C cal
59	6,22	2,39	21,05	25,31
175	6,73	3,31	23,49	28,47
325	7,50	4,50	27,00	27,48
463	8,33	5,00	29,99	27,10
600	9,72	5,27	34,42	26,69

	Probe 1	Probe 2
Gehalt an C %	6,31	5,17
„ „ Graphit % . . .	5,77	4,10
„ „ Zementit % . .	8,12	16,05
„ „ Ferrit % . . .	86,11	79,85
Spez. Wärme beobachtet .	$c_p^{(17-100)} = 0{,}1192$	$c_p^{(17-640)} = 0{,}1462$
Spez. Wärme berechnet . .	$c_p^{(17-100)} = 0{,}1188$	$c_p^{(17-640)} = 0{,}1469$
Differenz	+ 0,37%	— 0,47%

[1] Science Rep. Tohoku Univ. Bd. 16, S. 775/98. 1927.
[2] Z. Metallkunde Bd. 7, S. 164. 1910.
[3] Ferrum Bd. 10, S. 194/207. 1913.

Weitere Beispiele für einige Roheisensorten:

Probe	Beob.	Berechn. (17—100)	Beob. (17—500)	Ber. (17—500)	(17—550)	(17—640)	(17—680)
A	0,1254	0,1259	—	—	beob.	—	—
B	0,1279	0,1279	—	—	—	—	—
C	0,1296	0,1293	0,1434	—	0,1438	0,1455	0,14

	C %	Si %	Mn %	P %	S %
Analyse der Probe A	—	—	—	—	—
,, ,, ,, B	3,89	0,06	0,115	0,022	0,004
,, ,, ,, C	4,13	0,074	0,15	0,02	0,006

Eine Tabelle von F. Wüst, A. Meuthen und R. Durrer[1] gibt folgende Werte:

Beobachter	Bezeichn.	C-Gehalt %	Schmelzwärmen cal/g	Wärmeinhalt des geschm. Metalls cal/g
Gruner	weißes R. E.	n. ang.	32—34	—
Gruner	graues R. E.	n. ang.	23	—
Wüst und Laval. . .	R. E.	3,4	—	277
Springorum	R. E.	3,3	—	246 (1203°)
Springorum	—	—	—	—
Schmidt	weißes R. E.	4,35	59	—
Gillhausen	Hämatit R. E.	4,3	—	287
Gillhausen	Thomas R. E.	3,2	—	258

Braun und Hollender[2] geben für geschmolzenes Gußeisen Wärmeinhalte von 280 bis 290 W. E. an. Saburo Umino[3] untersuchte ein Gußeisen mit 4,22% C, 0,032% S, 0,12% P, 1,48% Si, 0,73% Mn, Schmelzpunkt bei 1169° und erhielt:

Temperatur °C	Mittl. spezifische Wärme	Wahre spezifische Wärme
100	0,1308	0,131
200	0,1341	0,139
300	0,1373	0,148
400	0,1400	0,159
500	0,1417	0,172
600	0,1482	0,187
700	0,1542	0,207
800	0,1679	0,194
900	0,1712	0,198
1000	0,1748	0,202
1050	0,1773	
1100	0,1776	0,207
1150	0,1791	
1200	0,2192	0,215
1250	0,2188	0,215
1300	0,2185	
1350	0,2185	0,215

Die Schmelzwärme errechnet sich daraus zu 47 cal/g.

[1] Forsch.-Arb. Ing. 1918, H. 204. [2] Stahleisen Bd. 41, S. 1021. 1921.
[3] Science Rep. Tohoku Univ. Bd. 15, S. 597. 1926.

Die spezifische Wärme des Graphits wurde von Umino wie folgt bestimmt:

Temperatur °C	Graphit spezifische Wärme cal/g	Spez. Wärme d. Zementits durch Extrapolation erh.	Spez. Wärme 3 Fe + C cal/g
100	0,2024	0,1480	0,1161
200	0,2248	0,1485	0,1212
300	0,2467	0,1490	0,1254
400	0,2671	0,1505	0,1319
500	0,2865	0,1524	0,1381
600	0,3070	0,1557	0,1465
700	0,3271	0,1599	0,1543
800	0,3460	0,1649	0,1691
900	0,3619	0,1710	0,1828
1000	0,3755		0,1833
1100	0,3860		0,1837
1200	0,3952		0,1843
1250	0,3992		0,1849

Honda[1] zeigt, daß die spezifische Wärme mit fortschreitender Graphitisation abnimmt, da der Zementit eine größere spezifische Wärme hat als die Summe der Komponenten (3 Fe + C):

	Spez. Wärme cal/g
Gußzustand	0,1371
Angelassen bei 670° 5 Minuten	0,1345
„ „ 670° 10 „	0,1316
„ „ 670° 60 „	0,1158

Ein reines Ferrit-Graphitgemisch (6,67% C) müßte die spezifische Wärme von 0,118 haben.

Die spezifische Wärme des Zementits ergibt sich durch Extrapolation zu 0,150. Nach Oberhoffer und Meuthen[2] beträgt sie 0,158. Der Wärmeinhalt flüssiger Kupolofenschlacke wird in der Literatur zu 400 bis 450 W. E. angegeben.

7. Die Korrosion des Gußeisens.

Unter Korrosion versteht man die von der Oberfläche ausgehende Zerstörung metallischer Körper in wässerigen, säure-, alkali- oder salzhaltigen Lösungen bzw. Schmelzen, in bestimmten korrosionsfördernden Gasen oder unter dem Einfluß der Atmosphäre. Die Zerstörungen treten auf entweder in der Form eines gleichmäßigen Angriffs über eine große Fläche oder aber in der Form örtlicher, oft punktförmiger Anfressungen („pittings“).

Von den Theorien des Korrosionsmechanismus[3] (Gasabsorptions-, katalytische Kolloid-, Wasserstoffsuperoxyd-, einfache Oxydations-, elektrochemische und Säuretheorie) befriedigte bislang die elektrochemische (elektrolytische) erfahrungsgemäß am besten.

Der Korrosionswiderstand ist nämlich keine eindeutige Eigenschaft[4] der Substanzen; er hängt ab von der Natur und dem Grade der Konzentration des Korrosionsmittels sowie der Reinheit der geprüften Materialien, ferner von gewissen physikalischen Eigenschaften, z. B. Temperatur, Gasgehalt, Bewegungszustand des korrodierenden Mediums. Anderseits haften allen Methoden zur Bestimmung des Korrosionsangriffes gewisse Mängel an. Die Bestimmung des

[1] Science Rep. Tohoku Univ. Bd. 12, S. 347/58. 1924.
[2] Metallurgie Bd. 5, S. 173/77. 1922/23.
[3] Vgl. Gieß. 1927, S. 541.
[4] Vgl. Foundry Trade J. Bd. 37, S. 183. 1927.

Gewichtsverlustes je Oberflächeneinheit wird oft erschwert durch die Niederschläge, welche der Ätzangriff auf der Oberfläche der Proben hervorruft. Der volumetrische Versuch, beruhend auf dem Volumen des entwickelten Wasserstoffs, ist weniger anwendbar in Fällen langsamen Angriffes, welche aber gerade die wichtigsten Fälle der Praxis sind. Die kalorimetrische Methode, welche die Menge der freigemachten Wärme angibt, ist in den meisten Fällen der gewöhnlichen Korrosion ebenfalls unanwendbar. Die Methode, bei der die EMK der Auflösung des Metalles gemessen wird, wird wiederum gestört durch die Erscheinung der Polarisation. Immerhin gibt die Potentialmessung recht brauchbare Hinweise bezüglich des voraussichtlichen Verhaltens der untersuchten Stoffe unter elektrolytischen Einflüssen, insbesondere aber in Berührung mit anderen Metallen. (Spannungsreihe der Metalle). Nach der elektrochemischen Theorie führt auch eine lokale Potentialdifferenz, hervorgerufen durch verschiedene Gefügekomponenten, nichtmetallische Einschlüsse, Seigerung, innere Spannungen usw. zur Korrosion, wobei die unedleren Anteile sich anodisch verhalten. Bei Gußeisen führt die kathodische Beladung des Graphits mit Wasserstoff zu einer Verringerung der Auflösungsgeschwindigkeit des anodischen Eisens gegenüber der anfänglichen Korrosionsgeschwindigkeit (beginnende Polarisation).

Die wirtschaftliche Bedeutung der Korrosion (von 1766 Mill. Tonnen Weltproduktion an Metallen in der Zeit von 1890 bis 1923 verfielen 718 Mill. wieder durch Rost und andere Korrosionsarten) stempelte die Korrosionsforschung zu einem der wichtigsten Probleme für die Technik und die Wissenschaft.

In Deutschland waren es vor allem E. Heyn und O. Bauer[1], K. Arndt[2], O. Kröhnke[3], H. Wölbling[4], A. Schleicher[5] und E. Liebreich[6], die den Anstoß zu intensiver Forschertätigkeit auf diesem Gebiet gaben. Heyn und Bauer und später Bauer und Wetzel[7] vom Materialprüfungsamt Lichterfelde kann das Verdienst zugesprochen werden, die ersten umfassenden Untersuchungen über den Angriff des Eisens durch Wasser und wässerige Salzlösungen ausgeführt zu haben.

Während man in Deutschland auf Grund dieser Untersuchungen die Frage zu entscheiden versuchte, ob Gußeisen, Fluß- oder Schweißeisen ein besseres Korrosionsverhalten zeigen, bemühten sich die ausländischen Forscher Arnold, Turner und Mitarbeiter[8], sowie Aitchison[9], den Einfluß des Kohlenstoffgehaltes und der chemischen Zusammensetzung des Stahls auf das Verhalten in Säuren und Salzlösungen zu klären. Dabei erkannte vor allem Aitchison, daß die Nichtangreifbarkeit einer Legierung auf Eigenschaften der festen Lösung zurückzuführen ist. Auf diesen Untersuchungen aufbauend, versuchte dann

[1] Mitt. des Materialprüfungsamtes: Über den Angriff des Eisens durch Wasser und wässerige Lösungen. Bd. 26, S. 1—104. 1908; Bd. 28, S. 62—137. 1910.

[2] Arndt, K.: Das Rosten verschiedener Eisensorten an feuchter Luft. Chem.-Zg. Bd. 34, S. 425—426 und 1078—1079. 1910.

[3] Kröhnke, O.: Versuche über das Rosten gußeiserner Röhren. Metallröhrenindustrie Bd. 3, S. 2. 1910.

[4] Wölbling, H.: Zum Rostprozeß der Guß- und Mannesmannröhren. Metallurgie Bd. 8, S. 613. 1911; Bd. 10, S. 161—167, 1913.

[5] Schleicher, A.: Untersuchungen über das Rosten von Eisen. Metallurgie Bd. 6, S. 182—190 und 201—214. 1909.

[6] Liebreich, E.: Rost und Rostschutz. Sammlung Vieweg. 1914, H. 20.

[7] Bauer und Wetzel: Versuche über das Rosten von Eisen. Mitt. Materialpr.-Amt Bd. 33, S. 1—39. 1915.

[8] Arnold, Turner und Mitarbeiter: Einfluß des Kohlenstoffs auf die Korrosion von Stahl in Salzsäure und Seewasser. Chem. Nr. 104, 142—143 und 155—157.

[9] Aitchison, L.: Versuche über den Einfluß der Zusammensetzung auf die Korrosion von Stahl. Tr. Faraday Soc. Bd. 11, S. 212—234. 1916. — Theorie der Korrosion des Stahls. J. Iron Steel Inst. Bd. 93, S. 77—101. 1916.

später R. A. Hatfield[1], in ausgedehnten Versuchen das Korrosionsverhalten der Eisenlegierungen zu klären.

Wesentlich schwieriger und ungeklärter lagen die Verhältnisse beim Gußeisen, wo man den Einfluß des ungebundenen Kohlenstoffs, des Graphits, noch nicht zu deuten wußte. Gelegentlich der Untersuchung korrodierter gußeiserner Rohre sprach P. Medinger[2] die Vermutung aus, daß das Auftreten von Lokalströmen zwischen Ferrit und Graphit die Ursache der Zerstörung sei. Bald darauf schlossen sich Bauer und Vogel[3] dieser Ansicht an, nachdem sie ausgedehnte Spannungsmessungen an Eisen, das mit andern Metallen und vor allem Graphit in Berührung stand, ausgeführt hatten. In ihrer Spannungsreihe kam dem Graphit der elektropositivste Wert zu, so daß das Auftreten starker Lokalströme im grauen Gußeisen die schnelle Korrosion herbeiführen mußte.

Mit dieser Erkenntnis, die von den Engländern Evans[4] und Pollit[5] in ihren klassischen Büchern über die Metallkorrosion weiter ausgebaut wurde, setzt ein neuer Abschnitt in der Erforschung der Gußeisenkorrosion ein. Der schwedische Forscher Palmaer[6] ging von der Überlegung aus, daß die Auflösung eines Metalles in einer Säure allgemein unter der Bedingung erfolgt, daß die EMK, mit der das Metall positiv geladene Ionen in Lösung zu senden sucht, größer sein muß als die von dem abgeschiedenen Wasserstoff herrührende Gegenkraft. Es muß also das Potential des vorherrschenden anodischen Metalles gegen die an den anodischen Flächen bestehende Konzentration metallischer Ionen größer sein als die Summe aus dem Gleichgewichtspotential des Wasserstoffs in der Lösung und der Überspannung, die erforderlich ist, um den Wasserstoff an dem als Kathode wirkenden Metall abzuscheiden. Palmaer versuchte deshalb, den Überspannungswert, den der Wasserstoff am Graphit als Kathode besitzt, zu ermitteln. Er fand ihn als negativ zu — 0,02 Volt und erklärte damit die leichtere Löslichkeit des graphitreichen Gußeisens gegenüber graphitärmeren Gußeisensorten etwa gleichen Kohlenstoffgehalts. Im Gegensatz dazu stehen die Untersuchungen von Thiel und Breuning[7] und neuerdings wieder Thiel und Eckel[8], die für die Überspannung einen sehr hohen Wert von + 0,335 Volt gefunden haben. Die starke Auflösungsgeschwindigkeit des grauen Gußeisens erklären sie durch die Unterbrechung der sonst gleichförmigen Eisenoberfläche durch den herausragenden unlöslichen Graphit, der mit der Eisenoberfläche Furchen und damit bevorzugte Stellen für die Gasentwicklung bildet. Wie die großen Unterschiede bei der Ermittlung des Überspannungswertes des Wasserstoffs beweisen, ist die Rolle des Graphits bei der Korrosion noch keineswegs geklärt. Es scheint aber, daß die einzelnen Forscher bei ihren Messungen nicht vollkommen

---

[1] Hatfield, R. A.: Korrosion der Eisen- und Nichteisenmetalle. Tr. Faraday Soc. Bd. 11, S. 183—197. 1916. — Einfluß des Kohlenstoffs und Mangans auf die Korrosion von Eisen und Stahl. Eng. Bd. 121, S. 528—530. 1916; J. Iron Steel Inst. Bd. 93, S. 48—76. 1916. — Korrosion der Eisenmetalle. Eng. Bd. 133, S. 414 u. a. 1922.

[2] Medinger, P.: Korrosion gußeiserner Röhren. J. Gasbeleucht. Bd. 61, S. 73—76. 1918.

[3] Bauer und Vogel: Rosten von Eisen in Berührung mit anderen Metallen und Legierungen. Mitt. Materialpr.-Amt Bd. 36, S. 114—208. 1918.

[4] Evans, U. R : Die Korrosion der Metalle. Zürich: Orell Füßli 1926.

[5] Pollit, Allan A.: Die Ursachen und die Bekämpfung der Korrosion. Verlag Vieweg 1926.

[6] Palmaer: Die Korrosion der Metalle, Theorie und Versuche. Korr. Metallsch. Bd. 3 S. 33 und 37. 1926.

[7] Thiel und Breuning: Die Überspannung des Wasserstoffs an reinen Metallen. Z. anorg u. allg. Chem. Bd. 83, S. 329—361. 1913.

[8] Thiel und Eckel: Korrosion der Metalle als elektrochemisches Problem. Z. Elektrochem. Bd. 33, S. 370. 1927.

gleichartige Materialien verwendet haben. Ein dichter und kristallinischer Graphit wird zweifellos andere Überspannungswerte liefern als loser und feinkristalliner Graphit, bzw. die von W. Roth sogar als besondere Modifikation[1] angesprochene Temperkohle, bei denen die Möglichkeit der Anlagerung von Gasschichten in erhöhtem Maße gegeben ist. Es ist daher zu vermuten, daß die starken Unterschiede in den ermittelten Überspannungswerten zum Teil auf diese Einflüsse zurückzuführen sind.

Ebenso wie die Auflösung in Säuren erklären Palmaer und vor ihm Bauer und Vogel u. a. das Rosten des Gußeisens unter Heranziehung der Lokalelementtheorie. Das Eisen geht anodisch mit seiner niedrigsten Wertigkeit, also zweiwertig, in Lösung, während an der Kathode, am Graphit, Wasserstoff abgeschieden wird. Die Ferroionen treten mit den Hydroxylionen zu Ferrohydrat zusammen, das infolge seiner geringen Löslichkeit bald ausfällt. Dann tritt der Luftsauerstoff als Depolarisator hinzu, so daß der Rostvorgang ungehindert weitergeht. Maßgebend für den Korrosionsverlauf ist nun die Geschwindigkeit, mit der der Sauerstoff in die Flüssigkeit hineindiffundiert, und seine Verteilung in der Lösung. So hat Evans nachgewiesen, daß ein großer Teil der Korrosion hervorgerufen wird durch die Ströme, die durch Änderungen in der Sauerstoffkonzentration der Flüssigkeit entstehen. Er hat gezeigt, daß die Stellen, an denen die Sauerstoffkonzentration am geringsten ist, anodisch sind und Korrosion erleiden, während die mit Sauerstoff gesättigten Stellen ein edleres Potential annehmen und geschützt werden. Damit nimmt Evans[2] an, daß dem Graphit sowie allgemein dem Gefügeaufbau beim Rosten des Gußeisens nicht die Bedeutung zukommt, die er bei Säureauflösung besitzt und auch die oben genannten Forscher kommen bei ihren vergleichenden Untersuchungen über das Rosten von Schweiß-, Fluß-, Schmiede- und Gußeisen zu demselben Ergebnis.

Während so der Einfluß des Graphits auf das Korrosionsverhalten des grauen Gußeisens in den letzten Jahren durch zahlreiche Versuche zu klären versucht wurde, sind über den Einfluß des Siliziums als dem Hauptlegierungsbestandteil des Gußeisens, sowie der zur Veredlung dienenden Elemente Nickel, Chrom und Kupfer wenig Untersuchungen bekannt geworden.

Man hatte zwar in England und Amerika verhältnismäßig früh erkannt, daß ein Siliziumzusatz über 12% zum grauen Eisen eine der Säurekorrosion widerstehende Legierung ergab, jedoch versuchten Friend und Marshall[3] erst 1913 den Einfluß der im Gußeisen üblichen Siliziumgehalte experimentell zu ermitteln. Nach ihren Untersuchungen üben Siliziumgehalte zwischen 1,2 und 2,3% keinen merklichen Einfluß sowohl auf Säurekorrosion wie auf das Rosten aus, solange der Unterschied der gleichzeitig vorhandenen relativen Graphitmengen und des gebundenen Kohlenstoffs nicht beträchtlich ist. Zu demselben Ergebnis kommen wesentlich später Schenck[4] und Delbart[5], von denen der letztere allerdings gleichzeitig den Mangan-, Phosphor- und Schwefelgehalt stark wechselte, so daß seine Ergebnisse einen quantitativen Schluß auf den Einfluß des Siliziums nicht zulassen. Ebenso konnte Girard[6] bei seinen Rostversuchen in belüfteter und unbelüfteter Kochsalzlösung keine wesentlichen Unterschiede bei

[1] Vgl. S. 22. [2] Evans, E. R.: Die Korrosion der Metalle S. 100ff.

[3] Friend und Marshall: Einfluß des Siliziums auf die Korrosion von Gußeisen. J. Iron Steel Inst. Bd. 87, S. 382—387. 1913.

[4] Schenck: Rostfreies Gußeisen. Bull. Brit. Cast Iron Res. Ass. 1924, S. 275.

[5] Delbart, M. G.: Vergleichende Versuche der Gußeisenkorrosion in Schwefelsäure verschiedener Konzentration. Comptes Rendus 1925, S. 768.

[6] Girard, M. R.: Untersuchungen über das Rosten von Stahl und Gußeisen. Rev. Mét. 1926, S. 361—367, 407—417.

Gußeisen mit Siliziumgehalten zwischen 1,6 und 3,25% beobachten. Auch bei den Eisensorten, die keinen freien Graphit enthalten, ist die Frage des Siliziumeinflusses nur wenig geklärt. Zu erwähnen sind hier die Untersuchungen der Japaner Utida und Saîto[1], die bei einem Stahl mit 4% Silizium einen schwachen Abfall der Säurekorrosion gegenüber einem solchen mit 1,3% Silizium festgestellt haben, während W. Oertel und K. Würth[2] bei Siliziumzusätzen, allerdings zum nichtrostenden Chromstahl, bis 4,7% überhaupt keinen spezifischen Einfluß gegenüber Korrosion in Salzsäure und Meerwasser feststellen konnten. Entgegen den Ansichten der bisher genannten Forscher stellt dann Pollit[3] fest, daß ein Siliziumgehalt über 3% im Gußeisen die Korrosion herabsetzt, während bei geringeren Gehalten sogar eine Erhöhung der Angreifbarkeit zu beobachten ist. Eine ähnliche Ansicht äußern Sipp und Roll[4], daß nämlich Silizium im Gußeisen gerade bezüglich seines Korrosionsverhaltens sich anders verhält als andere Elemente, die im Zustand des Mischkristalls den geringsten oder keinen Korrosionsanreiz geben, während hier Silizium trotz Mischkristallbildung bei kleinen Gehalten die Angriffsfestigkeit vermindert. Haase[5] kommt bei seinen Untersuchungen ebenfalls zu dem Ergebnis, daß die Korrosion mit zunehmendem Siliziumgehalt bis zu 3 bzw. 6% ansteigt und erst dann wieder zu niedrigeren Werten absinkt. Gleichzeitig stellt er noch einen Umkehrpunkt bei 1,3% Silizium fest, für den er aber keine Erklärung abgibt. In seinen Patentschriften, die die Herstellung säurebeständiger Eisensiliziumlegierungen betreffen, weist R. Walter[6] auf die Bedeutung der auftretenden Silizide besonders hin. Danach ist die Bildung chemisch einheitlicher Silizide anzustreben derart, daß die Ausgangsmaterialien in solchen stöchiometrischen Verhältnissen zueinander zur Reaktion gebracht werden, daß daraus ein Eisensilizid entsprechend der Formel Fe_2Si resultiert. Neuere Untersuchungen von Phragmén, Körber, Honda u. a. haben jedoch gezeigt, daß es ein Eisensilizid entsprechend dieser Formel gar nicht gibt, so daß die Ansicht Walters kaum zutreffen dürfte. Der Einfluß der einwandfrei festgestellten Silizide Fe_3Si_2 und FeSi auf die Korrosion hochsilizierter Gußeisensorten wird weiter unten behandelt werden.

Über den Einfluß der in den letzten Jahren beim Gußeisen ursprünglich zur Verbesserung der mechanischen Eigenschaften zulegierten edlen Metalle Nickel, Chrom und Nickel + Chrom ist hinsichtlich ihres Korrosionsverhaltens noch wenig bekannt. Während beim Stahl Nickel- und Chromgehalte bis zu 20% und mehr zur Erzielung vollständiger Rost- und Säurebeständigkeit angewandt werden, hat man es bei Gußeisen bisher nur mit geringen Gehalten dieser Elemente versucht. Abgesehen von einer Feststellung in einer Arbeit von Bauer und Piwowarsky[7], die an höhergekohlten Eisensorten durch Zusatz von 1% Ni einen 20proz. Abfall der Korrosion in 1proz. Schwefelsäure beobachteten, waren lediglich einzelne Urteile aus der Praxis bekannt geworden, die von einem günstigen Einfluß eines geringen Nickelgehaltes bei der Korrosion gegenüber starken Laugen berichten. Diese Ansicht wurde später durch die Untersuchungen von Haase bestätigt, der ebenfalls einen günstigen Einfluß eines Nickelgehaltes bis zu 0,8% gegenüber Laugen und Säuren feststellen

[1] Utida und Saîto: Der Einfluß der Metalle auf die Korrosion von Eisen und Stahl. Science Rep. Tohoku Univ. 1925, S. 295—312.
[2] Oertel, W. und K. Würth: Über den Einfluß des Molybdäns und Siliziums auf die Eigenschaften eines nichtrostenden Chromstahls. Dissertation Aachen 1926.
[3] Pollit, Allan A.: Die Ursachen und die Bekämpfung der Korrosion S. 47ff.
[4] Sipp und Roll: Das Wachsen des Gußeisens. Gieß.-Zg. Bd. 9, S. 231. 1927.
[5] Haase, H. G.: Säure- und alkalifestes Gußeisen. Dissertation Clausthal 1927.
[6] Walter, R.: Patentschriften Nr. 341793 Kl. 18b; Nr. 400138 Kl. 18b.
[7] Stahleisen Bd. 40, S. 1300. 1920.

konnte, was auf die größere Dichte und das feinere Korn des nickelhaltigen Gußeisens zurückgeführt wurde. Im Verhalten gegenüber Schwefelsäure stellten Everest, Turner und Hanson[1] dagegen fest, daß durch geringe Zusätze von Nickel die Legierungen rascher angegriffen werden als normales Gußeisen.

Über den Einfluß eines geringen Kupfergehaltes, wie er zur Erzielung besserer Witterungsbeständigkeit auch bei Stahl erfolgt, bestehen beim Gußeisen lediglich die Untersuchungen von P. Kötzschke[2] (bis 0,9% Cu) bzw. von W. Denecke[3] (bis 1,5% Cu) und R. T. Rolfe[4]. Die ersteren fanden bei wässerigen Lösungen lediglich einen schwachen Einfluß auf die Korrosion in Kochsalz sowie eine etwa 25proz. Steigerung der Witterungsbeständigkeit durch 0,3 bis 0,4% Cu. Gegenüber dem Angriff von Salzsäure brachte ein Cu-Zusatz keinen Vorteil, während Denecke zum Gußeisen mit 4,15% C, 1,29% Si, 0,26% Mn, 0,07% P und 0,004% S bei 0,4 bis 0,5% Cu einen starken Rückgang des Angriffs feststellte (vgl. Abb. 201). Höhere Cu-Gehalte als etwa 0,4 bis 0,5% bringen im Gußeisen also anscheinend in keiner Richtung einen weiteren Gewinn. Rolfe fand in Gruben- und Seewasser, sowie in schwach säurehaltigen Wässern einen ungünstigen Einfluß durch Zusatz von 1,35% Cu zum Gußeisen. In destilliertem und Leitungswasser war dagegen ein kleiner Vorteil (1,5 bis 7%) des Cu-Zusatzes zu beobachten.

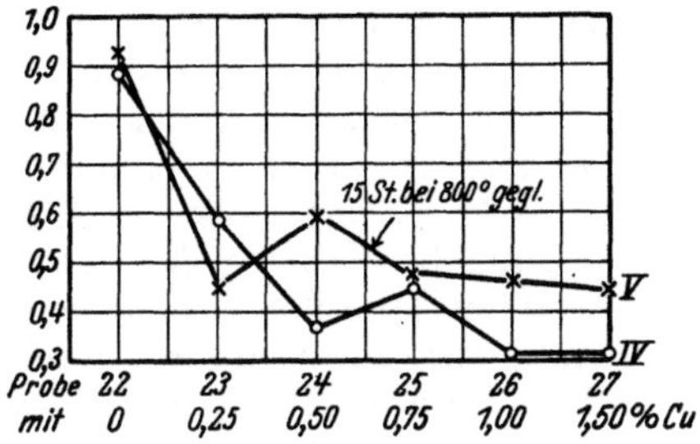

Abb. 201. Einwirkung von Salzsäure auf kupferhaltiges Gußeisen (Denecke).

R. A. Dengg und H. J. Donker[5] untersuchten die anodische Polarisation an verschiedenen Eisensorten und zogen in den Bereich ihrer Untersuchungen neben Flußeisen und Stählen auch zwei Gußeisen mit

	C % ges.	C % frei	P %	Si %	Mn %	S %
Gußeisen . . .	3,66	2,57	0,271	2,38	0,53	0,071
Perlitguß . . .	3,06	2,29	0,160	1,44	0,79	0,127

Das von den Verfassern angewandte Verfahren zur Kennzeichnung der Korrosionsbeständigkeit dieser Materialien beruht auf folgender experimenteller Grundlage. Eine 1-n Kalomelelektrode wurde gegen die betreffende Eisensorte unter Zuhilfenahme von 0,1-n KCl-Lösung und 0,1 mol-K_2CO_3 als Kette geschaltet und in Abhängigkeit von dem herrschenden Anodenpotential die Stromdichte bestimmt. Aus den erhaltenen Werten sowie dem beiliegenden Schaubild ging hervor, daß sowohl beim Gußeisen wie auch bei dem Perlitguß die Spannungs-Stromdichtekurven sehr ungünstig lagen, daß beide Materialien eine ausgesprochene Neigung zur Korrosion, zur Auflösung unter Bildung größerer Angriffsflächen zeigen. Über die gesamte Oberfläche fanden sich, gleichmäßig verteilt, feine Anfressungen. In den allgemeinen Ergebnissen ihrer Korrosionsversuche finden wir eine Zusammenstellung der bekannten Tatsachen, daß

1. die Korrosion von Eisensorten mit steigender Alkalität der Berührungslösung zurückgedrängt wird;

---

[1] Everest, Turner und Hanson: Einfluß von Nickel und Silizium auf Eisen-Kohlenstofflegierungen. Z. angew. u. allg. Chem. Bd. 2, S. 64. 1928; Bauer, O.: Gußeisen als Werk- und Baustoff. V. d. I. Nachr. Bd. 21, S. 12. 1927.

[2] Arch. Eisenhüttenwes. Bd. 2, S. 333. 1928/29.

[3] Zur chemischen Zerstörung des Gußeisens. Gieß. Bd. 15, S. 307. 1928.

[4] Iron Steel Ind. Bd. 1, S. 207 und 235. 1928.

[5] Vgl. Korr. Metallsch. 1927, S. 241.

2. Hydroxyde einen besseren Schutz als Karbonate derselben Konzentration gewähren;

3. Chloride die Korrosion fördern;

4. kohlenstoffreicheres Eisen schneller rostet als kohlenstoffarmes Eisen. (Natürlich ist eine Anfangskorrosion gemeint, nicht aber z. B. die Korrosion von Gußeisen, das schon mit einer Graphitschicht bedeckt ist);

5. Bichromatlösungen allein schützen, aber ihre Wirkung bei Anwesenheit von Chloriden verlieren;

6. Polierte Flächen den Anfressungen besser widerstehen als rauhe Flächen.

Die Verfasser schließen aus ihren Ergebnissen, daß die Kenntnis der sog. Minimal-Durchschlagspannung, die durch einen Knick in der Stromdichte-Spannungskurve angegeben wird, für die Kenntnis der Korrosion von größerem Wert ist, als die Messung des Lösungspotentials des Metalls in sauerstofffreien Elektrolyten. (Die Verfasser arbeiteten mit Lösungen, die mit der Luft in Verbindung standen.) Liegt diese Durchschlagsspannung über dem Sauerstoffpotential, dann tritt keine Korrosion ein.

Nach Ansicht des Verfassers gelten die Versuche nur im bestimmten Bereich und lassen keinen Schluß zu auf die Widerstandsfähigkeit der untersuchten Materialien unter veränderten Verhältnissen (Gas-, Dampfangriff usw.). Die Versuchsergebnisse werden leicht gefälscht dadurch, daß den Systemen dauernd Energiemengen zugeführt werden durch Anlegen von Klemmspannungen, die tatsächlich eine Elektrolyse hervorrufen. Man kann daher vielmehr die Versuche der beiden Forscher als ein Verfahren betrachten, das den amerikanischen Schnellkorrosionsversuchen in weitem Maße ähnelt.

Mitunter widersteht Gußeisen dem Angriff verdünnter oder starker Säuren[1] besser als unlegierter Stahl. In konz. Salpetersäure wird es gleich diesem passiv, d. h. die anodischen Zellen bedecken sich mit einem Film von Oxyden oder Sauerstoff und der Angriff kommt zum Stillstand. Auch gegenüber salz- und alkalihaltigen Lösungen ist Gußeisen widerstandsfähiger; lediglich gegen verdünnte Schwefelsäure ist es weniger beständig. In neutralen Medien dagegen und in wässerigen Salzlösungen besteht nach den umfangreichen vergleichenden Untersuchungen von N. Friend[2] kein wesentlicher Unterschied zwischen Schmiedeeisen, Gußeisen und Stahl. Tatsächlich konnte auch das Bureau of Standards in Amerika bei den außerordentlich umfangreichen vergleichenden Versuchen (geprüft wurden über 14000 Rohrenden) über die Korrosion in verschiedenartigem Erdreich keinen Unterschied zwischen gußeisernen und Stahlröhren feststellen[3].

E. Piwowarsky und P. Kötzschke[4] untersuchten neuerdings den Einfluß der Ausbildungsform des Graphits auf die Korrosion von Grauguß, indem sie gewöhnlichen Grauguß mit etwa 3,5% C und rd. 2% Silizium mit schmelzüberhitztem, feingraphitischem und mit getempertem Kokillenguß verglichen. Sie kamen zu dem Ergebnis, daß die Art der Graphitausbildung, wie sie durch die oben erwähnten Maßnahmen geregelt werden kann, in überraschendem Gegensatz zu den theoretisch zu erwartenden Unterschieden keinen wesentlichen Einfluß auf die Korrosion in Säuren oder das Rosten in wässerigen Salzlösungen ausübt. Auch die Menge des Graphits habe, solange sie in den bei grauem Gußeisen üblichen Grenzen wechselt, nur einen mäßigen Einfluß auf die Korrosion. Nun hatte aber E. Piwowarsky[5] an Schleuder- und Sandgußrohren vergleichende

[1] Bull. Brit. Cast Ir. Res. Ass. Ok. 1926, Nr. 14, S. 15.
[2] J. Iron Steel Inst. Carnegie Schol. Mem. Bd. 12. 1922 und 1923.
[3] Iron Age 1928, S. 1806; Ref. Gieß. Bd. 15, S. 825. 1928.
[4] a. a. O. [5] Bisher unveröffentlicht.

Untersuchungen vorgenommen und bei der Korrosion in feuchtem Erdreich und gesättigter Ammonsulfatlösung sogar ein um ca. 20% günstigeres Verhalten des Schleudergusses gegenüber dem Sandguß festgestellt (Zahlentafel 70). Es ist aber anzunehmen, daß die Ausbildungsform des Graphits den Korrosionsgrad auch hier nicht wesentlich bestimmt, sondern daß dem Grundgefüge, das beim Schleuderguß stets durch eine nachfolgende Glühbehandlung weitgehend homogenisiert wird, die ausschlaggebende Bedeutung zukommt. Außerdem ist der Zustand der Oberfläche von nicht zu unterschätzendem Einfluß und es ist wahrscheinlich, daß gerade die Oberfläche des Schleudergusses besonders dicht ist. Sie trägt zudem infolge der Glühbehandlung eine widerstandsfähige, wenn auch dünne Oxydschicht, die dem darunter liegenden Material einen besseren Schutz verleiht, als es die poröse Gußhaut beim Sandguß vermag.

Zahlentafel 70. Vergleichende Korrosionsversuche an Sand- und Schleudergußrohren.

Die hier aufgeführten Werte stellen das Mittel aus je 10 Einzelversuchen dar.

Versuchs-reihe Nr.	Behandlung	Rohrart	Mittleres Ausgangs-gewicht d. Ringe g	Mittlerer Gewichts-verlust g	Gewichts-verlust in %	Steigerung der Beständigkeit des Schleuder-gusses in %
I.	Feuchtes Erdreich	Sandguß	367,4	0,71	0,193	21,2
		Schleuderguß	356,1	0,54	0,152	
II.	Verkupfert. Feuchtes Erdreich	Sanduß	398,6	1,49	0,374	10,2
		Schleuderguß	364,2	1,24	0,336	
III.	Ammonsulfat	Sandguß	404,2	2,61	0,636	15,1
		Schleuderguß	355,3	1,93	0,540	

O. Bauer[1] dagegen glaubte beim Rosten in wässerigen Salzlösungen der feingraphitischen Ausbildung den Vorzug geben zu müssen, weil die groben Graphitblätter die Feuchtigkeit infolge Kapillarwirkung besser in das Innere des Eisens saugen. Diese Fähigkeit muß man aber ebensogut den feinen Graphitteilchen zuschreiben, die das Gußgefüge mit einem viel engmaschigeren Netzwerk durchziehen.

Bezüglich des Siliziumgehaltes stellten E. Piwowarsky und P. Kötzschke an Grauguß mit 2,8 bis 3% Ges.-C fest, daß mit steigendem Siliziumgehalt bis zu 1,5% bei Salzsäure bzw. 3% bei Essigsäure die Korrosion beständig anwuchs, und daß erst bei bedeutend höheren Gehalten ein gewisses Angriffsminimum erreicht wird. Die schützende Wirkung eines evtl. SiO_2-Überzuges allein vermag aber nicht das Verhalten der im normalen Gußeisen auftretenden Siliziumgehalte zu erklären. Vielmehr muß angenommen werden, daß das Silizium im Gußeisen Mischkristalle mit verschiedener Konzentration der Legierungskomponenten bildet, von denen der bei niedrigeren Gehalten vorherrschende Mischkristall gegenüber Säuren unbeständig ist und die Korrosion erhöht, während der bei höheren Prozentsätzen auftretende Mischkristall beständiger ist und die Korrosion herabzusetzen vermag.

In wässerigen Salzlösungen (Kochsalz, Ammonsulfat, Kaliumbikarbonat) war nach Kötzschke und Piwowarsky ein Siliziumgehalt von 0,7 bis 3%

[1] V. d. I. Nachr. Bd. 21, S. 12. 1927.

ohne Einfluß auf den Rostprozeß. Hier brachten selbst Nickelgehalte bis zu 6% keine wesentlichen Vorteile; sie fanden ferner nur einen mäßigen löslichkeitsmindernden Einfluß des Nickels und auch diesen erst (im Gegensatz zu Haase) bei höheren Nickelgehalten (über 3%), während in $^1/_5$ n Essigsäure der

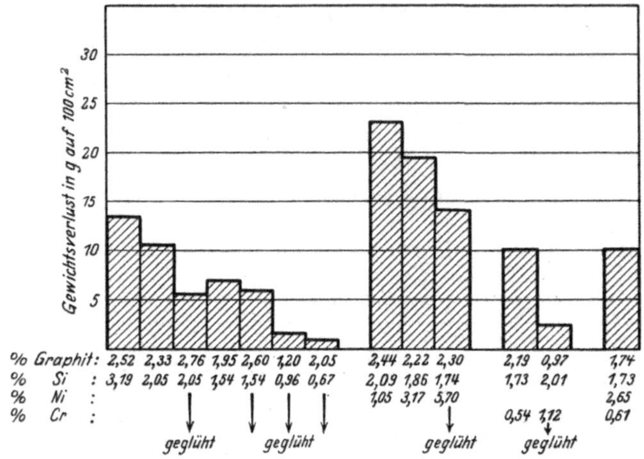

Abb. 202. Verhalten verschiedener Gußeisensorten gegen Essigsäure.

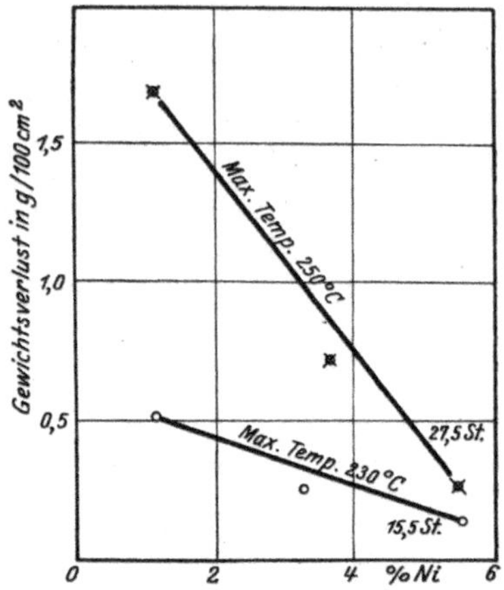

Abb. 203. Korrosion von Gußeisen in Kalilauge bei verschiedener Temperatur in Abhängigkeit von Nickelgehalt (Piwowarsky und Kötzschke).

Einfluß des Nickels ausgeprägter war, die nickelarmen Proben jedoch eine höhere Löslichkeit besaßen als die völlig unlegierten (Abb. 202). In Alkalien dagegen (eindampfende Kalilauge und geschmolzenes Kaliumhydroxyd) ergab ein Nickelzusatz bis zu 6% eine kontinuierlich abfallende Verlustkurve (Abb. 203 und 204),

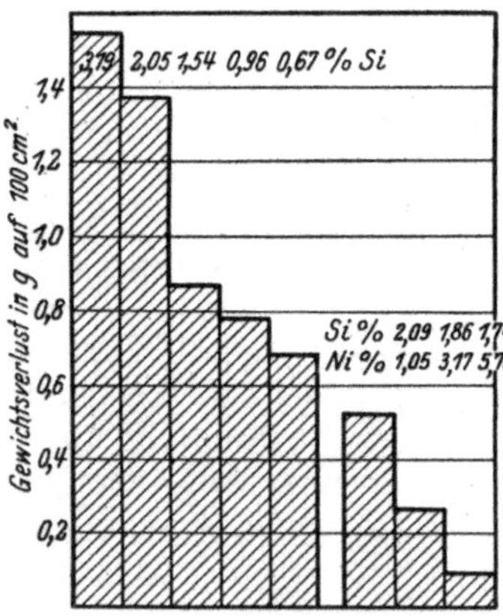

Abb. 204. Korrosion von Gußeisen in 25%iger Kalilauge bei 230° C. Versuchsdauer = 15,5 Stunden.

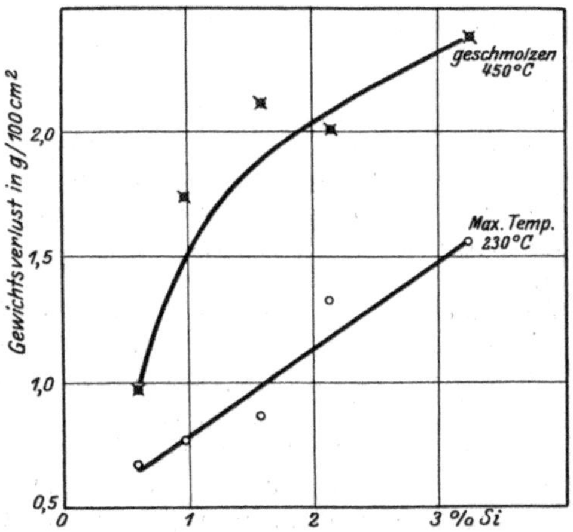

Abb. 205. Korrosion von Gußeisen in Kalilauge bei verschiedener Temperatur in Abhängigkeit vom Siliziumgehalt (Piwowarsky und Kötzschke).

während Haase nur bei mäßigen Nickelgehalten eine Erhöhung der Alkalibeständigkeit gefunden hatte. Auch Denecke hatte in einer wasserfreien Schmelze aus KOH und NaOH eine Steigerung der Alkalibeständigkeit beobachtet. Er untersuchte jedoch ebenfalls nur Gußeisen mit 0,5 bis 1,0% Ni. Den ungünstigen Einfluß des Siliziums im Gußeisen mit 2,8 bis 3% Ges.-C bei Einwirkung von Alkalien zeigt neben Abb. 204 auch noch Abb. 205.

Ein Chromzusatz zu grauem Gußeisen vermochte schon von 0,5 bis 1% ab die Säurekorrosion wesentlich herabzusetzen. Auf das Rosten in wässerigen Lösungen blieb ein Chromzusatz bis etwa 1% jedoch ohne nennenswerten Einfluß, während ein gleichzeitiger Chrom- und Nickelzusatz (0,5% Cr und 2,5% Ni) nur den Angriff der Salzsäure wesentlich verminderte.

Natürlich wird im allgemeinen auch das an sonstigen nichtmetallischen Verunreinigungen ärmste Eisen die geringste Rost- und Korrosionsneigung zeigen müssen. Zwischen Eisen und den ersteren bestehen nämlich auch Potentialdifferenzen, z. B. nach E. F. Law[1]:

zwischen Eisen	und	Eisensilikat	=	0,006 Volt
,,	,,	,, Mangansilikat	=	0,006 ,,
,,	,,	,, Eisenphosphid	=	0,013 ,,
,,	,,	,, Eisensulfid	=	0,015 ,,
,,	,,	,, Mangansulfid	=	0,015 ,,
,,	,,	,, basischer Schlacke	=	0,018 ,,

Von etwa 11 bis 12% Si an zeigen gegossene Eisensiliziumlegierungen einen schnell ansteigenden Widerstand gegen Korrosion in Säuren. Die hohe Korrosionsbeständigkeit der Legierungen mit ca. 14% Si wurde neuerdings mit einer aus dem Diagramm kaum abzuleitenden Verbindung Fe_3Si (14,4% Si) in Zusammenhang gebracht[2], die sich etwa mit der maximalen Konzentration der Mischkristalle deckt.

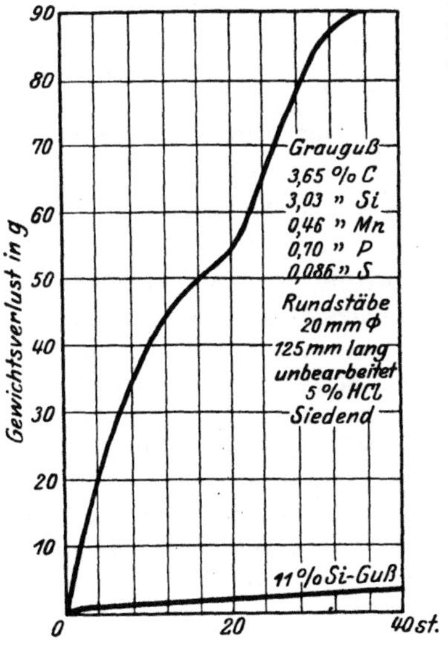

Abb. 206. Einwirkung siedender Salzsäure auf Grauguß und 11% igen Siliziumguß (Denecke).

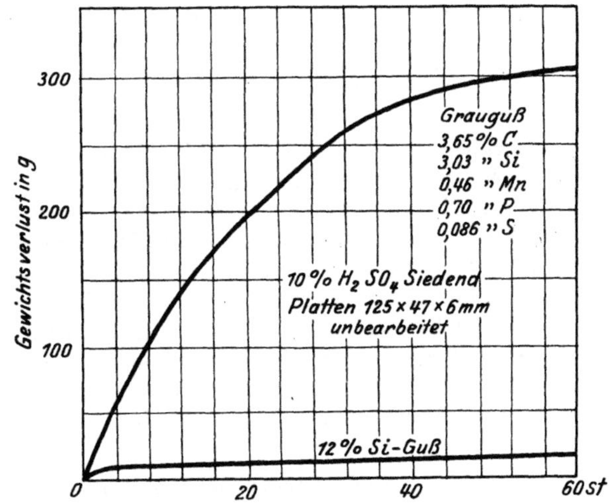

Abb. 207. Einwirkung siedender Schwefelsäure auf Grauguß und 12%igen Siliziumguß (Denecke).

Mit dem Auftreten der Fe_3Si_2-Kristalle (in technischen Legierungen etwa ab 16% Si) tritt nach Denecke[3] eine weitere starke Steigerung der Säurebeständigkeit auf (vgl. die Abb. 206 bis 209). Leider zeigen die hochlegierten Eisen-Siliziumverbindungen hohe Sprödigkeit bei starker Neigung zu Warmrissen und grober Kristallausbildung, so daß die Herstellung einwandfreier Gußstücke erhebliche

[1] Nach Duffek, V.: Korr. Metallsch. Bd. 2, S. 183. 1926.

[2] Corson, M. G.: Iron Age 1927, S. 797; Ref. Gieß. Bd. 14, S. 879. 1927; Chem. Zentralblatt Bd. 2, Nr. 24. 1927.

[3] Gieß. Bd. 15, S. 307, 1928; von Whitaker, E.: Foundry Trade J. 1928 wird die weitere Erhöhung der Säurebeständigkeit durch Si-Gehalte über 16% bestritten.

Schwierigkeiten bietet. Eine gewisse Graphitmenge (0,4 bis 0,6%), die an sich die Säurebeständigkeit verringert, ist aus Gründen geringerer Schwindung und besserer Bearbeitbarkeit in derartigen Legierungen meistens erwünscht. Der P-Gehalt soll 0,2%, der S-Gehalt 0,05%, der Mn-Gehalt 0,3% nach Möglichkeit nicht übersteigen[1].

Die Intern. Nickel Company[2] hat ein hochlegiertes Gußeisen (Monel-Gußeisen) herausgebracht, das fast die Korrosionsbeständigkeit der Bronze erreicht (vgl. Zahlentafel 71 und 72), aber im Preis wesentlich billiger ist. Das Eisen enthält bei 2,6 bis 3,0% C und 1,5% Si etwa 20% Nickel + Kupfer (im Verhältnis des sog. Monelmetalls, d. h. 67% Ni und 28% Cu), das, wenn auf besonders gute Bearbeitbarkeit weniger Wert, dagegen auf große Wärmebeständigkeit großer

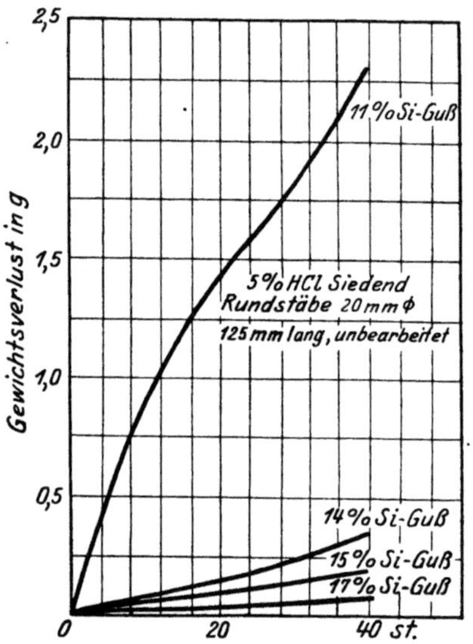

Abb. 208. Einwirkung siedender Salzsäure auf Siliziumguß (Denecke).

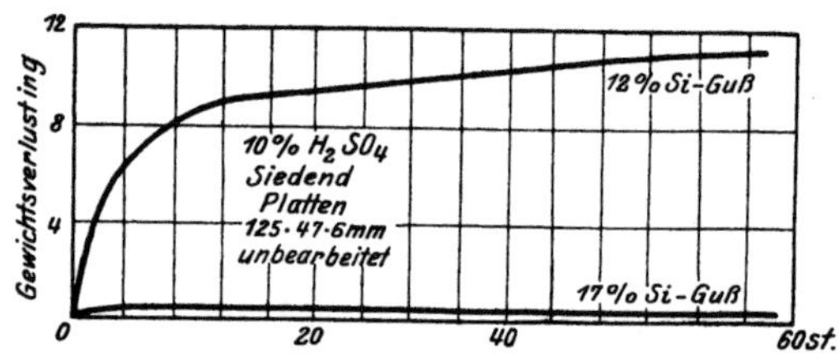

Abb. 209. Einwirkung siedender Schwefelsäure auf Siliziumguß (Denecke).

Wert gelegt wird, noch 1,5 bis 3,5% Cr erhält (Zahlentafel 73). Das Monelgußeisen hat etwa den gleichen Flüssigkeitsgrad wie gewöhnliches Gußeisen, kann in jeder Ofenart (Kupol-, Flamm-, Elektroofen) hergestellt werden, besitzt je nach gewählter Zusammensetzung 15 bis 30 kg/mm² Zugfestigkeit, eine Brinellhärte von 140 bis 190, ist schweißbar, bearbeitbar und unmagnetisch, da es bei normaler Zusammensetzung austenitisch ist (Nickelgehalt). Sein spez. Gewicht ist etwa 7,6, der elektrische Leitwiderstand groß, sein Ausdehnungskoeffizient im Bereich von 0 bis 600° C $= 18 \cdot 10^{-6}$. Es soll sich besonders eignen für Ventile, Kondenser- und Kesselzubehör, Pumpen, Gebläse, Konveyerteile, Filter, Töpfe für chemische Industrie, Maschinenteile, die durch Hitze und Korrosion gefährdet sind usw.

Zahlentafel 71. Korrosion verschiedener Werkstoffe.

	Gewichtsverluste in mg/dm²/Tag in:			
	gew. Atmosphäre	5% Schwefelsäure (lufthaltig)	3% Natriumchlorid (lufthaltig)	Ferrisulfat
Monel-Gußeisen	rostet etwas	350	50	17000
Manganbronze	rostet nicht	230	160	—
88/10/2-Bronze	„ „	215	85	16000
Monel-Metall	„ „	200	Spuren	13000
Reines Eisen	rostet schnell	30000	190	32000

[1] Vgl. a. Rustless Cast Iron: Bull. Brit. Cast Iron Research Ass. Bd. 1, Nr. 4. 1924.
[2] Mitt. der Forschungsanstalt der Intern. Nickel Company.

Ein Korrosionsschutz von Gußstücken aus gewöhnlichem Gußeisen erfolgt durch metallische Überzüge (Zn, Sn, Pb, Al, Cr, Ni usw.) im Galvanisier- oder Schmelzeintauchverfahren, ferner durch Inoxydieren[1], Emaillieren, Überziehen

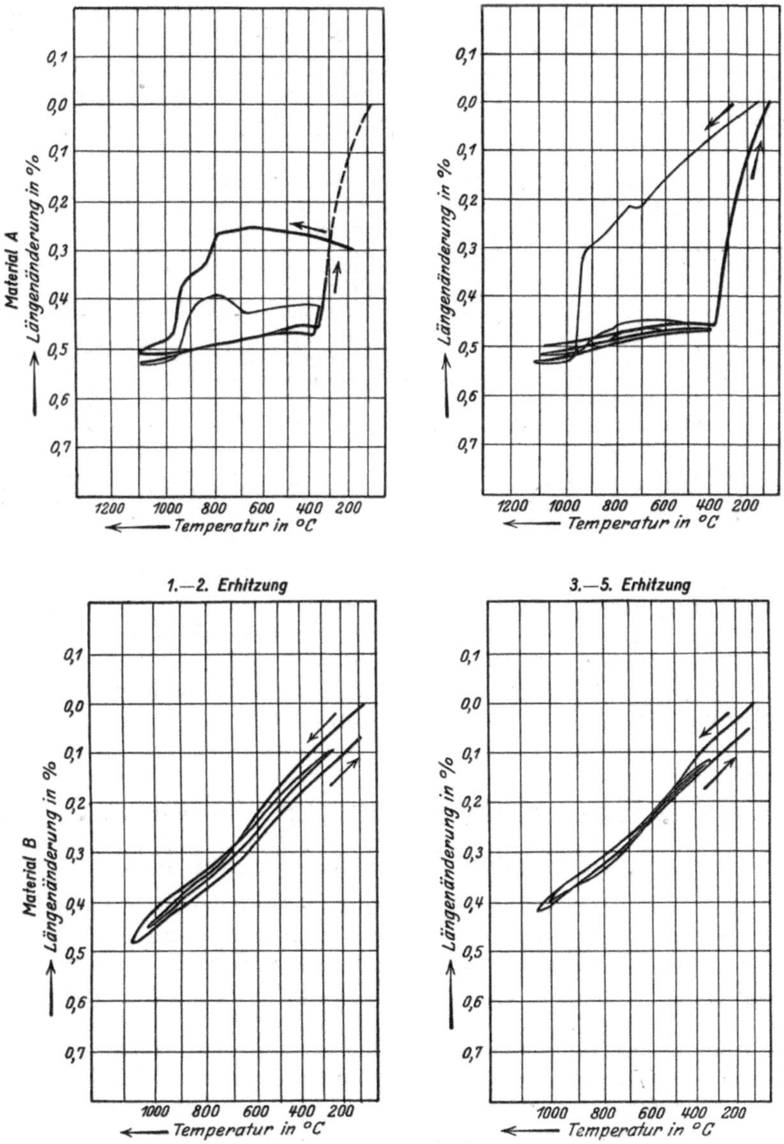

Abb. 210. Differentialausdehnungskurven einer unzweckmäßig legierten (Mat. A) und einer zweckmäßig legierten (Mat. B) chromreichen Gußlegierung mit etwa 2% C.

mit Mennige oder besonderen Rostschutzfarben sowie auch durch Behandlung in kochenden Bädern komplexer Phosphate von Eisen und Mangan (Parkerisieren[2]).

Hitzebeständige Legierungen, die meist auch ziemlich korrosionsfest sind,

[1] Vgl. Gieß. Bd. 15, S. 177. 1928.
[2] Vgl. Cournot, Jean: Comptes Rendus Bd. 185, S. 1041/43. 1927; vgl. a. Walzwerk und Hütte Bd. 1, S. 21. 1929; Metallwirtschaft Bd. 8, S. 165. 1929.

Zahlentafel 72. Korrosion an Monel-Gußeisen im Vergleich zu reinem Eisen

	Gewichtsverlust in mg/dm²/Tag						HCl		
	gew. Atmosphäre			in Sprühwasser		CO_2-gesättigtes Wasser von 95 °C	5%	10%	20%
	30 Tage	90 Tage	18 Mon.	vertikal	horizontal				
Monel-Gußeisen . . .	9,5	7,9	3—4	6,6	17,6	110	507	598	1111
Reines Eisen	59,7	63,5	30—40	207,5	244,0	660	26665	29475	33270

Zahlentafel 73. Korrosion von chromhaltigem Monel-Gußeisen bei höheren Temperaturen im Vergleich zu reinem Eisen.

	Angriff von H_2S bei 95 °C	bei 850°	
		Gewichtsverlust in flüss. Salz	Volumenzunahme nach 240 Std.
Monel-Gußeisen . .	58,5*	509,—*	2—10 %
Reines Eisen . . .	319,—*	1620,—*	25—30 %

sollen zunderfest sein, d. h. der Zunder soll festhaften, nicht abblättern und auf diese Weise dem Eisen einen natürlichen Schutz verleihen. In diese Gruppe gehören die Legierungen mit hohen Cr-Gehalten (bis 30%) mit oder ohne Zusätze von Nickel, Aluminium, Silizium, Molybdän und Titan. Die Zunderfestigkeit wird unterstützt, wenn die Legierungen[1] vermöge ihrer chemischen Zusammensetzung die mit einem starken dilatometrischen Effekt verbundene α/γ-Umwandlung nicht oder wenigstens im Bereich ihrer Arbeitstemperaturen nicht mehr besitzen. In diesem Zustand neigen sie auch weniger zur Rißbildung beim Abkühlen aus höheren Temperaturbereichen (Abb. 210).

N. Die Schmelzung des Gußeisens.

1. Der normale Kupolofenbetrieb.

Noch im Jahre 1924 hat Geilenkirchen[2] in seiner Betrachtung über die verschiedenen Gießereischmelzöfen es beklagt, „wie wenig im letzten Jahrhundert in bezug auf das eigentliche Wesen des Kuppelofens geschehen sei und wie wenig sich der heutige normale Kuppelofen von seinem hundertjährigen Kollegen unterscheidet“.

Die steigende Forderung nach Qualitätsgrauguß, welche im letzten Jahrzehnt die zunehmende Verwendung des Elektroofens in den Gießereien veranlaßte, ließ für die Stellung des Kupolofens, wenigstens seiner relativen Bedeutung nach, mancherlei befürchten. U. a. wies z. B. Nathusius[3] geradezu auf die Unmöglichkeit hin, aus dem Kupolofen höherwertigen Guß herzustellen und betonte die Notwendigkeit der gesteigerten Verwendung des Elektroofens in der Gießerei als vornehmstes Mittel, den unerbittlichen Wirtschaftskampf durch Qualitätssteigerung erfolgreich bestehen zu helfen. Diese Auffassung erscheint

* Nach Ablösung der jeweiligen Korrosionsschicht, gemessen in mg/dm²/Tag.

[1] Über die ternären Eisen-Chrom-Kohlenstofflegierungen vgl. a. Großmann, M. A.: Trans. Am. Inst. Min. Met. Eng. 1927; vgl. a. Stahleisen Bd. 47, S. 1463. 1927.

[2] Gieß. Bd. 11, S. 1. 1924. [3] Gieß. Bd. 11, S. 853. 1924.

heute nicht verwunderlich, denn es lag damals gerade eine Periode hinter uns, in der über die unzulängliche Qualität von Grauguß viel diskutiert worden war, nachdem die Kriegs- und Nachkriegsjahre dazu gezwungen hatten, erhöhte Mengen von Schrott, Brucheisen und minderwertigem, insbesondere schwefelreichem Trichter- und Abfalleisen zu verschmelzen. Diese Zwangslage rückte naturgemäß den Elektroofen in erhöhtem Maße in den Vordergrund, da er das Verschmelzen minderwertigen Schrotts, unbrikettierter Späne usw. zu einem qualitativ einwandfreien Gußeisen gestattete. Aber auch das hinsichtlich der Rohstoffversorgung nicht so bedrängte Ausland zeigte erhöhtes Interesse an der Einführung des Elektroofens in die Gießereien, und zwar im Zusammenhang mit der Herstellung eines mechanisch hochwertigen Graugusses, den man damals nur auf dem Wege über eine weitgehende Kohlenstoff- und Phosphorverminderung glaubte erzielen zu können. Der Strengflüssigkeit dieser hochviskosen (non fluid iron) Eisensorten aber konnte man damals mittels des Kupolofens noch nicht Herr werden und glaubte daher, für die Herstellung niedriggekohlter Eisensorten zum Elektroofen greifen zu müssen. Zwar brachte der Elektroofen beim Schmelzen von Grauguß zunächst auch metallurgisch einige Schwierigkeiten. Neben der nicht ganz leichten Regulierbarkeit des Kohlenstoff- und Siliziumgehalts war es besonders die auf die Wirkung gelöster Aluminium- und Kalziumkarbide zurückgeführte Erscheinung der Dickflüssigkeit, des fauligen Bruches und der Blasenbildung im Guß, welche zu Mißständen führte. Nach einer Hypothese des Amerikaners Morrison[1] zersetzten sich die unter der Wirkung des Lichtbogens gebildeten Karbide des Kalziums und Aluminiums mit der Feuchtigkeit der Gießform unter heftiger Gasentwicklung. Man lernte jedoch bald, diesen unangenehmen Erscheinungen erfolgreich zu begegnen, insbesondere durch genaue Temperaturregelung, so daß der Elektroofen heute metallurgisch einwandfrei dasteht.

Neben den hohen Anlagekosten ist es aber die thermische Seite, von der aus der Elektroofen sich weniger vorteilhaft ausnimmt. Trotz des hohen thermischen Wirkungsgrades beim Elektroschmelzen in Höhe von etwa 60 bis 80% kommt die nutzbare Kalorie im Elektroofen drei- bis viermal so teuer zu stehen als die nutzbare Kalorie des kleinen, mit nur 10 bis 15% thermischem Wirkungsgrad arbeitenden Martinofens. Für den Kupolofen ergeben sich auf der Basis eines 40 bis 45proz. thermischen Wirkungsgrades noch weit günstigere Zahlen.

Beachtet man, daß die Anschaffungskosten einer Elektroschmelzanlage etwa das Acht- bis Zehnfache einer Kupolofenanlage gleicher Leistungsfähigkeit betragen, so erhellt, daß durch Verwendung des Elektroofens gewaltige Vorteile in betriebswirtschaftlicher und qualitativer Hinsicht zu erwarten sein müssen, um die Aufstellung eines Elektroofens verantworten zu können. Als wesentlichste Vorteile des Elektroofens in der Gießerei wurden bislang genannt:

1. Ersparnisse durch Verwendung billigen Einsatzes (Verwendungsmöglichkeit von billigem Schrott, z. B. Späne bis zu 100% des Einsatzes);
2. geringerer Abbrand[2] (1 bis 3% im Elektroofen, 4 bis 7% im Kupolofen, 6 bis 12% im Martinofen, 16 bis 24% im Kleinkonverter);
3. Möglichkeit der Erzeugung heißen Eisens;
4. Möglichkeit einer weitestgehenden Qualitätssteigerung (durch beliebig weite Kohlenstofferniedrigung, völlige Phosphor- und Schwefelabscheidung, sowie durch Desoxydation und Entgasung);
5. Möglichkeit der Herstellung legierten hochwertigen Gußeisens;

[1] Vgl. Ref. Stahleisen 1922, S. 1784.
[2] d. h. Gesamt-Schmelzverlust.

6. Verringerung des Ausschusses und in Zusammenhang damit Ersparnis an Ausgaben für Löhne und Werkzeuge;

7. größere Unabhängigkeit und Vereinfachung der Rohstoffbeschaffung und der Rohstofflagerung, sowie Ersparnisse an Transport- und Frachtkosten.

Diese Vorteile des Elektroschmelzens konnte man in den ersten Jahre seiner Verwendung in den Eisengießereien uneingeschränkt gelten lassen, und die zu-

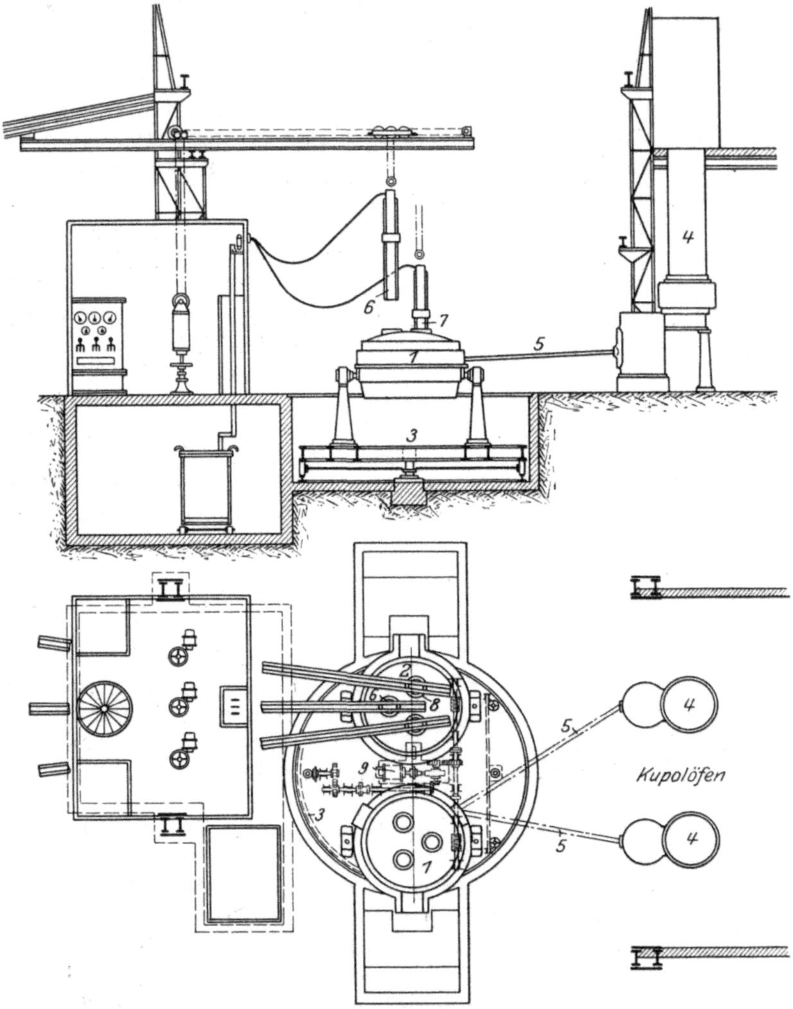

Abb. 211. Drehscheibenbetrieb beim Elektroofen (Ausführung der Vogtl. Maschinenfabrik in Plauen).

nehmende Einführung des Elektroofens bestätigte in der Tat, daß die Nachteile erhöhter Anschaffungs- und Heizkraftkosten unter Umständen durch jene obengenannten Betriebsvorteile voll aufgewogen wurden. In Gegenden billigen Kraftstroms, guter Schrottbasis, aber großer Entfernung von Kohlen- und Hochofenbetrieben ist und bleibt der elektrische Ofen weiterhin konkurrenzlos. An der pazifischen Küste von Amerika z. B. kam im Jahre 1923 auf folgender Basis:

Koks p. t.	=	15 Dollar,
Roheisen p. t.	=	30 ,,
kWh	=	1 Cent

die Tonne Gußeisen aus dem Elektroofen 25% billiger als aus dem Kupolofen. Durch Kombination von Kupol- und Elektroofen, dem sog. Duplexbetrieb, versuchte man, sich auch in Gegenden mit ungünstigeren Stromverhältnissen die Vorteile des Elektroofens für die Raffinationen in wirtschaftlich tragbarer Weise zu sichern. Der Kupolofen schmilzt hierbei, der Elektroofen raffiniert. Auf diese Weise belastet man die Tonne Gußeisen nur mit 100 bis 200 kWh gegen 600 bis 800 kWh, welche pro Tonne erforderlich sind, wenn man im Elektroofen auch einschmilzt. Man versuchte aber auch, die Tonnenbelastung aus der Amortisation der Anschaffungskosten der elektrischen Schmelzanlage zu verringern durch Aufstellung z. B. von zwei drehbar angeordneten Öfen bei nur einer Elektrodenausrüstung (vgl. die Abb. 211 und 212). Man spart demnach die Kosten der zweiten Elektrodenausrüstung.

Abb. 212. Ansicht eines Elektroofen-Drehtischbetriebes bei der Fa. Kelley & Jones Co. in Greensburg, Pa. (Entn. aus Iron Age 1924, S. 1000.)

Der Elektroofen ist und bleibt, wie gesagt, auch heute noch ein idealer Ofen für die hochwertigen Maschinenguß herstellenden Eisengießereien, wofern die Kalkulation seine Aufstellung gestattet. Gerade in den letzten zwei bis drei Jahren haben aber auch die übrigen Schmelzöfen eine wertvolle Vervollkommnung erfahren, und fortschrittliche Erkenntnisse z. B. in der Schmelzführung des Kupolofens und der konstruktiven Durchbildung von Flammöfen haben manches zuwege gebracht, was man bisher nur im Elektroofen glaubte erreichen zu können.

Zwei wesentliche Punkte, welche sowohl die Rentabilität wie auch die Qualität in gleicher Weise betreffen, sind dabei ausschlaggebend gewesen, nämlich:

1. die Möglichkeit der Verbilligung des Einsatzes durch weitestgehende Schrottverschmelzung;

2. die Möglichkeit der Temperatursteigerung mit ihren Rückwirkungen auf die Qualitätssteigerung durch Entschwefelung, Desoxydation und Entgasung, sowie der weitestgehenden Entfernung von Gußspannungen.

Im normalen Kupolofen gelingt es heute auch ohne Zusatzbeheizung ein 1400 bis 1500° heißes Eisen zu erschmelzen bei völliger Anpassung der Gattierungskosten an die entsprechenden Möglichkeiten im Elektroofen. Diese Erfolge beruhen auf tiefgründiger Erforschung der Vorgänge beim Niederschmelzen und Aufkohlen, die zum Teil in völligem Gegensatz stehen zu bislang üblichen Anschauungen. Sofern wir aber imstande sind, dem Kuppelofen ein normal- oder niedriggekohltes, stark überhitztes Eisen zu entnehmen, ist die weitere Entschwefelung, Desoxydation und Entgasung des Eisens kein Problem mehr. Denn nur die geringe Reaktionsgeschwindigkeit der raffinierenden Vorgänge bei unzureichend heißem Eisen und die Gefahr des kalten Gusses erschwerten es bislang, die entsprechenden Operationen beim Kupolofeneisen allgemein und wirksam durchzuführen.

Natürlich ist und wird es immer leichter sein, im Flamm- oder Elektroofen ein hochwertiges Schmelzprodukt zu gewinnen. Die wärmewirtschaftlich (Gegenstromprinzip) und betriebstechnisch (kontinuierliches Schmelzen) einzigartige Stellung des Kupolofens erfordert jedoch die Förderung aller Maßnahmen, welche geeignet sind, dem Kupolofen seine bisherige Bedeutung zu sichern. Tatsächlich ist der Kupolofen imstande, wenn auch nicht den letzten, so doch sehr weitgehenden Anforderungen an die Gußqualität gerecht zu werden, wenn er wärmewirtschaftlich und betriebstechnisch gut einreguliert ist.

Die Verbrennungsvorgänge im Kupolofen haben nicht nur rein wärmetechnische und wärmewirtschaftliche Bedeutung, sie stehen vielmehr in innigem Zusammenhang mit der Ofenleistung, den Kohlungs- und Oxydationsvorgängen und über die erreichbaren Temperaturen auch mit der Qualität des erschmolzenen Eisens. Als Forderung gilt:

Umschmelzung der Gattierung mit geringstem Koksaufwand bei bestem Verbrennungsverhältnis, höchst erreichbarer Eisentemperatur und geringstem Abbrand. Wie stark eine unvollkommene Verbrennung (abnehmendes CO_2 : CO-Verhältnis

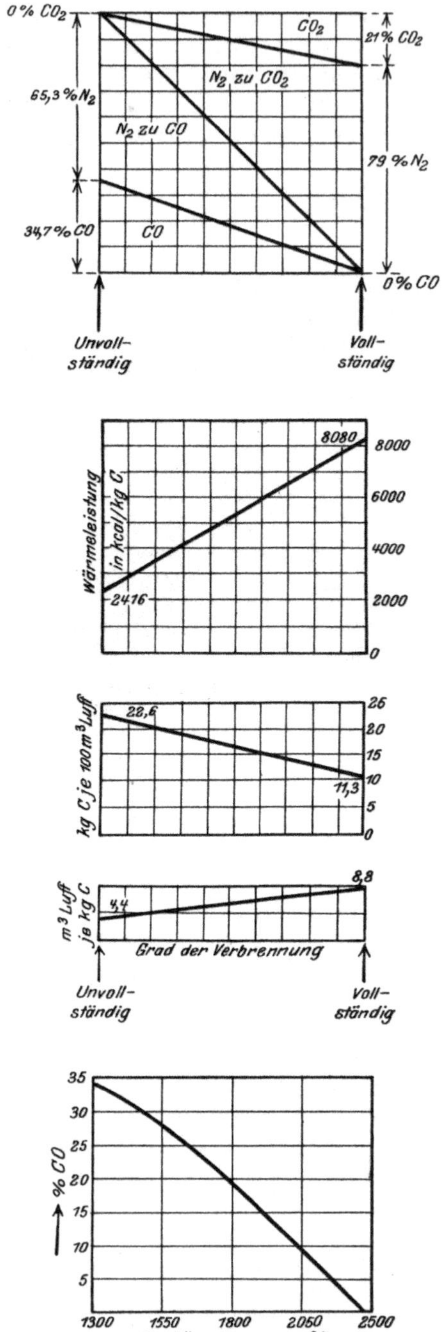

Abb. 213. Kupolofengichtgase und ihre Beziehungen zu den Verbrennungsvorgängen (Mathesius-Pfeiffer).

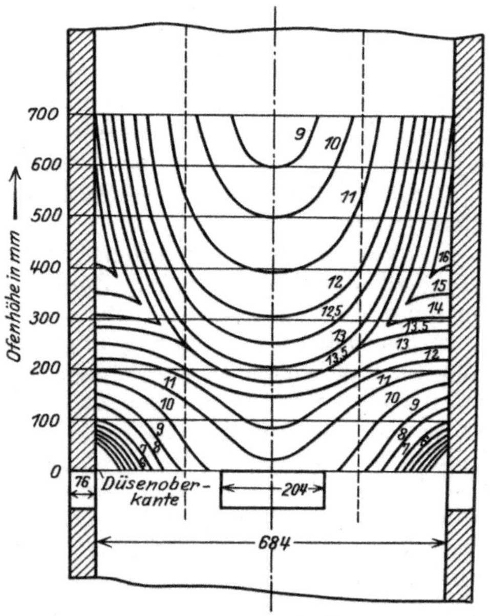

Abb. 214. Linien gleichen CO_2-Gehaltes im Kupolofen (nach Zahlen von Beldon dargestellt).

im Gichtgas) die Ausnützung des Brennstoffs sowie die theoretische Verbrennungstemperatur beeinträchtigt, zeigt Zahlentafel 74 sowie Abb. 213. Unmittelbar vor den Formen, aber auch noch weit oberhalb derselben, haben wir mit einer Zone zu rechnen, welche noch freien Sauerstoff in der Gasphase führt,

Zahlentafel 74.

Verbr. Verh.	Vollst. Verbr. $\frac{100}{0}$	$\frac{90}{10}$	$\frac{80}{20}$	$\frac{70}{30}$	$\frac{60}{40}$	$\frac{50}{50}$	$\frac{40}{60}$	$\frac{30}{70}$	$\frac{20}{80}$	$\frac{10}{90}$	$\frac{0}{100}$
1 kg C = W.-E.	8080	7514	6948	6382	5806	5251	4685	4119	3553	2987	2416
Verl. i. W.-E.	0	566	1132	1698	2264	2829	3395	3961	4527	5093	5664
Ausnützung d. Brennstoffs in %	100	93	86	79	72	65	58	51	44	37	30

wie u. a. aus den Werten der Zahlentafel 75 nach Beldon[1] hervorgeht, dessen Versuche sich auf einen Ofen von 675 mm Durchmesser (4 Düsen, Düsenverh. $^1/_8$) beziehen, der bei etwa 2 t Stundenleistung (= 5,6 t/h/m²) mit 28,3 m³ Wind (= 75,83 m³/min/m²) bei 233 mm W.-S.-Druck betrieben wurde. Welch große Abweichungen hierbei die Flächen gleicher CO_2-Konzentration von der horizontalen Ebene annahmen, zeigt Abb. 214. Die hier eingezeichneten Kurven

Zahlentafel 75. Gichtgasanalysen nach A. W. Beldon.

Ebene	Nr. der Versuchsreihe	Entfernung der Entnahmestelle v. Ofenfutter cm	Mittel aus je fünf Gasanalysen CO_2 %	O_2 %	CO %
A	1	33,75	12,0	0,2	14,2
	2	22,50	10,3	2,1	14,0
	3	11,25	4,5	15,8	0,2
B	1	33,75	13,1	0,1	12,4
	2	22,50	12,5	0,3	12,9
	3	11,25	11,5	8,9	0,5
C	1	33,75	11,9	0,1	14,4
	2	22,50	12,8	0,1	13,2
	2	11,25	15,0	4,9	1,0
D	1	33,75	9,8	0,0	18,1
	2	22,50	11,5	0,0	15,4
	3	11,25	16,9	0,4	4,8
E	1	33,75	8,6	0,0	19,9
	2	22,50	10,1	0,0	17,1
	3	11,25	15,2	0,1	6,8

sind aus den Beldonschen Zahlen extrapoliert. Bei derartigen Verbrennungsvorgängen im Schachtofen haben die CO_2 - CO - O_2-Kurven stets einen charakteristischen Verlauf, indem, bezogen auf die Ofenhöhe, die Kohlensäure auf Kosten des freien Sauerstoffs einem Maximum zustrebt (Oxydationskurve), nach dessen Überschreitung eine erst schnelle, dann langsamere Reduktion der Kohlensäure erfolgt (Reduktionskurve). In den meisten Fällen wird das Auftreten des Kohlenoxyds bereits vor völligem Verschwinden des freien Sauerstoffs beobachtet.

[1] Trans. Am. Foundrymen's Ass. Bd. 22, S. 1/40. 1914; vgl. Stahleisen Bd. 34, S. 360/4. 1914.

Dieser Verlauf der Gaszusammensetzung ist übrigens auf Grund thermodynamischer und physikalisch-chemischer Ableitungen auch leicht theoretisch rekonstruierbar, wie u. a. K. Pfeiffer[1] zeigen konnte. Der Temperaturverlauf

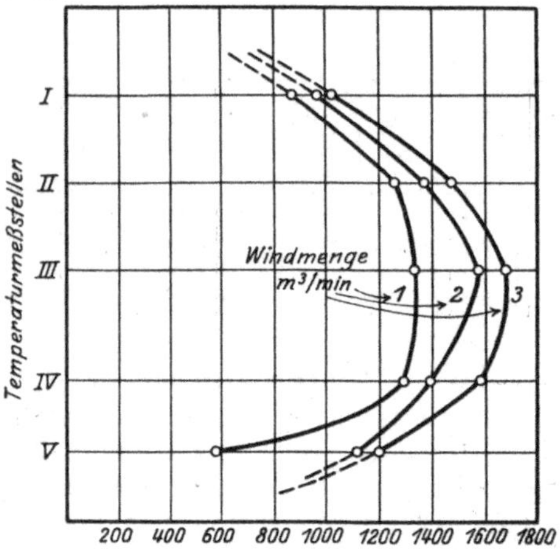

Abb. 215. Temperaturverlauf im Versuchsschachtofen bei verschiedener Windmenge (Versuchsreihe I nach Diepschlag).

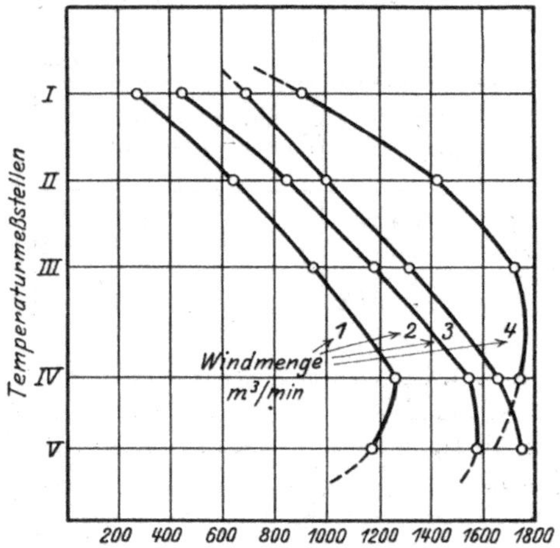

Abb. 216. Temperaturverlauf im Versuchsschachtofen bei verschiedener Windmenge (Versuchsreihe II nach Diepschlag).

im Schachtofen folgt den Änderungen der Gasphase, wobei das Maximum des CO_2-Wertes normalerweise mit dem Maximum der Ofentemperatur zusammenfällt. Jeder Verbrennungsschachtofen nimmt je nach dem vorhandenen Düsensystem eine bestimmte Windmenge maximal an, bis zu deren Erreichung die Vollkommenheit der Verbrennung in der Verbrennungszone zunimmt, begleitet von einer gleichgerichteten Temperatursteigerung. So zeigen Abb. 215 und 216 den Temperaturverlauf in einem mit Koks beschickten Versuchsschachtofen von 245 mm l. W. und 1380 mm Gesamthöhe bei vier Düsen von je 52 mm l. W., entnommen einer Arbeit von E. Diepschlag[2]. Die Zahlentafeln 76 bis 79 geben die übrigen zur Beurteilung notwendigen Zahlen. Kurve 4 (Abb. 216) läßt erkennen, daß hier die Aufnahmefähigkeit der Oberflächeneinheit

Zahlentafel 76. (Versuch 1).

Temperaturen der Meßstelle	Windmenge/min		
	1 m³	2 m³	3 m³
I	800°	880°	940°
II	1200°	1310°	1450°
III	1280°	1550°	1650°
IV	1280°	1390°	1590°
V	570°	1150°	1220°

Zahlentafel 77. (Versuch 1).

	Gaszusammensetzung bei					
	1 m³/min		2 m³/min		3 m³/min	
	Verbr. Zone	Gicht	Verbr. Zone	Gicht	Verbr. Zone	Gicht
% CO_2	15,7	11,0	16,0	10,0	16,4	7,4
% O_2	0,6	0,8	0,9	1,0	1,0	1,0
% CO	6,6	14,2	5,1	15,4	4,0	18,8

[1] Die rechnerische Erfassung der Vorgänge im Kupolofen und ihre Verwertung für Bau und Betrieb; Gieß. 1926, S. 877/893/913.

[2] Untersuchungen über Temperaturen und Gaszusammensetzung im Verbrennungsraum eines Schachtofens. Gieß. 1928, S. 3.

Zahlentafel 78. (Versuch 2).

Meß-stelle	Windmenge/min 1 m³	Zeit	2 m³	Zeit	3 m³	Zeit	4 m³	Zeit
I	—	—	800	12^{07}	940	12^{39}	1040	13^{13}
II	920	11^{35}	1010	12^{05}	1100	12^{28}	1330	13^{11}
III	1070	11^{34}	1190	12^{04}	1240	12^{27}	1470	13^{10}
IV	1230	11^{30}	1390	12^{02}	1440	12^{25}	1470	13^{08}
V	1190	11^{28}	1400	12^{00}	1480	12^{22}	—	—

Zahlentafel 79. (Versuch 2).

	Gaszusammensetzung bei 1 m³/min		2 m³/min		3 m³/min		4 m³/min	
	Verbr. Zone	Gicht	Verbr. Zone	Gicht	Verbr. Zone	Gicht	Verbr. Zone	Gicht
% CO_2	15,2	11,4	15,4	9,0	16,1	8,5	16,5	8,0
% O_2	0,7	0,6	0,3	0,2	0,6	0,5	0,4	0,5
% CO	6,8	14,2	7,0	16,6	5,8	17,2	4,6	18,2

des Brennstoffs für den Sauerstoff unter den hier obwaltenden Verhältnissen wahrscheinlich überschritten worden ist. Die Erniedrigung der Zone höchster Temperatur in Abb. 216 gegenüber Abb. 215 ist auf die kleinere Stückgröße des verwendeten Koks (Waldenburger Koks mit 14,6% Asche) zurückzuführen. Eine solche Oberflächenvergrößerung wirkt sich stets im Sinne einer scheinbaren Steigerung der Verbrennlichkeit aus. Als Beispiel für die gleichartige Wirkung einer tatsächlich vorhandenen erhöhten Verbrennlichkeit sei auf Abb. 217 hingewiesen, wo in einem Versuchsofen[1] von 100 mm l. W. (Abb. 218) bei einem Düsenverhältnis 1 : 6 und 0,3 m³ Wind/min die Verbrennlichkeit von Heizkoks gegenüber Petrolkoks der in Zahlentafel 80 wiedergegebenen Analyse bei gleicher Korngröße verglichen werden sollte. Auch hier liegt

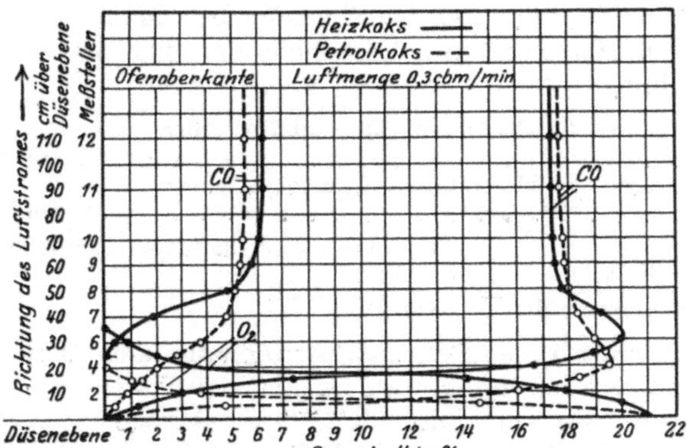

Abb. 217. Änderung der Gasphase im Versuchsschachtofen (Vogel).

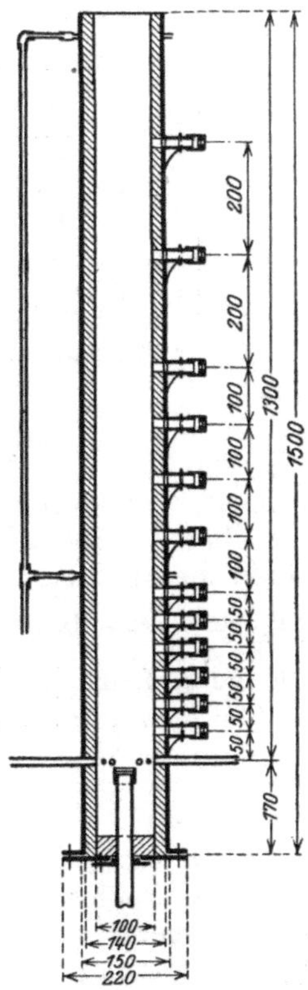

Abb. 218. Versuchsschachtofen.

[1] Vogel, R.: Beitrag zur Reaktionskinetik von Koks. Dissertation, Aachen 1926.

Zahlentafel 80.

	Chemische Zusammensetzung des Versuchsmaterials (Vogel)							
	Asche	H_2O %	C %	H %	O + N %	S %	Porosität	Flücht. Bestandteile
Heizkoks . .	10,77	1,56	84,7	3,45	1,30	0,78	45,20	—
Petrolkoks .	0,71	1,70	94,25	1,44	2,17	1,43	63,00	2,2

das Maximum des CO_2-Gehaltes der Gase und damit auch das Maximum der Temperatur (Abb. 219) bei dem reaktionsfähigeren Petrolkoks niedriger.

E. Piwowarsky und F. Meyer[1] konnten nun durch systematische Versuche die an und für sich bekannte, aber viel zu wenig beachtete Tatsache demonstrieren, daß ein Luftmangel bzw. ein mäßiger Luftüberschuß bei richtigem Satzkoksaufwand die Betriebsverhältnisse des Kupolofens bei weitem nicht so nachteilig beeinflussen, wie ein (unter allen Umständen zu vermeidender) Koksüberschuß.

Die Versuche wurden ausgeführt in der Gießerei der Fa. Gebr. Sulzer, A.-G. in Winterthur. Als Versuchsofen diente ein Kupolofen mit Vorherd, mit einem

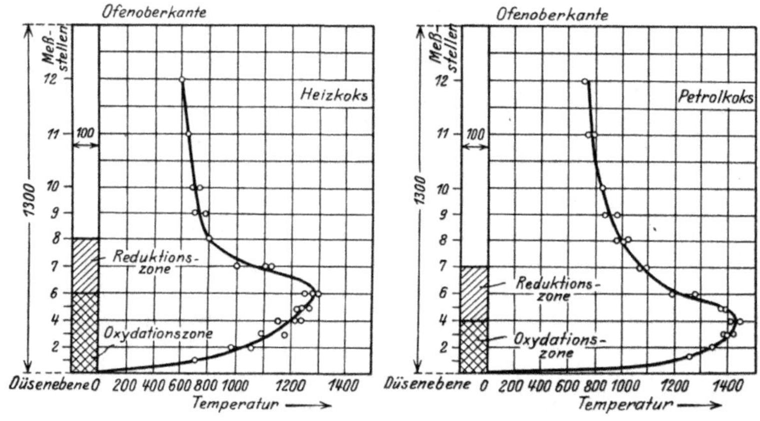

Abb. 219. Temperaturverlauf im Versuchsschachtofen (Vogel).

Schmelzzonendurchmesser von 700 mm. Der Durchmesser des Ofens erweiterte sich über der Schmelzzone auf 1000 mm. Am Ofen befanden sich zwei Düsenreihen im Abstand von 400 mm.

Die obere Reihe besaß 8 Düsen mit je 75·75 mm Querschnitt, also
8·75·75 . . . . = 45000 mm²
Die untere Reihe hatte 4 Düsen mit je 110·140 mm Querschnitt, also
4·15400 . . . . = 61600 mm²
Gesamt-Blasquerschnitt = 106600 mm²

$$\frac{\text{Blasquerschnitt}}{\text{Schmelzzonenquerschnitt}} = \frac{106600}{384600} = 0{,}28.$$

Durch voraufgehende monatelange Betriebsüberwachung des Versuchsofens war festgestellt worden, daß bei den gewählten gleichen Gattierungen die besten Ergebnisse erzielt wurden, wenn der Ofen mit 7,5% Satzkoks (entsprechend 9% Gesamtkoks, d. h. Satz- + Gattierungstrennkoks + verbranntem Füllkoks) bei 60 m³ Wind/min betrieben wurde; es entspricht bei einem Koks mit an-

[1] Die wärmewirtschaftliche Einstellung des Kupolofens. Stahleisen 1925, S. 1017.

nähernd 85% C diese Windmenge praktisch der theoretischen (62 m³/min). Um nun die Bedeutung von Luftmenge und Kokssatz auf die Veränderung sämtlicher wichtigen Betriebszahlen zu belegen, wurden bei gleicher Gattierung und gleichem Durchsatz:

1. bei gleichbleibendem Satzkoks von 7,5% (= ~9% Gesamtkoks) die eingeblasene Luftmenge weitest in Richtung Luftmangel und Luftüberschuß geändert (Versuchsreihe 1, Versuche 1 bis 5);

2. bei gleichbleibender Luftmenge von 60 m³/min der Satzkoks weitest, und zwar in den Grenzen von annähernd 6,5% bis ungefähr 12,5% geändert (Versuchsreihe II, Versuche 6 bis 10).

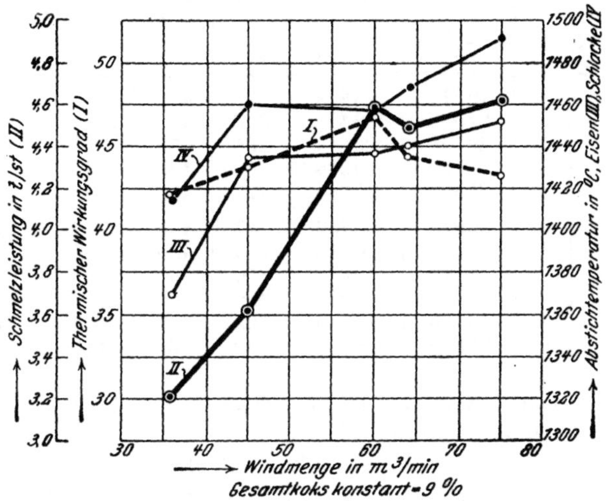

Abb. 220. Graphische Darstellung der Versuchsergebnisse in Reihe I.

Die Ergebnisse der Versuche, wie sie sich aus den Wärmebilanzen und den übrigen Betriebszahlen ableiten ließen, wurden in Zahlentafel 81 zusammengestellt. Es geht daraus deutlich hervor, daß Koksverbrauch, Luftmenge, thermischer Wirkungsgrad und Schmelzleistung innigst miteinander verknüpft sind. Am wichtigsten erscheinen folgende Feststellungen:

1. bei richtig bemessenem Kokssatz[1] sinkt mit zunehmendem Luftmangel die Ofenleistung sowie die Eisen- und Schlackentemperatur, während das Verbrennungsverhältnis und der thermische Wirkungsgrad nur wenig beeinflußt werden (vgl. auch Abb. 220);

2. bei richtig bemessener Windmenge, aber zunehmendem Koksüberschuß sinkt ebenfalls die Ofenleistung; gleichzeitig aber geht das Verhältnis von Kohlensäure zu Kohlenoxyd im Gichtgas und damit der thermische Wirkungsgrad erheblich zurück (Abb. 221).

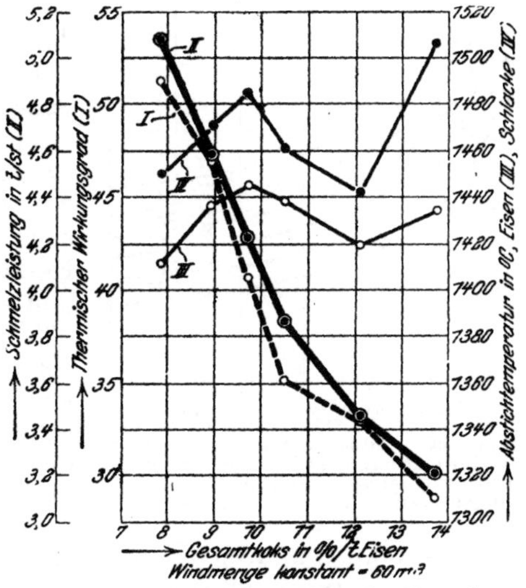

Abb. 221. Graphische Darstellung der Versuchsergebnisse in Reihe II.

Es konnte ferner auch hier in Übereinstimmung mit einer späteren Beobachtung von Hollinderbäumer[2] beobachtet werden, daß eine Änderung der Luftmenge bei richtig bemessenem Kokssatz auf das Verbrennungsverhältnis der Gichtgase von geringem Einfluß war und sich lediglich in einer Verringerung der Schmelzleistung äußerte.

[1] D. h. wenn die erzeugte Wärme größtmöglich zum Schmelzen und Überhitzen des Eisensatzes verbraucht wird und nicht aus evtl. Brennstoffüberschuß erzeugte Wärme zur Veränderung der Temperaturverhältnisse im Schacht führt.

[2] Gieß. Bd. 13, S. 493 u. 513. 1926.

Zahlentafel 81. Zusammenstellung

Versuchsreihe	Nr.	Eingesetztes Eisen in kg	Ausgebrachtes Eisen in kg	Schmelzdauer in Min.	Füllkoks in kg	Satzkoks in kg	Koks zurückgewonnen in kg	Gesamtkoks in kg	Satzkoks % je t Eisen	Gesamtkoks % je t Eisen	Winddruck cm W.-S.
I	1	19210	18999	376	450	1470	160	1760	7,65	9,25	25
	2	22630	22410	372	450	1720	115	2055	7,60	9,08	31
	3	20438	20214	265	450	1490	110	1830	7,42	8,96	40
	4	21130	20898	280	450	1530	80	1900	7,24	8,99	46
	5	21320	21086	275	450	1590	70	1970	7,46	9,24	58
II	6	20970	20739	245	450	1320	117	1653	6,29	7,88	40
	3	20438	20214	265	450	1490	110	1890	7,42	8,96	40
	7	19220	19008	270	450	1690	268	1872	8,79	9,74	40
	8	20160	19938	310	450	2010	182	2278	9,36	10,51	40
	9	18720	18519	322	450	2085	273	2262	11,12	12,08	40
	10	20010	19790	370	450	2480	171	2761	12,38	13,79	40

Die Arbeit von Piwowarsky und Meyer zeigt deutlich die Gefahren einer Koksübersättigung (Steigerung des Satzkoksgewichtes bei unzureichender Windmenge), die sich in schlechtem, thermischem Wirkungsgrad und verringerter Ofenleistung (vgl. auch Abb. 222 nach einer Arbeit von T. C. Thompson und M. L. Becker[1]) äußern. Auch sog. schwere Gattierungen (viel Schrott oder kohlenstoff- und phosphorarme Eisensorten) benötigen lediglich einen um den Betrag der Aufkohlung höheren Satzkoks. Die gegenteilige, auch heute noch nicht völlig beseitigte Auffassung, trug einen guten Teil Schuld daran, daß es erst in den letzten Jahren mit Erfolg gelungen ist, unter Benutzung großer Schrottmengen zu einem hochwertigen, heiß erschmolzenen Kupolofenguß (Emmel u. a.) zu gelangen. Dem Ofen bei Satzkoksmengen von 8 bis 12% so viel Wind zuzuführen, als er eben aufnehmen kann, ist die Voraussetzung der Herstellung höherwertigen Kupolofengusses. Die von G. Buzek[2] bei Satzkoksmengen von etwa 8% angegebene Windmenge von etwa 80 bis 100 m³/m²/min ist unzureichend, und selbst die von der Wärmestelle Düsseldorf in den Anhaltszahlen für den Energieverbrauch in Eisenhüttenwerken[3] aufgeführten Werte gehen wenig über die Buzekschen Windmengen hinaus (vgl. Zahlentafel 82).

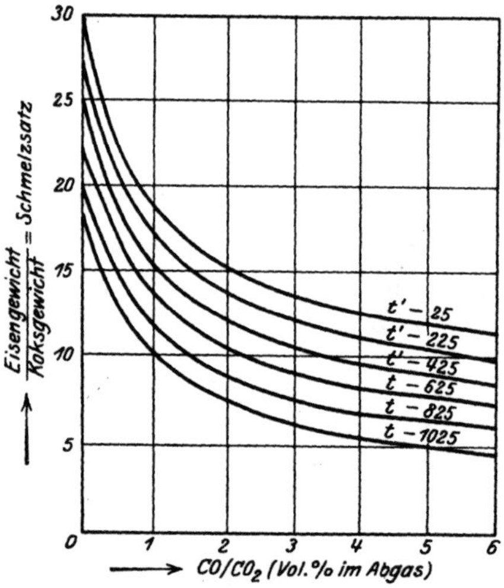

Abb. 222. Einfluß der Koksmenge auf das Verbrennungsverhältnis, den Wirkungsgrad und die Gichtgastemperatur (t') eines Kupolofens (nach Thompson und Becker).

Tatsächlich sind gut geführten Kupolöfen Windmengen von etwa 180 m³/m²/min zuführbar. Durch weitgehende Unterteilung der Windströme (viele Düsen), Anordnung rückspringender Düsen (vgl. auch Abb. 233) zweckmäßige Windvorwärmung oder Erhöhung der Verbrennung des Kokses vor den Düsen durch andere künstliche Maßnahmen (Wassereinspritzung, Sauerstoffzusatz, Einblasen

[1] Foundry Trade J. 1916, S. 491.
[2] Die Luftmengen und ihre Bedeutung für den Bau und Betrieb der Kupolöfen. Stahl eisen Bd. 30, S. 353/567 und 694. 1910.
[3] Verlag Stahleisen m. b. H., Düsseldorf 1925.

der Versuchsergebnisse.

Windmenge m³/min	Verhältnis von Kohlensäure zu Kohlenoxyd	Gichtverluste in % der Gesamtwärmeeinnahme		Summe der Gichtverluste	Therm.[1] Wirk.-Grad in %	Schmelzzeit in Min.	Erzeugung in t/st	Abstichtemperaturen in °C	
		fühlb.	latente					des Eisens	der Schlacke
36	76 : 24	7,21	16,45	23,66	42,0	376	3,20	1370	1414
45	74 : 26	6,61	19,7	26,31	43,8	372	3,61	1433	1460
60	86 : 14	7,39	9,48	16,87	46,7	265	4,58	1436	1457
64	74 : 26	7,68	22,34	30,02	44,4	280	4,48	1440	1468
75	78 : 22	0,64	20,7	31,34	43,2	275	4,61	1452	1492
60	88 : 12	7,05	8,64	15,69	51,3	245	5,08	1411	1450
60	86 : 14	7,39	9,48	16,87	46,7	264	4,58	1436	1460
60	73 : 27	7,74	21,06	28,80	40,7	270	4,23	1445	1485
60	66 : 34	7,71	26,60	34,31	35,1	310	3,86	1438	1461
60	62 : 38	9,23	33,26	42,49	32,9	322	3,45	1420	1443
60	60 : 40	12,23	32,44	44,67	28,8	370	3,21	1435	1507

von Kohlenstaub u. a. m.), muß und wird es gelingen, dem Kupolofen Windmengen bis schätzungsweise 220 m³/m²/min aufzuzwingen. Vielleicht könnte auch eine vertikale Windzufuhr, wie sie in dem Ofen mit fahrbarem Vorherd System Ardeltwerke (Abb. 223) vorgesehen ist, sich günstig in dieser Richtung auswirken. Und während man heute an gut geführten Kupolöfen Leistungen von 9 bis 10 t/m²/st als angemessen hält, wird die Ofenleistung durch die oben erwähnten Maßnahmen leicht auf 12 bis 15 t/m²/st zu bringen sein. Bereits Abb. 224 zeigt diese

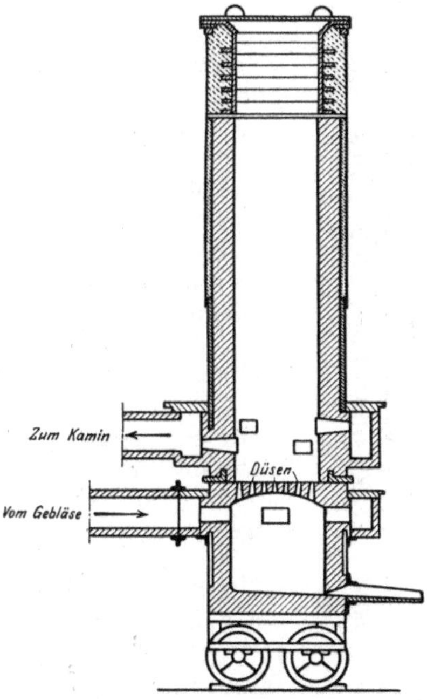

Abb. 223. Kupolofen mit fahrbarem Unterherd und vertikaler Windzufuhr (System Ardelt).

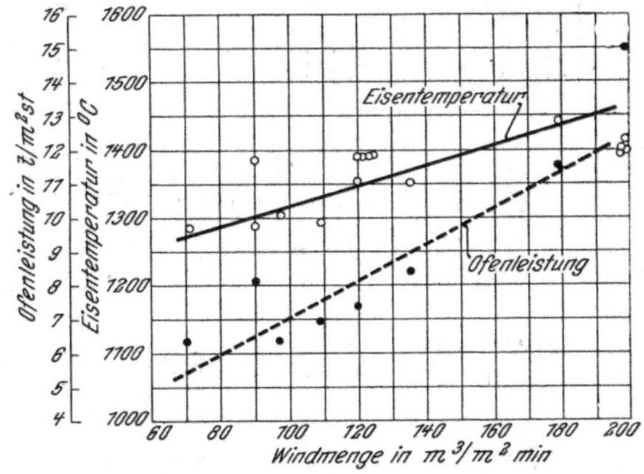

Abb. 224. Einfluß der spezifischen Windmenge auf die Eisentemperatur und die Schmelzleistung der Kupolöfen.

Verhältnisse deutlich. Diese Abbildung ist aus den in Zahlentafel 83 für einen lichten Ofendurchmesser von 0,9 bis 1,3 m zugehörigen Betriebszahlen verschiedener Gießereien gewonnen. Voraussetzung aller dieser Überlegungen ist allerdings, daß die konstruktive Ausbildung der Öfen und ihre sonstige

[1] Der thermische Wirkungsgrad wurde ermittelt aus dem Verhältnis: Wärmeinhalt des erschmolzenen Eisens/latente Wärme des verbrauchten Kokses.

Zahlentafel 82. Die wichtigsten Werte beim Kupolofenbetrieb.

Lichte Weite des zyl. ausgemauerten Schachtes	Lichter Schachtquerschnitt	Anzahl der Düsen	Düsen-Gesamtquerschnitt	Stündliche Leistung	Füllsatz				Schmelzsätze			Druck in mm W.-S.	m³ je Min.	Durchmesser der Windleitung
					bei 2 Düsenreihen		bei 1 Düsenreihe							
					Koks	Eisen	Koks	Eisen	Koks	Eisen	Kalk			
mm	cm²		cm²	kg/st	kg	kg	kg	kg	kg	kg	kg			mm
457	1639	2	206	200— 500	68	170	—	—	18	181	2,7	282—322	8,5	zweimal 101,6
584	2677	4	555	500— 1000	113	284	—	—	27	272	4,1	322—403	17,6	161,9
686	3689	8	765	1000— 2000	181	454	159	397	36	362	5,5	322—403	28,3	254,0
686	3689	8	787	1000— 2000	204	510	159	397	36	362	5,5	322—403	28,3	298,4
813	5186	8	787	3000— 5000	272	680	227	567	50— 54	544	8,0	403—484	70,8	298,4
813	5186	8	1038	3000— 5000	299	737	227	567	50— 54	544	8,0	403—484	70,8	355,6
940	6934	8	1180	5100— 6100	386	964	295	737	64— 73	726	11,4	403—484	85,0	355,6
1067	8934	12	1741	6100— 7100	499	1247	408	1021	82— 91	907	13,6	484—564	99,1	355,6
1143	10257	12	2012	7100— 9100	567	1417	499	1247	95—104	1043	16,0	484—564	127,4	431,8
1219	11670	12	2238	9100—10000	638	1644	590	1474	109—118	1179	18,0	484—564	141,5	431,8
1372	14774	12	3019	10100—12200	862	2155	771	1928	136—150	1497	23,0	484—564	170,0	460,4
1524	18238	12	3522	12000—14200	1111	2778	955	2581	168—186	1860	27,0	564—645	198,2	460,4
1676	22070	12	4142	14200—18300	1361	3402	1247	3118	204—227	2268	34,0	564—645	254,8	631,8
1829	23264	12	5642	18300—21300	1701	4252	1542	3856	250—272	2722	41,0	564—645	283,1	631,8
1981	30825	12	6097	21300—24400	1996	4990	1769	4423	286—318	3175	45,4	564—645	339,7	631,8
2134	35747	12	6097	24400—27400	2313	5785	2110	5275	331—363	3629	54,4	564—645	382,2	631,8
2220 oder 2286	41037	16	5548	27400—31400	2495	6238	2268	5670	358—395	3946	59,0	564—645	424,7	762,0

Betriebsführung einwandfrei ist. So ist z. B. das Verhältnis des Ofenquerschnitts zu wirksamer Ofenhöhe so zu gestalten, daß einerseits eine genügende Vorwärmung der Gattierung und eine hinreichende Ausnützung der physikalischen Wärme der abziehenden Gase stattfindet, anderseits durch zu große Ofenhöhen der Gegendruck im Ofen nicht zu stark ansteigt. Als annähernde Werte gelten:

Wirksame[1] Ofenhöhe: lichte Weite = 4,5 bis 6,5.

Der kleinere Wert gilt für größere Öfen (1,5 m l. W. und darüber) oder für kleinere[2] Satzkoksmengen (unter 10%), der größere Wert für kleinere Öfen (unter 800 mm l. W.) oder größere Satzkoksmengen (über 10%). Die vielfach in der Literatur mitgeteilten Formeln zur genauen Berechnung der Ofenhöhe sind wertlos, da nicht allgemein gültig.

Der Abstand von Gestellboden bis Düsenebene hat nach L. Schmid[3] besondere Bedeutung, soll jedoch auch bei Vorherdöfen nicht unter etwa 350 bis 400 mm betragen.

[1] Düsenebene bis Gichtunterkante.

[2] Vgl. Preisarbeit A. Wagner: Gieß. 1924, S. 268.

[3] Vgl. Preisarbeit L. Schmid: Gieß. 1924, S. 285.

Zahlentafel 83. Betriebszahlen verschiedener Kupolöfen.

Lfd. Nr.	Bezeichnung	Gußeisensorte	Kuppelofenbauart	Ofenabmessungen: lichter Durchmesser m	Ofenabmessungen: Zahl der Düsenreihen	Ofenabmessungen: Anzahl der Düsen	Ofenabmessungen: Gesamtdüsenquerschnitt cm²	Stündliche Leistung t	Eingeblasene Windmenge m³ je Min.	Mittlere Temperatur d. erschm. Eisens °C	Entnahmestelle der untersuchten Probe	Sauerstoff im Mittel[2] Gew.-%
35	*A*	Grauguß für Gliederkessel	Bestenbostel	1,3	1	4	2060	10 (7,6)[1]	160 (121)	1390	Probestück aus einem durch Sandfehler entstandenen Ausschußkesselglied	**0,044**
36	*B*	Grauguß für Gliederkessel	Bestenbostel	1,3	1	4	2060	10 (7,6)	160 (121)	1390	Probestück aus einem durch Sandfehler entstandenen Ausschußkesselglied	0,036
37	*C*	Grauguß für Hochdruckkessel	Bestenbostel	1,3	1	4	2060	10 (7,6)	160 (121)	1390	Probestück aus einem durch Sandfehler entstandenen Ausschußkesselglied	**0,047**
38	*D*	Grauguß für Gliederkessel (Klein)	Durlach	1,0	2	11	2500	9 (11,5)	140 (179)	1440	Probestück aus einem durch Sandfehler entstandenen Ausschußkesselglied	0,038
42	A_n	Maschinenguß (naß)	Schürmann-Ofen	1,0	—	—	2200	12 (15)	160 (200)	1400	Als Probe gegossen	0,028
43	A_t	Maschinenguß (trocken)	Schürmann-Ofen	1,0	—	—	2200	12 (15)	160 (200)	1400	Als Probe gegossen	0,029
44	T_n	Maschinenguß (naß)	Schürmann-Ofen	1,0	—	—	2200	12 (15)	160 (200)	1400	Als Probe gegossen	0,027
45	T_t	Maschinenguß (trocken)	Schürmann-Ofen	1,0	—	—	2200	12 (15)	160 (200)	1400	Als Probe gegossen	0,029
46	*A*	Maschinenguß	Ofen mit Vorherd	1,0	1	4	1680	6,25 (8,1)	70 Druck = 600 mm WS (90)	1250 bis 1320	Aus zylindrischem Gußstück entnommen	**0,059**
47	*B*	Maschinenguß	Ofen mit Vorherd	1,0	1	4	1680	6,25 (8,1)	70 Druck = 600 mm WS (90)	1250 bis 1320	Aus zylindrischem Gußstück entnommen	0,030
48	*C*	Maschinenguß	Ofen mit Vorherd	1,25	1	4	1680	7,5 (6)	90 Druck = 700 mm W.-S.(72)	1250 bis 1320	Aus zylindrischem Gußstück entnommen	0,033
49	*D*	Maschinenguß	Ofen ohne Vorherd	0,9	1	4	1680	4,7 (6,0)	75 Druck = 650 mm WS (109)	1250 bis 1320	Aus zylindrischem Gußstück entnommen	0,040
50	*H*	Badewannengußeisen	Schachtofen Vulkan mit Schrägaufzug	1,2	1	4	1490	7 (6,3)	110 (97)	1300	Ausschußbadewannenstück durch Formfehler	0,033

[1] Die in Klammern gesetzten Werte beziehen sich auf die Windmengen bzw. die Ofenleistung je qm Ofenquerschnitt. [2] Vgl. Anmerk. auf S. 140.

Gesamt-Düsenquerschnitt: Ofenquerschnitt = 0,20 bis 0,30.

Dieser Wert scheint nach Beobachtungen des Verfassers für Öfen von 800 bis 1200 mm l. W. günstig. Nach Geiger soll allerdings obiges Verhältnis möglichst groß, und zwar etwa 0,5 sein, während Ledeburs Angaben mit 0,20 bis 0,25 sich mit dem Vorschlag des Verfassers weitgehend decken. O. Weyer[1] hingegen befürwortet ein Verhältnis f (Ges.-Düsenquerschnitt) $\geq \frac{F}{18}$ (Ofenquerschnitt), also sehr enge Düsen, indem er von der Forderung ausgeht, den Wind vermöge seiner hohen Geschwindigkeit bis in die Mitte des Ofens zu drücken. Ein leicht auszuführender Versuch (einseitiges Einblasen eines Windstromes in ein mit Koks gefülltes Gittergeflecht von der Form eines Würfels mit den Kantenlängen von etwa 1 m und Druckmessungen im Innern des Würfels), zeigt jedoch, daß selbst bei starken Drücken und hohen Geschwindigkeiten die Luft kaum mehr als 40 bis 50 cm in das Innere des Kokses eindringt, vielmehr seitlich abgetrieben wird. Das deckt sich auch mit der Tatsache, daß für Gießereizwecke die Öfen mit 800 bis 1200 mm l. W. die besten sind, daß größere Öfen bei der benötigten höheren Windpressung neben schlechterem Verbrennungsverhältnis zunehmende Mengen freien Sauerstoffs in den Gichtgasen aufweisen[2].

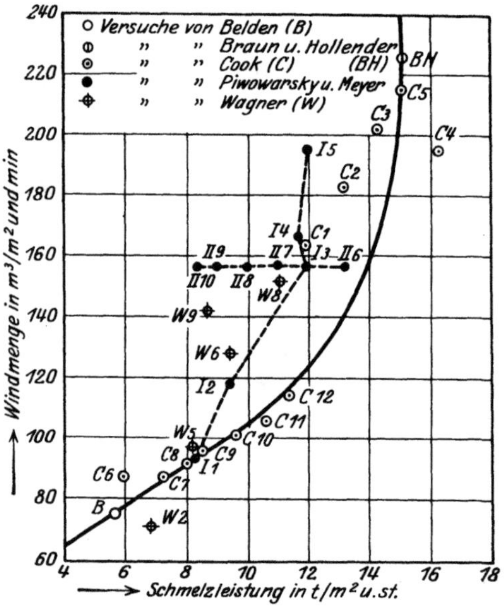

Abb. 225. Schmelzleistung von Kupolöfen mit etwa 8% Satzkoksverbrauch in Abhängigkeit von der Windmenge (nach einer Zusammenstellung von Mathesius).

Satzkoks- und Eisengewichte. O. Weyer[3] hält die in der Literatur zu findenden Angaben von ca. 10% der stündlichen Leistung für die Gichtsätze als zu niedrig und hält Eisensätze von 17% (bei kleinen Öfen) bis 12% (bei größeren Öfen) für zweckmäßiger, eine Angabe, welche mit der von A. Wagner[4] mitgeteilten Formel zur Errechnung der günstigsten Satzkoksmenge: S_k (kg) $= 55 \cdot D^2$ (D = Ofendurchmesser in m) ziemlich übereinstimmt. Es ergibt sich alsdann eine Höhe der Satzkoksschicht von 150 bis 180 mm, welche vermutlich ausreicht, um bei den im Kupolofen herrschenden Gasgeschwindigkeiten (der heißen Gase) von 25 bis 35 m/sec den die Koksschicht durchstreichenden Sauerstoff gerade in CO_2 zu überführen. J. E. Hurst[5] legt seinen Satzberechnungen ebenfalls eine Höhe der Koksschicht von 180 mm zugrunde.

Windmenge. Die von O. Weyer[6] mitgeteilte Formel: $W = 108\,F$ m³/min + 15 bis 20% für Zuleitungsverluste (F = Ofenquerschnitt in m²) ergibt wenig höhere Windmengen als die Buzeksche Formel, doch geht, wie aus Zahlentafel 83 zu ersehen ist, die Praxis heute zu weit größeren Windmengen über. Man wird für die Erschmelzung heißen Eisens schon heute mit etwa 150 m³ Wind/min pro m² Ofenquerschnitt zu rechnen haben.

---

[1] Die Verlustquellen beim Kupolofen. Gieß. 1926, S. 301.
[2] Vgl. a. Preisarbeit A. Wagner: a. a. O. [3] a. a. O. [4] a. a. O.
[5] Foundry 1928, S. 886/88. [6] a. a. O.

Zwar leitet W. Mathesius[1] auf Grund der in den Arbeiten von Beldon[2], Braun und Hollender[3], Cook[4], Wagner[5] sowie Piwowarsky und Meyer[6] mitgeteilten Leistungs- und Windmengenzahlen, die er gemäß Abb. 225 zusammenstellte, die Folgerung ab, daß bei einer Satzkoksmenge von 8 bis 10% die günstigste Schmelzleistung von 10 bis 12 t/m²/st mit Windmengen von 100 bis 120 m³/m²/min erreichbar sind, da bei weiterer Steigerung der Windmenge die Schmelzleistung nicht mehr in gleichem Maße zunehme. Dieser Folgerung kann jedoch insofern nicht allgemeine Gültigkeit zugesprochen werden, als sie nicht die Möglichkeit berücksichtigt, durch Änderung des Düsensystems oder anderer Hilfsmaßnahmen die Aufnahmefähigkeit des Ofens für Luft unter günstigeren Begleiterscheinungen für Schmelzleistung und Eisentemperatur zu steigern. Natürlich wird auch die verschiedene Eignung von Kapselgebläsen oder Ventilatoren für den Kupolofenbetrieb dabei zu beachten sein. Für den vorliegenden Fall empfiehlt sich die ausschließliche Verwendung von Kapselgebläsen, da diese bei wechselndem Widerstand im Ofen und an der Düsenmündung gleichmäßigere Windmengen liefern als Ventilatoren, deren Wirkungsgrad bei Widerstandsschwankungen ungünstiger ist. An Hand eines beigefügten Schaubildes (Abb. 226) von W. Trinks[7], das schematisch die Charakteristiken von Ofen, Kapselgebläsen und Ventilatoren wiedergibt, ist dies ohne weiteres zu erkennen.

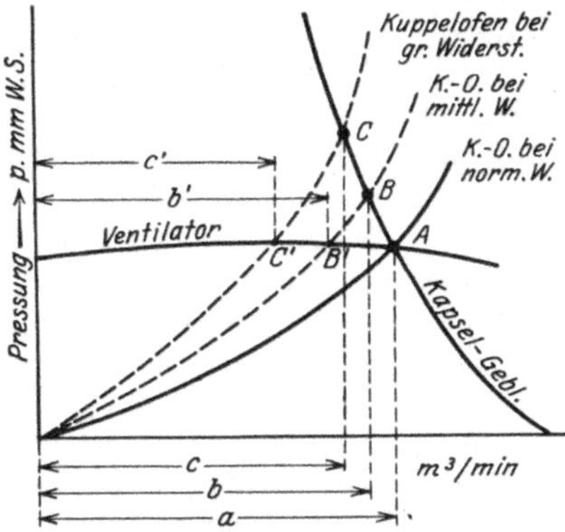

Abb. 226. Charakteristik von Kapselgebläse und Ventilator (Trinks).

Bezeichnet A den Punkt, der einer normalen Windmenge von a m³/min bei b mm W.-S. entspricht, so wandert dieser bei Wachsen des Ofenwiderstandes nach B bzw. C auf der Gebläsecharakteristik, nach B' bzw. C' auf der Ventilatorkurve. Dies bedeutet, daß die Windmenge des Gebläses nur wenig auf b bzw. c gesunken, die Windmenge des Ventilators aber auf b' bzw. c' gefallen ist. Dabei nimmt die Windpressung des Gebläses stark zu, während die beim Ventilator nur wenig verändert wird.

Jedenfalls wird ein unter Berücksichtigung der erwähnten Zusammenhänge betriebener Kupolofen zufriedenstellend arbeiten, Abgastemperaturen von max. 250 bis 300° C bei mindestens 15 bis 16% CO_2 im Gichtgas aufweisen, ein heißes Eisen ergeben und thermische Wirkungsgrade (η_1) von 50% und darüber ermöglichen. Die Berechnung des letzteren erfolgt zweckmäßig[8] als Quotient aus der Eigenwärme des erschmolzenen Eisens zu der latenten Wärme des zugeführten Brennstoffs (η_1) oder zu der gesamten Wärmeeinnahme (η_2). Da die über die latente Wärme des Brennstoffs hinausgehende Wärmezunahme (Verbrennung der Eisenbegleiter, Eigenwärme des metallischen Einsatzes und der Luft, exotherme Reaktionen usw.) den Nenner des Quotienten um ~ 5 bis 7% steigert, so fällt η_2 entsprechend niedriger als η_1 aus. Die Einführung der entsprechenden Wärmemenge mit dem Verbrennungsverhältnis des Kohlenstoffs,

[1] Der Kupolofen in Theorie und Praxis der letzten Jahrzehnte. Stahleisen Bd. 47, S. 1229. 1927.
[2] a. a. O. [3] Stahleisen Bd. 41, S. 1021/27. 1921.
[4] Foundry Trade J. Bd. 15, S. 435/38. 1913; Stahleisen Bd. 34, S. 918/20. 1914.
[5] a. a. O. [6] a. a. O. [7] Ref. Stahleisen Bd. 40, S. 885. 1920.
[8] Stahleisen 1927, S. 1393.

wie sie bei zahlreichen, in der früheren Literatur mitgeteilten Ofenbilanzen sich vorfindet, führt zu scheinbaren Wirkungsgraden, die viel zu günstig sind und in ihrer Auswertung irreführend sein können. Sie führen u. a. zu der absurden Folgerung, daß mit zunehmend schlechterem Verbrennungsverhältnis der Wirkungsgrad (scheinbar) steigt, wie folgendes Beispiel zeigt:

Literatur	Ofenquerschnitt cm^2	Verbrennungsverhältnis CO_2:CO	Scheinbarer Wirkungsgrad %	Eisenabbrand %
Hüser[1]	7850	65:45	60,8	0,71
Wüst[2]	3847	70:30	56,0	0,74
Braun und[3] (Ofen I)	3316	86:14	39,8	0,80
Hollender („ II) . . .	5670	90:10	44,7	1,34

Allerdings sind die Wirkungsgrade im vorliegenden Fall auch durch die verschieden lange Betriebsdauer bei den Schmelzversuchen stark beeinflußt, da ja mit dieser auch der Wirkungsgrad steigt, weil die Bedeutung des Füllkoks auf den thermischen Wirkungsgrad mit zunehmender Schmelzdauer zurückgeht. Im vorliegenden Falle betrug die Betriebsdauer: Hüser = 240 min, Wüst = 158 min, Braun und Hollender Ofen II = 135 min, Ofen I = 99 min.

An sich ist es übrigens verständlich, daß mit schlechterem Verbrennungsverhältnis „die im Ofen zur Auswirkung gelangende Kokswärme" besser ausgenützt wird, da mit zunehmender CO-Bildung die Gasmenge und damit auch die Gasgeschwindigkeit und damit letzten Endes auch der Wärmeübergang steigt. Die obigen Zahlen lassen übrigens auch erkennen, daß mit Zunahme der vollkommenen Verbrennung der Eisenabbrand steigt, eine notwendige Folgerung der zunehmend oxydierenden Gasphase. Zahlentafel 84 gibt die Normalwärmebilanz eines Normalkupolofens wieder[4] der mit 10% Satzkoks betrieben wird und bei 1,2% Abbrand ein Eisen von etwa 1400° ergibt. Der Wirkungsgrad (η_2) beträgt hierbei 46%.

Zahl der Düsenreihen. Hier gehen die Ansichten stark auseinander. Wie manche andere Fachleute (Beldon, Porter, Hurst und vor allem Buzek), so lehnen neuerdings auch T. C. Thompson und M. L. Becker[5] die Anwendung zusätzlicher Düsenreihen vom theoretischen Standpunkte aus als zwecklos ab. Die Einführung einer weiteren Formenreihe verdankt nach ihrer Ansicht ihre Entstehung lediglich einer irrigen Auffassung hinsichtlich der Verbrennungsvorgänge in der Schmelzzone. Man erstrebte eine vollkommene Verbrennung des über den unteren Formen gebildeten CO durch zusätzliche Luftzuführung (also genau, wie bei irgendeiner Halbgasfeuerung), bedachte aber nicht, daß das sekundär gebildete CO_2 bei der hohen Temperatur in der Schmelzzone genau so unbeständig ist wie das primär gebildete. Der Endeffekt ist daher auch keine CO-Verbrennung zu CO_2, sondern eine weitere Verbrennung von Koks zu CO. Es ist daher die Schmelzzone lediglich um den Betrag der oberen Düsenhöhe nach oben hin verschoben. Man darf aber dennoch die zweite Düsenreihe nicht allgemein ablehnen.

Im Normalbetrieb bei Verschmelzung kohlenstoffreicher Gattierungen ergibt eine Düsenreihe etwas höheren Abbrand[6] aber ein heißes Eisen bei geringem

[1] Stahleisen 1913, S. 181/90. [2] Mitt. Eisenh. Inst. Aachen 1916, S. 70/191.
[3] Stahleisen 1921, S. 1021/27.
[4] Vgl. L. Schmid: Sonderbauformen des Kupolofens, Gieß. Bd. 15, S. 781. 1928.
[5] Foundry Trade J. 1926, S. 491.
[6] Nieuwenhuijs, W. H. (vgl. Stahleisen Bd. 47, S. 886. 1927) behauptet das Gegenteil, empfiehlt aber bei Schmelzdauern über 4 Stunden den Betrieb mit zwei Düsenreihen.

Satzkoksverbrauch, dagegen erhöhter Neigung zu Schlackenansätzen. Bei zwei Düsenreihen, bezogen auf eine gleichartige Gattierung und gleichen Satzkoks, sinkt der Abbrand, oft jedoch auch die Eisentemperatur. Durch Mehrsetzen von 1 bis 2 % Satzkoks ist es aber auch hier möglich, ein heißes Eisen zu erschmelzen, da die Schmelzzone bei zwei Düsenreihen breiter ausfällt.

Man hört oft die Auffassung vertreten, beim Arbeiten mit viel Schrott in der Gattierung verursachten zwei Düsenreihen eine stärkere Aufkohlung des Eisens. Wünsche man demnach, aus schrottreichen Gattierungen in Vorherdöfen höher gekohlte Eisensorten zu erschmelzen, so seien in Verbindung mit einer entsprechend höheren Schicht Füllkoks zwei Düsenreihen zu empfehlen. Durch Ausschaltung oder Drosselung der einen Düsenreihe könne man die Höhe der Schmelzzone beliebig vergrößern oder verkleinern und damit auch die Kohlung des Eisens beeinflussen. Nach Grennan[1], der Teile von aufgegebenem Schrott in verschiedener Tiefe durch Öffnungen wieder aus dem Kupolofen zog, kohlt

Zahlentafel 84. Die Normalwärmebilanz eines Normalkupolofens.

Eingebrachte Wärmemenge	Für die Maßeinheit WE	Insgesamt WE		Summe %
Verbrennungswärmen von 10,0 kg mittelmäßigen Schmelzkoks bei vollständiger Verbrennung				
80,00 % = 8,00 kg C	8080	64,640	—	—
0,50 % = 0,05 kg S	2250	113	64,753	94,4
Verbrennung von Eisen und dessen Begleitelementen: 1,2 kg Abbrand	3221	—	3,865	5,6
			68,618	100,0

Ausgebrachte Wärmemenge	Für die Maßeinheit WE	Insgesamt WE	Summe %
Wärmeaufwand zum Schmelzen und Überhitzen auf 4100° von			
98,85 kg Gußeisen	319	31,533	46,0
5,05 kg Schlacke	540	2,722	4,0
zur Abspaltung von 1,06 kg CO_2 aus dem Kalkstein	943	1,000	1,4
zur Erwärmung der Verbrennungsgase auf 400° 14,4 % = 9,5 m³ CO_2 9,7 % = 6,4 m³ CO 0,9 % = 0,6 m³ O_2 75,0 % = 49,7 m³ N_2 100,0 % = 66,2 m³ (Feuchtigk. = 1,00 kg)	146	9,642	14,1
Wärmeverlust durch die Reduktion von 5,9 m³ CO_2 zu CO	3046	18,063	26,3
durch die Wärmeausstrahlung des Bodens und des Mantels	—	5,658	8,2
		68,618	100,0

[1] Am. Foundrymens Ass. 1924; Stahleisen 1925, S. 844.

Zahlentafel 85.

[redacted]	Koks- bzw. [redacted]	Asche	Flücht. Bestandteile in %	S %	Porosität %	Fallprobe	Spez. Gewicht	Kohlenstoff d. flüss. Eisens in %	Aussehen des Koks
[redacted]	[redacted]	[redacted]	0,4	1,7	59	70	1,94	1,73	matt, grau, übergast
[redacted]	[redacted]	[redacted]	0,7	0,6	—	80	—	1,80	silberhell
[redacted]	[redacted]	[redacted]	0,6	0,5	59	93	1,94	2,10	matt, leicht grau (sehr hart und dicht)
[redacted]	[redacted]	[redacted]	0,5	0,5	50	50	1,80	2,81	silberhell (ziemlich weich)
Barret	„	1,1	0,9	0,4	47	88	1,85	3,38	matt schwarz (hart u. dicht)
A. B. C.	Neb. Prod. Ofen	10,0	0,7	0,6	46	68	1,92	2,50	matt, dunkelgrau
A. B. C.	„	—	—	—	—	—	—	2,17	matt, dunkelgrau
Bayonne	unbekannt	0,1	5,0	1,2	—	75	—	3,54	matt schwarz
Parco.	Petrolkoks	0,2	15,0	0,5	—	55	—	4,27	glänzend schwarz
Wichita Falls . . .	„	0,3	14,0	1,4	51	52	1,92	nicht geschmolzen	matt schwarz
Shell	„	1,4	18,0	1,4	—	—	—	„	matt schwarz, schlecht gebrochen.

sich weicher Stahlschrott, bevor er in die Schmelzzone gelangt, nur bis etwa 1% C auf und zwar auch nur oberflächlich. Da die Schmelztemperatur dieser Stahlanteile immer noch zwischen 1475 und 1500° liegt, so kommen sie erst nach Erreichen dieser Temperatur zum Abfließen, die Tröpfchen kohlen sich beim Durchlaufen der unteren Schmelzzone und des glühenden Füllkoks nunmehr sehr rasch auf und ergeben ein stark überhitztes Eisen. Tatsächlich liegen jedoch die Verhältnisse anders. Versuche von H. Field[1] sowie neuere, noch unveröffentlichte Untersuchungen im Aachener Gießerei-Institut[2] zeigten, daß eine Aufkohlung selbst der stahlreichsten Gattierungen nur in denjenigen Ofenteilen eintreten kann, wo der Kontakt der Schmelztropfen mit dem weißglühenden Koks bei gleichzeitiger Gegenwart einer stark reduzierenden Atmosphäre (20 bis 25% CO und 6 bis 8% CO_2) stattfindet. Dies aber ist nur unterhalb der Windformen, d. h. praktisch im Ofengestell (Füllkoks) der Fall.

Auf den Grad der Kohlung übt auch die Koksqualität einen beachtenswerten Einfluß aus. So gab z. B. Mc Kenzie[3] an, daß die Höhe der Koksasche einen ausschlaggebenden Einfluß auf die Kohlung der Beschickung ausübt (Zahlentafel 85), was damit erklärt wird, daß die schmelzende Koksasche die Berührung des niederschmelzenden Stahls mit der Kokssubstanz behindert. Gleichzeitig scheint aus einer umfangreichen Tabelle der Originalarbeit hervorzugehen, daß mit zunehmendem Aschengehalt des Kokses die Oxydation des Materials ansteigt. Von den Reihen mit Petrolkoks ergab nur die Verwendung der Sorte von Parco ein flüssiges Eisen.

Die große Reaktionsfähigkeit des Petrolkoks gegen CO_2 verhinderte die Erzielung genügend hoher Ofentemperaturen.

Der Verfasser zeigte ferner, daß je

[1] Foundry Trade J. 1925, S. 309.
[2] Diss. Langebeck: Aachen 1929.
[3] Inst. Brit. Foundrymen 1927.

nach vorhandener Kokssorte das flüssige Eisen einem ganz bestimmten Kohlenstoffgehalt zustrebte, unabhängig vom mittleren Kohlenstoffgehalt der Gattierung, was bei mehrfachem Umschmelzen desselben Eisens immer deutlicher zum Ausdruck komme. Ja, der Verfasser spricht sogar von einem Gleichgewichtspunkt des Kohlenstoffs (equilibrium point of carbon). So liege z. B. der Gleichgewichtspunkt für die linke *ABC*-Koks-Schmelzversuchsreihe in Abb. 227 bei 3,55% C, in der rechten (Barrett Koks) dagegen bei 4,20% Kohlenstoff. Die alte Meisterregel, nach der unter den Betriebsverhältnissen der Vorkriegszeit eine Gattierung mit weniger als 3% Durchschnittskohlenstoff das Bestreben habe, sich aufzukohlen, eine sehr kohlenstoffreiche dagegen Kohlenstoff zu verlieren, der „Gleichgewichtspunkt" also bei etwa 3% Kohlenstoff liege, hatte also doch wohl eine gewisse Berechtigung.

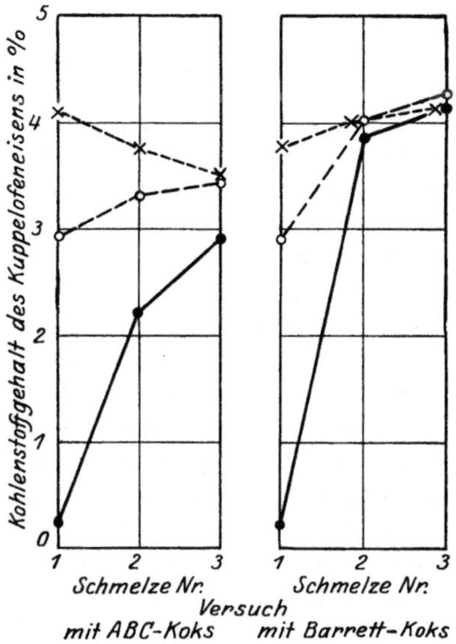

Abb. 227. Abhängigkeit des Kohlenstoffgehaltes im Eisen von der Koksqualität (Mc Kenzie).
● = Stahlschrott
○ = Roheisen niedrig gekohlt
× = Roheisen hoch gekohlt.

Es ist ferner zu beachten, daß eine siliziumreiche Stahlgattierung sich bedeutend langsamer aufkohlt, daher für die Herstellung von niedriggekohltem Kupolofeneisen zu empfehlen ist.

2. Weitere Maßnahmen zur Verbesserung des Kupolofenbetriebes.

a) Die Windvorwärmung (unter Berücksichtigung der Brennstoffqualität).

Im Kupolofen gilt es, eine möglichst schnelle Verbrennung des Koks zu fördern, um eine starke Konzentration der Wärme und damit eine möglichst hohe Temperatur zu erzielen. Um in diesem Sinne betriebstechnisch eingreifen zu können, ist es notwendig, einige Grundlagen über die Reaktionskinetik der Brennstoffe zu beachten. Zur Ermittlung der Reaktionsgeschwindigkeit der beiden wichtigsten Vorgänge, nämlich

1. der Sauerstoffreaktion $C + O_2 = CO_2$ und
2. der Kohlensäurereaktion $CO_2 + C = 2\,CO$

sind theoretische Betrachtungen über die sog. Affinität dieser Reaktionen wenig von praktischem Wert, weil erstens die Affinität nichts über die Reaktionsgeschwindigkeit aussagt, zweitens der Einfluß physikalischer Größen (Art der Kokssubstanz, Aschegehalt, Porengehalt, Körnung, Gasgehalt usw.) auf den Verlauf der Reaktion hierdurch nicht zu erfassen ist. Man half sich daher bislang mit der Schaffung eines Wertmaßes der Verbrennlichkeit. Ein Teil dieser Methoden versucht, sich dem Verbrennungsvorgang weitgehend anzupassen; als Reaktionsgas dient hierbei Luft. Als Maß für die Verbrennlichkeit dient:

1. die Abgasanalyse bei gleicher Schütthöhe (Koppers)[1];

[1] Koppers: Mitt. Bd. 5, S. 37. 1923.

2. die Konzentrationsänderungen der Gasphase innerhalb der Koksschicht (Bureau of Mines)[1];

3. die Lage der Höchsttemperatur im Ofen (Le Châtelier[2], Korevaar[3], Kreulen[4]);

4. die räumliche Ausdehnung der Verbrennungszone (Korevaar[5]).

Sind die Methoden von 1 bis 4 als Großversuche gedacht, so wurde andererseits erstrebt, durch Laboratoriumsversuche die Abhängigkeit der Verbrennlichkeit von bestimmten physikalischen Eigenschaften zu erfassen, und zwar wurde vorgeschlagen:

1. von Koppers die Bestimmung der Dichte[6];
2. von Koppers die Bestimmung der Garungstemperatur[6];
3. von Wüst und Bardenheuer die Bestimmung der Gasdurchlässigkeit[7];
4. von Evans-Sutcliffe die Bestimmung des Dampfdrucks[8];
5. von Bunte-Fitz die Bestimmung der Aktivität[9].

Des weiteren wird auch auf laboratoriumsmäßigem Wege der Verbrennungsvorgang selbst analysiert. Als Reaktionsgas dient hierbei entweder Luft oder Kohlensäure. Die angewandten Gasmengen schwanken zwischen $^1/_{10}$ bis 50 l/st, bei Koksmengen von je 3 bis 20 g.

Abgesehen von einigen Ausnahmen wird hier nicht das Ziel angestrebt, ein direktes Wertmaß für die Verbrennlichkeit zu erhalten, sondern der gewonnene Wert dient in der Hauptsache nur zum qualitativen Vergleich verschiedener Kokse.

Als Vergleichsmaß dient:

1. beim Erhitzen mit konstanter Geschwindigkeit

a) die Temperatur des Reaktionsbeginns, gekennzeichnet bei Verwendung von Luft als Zündpunkt

nach Bunte-Köhmel[10] durch Temperatursprung,
nach Plenz[11] durch Nachweis einer bestimmten CO_2-Menge im Abgas;
bei Verwendung von CO_2
nach Fischer-Breuer-Broche[12] durch Nachweis bestimmter CO-Mengen im Abgas;

b) im CO_2-Strom die Abhängigkeit der CO-Bildung von der Temperatur nach Bunte-Köhmel[10] durch ständige Analyse des Abgases beim Erhitzen;

2. nach Erhitzen auf eine bestimmte Temperatur

a) im CO_2-Strom der Gewichtsverlust innerhalb einer bestimmten Zeit nach Simmersbach[13] und Wüst-Ott[14];

b) im CO_2-Strom die Abgasanalyse, und zwar
nach Bunte[15] der CO-Gehalt,
nach Bell[16] das Verhältnis CO_2 zu CO,
nach Bähr[17] das Verhältnis Kohlenstoff in g zu Sauerstoff in g,

---

[1] Bureau of Mines Techn. Papers. Bd. 137. 1917; vgl. a. Kinney-Perrot: J. Ind. Engg. Chem. Bd. 14, S. 926. 1922; Sherman Blizard: Iron Age Bd. 11, S. 1839. 1923; Ref. Stahleisen Bd. 43, S. 1351. 1923.
[2] Le chauffage industriel 1920, S. 53.
[3] Stahleisen Bd. 43, S. 431. 1923; Fuel Bd. 5, S. 92. 1926.
[4] Brennstoffchemie Bd. 7. 1926.
[5] a. a. O.
[6] a. a. O.
[7] Mitt. K.W.I. Eisenforsch. Bd. 5, S. 13. 1924.
[8] Brennstoffchemie Bd. 4, S. 43. 1923.
[9] Gas Wasserfach Bd. 69, S. 192. 1923.
[10] Gas Wasserfach Bd. 65, S. 592. 1924.
[11] Gas Wasserfach Bd. 65, S. 478. 1922.
[12] Brennstoffchemie Bd. 4, S. 33. 1923.
[13] Kokschemie 1914.
[14] Stahleisen 1926, 1906, S. 841.
[15] a. a. O.
[16] Principles of the manufacture of iron and steel. London 1884.
[17] Hochofenausschuß des V. D. E. Bericht 63.

nach Perrot und Fieldner[1] der oxydierte Kohlenstoff in g,

nach Agde und Schmitt[2] die Menge reduzierter CO_2 in % der angewandten Menge CO_2;

c) im Luftstrom die Brenngeschwindigkeit

nach Haven[3], Berger[4], Rosin[5];

3. nach Entzünden des Kokses, Verbrennen desselben mit einer bestimmten Luftmenge

a) der Gewichtsverlust nach einer bestimmten Zeit bei natürlichem Zuge (salamander test);

b) die Konzentrationsänderung im Abgas nach der Zeit (Holthaus[6]);

c) die Brenngeschwindigkeit nach der Zeit (Evans[7]).

Bei den eben besprochenen Versuchen zur Gewinnung eines Wertmaßes für die Verbrennlichkeit wurde die Brauchbarkeit der Methode meist an sehr verschiedenen Koksen gezeigt. Zum Teil wurden aber auch Materialänderungen und wechselnde Versuchsbedingungen von Fall zu Fall untersucht.

Der Einfluß der Kokssubstanz. Soweit die chemische Zusammensetzung in Frage kommt, wurde allgemein festgestellt, daß ein hoher Gehalt an graphitisiertem Kohlenstoff die Verbrennlichkeit erheblich erniedrigt. Bezüglich des Einflusses des Gehaltes an organischen Verbindungen sind die Ansichten sehr geteilt. Wheeler[8] hat die Höhe des Zündpunktes indirekt proportional gefunden dem Sauerstoffgehalt. Zu einer gleichen Ansicht kam Simmersbach[9] für den Gehalt an Wasserstoff. Doch trifft dies nach Holthaus nur zu für feingepulvertes Material, wogegen bei gekörntem Koks der Einfluß der Koksstruktur diese Erscheinung überdeckt. Rosin[10] fand bei Untersuchung von Braunkohle, daß der Zündpunkt des festen Anteils niedriger liegt als der der flüchtigen Bestandteile, da die Wärmeaufnahmefähigkeit bei letzteren geringer ist, daß aber anderseits die Zündung gasarmen Brennstaubes viel schwerer erfolgt und höhere Temperaturen erfordert als diejenige gasreichen Brennstaubes und sich dementsprechend die Brennzeiten verhalten. Bei den Versuchen mit Hilfe der Abgasanalyse wurde allgemein keine Beeinflussung gefunden, auch von Sherman und Kinney nicht, obwohl gerade ihre Versuche darauf hindeuten, daß ein schneller Abfall der Sauerstoffkonzentration innerhalb der Verbrennungszone durch die flüchtigen Bestandteile erheblich begünstigt wird. Der katalytische Einfluß der mineralischen Beimengungen infolge ihres Eisengehaltes wurde von Bähr[11] untersucht und hier im Gegensatz zu Holthaus wie auch zu Häuser[12] eine starke Beeinflussung gefunden. Besonders widersprechend sind die Ergebnisse bezüglich des makroskopischen Aufbaues der Kokssubstanz, doch dürfte der Grund für die hier vorliegenden widersprechenden Ergebnisse darin zu suchen sein, daß es bisher noch nicht möglich gewesen ist, ein brauchbares Maß zur Kennzeichnung der Unterschiede im Gefügeaufbau zu gewinnen (vgl. S. 22 und 23). Auf die Bedeutung der Teerreste für den Aufbau der Kokssubstanz und den Verlauf der Reduktionsfähigkeit von Koks haben in neuerer Zeit Agde und Schmitt (a. a. O.) hingewiesen.

Der Einfluß der Verkokungsverhältnisse. Bei laboratoriumsmäßig hergestellten Koksen fanden Agde-Recke[13], daß rasche Temperatursteigerungen bei der

---

[1] Iron Coal Trades Rev. Bd. 72, S. 943. 1923.

[2] Kohle Koks Teer Bd. 18. 1928; Theorie der Reduktionsfähigkeit von Steinkohlenkoks; siehe dort auch Literaturverzeichnis.

[3] Iron Age Bd. 113, S. 695. 1922. [4] Kruppsche Monatsh. Bd. 4, S. 57. 1923.

[5] Braunkohle Bd. 24. 1925. [6] Dissertation Aachen 1925.

[7] J. Soc. Chem. Ind. Bd. 44, S. 383. 1925. [8] J. Chem. Soc. London Bd. 113.

[9] a. a. O. [10] a. a. O. [11] a. a. O. [12] Kohle Koks Teer Bd. 6. 1926.

[13] Brennstoffchemie Bd. 4, S. 341. 1923.

Verkokung wohl die Größe der Poren erhöht, aber den Koks reaktionsträger macht, als wenn er bis zur gleichen Temperatur langsamer verkokt worden wäre. Des weiteren fanden sie in Übereinstimmung mit Fischer-Breuer-Broche[1], daß die Garungstemperatur von wesentlichem Einfluß ist, und daß insbesondere ein Überschreiten von 800° C eine erhebliche Herabminderung der Entzündlichkeit zur Folge hat. Im Gegensatz hierzu fand Häuser bei technisch hergestellten Koksen nur eine geringe Beeinflussung durch die Garungsverhältnisse, dagegen eine bedeutendere durch die Art und die Körnung der Ausgangskohle. Zu einem ähnlichen Ergebnis kam auch Holthaus[2].

Der Einfluß der Verbrennungsumstände. Allgemein wurde eine erhebliche Erhöhung der Verbrennlichkeit durch die Temperatursteigerung festgestellt. Dasselbe gilt für die Stückgröße der Kokse. Häuser glaubt sogar, daß bei geeigneter Wahl derselben die Frage der Verbrennlichkeit eines Kokses von untergeordneter Bedeutung für seine Verwendung ist[3]. Die durch die Strömungsgeschwindigkeit selbstverständliche Beeinflussung wurde nur wenig untersucht und allgemein als ausschlaggebend angenommen, so daß stets bei den einzelnen Methoden zur Gewinnung eines Wertmaßes die Strömungsgeschwindigkeit jeweilig konstant gehalten wurde. Nur bei den Versuchen von Bähr[4] und bei denen von Sherman und Kinney[5] liegen hier Ergebnisse vor. Dieselben kamen zu einer gegenteiligen Ansicht und sprechen der Strömungsgeschwindigkeit keinen bedeutenden Einfluß zu, trotzdem ein solcher bei Bähr direkt aus den Versuchen hervorgeht. Erwähnt seien in dieser Beziehung noch die Ergebnisse von Piwowarsky-Meyer[6]. Diese fanden in Übereinstimmung mit späteren Untersuchungen von Hollinderbäumer[7] und Pfeiffer[8], daß im Abgas des Kupolofens bei richtig bemessenem Kokssatz mit abnehmender Luftmenge das Verbrennungsverhältnis CO_2 zu CO nur wenig beeinflußt wird. Trotz der längeren Berührungszeit war also keine stärkere Konzentrationsabnahme der Kohlensäure zu beobachten. Man muß hierbei allerdings berücksichtigen, daß durch das Auftreten der wärmeverbrauchenden Phase (Schmelzgut = Eisen + Zuschläge) die thermischen Verhältnisse gegenüber den bisher erwähnten Versuchen wesentlich andere geworden sind. Es wird aber die Strömungsgeschwindigkeit nur in dem Falle, wo der Koks richtig bemessen (s. S. 219 Fußnote) ist, auf die Zusammensetzung der Abgase keinen wesentlichen Einfluß haben. Hiermit in Einklang steht die Beobachtung von Piwowarsky und Meyer, die bei Erhöhung des Kokssatzes und gleichzeitigem Konstanthalten der Luftmenge eine starke Konzentrationsabnahme der CO_2 im Abgas feststellten.

Kritik der bisherigen Versuche zur Kennzeichnung der Verbrennlichkeit.

Bei den beschriebenen Methoden hat man bisher kaum einen Unterschied gemacht zwischen dem Verhalten gegenüber Sauerstoff und Kohlensäure. Auch bei der Anwendung von Luft bzw. Sauerstoff wird zur Definierung des Wertmaßes ausschließlich auf das Reaktionsvermögen gegenüber Kohlensäure Bezug genommen. Nach einem von Farup[9] vermuteten Zusammenhang zwischen beiden Reaktionen wäre eine solche Methode an und für sich brauchbar. Aber schon die Überlegung, daß bei hohen Temperaturen eine Beeinflussung des Reaktionsereignisses durch die außer dem reinen Kohlenstoff im Koks enthaltenen anderen Komponenten eintreten kann, legt die Vermutung nahe, daß diese

[1] a. a. O. [2] a. a. O. [3] Vgl. a. Koerber: Mitt. K.W.I Eisenforsch.
[4] a. a. O. [5] Fuel Bd. 5, S. 92. 1926. [6] Stahleisen Bd. 45, S. 1017. 1925.
[7] Gieß. Bd. 12, S. 647. 1925. [8] Gieß. Bd. 12, S. 453. 1925.
[9] Z. anorg. u. allg. Chem. Bd. 50, S. 292. 1906.

Methoden nicht immer treffend kennzeichnende Werte liefern werden. Dies gilt besonders für die Kleinversuche, da hier kaum Temperaturen über 1000° angewandt wurden.

Damit zwischen dem Wertmaß der Verbrennlichkeit und den wahren Werten eine eindeutige Funktion besteht, wäre die Untersuchung bei vollkommen konstanter Temperatur durchzuführen und eine direkte Proportionalität des Wertmaßes mit der Reaktionsgeschwindigkeit erforderlich. Für die Großversuche ist erstere Bedingung schwer zu erfüllen. Diese Möglichkeit liegt dagegen bei den Kleinversuchen vor. Bei diesen müßte das Wertmaß direkt proportional sein der reagierenden Oberfläche und umgekehrt der Berührungszeit. Für das aus der umgesetzten Menge pro Zeiteinheit gebildete Wertmaß besteht auch diese Beziehung. Doch ist bei diesen Versuchen die Fehlergrenze zu groß. Dagegen wird bei den bisher aus der Konzentrationsänderung abgeleiteten Werten diese Forderung nicht erfüllt.

A. Vogel[1] und E. Piwowarsky haben nun den Mechanismus der Sauerstoffreaktion im Gebiet geringer Reaktionsgeschwindigkeit (niedrige Temperaturen) untersucht, und zwar an Materialien der in Zahlentafel 86 wiedergegebenen Zusammensetzung.

Zahlentafel 86.

Material	Temperaturbereich °C	Asche %	Wasser %	C %	H %	(O+N) %	S %	Porosität %	Flücht. Bestandteile %
Holzkohle . . .	230—250	Analyse nicht mitgeteilt				Analyse nicht mitgeteilt			
Heizkoks . . .	330—415	10,77	1,65	84,7	3,45	1,30	0,78	45,2	—
Petrolkoks . .	390—480	0,71	1,7	94,25	1,44	2,17	1,43	63,0	2,2
Graphit	460—500	0,06	0,2	99,3	0,6	—	—	9,8	—

Sie arbeiteten im CO_2-freien Luftstrom von 1,5 bis 9,0 l/st Strömungsgeschwindigkeit. Die Körnung des Materials betrug 3 mm. Für jeden Versuch wurde der Einsatz (10 g) erneuert. Die Ergebnisse zeigt Zahlentafel 87. Aus der Abgasanalyse berechneten sie nach dem Vorbild von Farup[2] die aus dem Massenwirkungsgesetz abgeleitete Konstante der Reaktionsgeschwindigkeit[3],

---

[1] Dissertation Aachen 1926; vgl. auch Gieß. Bd. 16, S. 147. 1929. [2] a. a. O.

[3] Deren Bedeutung aus folgendem erhellt:

Für das Zustandekommen einer Reaktion nach der Gleichung

$$A + B = AB$$

ist das Zusammentreffen einer Molekel A mit einer solchen von B erforderlich. Doch nicht jeder Zusammenstoß führt zu einer Reaktion, sondern nur ein solcher von bevorzugten Molekülen. Doch dürfte die Häufigkeit eines Reaktionsereignisses proportional sein der Häufigkeit der Zusammenstöße. Andererseits bedingt sie die Reaktionsgeschwindigkeit. Da die Zahl der Zusammenstöße proportional ist dem Produkt der Konzentrationen der beteiligten Stoffe, wird auch diese Abhängigkeit für die Reaktionsgeschwindigkeit Geltung haben. Nimmt man nun als Maß für die Reaktionsgeschwindigkeit die Konzentrationsänderung in der Zeiteinheit eines der beteiligten bzw. sich bildenden Stoffe und vollzieht sich das Reaktionsereignis stöchiometrisch nach obiger Gleichung, so ergibt sich

$$-\frac{d[A]}{dt} = -\frac{d[B]}{dt} = +\frac{d[AB]}{dt} = k \cdot [A] \cdot [B]$$

oder in einer anderen mehr gebrauchten Schreibweise

$$\frac{dx}{dt} = k(a-x)(b-x),$$

wo a und b die Anfangskonzentrationen der beiden Stoffe A und B, x die Konzentration

Zahlentafel 87.

Versuchsmaterial	Temp. in °C	Luftmenge in l/st	Abgasanalyse in %			$k = \frac{1}{z} \ln \frac{a}{a-x}$ *
			CO_2	O_2	CO	
Holzkohle	230	1,5	4,2	10,6	0,8	0,49
	230	3,0	2,6	14,8	0,6	0,51
	230	6,0	1,2	17,5	0,3	0,52
	230	9,0	0,8	18,4	0,2	0,60
	250	1,5	10,0	5,8	3,6	0,96
Heizkoks.	330	2	1,4	18,0	0,6	0,14
	360	2	3,0	15,6	1,0	0,29
	360	4	1,3	18,6	0,6	0,23
	415	2	9,0	7,4	3,0	1,03
	415	3	6,6	10,6	2,6	1,05
	415	6	3,6	14,6	1,6	1,04
Petrolkoks	390	1,5	2,0	18,2	0,4	0,10
	435	1,5	8,2	10,2	1,8	0,56
	435	2	7,4	11,6	1,6	0,58
	450	2	8,6	9,6	2,0	0,77
	475	3	10,4	8,2	2,8	1,29
	480	6	6,6	12,6	1,4	1,5
Graphit	460	2	1,0	19,8	—	0,059
	460	4	0,5	20,3	—	0,049
	460	8	0,2	20,6	—	0,039
	480	2	2,4	18,3	—	0,113
	480	4	1,2	19,6	—	0,129
	480	8	0,6	20,2	—	0,137
	495	2	3,5	17,0	0,2	0,202
	500	2	4,0	16,4	0,3	0,238
	500	4	2,0	18,6	0,2	0,223
	500	8	1,1	19,6	—	0,217

des entstehenden Stoffes bedeutet. Ist Stoff B in so großem Überschuß vorhanden, daß seine Konzentration sich praktisch nicht ändert, so wird

$$\frac{dx}{dt} = k(a-x),$$

woraus sich für die Reaktionskonstante k ergibt

$$k = \frac{1}{t} \ln \frac{a}{a-x}.$$

Eine solche Abhängigkeit der Reaktionsgeschwindigkeit bezeichnet man als Reaktion erster Ordnung nach A. Ist dagegen die Konzentration von $B = A$ und hat die Reaktion die stöchiometrische Form

$$A + A = 2A,$$

so ergibt sich

$$\frac{dx}{dt} = k \cdot (a-x)^2$$

oder

$$k = \frac{1}{t} \cdot \frac{x}{(a-x)a}.$$

Dies ist eine sog. Reaktion zweiter Ordnung. Reaktionen dritter Ordnung sind selten. Hier findet in den meisten Fällen die Reaktion in verschiedenen Folgereaktionen statt und die Geschwindigkeit der langsamsten Teilreaktion bestimmt den Verlauf. Dies gilt aber auch schon für die Reaktionen niederer Ordnung. Infolgedessen ergibt die Ermittlung der Reaktionsordnung in vielen Fällen einen Anhaltspunkt für den Reaktionsmechanismus.

* z = Zeit.

welche einen exakteren Ausdruck der Reaktionsfähigkeit (hier der Verbrennlichkeit) darstellt, als die zahlreichen früher erwähnten Ausdrucksweisen[1]. Die Zahlen zeigen, daß mit steigender Temperatur bei gleichbleibender Strömungsgeschwindigkeit die Werte für CO_2 sich fast linear erhöhen, dagegen bei konstanter Temperatur sich ungefähr proportional verhalten wie die angewandten Luftmengen.

Der Temperaturkoeffizient b der Reaktionskonstante, errechnet nach der Gleichung

$$\log k = a + b \cdot T \quad \text{(Vogel)}$$

bzw. nach der von Farup[2]

$$\text{(Temp.-Koeff.)} \quad x = \sqrt[a]{\frac{k_t + 10a}{k_t}}$$

hat dann folgende Werte (Zahlentafel 87a):

Zahlentafel 87a.

Material	Temperaturbereich °C	b	x
Holzkohle	230—250	0,01416	1,37
Heizkoks	330—415	0,01024	1,27
Petrolkoks	390—480	0,01326	1,35
Graphit	460—500	0,0145	1,39

Die Reaktion $CO_2 + C = 2CO$ untersuchte A. Vogel an Graphit, und zwar im Temperaturbereich von 910 bis 1010° C, indem er als Reaktionsgas ein Gemisch von 79 Vol.-T. Stickstoff und 21 Vol.-T. Kohlensäure anwandte. Die Versuchsergebnisse in Zahlentafel 88 enthalten auch die Berechnung der Reaktionskonstante, und zwar in der letzten Spalte auch für den Fall, daß es sich hier um eine Reaktion zweiter Ordnung handeln sollte. In beiden Fällen

Zahlentafel 88.

Temp. in °C	Anfangskonzentration	Gasmenge in l/st	Abgasanalyse in Vol.-%		$k = \frac{1}{z} \ln \frac{a}{a-x}$	$k = \frac{1}{z} \frac{x}{(a-x)a}$
			CO_2	CO		
910	21,0	2	13,6	12,2	0,43	0,026
910	21,0	3	14,6	10,6	0,55	0,030
910	21,0	4	15,0	9,4	0,67	0,038
910	21,0	6	16,2	8,3	0,78	0,042
910	21,0	9	17,2	6,8	0,90	0,045
945	21,0	2	10,4	17,2	0,70	0,049
945	21,0	3	11,2	15,8	0,94	0,063
945	21,0	6	13,0	12,8	1,43	0,077
945	21,0	9	14,2	11,0	1,82	0,102
975	21,0	2	6,8	22,2	1,13	0,10
975	21,0	4	8,8	19,8	1,74	0,13
975	21,0	6	10,2	18,0	2,1o	0,15
995	20,0	2	4,4	27,0	1,54	0,18
995	20,0	4	6,8	22,8	2,17	0,19
995	20,0	8	10,2	18,2	2,52	0,19
1005	20,0	2	3,8	28,2	1,66	0,2
1010	20,0	2	3,2	29,0	1,83	0,213

[1] Als Grund für die auf die Anfangskonzentration des Sauerstoffs bezogenen Fehlbeträge in der Abgasanalyse vermutet A. Vogel eine teilweise Bildung von $CH_2O_2(CO_2+H_2$ in statu nascendi), das sekundär in CO und H_2O zerfalle, doch könnten es auch Adsorptionsverluste sein, da mit steigender Temperatur der Fehlbetrag im allgemeinen etwas fällt.

[2] a. a. O.

sind hier merkwürdigerweise die *K*-Werte nicht konstant, doch steigen die unter Annahme einer Reaktion 2. Ordnung errechneten lange nicht so stark an. Im Temperaturbereich von 1000° ist die Konstanz der letzteren sogar schon recht brauchbar.

Es scheint also, als ob die Sauerstoffreaktion eine solche erster, die Kohlensäurereaktion dagegen eine solche zweiter Ordnung sei. Vogel nimmt daher für den Reaktionsverlauf folgende Stufen an:

1) $2CO_2 = 2CO + 2O$
2) $2C + 2O = 2CO$ (mit großer Geschwindigkeit)
add. $= CO_2 + C = 2CO$.

Alsdann wäre offenbar die Dissoziation der Kohlensäure als mit kleinerer Geschwindigkeit verlaufend für die Geschwindigkeit der Reaktion maßgebend. Denn wäre die Sauerstoffreaktion nach 2) hier maßgebend, so müßte der Temperaturkoeffizient der Kohlensäurereaktion gleich dem der Sauerstoffreaktion sein. Farup fand aber diesen bei Retortenkohle:

Für die Reaktion $C + O_2$ zu 1,5,
„ „ „ $C + CO_2$ zu 1,28,
„ „ „ $C + H_2O$ zu 1,16,

also für Kohlensäurereaktion kleiner, und zwar verhielten sich die Temperaturkoeffizienten der CO_2- und H_2O-Reaktion ähnlich wie die Temperaturkoeffizienten ihrer Dissoziationsgrade. Allerdings gibt Vogel für die Sauerstoffreaktion einen Verlauf an, aus dem hervorgeht, daß auch hier die Dissoziation des Sauerstoffs das Tempo der Reaktion bestimmt, nämlich:

$$O_2 = 2O$$
$$\left.\begin{array}{r} 2C + 2O = 2CO \\ 2CO + O_2 = 2CO_2 \end{array}\right\} \text{(mit großer Geschwindigkeit).}$$

Jedenfalls lassen diese Ausführungen erkennen, daß es nicht ohne weiteres angängig ist, die Kohlensäurereaktion als Maßstab für die Sauerstoffreaktion (Verbrennlichkeit) zu benutzen, daß es vielmehr nötig wäre, die letztere mehr in den Bereich der Methoden zur Bewertung der festen Brennstoffe heranzuziehen.

Anwendung auf den Kupolofenbetrieb.

Aus Zahlentafel 88 geht hervor, daß eine erhöhte Geschwindigkeit der CO_2-reichen Abgase einen mit der Temperatur zunehmenden, die Beständigkeit der Kohlensäure begünstigenden Einfluß ausübt. Da mit der Geschwindigkeit auch der Wärmeübergang von Gas zur Beschickung des Kupolofens steigt, so ergibt sich ohne weiteres die Forderung, dem Kupolofen pro m² Querschnittsfläche möglichst große Windmengen zuzuführen. Unter den Bedingungen der Zuführung von kalter Luft wird jedoch einmal der Fall eintreten, daß die im Ofen notwendig werdende Vorwärmung des Windes auf die Entzündungstemperatur den unteren Teilen der Kokssäule erhöhte Wärmemengen entzieht, daß auch bereits brennender Koks in den unteren Temperaturbereichen weniger Wärmemengen pro Zeiteinheit entwickelt, als ihm durch die kalte Einstrahlung und Wärmeableitung der Luft entzogen werden. Die Folge ist ein Höhertreiben der Verbrennungszone bis zum allmählichen Kaltblasen des Kokses, wenn der Fall: $\frac{dA}{dt} < \frac{dq}{dt}$ eintritt (A = erzeugte Wärme, q = abgeführte Wärme, t = Zeit). Dieser Fall wird um so eher eintreten müssen, je reaktionsträger der Brennstoff ist und je höher der Zündpunkt desselben liegt. Daß diese Fälle zu verwirklichen sind, zeigen die Ergebnisse folgender auf Veranlassung des Verfassers im Gießerei-

Institut der Aachener Hochschule vorgenommenen Kaltblaseversuche[1], welche in einem Ofen gemäß Abb. 228 vorgenommen wurden.

Als Versuchsmaterial dienten Petrolkoks und Heizkoks der auf S. 233 angegebenen Zusammensetzung. Um stets gleiche Oberflächenverhältnisse bei ein und demselben Koks zu haben, kam für diese Versuche der Koks in Würfelform zur Verwendung. Stücke, die infolge der Bearbeitung Risse aufwiesen, wurden ausgeschieden. Die jeweilige Versuchsmenge hatte ein Gesamtgewicht von 1 kg für den Heizkoks und 0,9 kg für den Petrolkoks.

Vor Beginn jeden Versuches wurde die jeweilige Versuchsmenge in einem Graphittiegel in möglichst neutraler Atmosphäre auf ca. 1000° C erwärmt. Beim Umfüllen in den Versuchsofen trat stets eine erhebliche Erkaltung der Koksstücke ein. Aus diesem Grunde wurde mit Hilfe einer Gasfeuerung dieser schwach erwärmt und vor allem der Koks bei brennendem Gasluftgemisch eingefüllt. Die anfängliche Abgastemperatur schwankte dann zwischen 600 und 700° C. Infolge der Beheizung stieg sie aber ziemlich rasch wieder an. Nach Erreichung von 850° C wurde das Gas abgestellt und mit der für den Versuch be-

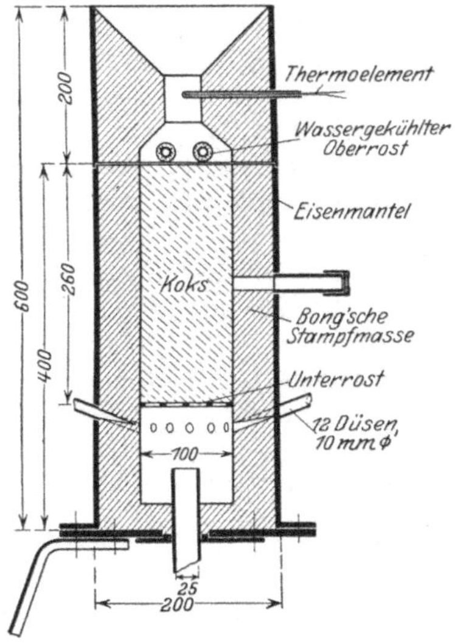

Abb. 228. Versuchsofen für die Kaltblaseversuche.

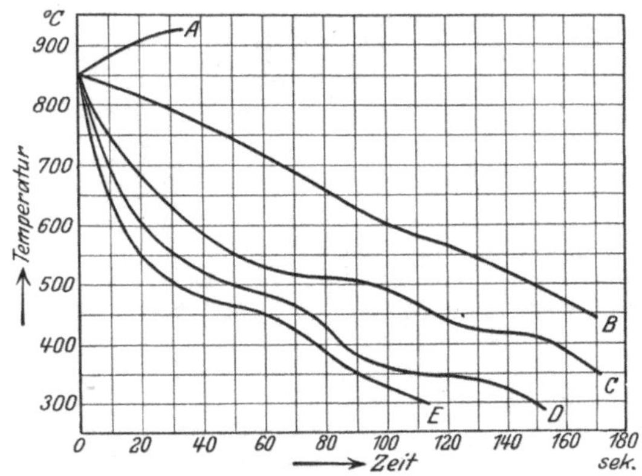

Abb. 229. Zeit-Temperaturkurven bei Kaltblaseversuchen mit Heizkoks.

stimmten Luftmenge geblasen. Die Ablesungen der Temperaturen mittels des Thermoelementes erfolgte alle 5 Sekunden.

Die ersten Versuche wurden mit einer Würfelform von 30 bis 35 mm Kantenlänge ausgeführt. Bei dieser Stückgröße war aber mit einer Luftmenge von 3 m³/min noch keine Kaltblaswirkung für beide Kokse zu erreichen. Da eine weitere Steigerung der Luftmenge nicht möglich war, wurde die Stückgröße erhöht und eine Würfelform von 40 mm Kantenlänge gewählt. Die Anzahl der Koksstücke bestand jetzt aus 18 bis 19 Würfeln. Die äußere Gesamtoberfläche war von 2200 cm² auf ca. 1750 cm² verringert worden. Das Koksgewicht war ungefähr dasselbe geblieben. Aber auch jetzt war es noch nicht möglich, den Petrolkoks kalt zu blasen, wogegen dieses Ziel bei dem Heizkoks bereits oberhalb 2 m³/min Luftmenge erreicht wurde (Abb. 229). Bei weiterer Steigerung der Luftmenge erfolgte dann hier die Erkaltung in um so kürzerer Zeit mit gleichzeitig entsprechend geringerem Abbrand. Wie schon erwähnt, war ein gleiches Ergebnis bei dem Petrolkoks auch jetzt noch nicht mit der größtmöglichsten Luftmenge zu verwirklichen. Eine weitere Vergrößerung der Stückgröße erlaubte aber nicht

[1] Vgl. Dissertation A. Vogel: a. a. O.

die angelieferte Form und die Abmessungen des Versuchsofens. Das Ergebnis zeigt übrigens, daß es nach dieser Methode möglich wäre, sehr große Unterschiede zwischen einzelnen Koksen zu erhalten, wenn man als Kennziffer für ihre Reaktionskinetik gegenüber O_2 die Luftmenge annimmt, die gerade zum Kaltblasen ausreicht. Die Kurven in Abb. 229 stellen die Mittelwerte aus je 3 bis 5 Einzelversuchen bei 1,8, 2,1, 2,5, 2,75 und 3,0 m^3/min (entsprechend daselbst den Kurven *A* bis *E*) dar.

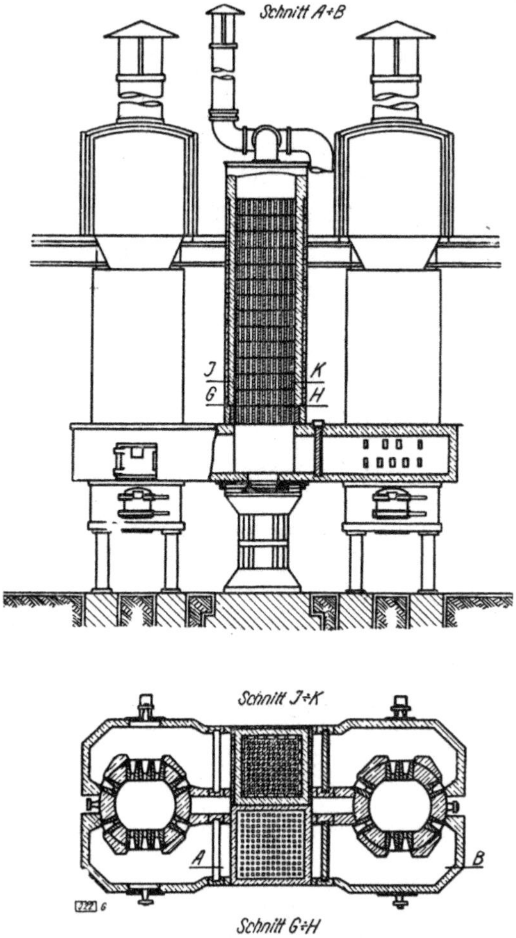

Abb. 230. Kupolofenaggregat nach System Schürmann (entnommen: Gieß.-Zeitung 1928, S. 108/9).

Wird nun durch eine ökonomische Windvorwärmung der Fall geschaffen, daß die Geschwindigkeit der Sauerstoffreaktion gesteigert, andererseits die kühlende Wirkung in und oberhalb der Düsenzone verringert wird, so müssen sich folgende Vorteile ermöglichen lassen:

1. Steigerung der minutlich pro m^2 Ofenquerschnitt zugeführten Windmenge und damit
2. Erhöhung der pro Zeiteinheit verbrannten Kohlenstoffmenge; damit aber
3. erhöhte Schmelzleistung,
4. erhöhte Eisen- und Schlackentemperatur,
5. verringerte Ofenstrahlungsverluste, bei entsprechender Koksersparnis,
6. besserer thermischer Wirkungsgrad,
7. Erniedrigung der Schmelzzone,
8. Verminderung der oxydierenden (sauerstofführenden) Zone und damit geringere Abbrandzahlen,
9. Verminderung der kühlenden (oxydierenden) Ofenzone, welche ebenfalls im Sinne einer Erhöhung der Eisentemperatur sich auswirkt,
10. bessere Entschwefelung (gemäß Punkt 4 und 6),
11. geringere Düsenverschlakkung und Neigung zu Ansätzen.

Am idealsten wäre natürlich eine Vorwärmung des Windes bis auf die Zündtemperatur des Brennstoffs, weil dann ein Kaltblasen nicht mehr zu befürchten ist.

Allerdings können diese Vorteile der Windvorwärmung sich nur auswirken bei Verwendung reaktionsträgen Kokses, bei dem, wie der Verfasser schon vor einigen Jahren[1] betonte, die Geschwindigkeit der Sauerstoffreaktion vor den Formen durch die Luftvorwärmung künstlich erhöht wird, während die natürliche Reaktionsträgheit des Kokses die Kohlensäurereaktion im Schachtoberteil zurückdrängt. In gleichem Sinne wird die theoretisch zu erwartende Tempe-

[1] Gieß. 1924, S. 425.

raturcharakteristik eines mit Luftvorwärmung betriebenen und auf möglichst vollkommene Koksverbrennung eingestellten Kupolofens sich auswirken (höhere Maximaltemperatur bei konzentrierter Schmelzzone und schnellerem Temperaturabfall im Schacht).

Als bekannteste Ofentypen mit Windvorwärmung seien erwähnt:

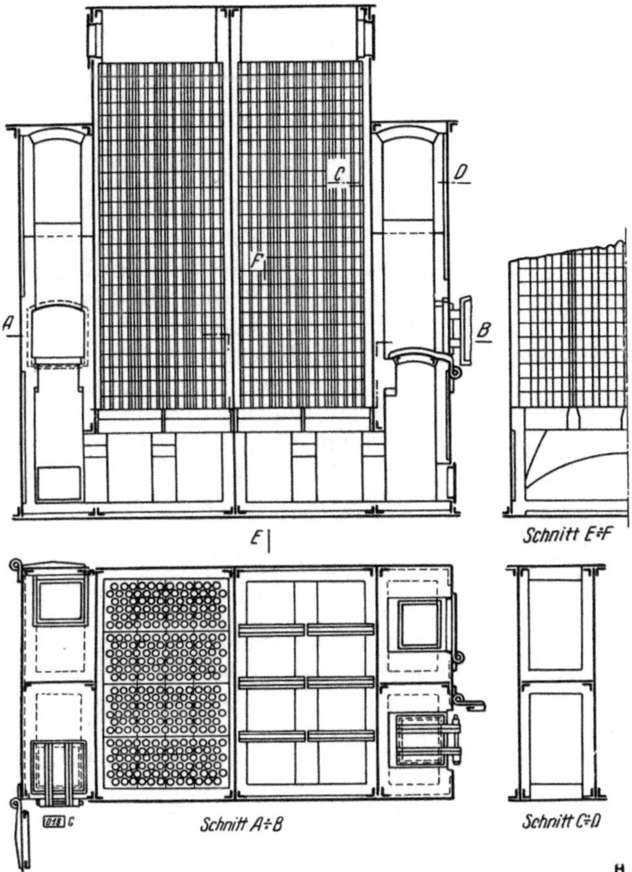

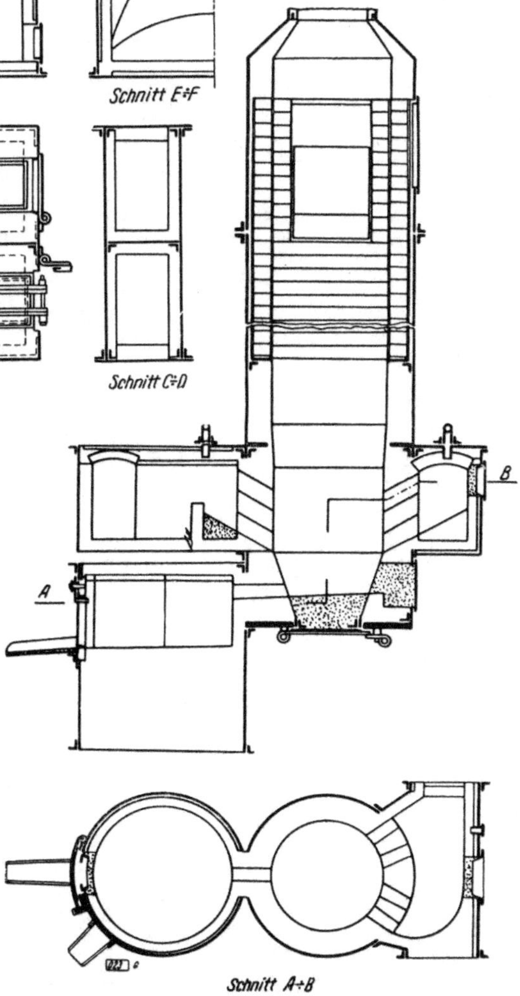

Abb. 230. Kupolofenaggregat nach System Schürmann (entnommen: Gieß.-Zeitung 1928, S. 108/9).

1. Der Schürmannofen der Schürmann-Ofen G. m. b. H., Düsseldorf.

Diesem Ofen liegt das gesunde Prinzip zugrunde, einen Teil (½ bis ¼) der Gase aus der Schmelzzone zu entnehmen, sie der weiteren Einwirkung des glühenden Kokses zu entziehen und ihre physikalische Wärme zur Aufheizung des Regeneratormauerwerks zu verwenden. Der Ofen arbeitet nach dem Umschaltsystem. Die Vorwärmung des Windes erreicht Werte von 300 bis 400°. Bei Kupplung zweier Öfen auf ein Speicheraggregat ergibt sich eine zweckmäßige konstruktive Lösung (vgl. Abb. 230). Die vorteilhafte Arbeitsweise mit den unter 1 bis 11 (S. 238) erwähnten Rückwir-

Zahlentafel 89. 6 Wärmebilanzen an Kalt- und Heißwindkupolöfen (Griffinofen) gleicher Hauptabmessungen.

	Kaltwind-Ofen 1	Kaltwind-Ofen 2	Kaltwind-Ofen 3	Heißwind-Ofen I	Heißwind-Ofen II	Heißwind-Ofen III	Bemerkungen des Referenten
CO_2—CO—O_2	9; 18,4; —	10; 16,8; —	11; 15,1; —	12; 13,4; —	13; 11,8; —	14; 10,1; —	O_2 überall = Null!
Verbrennungsverhältnis CO_2/CO	1:2	1:1,6	1:1,4	1:1,1	1,1:1	1,4:1	Luftmangel
Windmenge m³ je kg Koks	5,9	6,1	6,3	6,5	6,7	6,9	10 m³/kg nach Buzek!
Abgasmenge m³ je kg Koks	6,3	6,5	6,6	6,7	6,9	7,1	
Abgastemperatur °C	420	420	420	315	315	315	
Temperatur in Verbrennungszone	1420	1500	1520	1610	1650	1720	nicht angegeben wie ermittelt
Eingeführte Wärme	4350	4600	4850	5100	5340	5600	vermutlich den obigen Verbrennungsverhältnissen entsprech.
Je kg Koks zugeführte Windwärme (o. 315°)	—	—	—	706	730	750	zugeführte Wärme je kg Koks
Fühlbare Wärmeverluste	945	970	1000	470	480	490	
Chemisch geb. Wärme als CO im Abgas	2600	2360	2120	1900	1660	1390	
Sonstige Verluste	1000	1030	1110	1150	1200	1250	S-K-L-Verluste. Diss. v. Kalkst.
Schmelzwärme	2200	2350	2520	3160	3340	3500	
Gesamt-Kokszifer	13,2%	12,4%	11,7%	9,65%	9,25%	8,4%	
Ofen-Wirkungsgrad	31%	33,2%	35,4%	44,5%	47,0%	49,5%	

kungen ist erwiesen, die wirtschaftliche und betriebstechnische Seite allerdings noch umstritten[1].

1a. Über den nach dem Vorschlag von A. Hörnig entworfenen Ofen (Hörnig-Ofen) mit kontinuierlich arbeitenden Gegenstromwärmetauschern ist noch wenig bekannt geworden. Der Ofen kann mit Gichtverschluß ausgerüstet werden (im Betrieb beim Bernsdorfer Eisenwerk in Bernsdorf O.-L.).

2. Der Hammelrath-Ofen der Fa. A. H. Hammelrath G. m. b. H. in Köln-Lindenthal.

Auch hier wird, ähnlich wie beim Schürmann-Ofen, aus der Schmelzzone ein Teil der Gase abgesaugt, jedoch in kontinuierlichem Gegenstrom durch das an den Ofen ringsum angebaute Kanalsystem geleitet (vgl. Abb. 231). Der Ofen scheint über das Versuchsstadium nicht hinausgekommen zu sein.

3. Der Griffin-Ofen[2] der Griffin Wheel Co. in Chicago U. S. A. (Anlagen in Chicago und Detroit) arbeitet mit Windmangel (vgl. Zahlentafel 89[3]). Von den CO-reichen Abgasen werden ca. 40% mit Hilfe von Exhaustor und oberem Windkasten (vgl. Abb. 232) einer Verbrennungskammer zugeführt, mit Sekundärluft verbrannt und gelangen durch ein eisernes, als Wärmeaustauscher ausgebildetes Röhrensystem ins Freie. Die Windvorwärmung beträgt 300 bis 325°. Die Originalöfen in Detroit und Chicago haben für europäische

[1] Vgl. Hellmund, E. Gieß, 1922, S. 146; Bolzani, L.: Gieß. 1924, S. 376; Piwowarsky, E. und N. Broglio: Gieß. 1924, S. 425; Schmid, L.: Gieß. 1925, S. 505, 521 und 547; Gilles, Chr.: Gieß.-Zg. 1923, S. 259; Rein, C.: Gieß.-Zg. 1923, S. 279/301; Holtzhausen, P.: Gieß.-Zg. 1924, S. 497/520; Franz, L.: Gieß.-Zg. 1925, S. 277; Goldbeck: Gieß. 1926, S. 522 (Zuschriften Gieß.-Zg. 1926, S. 173/220/243).

[2] Vgl. Foundry 1926, S. 730 u. 754.

[3] Iron Age 1927, S. 1071/1155; Ref. Gieß. 1927, S. 881.

Gießereiverhältnisse große Durchmesser (1880 mm). Vom wärmetechnischen Standpunkt aus ist der Griffin-Ofen anfechtbar.

4. Der Ofen nach Toussaint-Levoz (Heer/Namur, Belg.) arbeitet ebenfalls mit gleichgerichtet kontinuierlichen Wärmeaustauschern, hat aber noch den besonderen Vorteil eines stark rückspringenden Düsensystems, wodurch die

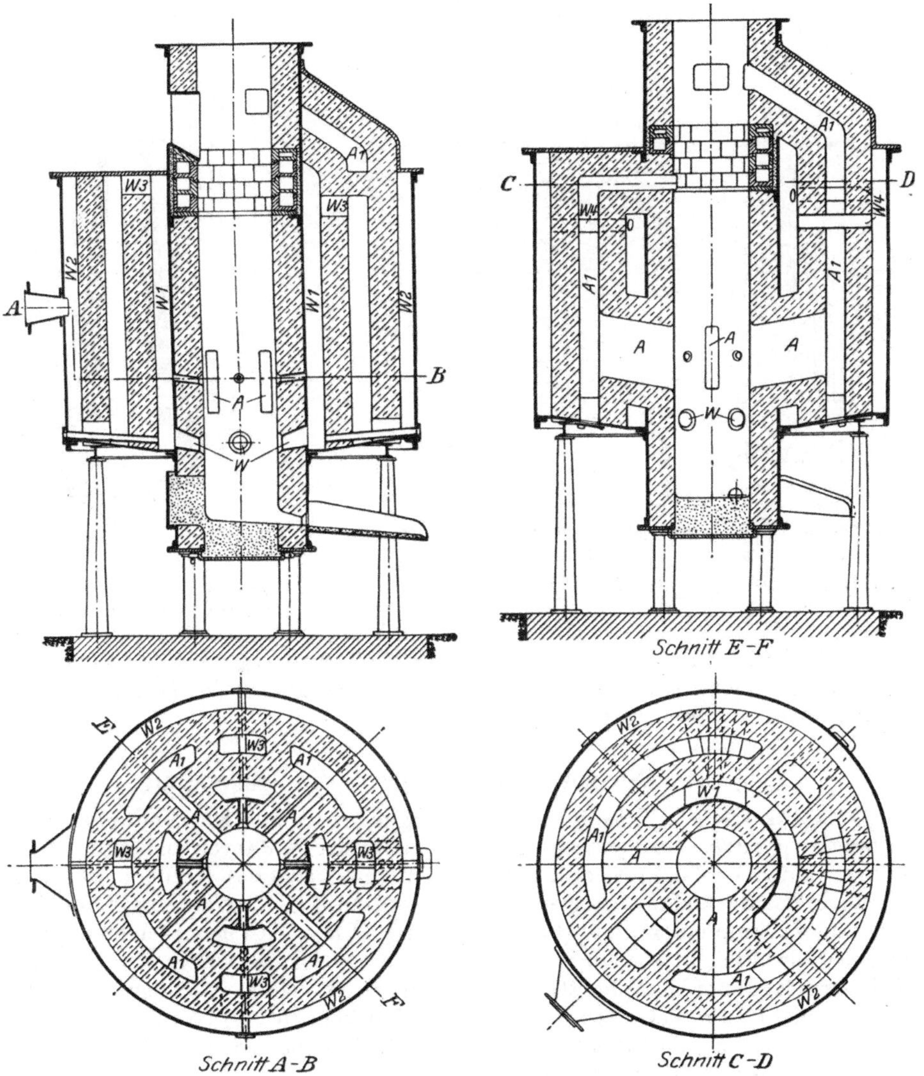

Abb. 231. Kupolofen mit Windvorwärmung (System Hammelrath).

auf S. 233 unter 8. und 9. erwähnten Vorteile besonders ausgeprägt sind (Abb. 233). Die kühlende Zone unterhalb der Schmelzzone normaler Öfen ist hier vollkommen beseitigt, gewissermaßen seitlich um 90° ausgeschwenkt. Die Badische Maschinenfabrik baut neuerdings ebenfalls Kupolöfen mit rückspringenden Düsen, über deren Bewährung der Verfasser bislang ein einwandfreies Urteil sich nicht machen konnte. Ein solcher vom Verfasser im Betrieb beobachteter Ofen mit doppelkonischer Innenkontur und schräg nach unten gerichteten

Düsen arbeitete allerdings mit einer Windpressung von 950 bis 1050 mm W.-S., was an sich höchst ungünstig ist, da die Gasaufnahme des Eisens und damit die

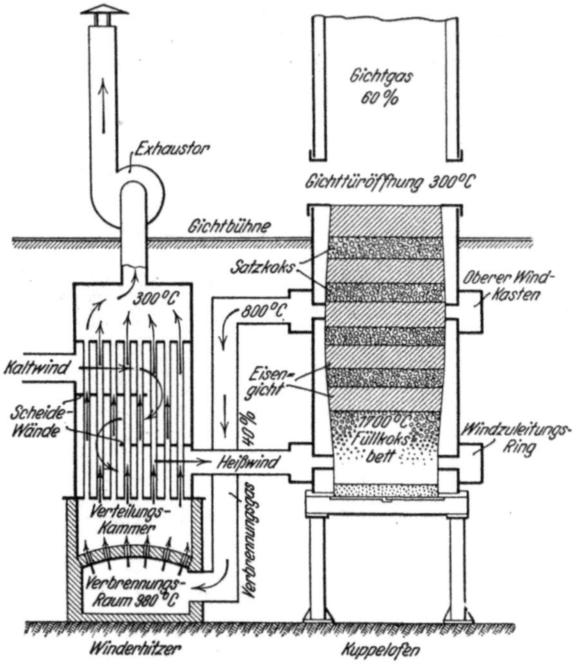

Abb. 232. Detroit-Kupolofen mit Windvorwärmung durch seitlichen Winderhitzer.

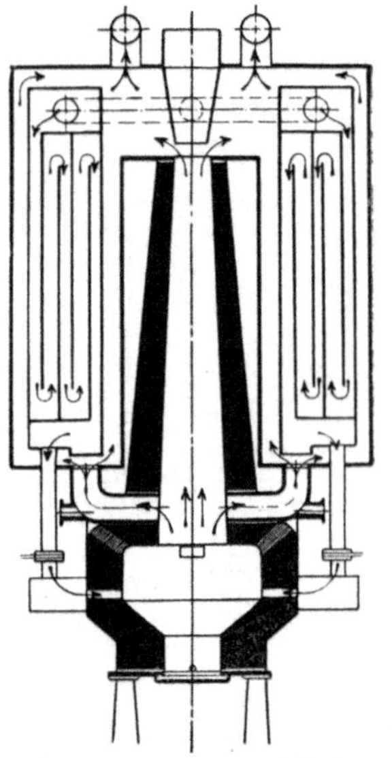

Abb. 233. Kupolofen mit Windvorwärmung nach Toussaint-Levoz.

Porosität der hiermit vergossenen Stücke erhöht wird (vgl. S. 166). Doch dürfte durch Änderungen im Düsensystem und in der Gestaltung des Unterofens dieser Mangel leicht zu beseitigen sein.

b) Die Wassereinspritzung in die Düsenzone.

Die katalytische Wirkung der Feuchtigkeit auf die Entzündungsfähigkeit gewisser explosiver Gasgemische ist seit mehr als 40 Jahren bekannt. Bereits Dixon[1] hatte beobachtet, daß ein vollkommen trockenes Kohlenoxydknallgas erst nach Zusatz kleiner Mengen von Wasserdampf oder Wasserstoff führenden Gasen oder Dämpfen (H_2S, C_2H_4, H_2CO_3, NH_3, C_5H_{12}, HCl usw.) leicht explosibel wurde, während es in absolut trockenem Zustand oder nach Beimischung wasserstofffreier Gase oder Dämpfe (SO_2—CS_2—CO_2—N_2O—N_2O_2—CCl_4 usw.) nur schwer oder gar nicht zum Verpuffen gebracht werden konnte. Dixon und L. Meyer[2] waren der Ansicht, daß die Verbrennung des Kohlenoxyds auf dem Wege über die Reduktion des Wasserdampfes gemäß:

$$2\,CO + 2\,H_2O = 2\,CO_2 + 2\,H_2, \tag{62}$$

$$2\,H_2 + O_2 = 2\,H_2O \tag{63}$$

bereits bei viel niederer Temperatur mit hinreichender Geschwindigkeit vor sich gehe als die Entzündung des Kohlenoxydgases gemäß:

$$2\,CO + O_2 = 2\,CO_2. \tag{64}$$

---

[1] Trans. Roy. Soc. Bd. 175, S. 617. 1884; J. Chem. Soc. Bd. 49, S. 94 und 384. 1886.
[2] Ber. Dt. Chem. Ges. Bd. 19, S. 1099. 1884.

Das Reaktionsprodukt ist in beiden Fällen dasselbe, denn eine Addition von Gl. (62) und (63) führt ebenfalls zu Gl. (64). Möglicherweise[1] tritt bei höheren Temperaturen aber auch gemäß:

$$2H_2O + O_2 = 2H_2O_2 \tag{65}$$

oder nach

$$H_2 + O_2 = H_2O_2 \tag{66}$$

intermediäre Wasserstoffsuperoxydbildung ein, mit dem Erfolg erhöhter Explosionsgeschwindigkeit der Reaktionen:

$$H_2O_2 + CO = CO_2 + H_2O. \tag{67}$$

Nach H. Wieland[2] käme sogar die Bildung von Ameisensäure

$$H_2O + CO = HCOOH \tag{68}$$

als Zwischenprodukt in Frage, die sich alsdann wieder spalten würde gemäß

$$HCOOH = CO_2 + H_2. \tag{69}$$

Auf Verbrennungsvorgänge unter Teilnahme von festem Kohlenstoff (Koks) übertragen, läßt ein mäßiger Wasserdampfgehalt nach:

$$\begin{array}{l} 2H_2O + C_2 = 2CO + 2H_2 \\ 2H_2 \quad + O_2 = 2H_2O \\ \hline C_2 \quad + O_2 = 2CO \text{ (Addition)} \end{array} \tag{70}$$

oder

$$\begin{array}{l} 4H_2O + \quad C_2 = 2CO_2 + 4H_2 \\ 4H_2 \quad + 2O_2 = 4H_2O \\ \hline C_2 \quad + 2O_2 = 2CO_2 \text{ (Addition)} \end{array} \tag{71}$$

ebenfalls eine katalytische Einwirkung auf die Geschwindigkeit der Kohlenstoffvergasung erwarten. Freilich widerspricht die Ansicht, man könne durch Wasser oder Wasserdampfregelung bei Verbrennungsvorgängen bemerkenswerte reaktionsfördernde, verbrennungstechnisch günstige Wirkungen erzielen, noch sehr dem Empfinden eines großen Teils von Fachleuten, da diese nur die endotherme Wasserzersetzung, etwa nach:

$$C + H_2O = CO + H_2 - 1788\,\text{kcal}$$
(je kg reagierender Sauerstoff)

in Betracht ziehen, ohne die Rückwirkung der Feuchtigkeit auf die durch Katalyse mögliche Steigerung der Reaktionsgeschwindigkeit zu beachten. Allerdings dürfte die Bemessung des Katalysators über ein bestimmtes Maß hinaus die günstigen Auswirkungen wieder beeinträchtigen. Ob es ferner unter wesentlich veränderten Reaktionsbedingungen, z. B. Verbrennung unter hohem Druck, oder unter weitgehender Vorwärmung der reagierenden Stoffe (Gas- bzw. Luftvorwärmung) noch der katalytischen Einwirkung der Feuchtigkeit zwecks Steigerung der Reaktionsgeschwindigkeit bedarf, steht noch dahin, mindestens aber ist von Fall zu Fall mit einer Verschiebung des Feuchtigkeitsbestwertes zu rechnen. Hatte schon Neufang[3] beobachtet, daß eine mäßige Anfeuchtung des Gebläsewindes imstande sei, den Betrieb des Kupolofens günstig zu beeinflussen, so gründet sich das Verfahren der Vulkan-Feuerungs A.-G. in Köln auf die Beobachtung, daß sich eine mäßige direkte Wasserzufuhr in den Reaktionsraum hinsichtlich der Temperaturentfaltung weit günstiger auswirke, als bereits dampfförmig im Gebläsewind vorhandene Feuchtigkeit. Tatsächlich

---

[1] Vgl. a. Nernst, W.: Theoretische Chemie, 8. bis 10. Aufl., S. 771/72. Stuttgart: Ferdinand Enke 1921.

[2] Ber. Dt. Chem. Ges. Bd. 45, S. 697. 1912.

[3] Stahleisen Bd. 29, S. 70. 1909.

konnte P. Oberhoffer bei vergleichenden Versuchsreihen an den Kupolöfen zweier rheinischer Eisengießereien vor einigen Jahren[1] die Beobachtung machen, daß sich durch eine Wasserzufuhr von rd. 2,5 cm³ je m³ Luft:

1. eine höhere Eisentemperatur (durchschnittlich um etwa 50°),
2. ein besserer thermischer Wirkungsgrad des Ofens bei bemerkenswerter Satzkoksersparnis (um etwa 10 bis 25%) und etwas vergrößerter Schmelzleistung,
3. ein geringerer Schwefelzubrand einstellte, während die Gichtgase kohlensäurereicher entwichen. Leider konnten damals nur unzureichende entsprechende Dampfzusatzversuche durchgeführt werden, aus denen eine verschiedenartige Auswirkung der Art des Feuchtigkeitszusatzes (flüssig oder dampfförmig) hätte hergeleitet werden können. Um der Frage näher zu kommen, stellten P. Oberhoffer und E. Piwowarsky[2] später in der Schmelzhalle des Eisenhüttenmännischen Instituts zu Aachen eine kleine Versuchsanlage auf, um den Einfluß der Feuchtigkeit auf die Verbrennungsvorgänge von Hüttenkoks durch Versuche zu erfassen.

Abb. 234. Ansicht der Versuchseinrichtung mit Windtrocknungsapparat *u* und Sättiger *v*.

Ein nach oben hin ganz schwach konisch zulaufender Schachtofen von 220 mm innerem Durchmesser in der Düsenzone (vgl. Abb. 234) und 1500 mm Schachthöhe wurde mit neun Temperaturmeß- (Thermoelemente) und (zu diesen um 90° versetzt) neun Gasentnahmestellen versehen. Sechs Schaulöcher von je 20 mm Durchmesser, nach außen durch Schraubenkappen mit eingelegten Glasscheiben abgeschlossen, dienten zur optischen Beobachtung der Temperaturen im Ofeninnern. Der Ofen besaß sechs Winddüsen mit insgesamt 45 cm² freiem Querschnitt. Der Ofen wurde mit einem gebrochenen trockenen Hüttenkoks von stets etwa 30 mm Durchmesser beschickt (Sortierung durch Siebe von 26 bzw. 34 mm Maschenweite). Die Messung der einem Kompressor entnommenen Windmengen erfolgte durch einen in die Windleitung eingebauten Rotamesser[3]. Die Windfeuchtigkeit wurde durch ein eingebautes Polymeter (Haarhygrometer) ermittelt. Die Feuchtigkeit des Windes konnte durch Zwischenschaltung eines mit Chlorkalzium beschickten Trockenapparates (*u* in Abb. 234) in die Windzuführungsleitung bis auf etwa 3 g/m³ vermindert oder durch Überleiten über

[1] Vgl. a. Gieß. Bd. 11, S. 413. 1924.
[2] Über den Einfluß der Feuchtigkeit bei Verbrennungsvorgängen, insbesondere bei der Verbrennung von Koks. Stahleisen 1926, S. 1311.
[3] Von den Rotawerken A.-G. in Aachen uns freundlichst überlassen.

ein gasbeheiztes, wassergefülltes Sättigungsrohr (*v* in Abb. 234) beliebig gesteigert werden. Durch Vertauschen des Trockenapparates mit einem beheizbaren, gut isolierten Winderhitzer besonderer Bauart konnte die Windtemperatur schließlich bis etwa 400° erhöht werden. Es bestand endlich die Möglichkeit, durch drei der bestehenden Winddüsen ganz nahe ihrer Einführungsstelle in den Ofen aus drei Glasbüretten (*m*) bestimmte Wassermengen in den Ofen einlaufen zu lassen.

Es kamen insgesamt 24 Versuche zur Auswertung, von denen 15 mit je 25 m³ Wind/st sowie die andern 9 mit je 45 m³/st geblasen wurden. Über die gewählten Gesamtfeuchtigkeitsgehalte, die Behandlung des Windes und die Art der Feuchtigkeitszuteilung gibt Zahlentafel 90 näheren Aufschluß. Aus der Zahlentafel heben sich die Versuche III Y 25 (2) und III Z 25 (2) heraus, welche mit übersättigtem bzw. naturfeuchtem, aber erhitztem Wind betrieben wurden. Die Zusatzzahlen 25 bzw. 45 bezeichnen stets die Luftmenge in m³/st. Während die Versuche der Bezeichnung A, B und C mit ein und demselben Koks durchgeführt worden waren, wurde für die Versuche X, Y und Z ein Koks anderer Herkunft benutzt. Die eingespritzten Wassermengen sind bei den Versuchen mit nur je 25 m³/st Windmenge prozentual sehr groß, konnten aber mit Rücksicht auf die Genauigkeit der Bürettenablesung nicht vermindert werden. Bei den Versuchen mit 45 m³/st eingeblasener Windmenge verminderte sich demgemäß bei ungefähr gleichem Wasserzusatz je Minute die eingespritzte Wassermenge je m³ auf einen den praktischen Verhältnissen besser angepaßten Wert. Für die schaubildliche Darstellung der Gasverhältnisse (Abb. 235) wurde der auf 21% Luftsauerstoff bezogene Anteil der sauerstoffführenden Gase ermittelt. Die Temperaturangaben der Meßstellen I bis V sind in Abb. 236 wiedergegeben; der weitere Temperaturverlauf von Meßstelle VI bis IX brachte kaum noch auswertbare Ergebnisse, so daß zwecks Raumersparnis von dessen schaubildlicher Wiedergabe abgesehen wurde.

Zahlentafel 90. Versuchsplan.

Hauptversuch Nr.	Eingespritztes Wasser g/m³ Wind	Gesamtfeuchtigkeit in g/m³ (g je Minute) Unterreihe:		
		1	2	3
		mit vorgetrocknetem Wind	mit naturfeuchtem Wind	mit naturfeuchtem Wind
I A 25	0,0	3,5 (1,46)	11,6 (4,6)	12,5 (5,2)
I B 25	7,2	10,7 (4,46)	18,8 (9,6)	19,7 (7,97)
I C 25	14,4	17,9 (7,46)	26,0 (10,6)	26,9 (10,97)
II A 45	0,0	4,5 (3,37)	7,86 (5,88)	9,67 (7,25)
II B 45	4,0	8,5 (6,37)	11,86 (10,25)	13,67 (11,27)
II C 45	8,0	12,5 (9,37)	15,86 (12,47)	17,67 (14,25)
III X 25	0,0	3,07 (1,28	5,13 (2,14)	
III Y 25	7,2	10,27 (4,28)	10,05 (4,38) nur in Vorlage gesättigt, keine Einspritzung.	
III Z 25	14,4	17,47 (7,28)	5,13 (2,14) mit Heißwind, naturfeucht, keine Einspritzung.	

Grundsätzlich haben die Schaubilder Abb. 235a bis z alle das gleiche Gepräge. Mit zunehmendem Auftreten von Kohlensäure tritt eine entsprechende Abnahme des freien Sauerstoffs ein. Hat die Kohlensäurekurve einen Höchstwert erreicht und ist der freie Sauerstoff verschwunden oder nur noch in geringen Mengen vorhanden, so setzt das Auftreten von Kohlenoxyd ein, und zwar anteilmäßig annähernd nach der Beziehung:

$$CO_2 + \frac{CO}{2} = 21\,\%,$$

wenn Kohlensäure und Kohlenoxyd in $^1/_{100}$ Raumteil Luft gemessen sind.

Betrachtet man die Versuche der Reihen A und B, so ist in Übereinstimmung mit Zahlentafel 90 zu ersehen, daß auch die Schaubilder in Abb. 235 für jede zusammengehörige Versuchsreihe sowohl in wagerechter als auch in senkrechter Richtung nach steigenden zugeführten Feuchtigkeitsmengen angeordnet

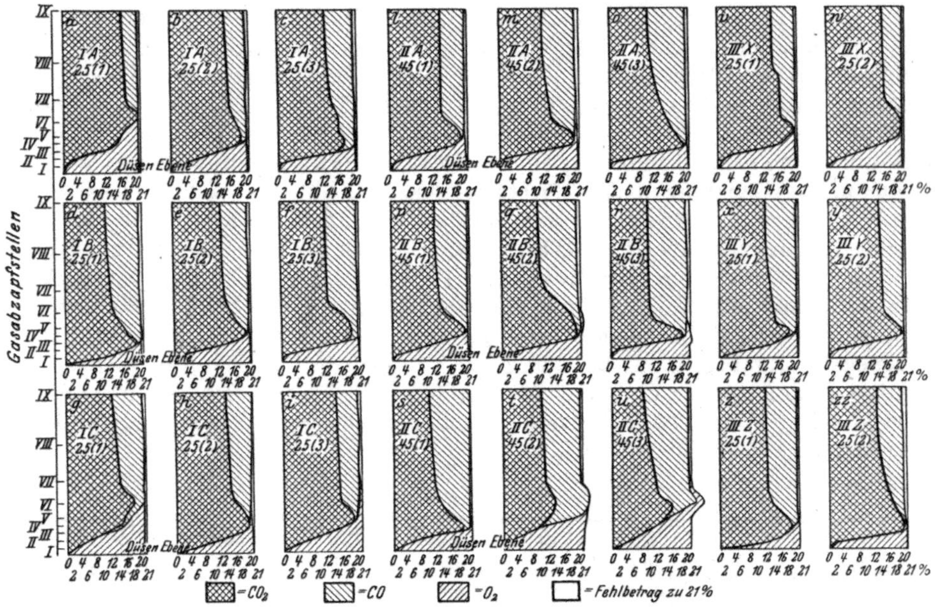

Abb. 235. Darstellung der Gasverhältnisse.

sind. Bezüglich der obersten wagerechten Reihen läßt sich nun erkennen, daß mit zunehmendem Feuchtigkeitsgehalt zunächst

1. das Abgas die Neigung zeigt, kohlenoxydreicher auszufallen (Reduktionskurve, vgl. Abb. 235a, b, c sowie 235 l, m, o);

2. der Kohlensäurehöchstwert in diesen Fällen zunehmend etwas tiefer zu liegen kommt;

3. in Übereinstimmung mit Punkt 2 auch der Temperaturhöchstwert der Höhenlage nach sich nach unten verschiebt (vgl. Abb. 235a, b, c mit Abb. 236a, sowie Abb. 235 l, m, o mit Abb. 236d);

4. bis zu einem gewissen zunehmenden Feuchtigkeitsgehalt sich auch der Temperaturhöchstwert zu höheren Wärmegraden verschiebt, jedoch nur bei (Versuchsreihe I A 25) der kleineren Windmenge (vgl. Abb. 236a und Zahlentafel 90) und um so mehr, je geringer die absoluten Feuchtigkeitsgehalte des Windes sind (vgl. hierzu Abb. 236g, bei der allerdings in Ermangelung einer zwischen II und III gelegenen Temperaturmeßstelle die Erniedrigung in der Höhenlage des Temperaturhöchstwertes von Versuch III X 25 (2) nicht zum Ausdruck kommt).

Es war noch zu versuchen, die Ursache für die Erhöhung der Sauerstoffanreicherung zu ermitteln, die bei den scheinbar ganz aus dem Rahmen fallenden Versuchen IIC 45 (2), IIC 45 (3) und IIB 45 (3) zur Überschreitung der Kennlinie (vgl. Abb. 235r, t, u) führte und offenbar durch weitgehende Wasserdampfreduktion veranlaßt ist. Es ließ sich ableiten, daß die Beziehung des Feuchtigkeitsgehaltes je m³ Wind hierfür nicht ausschlaggebend sein konnte, vielmehr die Feuchtigkeitsmenge bestimmend sein mußte, die sich in der Zeiteinheit an der Reaktion im Ofen beteiligte. Die in Zahlentafel 90 in Klammern gesetzten Zahlen geben nun die zugeführten Feuchtigkeitsmengen je Minute

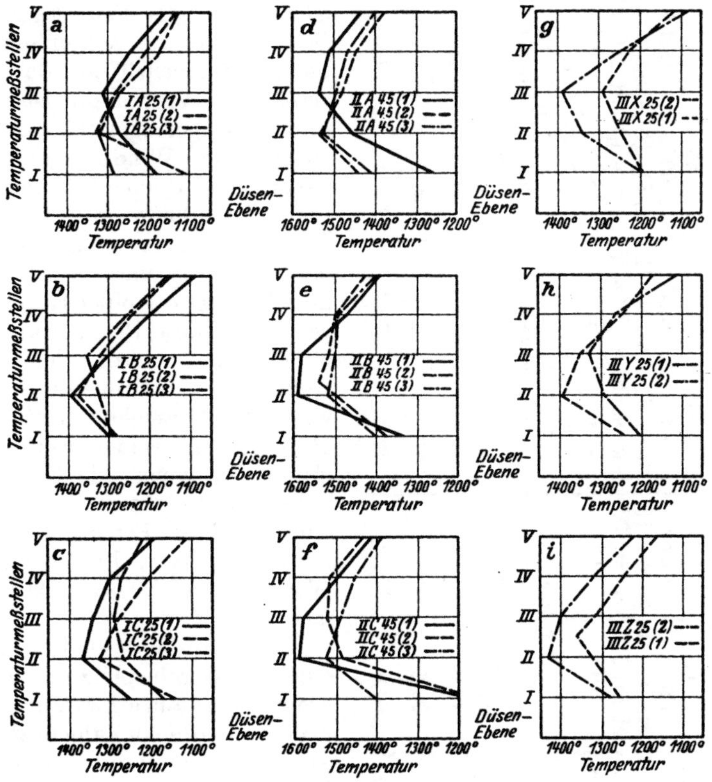

Abb. 236. Temperaturkurven an den Versuchen mit Wassereinspritzung beim Schachtofen.

wieder. Es zeigt sich sofort, daß die oben erwähnten drei Versuche mit 11,27, 12,47 und 14,25 g/min der größten in der Zeiteinheit reagierenden Feuchtigkeitsmenge zugehörig sind. (Es sei in diesem Zusammenhang nochmals auf die Versuche von P. Farup[1] verwiesen, der ebenfalls den Zusammenhängen zwischen der Reaktionsgeschwindigkeit von Sauerstoff, Kohlensäure und Wasserdampf mit Kohle und der Sauerstoffkonzentration nachging.) Das hier zu beobachtende Auftreten von Kohlenoxyd vor Erreichen des Kohlensäurehöchstwertes dürfte demnach auf die gesteigerte Wassergasreaktion infolge zu großer Feuchtigkeitszuführung in der Zeiteinheit zurückzuführen sein. Da in diesen Fällen die Kohlensäure- (Oxydations-) Kurve wieder zunehmend flacher (gegenüber der Ordinate) verläuft (vgl. besonders Abb. 235s, t, u) und in ihrem Verlauf den Kohlen-

[1] Z. anorg. u. allg. Chem. Bd. 50, S. 276. 1906.

Zahlentafel 91. Vergleich von Wassereinspritzung und natürlicher Feuchtigkeit.

Versuch	IB 25 (1)	IA 25 (2)	IIB 45 (1)	IIA 45 (2)	IIC 45 (1)	IIB 45 (2)	IIIY 25 (1)	IIIY 25 (2)
Zugeführte Gesamtfeuchtigkeit . . g/min	4,46	4,60	6,37	5,88	9,37	10,25	4,28	4,38 in Vorlage gesättigt
Davon in die Düsen eingespritzt . g/min	3,00	—	3,00	—	6,00	—	3,90	—
Lage des Temperaturhöchstwertes	1390° M. St. II	1325° M. St. II	1590° M. St. II	1525° M. St. II	1590° M. St. II	1540° M. St. II—III	1390° M. St. II	1330° M. St. III
Lage des Kohlensäurehöchstgehaltes . .	M. St. III	M. St. IV	zwischen M. St. IV u. V		zwischen M. St. III u. IV		M. St. IV	
Höchster Kohlensäurewert . . . . . . %	19,4	19,2	20,6	19,9	18,8	20,2	18,8	19,8
Auftreten von Kohlenoxyd	kurz vor dem Kohlensäurehöchstwert		kurz vor dem Kohlensäurehöchstwert	kurz nach dem Kohlensäurehöchstwert	geringe Mengen weit vor dem Kohlensäurehöchstwert	geringe Mengen in dem Kohlensäurehöchstwert	vor dem Kohlensäurehöchstwert	in dem Kohlensäurehöchstwert
Abgas in % der eingeblasenen Luft CO_2 %	11,3	14,4	11,7	11,3	9,4	10,1	12,2	13,8
Abgas in % der eingeblasenen Luft CO %	18,6	11,7	18,4	18,4	22,6	20,7	17,2	13,8
Sauerstoff im Abgas aus $CO_2 + \frac{CO}{2}$ . . %	20,6	20,3	20,9	20,5	20,7	20,45	20,8	20,7
Koksverbrauch . . . . g/min	66,6	58,2	121,2	119,4	128,4	124,2	66,0	61,8

säurekurven bei feuchtigkeitsarmen Versuchen ähnelt, so scheint der Feuchtigkeitsbestwert merkbar überschritten zu sein und diese schon der bloßen Überlegung entspringende Erwartung damit ihre Bestätigung gefunden zu haben. Unter diesem Gesichtspunkt betrachtet, scheinen auch die Versuche der Reihe IC (Abb. 235g, h, i) einer Auswertung zugänglich. Bei diesen ist offenbar der Feuchtigkeitsbestwert (Feuchtigkeit je Zeiteinheit) ebenfalls bereits überschritten; da jedoch die erreichten Verbrennungstemperaturen infolge der geringeren in der Zeiteinheit zugeführten Windmengen hier hinter denen der Reihe IIC zurückbleiben (vgl. Abb. 236c mit f), so ist die Kohlensäurezersetzung dem Ausmaß nach geringer, und die Abgase können mit höherem Kohlensäuregehalt entweichen. Diese Betrachtungsweise der Feuchtigkeit unter dem Zeitfaktor steht mit der früheren Auswertungsweise der Versuche der Reihe IB und IIB nicht in Widerspruch, da in den Fällen, in denen die Gase die Gicht kohlenoxydreicher verließen, auch stets eine größere Feuchtigkeitsmenge je Zeiteinheit (vgl. die eingeklammerten Werte der Zahlentafel 90) aufzunehmen war.

Um nun die besondere Auswirkung einer Wassereinspritzung in den Verbrennungsraum einwandfreier nachzuprüfen, wurden in Zahlentafel 91 solche Versuche mit ihren kennzeichnenden Ergebnissen gegenübergestellt, bei denen unter denselben Bedingungen (gleiche Windmengen je Stunde) möglichst gleiche Feuchtigkeitsmengen je Zeiteinheit zugeführt wurden, die sich jedoch durch die Art der Feuchtigkeitszuführung (eingespritzt oder windgesättigt) unterschieden. Eine genaue Betrachtung der Zahlen zeigt, daß durch die Wassereinspritzung

1. stets ein um 50 bis 65° größerer Temperaturhöchstwert erzielt wurde;

2. der Temperaturhöchstwert Neigung erhält, der Höhenlage nach näher an die Düsen heranzurücken;

3. desgl. der Kohlensäurehöchstwert räumlich im allgemeinen tiefer zu liegen kommt;

4. der Sauerstoff in den kohlenstoffführenden Gichtgasanteilen etwas größer ausfällt (Wassergasreaktion);

5. die Verbrennungsgeschwindigkeit des Kokses um 1,5 bis 14,5% gesteigert wird.

Was den Versuch mit Heißwind IIIZ 25 (2) betrifft, so zeigt sich bei Gegenüberstellung mit dem hinsichtlich Feuchtigkeit und Windmenge vergleichbaren Versuch IIIX 25 (2), daß eine Windvorwärmung durch Erhöhung der Reaktionsgeschwindigkeit praktisch in demselben Sinne wirkt wie eine Wassereinspritzung in die Düsen oder eine Erhöhung der Windfeuchtigkeit (unterhalb des Bestwertes natürlich);

denn es wurde:

1. der Kohlensäurehöchstgehalt erniedrigt (vgl. Abb. 235w und zz);

2. desgleichen die Zone höchster Temperatur gesenkt, vgl. Abb. 236g, Versuch IIIX 25 (2) mit Abb. 236i, Versuch IIIZ 25 (2);

3. der Höchstwert der Verbrennungstemperatur gesteigert (1425 gegen 1380°);

4. die in der Zeiteinheit vergaste Koksmenge um 1,5 bis 14,5% erhöht.

Unter dem Eindruck der Versuchsergebnisse erscheint demnach die Annahme berechtigt, daß ein gewisser Feuchtigkeitsgehalt diesseits eines Bestwertes auch bei der Verbrennung von festem Kohlenstoff eine günstige Wirkung im Sinne einer Steigerung der Reaktionsgeschwindigkeit auszulösen vermag. Über die Reaktionsvorgänge läßt sich freilich noch nichts Bestimmtes aussagen.

Eine günstige Einwirkung der Feuchtigkeit durch Beeinflussung des Zündpunktes scheint jedenfalls nicht in Frage zu kommen, nachdem durch besondere Versuche des Verfassers ein hemmender Einfluß der Luftfeuchtigkeit auf dessen Lage festgestellt werden konnte, wie Zahlentafel 92 zeigt. Diese Versuche waren mit einer dem Verfahren von Bunte und Köhmel nachgebildeten Einrichtung durchgeführt worden bei 3 mm Korngröße und 15 bis 60 l/st Strömungsgeschwindigkeit.

Zahlentafel 92.

	a) trockene Luft $H_2O = 3\ g/m^3$			b) feuchte Luft $H_2O = 12\ g/m^3$		
	60 l/st	30 l/st	15 l/st	60 l/st	30 l/st	15 l/st
Halbkoks	311	350	378	342	373	397
Hüttenkoks	461	482	501	486	502	518
Petrolkoks	481	505	537	508	532	550
Graphit	625	637	642	643	650	656

Auch bei einer anderen Versuchsreihe zur Kennzeichnung der Verbrennlichkeit einer Anzahl von Brennstoffen aus dem Grad der Kohlensäurereduktion konnte beobachtet werden, daß im angewandten Temperaturgebiet von 400 bis 900° die trockene Kohlensäure etwas stärker zerlegt wurde, der Wasserdampf also auch hier einen hemmenden Einfluß auf die Reaktionsfähigkeit des Kokses ausübte. Allerdings glichen sich die Unterschiede mit steigender Temperatur immer mehr aus. Der Verfasser glaubt hingegen, die günstige Einwirkung mäßiger Wasserdampfmengen bei den vorliegenden Verbrennungsversuchen wenigstens teilweise rein physikalisch auf die hierdurch erhöhte Strahlungsfähigkeit der Gasphase zurückführen zu dürfen, wodurch infolge des erhöhten Wärmeüberganges die Zündung benachbarter Koksteilchen rascher erfolgt, und der Verbrennungsvorgang auf einen kleineren Raum beschränkt wird mit dem Erfolg einer Zusammenziehung der Verbrennungszone bei erhöhter Flammentemperatur. Auf diese Weise würde sich auch die Beobachtung erklären, daß sich der günstige Einfluß des Wasserdampfes erst in Temperaturen auswirkt, bei denen dessen Strahlungsstärke mit der Temperatur rasch zunimmt (oberhalb 800 bis 900°). Während trockene Luft praktisch diatherm[1] ist, nimmt der Strahlungsfaktor c für Wasserdampf und Rauchgase den Wert an

$$c = \frac{p \cdot s}{100} \quad (s \text{ in m}, \ p = \text{Teildruck in } \%)$$

bezogen auf einen schwarzen Körper von 0°. Z. B. bei einer Gastemperatur von 1400°, einer Schichtdicke von $s = 2$ m und Partialdrücken von $p_{CO_2} = 12\%$; $p_{H_2O} = 10\%$; $p_{CO} = 3\%$ betragen die Strahlungsanteile:

	kcal/m²/st
für Kohlenoxyd	$4{,}0 \cdot 10^3$
für Kohlensäure	$27{,}6 \cdot 10^3$
für Wasserdampf	$39{,}6 \cdot 10^3$

Der Grenzwert günstig wirkenden Wasserdampfanteils würde dann erreicht sein, wenn sich die Vorteile erhöhter Strahlung mit den Nachteilen zunehmender (endothermer) Wasserdampfreduktion thermisch ausgleichen.

Diese Auffassung soll natürlich die Möglichkeit einer katalytischen Auswirkung des Wasserdampfzusatzes etwa gemäß Gl. (70) und (71) nicht ausschließen. In welchem Ausmaß ferner noch veränderte Gasadsorptionsverhältnisse eine Rückwirkung auf die Verbrennungsvorgänge ausüben, ist nicht zu sagen, nachdem die Adsorptionsvorgänge bisher leider nur für niedrigere Temperaturen durchforscht sind. Immerhin lassen z. B. gerade die Arbeiten von A. Magnus und H. Roth[2] über die Adsorption von Kohlendioxyd-Wasserstoffgemischen an Kohle (bis + 169°) eine Beeinflußbarkeit der Oberflächenreaktion durch wechselnde Adsorptionsverhältnisse auch bei höheren Temperaturen erwarten.

Auf mehreren rheinisch-westfälischen Gießereien konnten an Hand systematischer Untersuchungen tatsächlich die eben erwähnten Vorzüge einer Wassereinspritzung im allgemeinen bestätigt werden. Neuere dem Verfasser mitgeteilte Zahlen schwanken allerdings in weiten Grenzen, und zwar betrug etwa:

1. die Erhöhung der Eisentemperatur 0 bis 40° C,
2. die Koksersparnis 5 bis 30%,
3. die Leistungssteigerung bis 25%.

Bei Schachtöfen zum Umschmelzen von Hochofenschlacke stieg[3] bei Anwendung des Wasserzufuhrverfahrens die Produktion erheblich bei Koksersparnissen bis zu 35%. Selbst wenn der Kokssatz um 48,5% des normalen erniedrigt wurde, traten keine Störungen ein. Die Schlacke blieb auch dann sehr flüssig und die Temperaturen lagen 30 bis 40° über den normalen Werten.

c) Die Kohlenstaubzusatzfeuerung.

Nach dem Verfahren der Vulkan-Feuerung A.-G. in Köln wird ein Teil des Brennstoffes durch Kohlenstaub ersetzt. Bei den ersten systematischen Versuchen von A. Kaiser[4] und P. Bardenheuer wurden rd. 12% des Koks-

[1] Vgl. Ber. Stahlw. Aussch. V. d. E., Nr. 103.
[2] Z. anorg. u. allg. Chem. Bd. 150, S. 311. 1926.
[3] Mitt. der Isola G. m. b. H., Essen/Ruhr v. 11. XI. 1927; vgl. a. B. Osann: Ein neues Kupolofenbetriebsverfahren, Gieß. 1924, S. 413; Stahleisen 1924, S. 1789; Gieß. 1925, S. 5 und Gieß.-Zg. 1925, S. 57.
[4] Dissertation Aachen 1927; vgl. a. Stahleisen Bd. 47, S. 1389. 1927.
Die Versuche wurden in der Gießerei der Babcoc-Werke, Oberhausen/Rhld. durchgeführt und erstreckten sich über zwei Jahre.

gewichts, d. h. 0,8 bis 1% an Kohlenstaub, bezogen auf den Einsatz oberhalb (170 mm) der Düsenebene durch Preßluft in den Kupolofen (l. W. 900 mm) eingeführt. Als Ergebnisse bei Umstellung des Betriebes von rd. 11% Satzkoks auf rd. 7% bei rd. 0,8 bis 0,9% Kohlenstaub wurden von Kaiser und Bardenheuer folgende Vorteile festgestellt (Zahlentafel 93):

Zahlentafel 93.

	1. Versuch		2. Versuch	
	ohne	mit	ohne	mit
	Zusatzfeuerung		Zusatzfeuerung	
Ofenleistung kg/st	5267	6889	6203	7629
Satzkoks trocken (einschl. Kohlenstaub) . . %	9,57	6,95	10,29	7,29
Ges. Brennstoff trocken . . %	10,49	7,74	11,47	8,45
Windmenge m^3/100 kg Eisen	73,8	58,2	85,4	68,3
Windmenge mit Preßluft		60,4		70,1
Abgasanalyse % . . . CO_2	15,07	16,38	14,6	15,2
„ % . . . CO	8,86	4,83	9,75	6,0
„ % . . . O_2	—	—	0,65	1,2
Ofenwirkungsgrad η_1 . . . %	37,00	50,74	34,76	37,43
„ η_2 . . . %	34,85	46,00	31,92	34,27
Temperatur des Eisens °C	1350	1365	1400	1395
Verschlacktes Eisen . . . %	0,25	0,23	0,34	0,27
Abbrand bzw. Zubrand an C . . . %	+ 2,07	— 0,89	— 5,00	— 7,27
„ „ „ „ Si. . . %	— 19,84	— 21,00	— 24,73	— 22,62
„ „ „ „ Mn . . . %	— 22,19	— 22,19	— 22,37	— 24,21
„ „ „ „ P . . . %	— 7,48	— 4,76	— 1,03	— 1,03
„ „ „ „ S . . . %	+ 70,42	+ 55,30	+ 109,40	+ 100,3

1. Die Schmelzleistung erhöhte sich gegenüber dem normalen Betrieb um 30,8 und bei außergewöhnlich scharfem Ofengang um 23%.

2. Der thermische Wirkungsgrad erfuhr eine Steigerung um 37,14 bzw. 37,43%.

3. Der Schwefelgehalt nahm entsprechend dem geringeren Koksverbrauch ab; nach den Analysenergebnissen von etwa zwei Jahren betrug die Erniedrigung des Schwefelgehaltes durch die Zusatzfeuerung im Durchschnitt 15 bis 25%.

4. Die Schlackenmenge wurde entsprechend den geringeren Mengen an Koks und Kalkstein vermindert. Bei den Versuchen betrug die Verminderung 8,22 bzw. 18,94%.

Irgendwelche Nachteile gegenüber dem normalen Betrieb konnten bisher nicht festgestellt werden.

Der Abbrand an Eisen, Mangan und Silizium ist praktisch der gleiche wie beim normalen Ofenbetrieb.

Die Festigkeitseigenschaften werden durch die Zusatzfeuerung kaum beeinflußt. Die bisherigen Prüfungsergebnisse deuten eher auf eine geringe Verbesserung als auf eine Verschlechterung des erschmolzenen Gußeisens hin.

Der kohlenstaubgefeuerte Kupolofen der American Radiator Company[1] hat

[1] Gieß.-Zg. 1927, S. 566.

seitlich am Ofen angebrachte Verbrennungskammern. Nahezu alle für den Schmelzvorgang erforderlichen Kalorien werden durch Verbrennung des Kohlenstaubes erzeugt. Koks wird nur so viel dem Schmelzgut zugesetzt, als zur Aufkohlung und zum Ersatz des abgebrannten Füllkokses erforderlich ist. Die Temperatur ist angeblich bedeutend höher als diejenige im normalen Kupolofen und infolge des geringen Kokssatzes ist das Eisen arm an Schwefel.

Der erste Versuchsofen soll derart gute Resultate gezeitigt haben, daß der Umbau weiterer Öfen für Produktionsbetriebe geplant ist.

Die Verwendung von Kohlenstaub als Zusatzfeuerung hat auch theoretisch ihre Berechtigung. Durch den feingemahlenen Kohlenstaub wird die reaktionsfähige Oberfläche vor den Formen künstlich stark erhöht, während die grobstückige und dem Gewicht nach verringerte Koksmenge des Schachtes der Kohlensäure eine prozentual viel kleinere Oberfläche bietet; dies muß zur Konzentration der Schmelzzone bei höherer Flammentemperatur und besserem Verbrennungsverhältnis an der Gicht führen, ähnlich der Wirkung einer Windvorwärmung oder einer Ölzusatzfeuerung. Ob allerdings ein so weitgehender Ersatz des Koks, wie ihn die Amerikaner anstreben, aussichtsreich ist, muß bezweifelt werden, da die zu geringe Isolation der Eisengichten die Wärmeableitung und die kalte Einstrahlung begünstigt und zu ungenügenden Eisentemperaturen führen dürfte. Nach Auffassung des Verfassers war aus denselben Gründen auch den Öfen mit getrennten Schächten[1] (Koks- und Eisenschacht) bislang kein Erfolg beschieden.

d) Die Ölzusatzfeuerung.

Aus den bisher angestellten Überlegungen ist auch von der Ölzusatzfeuerung zum Kupolofen nur Günstiges zu erwarten. K. Berthold berichtete[2] über dieses Verfahren, das allein in mehr als 25 Betrieben des alten österreichisch-ungarischen Staatsgebietes eingeführt ist. Systematische Versuche bei der Fa. Hofherr-Schrantz-Clayton-Shuttleworth an einem Ofen von 1200 mm l. W. erstreckten sich über mehr als vier Monate und waren dadurch gekennzeichnet, daß abwechselnd mit und ohne Ölzusatz gearbeitet wurde. Der ölbetriebene Ofen mit einem Verbrauch von rd. 0,8 kg Öl/100 kg Eisen brauchte 5,61% Koks gegen 12,1% des nur koksbetriebenen Ofens, wobei insbesondere die Rückwirkung auf den Schwefelzubrand beachtenswert ist (vgl. Abb. 237).

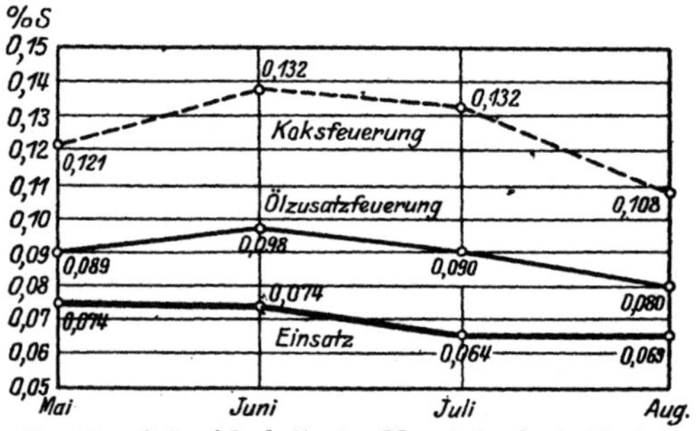

Abb. 237. Schwefelgehalte im Monatsdurchschnitt (mit und ohne Ölzusatz zum Kupolofen).

Abb. 238 gibt in Gegenüberstellung die Wärmestrombilder (Sankey-Diagramme), wie sie sich als ideale Mittelwerte von 20 Bilanzen, genommen von einem Kupolofen von 800 mm l. W. nach den Versuchen von Berthold[3] darstellen. Sie sind bezogen auf eine gesamte Schmelzeisenmenge von je 15 t bei 10% bzw. 5% (und 0,8% Öl) Satzkoks (mit 80% C) unter Zugrundelegung eines Eisenabbrandes von in beiden Fällen = 1,3%. Der Wirkungsgrad, ausgedrückt als η_1, beträgt dann 38,7% gegen 56,3%. Als Eisentemperatur wurden

---

[1] Z. B. Entwurf der Fa. Hammelrath in Köln.

[2] Stahleisen 1921, S. 1544.

[3] Stahleisen 1921, S. 393.

1390° (315 W.E./100 kg flüssigen Eisens) angenommen. Das Verbrennungsverhältnis $\frac{CO_2}{CO}$ konnte von $\frac{55}{45}$ auf $\frac{80}{20}$ bei der Ölzusatzbeheizung erhöht werden.

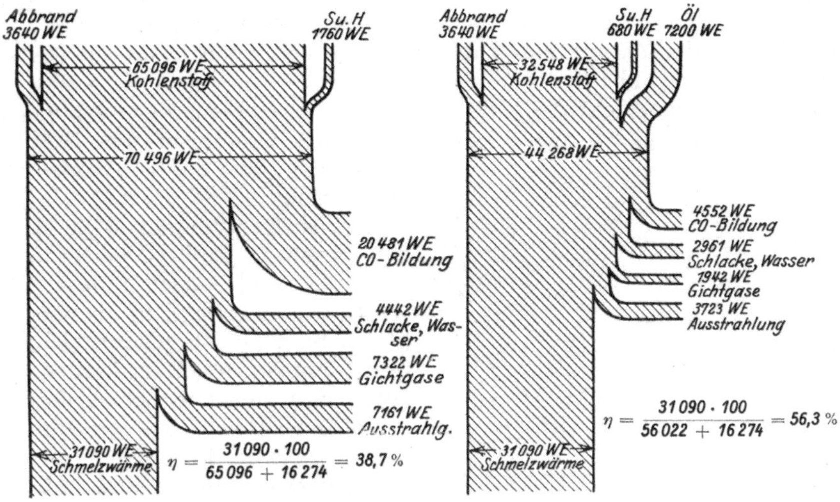

Abb. 238. Wärmebildung des Kupolofens, bezogen auf 100 kg Einsatz, links ohne, rechts mit Ölzusatzfeuerung (Berthold).

e) Sauerstoffzusatz zum Gebläsewind.

Obwohl dem Verfasser bekannt ist, daß bereits an mehreren Stellen die Rückwirkung einer Sauerstoffanreicherung der Gebläseluft von Kupolöfen untersucht worden ist, so ist doch in der Literatur hierüber wenig bekannt geworden. Die allgemeine Einführung dieser Maßnahme scheiterte bisher an den zu hohen Kosten der Sauerstoffbeschaffung. Theoretisch läßt eine solche Sauerstoffanreicherung gemäß $t\ \max = \frac{H_u}{G \cdot c_p}$ (t max = theor. Flammentemperatur) auch eine höhere Ofentemperatur erwarten[1], da ja der Wert G des Nenners um das Gewicht des durch die Sauerstoffanreicherung eingesparten Stickstoffs verringert wird. Auch die kühlende Ofenzone vor den Formen wird kleiner, die Schmelzzone sinkt und wird stärker konzentriert. Über die Gestaltung der Abbrandverhältnisse ist nichts näheres bekannt. Eine große ausländische Gießerei, welche ihren hochwertigen Maschinenguß bei etwa 3 proz. Sauerstoffanreicherung (Sauerstoff aus Bomben) herstellt, erzielt ein sehr heißes Eisen und erreicht damit selbst bei P-Gehalten von 0,40 bis 0,50% noch Zugfestigkeiten von 35 bis 36 kg/mm². Als Mehrkosten werden rd. 4.— M. je Tonne flüssigen Eisens genannt.

f) Besondere Maßnahmen.

Es ist schon vorgeschlagen worden, durch Umschmelzen größerer Schlackenmengen den Wärmeinhalt der Schmelzsäule und des Gestells zu erhöhen, um damit ein heißeres Eisen zu erzielen, ähnlich wie man ja auch im Hochofen bei großen Schlackenmengen ein besonders gares Eisen erzielt.

Verfasser führt im Gießerei-Institut zur Zeit Versuche durch, mehrere der erwähnten Maßnahmen gleichzeitig in einem kleinen Versuchskupolofen (300 mm l. W.) zur Auswirkung kommen zu lassen. Bei Benutzung

[1] Vgl. a. Gumz, W.: Die Verbrennung mit sauerstoffangereicherter Luft. Feuerungstechn. Bd. 16, S. 73. 1928.

z. B. eines wasserhaltigen Teers als Zusatzbeheizung dürften sich die Vorteile einer Wassereinspritzung, der Kohlenstaubfeuerung und des Ölzusatzes addieren. Bei gleichzeitigem mäßigem Teerzusatz und einer Sauerstoffanreicherung des Gebläsewindes um einige wenige Prozent scheint es schon heute möglich, ein Material mit 1,5% Ges.-C aus dem Kupolofen herauszubringen, das nach dem Abstechen in die Pfanne und nachfolgendem Vergießen in eiserne Masselbetten noch lange flüssig bleibt.

Jedenfalls verspricht die Kombination mehrerer der unter a bis e erwähnten Maßnahmen bei gleichzeitiger Einstellung des Ofens auf das Optimum der Windmenge und des Satzkokses besonders gute Erfolge.

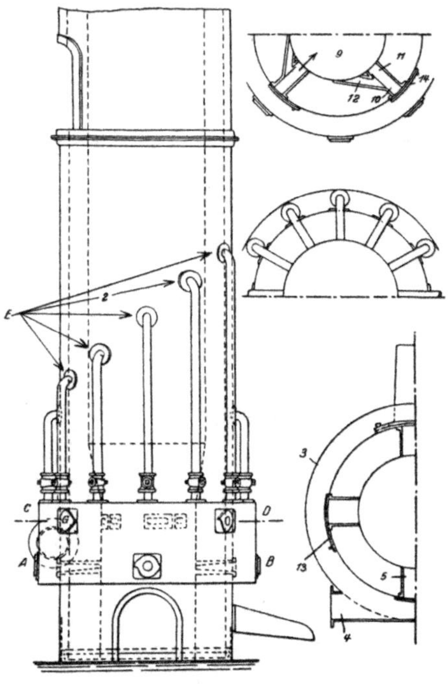

Abb. 239. Poumay-Ofen (der Patentschrift entnommen).

Der Gießler-Poumay-Ofen. Dieser von der Firma C. F. R. Gießler in London gebaute und nach dem Erfinder A. Poumay (Belgien) benannte Ofen (vgl. Abb. 239) ist gekennzeichnet durch drei Gruppen von Windformen, von welchen zwei mit der Schmelzkammer zusammenarbeiten, während die dritte in den Kupolofen in einem gewissen Abstand oberhalb dieser Zone mündet. Die Gruppe der unteren Windformen (Ebene $A-B$) ist radial gerichtet, während die mittlere Gruppe (Ebene $C-D$) von Windformen gebildet wird, die je zwei Kanäle aufweisen, von welchen der eine radial gegen die Mitte des Kupolofens, der andere tangential zur Wand des Kupolofens gerichtet ist.

Eine dritte Reihe von Windformen (E) ist für die Umformung des Kohlenoxyds in Kohlensäure bestimmt. Diese Windformen werden durch Rohrleitungen, die mit Regulierhähnen versehen sind, vom Windkasten gespeist und sind längs des Schachtes in einer Schraubenlinie angeordnet, so daß sie den Wind in verschiedenen Höhen einblasen. Die unteren Düsenreihen arbeiten also mit Windmangel und erst die spiralförmig angeordneten haben die Aufgabe, das Kohlenoxyd vollkommen zu verbrennen. Von diesem Ofen wird nun behauptet[1], daß er mit Satzkoksmengen bis herunter zu 6% im Dauerbetrieb zufriedenstellend arbeite. Daß er einen geringeren prozentualen Abbrand an Silizium, Mangan usw. aufweist, ist aus der weniger stark oxydierenden Atmosphäre der Schmelzzone leicht zu verstehen. Auch dem Erreichen eines guten Verbrennungsverhältnisses an der Gicht widerspricht die Konstruktion nicht, wenn die Hilfsdüsen wirklich sorgfältig gewartet werden; dagegen ist der Ofen selbst bei der vom Erfinder vorgeschlagenen, sorgfältigen Betriebsführung[2] kaum geeignet, ein stark überhitztes Eisen zu liefern, ohne wenigstens teilweise auf bisher geübte Betriebsmaßnahmen zurückzugreifen. Die vom Erfinder garantierten Hundertsätze[3] der Ersparnis an Brennmaterial, welche nach dem Einbau des

[1] Vgl. Foundry Trade J. 1927, S. 62; Stahleisen Bd. 47, S. 1249/50. 1927.
[2] Fonderie Mod. 1926, S. 191.
[3] Entnommen einem Reklameflugblatt; vgl. a. Gieß. Bd. 15, S. 816. 1928.

Systems nicht überschritten werden, nämlich bei Koks von 10 bis 11% Asche und 1 bis 2% Wasser:

	Poumay-Ofen	Gewöhnlicher Kupolofen
Gewöhnliches phosphorhaltiges Gußeisen	6%	9 bis 14%
Hämatit	8%	12 bis 18%
50% Hämatit + 50% Stahl	9%	14 bis 22%
20% Hämatit + 80% Stahl	10%	16 bis 26%

lassen erkennen, daß auch der Erfinder noch von dem Irrtum der Notwendigkeit wesentlich höherer Satzkoksmengen bei Verschmelzung schwerer, schrottreicher Gattierungen befangen ist, demgemäß für den Kupolofennormalbetrieb viel zu hohe Koksmengen angesetzt hat. Die für den Poumay-Ofen in Anspruch genommenen Kokssätze (abgesehen von dem 6 proz.) können an jedem gut geführten Ofen auch ohne jegliche Zusatzbeheizung ohne weiteres erreicht werden. Man darf darauf gespannt sein, ob dem Poumay-Ofen ein besseres Geschick beschieden ist als seinen Vorgängern, dem Noris-Kupolofen sowie dem Kupolofen nach Greiner-Erpf[1] (1885). Erfolgversprechend und mit der Theorie im Einklang wäre es, wenn man dem Kupolofen Sekundärluft in einer Temperaturzone zuführte, die noch eben über dem Zündpunkt des kohlenoxydhaltigen Gasgemisches liegt, wo also das Reaktionsvermögen der Kokssubstanz gegenüber der Kohlensäure bereits relativ klein ist.

3. Der Flammofen.

Der Flammofen[2] ist natürlich rein metallurgisch dem Kupolofen vorzuziehen, insbesondere wenn er nach dem Regenerativ- oder Rekuperativsystem arbeitet (Abb. 240) und auch starke Überhitzungen des Eisens zuläßt. Die bessere Innehaltung einer genauen Zusammensetzung ist besonders für schwere Güsse von Vorteil und die bessere Möglichkeit, ein schwefel- und siliziumarmes, von Graphit keimfreies Eisen zu erschmelzen, wird ihm auch für die Herstellung von Temperguß wohl lange seine Überlegenheit vor dem Kupolofen sichern. Beachtenswert sind die Versuche, die Vorteile des idealen Gegenstromprinzips, wie es sich beim Kupolofen verwirklicht, mit den Vorteilen des Flammofens zu verknüpfen, d. h. im Schacht niederzuschmelzen und das Abstehen bzw. Überhitzen des Gusses in einem gas-, kohlenstaub- oder ölbeheizten Flachherdofen vorzunehmen. Unter den zahlreichen Vorschlägen[3] oder konstruktiven Lösungen sei hier nur auf den kombinierten Flamm- und Schachtofen der Eßlinger Maschinenfabrik (sog. Wüstofen) hingewiesen[4] (vgl. Abb. 241), bei dem mit 8 bis 10% Ölverbrauch (Steinkohlenteeröl von 9200 kcal) eine Schmelzung und Überhitzung des Eisens auf 1500 bis 1600° möglich ist. Der Ofen arbeitet nach dem Rekuperativsystem, wobei Windtemperaturen von 400 bis 600° erreicht werden. Das Schmelzgut wird im Kupolofen lediglich mit einem Kalkzuschlag von 1 bis 2% aufgegeben. Nur beim Verschmelzen schrottreicher Gattierungen wird die zur Aufkohlung notwendige Koksmenge der im

---

[1] Ledebur, A.: Eisen und Stahlgießerei, 3. Aufl., S. 5, 117. Leipzig: Voigt 1901. — B. Kerl: Handbuch der Metallhüttenkde. 1885. Vgl. a. S. Schmid: Sonderbauformen des Kupolofens, Gieß. 15, S. 781. 1928.

[2] Vgl. Gnade, R.: Über Wärmebilanzen an Gießereiflammöfen, Stahleisen S. 590. 1919, sowie B. Osann; Lehrbuch der Eisen- und Stahlgießerei, 4. Aufl., S. 35 u. 543, Leipzig 1920.

[3] Skamel: Schachtflammöfen in der Gießerei. Feuerungstechn. Bd. 17, S. 66/67. 1928; vgl. a. Gieß. Bd. 15, S. 377. 1928; vgl. a. Brit. Pat. Nr. 8946 (1896), nach dem das Eisen aus dem Kupolofen direkt in einen vorgebauten Flammofen (Rostfeuerung) abfließt.

[4] Vgl. a. Klingenstein: Stahleisen Bd. 45, S. 1476. 1925; Hollinderbäumer: Ofenanlagen in der Gießerei 1926, S. 493.

Schacht niedergehenden Beschickung beigegeben. Unter den gasbeheizten Regenerativ-S. M. Öfen dürfte auch der Ofen nach E. Bosshardt (D. R. P. 398208 vgl. Stahleisen 45, S. 272. 1925) eine unter den Gießereischmelzöfen bevorzugte Stellung einnehmen. Der Bosshardt-Ofen besitzt an den Kopfseiten direkt eingebaute Gaserzeuger und arbeitet normalerweise mit schwachem Unterdruck, wodurch die Erzielung höchster Temperaturen bei weitgehender Schonung des feuerfesten Mauerwerks ermöglicht wird.

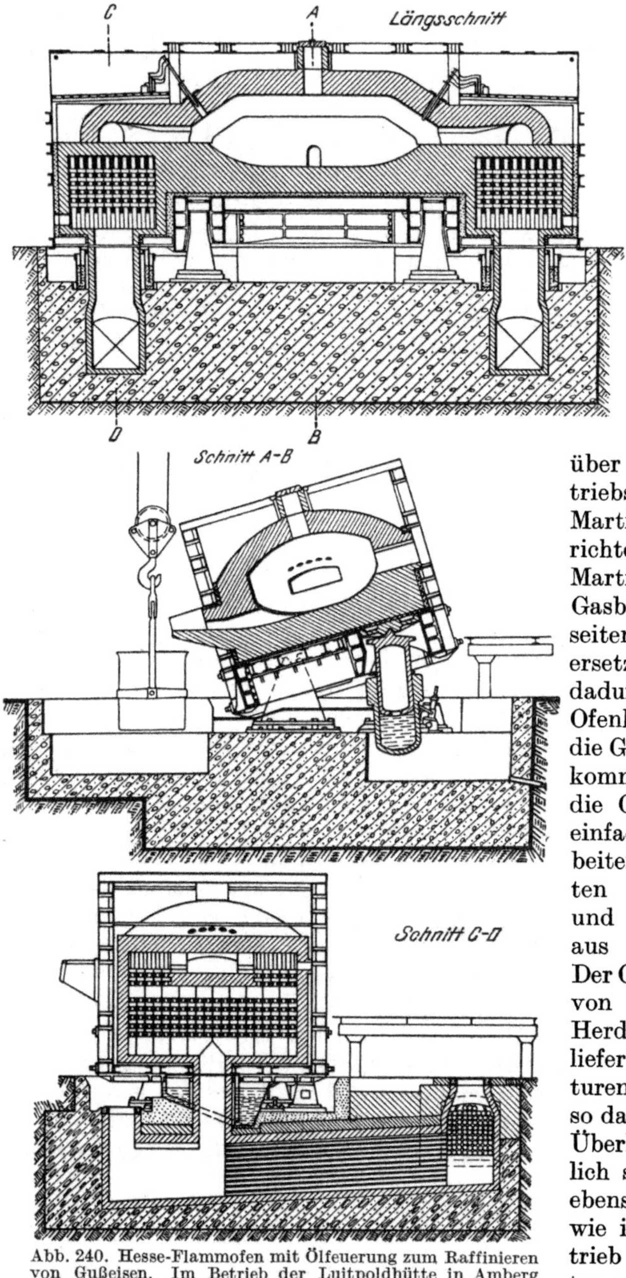

Abb. 240. Hesse-Flammofen mit Ölfeuerung zum Raffinieren von Gußeisen. Im Betrieb der Luitpoldhütte in Amberg (entn. Gieß. 1928, S. 281.)

Neuerdings wird auch über Erfahrungen und Betriebsergebnisse mit dem Öl-Martinofen, Bauart Schury berichtet[1]. Dieser Ofen stellt einen Martinofen dar, bei dem die Gasbrenner zu beiden Stirnseiten durch mächtige Ölbrenner ersetzt sind. Unzweifelhaft tritt dadurch eine Vereinfachung der Ofenkonstruktion ein, insofern die Gasregeneratoren in Fortfall kommen, wodurch sich auch die Ofenköpfe wesentlich vereinfachen. Die Ölbrenner arbeiten abwechselnd und erhalten sowohl Zerstäubungsluft und Sekundärluft vorgewärmt aus den Windregeneratoren. Der Ofen, der bereits in Größen von 1,5 t bis herauf zu 15 t Herdleistung gebaut wurde, liefert angeblich Badtemperaturen von 1900 bis 2000° (?), so daß jede in Frage kommende Überhitzung ohne weiteres möglich sei. Dabei kann der Ofen ebensogut im kontinuierlichen wie im diskontinuierlichen Betrieb arbeiten, wenn auch letzterer sich wirtschaftlich nicht so vorteilhaft gestalten dürfte. Trotz der hohen Temperatur soll die Abnutzung des Mauerwerks nicht größer sein als die eines normalen Siemens-Martin-Ofens, da Neigung und Länge der

[1] Gieß. Bd. 14, S. 895. 1927.

Brennerflamme so eingestellt werden können, daß die Hauptwärme in das Bad und nicht an das Ofengewölbe gelangt. Die Baukosten sind wegen Wegfalls der Gaserzeuger sowie der Gasregeneratoren wesentlich billiger als beim Siemens-Martin-Ofen. Hinsichtlich der Brennstoffkosten wird behauptet, daß diese sich nicht wesentlich höher als beim Kupolofen stellen (?). Die Raffinationskosten für 1 kg Material betragen angeblich 1,5 Pf.

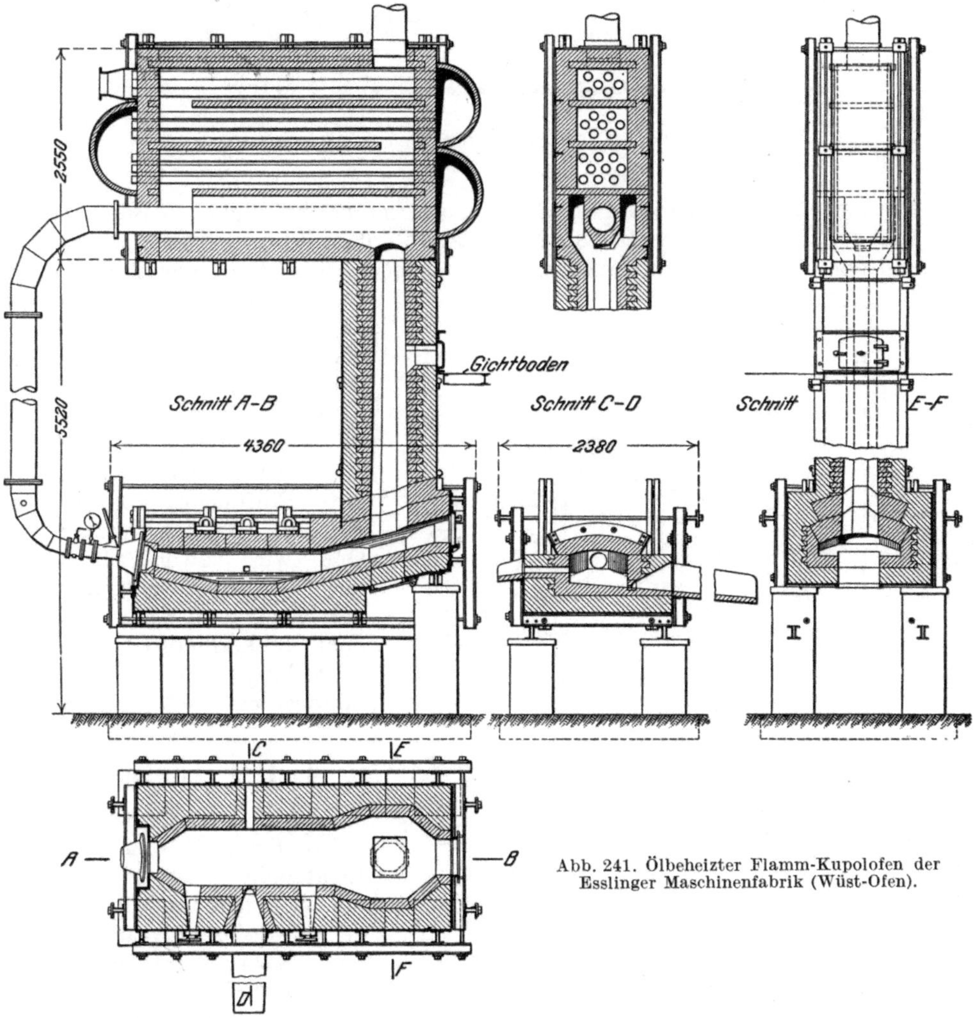

Abb. 241. Ölbeheizter Flamm-Kupolofen der Esslinger Maschinenfabrik (Wüst-Ofen).

Über die konstruktive Durchbildung kleiner (ca. 1000 kg Fassung) sauer zugestellter Siemens-Martin-Öfen mit Ölbeheizung berichtete C. E. Meißner[1].

Der kohlenstaubgefeuerte Trommelofen der Firma J. D. Brackelsberg[2] in Milspe i. Westf. eignet sich ebenfalls ausgezeichnet für die Herstellung hochwertigen Gußeisens (Abb. 242). Bei einem Verbrauch von rund 12 bis 14% Kohlenstaub mit 12 bis 14% Asche schmilzt ein 4 t Ofen in etwa 2,5 Std. aus kaltem Einsatz

[1] Iron Age Bd. 121. 1928; Gieß.-Zg. Bd. 25, S. 352. 1928.

[2] R. Stotz: Gieß. Bd. 15, S. 905. 1928; P. Bardenheuer: Gieß. Bd. 15, S. 814. 1928.

ein Eisen mit 1400° bis 1500° bei nur etwa 1% Abbrand. Der Ofen wird auch mit Windvorwärmung nach dem Rekuperativprinzip gebaut; er arbeitet mit Winddrucken, welche ausreichen, die Flugasche aus dem Schmelzraum abzuführen.

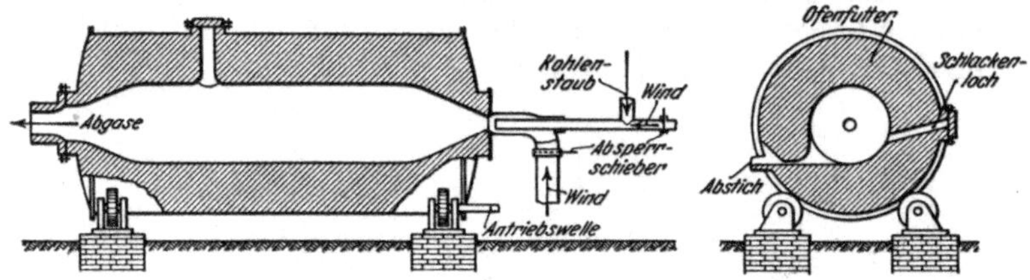

Abb. 242. Brackelsberg-Ofen für Kohlenstaubfeuerung.

Die Vorteile der Drehbewegung äußern sich in einer vorzüglichen Entgasung und Desoxydation der Schmelze, die Neigung zu Lunkerbildung geht auffallend zurück und der Flüssigkeitsgrad auch phosphorarmen Eisens ist ein überraschend guter. Die gute Ausnützung der Gewölbetemperatur für eine rasche und starke Überhitzung des Eisens, wie sie der Brackelsberg-Trommelofen zuläßt, dürfte auch dem exzentrisch-gelagerten Schaukel-Drehofen Bauart Buess[1] eine gute Einführung in die Praxis sichern. Dieser letztgenannte Ofen wird sowohl für Gas- als auch für Öl- oder Kohlenstaubbetrieb gebaut und hat gleich dem Brackelsberg-Ofen eine saure Zustellung (Stampfmasse mit mindestens 95% Kieselsäure).

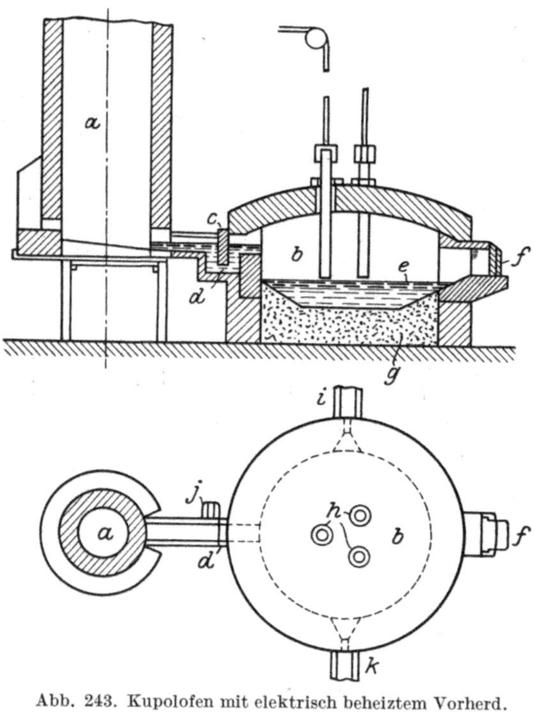

Abb. 243. Kupolofen mit elektrisch beheiztem Vorherd.

4. Der Elektroofen.

Sofern wirtschaftliche Fragen außer Betracht bleiben, ist der Elektroofen betriebstechnisch und vielleicht auch metallurgisch der ideale Schmelzofen für die Graugießerei. Entphosphorung, Entschwefelung und Desoxydation sind weitgehendst möglich. Bei Verarbeitung großer Schrottmengen macht allerdings die Aufkohlung[2] einige Schwierigkeiten. Auch eine zu starke Siliziumreduktion aus dem ff. Material sauer zugestellter Öfen bei der Herstellung stark überhitzter Schmelzen ist bisweilen störend[3], obwohl sie aus Gründen einer guten Des-

---

[1] der Buess-Schmelzofenbau Kom. Ges. in Hannover. Vgl. a. Gieß. Bd. 15, S. 816. 1928; Diskussion.

[2] Kerpely, K. v.: Erschmelzen von synthetischem Grauguß und Stahlguß im Elektroofen. Gieß.-Zg. Bd. 23, S. 270. 1926.

[3] Vgl. Gieß. 1923, S. 167.

oxydation in mäßigem Umfang erwünscht ist[1]. Auch auf die Möglichkeit der Bildung von Kalkaluminaten und Siliziumkarbid sei hingewiesen[2]. Den wirtschaftlichen Bedenken kommt die Arbeitsweise nach dem Duplex-Verfahren mit elektrisch beheiztem Vorherd[3] (Abb. 243) oder dem Drehtischverfahren sehr entgegen. Solche Anlagen waren aus den Abb. 211 und 212 ersichtlich.

Der bei starker Überhitzung des Graugusses leicht eintretenden zu starken lokalen Überhitzung könnte durch Einführung von Elektroöfen mit rotierendem Lichtbogen nach M. G. Jevréinoff und S. J. Telnoff[4] vielleicht recht erfolgreich gesteuert werden.

O. Die Verfahren zur Herstellung höherwertigen Gußeisens.

1. Einleitung.

Was ist höherwertiges Gußeisen? Um dies zu beantworten, muß man die Frage stellen: Was hatte man an dem Grauguß bis vor einigen Jahren üblicher Herstellungsweise und Zusammensetzung zu beanstanden?

Antwort: Die niedrigen mechanischen Eigenschaften, insbesondere bei dynamischer Beanspruchung, sowie den starken Einfluß der Wandstärke auf Gefüge und Eigenschaften des Gußeisens (mangelnde Treffsicherheit).

Hervorgerufen sind die zuerst erwähnten Mängel zunächst durch den ungünstigen Spannungsverlauf in beanspruchtem Gußeisen, verursacht durch zu grobe Graphitausbildungen. Diese Gefügeunterbrechungen führen neben der Verminderung des tragenden Querschnitts auch zu Spannungserhöhungen im Kerbgrund der Graphitlamellen und damit zu der hohen Empfindlichkeit des Materials bei großer Beanspruchungsgeschwindigkeit. Versuchte man, durch Querschnittsvergrößerung die Belastungsfähigkeit eines Werkstücks zu steigern, so führte die damit verringerte Abkühlungsgeschwindigkeit zu vergröberter Graphitausbildung und die erzielte Erhöhung der Beanspruchungsfähigkeit stand in sehr ungünstigem Verhältnis zur Querschnittserweiterung. Hinzu kam die Unsicherheit in der Erzielung bestimmter Festigkeitswerte, welche nach Einführung des Mikroskops als Unsicherheit in der Beherrschung des Gefüges sich herausstellte. Dem ersterwähnten Nachteil des Gußeisens war nun auf zweifachem Wege zu begegnen:

1. durch Verminderung der Graphitmenge,
2. durch Verfeinerung des Graphits.

Unter höherwertigem Grauguß muß demnach ein solcher verstanden werden, bei dem mit hinreichender Treffsicherheit ein für die Erzielung des Bestwertes der mechanischen und physikalischen Eigenschaften geeignetes Gefüge (metallische Grundmasse und Graphitausbildung) erzielt worden ist.

Als zweckmäßigstes Gefüge für mechanisch festen Guß ist zuerst von P. Goerens[5] auf die perlitische Grundmasse hingewiesen worden. Natürlich wird auch die Ausbildungsform des Perlits und seine Korngröße von wesentlichem

[1] F. Krau: Erfordert die Herstellung von Gußeisen hoher Festigkeit im Elektroofen eine basische Zustellung? Gieß. Bd. 16, S. 88. 1929.
[2] Vgl. Stahleisen Bd. 42, S. 1357. 1922.
[3] Vgl. Foundry Trade J. Bd. 38, 23. Febr. 1928; Ref. Gieß.-Zg. Bd. 25, S. 233. 1928.
[4] Rev. Mét. Bd. 24, S. 57. 1927.
[5] Goerens, P.: Über die Konstitution des Roheisens. Stahleisen Bd. 26, S. 397/400. 1906.

Einfluß sein. So nennt z. B. später Le Thomas[1] einen Perlit als gut, dessen Lamellen bei ca. 150facher Vergrößerung noch nicht voneinander zu unterscheiden sind, während neuere Auffassungen sich mehr für eine sorbitische Grundmasse aussprechen. Die beste Struktur des Graugusses aber wird wertlos, wenn durch falsche Konstruktion des Gußstücks, Benutzung ungeeigneter Formsande, Fehler beim Setzen der Eingüsse, Steiger, verlorenen Köpfe usw. das Gußstück als solches minderwertig wird. Man sollte demnach unterscheiden zwischen hochwertigem Grauguß und dem hochwertigen, gesunden Gußstück. Bei anderer Beurteilung wird sonst dem Metallurgen viel unverdientes Unrecht zugefügt.

2. Die strukturelle Beherrschung der metallischen Grundmasse.

Im Jahre 1898 veröffentlichte Keep[2] seine Versuche über den Einfluß des Siliziums auf die Festigkeit des Gußeisens bei zunehmender Wandstärke, aus denen hervorging, daß mit abnehmendem Siliziumgehalt die Empfindlichkeit des Gußeisens gegen Änderung der Abkühlungsgeschwindigkeit abnahm. Mit abnehmendem Siliziumgehalt nimmt aber auch die Bildungsgeschwindigkeit des Graphits ab; wird letztere nun kleiner als die Abkühlungsgeschwindigkeit im und kurz unterhalb des Erstarrungsbereiches, so tritt freier Zementit im Gefüge auf, der den Guß entweder unbrauchbar (Rißbildung) oder aber ein Nachglühen desselben erforderlich macht[3]. Auch abnehmender Kohlenstoffgehalt des Gußeisens verringert die Bildungsgeschwindigkeit des Graphits bzw. die Zerfallsgeschwindigkeit des Karbids[4]. Es wirken demnach Silizium und Kohlenstoff in gleichem Sinne.

Um nun ein Gußeisen mit vorwiegend perlitischer Grundmasse zu erhalten, wird es darauf ankommen, die Abkühlungsgeschwindigkeit des Gusßtücks der chemischen Zusammensetzung, insbesondere aber dem Gehalt an Kohlenstoff und Silizium so anzupassen, daß sie gleich oder nur wenig kleiner ist als die Kristallisationsgeschwindigkeit des Graphits bzw. die Zerfallsgeschwindigkeit des Karbids im Temperaturbereich von etwa 1000 bis 1100°. Gewissermaßen in Weiterführung der aus den Keepschen Überlegungen sich ergebenden Folgerungen haben nun A. Diefenthäler und K. Sipp[5] den Siliziumgehalt ihres Gusses noch weiter und zwar bis herunter zu 0,6% verringert und durch systematische Vorwärmung der Form auf eine mit der Zusammensetzung des Gußeisens und der mittleren Wandstärke des Gußstücks wechselnde Temperatur die Einstellung einer vorwiegend perlitischen Grundmasse erzwungen. Die den Patentschriften der Fa. Lanz entnommenen Kurven (Abb. 244) gelten natürlich nur für die speziellen Verhältnisse der Lanzschen Gießerei und werden je nach den örtlichen Betriebsverhältnissen eine Modifizierung erfahren. Im allgemeinen aber wird für mittlere Wandstärken ein $C + Si$-Gehalt von 4,0% (bei $C \leqq 3{,}5\%$ und $Si \leqq 1{,}5\%$) den Verhältnissen zugrunde gelegt (Kurve *1*), während für dicke Wandstärken (Kurve *2*) eine härtere Gattierung gemäß $C + Si = 3{,}4\%$ ($C \leqq 2{,}9\%$, $Si \leqq 0{,}9\%$), für besonders dünnwandige Teile dagegen eine weichere mit $C + Si = 4{,}6\%$ ($C \leqq 3{,}5\%$, $Si \leqq 1{,}2\%$) angegeben wird (Kurve *3*). Kurve 1a gibt für die Normalgattierung die zugehörige Beziehung zwischen der Temperatur der Gießform und der

[1] Fonderie Mod. 1926, S. 209/19. [2] a. a. O., vgl. S. 63.
[3] Vgl. Harnecker, K.: Stahleisen Bd. 39, S. 1307. 1919.
[4] Oberhoffer, P. und E. Piwowarsky: Stahleisen Bd. 45, S. 1173. 1925.
[5] Sipp, K.: Perlitguß. Stahleisen Bd. 40, S. 1141. 1920. Die entsprechenden Patentanmeldungen gehen ins Jahr 1916 zurück.

Wandstärke wieder, die Kurven *2a* und *3a* dasselbe für die Gattierungen gemäß Kurve *2* und *3*. Gegebenenfalls kann nach einem Vorschlag von Lanz[1] durch Einformen von Hohlräumen die Wärmeableitung der Form verringert und in Zusammenhang mit einer höheren Gießtemperatur[2] das Vorwärmen der Gießform bei Herstellung des siliziumarmen Perlitgusses vollkommen unterbleiben. Auch das vielfach und seit Jahren in Gießereien geübte Durchschütten des Eisens durch die Form (Abziehen des ersten Eisens durch einen Überlauf) wird im Sinne der Lanzschen Vorschläge sich auswirken. Bei sehr unterschiedlichen Wandstärken wird man auch durch ein Umgießen der besonders dünnen Teile zum Ziel kommen.

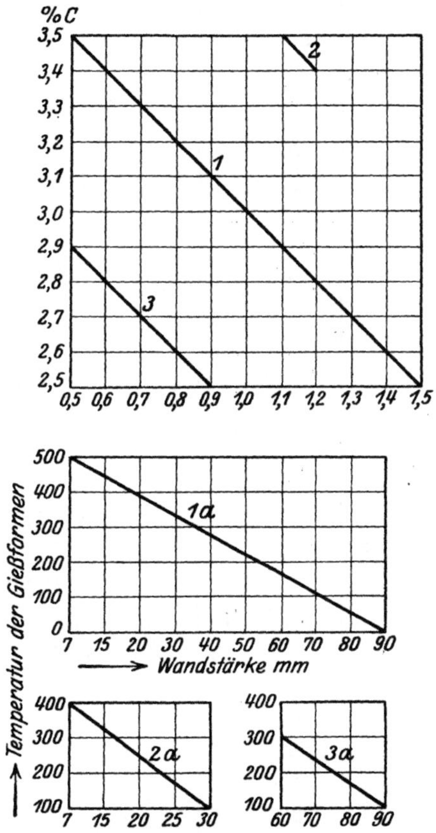

Abb. 244. Beziehungen zwischen Temperatur der Gießform und der Wandstärke unter Berücksichtigung verschiedener Gattierungen beim Arbeiten auf Perlitguß nach Lanz.

Da das Lanzsche Verfahren ursprünglich auf die Erzielung eines „ausgereiften" Perlits bei Abwesenheit von Ferrit und Zementit eingestellt war, so wirkte es sich zunächst weniger in einer abnormen Steigerung der Zug- und Biegefestigkeit aus, als vielmehr in einer bemerkenswerten Steigerung der Zähigkeit bei der Wechselschlagprobe[3], ferner der Verschleißfestigkeit[4] und der Volumenbeständigkeit[5]. Zahlentafel 94 zeigt die Ergebnisse von Vergleichsversuchen, die zwischen verschiedenen Werkstoffen im Jahre 1926 in der Materialprüfungsanstalt der Technischen Hochschule zu Stuttgart[6] vorgenommen wurden, desgleichen Zahlentafel 95 einige der Literatur entnommene Zahlenwerte über erreichte Festigkeitseigenschaften an Perlitguß. Da die dort mitgeteilten Werte sich auf Stahlformen verschiedener Abmessungen, mit und ohne Gußhaut, getrennt gegossen und angegossen usw. beziehen, so sind diese an und für sich spärlichen Werte wenig von beweiskräftiger Bedeutung, zumal sie durch jüngere Ergebnisse des Lanz-Verfahrens mit weit besseren Ergebnissen überholt sind.

Von großer Bedeutung ist auch der ausschlaggebende Einfluß vorwiegend perlitischen Gefüges auf die Ermüdungsfestigkeit von Gußeisen. H. F. Moore

[1] Vgl. D.R.P. Nr. 325250; Kl. 31c; Gr. 25.

[2] Zu beachten ist hierbei, daß, so lange das Eisen nicht zur Keimfreiheit von Graphit überhitzt ist, zunächst leicht eine gegensätzliche Auswirkung der Überhitzung eintreten kann (vgl. S. 90 oben).

[3] Bauer, O.: Das Perlitgußeisen, seine Herstellung, Festigkeitseigenschaften und Anwendungsmöglichkeiten. Stahleisen Bd. 43, S. 553/57. 1923; Foundry Trade J. Bd. 27, S. 454/56. 1923; Zuschriften ebenda: Bd. 27, S. 492. 1923; Bd. 28, S. 16. 1923; Bd. 28, S. 505. 1923.

[4] Vgl. das Kapitel über Verschleißfestigkeit.

[5] Sipp, K. und F. Roll: Das Wachsen des Gußeisens; Gieß.-Zg. Bd. 24, S. 229 und 280. 1927.

[6] Die in Zahlentafel 94 mitgeteilten Festigkeitswerte für Temperguß und Stahlguß liegen auffallend tief und kommen nicht im entferntesten an die in Betrieben heute erreichbaren Werte heran, sind demnach für den Vergleich vollkommen wertlos.

Zahlentafel 94. Ergebnisse der Zerreißversuche, Biegebruchversuche, Druckversuche, Härteversuche[1].

Werkstoff	Bruchdehnung %	Querschnittsverminderung %	Zugfestigkeit kg/cm²	Biegungsfestigkeit kg/cm²	Druckfestigkeit kg/cm²	Brinellhärte $H_{10/3000}$	Härte nach Shore	$K_z:H$	Schlagfestigkeit[3] (Kerbzähigkeit) kg/cm²	Bearbeitbarkeit[5]
Temperrohguß II	—	—	—	4630 ⌀	—	444	66	—	0,44	—
Temperguß II normal getempert	0,4	0,9	2900[2]	—	14500	179	25—27	16,2[2]	—	—
Temperguß I halb getempert	3,6	4,8	5260	—	—	118	15—18	44,5	—	—
Bauguß	—	—	1082	2049 ⌶	—	121	—	9	—	18,1
Grauguß A	0,6	—	2180	3760 ⌀	9360	208	30—35	10,5	0,51	8,3
Grauguß B	—	—	2110	3510 ⌀	9020	184	37	11,5	0,50	10,4
Grauguß C	—	—	—	3820 ⌀	8230	192	34	—	0,50	8,6
Spezialguß D	—	—	1930[2]	4860 ⌀	9610	207	35—40	9,3[2]	0,51	7,1
Spezialguß E	**0,6**	—	**2400**	**4790 ⌀**	**9040**	**209**	**40**	**11,5**	**0,51**	**6,4**
Perlitguß	0,6	—	2920	4990 ⌀	9910	212	38	13,7	0,86	5,9
				Streckgrenze					Kerbzähigkeit[4]	
Stahlguß	10,5	9,8	4350[2]	2750	wird nicht zerstört					
Phosphorbronze gegossen (8% Sn, 92% Cu)	52,8	45,2	3560	1370	—	89	12	40	11,5	—
Phosphorbronze gezogen (8% Sn, 92% Cu)	36,0	67,2	4950	4450	—	150	34	33	14,7	—
Messing gegossen (58% Cu, 42% Zn)	35,5	29,6	3970	—	—	105	15	37,8	5,8	—
Aluminiumlegierung gegossen (88% Al, 8% Zn, 4% Cu)	2,7	6,1	1860	—	—	$H_{10/1000}$ 60	9	21	1,3	—

[1] Sämtliche Proben sind einem Biegestab entnommen.
[2] Bruch zeigt Fehlstellen.
[3] Unbearbeitete Rundstäbe rd. 30 mm Durchmesser; Auflagerentfernung 12 cm.
[4] Normale Kerbschlagstäbe Bruchquerschnitt 15·15 mm; Auflagerentfernung 12 cm. Rundkerb mit 4 mm Durchmesser.
[5] Bohrtiefe nach 100 Bohrerumdrehungen, Drehzahl des Bohrers 200; Bohrdruck 60 kg; Bohrerdurchmesser 10,0 mm; die Proben waren mit einem 3 mm-Bohrer vorgebohrt.

Zahlentafel 95. Festigkeitseigenschaften von Perlitguß.

Ges.-C %	Graphit %	Mn %	P %	S %	Si %	K_z-kg/mm²	K_b-kg/mm²	Durchbiegung mm	Härte B. E.	Dauerschlagzahl	Literatur
3,25	2,41	0,79	0,40	0,15	1,11	25,0—28,2	44,3—54,5	13,1—17,5	164—176	60—72	Bauer, O.: Mitt. Materialpr.-Amt Berlin-Dahlem, H. 6 1922.
nicht angegeben						28,2—33,2	+[1]	+	187—207	+	Smith, Mc Rae: Foundry Trade J. 1926, H. 2, Bd. 34, S. 13.
nicht angegeben						28,0	51,0	17,0	164	72	Mitt. der Fa. L. & C. Steinmüller. Gummersbach. Z. V. d. I. 1924, S. 609.
3,36	n. b.	0,70	0,24	0,23	0,86	25,0	+	+	179	+	Meyersberg, G.: Perlitguß, S. 26. Berlin: Julius Springer 1927.
3,21	nicht bestimmt				0,81	25,4—26,9	+	+	+	+	Young: Foundry Trade J. Bd. 32, S. 159/62. 1925

¹ + Ergebnisse an besonderen, mit den deutschen Normalabmessungen nicht ohne weiteres vergleichbaren Stabformen.

und S. W. Lyon[1] benutzten zur Bestimmung derselben runde Probestäbe mit 8,9 mm kleinstem Durchmesser, die Biegebeanspruchungen nach entgegengesetzten Richtungen unterworfen wurden. Die chemische Zusammensetzung und die erzielten Festigkeitswerte sind in Zahlentafel 96 zusammengestellt. Versuche, bei denen die Beanspruchungsrichtung sich nicht um volle 180° änderte, bei denen aber die Höhe der Beanspruchung von Null bis zu einem Maximum stieg, ergaben eine durchschnittlich um 40% höher liegende Ermüdungsgrenze. Scharfe Einkerbungen beeinflußten die Ermüdungsgrenze nur sehr wenig, ein Zeichen, daß die schwächende Wirkung der Graphitadern bereits überaus groß ist. Vor allem aber zeigt Zahlentafel 96 die große Überlegenheit des perlitischen Gefüges.

Auffallend ist, daß höhere Schwefelgehalte dem Perlitguß qualitativ anscheinend weniger Abbruch tun, eine Beobachtung, welche die von E. Piwowarsky und F. Schumacher (vgl. S. 103) geäußerte Auffassung zu bestätigen scheint.

Wenn die Versuchsergebnisse von Honda und Murakami[2] über die Verschiebung des eutektoiden Perlitpunktes sich bestätigen, so müßte bei etwa 0,6 bis 1,2% Silizium, wie ihn der Lanzguß aufweist, die perlitische Grundmasse noch annähernd 0,8% Kohlenstoff enthalten. Welche

¹ Canadian Foundrymen 1928, S. 11/12; Gieß. Bd. 15, S. 376. 1928.

² Sc. Rep. Tohôku Imp. Univ. Bd. 12, Nr. 3. 1924.

Vorteile damit Si-reicheren Eisensorten gegenüber verbunden sind, die nach Honda und Murakami einen kohlenstoffärmeren, aber siliziumreicheren Perlit aufweisen müßten, bedarf noch eingehender Klärung.

Zahlentafel 96. Zug- und Ermüdungsfestigkeit von Gußeisen verschiedenen Perlitgehaltes (nach H. F. Moore und S. W. Lyon).

Probe Nr.	Si %	S %	P %	Mn %	Graphit %	C geb. %	Ges.-C %	Zugfestigkeit kg/mm²	Ermüdungsfestigkeit kg/mm²	Verhältnis $k_{Erm.}:k_z$
91	1,42	0,065	0,75	0,32	2,72	0,84	3,56	18,4	8,44	0,46
92	1,10	0,093	0,51	0,62	2,76	0,68	3,44	22,2	7,38	0,33
93a	1,10	0,095	0,51	0,63	2,80	0,55	3,35	19,75	7,03	0,36
93b	1,10	0,094	0,51	0,59	2,78	0,57	3,35	17,8	6,33	0,36
93c	1,10	0,096	0,46	0,60	2,82	0,43	3,25	19,7	7,03	0,36
94a	1,16	0,102	0,38	0,58	3,32	0,0	3,32	15,1	4,92	0,33
94b	1,14	0,100	0,38	0,61	3,30	0,0	3,30	14,6	5,06	0,35
94c	1,13	0,103	0,40	0,57	3,30	0,0	3,30	14,4	5,48	0,38

3. Die Verminderung des Graphitanteils.

Nach dem auf S. 76 Gesagten ist es aber auch möglich, auf dem Wege über eine weitere Kohlenstoffverminderung eine größere Unabhängigkeit des Gefüges von der Wandstärke zu erhalten. Dabei war gleichzeitig eine wesentliche Erhöhung der Festigkeitseigenschaften als Folge des verminderten Graphitanteils zu erwarten, wie dies aus den Versuchen von Wüst und Kettenbach (vgl. Abb. 72a—e) hervorgeht. Die letztere Erwartung ist der ältere Leitgedanke aller Bestrebungen gewesen, welche durch Kohlenstoffverminderung dem Grauguß mehr und mehr von den Eigenschaften des Stahls mitzuteilen hofften. Zur Herstellung von besonders stark beanspruchten Maschinengußstücken aller Art z. T. auch für feuer- und säurebeständigen Guß verwenden die Gießereien daher seit vielen Jahren die sog. kohlenstoffarmen Gießereiroheisensorten mit bestem Erfolg. Die damit erzielten Gußstücke zeichnen sich durch große Festigkeit, Dichte, Zähigkeit sowie durch eine feinkörnige gleichmäßige Perlitstruktur aus, ja es gibt Gießereien, welche die Verwendungsmöglichkeit der in Zahlentafel 97 aufgeführten Roheisensorten keinesfalls missen möchten. Die in sandfreien Masseln gelieferten Eisensorten, wie z. B. das nach einem Spezialverfahren hergestellte Silbereisen der Friedrich-Wilhelms-Hütte, benötigen einen etwas geringeren Koksaufwand beim Umschmelzen, während der bei sandgegossenen Masseln sonst anhaftende Sand die Schlackenmenge erhöht.

Mehrere Jahrzehnte alt sind ferner die Bemühungen, größere Anteile von Schrottmengen im Kupolofen zu verschmelzen, um besonders niedrig gekohltes Gußeisen zu erzeugen. Diese Bestrebungen brachten zunächst nicht den vollen Erfolg und die volle Befriedigung.

Eine gute zusammenfassende Darstellung der Entwicklung dieser Bestrebungen gaben F. Wüst und P. Bardenheuer[1]. Ein gewisser Nachteil dieser Arbeitsrichtung liegt in der durch die notwendige höhere Gießtemperatur und durch die etwas höhere Schwindung bedingten größeren Beanspruchung der Formen und des Formmaterials, ferner der notwendig höheren Sorgfalt bei der Wahrung metallurgisch-formtechnischer Gesichtspunkte (mehr Trichter, größere Überköpfe, vermehrtes Nachgießen usw.). Die nach diesem Verfahren hergestellten

[1] Beiträge zur Kenntnis des hochwertigen niedriggekohlten Gußeisens (Halbstahl). Mitt. Eisenforsch. Bd. 4, S. 125/44. 1922; Foundry Trade J. Bd. 28, S. 410/13. 1923.

Zahlentafel 97. Analysen von niedriggekohltem Roheisen.

Bezeichnung	C %	Si %	Mn %	P %	S %
Siegerländer Roheisen:					
Birlenbach kalt erblasen grau	2,5—3,0	1,6—2,0	2,0—3,0	0,1—0,4	0,08
Grünebach grau	2,8—3,0	1,8—2,3	3,0—4,0	0,15—0,20	0,05
Kohlenstoffarmes Roheisen:					
Silbereisen der Friedrich-Wilhelms-Hütte[1]					
P-arm weiß, Mn-haltig . .	2,8 max.	1,00—1,50	0,90—1,50	0,07—0,09	0,02—0,04
P-arm, grau.	2,8 max.	1,70—2,50	0,40—0,70	0,06—0,09	0,02—0,04
P-haltig, weiß	2,8 max.	1,00—1,30	0,40—0,70	0,50—0,80	0,02—0,04
P-haltig, meliert.	2,8 max.	1,30—1,70	0,50—0,70	0,50—0,80	0,02—0,04
P-haltig, grau	2,8 max.	1,70—2,50	0,40—0,70	0,50—0,80	0,02—0,04
Concordiahütte:					
Hämatiteisen-Art.	2,5—2,8	1,1—1,8	0,6—0,8	unter 0,1	0,03—0,04
Gießereieisen-Art.	2,5—2,8	1,5—1,8	0,6—0,8	0,5—1,0	0,05
Deutsches kohlenstoffarmes Spezialeisen:					
K. B. grau	2,3—2,6 max. gar.	1,2—1,5 auf Wunsch höher	0,6—1,0	0,3—0,4	0,04—0,08
K. B. weiß	2,3—2,6 max. gar.	0,6—0,8	0,6—1,0	0,3—0,8	0,04—0,08

Eisensorten benötigen auch etwas höhere Siliziumgehalte. Betrachtet man die von diesen Forschern gegebene Kritik, nach welcher „die direkte Aufgabe von kohlenstoffarmen Schweißeisen oder Stahl in den Kupolofen eines der ältesten und zweifellos auch das billigste Verfahren zur Erhöhung der Festigkeit des Gußeisens ist, aber heute bezüglich der Güte und Gleichmäßigkeit des erzeugten Eisens weit hinter den anderen Verfahren zurücksteht", so ermißt man den Fortschritt, welcher K. Emmel[2] mit seinem Verfahren beschieden war. Ausgehend von der richtigen Überlegung, daß beim Verschmelzen großer Schrottmengen im Kupolofen lediglich der zur Aufkohlung des Schrotts nötige Kohlenstoff mit dem Satzkoks einzuführen ist, im übrigen aber das Schrottschmelzen keinen höheren Brennstoffbedarf bedingt, reguliert er die Kohlung des Eisens durch entsprechende Arbeitsweise mit seinem aus zwei Reihen bestehenden Düsensystem (Beeinflussung der Ausdehnung der Schmelzzone). Zahlentafel 98 gibt die Festigkeitszahlen und Analysen der ersten literarisch[2] bekannt gewordenen Eisensorten nach Emmel. Das mit etwa 1500° C heruntergeschmolzene Eisen zeigt, wenn es heiß vergossen wird, ein einheitlich feinkörniges Bruchgefüge. Abb. 245 zeigt den Bruch eines eigens für seine Versuchszwecke abgegossenen Winkelstückes in einer Ausführung, wie man sie konstruktiv ungünstiger sich wohl kaum vorstellen kann. Das Stück war in den dünnsten (5 mm) und dicksten (200·70 mm) Wandstärken vollkommen perlitisch und zeigte selbst bei *A* keine Saugstellen oder Risse.

---

[1] Es werden auch Eisensorten anderer Zusammensetzungen geliefert. Als äußerste Grenzen ergeben sich an bisher auf Bestellung gelieferten Analysen:

Silizium	0,23—3,25%
Mangan . . .	0,25—3,91%
Phosphor. . .	0,056—0,99%
Schwefel . . .	0,005% untere Grenze
Kohlenstoff. .	1,58% untere Grenze

[2] Niedriggekohltes Eisen als Kupolofenerzeugnis. Stahleisen Bd. 45, S. 1466/70. 1925; Foundry Trade J. Bd. 32, S. 255/59. 1925; Bd. 35, S. 79/80. 1927; Bd. 35, S. 231/32, 257/58. 1927.

Zahlentafel 98. Zerreißfestigkeiten und Analysen (Emmel).

Schmelze	Stabdurchmesser	Zerreißfestigkeit	Zusammensetzung im Mittel				
			Ges.-C.	Si	Mn	P	S
Nr.	mm	kg/mm²	%	%	%	%	%
1	20	31,2	2,84	1,96	0,84	0,13	0,140
	20	31,0					
	20	32,2					
	20	32,2					
2	15	37,8	2,53	2,44	0,90	0,13	0,170
	10	35,4					
	15	38,1					
3	15	37,4	2,62	2,09	0,96	0,15	0,111
	15	38,7					
	15	31,5					
4	15	41,6	2,70	2,20	1,35	0,20	0,130
	15	41,5					
	15	41,5					
	15	41,1					
5	20	31,9	2,66	1,90	0,74	0,26	0,140
	20	32,4					
	20	32,4					
	20	32,4					
	20	30,6					
	20	29,7					
	20	24,6					
6	20	28,9	2,51	2,20	0,83	0,18	0,105
	20	32,3					
	20	30,4					
	20	29,5					
7	20	32,1	2,48	2,31	1,07	0,18	0,164
	20	29,7					
	20	32,1					
	20	31,6					
8	20	29,5	2,69	2,19	0,86	0,11	0,138
	20	28,9					
	20	31,9					
	20	31,9					
9	20	32,4	2,80	2,12	1,01	0,13	0,115
	20	31,9					
	20	31,9					
	20	32,4					
	20	28,2					
	20	39,5					
	20	38,5					
	20	38,2					
10	20	31,6	2,39	2,70	1,04	0,15	0,122
	20	32,4					
	20	32,4					
	20	34,7					
11	20	34,4	2,74	2,59	0,70	0,16	0,114
	20	31,9					
	20	33,7					
	20	31,9					
	20	31,2					
12	20	31,2	2,60	3,29	1,33	0,10	0,104
	20	30,7					
	20	31,9					
	20	31,4					
13	20	31,4	2,83	2,06	1,12	0,19	0,078
	20	31,3					
	20	30,6					
	20	30,6					
14	20	29,2	2,39	2,73	1,30	0,16	0,074
	20	31,9					
	20	30,0					
	20	31,4					
15	20	32,8	2,32	2,82	1,04	0,25	0,106
	20	32,8					
	20	31,9					
	20	32,8					
16	20	32,8	2,85	1,94	0,78	0,20	0,114
	20	32,8					
	20	32,7					
	20	31,2					
17	20	33,0	2,52	2,38	1,14	0,19	0,082
	20	32,7					
	20	33,8					
	20	32,8					
18	20	31,9	2,83	2,07	0,99	0,10	0,100
	20	32,0					
	20	31,9					
	20	31,9					
19	20	30,2	2,42	2,68	0,93	0,09	0,088
	20	30,7					
	20	31,3					
	20	31,9					
20	20	33,8	2,81	2,19	1,12	0,20	0,085
	20	34,7					
21	20	22,6	2,40	2,62	0,65	0,16	0,083
	20	32,8					
	20	31,4					
	20	33,4					
22	20	29,7	2,66	2,53	1,38	0,19	0,078
	20	32,1					
	20	31,7					
	20	32,2					
23	20	32,2	2,86	2,21	1,27	0,19	0,055
	20	32,5					
24	20	34,0	2,85	2,35	1,02	0,14	0,105
	20	33,5					
	20	33,5					
	20	33,5					

Der Emmel-Guß fällt nach dem Gußeisendiagramm von E. Maurer vermöge seines bisher weit gedrückten Kohlenstoffgehaltes bei erhöhtem Siliziumgehalt in ein Zustandsgebiet, das einen so großen Spielraum in den Abkühlungsgeschwindigkeiten zuläßt, daß eine systematische Vorwärmung der Gießform zur Regulierung der Erstarrungsvorgänge im Sinne von Lanz nicht mehr nötig wird. Beim Emmel-Guß geht die eutektische Erstarrung des flüssigen Eisens vermutlich mit weitgehender Unterkühlung vor sich in einem Gebiet großer Kernzahl. Das beweist die außerordentlich feine Graphitbildung am Rande der Gußstücke, die selbst bei zunehmender Vergröberung inmitten großer Wandstärke noch oft ausgeprägt eutektischen Charakter zeigt.

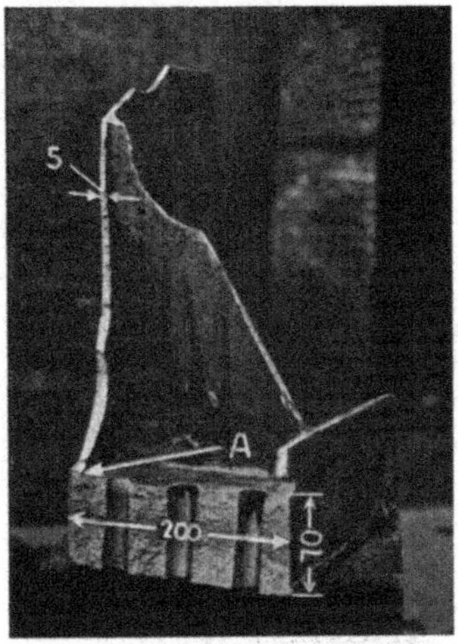

Abb. 245. Unzweckmäßig konstruiertes Winkelstück, gegossen nach dem Verfahren Thyssen-Emmel.

Nachdem man beobachtet hatte, daß das mit hohem Schrottzusatz erschmolzene Gußeisen mit sehr hohen Überhitzungstemperaturen abfloß und daher auch eine sehr feine Graphitausbildung aufwies, lag der Gedanke nahe, aus schrottreichen Gattierungen auch ein hochwertiges höhergekohltes Eisen im Kupolofen zu erschmelzen. Auch hier konnte wiederum K. Emmel bahnbrechend vorgehen und zeigen, daß ein solches Eisen trotz höheren Kohlenstoffgehaltes kaum geringere Festigkeitswerte aufwies, als das bislang sehr niedriggekohlt hergestellte Eisen. Dagegen zeigte das im nunmehr vorherdlosen Ofen bei 50 bis 80% Schrott erblasene Eisen eine viel größere Treffsicherheit der Analyse und der Festigkeitswerte, ergab Abstichtemperaturen bis etwa 1500°, ja mitunter noch etwas darüber. Das Eisen brauchte demnach nicht sofort vergossen zu werden, sein Transport in der Gießerei gestaltete sich ruhiger, die Schwindung war wesentlich geringer, so daß auch an Steigern und Trichtern gespart werden konnte. So zeigt Abb. 246 die Ergebnisse einer derartigen Betriebsführung auf die chemische Zusammensetzung und die mechanischen Eigenschaften des an 25 aufeinander folgenden Betriebstagen fallenden Gußeisens (119 t), wobei täglich 3 bis 7 Abstiche zu je einer Tonne erfolgten. Beachtenswert für die Beurteilung der Treffsicherheit ist die Tatsache, daß kein einziger Abstich für die Beobachtungen in Fortfall kam. Der angestrebte Gehalt an Kohlenstoff war 3%. Die größere Treffsicherheit bezüglich des Kohlenstoffgehaltes bei der gekennzeichneten Arbeitsweise ergibt sich aus der geringeren Streuung der Aufkohlung bei Annäherung an den durch die übrigen Fremdstoffe (z. B. das Silizium, den Phosphor usw.) festgelegten Sättigungsgehalt für Kohlenstoff.

In die Reihe der Verfahren, welche mit verringertem Kohlenstoffgehalt unter exakter Anpassung der Summe C + Si an die Art der Gußstücke ein hochwertiges Gußeisen erzeugen, gehört auch der Kruppsche Sternguß. Er ist den Betriebserfahrungen entsprungen, welche zur Aufstellung des Maurerschen Gußeisendiagramms (S. 75) geführt hatten. Zahlentafel 99 und 100 geben die Festigkeitseigenschaften des Kruppschen (niedriggekohlten) Spezialgusses nach einer Arbeit von E. Maurer[1], Zahlentafel 101 desgleichen nach einer Arbeit von P. Kleiber[2].

[1] Über ein Gußeisendiagramm. Kruppsche Monatsh. Bd. 5, S. 115/22. 1924.
[2] Über den Kruppschen Sternguß. Kruppsche Monatsh. Bd. 8, S. 110/116. 1927.

Ähnliche Ergebnisse erhielt später A. Smith[1] beim Verschmelzen von 40 bis 60% Schrott im Kupolofen (vgl. Zahlentafel 102). Auch bei dem un-

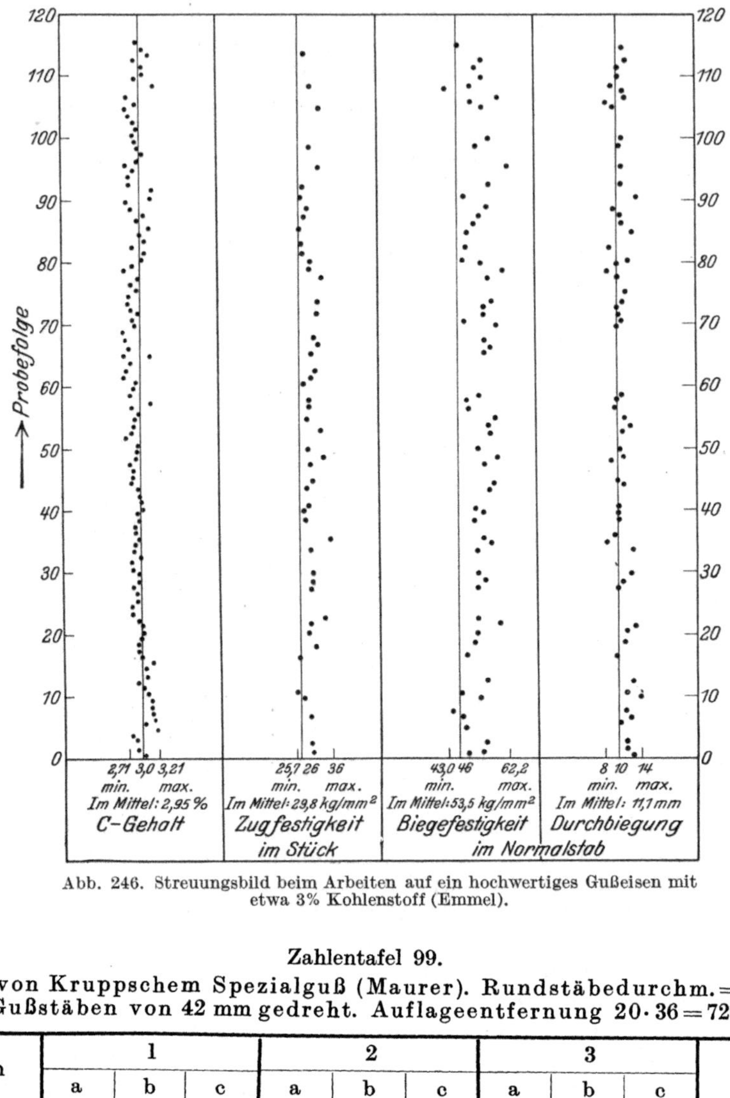

Abb. 246. Streuungsbild beim Arbeiten auf ein hochwertiges Gußeisen mit etwa 3% Kohlenstoff (Emmel).

Zahlentafel 99.

Werte von Kruppschem Spezialguß (Maurer). Rundstäbedurchm. = 36 mm, aus Gußstäben von 42 mm gedreht. Auflageentfernung 20·36 = 720 mm.

Zeichen	1			2			3			Mittel	
	a	b	c	a	b	c	a	b	c		
Biegefestigkeit kg/mm²	64,5	63,4	56,7	56,2	56,2	63,2	62,7	67,0	64,4	61,5	
Durchbiegung mm	16,5	17,8	11,6	12,5	14,9	20,7	19,2	22,0	26,5	18,0³	
Härte 5/750	224¹	224	234	229	226	222	219	215	217	224	222
	226²	217	226	229	217	213	219	211	207	219	

¹ Kopf. ² Fuß. ³ Reduzierter Wert = 7,5.

[1] Foundry Trade J. Bd. 38, S. 77. 1928.

ter dem Namen Meehanite[1] von den Ross-Meehan Gießereien in Chattonooga, Tenn. hergestellten Gußeisen handelt es sich um ein niedriggekohltes Eisen, das unter Zusatz von Kalziumsilizid (Ca_2Si) zu einer auf Weißeisen gattierten Schmelzung fertiggemacht wird. Es hat folgende Zusammensetzung:

	C	Si	Mn	P	S
Flamm- oder Elektroofen	2,20—2,60	1,15—1,4	0,5—0,9	0,10—0,18	0,04—0,05
Kupolofen	2,40—2,70	1,3 —1,8	0,5—1,0	0,12—0,20	0,08—0,14

Zahlentafel 100.
Werte von Kruppschem Spezialguß (Maurer). Rundstäbedurchm. = 15 mm, aus Gußstäben von 24 mm Durchm. abgedreht. Auflageentfernung 20·15 = 300 mm.

Zeichen	1			2			3			Mittel 1—3	
	a	b	c	a	b	c	a	b	c		
Biegefestigkeit kg/mm²	72,9[1]	68,8	56,6	63,0	56,6	54,5	70,2	67,3	57,8	63,0	64,5
	71,3[2]	75,1	47,1	66,9	71,0	61,4	64,5	72,5	65,8	66,1	
Durchbiegung mm	10,9[1]	10,1	7,1	9,1	8,2	7,3	12,6	8,7	7,5	9,1	8,8
	14,5[2]	10,9	6,0	10,7	11,3	10,2	9,8	11,5	9,5	10,5	
Härte 5/750	226[1]	240	242	233	229	229	230	234	239	233	230
	240[2]	239	245	225	223	210	226	217	222	227	

[1] Kopf. [2] Fuß.

Zahlentafel 101. Analysen, Zerreißfestigkeiten, Biegefestigkeit, Durchbiegung und Brinellhärte von Kruppschem Sternguß (Kleiber).

Nr.	Analyse Ges.-C %	Si %	Mn %	P %	S %	∅ des Stabes in mm	∅ des bearbeiteten Stabes in mm	Zerreißfestigkeit kg/mm²	Biegefestigkeit kg/mm²	Durchbiegung mm	Bleibende Durchbiegung mm
1	2,60	2,30	1,48	0,11	0,08	30	15	36,8	n. b.	n. b.	n. b.
2	2,60	2,70	1,40	0,20	0,09	30	15	34,7	,,	,,	,,
3	2,50	2,05	1,48	0,25	0,06	30	15	37,4	,,	,,	,,
4	2,65	2,30	1,38	0,24	0,09	30	15	31,6	,,	,,	,,
5	2,75	2,05	1,10	0,25	0,07	30	15	34	,,	,,	,,
6	2,74	1,87	1.54	0,15	0,10	30	15	43	,,	,,	,,
7	2,85	2,24	1,02	0,10	0,08	30	15	31,2	,,	,,	,,
8	2,75	2,04	1,16	0,14	0,11	30	15	35,1	,,	,,	,,
9	2,61	2,12	0,99	0,19	0,10	30	15	33,4	,,	,,	,,
10	2,82	2,00	1,5	0,14	0,09	30	15	39,1/40,1	,,	,,	,,
11	2,75	2,04	1,16	0,14	0,11	30	unb.	n. b.	61,0	11	1,2
12	2,73	2,01	1,2	0,15	0,09	30	,,	,,	65,1	12	1,2
13	2,60	2,30	1,48	0,11	0,08	30	,,	,,	63,0	11	—
14	2,90	1,79	1,44	0,24	0,09	30	,,	,,	56,0	12,5	—
15	2,91	1,66	0,86	0,12	0,13	30	bearb.	,,	62,5	13,6	3,4
16	2,70	2,33	0,93	0,12	0,13	30	,,	,,	59,3	14,1	4,0
17	2,38	1,9	1,2	0,16	0,10	20	,,	,,	63,8	5,6	0,2
18	2,47	2,17	1,4	0,12	0,10	16	,,	,,	78,4	4,9	0,3
19	2,47	2,17	1,4	0,12	0,10	10	,,	,,	75,8	2,9	0,2

Brinellhärte 200—250. Anzahl der Schläge bei der Dauerschlagprobe 25000—53000. (Bärgewicht = 2,63 kg, Fallhöhe = 1 cm, 2 Schläge je Umdrehung).

[1] Meehanite, made by adding calcium silicide to iron. Iron Age Bd. 117, S. 1559/1560. 1926; Ref. Gieß. Bd. 13, S. 538. 1926. Ferner Edwin Bremer, Foundry 1928, S. 569/71; Ref. Gieß. 1928, S. 1090.

und soll eine durchschnittliche Zerreißfestigkeit von 35 kg/mm² haben. Trotz der Brinellhärte von 258 sei es gut bearbeitbar. Das spezifische Gewicht wird zu 7,49 angegeben. Meehanite soll besonders volumenbeständig sein. Ein ähnliches Eisen mit fast noch höheren mechanischen Eigenschaften wird in Amerika nach einem Verfahren der International Nickel Company in New York[1] hergestellt.

Zahlentafel 102. Zusammensetzung und physikalische Eigenschaften von Stücken aus Gattierungen mit hohem Stahlzusatz (Smith).

Nr.	Stahlzusatz %	Analyse Ges.-C %	Si %	S %	P %	Mn %	Ni %		Proben-durch-messer in mm	Probenform	Zug-festigkeit in kg/mm²	Biege-festigkeit[1] in kg/mm²	Durch-biegung[2] mm	Brinellhärte	Bemerkungen
1	50	3,12	1,73	0,14	0,28	0,92	—	1	38,1	quadr.	28,8	—	—	—	
									25,4	rd.	—	49,1	18,8	207	
2	35	3,27	1,67	0,13	0,33	1,12	—	2	25,4	quadr.	27,3	42,5	14,1	228	
3	45	3,04	2,24	0,11	0,47	0,79	—	3	25,4	quadr.	28,4	45,6	15,3	228	
4	40	2,92	1,97	0,14	0,24	0,87	—	4	50 8	rd.	28,1	—	—	—	
									25,4	quadr.	—	49,4	14,1	217	
5	40	2,90	2,19	0,16	0,31	0,86	—	5	38,1	rd.	29,0	—	—	—	
									25,4	quadr.	—	50,7	12,9	228	
6	45	3,00	1,53	0,17	0,26	0,85	—	6	25,4	quadr.	29,0	48,1	10,6	207	
7	45	3,06	1,66	0,18	0,35	0,87	—	7	50,8	rd.	26,9	—	—	—	
									25,4	quadr.	—	48,8	16,4	207	
8	40	3,04	1,80	0,21	0,26	0,94	—	8	25,4	quadr.	28,7	46,2	15,3	217	
9	60	3,02	3,11	0,13	0,24	0,93	—	9	15,9	rd.	29,3	—	—	207	Für besonders leichte Stücke
10	45	3,08	1,02	0,18	0,30	0,90	0,62	10	50,8	rd.	29,0	—	—	228	Ausgezeichnete Bearbeitbarkeit der Stücke (10–12)
11	45	3,04	1,49	0,14	0,25	0,81	0,52	11	25,4	rd.	31,7	50,8	16,4	217	
12	45	3,00	1,36	0,14	0,26	0,89	0,53	12	25,4	rd.	33,1	59,3	18,8	217	
13	45	3,08	1,35	0,16	0,27	0,84	—	13	25,4	rd.	35,3	48,8	9,4	248	Schlecht bearbeitbar, obwohl Bruch ganz grau (13–14)
14	45	3,10	1,28	0,17	0,19	0,78	—	14	25,4	rd.	34,3	—	—	248	
15	45	3,14	1,37	0,16	0,22	0,76	0,47	15	25,4	rd.	31,2	55,1	17,6	207	Ausgezeichnete Bearbeitbarkeit der Stücke

[1] Bezogen auf 12fache Auflagerentfernung. [2] Berechnet für 20fache Auflagerentfernung.

Dem im Kupolofen auf weiß gattierten Eisen (0,4 bis 0,6% Si) wird hierbei in der Pfanne etwa 2% Nickel zugesetzt und so viel Ferrosilizium, als unter Berücksichtigung der Wandstärke und des Nickelgehaltes zur grauen Erstarrung noch notwendig ist.

In diesem Zusammenhang sei auch das Corsalli-Verfahren genannt, nach welchem die Erschmelzung eines Produktes im Kupolofen mit erniedrigtem Kohlenstoffgehalt durch Anwendung eines kalkgetränkten (hierdurch angeblich reaktionsträge gemachten) Kokses bei Anwendung eines mäßigen Windüberschusses angestrebt wird. Auf diese Weise gelingt[2] es auch, Temperaturen von 1500° in der Rinne des Kupolofens zu erreichen. Dies ist um so bemerkenswerter, als bei systematischen Laboratoriumsversuchen im Aachener Gießereiinstitut durch die Tränkung von Koks mit Kalkmilch eine Steigerung der Reaktions-

[1] Persönliche Mitteilung der Intern. Nickel Co.

[2] Gilles, Chr.: Die Erzeugung von Gußeisen hoher Festigkeit. Gieß.-Zg. Bd. 23, d. 203/12. 1926; Foundry Trade J. Bd. 34, S. 70/75. 1926; ferner Gilles, Chr.: Das Interesse des Eisengießers an der Frage der direkten Eisenerzeugung. Gieß.-Zg. Bd. 23, S. 587/91. 1926; Foundry Trade J. Bd. 34, S. 563/66. 1926. E. Brenner: Die Güteverbesserung des Gußeisens, Foundry 1928, S. 625; Gieß. Bd. 15, S. 1090. 1928.

fähigkeit nachgewiesen werden konnte. Der Abbrandgefahr wird nach Corsalli begegnet, indem die Zusätze an den Ferrolegierungen von außen in der Höhe der Schmelzzone in den Kupolofen gebracht werden und zwar flüssig von einem Schmelzapparat aus, der von den Kupolofengasen geheizt wird. Zahlentafel 103 gibt einige nach diesem Verfahren hergestellte Gußeisensorten in Analyse und Eigenschaften wieder.

Zahlentafel 103.

Festigkeitszahlen von Kupolofenguß nach dem Corsalli-Verfahren (Gilles).

Probe-Nr.	Ges. C %	Graphit %	Geb. C %	Si %	Mn %	P %	S %	30 mm Stab (roh) K_b	30 mm Stab (roh) Durch-bieg.	20 mm Stab bearb. K_z
4	2,98	2,06	0,92	1,62	0,86	0,29	0,138	58,9	12,4	34,2
5	2,95	2,00	0,95	1,57	0,78	0,28	0,132	56,1	10,0	36,1
6	2,90	1,98	0,92	1,53	0,83	0,29	0,134	54,9	10,0	38,0
7	2,94	1,98	0,96	2,09	1,07	0,22	0,111	53,5	10,4	34,8
8	2,77	1,94	0,83	2,00	0,89	0,25	0,137	56,1	10,4	38,8
9	3,00	1,86	1,14	2,03	1,19	0,27	0,146	62,5	10,0	39,5
10	2,88	1,96	0,92	2,20	0,75	0,21	0,185	56,5	11,8	35,6
11	2,77	1,95	0,82	2,06	0,74	0,25	0,165	52,4	9,4	37,1
12	2,90	2,01	0,89	2,09	0,99	0,26	0,107	52,6	9,8	34,8

4. Die systematische Verfeinerung des Graphits.

Der Einfluß der Graphitausbildung auf die Eigenschaften von Gußeisen war aus den Untersuchungen von Jüngst und Heyn (S. 63) bekannt geworden. Auch P. Bardenheuer[1] hat später experimentell den Einfluß der Ausbildungsform des Graphits gezeigt (vgl. Zahlentafel 104), desgleichen E. Piwowarsky (vgl. S. 290/91) sowie L. Zeyen[2]. Wohl waren bereits vor dem Jahre 1925 wiederholt Mikrophotographien in der Literatur zu finden[3], welche statt der üblichen groben Graphitlamellen eine verfeinerte bis feineutektische Graphitausbildung zeigten. Doch waren diese Ausbildungsformen des Graphits als Zufallserscheinungen zu betrachten. Noch im Jahre 1922 äußert sich E. Schüz[4] bei Besprechung derselben Gefügeerscheinungen: „Es wäre daher für die Praxis von großem Interesse, zu wissen, wie sich die Bildung des Eutektikums künstlich hervorrufen läßt.“ Selbst P. Goerens[3] mußte noch im Jahre 1925 bekennen: „Man hat nun lange gesucht und sucht auch heute noch nach einem Verfahren, das den Graphit bereits während der Erstarrung und nicht erst, wie beim Temperguß, nach einer Glühbehandlung in diese Form überführt.“

Ausgehend von seiner Beobachtung, daß das Graphiteutektikum besonders häufig nach dem Vergießen siliziumreicher Eisensorten zu Gußstücken mit

[1] Der Graphit im grauen Gußeisen. Stahleisen Bd. 47, S. 857. 1927; ferner derselbe: Die Abscheidung von elementarem Kohlenstoff im grauen Gußeisen und im Temperguß. Gieß.-Zg. Bd. 24, S. 365/66. 1927; Über die Grundlagen zur Herstellung hochwertigen Graugusses. Gieß. Bd. 14, S. 557/61. 1927.

[2] Beitrag zur Kenntnis des Graphits im grauen Gußeisen. Stahleisen Bd. 48, S. 515. 1928; Gieß. Bd. 15, S. 354. 1928.

[3] Goerens, P.: Stahleisen Bd. 45, S. 137. 1925. — Ruer, R.: Ferrum Bd. 14, S. 161. 1916/17. — Benedix: Metallurgie Bd. 3, S. 393/95, 425/41, 466/76. 1906. — Goerens, P. und Gutowsky: Mitt. Eisenhüttenmänn. Inst. Aachen Bd. 2, S. 143. 1908. — Guertler, W.: Stahleisen Bd. 41, S. 1229/30. 1921.

[4] Das Ferrit-Graphit-Eutektikum als häufige Erscheinung in gewissen Gußeisensorten. Stahleisen Bd. 42, S. 1345. 1922.

Zahlentafel 104. Einfluß der Ausbildung des Graphits auf die
(Die Ergebnisse der Festigkeitsprüfung

Schmelze Nr.	Werkstoff	Behandlung	Chemische Zusammensetzung					
			C %	Graphit %	Si %	Mn %	P %	S %
1	Kuppelofenguß	a) in Sand gegossen	—	3,01	—	—	—	—
		b) in heiße Form gegossen .	3,69	3,31	1,63	0,68	0,60	0,061
		c) in Kokille gegossen u. 6 Std. bei 800 bis 850° geglüht	—	3,65	—	—	—	—
2	Elektroofenguß .	a) in Sand gegossen	—	2,63	—	—	—	—
		b) in heiße Form gegossen .	3,36	3,00	1,98	0,95	0,025	0,016
		c) in Kokille gegossen u. 6 Std. bei 800 bis 850° geglüht	—	3,27	—	—	—	—
3	Elektroofenguß .	a) in Sand gegossen	—	2,51	—	—	—	—
		b) in heiße Form gegossen .	3,27	2,84	1,90	0,93	0,021	0,020
		c) in Kokille gegossen u. 6 Std. bei 800 bis 850° geglüht.	—	3,13	—	—	—	—
4	Elektroofenguß .	a) in Sand gegossen	—	2,07	—	—	—	—
		b) in heiße Form gegossen .	2,79	2,31	1,85	0,86	0,027	0,028
		c) in Kokille gegossen u. 6 Std. bei 800 bis 850° geglüht .	—	2,74	—	—	—	—
5	Elektroofenguß .	In Kokille gegossen u. 6 Std. bei 800 bis 850° geglüht .	2,70	2,30	1,55	0,99	0,038	0,023

dünner Wandstärke auftrat, entwickelte E. Schüz auf Grund systematischer Versuche über den Einfluß der Abkühlungsgeschwindigkeit ein Verfahren, nach welchem durch den Guß eines Eisens mit über 3% Silizium in Kokille planmäßig ein hochwertiger Grauguß erzeugt wird, in welchem der größte Teil des freien Kohlenstoffs als eutektischer Graphit enthalten ist[1]. Trotz des überwiegend ferritischen Gefüges ergaben derartige in Kokille gegossene Stäbe Zugfestigkeiten von etwa 36 kg/mm² bei Biegefestigkeiten bis zu 85 kg/mm². Die dünne harte Randschicht mußte allerdings vorher entweder abgeschliffen oder durch kurzes Erhitzen auf 800 bis 850° weichgeglüht werden. Der Vorgang der Graphitbildung ist hier so zu verstehen, daß durch die starke Unterkühlung die Graphitkristallisation im Gebiet hoher spontaner Kernzahl vor sich geht (Auffassung von Schüz), oder daß in dem durch die starke Unterkühlung fein zur Ausscheidung kommenden Ledeburiteutektikum das Karbid trotz der schnellen Abkühlungsgeschwindigkeit noch zerfallen kann, und zwar vermöge des hohen Siliziumgehalts an sich und der durch den letzteren wesentlich gehobenen (vgl. S. 38 und Abb. 29) Erstarrungstemperatur des Gusses. Die hohe Festigkeit der ferritischen Grundmasse ist durch den hohen Siliziumgehalt (Siliziumferrit) bedingt. So konnte z. B. Paglianti[2] feststellen, daß die Zugfestigkeit eines weichen Flußeisens durch Zusatz von 2,4% Si von etwa 30 kg/mm² auf ca. 56 kg/mm² stieg, wobei allerdings die Dehnung von ~30% auf 18% abnahm, die Härte dagegen von ~115 auf 260 B.E. stieg.

Auf ähnliche Erscheinungen sind auch die besseren mechanischen Eigenschaften von Schleuderguß gegenüber dem üblichen Sandguß zurückzuführen, was praktisch insbesondere für die Rohrfabrikation Bedeutung hat. U. a. kommt

[1] Schüz, E.: Das Graphiteutektikum im Gußeisen. Stahleisen Bd. 45, S. 144. 1925.
[2] Met. 1912, S. 217.

Festigkeitseigenschaften des grauen Gußeisens (Bardenheuer).
sind das Mittel aus je zwei Einzelwerten.)

Form des Graphits	Gefüge der Grundmasse	Biegefestigkeit kg/mm²	Durchbiegung mm	Zugfestigkeit kg/mm²	Dehnung %	Brinellhärte 10/3000
grob	Perlit	27,7	10,1	16,5	—	160
sehr grob	Perlit u. Ferrit	26,0	7,2	13,9	—	133
feines Eutektikum	Ferrit	54,4	16,4	19,2	—	146
grob	Perlit	45,2	19,4	24,1	—	183
sehr grob	Perlit u. Ferrit	30,3	10,1	18,9	—	136
feines Eutektikum	Ferrit	52,0	22,0	23,8	0,8	134
grob	Perlit	42,5	16,8	25,2	—	180
sehr grob	Perlit u. Ferrit	35,2	10,2	20,9	—	142
feines Eutektikum	Ferrit	60,2	52,1	30,1	1,2	136
grob	Perlit	50,8	12,8	37,7	—	198
sehr grob	Perlit u. Ferrit	45,1	8,4	33,1	—	174
Knötchen	Ferrit	74,5	167,8	43,2	8,2	146
Knötchen	Perlit u. Ferrit	91,6	94,0	40,0	3,0	190

C. Pardun[1] auf Grund systematischer Versuche zu folgenden Schlußfolgerungen beim Vergleich der beiden Herstellungsarten (vgl. a. Zahlentafel 105):

Die besten Ergebnisse bei der Rohrerzeugung werden mit einer eutektischen Legierung erzielt.

Zahlentafel 105.
Vergleich zwischen Sandguß, ungeglühtem und geglühtem Schleuderguß (Pardun).

Nr.	Biegefestigkeit kg/mm²			Durchbiegung mm			Zugfestigkeit kg/mm²			Schlagfestigkeit mkg/cm²			Bruchfläche des ungeglühten Rohres
	a	b	c	a	b	c	a	b	c	a	b	c	
B 7	26,7	29,6	41,1	14,1	11,6	18,1	14,8	15,9	12,9	0,48	0,39	0,61	praktisch keine Abschreckung
B 9	26,1	37,8	42,6	17,0	20,8	19,9	13,9	16,0	16,7	0,49	0,43	0,86	,, ,, ,,
C 1	22,1	23,7	—	14,5	10,9	17,2	12,3	13,9	19,9	0,46	0,40	0,53	1—2 mm Abschreckung
C 5	19,2	23,3	30,2	9,4	9,1	12,7	14,0	14,1	19,8	0,48	0,56	0,51	praktisch keine Abschreckung
C 9	25,3	35,3	40,6	15,7	14,7	20,3	—	17,7	18,0	0,69	0,55	0,89	,, ,, ,,
D 3	32,0	23,9	34,1	14,0	7,8	12,6	17,4	12,7	23,9	0,49	0,47	0,65	1—2 mm Abschreckung
D 5	—	26,6	—	—	9,6	—	—	15,8	16,5	—	0,37	0,57	praktisch keine Abschreckung
D 7	29,4	25,7	34,9	14,8	8,6	12,8	17,8	16,6	20,3	0,54	0,52	0,55	,, ,, ,,

a = Sandguß, b = ungeglühter, c = geglühter Schleuderguß.

Die mechanischen Eigenschaften von geschleudertem Gußeisen sind wesentlich günstiger als die von Sandguß gleicher Schmelzung; insbesondere erfahren Biege- und Zugfestigkeit eine starke Steigerung.

Die Verbesserung des Gußeisens durch Schleudern erweist sich vornehmlich als eine Folge der günstigen Graphitbildung, die ihrerseits auf große Abkühlungsgeschwindigkeit zurückgeht; der Fliehkraftdruck spielt dabei keine Rolle.

[1] Über die wissenschaftlichen Grundlagen des Schleudergusses. Stahleisen Bd. 44, S. 905, 1044, 1200. 1924.

Kurzes Glühen übt auf geschleuderte Gußstücke einen günstigen Einfluß aus, indem es einen Gefügeausgleich herbeiführt und insbesondere die durch Abschreckung eingetretene Härtung beseitigt.

Das Schleudern führt eine Entmischung der Gefügebestandteile herbei. Insbesondere seigern die festigkeitsvermindernden Stoffe, Sulfide und übereutektischer Graphit, auf der Innenoberfläche von zylindrischen Hohlkörpern in solchem Maße aus, daß von einer teilweisen Abscheidung gesprochen werden kann.

Die Dichte von Gußeisen wird durch Schleudern nicht verändert. Durch kurzes Glühen erfolgt eine kleine Verminderung der Dichte (Karbidzerfall).

Teilprüfungsergebnisse an geschleuderten Rohren der Vereinigten Stahlwerke A.-G., Abt. Schalker Verein zeigt auch Zahlentafel 106 (entnommen einem offiziellen Prüfungszeugnis des Staatl. Materialprüfungsamtes in Lichterfelde vom 19. April 1927), wobei die an sich recht hohe, mit zunehmender Rohrdimension natürlich etwas abnehmende Zugfestigkeit des Materials beachtenswert ist. Für die Herstellung der Zerreißstäbe war nach amerikanischem Vorbild ein etwa 100 mm breites Stück vom Rohrende abgestochen und in Längsstreifen zerlegt worden. Die fertigen Stäbe waren etwa 90 mm lang bei 6 mm Durchmesser. Die mechanischen Prüfungsergebnisse in Zahlentafel 106 stellen das Mittel von je fünf Zerreißproben dar. Bei vergleichenden Biegeversuchen[1] an ganzen Rohren von 96 bis 250 mm Durchmesser und 4 m Länge, die beim Schalker Verein unter Aufsicht der Berliner Wasserwerke zur Durchführung kamen, waren die Schleuderrohre mit 25,2 bis 44,8 kg/mm² Biegefestigkeit den sandgegossenen (13,4 bis 24,9 kg/mm²) bedeutend überlegen.

Zahlentafel 106. Chemische und mechanische Prüfung von Schleuderguß, (verschiedene Rohrdimensionen).

Bezeichnung der Proben	„Eco“	„80“	„100“	„200“	„300“	„400“
Gesamt-Kohlenstoff % . .	3,80	3,76	3,70	3,68	3,73	3,62
Graphit %	3,51	3,46	3,42	3,26	3,48	3,28
Silizium %	2,08	2,04	1,99	2,45	2,01	1,58
Mangan %	0,42	0,39	0,42	0,59	0,66	0,46
Phosphor %	0,936	0,984	0,980	0,853	0,764	0,774
Schwefel %	0,065	0,070	0,082	0,073	0,045	0,051
Zugfestigkeit kg/mm² . .	27,4	26,2	24,6	25,4	24,1	21,7
Dehnung %		maximal 1,5% (20 mm Meßlänge)				

Hierbei handelte es sich stets um gekühlte Kokillen; aber auch ungekühlte Kokillen ergeben noch immer eine gleichartige Wirkung, so lange es sich nicht um Gußstücke mit großen Wandstärken handelt, wie aus den Ergebnissen beim Hurst-Ball-Schleuderverfahren hervorgeht[2]. Dieses Verfahren benutzt heiße Formen (Kokillen), welche durch die Eigenwärme der gegossenen Stücke auf

[1] Ref. Gieß.-Zg. Bd. 25, S. 26. 1928.

[2] Iron Age Bd. 115, S. 1704. 1925; vgl a. Stahleisen Bd. 47, S. 138. 1927. Foundry, 1927, S. 649; vgl. a. Gieß.-Zg. Bd. 25, S. 20. 1928.

Temperatur gehalten werden. Beim Schleudern von Automobilzylinderbüchsen, kleineren Kolbenringen usw. erreicht die Kokillentemperatur[1] etwa 500°. Bei denjenigen Schleudergußverfahren, welche zur Vermeidung des Nachglühens mit geschlichteten oder sandausgekleideten Drehkokillen[2] arbeiten, dürfte der Vorteil der schnellen Abkühlung mehr und mehr nachlassen. Bemerkenswert ist die Angabe von Hurst[3], daß ein höherer Mangangehalt (0,4 bis 1,2%) im Schleuderguß wohltuend im Sinne einer Verminderung der weißen Schreckzone sich auswirkt[4].

Das Graphiteutektikum tritt übrigens nach Th. Klingenstein und Greiner[5] in den Randzonen eines jeden Sandgusses infolge der dort größeren Abkühlungsgeschwindigkeit auf. Abb. 247 gibt diese Verhältnisse nach einer Arbeit von Klingenstein[6] wieder.

Nur wenige Gußstücke eignen sich jedoch für den Schleuder- und Kokillenguß. E. Piwowarsky[7] beobachtete nun erstmalig eine systematische Beziehung zwischen der Ausbildungsform des Graphits und der Höhe der voraufgegangenen Überhitzung, indem er feststellte, daß „unabhängig vom Siliziumgehalt sämtliche Eisensorten mit zunehmender Überhitzung eine steigende Verfeinerung des graphitischen Gefügeanteils zeigten".

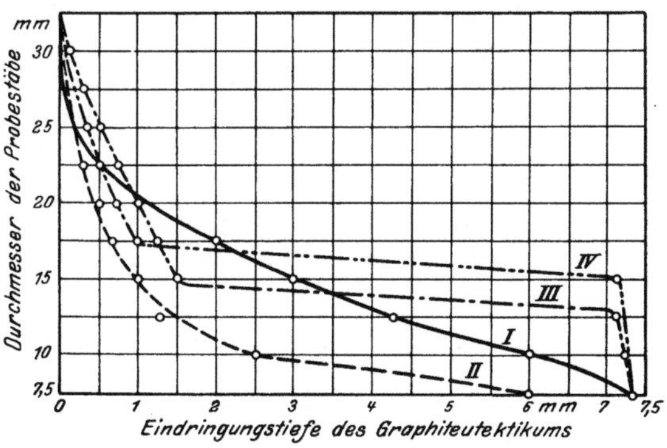

Vers.-Reihe:	C %	Si %	C + Si %
I	3,41	3,07	6,48
II	3,58	2.12	5,70
III	3,14	1,76	4,90
IV	3,12	1,34	4,46

Abb. 247. Eindringungstiefe des Graphiteutektikums bei Sandguß (Klingenstein).

Abb. 82 gab ein Beispiel, entnommen einer Arbeit von Piwowarsky[8], aus welcher die mit zunehmender Behandlungstemperatur steigende Graphitverfeinerung (bis zur temperkohleartigen beim Behandlungsbereich ~1600° C) zu erkennen ist. Die Feststellungen von Piwowarsky betreffend den Zusammenhang zwischen der Temperatur der Schmelze und der Graphitausbildung fanden sich in der Praxis vollkommen bestätigt[9] und führten zu wertvollen Verfahren. Das anormal

[1] Hurst, J. E.: Metallurgy of Cast Iron, S. 294. London 1926.

[2] Über das sog. Moore-Verfahren der Am. Cast Iron Pipe Co.; vgl. Iron Trade Rev. 1926, 15. April; Ref. Gieß.-Zg. Bd. 23, S. 426. 1926. [3] a. a. O.

[4] Eine zusammenfassende Darstellung der verschiedenen Schleuderverfahren enthält das Werk, Weber u. Herrmanns „Die Gußröhrenherstellung". Halle: W. Knapp 1927.

[5] Gußeisentaschenbuch S. 15 [6] Z. V. d. I. 1926, S. 389.

[7] Über den Einfluß der Temperatur auf die Graphitbildung. Stahleisen Bd. 45, S. 14, 55/61. 1925 (Diskussion).

[8] Über neuere Bestrebungen zur Hebung der Qualität von Grauguß. Gieß. Bd. 12, S. 813/18, 833/37. 1925; Ref. Stahleisen Bd. 45, S. 1682. 1925. — Vgl. a. : Die thermische Schmelzbehandlung und ihre Anwendung auf den Temperguß. Stahleisen Bd. 45, S. 2001. 1925.

[9] Piwowarsky, E.: Das Wachsen und Schwinden von Gußeisen und der hochwertige Grauguß. Gieß.-Zg. Bd. 23, S. 379/85. 1926. — Progress in Production of high duty cast iron. Am. Foundrymen's Assoc. Detroit 1926. — High quality cast iron produced by superheating. Foundry Bd. 55, S. 255/58, 298/302. 1927; Foundry Trade J. Bd. 36. S. 147/51. 1927. — Meyer, F.: Einwirkung einer weitgehenden Überhitzung auf Gefüge und Eigenschaften von Gußeisen. Stahleisen Bd. 47, S. 294/97. 1927; Foundry Trade J. Bd. 35, S. 303/04. 1927. — Klingenstein, Th.: Über den Einfluß der Schmelztemperatur auf die Graphitbildung. Gieß.-Zg. Bd. 24, S. 335/40. 1927.

heiße Schmelzen oder Überhitzen des Eisens wurde allgemein angestrebt und zeitigte bei normal- oder hochgekohlten Eisensorten auch die erwarteten Resultate. Zahlentafel 107 gibt einige Resultate wieder von heiß erschmolzenem Kupolofenguß (mit 2 bis 3% Sauerstoffzusatz zur Gebläseluft). Auch aus den S. 278 mitgeteilten Zahlen ist der Einfluß der Überhitzung deutlich erkennbar. Am leichtesten läßt sich die starke Überhitzung natürlich im Elektroofen durchführen und die Arbeiten von K. von Kerpely[1] zeigten, daß es hier bei hinreichender Überhitzung möglich ist, selbst phosphorreichere Eisensorten mit recht guten Festigkeitseigenschaften zu erschmelzen (vgl. auch Charge Nr. 425 in Zahlentafel 107). Zahlentafel 108 gibt eine Reihe Werte aus den Kerpelyschen Arbeiten wieder. Kerpely[2] empfiehlt ferner bei Elektro-

Zahlentafel 107. Kupolofenguß eines holländischen Werkes. (Besonders heiß erschmolzen).

Charge Nr.	Ges.-C %	Si %	Mn %	P %	S %	Zug-festigkeit kg/mm²
441	2,96	1,69	0,81	Sp.	0,08	29,2
437	2,96	1,46	0,79	Sp.	0,10	36,5
425	2,73	1,70	0,91	**0,40**	0,09	35,7
420	3,02	1,64	0,82	Sp.	0,08	31,0
436	2,68	1,58	0,78	0,16	0,10	33,1
399	2,91	2,34	1,15	0,15	0,08	33,5
451	2,91	2,07	0,99	Sp.	0,09	34,2
403	2,89	2,26	0,82	0,20	0,08	31,5
452	2,82	2,04	0,99	Sp.	0,09	31,2
453	2,87	2,14	0,99	Sp.	0,09	30,4

schmelzen eine Schlußbehandlung der überhitzten Schmelze unter einer Oxyd-, Karbid- und schließlich einer hochaluminiumhaltigen Tonschlacke (3-Schlackenarbeit), wodurch die temperkohleartige Ausbildung des Graphits begünstigt würde und Festigkeitswerte von weit über 40 kg/mm² für die Zug- und über 70 kg/mm² für die Biegefestigkeit bei 3 bis 4% Dehnung erreichbar seien. E. Piwowarsky[3] bestätigt, daß durch eine weitgehende Entgasung (Desoxydation) noch eine weitere Gütesteigerung des Gußeisens zu erwarten sei und konnte durch umfangreiche, auf einer rheinisch-westfälischen Gießerei vorgenommene Vergleichsversuche[4] (vgl. auch S. 134/35) an desoxydierten und nichtdesoxydierten Elektroofenschmelzen eine ziemlich gleichbleibende Erhöhung der Biegefestigkeit um stets 4 bis 6 kg/mm² durch die Desoxydation in der Pfanne feststellen, wobei die höheren Werte meistens bei Verwendung einer aluminiumhaltigen Ferrosiliziumlegierung (Alsimin der Lonza-Werke in Basel) auftraten.

Aber auch im Flammofen lassen sich durch Überhitzung recht hohe Festigkeitswerte erzielen und die von Th. Klingenstein[5] mitgeteilten Festigkeitswerte (Zahlentafel 109) von überhitztem Ölofenguß, dürften sich noch

[1] Hochwertiges Gußeisen mit erhöhtem Kohlenstoff- und Phosphorgehalt als Elektroofenerzeugnis. Stahleisen Bd. 45, S. 2004. 1925. — Betriebserfahrung über Herstellung von hochwertigem Gußeisen im Elektroofen nach dem Duplexverfahren. Gieß.-Zg. Bd. 23, S. 33/44. 1926; dazu Diskussion: Gieß.-Zg. Bd. 23, S. 161/62, 174. 1926.

[2] Kerpely, K. v.: Über den heutigen Stand der Graphitausbildungsform im Gußeisen. Gieß.-Zg. Bd. 23, S. 435/46. 1926.

[3] Vgl. Diskussion zu: Piwowarsky, E.: Das Wachsen und Schwinden von Gußeisen und der hochwertige Grauguß. Gieß.-Zg. Bd. 23, S. 379/85, 414/21. 1926.

[4] Bisher unveröffentlicht.

[5] Klingenstein, Th.: Ein neuer Ofen „Bauart Wüst“ zur Veredelung von Qualitätsguß. Stahleisen Bd. 45, S. 1476. 1925.

Zahlentafel 108. Festigkeitszahlen von hochwertigem Guß, nach dem Duplexverfahren hergestellt (Kerpely).

Zusammensetzung des Eisens				K_z	Bemerkung
C %	Si %	Mn %	P %	kg/mm²	
3,18	1,92	1,00	0,42	30,3	Mit Hämatit erschmolzen
3,08	1,73	0,88	—	30,9	
3,26	1,50	0,81	0,41	25,2	
3,08	2,27	0,99	—	31,4	
3,10	1,66	1,01	—	30,9	
3,00	1,50	1,02	0,43	32,8	
2,85	1,31	0,85	—	35,8	
3,12	1,55	1,00	0,42	31,4	
3,18	2,00	1,06	0,41	31,4	
2,94	1,55	0,98	—	35,0	
2,96	1,55	1,05	—	37,7	
3,05	1,50	0,93	—	34,4	
3,20	1,90	0,93	0,41	27,7	Roheisen und 10 bis 15% Spänezusatz
3,12	1,69	0,76	—	24,1	
3,20	1,78	0,78	0,45	30,3	
3,20	1,83	0,95	—	27,7	
3,15	1,80	0,80	—	31,4	
3,20	1,69	0,85	0,44	30,3	
3,25	1,73	0,93	—	30,3	
3,15	1,79	0,93	—	28,9	
3,20	1,67	1,01	0,42	33,3	
3,10	1,41	0,78	—	33,8	
2,95	1,64	1,01	—	33,8	
3,12	1,62	0,85	0,43	32,5	
3,15	1,83	0,94	0,65	32,1	Nur aus Brucheisen mit 10% Schrott erschmolzen
3,06	1,69	1,01	0,81	32,8	
3,25	1,83	1,00	—	31,4	
3,10	1,73	0,85	0,80	35,0	
3,08	1,77	0,94	0,79	35,0	
2,95	1,78	0,98	0,81	36,2	
3,16	1,97	0,83	0,72	32,1	
3,22	1,83	0,93	0,85	30,3	
3,15	1,69	0,85	—	31,4	
2,85	1,88	0,94	0,68	27,7	
2,80	1,88	0,96	0,68	31,4	
3,20	1,97	0,93	0,77	33,3	
3,10	1,88	0,85	0,82	36,2	
3,12	1,83	0,93	0,77	37,6	
2,96	1,83	0,85	0,80	38,5	
2,98	1,85	0,86	0,78	32,8	
3,10	1,88	0,85	0,83	32,8	
3,20	1,92	0,93	0,80	35,0	
3,10	1,88	0,95	—	32,8	
3,05	2,02	0,98	—	32,8	
3,20	2,25	0,90	—	30,8	
3,05	1,83	0,90	0,60	31,4	
3,00	1,97	0,93	0,71	37,0	
2,90	1,97	0,90	0,70	31,4	
3,05	1,97	0,91	0,70	31,4	
2,80	2,10	0,93	—	31,4	
3,10	1,97	0,93	0,63	34,4	
2,70	2,00	0,98	—	30,3	
3,10	1,97	1,04	—	32,8	
3,12	2,15	0,99	0,65	31,4	

Fortsetzung Zahlentafel 108.

Zusammensetzung des Eisens				K_z	Bemerkung
C %	Si %	Mn %	P %	kg/mm²	
3,10	1,81	0,93	0,65	33,8	
3,12	1,79	1,03	0,65	35,0	Nur aus Brucheisen mit 30% Schrott erschmolzen
3,20	1,88	0,92	0,66	33,8	
3,10	1,70	0,93	0,64	34,4	
3,12	1,78	0,90	—	33,3	
3,08	1,79	0,96	—	32,8	
3,10	1,83	0,90	0,66	33,3	
3,12	1,67	0,85	—	34,4	
2,80	1,80	0,93	—	35,6	
3,10	2,16	0,78	0,67	32,8	
2,88	1,88	0,93	0,65	33,8	
2,90	1,93	0,82	—	32,8	
2,85	1,95	0,87	0,63	35,6	
3,05	1,93	0,93	0,63	33,8	
3,05	1,93	0,93	0,64	42,1	
3,12	1,96	0,91	0,64	37,6	
3,04	1,97	0,85	—	35,6	
2,95	1,80	0,90	—	34,4	
2,95	1,83	0,90	0,60	33,8	
3,05	1,80	0,93	0,60	33,8	
2,90	2,11	0,93	0,63	33,8	
2,90	1,88	0,93	0,59	37,6	
3,05	1,83	0,98	0,59	31,4	
3,00	1,88	0,93	0,70	33,8	
3,04	1,77	0,88	0,64	36,2	
3,40	1,92	0,98	0,63	20,5	
3,00	2,20	0,90	—	37,6	
3,04	1,83	1,10	0,66	35,6	
3,08	1,93	0,99	—	35,6	
3,05	1,88	0,98	0,65	35,0	

Zahlentafel 109.
Ölofenguß der Maschinenfabrik Eßlingen (nach Klingenstein).

Zusammensetzung in %					Zugfestigkeit kg/mm²	Biegefestigkeit kg/mm²	Brinellhärte
Ges.-C	Si	Mn	P	S			
3,06	2,04	0,83	0,36	0,021	24,9	44,4	225
3,31	2,40	0,76	0,46	0,055	22,3	38,6	195
2,70	1,66	0,90	0,42	0,077	33,4	54,8	215
2,70	1,67	0,96	0,39	0,074	30,6	54,6	235

weit überholen lassen. Tatsächlich sind die von Klingenstein besprochenen Schmelzen, wie aus einer späteren Arbeit[1] hervorgeht, noch nicht unter völliger Ausnützung des Einflusses der Schmelzüberhitzung hergestellt worden. Die Maschinenfabrik Eßlingen brachte übrigens ein Diagramm heraus, das unter normalen Arbeitsbedingungen beim Ölofenbetrieb sich ergab und die zweckmäßigste Überhitzung in Abhängigkeit vom C + Si-Gehalt zur Erzielung bester Materialeigenschaften angibt (Abb. 248). Dieses Diagramm zeigt in Übereinstim-

[1] Klingenstein, Th.: Über hochwertigen Grauguß. Z. V. d. I. 1926, S. 387/90.

mung mit den Schlußfolgerungen aus den Arbeiten von Piwowarsky, daß die anormale Schmelzüberhitzung vorwiegend für normal bis hochgekohlte Eisensorten in Frage kommt, nachdem gemäß Abb. 80 und den zugehörigen Ausführungen auf S. 79/80 eine ausgeprägte Abhängigkeit der notwendig zu erreichenden Temperatur vom Siliziumgehalt sich nicht ergeben hatte, ja sogar eher eine kleine Erniedrigung der notwendigen Überhitzungstemperatur mit steigendem Siliziumgehalt zu erkennen war.

Eine überaus wertvolle Ergänzung zur Frage der systematischen Graphitverfeinerung durch thermische Behandlung im Schmelzfluß erbrachten die Arbeiten von Hanemann[1] durch die Beobachtung, daß offenbar das Vorhandensein ungelöster Graphitkeime die bedeutendste Rückwirkung auf die Vorgänge bei der Erstarrung ausübt (vgl. S. 88), eine Annahme, welche übrigens den Ansichten von E. Piwowarsky[2] durchaus nicht gegensätzlich ist und mit den Versuchsergebnissen des letzteren sich sogar weitgehendst deckt. Zweifellos aber hat erst Hanemann diese Erkenntnis zur Grundlage eines vollwertigen Verfahrens gemacht, nach welchem durch längere Behandlung der Schmelze in mittleren Temperaturenbereichen (1350 bis 1450°) eine ähnliche Rückwirkung auf Gefüge und Eigenschaften erzielt wird, wie durch eine kürzere Überhitzung in hohe Temperaturbereiche (1450 bis 1650° C). So zeigt Abb. 249 die Ergebnisse von etwa 160 (meist hintereinander liegenden) Schmelzungen der Borsig A.-G. in Berlin-Tegel, hergestellt nach den Anweisungen von Hanemann. Ähnlich der Abb. 246 beweist auch sie die große Treffsicherheit, die manche Gießereien heute bei der Herstellung hochwertigen Gußeisens bereits erreicht haben. Es ist nicht zu bestreiten, daß die guten Ergebnisse mit dem Flamm- und Elektroofen in der Gießerei, auf welche in zahlreichen literarischen Einzelangaben bereits vor dem Jahre 1925 hingewiesen worden ist, empirisch das Grenzgebiet der heutigen Erkenntnisse berührten, sie waren aber andererseits doch nicht ausreichend, um die Systematik der Beziehungen und Abhängigkeiten darzutun, welche durch die Arbeiten über die Schmelzbehandlung nach 1925 geschaffen wurden und für die Praxis als so überaus fruchtbringend sich erwiesen haben. Die Ergebnisse der Arbeiten von Piwowarsky und Hanemann und deren theoretische und praktische Auswirkung sind jedenfalls geeignet, die Ergebnisse der Verfahren von Kerpely, Corsalli, der Intern. Nickel Co., der Mechan-Gießereien, der Vorherdbeheizung, des Rüttelns u. a. ursächlich einzuschließen und neue wertvolle Gesichtspunkte metallurgischer und technologischer Art abzuleiten, deren Berücksichtigung für die Qualitätsgußerzeugung von Bedeutung ist.

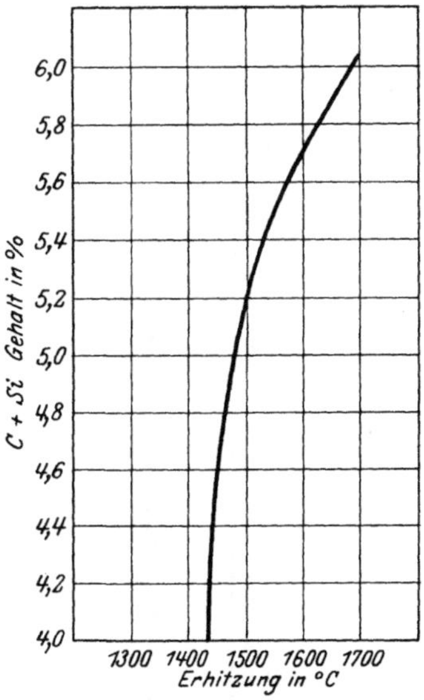

Abb. 248. Erhitzungskurve zur Erzielung eines eutektischen Graphitgefüges (Masch. Fabrik Eßlingen).

a) Das Arbeiten nach Kerpely: Der Einfluß einer desoxydierend wirkenden Schlackenbehandlung auf schmelzüberhitztes Eisen bestätigt den katalytischen Einfluß der Gase auf die Wachstumsgeschwindigkeit des Graphits

[1] Hanemann, H.: Die Theorie des Graugusses. Monatsbl. d. Berl. Bezirksver. Dt. Ing., 1. IV. 1926, Nr. 4, S. 31/35.

[2] Vgl. die Literaturangabe S. 84.

(bzw. Zerfallsgeschwindigkeit des Karbids), wie er von Honda und Murakami und Maurer allgemein und von E. Piwowarsky unter dem Gesichtspunkte der Herstellung hochwertigen Gußeisens erörtert worden ist. Auch die Phosphidverfeinerung läßt sich unter dem Gesichtspunkt der Kristallisationsvorgänge in starken Unterkühlungsgebieten leicht erklären (vgl. Abb. 83 und 117).

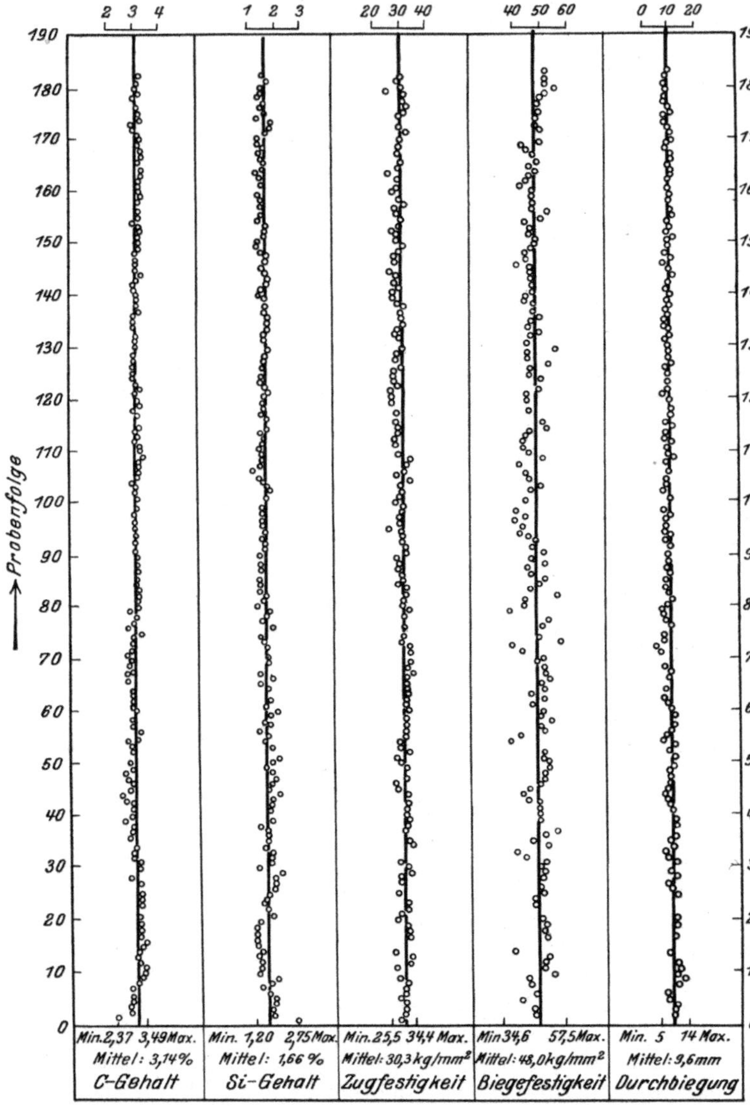

Abb. 249. Streuungsbild beim Arbeiten auf ein hochwertiges Gußeisen im Flammofen (Borsig A. G.).

b) Das Arbeiten nach Corsalli. Alle Gußeisensorten lösen verbliebene Graphitanteile um so schneller auf, je kohlenstoffärmer die Schmelze und je höher deren Temperatur ist. Auch die bei dem Verfahren nach Emmel beobachtete starke Graphitverfeinerung hat gleiche Ursachen.

c) Verfahren der Intern. Nickel Co. (Coyle Prozess). Das Arbeiten mit siliziumärmeren Gattierungen verringert die Graphitisierung des Karbids der kohlenstoffreicheren Gattierungsanteile während des Umschmelzprozesses, erhöht die Löslichkeit und die Auflösungsgeschwindigkeit (Diffusion) der ungelösten Graphitpartikelchen der Schmelze und begünstigt demnach die Entstehung einer keimfreien Gußeisenschmelze, zu welch letzterer alsdann der Zusatz von Nickel und Silizium erfolgt.

d) Dasselbe wie für c) gilt für das Meehan-Verfahren. Der Verwendung von Kalziumsilizid dürfte im besten Falle eine zusätzliche Wirkung, keinesfalls aber der volle Erfolg des Verfahrens zuzuschreiben sein.

e) Jede Beheizung des Vorherdes muß im Sinne der Piwowarsky-Hanemannschen Arbeiten eine je nach Zeitdauer und Temperatur wechselnde Gütesteigerung ergeben; dasselbe gilt von jeder Behandlung im unbeheizten oder beheizten Mischer, wobei allerdings der altbekannte Zweck des Mischers als Ausgleichsapparat oft im Vordergrund der praktischen Bedürfnisse stehen wird.

f) Falls bei dem Vorgang des Rüttelns und Schüttelns[1] eine Verfeinerung des graphitischen Gefüges erzielt wird, so dürfte als Ursache die mit der Zeit fortschreitende Entgasung der Schmelze vermittels des hohen eigenen Kohlenstoffgehaltes einerseits, eine zunehmende Verarmung der Schmelze an ungelösten Graphitpartikeln andererseits hauptsächlich in Frage kommen. Die bei diesem Verfahren mitunter beobachtete Schwefelabnahme in den unteren Badpartien, verursacht durch Koagulation und Ausseigerung der Sulfide, bleibt als Sondervorgang von der obigen Auffassung unberührt.

Beim Rüttelherd nach J. Dechesne ruht der Vorherd in offenen Lagern und wird durch zwei Nockenscheiben in der Minute etwa 100 mal gehoben. Der Antrieb erfolgt durch Motor und Schneckenrad. Unter „Rütteln“ des Vorherdes wird hierbei nach J. Dechesne der „zentrale senkrechte, für die Gasabscheidung entscheidende Stoß“ verstanden, unter „Schütteln“ die „exzentrische Verlagerung des Eisenspiegels“ als Folge der durch die offene Lagerung bedingten geringen horizontalen Bewegung des Vorherdes. Zahlentafel 110 gibt einige Werte bezüglich der Wirkung des Rüttelns nach einer Arbeit von K. Irresberger[2]. Tatsächlich aber wird der spezifische Einfluß des Rüttelns vielfach bezweifelt[3] oder gar völlig bestritten[4]. J. Mehrtens[3] führt die zunehmend besseren Eigenschaften der Schmelzen gemäß Zahlentafel 110 auf die steigenden Schrottmengen der verwendeten Gattierungen zurück. L. Zeyen[4] kommt auf Grund durchgeführter Rüttelversuche in drei verschiedenen Gießereien zur völligen Verurteilung des Rüttelverfahrens, wobei er ausführt, daß „die mit diesem Verfahren erzielten Erfolge auf die gründliche Durchmischung der Schmelze, namentlich aber auf den geringen Kohlenstoffgehalt und die hohe Schmelztemperatur zurückzuführen seien, weil diese beiden Faktoren offenbar in viel stärkerem Maße die restlose Auflösung vorhandener Graphitkeime begünstigen als irgend eine mechanische Bewegung der Schmelze.“

---

[1] Irresberger, C.: Rüttelherd zur Vergütung von flüssigem Gußeisen oder Stahl. Stahleisen Bd. 46, S. 869/72. 1926. — Die Vergütung des Gußeisens durch Rüttelung. Gieß. Bd 13, S. 425/27. 1926; Zuschriften hierzu: Stahleisen Bd. 46, S. 1705/06. 1926. — Die Veredelung des Gußeisens durch Rütteln und Schütteln. Gieß.-Zg. Bd. 23, S. 355/58. 1926. — Maurer, O.: Verfahren zur Verbesserung und zur Erzeugung von hochwertigem Gußeisen. Gieß. Bd. 13, S. 727/31. 1926. — Lissner, A.: Alte Verfahren der Gußeisenveredelung in neuer Auflage. Gieß.-Zg. Bd. 23, S. 678/79. 1926; hierzu Zuschrift Gieß.-Zg. Bd. 24, S. 97. 1927.

[2] a. a. O.

[3] Denecke, W. und Th. Meierling: Bemerkungen zur Entschwefelung des Gußeisens und zu seiner Veredelung durch Rütteln. Gieß.-Zg. Bd. 23, S. 569. 1926. — Mehrtens, J.: Gußeisen für den Maschinenbau und Neuerungen im Schmelzbetrieb der Eisengießereien. Maschinenbau Bd. 6, S. 196/201. 1927.

[4] Zeyen, L.: Beiträge zur Kenntnis des Graphits im Grauguß und seines Einflusses auf die Festigkeit. Dissertation Aachen 1927.

Zahlentafel 110. Festigkeitszahlen von gerütteltem Eisen (C. Irresberger).

Bez.	Analyse					K_z	K_b	Durchbiegung	Härte	Abstich-Temp.
	C %	Si %	Mn %	P %	S %	kg/mm²	kg/mm²	mm	B. E.	°C
R 0[1]	3,72	2,22	0,46	0,37	0,17	20,5	42,0	11,5	222	1320
R 10	3,20	2,27	0,56	0,38	0,08	26,0	51,0	12,5	216	1310
R 15	3,40	2,34	0,45	0,33	0,09	27,5	52,5	12,5	228	1300
R 20	3,38	2,15	0,42	0,37	0,13	30,0	56,5	12,5	217	1330
R 20	3,62	1,74	0,71	0,30	0,17	30,5	54,6	14,2	240	1300
R 30	3,48	2,15	0,45	0,20	0,13	32,5	55,5	14,0	215	1360
R 30	3,48	1,57	0,68	0,41	0,14	33,8	57,5	11,9	224	1340
R 50	3,02	1,83	0,40	0,34	0,14	33,5	61,5	12,5	215	1340
R 70	2,82	2,94	0,66	0,15	0,14	32,5	65,0	18,0	189	1350

[1] Die Bezeichnung *R* bedeutet „gerüttelt", die Zahl dahinter den Prozentsatz Stahlschrott in der Gattierung.

Das Rütteln eines matt erschmolzenen Eisens im unbeheizten Vorherd dürfte durch den unvermeidlichen Temperaturabfall des Eisens leicht zu einer Qualitätsverminderung führen, während das Rütteln stark überhitzten Eisens aus den uns bekannten Ursachen (Einfluß von Zeit und Temperatur) heraus einen gewissen Erfolg verspricht. K. v. Kerpely[1] rüttelte ein auf 1700° erhitztes Gußeisen etwa der folgenden Zusammensetzung:

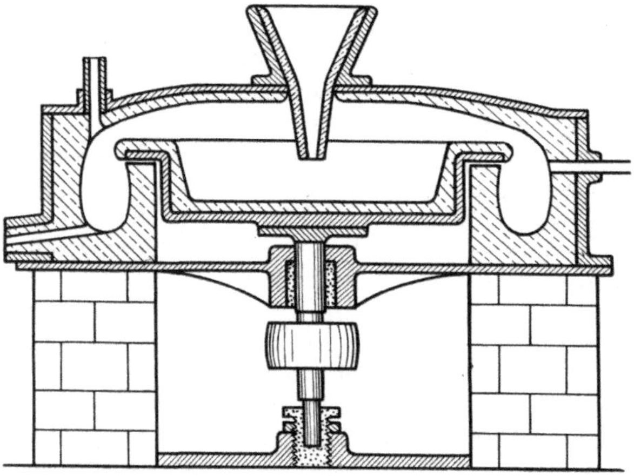

Abb. 250. Schleuderherd für Metalle und Legierungen (brit. Pat. 953/1883).

Ges.-C. = 3,15%,
Si = 1,9%,
Mn = 0,8%,
P = 0,4%,
S = 0,08%

und erhielt hierdurch Zerreißfestigkeiten von

36,3 kg/mm² und 41,6 kg/mm²

gegenüber

32,8 kg/mm² und 37,6 kg/mm²

am ungerüttelten Eisen.

Wesentlich günstiger dürften die Erwartungen sein, welche man an das Schleudern des Gußeisens im Vorherd oder in der Pfanne knüpfen darf, da hierbei die auftretenden Zentrifugalkräfte eine stark entgasende und entschlackende Wirkung ausüben. So überaus zahlreich die das Zentrifugieren von Gußeisen betreffende Literatur, besonders aber die Patentliteratur ist, so ist doch über Versuche betreffend das Ausschleudern von hochwertigen, stark überhitzten Schmelzen nichts bekannt geworden. Abb. 250 zeigt als Beispiel eine interessante Lösung eines Zwischenapparates zum Zentrifugieren von Gußeisen nach einer älteren britischen Patentschrift[2].

Die auf S. 280/81 über die Ursache der dort unter b), c) und d) erwähnten Verfahren gemachten Ausführungen lassen es u. a. empfehlenswert erscheinen, im Gießereibetrieb vorwiegend karbidische Roheisensorten für die Herstellung

[1] Persönliche Mitteilungen aus dem Jahre 1926.
[2] Nr. 953/1883. Erfinder C. M. Pielsticker und F. C. G. Müller.

hochwertigen Gußeisens zu verschmelzen und auch die bislang grau zur Erstarrung gebrachten siliziumhaltigen Roheisensorten (Hämatit, Gießereieisen usw.) durch Abgießen in kleinere eiserne Masselbetten und energische Wasserkühlung für den genannten Zweck weitgehendst zur weißen Erstarrung zu zwingen. Es wird alsdann beim Schmelzvorgang weniger Graphit oder nur solcher von feiner Ausbildungsform aufzulösen sein mit der Rückwirkung, daß die Erzielung einer keimfreien Schmelze begünstigt wird. Die durch das Umschmelzen weißer Roheisensorten beim Kupolofenbetrieb verminderte Chance für die Erzielung eines heißen Eisens im Sinne der Mathesiusschen[1] Ausführungen wird allerdings durch besondere betriebliche Hilfsmaßnahmen auszugleichen sein. Die hier aufgeworfene Frage schien der Behandlung wert, und Versuche des Verfassers im Aachener Institut, die allerdings noch nicht völlig zum Abschluß gebracht worden sind, erbrachten grundsätzlich eine Bestätigung der Zulässigkeit dieser Überlegungen.

An sich wird es natürlich einfacher sein, mit möglichst siliziumarmen Gattierungen zu arbeiten und das Silizium ganz oder wenigstens teilweise erst in der Pfanne oder im Vorherd zuzusetzen. Freilich ist zu beachten, daß die Verschmelzung siliziumarmer Gattierungen die Herstellung eines kohlenstoffarmen Gußeisens etwas erschwert (vgl. S. 229).

Für die Herstellung kohlenstoffarmer, keimfreier Schmelzen ist allerdings der Kupolofen mit (gas- oder ölbeheiztem[2] evtl. auch elektrisch[3] beheiztem) Vorherd fast unentbehrlich. Das heruntergeschmolzene Eisen soll fortan nicht mehr mit Kohle, Koks oder organischen Substanzen in Berührung kommen. Das Abdecken der Gießpfannen mit Holzkohle oder Koks ist zu vermeiden, desgleichen das Schlichten der Pfannen mit kohlenstoffhaltigen Massen. Eine nachteilige Wirkung des Kohlenstaubs der Formen konnte bislang nur bei heißem Vergießen sehr dickwandiger Stücke beobachtet werden[4].

Noch wenig angewandt oder versucht ist ein Vergießen stark überhitzten Eisens bei starken Überhitzungstemperaturen (1500 bis 1650°). Der Vorteil der Möglichkeit einer weitgehenden Siliziumverminderung und der Herstellung eines spannungsfreien, wenig schwindenden, dichten Gusses dürfte hierbei stark ins Gewicht fallen. Die Formsandfrage dürfte allerdings manche Schwierigkeiten bieten, da das durch ein großes Temperaturintervall flüssig bleibende Eisen den Formsand in noch höherem Maße beansprucht, als dies beim Stahlguß der Fall ist, der ja wesentlich früher erstarrt.

Eine Beobachtung übrigens, welche geeignet ist zu zeigen, daß die Graphitkeimtheorie allein nicht imstande ist die Rückwirkung der anormalen Schmelzüberhitzung in allen Teilen zu deuten, besteht in der mehrfachen Feststellung des Verfassers, daß es nicht gleichgültig ist, wie schnell die überhitzte Schmelze auf die gewählte Gießtemperatur abkühlt. Im allgemeinen fand der Verfasser, daß die schnell (evtl. künstlich) gekühlten Schmelzen stets die besseren Festigkeitswerte aufwiesen. Ob hier träge sich einstellende, molekulare Änderungen (Silizide, Karbide, Silikokarbide) in Frage kommen, wird nur durch überaus exakte Bestimmungen der elektrischen Leitfähigkeit, der Viskosität oder ähnlicher physikalischer Größen zu klären sein. Vielleicht liegt die Lösung aber auch einfacher. So könnte man z. B. annehmen, daß das bestdesoxydierte

---

[1] Vgl. S. 224/25.

[2] Eine mit „Stufenofen" bezeichnete interessante Ausführungsform wurde von H. Tholen, Darmstadt (persönl. Informierung) vorgeschlagen.

[3] Vgl. a. S. 258.

[4] Persönlicher Briefwechsel mit Herrn Walter Wolf, Betriebsleiter der Gießerei von J. M. Voith in Heidenheim, der auf meine Bitte hin entsprechende Untersuchungen anstellte.

Material durch Reaktion mit den oxydischen ff. Massen der Pfannenauskleidung sich allmählich wieder mit Gasen sättigt, wodurch wiederum die Vorgänge bei der Kristallisation der Schmelze in der bekannten Weise beeinflußt werden.

Selbstverständlich gehört zum hochwertigen Guß das schlackenfreie Abgießen des Materials. Was den Kupolofen betrifft, so sind es außer den zahlreichen Konstruktionen mit kippbarem Vorherd und Schlackentrennwand z. B. nach den Entwürfen von Löhe[1], Hammelrath[2] u. a. besonders die mit dem Vorherd kombinierten Syphonverschlüsse nach Dürrkopp-Luyken-Rein[3] und neuerdings nach dem System der Freier Grunder Eisenwerke in Neunkirchen, Bez. Arnsberg, welche sich in der Praxis gut eingeführt haben.

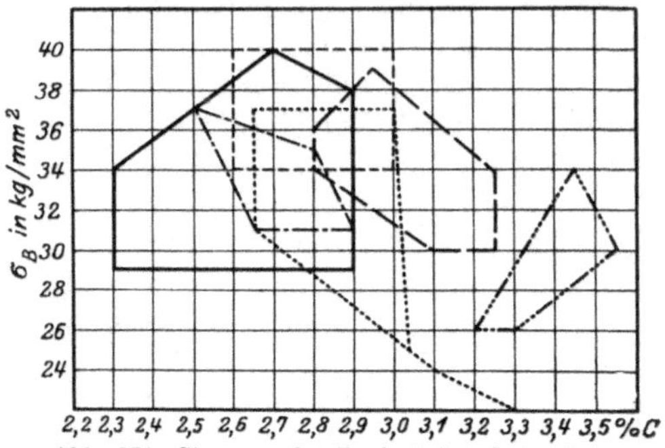

Abb. 251. Streuung der Zugfestigkeit beim Arbeiten auf hochwertigen Grauguß (Jungbluth).

—— Emmel — — — v. Kerpely
— · — · - Kleiber — - - - — Irresberger
- - - - - Klingenstein, Piwowarsky
— — — Gilles (Corsalli).

Betrachtet man rückblickend die besprochenen Verfahren, so sieht man, daß sie alle bei richtiger Führung Gutes zu leisten imstande waren. Ein großer Teil von ihnen, insbesondere diejenigen Verfahren, welche in erster Linie eine Graphitverfeinerung zum Ziele haben, sind auf einige wenige metallurgisch-physikalische Grundprinzipien zurückzuführen. Es scheint demnach verfrüht, zur Bewertung der bestehenden Verfahren die wenigen, in der Literatur greifbaren Festigkeitswerte als Basis zu nehmen, weil dies den ursprünglichen, metallurgisch bahnbrechenden Verfahren Abbruch tut, deren praktische Auswertung heute erst in den ersten Anfängen sich befindet. Abb. 251 nach H. Jungbluth[4] zeigt dies an der Streuung und weiteren Überlagerung der Festigkeitswerte von höherwertigem Gußeisen auf Grund der im Schrifttum bekannt gewordenen Zahlen. Betrachtet man aber Abb. 252, so

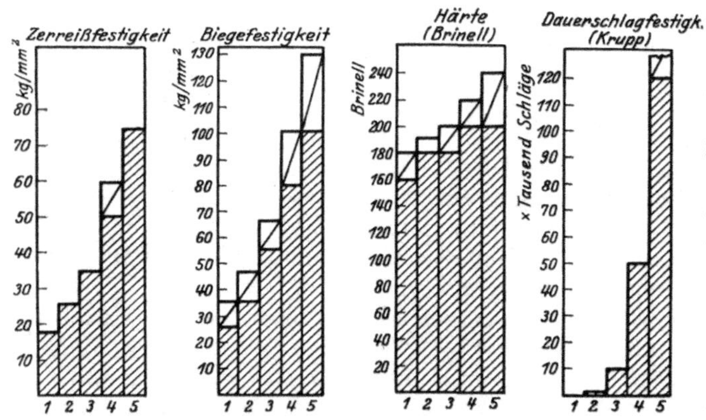

Abb. 252. Entwicklung des Gußeisenqualität (schematisch). Es bedeuten:

1 = Abnahmebedingung hochw. Gußeisen bis 1925.
2 = Abnahmebedingung hochw. Gußeisen heute.
3 = mit etwa 75 proz. Sicherheit heut erreichbar.
4 = vereinzelte Spitzenleistung (keine Sicherheit)
5 = theoretisch bei unlegierten Guß erreichbar.

---

[1] Gieß. Z. S. 333. 1910; ebenda S. 404. 1911; Stahleisen Bd. 33, S. 1056. 1913.

[2] Die Entschwefelung und Entgasung des Gußeisens in derkippbaren Vorherd-Gießmulde. Z. GießPr. 1925, 26. Juli.

[3] D.R.P. 343959 und D.R.P. 364359 nebst Zusatzpatenten; vgl. a. Stahleisen Bd. 42, C. 506. 1922; Bd. 45, S. 449/51. 1925.

[4] „Die wissenschaftlichen und technischen Grundlagen zur Erzeugung hochwertigen Gußeisens." Im Auftrage des Vereins Deutscher Gießereifachleute bearbeitet von H. Jungbluth.

erhellt doch der gewaltige Fortschritt der letzten Jahre, wenngleich aus ihr auch hervorgeht, daß noch bei weitem nicht alles erreicht ist, was mit dem Gußeisen als Werkstoff erzielbar ist.

Interessant ist bei Abb. 252 das flache Ansteigen der Brinellhärte in Vergleich zu dem weit steileren Anstieg der übrigen Eigenschaftswerte. Da für die Brinellhärte in erster Linie der Charakter der Grundmasse maßgeblich ist, so erhellt hieraus erneut der überragende Einfluß der Graphitverfeinerung für die Nutzbarmachung der guten mechanischen Eigenschaften einer vorwiegend perlitischen Grundmasse.

P. Die Veredelung des Gußeisens durch Spezialelemente.

Die ersten Versuche, die Eigenschaften von Gußeisen durch Zusatz von Spezialelementen zu verbessern, liegen mehr als zwei Jahrzehnte zurück. Die hier in Frage kommende Literatur ist überaus umfangreich. In den Bereich der Untersuchungen wurde der Einfluß folgender Metalle gezogen: Nickel, Kobalt, Chrom, Aluminium, Titan, Vanadin, Wolfram, Molybdän, Zinn, Kupfer, Zirkon, Magnesium, Cer, Uran und Blei. Die meisten der bisher hier durchgeführten Arbeiten sind dadurch an Wert beeinträchtigt, daß sie an kohlenstoffreichen, grobgraphitischen Eisensorten vorgenommen wurden, bei denen der Einfluß der Zusatzelemente auf die Vergütung der metallischen Grundmasse nur in beschränktem Maße sich auswirken konnte. Am klarsten kommt dieser Zusammenhang zum Ausdruck in der Unmöglichkeit, die Festigkeitseigenschaften eines kohlenstoffreichen, grobgraphitischen Gußeisens durch thermische Vergütung der Grundmasse wesentlich zu verbessern. Folgende Zahlen nach G. Neumann[1] zeigen dies an einem Eisen mit:

3,4% Ges.-C; 0,48% geb. C; 1,69% Si; 0,83% Mn; 0,42% P; 0,08% S.

Probe	Vor dem Vergüten		Nach dem Vergüten (bei 850° abgeschr. und auf 600° angelassen)	
	Härte[2]	Zugfestigkeit kg/mm²	Härte[2]	Zugfestigkeit kg/mm²
1	218	18,0	266	20,9
2	217	18,5	231	21,7
3	207	19,8	241	18,5
4	204	19,3	252	21,7
5	197	—	243	18,1

Die an höhergekohlten oder grobgraphitischen Eisensorten erzielten Festigkeitssteigerungen durch den Zusatz von Spezialelementen erreichten prozentual durchschnittlich den Wert von rd. 50% für Zug- und Biegefestigkeit und gingen in einzelnen Fällen, z. B. bei gleichzeitigem Zusatz von Nickel und Chrom auf Werte bis 120% herauf. Diese prozentualen Festigkeitssteigerungen wollen aber nicht viel besagen, da die absoluten Zahlen in den meisten Fällen weit hinter denjenigen Werten zurückblieben, welche man ohne jeglichen Legierungszusatz lediglich durch eine Kohlenstofferniedrigung oder Graphitverfeinerung erreicht hatte[3].

[1] Stahleisen Bd. 47, S. 1606/09. 1927. — Vgl. a. Guillet: Comptes Rendus Bd. 175. S. 27/29. 1922.

[2] Mittel aus je 3 bis 5 Versuchen.

[3] Piwowarsky, E.: Die Gußeisenveredelung durch Legierungszusätze. Stahleisen Bd. 45, S. 289/97. 1925; Foundry Trade J. Bd. 31, S. 517/22. 1925; vgl. a. Gieß. Bd. 12,

So untersuchte E. Piwowarsky den Einfluß verschiedener Legierungselemente (Ni, Cr, W, Mo, Va, Ti, Co usw.) und fand als Höchstwerte Zugfestigkeiten von 32,5 kg/mm² (an einem Cr-Ni-legierten Eisen mit 3,27% C; 1,26% Si; 0,37% Cr; 0,21% Ni) und Biegefestigkeiten von 52 kg/mm² (an einem vanadinlegierten Eisen mit 3,95% Ges.-C; 1,7% Si; 0,95% V). Kobalt scheidet anscheinend seiner härtenden[1] Wirkung wegen als veredelndes Element aus; ähnliches gilt für Chrom allein, während in Verbindung mit Nickel der günstige Einfluß des Chroms auf die Verfeinerung des Gefüges (insbesondere der perlitischen Grundmasse) mit Vorteil nutzbar zu machen ist. Titan und Aluminium sind in ihrer Wirkung etwas unsicher, immerhin aber mit Vorteil zu verwenden, während sowohl an das Vanadin als auch an Molybdän und Wolfram (evtl. in Verbindung mit Vanadin) ganz besondere Erwartungen zu knüpfen sind.

Zahlentafel 111. Einfluß von Uran auf Grauguß (n. H. S. Foote).

Probe Nr.	1	2	3	4	5	6
Uranzusatz zgs.	0,0	0,1	0,2	0,3	0,4	0,5
„ gef.	0,0	0,07	0,18	0,21	0,22	0,26
Geb. Kohle	0,71	0,74	0,62	0,66	0,69	0,65
Graphitgehalt	2,59	2,56	2,70	2,70	2,67	2,67
Gesamtkohle	3,30	3,30	3,32	3,36	3,36	3,32
Silizium	1,67	1,68	1,70	1,77	1,75	1,72
Mangan	0,32	0,30	0,32	0,36	0,31	0,27
Schwefel	0,11	0,10	0,09	0,09	0,07	0,08
Phosphor	0,56	0,53	0,55	0,52	0,54	0,56
Zerreißfestigkeit kg/mm²	19,59	21,64	21,61	21,61	21,04	21,19
Biegelast kg, ⌀ 3,0 cm, Aufl.-Entf. 60,0 cm	621,7	686,0	707,0	681,4	684,4	677,8
Brinellhärte der auf Schreckplatte gegossenen Proben	262	477	418	418	418	387
Nicht abgeschreckte Probe	187	187	196	187	196	196

Zusätze bis 0,5% Uran[2] bewirkten bei einem Eisen mit ca. 3,3% C und 1,7% Si eine 8 bis 10 proz. Erhöhung der Zerreiß- und Biegefestigkeit (vgl. Zahlentafel 111) bei schwacher Härtesteigerung (von 187 auf 196). Der Karbidgehalt wurde kaum beeinflußt. Dagegen soll Uran das Eisen reinigen und auch ein dichteres Korn verursachen, sowie sehr saubere und scharfkantige Gußstücke ergeben. Nach O. Smalley[3] hat dagegen Uran bis 0,2% (als 41 proz. Ferro-Uran zugesetzt) keinen Einfluß auf den Flüssigkeitsgrad, die Schwindung, die Zug- und Biegefestigkeit. Das gleiche fand Smalley für Kalzium und Zirkon. Magnesium zusätze, die übrigens von heftigen Reaktionen begleitet sind, ließen keine Rückwirkung auf die physikalischen Eigenschaften erkennen, machten jedoch das Eisen hart. Cerzusätze ergaben keinen Einfluß auf die Reinigung des Eisens, seine Schwindung und Biegefestigkeit.

S. 667/68. 1925. Smalley, O.: Der Einfluß von Sonderelementen auf Gußeisen. Foundry Trade J. Bd. 27, S. 519/23. 1922; Bd. 28, S. 3/6. 1923; vgl. a. Stahleisen Bd. 44, S. 498/500. 1924. Piwowarsky, E.: Über Titan im Grauguß. Stahleisen Bd. 43, S. 1490/94. 1923. Bauer, O. und E. Piwowarsky: Der Einfluß eines Nickel- und Kobaltzusatzes auf die physikalischen und chemischen Eigenschaften des Gußeisens. Stahleisen Bd. 40, S. 1300/02. 1920. Piwowarsky, E. und K. Ebbefeld: Über die Veredelung des Gußeisens durch Nickelzusatz. Stahleisen Bd. 43, S. 967/68. 1923. Everest, A. B.: The Influence of Aluminium on an Iron-carbon-alloy. Foundry Trade J. Bd. 36, S. 169/73. 1927. Kent Smith, J.: Vanadium in Iron Foundry. Foundry Trade J. Bd. 28, S. 52/53. 1923.

[1] Bei größeren Zusätzen (1 bis 3%) scheint nach neueren Beobachtungen des Verfassers das Kobalt eine graphitfördernde, weichmachende Wirkung auszuüben.

[2] Foote, H. S.: Foundry Bd. 52, S. 105/06. 1924.

[3] Engg. Bd. 114, S. 277. 1922; Stahleisen Bd. 43, S. 564. 1923.

Natrium findet sich mitunter in gebrauchten gußeisernen Elektroden bei der Aluminiumelektrolyse aus Bauxit, wobei bekanntlich Kryolith (AlF_6Na_3) als Lösungsmittel für die Tonerde gebraucht wird. Auch bei der Elektrolyse von Natriumchlorid in gußeisernen Töpfen wird dieselbe Beobachtung gemacht. Die blank polierte Schliffläche eines solchen Gußeisens überzieht sich an der Luft bald mit einem weißen Belag aus Natriumhydroxyd oder Karbonat, der auch nach wiederholter Entfernung immer wieder auftritt. Ob das Natrium in diesen Gußeisenstücken legiert oder mechanisch eingeschlossen ist, ist noch nicht bekannt. Bemerkenswert sei die Tatsache, daß derartige natriumhaltige Gußeisenstücke auch nach monatelangem Liegen nicht rosten[1].

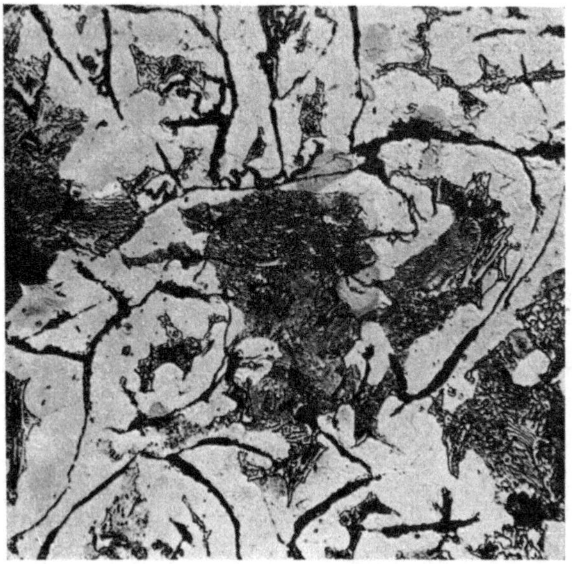

Abb. 253. Schliffbild aus einem 30 mm Probestab von Abflußröhreneisen. Pikrinsäureätzung × 200.

Blei ist im Gußeisen noch nicht nachgewiesen worden; doch neigen aus bleihaltigen Erzen erschmolzene Roheisensorten bei der erstmaligen Erstarrung zur Blasenbildung und zur Ausbildung schwarzer (Graphit-)Nester. Lentze[2] und Piwowarsky konnten am Gußeisen, dem im Schmelzfluß Blei zugesetzt war, auch eine bemerkenswerte Neigung zu erhöhter Karbid-(Perlit-)Bildung feststellen (vgl. Zahlentafel 112 und 113 sowie Abb. 253 und 254). Im erstarrten Grauguß war auch hier kein Blei nachweisbar. Der Einfluß erhöhten Perlitgehalts konnte sich auch auf die Festigkeitseigenschaften infolge vermehrter Fehlstellen im Guß nicht voll auswirken. Der Kupferzusatz in Versuchsreihe II (Zahlentafel 113) erfolgte, um bei der teilweisen Löslichkeit des Kupfers sowohl im Blei als im Eisen eine Löslichkeit des festen Eisens für Blei zu erzwingen, was jedoch nicht gelang.

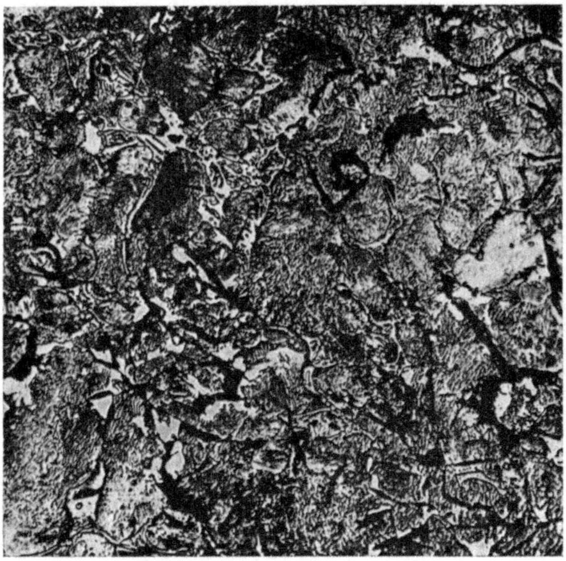

Abb. 254. Wie Abb. 253 jedoch vor dem Abgießen in der Scherpfanne 2,5% Blei zugesetzt. Pikrinsäureätzung × 200.

[1] Mitt. v. F. Rapatz an den Werkstoffausschuß des V. d. E.

[2] Lentze: Dissertation Aachen 1928; Gieß. demnächst.

Zahlentafel 112.
Versuche mit Zusatz von 1 kg Blei auf 35 kg flüss. Eisen.

Vers.-Nr.	Guß-nummer	Si %	Mn %	P %	S %	Ges.-C %	geb. C %	Pb im Guß %	Gießtemperatur °C	K_b kg/mm²	Durchbiegung mm	K_z kg/mm²	Brinellhärte	Anzahl d. Stäbe mit schw. Stell. im Bruch 1)	2)
1	1	2,22	0,51	1,02	0,096	3,32	0,26	—	—	31,4[3])	8,6[3])	14,5	233	1	
	1a (Pb)	2,17	0,46	1,04	0,092	3,33	0,54	0,00	—	(24,9)	(6,4)	14,7	262	3	
2	2	2,20	0,48	1,10	0,106	3,42	0,47	—	1205	30,1	8,2	14,3	219	1	
	2a (Pb)	2,22	0,47	1,11	0,106	3,34	0,67	0,00	1205	29,3	7,9	14,3	262	3	1
3	3	2,55	0,47	1,20	0,094	3,22	0,14	—	1200	28,1	6,9	14,4	208	1	
	3a (Pb)	2,57	0,47	1,17	0,092	3,28	0,57	0,00	1215	30,7	8,1	16,5	280	1	
4	4	Analysen nicht durchgeführt							1290	30,5	8,5	14,8	200	0	
	4a (Pb)								1285	28,4	7,1	16,8	278	3	
5	5	Analysen nicht durchgeführt							1235	27,6	7,3	14,8	207	0	
	5a (Pb)								1225	27,3	7,8	15,8	253	1	
	1 bis 5 ohne Pb im Durchschnitt									29,1	7,9	14,6	213	3	
	1a bis 5a mit Pb im Durchschnitt									28,9	7,7	15,6	267	10	

1) Biegeversuche. 2) Zerreißversuche.
3) Für die Berechnung der Durchschnittswerte nicht berücksichtigt, da die entsprechenden Vergleichszahlen nicht verwendbar waren.

Zahlentafel 113. Versuche mit Zusatz von $^1/_2$ kg Pb + 50 g Cu auf 35 kg flüss. Eisen.

Vers.-Nr.	Gußnummer	Si %	Mn %	P %	S %	Ges. C %	geb. C %	Pb im Guß %	Cu %	Gießtemperatur in °C	K_b kg/mm²	Durchbiegung mm	K_z kg/mm²	Brinellhärte	Anzahl der schw. Stellen im Bruch 1)	2)
6	6	2,42	0,56	1,09	0,096	3,32	0,22			1250	28,7	7,2	15,8	218	1	—
	6a (Pb + Cu)	2,41	0,54	1,09	0,081	3,32	0,51	0,00	0,144	1240	30,4	8,1	17,0	273	0	—
7	7	2,20	0,54	0,972	0,096	3,43	0,62			1260	32,2	8,8	15,7	268	0	—
	7a (Pb + Cu)	2,22	0,52	0,984	0,060	3,43	0,59	0,00	0,160	1240	27,8	7,2	16,4	265	1	—
8	8	2,31	0,47	1,06	0,118	3,40	0,50			1260	30,7	8,8	15,9	248	0	—
	8a (Pb + Cu)	2,31	0,49	1,07	0,134	3,34	0,66	0,00	0,158	1250	28,6	7,7	16,5	280	1	—
9	9	Analysen nicht durchgeführt								1250	30,9	8,2	16,8	268	0	—
	9a (Pb + Cu)									1245	27,7	7,5	16,9	287	1	—
10	10	Analysen nicht durchgeführt								1210	28,0[3])	6,4[3])	17,0	232	1	—
	10a (Pb + Cu)									1210	(24,9)	(6,4)	17,7	280	3	—
	6 bis 10 ohne Pb durchschnittlich										30,6	8,2	16,2	247	2	—
	6a bis 10a mit Pb durchschnittlich										28,6	7,6	16,9	277	6	—

1) Biegeversuche. 2) Zerreißversuche.
3) Diese Werte sind bei der Berechnung des Mittelwertes nicht berücksichtigt, da die entsprechenden Vergleichszahlen nicht verwendbar waren.

Über den Einfluß von Arsen laufen zur Zeit noch Versuchsreihen des Verfassers, aus denen schon heute hervorzugehen scheint, daß bei Abwesenheit von Antimon, Zinn u. dgl. Arsengehalte bis herauf zu einigen Zehntelprozent kaum nachteilig sind, wenn der anwesende Schwefelgehalt den Betrag von 0,10 bis 0,15% nicht übersteigt.

Am umfangreichsten ist die Literatur über den Einfluß von Nickel bzw. Nickel und Chrom auf Gußeisen[1]. Um nun den Einfluß dieser beiden, aus Erwägungen der Edelstahlmetallurgie heraus offenbar aussichtsreichen Zusatzelemente auf die mechanischen Eigenschaften eines solchen Gußeisens nachzuprüfen, dem man durch eine geeignete Behandlung das Optimum der nach technischem Ermessen überhaupt zu erwartenden mechanischen Güte vermittelt hat, wurde von E. Piwowarsky[2] der Weg beschritten, ein sehr heiß erschmolzenes Eisen zunächst vorwiegend weiß zur Erstarrung zu bringen und es erst durch eine nachfolgende Temperung so zu graphitisieren, daß es:

1. den elementaren Kohlenstoff in denkbar feinster und günstigster Anordnung,
2. eine möglichst feinkörnige sorbo-perlitische Grundmasse enthielt.

Hierbei sollte auch der Einfluß von Nickel und Chrom auf die thermische Vergütbarkeit des Gußeisens besonders berücksichtigt werden. Die Gattierung der Schmelzen mußte demnach so eingestellt werden, daß durch beschleunigte Erstarrung und Abkühlung das Eisen vorwiegend weiß erstarrte, dennoch aber so viel Silizium enthielt, daß durch eine möglichst kurze nachfolgende Temperung bei nicht zu hoher Temperatur ein vollkommener Zerfall des übereutektoiden Kohlenstoffs zu erwarten war, da ja eine längere Temperzeit insbesondere bei zu hoher Temperatur die Vorteile des feinen primären Gefüges möglicherweise wieder beseitigt hätte. Der Siliziumgehalt sollte jedoch auch nicht so hoch sein, um bei der Abkühlung nach erfolgter Temperung bereits größere Mengen von Ferrit entstehen zu lassen. Dies war zu erreichen, wenn ein auf grau bis meliert gattiertes Eisen durch künstlich beschleunigte Abkühlung meliert bis weiß zur Erstarrung gebracht wurde.

Für die vorliegenden Versuche wurden zwei Hauptversuchsreihen vorgesehen, und zwar eine kohlenstoffreichere, aber siliziumärmere (mit A bezeichnet), sowie eine kohlenstoffärmere, aber siliziumreichere (mit B bezeichnet).

Innerhalb jeder dieser Reihen wurden Schmelzen ausgeführt ohne Nickel sowie solche, welche auf 1% Ni bzw. 3% Ni sowie auf 3% Ni + 0,5% Cr im Endprodukt eingestellt waren. Als Ausgangsstoff für alle Schmelzen diente eine Gattierung aus deutschem Hämatitroheisen und Flußeisen. Lediglich bei der Schmelze 1 wurden in der Gattierung etwa 10% schwedisches Roheisen verwendet. Die Erhöhung des Siliziumzusatzes in Reihe B wurde durch Zusatz von hochprozentigem Ferrosilizium zur fertigen Schmelze erreicht. Sämtliche Versuchsschmelzen hatten ein Gewicht von etwa 25 kg. Sie wurden in einem innen mit Magnesit ausgestampften Graphittiegel, und zwar in einem ölbeheizten Ofen hergestellt. Die Schmelztemperatur wurde in allen Fällen bis auf etwa 1575° C gesteigert, alsdann der Tiegel aus dem Ofen genommen und die Schmelze vergossen, wenn die Temperatur auf 1400° gesunken war. Die Temperaturmessung geschah optisch (Holborn-Kurlbaum) bzw. durch Einführung von Platin-Platinrhodium-Thermoelementen in die Schmelze zwecks Kontrolle der Temperaturmessung. Von jeder Schmelze wurden 4 Stäbe von etwa 33 mm Durchmesser

[1] Vgl. a. Guillet: Comptes Rendus Bd. 145, S. 552. 1907. — Merica, P. D.: Foundry Trade J. Bd. 30, S. 236/37. 1924. — Wickenden, H. und T. S. Vanick: Trans. Am. Foundrymen's Ass. Bd. 33, S. 347/430. 1926; Foundry Bd. 54, S. 689/90. 1926; Stahleisen Bd. 46, S. 885/86. 1926. — Turner, T. H.: Foundry Trade J. Bd. 35, S. 59/61, 71/73. 1927. — Houston, D. M.: Foundry Bd. 55, S. 399/401, 423/25. 1927. — Everest, A. B., T. H. Turner und D. Hanson: Foundry Trade J. Bd. 37, S. 29/32, 47/49. 1927. — Galibourg, J.: Rev. Mét. Bd. 24, S. 730/39. 1927. — Moldenke, R.: Trans. Am. Min. Met. Eng. Bd. 68, S. 930/52. 1923. Vgl. a. die Literaturzusammenstellung im Bull. of the Brit. Cast Iron Res. Ass. Nr. 8, S. 5. 1925.

[2] Gieß. Bd. 14, S. 509. 1927.

Zahlentafel 114. Einfluß von Nickel und Chrom

1	2	3								
Nr. der Schmelze	Bezeichnung der Schmelze	Chemische Zusammensetzung des Rohgusses in %								
		Ges. C	Graphit	Geb. C	Si	Mn	P	S	Ni	Cr
1	A I A I v	3,26	0,28	1,98	1,57	0,76	0,068	0,014	—	—
2	A II A II v	2,84	0,14	2,70	1,88	0,62	0,092	0,027	—	—
3	A III A III v	2,89	0,21	2,38	1,74	0,60	0,076	0,025	0,89	—
4	A IV A IV v	3,07	0,59	2,48	1,61	0,56	0,083	0,025	2,73	—
5	A V A V v	3,07	0,19	2,88	1,40	0,75	0,052	0,015	2,86	—
6	A VI A VI v	2,86	0,26	2,60	1,74	0,60	0,084	0,024	3,10	0,80
7	B I B I v	2,35	0,37	1,98	2,58	0,60	0,040	0,020	—	—
8	B II B II v	2,26	0,23	2,03	2,49	0,53	0,092	0,03	0,86	—
9	B III B III v	2,32	0,33	1,99	1,96	0,48	0,060	0,032	3,02	—
10	B IV B IV v	2,92	1,54	1,38	2,09	0,55	0,072	0,028	3,17	—
11	B V B V v	2,48	0,35	2,13	2,06	0,52	0,04	0,026	2,80	0,50
12	B VI B VI v	2,42	0,37	2,05	1,70	0,68	0,06	0,016	2,69	0,47

[1] Fehlerfreier Bruch. [2] Kleiner Lunker. [3] Größerer Lunker. [4] Sehr

bei etwa 700 mm Länge abgegossen, und zwar je zwei in eine innen mit Ton ziemlich stark ausgeschlichtete eiserne Kokille, welche in allen Fällen auf 100° vorgewärmt war; die beiden letzten Stäbe wurden in eine getrocknete Sandform gegossen[1]. In allen Fällen wurde von oben gegossen. Die in Kokille gegossenen Stäbe wurden in einem gasbeheizten Muffelofen schnell auf etwa 925 bis 950° C erhitzt. Sobald sie diese Temperatur erreicht hatten, wurde der Ofen abgestellt, und die Probe der Abkühlung überlassen. Die Hälfte dieser Kokillenstäbe wurde im Anschluß daran nochmals auf 20 bis 30° oberhalb des A_3-Punktes erhitzt und in Öl abgeschreckt. Die Härtetemperatur schwankte je nach Zusammensetzung der Proben zwischen 820 und 850°. Die abgeschreckten Proben wurden eine halbe Stunde bei 650° angelassen, nochmals in Öl abgeschreckt und alsdann zur Be-

[1] Die in Sand gegossenen Stäbe zeigten durchweg eine eutektische bis temperkohleartige Gefügeausbildung und ergaben Biegefestigkeiten von etwa 48 bis 65 kg/mm² bei Zugfestigkeiten von 28 bis 36 kg/mm². Da diese Schmelzen nicht desoxydiert worden waren, infolgedessen auch an die besten im Sandguß bisher durch Schmelzüberhitzung erreichten Werte (bis etwa 75 kg/mm² Biegefestigkeit bei 36 bis 42 kg/mm² Zugfestigkeit) nicht herankamen, so wurden sie für die Behandlung des vorliegenden Themas aus der Betrachtung völlig ausgeschieden.

auf hochwertiges Gußeisen (Piwowarsky).

4			5			6			7
Chem. Zusammensetzung nach der Wärmebehandl. in %			Biegefestigkeit			Zerreißfestigkeit			Härte in B. E.
Ges.-C	Graphit	Geb.-C	kg/mm²	Durchbiegung mm	Bruchaussehen	kg/mm²	Stab-∅ mm	Bruchaussehen	
3,03	2,34	0,69	87,0	39,5	2	44,5	5	2	240
2,38	1,78	0,60	90,5	32,3	3	51,7	20	2	249
2,80	2,07	0,73	85,6	38,8	1	30,9 ?	20	4	238
2,82	2,37	0,45	—	—	—	36,9 ?	20	4	167
2,56	1,98	0,58	90,3	38,8	1	24,3 ?	20	4	263
2,67	1,94	0,73	75,8	19,0	3	26,8 ?	20	4	255
—	—	—	—	—	—	31,7 ?	20	4	—
—	—	—	93,4	22,5	3	57,2	5	3	—
2,89	2,18	0,71	90,2	24,2	2	40,7 ?	20	4	263
—	—	—	87,4	23,5	3	42,8 ?	20	4	273
2,82	1,85	0,97	100,0	30,2	2	69,4	5	2	300
—	—	—	102,0	15,6	2	71,4	5	1	300
2,28	1,43	0,85	99,25	43,2	2	38,5	20	3	238
2,25	1,43	0,82	90,7	26,0	2	28,8	20	3	233
2,16	1,38	0,78	—	—	—	—	—	—	—
2,26	1,50	0,76	104,0	28,5	1	33,5	20	3	225
2,01	1,43	0,58	58,3 ?	10,9	3	—	—	—	257
2,24	1,77	0,47	106,0	32,0	3	37,4	20	4	246
2,92	2,72	0,20	81,8	8,0 ?	3	39,4	20	2	218
—	—	—	71,7	15,6	2	33,7	20	3	183
—	—	—	—	—	—	75,7	5	2	292
—	—	—	102,3	27,5	2	67,3	5	2	285
2,41	1,46	0,95	119,6	28,7	1	60,0	5	2	303
—	—	—	128,6	37,2	2	56,7	5	2	316

großer Lunker.

seitigung evtl. Härtespannungen nochmals 15 Min. bis auf 450° erhitzt und abgekühlt.

Für die mechanische Prüfung wurden alle Stäbe auf 30 mm Durchmesser abgedreht. Das Ergebnis der Untersuchung ist in Zahlentafel 114 zusammengestellt. Es geht hieraus zunächst hervor, daß durch das hier angewendete Schmelzverfahren und die nachfolgende thermische Behandlung tatsächlich außerordentlich hohe Biegefestigkeiten erzielt worden sind, welche vielleicht noch höher ausgefallen wären, wenn dem Desoxydationsvorgang und der Bekämpfung der noch weiter unten erwähnten Lunkererscheinung mehr Sorgfalt gewidmet worden wäre. Zu beachten ist, daß den hohen Biegefestigkeiten sehr große Werte für die Durchbiegung eigen sind. Bedenkt man, daß für die Normalbiegeprobe bei einem Stabdurchmesser von 30 mm Durchmesser und der Auflageentfernung gleich dem 20fachen Wert des Durchmessers an gutem Grauguß Durchbiegungen von 10 bis 15 mm üblich und normal sind, so müssen die Werte für die Durchbiegung von 20 bis etwa 45 mm als außergewöhnlich hoch angesprochen werden. Sie beweisen die hohe Zähigkeit und Elastizität des Materials. Leider gelang es, wie bereits erwähnt, bei diesen phosphorarmen Versuchsreihen noch nicht völlig, den durch die weiße bzw. melierte Erstarrung und die großen Stabdurchmesser begünstigten Lunker zu beseitigen. Es wurde demnach in der Spalte 5 der Zahlentafel 114 durch entsprechende Zeichen zum Ausdruck gebracht, ob der Bruch fehlerfrei war, einen geringen oder einen starken Lunker aufwies. Beachtet man, daß nur wenige Werte als lunkerfrei gekennzeichnet sind, so überrascht es, daß trotz dieser Fehlerscheinung noch so hohe Biegewerte zustande kamen. Das dürfte seinen Grund wohl darin haben, daß beim Biegeversuch die neutrale Faser ja verhältnismäßig wenig an der Beanspruchung teilnimmt, der Lunker aber meistens zentral angeordnet ist. Dagegen machte sich beim Zugversuch der Einfluß des Lunkers um so unangenehmer bemerkbar. Für die Zerreißprobe waren ja die Bruchstücke

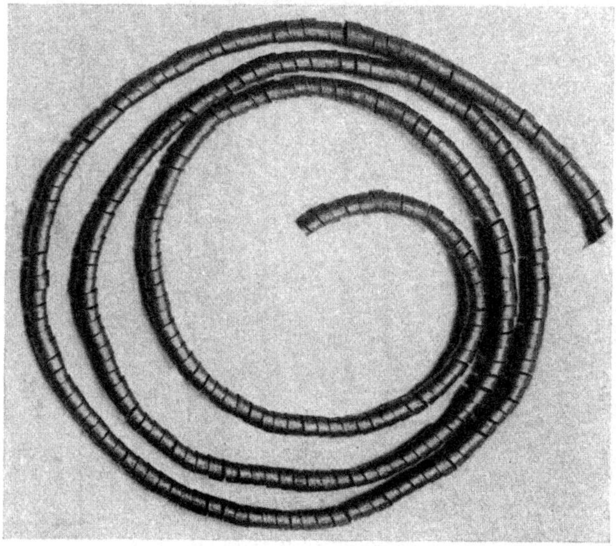

Abb. 255. Aussehen und Elastizität der Drehspäne (Originalgröße).

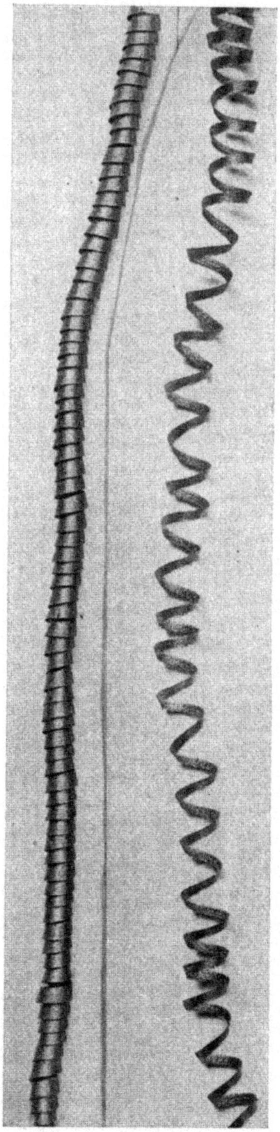

Abb. 256. Aussehen der Späne bei kleinem (oben) und großem (unten) Vorschub.

vom Biegeversuch verwendet worden. Sie waren bis auf 20 mm Durchmesser abgedreht worden, um den Zerreißstäben konusartige Verdickungen an den Stabenden geben zu können. Es zeigt demnach die Überzahl aller Zerreißstäbe viel zu geringe Werte, da trotz der Schwächung durch den Lunker die maximale Belastung auf den ganzen Querschnitt bezogen wurde. Immerhin geht aus den Zahlen für die Zerreißfestigkeit hervor, daß wir bei halbwegs einwandfreien Stäben mit Zerreißfestigkeiten von über 50 kg/mm² hätten rechnen können. Um dies zu beweisen, wurden von einigen Stäben, bei denen die Lunkerausbildung nicht so stark war, aus dem seitlichen einwandfreien Teil des Stabes kleine Zerreißstäbe von 5 mm Durchmesser (ebenfalls mit konusartigen Verdickungen an den Stabenden) hergestellt. Man sieht aus Zahlentafel 114, daß diese Stäbe Zugfestigkeiten bis etwa 75 kg/mm² zeigten, selbst dann, wenn auch diese Stäbchen noch einen kleinen Fehler im Bruch aufwiesen. Im übrigen konnte bei den meisten dieser kleinen Zerreißproben eine Dehnung von 2 bis 4% beobachtet werden. Die Brinellhärte fast aller Legierungen ist ziemlich hoch. Sie

Abb. 257. Bruchstücke vom Biegestab der Schmelze B VI. × 1,5.

schwankt zwischen etwa 200 bis 300 B.E. Trotz dieser hohen Härtezahlen ließen sich sämtliche Stäbe mit einfachen Drehmessern sehr gut bearbeiten und zeigten gegenüber normalem Gußeisen keine merkbare Erhöhung des Schneidwiderstandes. Die Bearbeitung ergab zusammenhängende Drehspäne von 3 bis 5 m Länge, welche auch bei Steigerung des Vorschubs erhalten blieben. Abb. 255 und 256 geben das Aussehen derartiger Drehspäne wieder. Aus den Zahlen für die Biegefestigkeit, zum Teil auch aus den Zahlen für die Zerreißfestigkeit der verschiedenen Proben geht hervor, daß ein Nickelzusatz offenbar einen wohltuenden, wenn auch nicht sehr starken Einfluß auf die mechanischen Eigenschaften ausübt, daß dagegen Nickel in Verbindung mit Chrom die mechanischen Eigenschaften selbst dieses hochwertigen Eisens in der kohlenstoffreichen Serie A um 10 bis 20%, in der kohlenstoffarmen Serie B um etwa 10 bis 30% zu erhöhen vermag. Die vergüteten Proben, welche in der Spalte 2 der Zahlentafel 114 mit dem Buchstaben v gekennzeichnet sind, zeigen jedoch gegenüber den unvergüteten keine bemerkenswerte Steigerung der mechanischen Eigenschaften mehr. Dies ist an und für sich auffällig, läßt sich aber wie folgt erklären. Die Korngröße der Grundmasse und die Ausbildungsform des durch die Glühbehandlung ausgeschie-

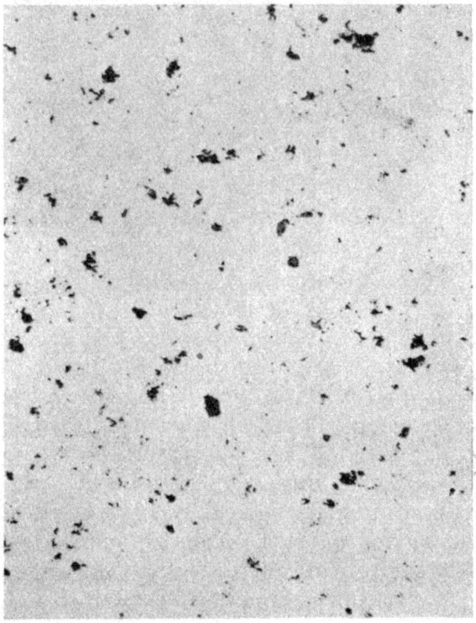

Abb. 258. Graphitausbildung von Schmelze A VI, ungeätzt. × 100.

denen elementaren Kohlenstoffs ist durch die erwähnte thermische Behandlung (Kokillenguß) so fein, daß ein anschließender Vergütungsprozeß die Korngröße nicht mehr wesentlich zu verfeinern vermag, vielmehr lediglich die sorbo-perlitische Grundmasse in körnigen Perlit von außerordentlicher Feinheit des koagulierten Zementits überführt. Tatsächlich konnte bei den in Sand abgegossenen Proben durch eine gleichartige Behandlung noch eine Festigkeitssteigerung um etwa 10 bis 15% beobachtet werden, die zwar nicht groß ist, aber sicher vorhanden war. Unter den zunächst in Kokille abgegossenen Stäben zeigten dagegen lediglich die Chrom- und Nickelführenden Schmelzen eine kleine Erhöhung der mechanischen Güteziffern (vgl. die Schmelzen 6 und 12 der Zahlentafel 114) durch den Vergütungsprozeß.

Das Bruchgefüge eines großen Teiles der Schmelzen, insbesondere aber der nickel- und chromhaltigen, war so feinkörnig, daß dieses Material nur durch ein

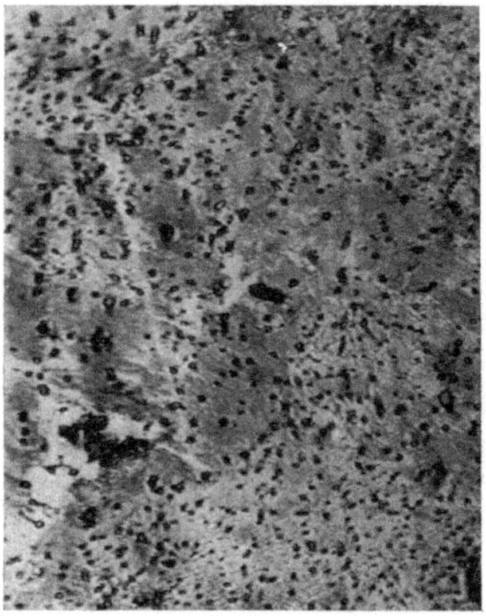

a) × 500

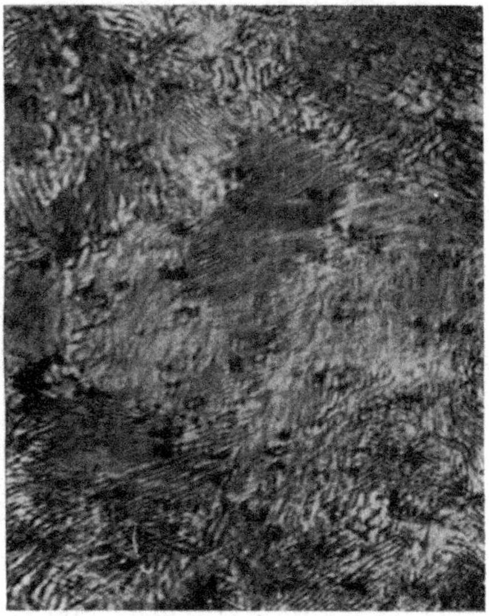

b) × 1000

Abb. 259a und b. Gefüge der Schmelze 7 (Ätzung II).

geübtes Auge von gehärtetem Werkzeugstahl hätte unterschieden werden können. Als Beispiel zeigt Abb. 257 zwei Bruchstücke, welche bei dem schalig oder muschelig erfolgten Bruch eines Biegestabes der Schmelze 12 abgesprungen waren. Die Feinkörnigkeit des Gefüges erinnert tatsächlich an den Bruch eines vorzüglichen (unlegierten) Werkzeugstahles.

Eingangs dieses Aufsatzes war ausgeführt worden, daß die thermische Nachbehandlung absichtlich so eingestellt wurde, daß eine sorbo-perlitische Grundmasse mit fein verteiltem elementaren Kohlenstoff sich einstellen mußte. In der Tat zeigten alle Schliffbilder im ungeätzten Zustand eine Ausbildungsform des elementaren Kohlenstoffs von einer Größenordnung, wie er z. B. durch Abb. 258 in 100facher Vergrößerung wiedergegeben worden ist. Einige Stäbe zeigten neben dem elementaren Kohlenstoff gemäß Abb. 258 stellenweise noch sehr gleichmäßig über die sorbo-perlitische Grundmasse verteilten elementaren Kohlenstoff von einem so großen Feinheitsgrad, daß eine 500fache Vergrößerung zu seiner Identifizierung nötig war. Dies geht aus Abb. 259a und b hervor. Diese Bilder geben das Gefüge der Schmelze 7 in 500- bis 1000facher Vergrößerung wieder.

Man sieht, daß es sich auch hier wirklich um eine sorbo-perlitische Grundmasse handelt, da selbst bei 1000facher Vergrößerung noch manche Perlitfelder nicht aufgelöst werden konnten, was insbesondere bei den Chrom und Nickel enthaltenden Schmelzen der Fall war.

Es sei allerdings darauf hingewiesen, daß es sich hier eigentlich nicht um Grauguß, sondern um eine Art Temperguß handelt. Jedenfalls scheint es, daß Nickel insbesondere in Verbindung mit mäßigen Gehalten an Chrom die mechanischen Eigenschaften des auch sehr hochwertigen Gußeisens zu verbessern imstande ist, wenngleich der Gewinn nicht sehr groß sein und 20 bis 30% kaum übersteigen wird. Um die stark härtende Wirkung des Chroms auszugleichen, wird gewöhnlich ein Mehrfaches des Chromanteils an Nickel gesetzt, mindestens aber der doppelte Betrag. So fanden z. B. Wickenden und Vanick[1] die höchste Biegefestigkeit bei 0,76% Ni und 0,32% Cr, während die Zugfestigkeit mit zunehmendem Verhältnis Nickel zu Chrom noch weiterhin stieg bis zu einem Höchstwert bei 1,2% Ni und 0,4% Cr bei einem Siliziumgehalt von 2%. Nach R. S. Poister[2] ist aber auch ein erhöhter Siliziumgehalt imstande, die härtende Wirkung des Chroms aufzuheben und die verfestigende Wirkung des letzteren zur Geltung zu bringen. Poister empfiehlt auch die Verwendung des Chroms bei der Herstellung von Automobilzylindern, Mahlkugeln usw. der Steigerung der Verschleißfestigkeit wegen.

Überhaupt scheint es, daß der Rückwirkung der Spezialelemente auf die physikalischen oder chemischen Eigenschaften des Gußeisens eine höhere Bedeutung zukommt, als der Rückwirkung auf die rein mechanischen Werte. Was die legierungstechnisch wichtigsten Elemente Chrom und Nickel betrifft, so waren es vor allem die amerikanischen Eisengießereien, welche dem Einfluß derselben auf Dichte, Bearbeitbarkeit, Schreckwirkung usw. seit Jahren ihre Aufmerksamkeit schenkten. Die hohe Bedeutung dieser Zusatzelemente rechtfertigt jedenfalls eine zusammenfassende Behandlung ihres Einflusses auf das Gefüge, sowie die physikalischen und technologischen Eigenschaften des Gußeisens.

Der Einfluß von Nickel[3] und Chrom.

Abb. 260 zeigt zunächst den Einfluß von Nickel, Chrom und Silizium auf den Gesamtkohlenstoffgehalt von Gußeisen. Man sieht hieraus, daß sich das Nickel ähnlich wie Silizium, nur etwas milder auswirkt, während Chrom einen entgegengesetzten Einfluß ausübt. Die in Abb. 260 wiedergegebenen Kurven beziehen sich allerdings nicht ohne weiteres etwa auf eine Verschiebung der Löslichkeitslinien; vielmehr umfassen sie auch den Einfluß der genannten Elemente auf die Karbid- bzw. Graphitbildung, d. h. auf die Neigung eines kohlenstoffgesättigten Gußeisens, den mit sinkender Temperatur der Schmelze zur Ausscheidung gelangenden übereutektischen Kohlenstoff (Karbid bzw. Garschaumgraphit) suspendiert zurückzubehalten bzw. abzustoßen.

---

[1] a. a. O.

[2] Poister, R. S.: Die Wirkungen von Chrom und Nickel auf Gußeisen. Ref. Stahleisen Bd. 43, S. 1828/29. 1927.

[3] Über die Systeme Nickel-Kohlenstoff und Eisen-Kohlenstoff-Nickel vgl. die Arbeit von Tsutom Kasé: Science Rep. Tôhoku Univ. Bd. 14, Nr. 2, S. 173/217. 1925; Ref. Stahleisen Bd. 45, S. 1693. 1925. Danach tritt im System Ni-C ein Eutektikum mit 2,22% C bei 1318° auf. Die Löslichkeitsgrenze für C beträgt 0,55% bei 1318° bzw. 0,25% C bei 0°. Bei Fe-Ni-C tritt nur ein binäres Eutektikum zwischen Fe-Ni und C auf. A_1 wird mit zunehmendem Ni-Gehalt erniedrigt und verschwindet bei 10% Ni. Der Perlitpunkt geht auf 0,32% Kohlenstoff bei 35% Ni zurück.

Abb. 261 zeigt den Einfluß des Nickels auf die Brinellhärte und die Einstellung des Gefüges bei kohlenstoffarmen Legierungen im geschmiedeten Zustand nach den Arbeiten von Guillet[1]. In dieses Diagramm ist gestrichelt der Einfluß des Nickels auf die Brinellhärte eines kohlenstoffreichen grauen Eisens eingezeichnet. Man sieht aus dem Verlauf der Kurve, daß sich der erhöhte Kohlenstoffgehalt in einer Verschiebung der Härtebereiche äußert, welche auch für die Verschiebung der Gefügefelder kennzeichnend sind und zwar in dem Sinne, daß hier bereits bei niedrigeren Nickelgehalten die Neigung zur Martensit- bzw. Austenitbildung einsetzt. Es zeigt demnach in letzterem Falle eine Legierung mit etwa 8% Nickel vollkommene Martensitbildung (Härtemaximum), während im Falle der kohlenstoffarmen Versuchsreihen von Guillet das Maximum der Martensitbildung bei etwa 13 bis 14% Nickel zu beobachten ist. Entsprechend tritt homogene Austenitbildung in dem Fall der kohlenstoffreichen Legierungen bereits bei etwa 14% Nickel auf, während im Fall der kohlenstoffarmen Legierungen homogener Austenit erst bei etwa 22% Nickel auftritt. Abb. 262a bis e zeigt in weitgehender Übereinstimmung mit dem erwähnten Diagramm das

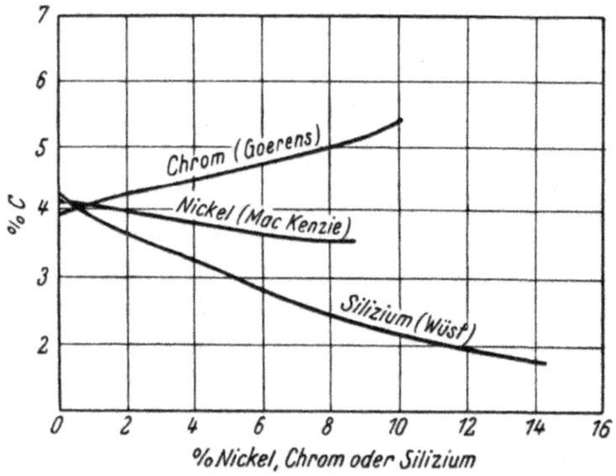

Abb. 260. Einfluß von Nickel, Chrom und Silizium auf den Gesamtkohlenstoffgehalt von Gußeisen.

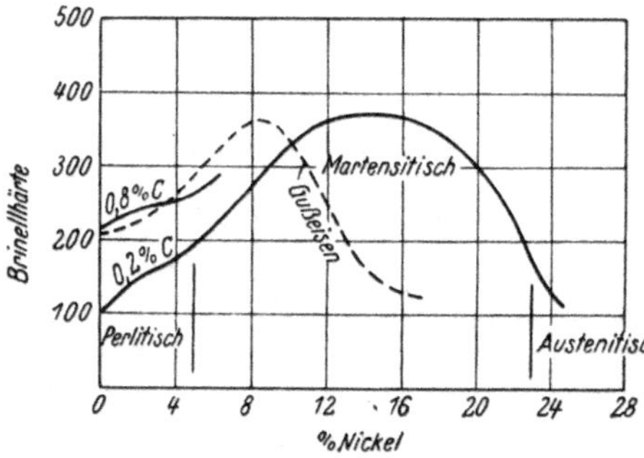

Abb. 261. Einfluß des Nickels auf die Brinellhärte von Stahl (Guillet) und Gußeisen mit 1% Si und 3,4% C.

Gefüge eines Gußeisens mit zunehmendem Nickelgehalt unter gleichbleibenden Abkühlungsbedingungen. Während demnach Nickel den Gesamtkohlenstoffgehalt des Eisens etwas erniedrigt, den Karbidzerfall mäßig begünstigt, also auch dazu neigt, den Perlitanteil im Gefüge etwas zu erniedrigen, ist es bestrebt, die perlitische Grundmasse mehr und mehr in Sorbit bzw. in Martensit über zu führen. Wir erhalten demnach die bemerkenswerte Erscheinung, daß Nickel, obwohl es den Gehalt an geb. Kohlenstoff etwas erniedrigt, dennoch die Härte des Gußeisens nennenswert erhöht (vgl. Abb. 263[2] und 264[3]). Diese merkwürdige Sonderstellung des Nickels tritt deutlicher hervor, wenn man im Vergleich hierzu die Abb. 265 betrachtet, in welcher für die Elemente Silizium und Chrom die eben behandelten Abhängigkeiten dargestellt sind. Man sieht hieraus, daß ein Siliziumzusatz zum Gußeisen sowohl auf den Gehalt an geb. Kohlenstoff als auch auf die Brinellhärte[4] erniedrigend wirkt, während ein Zusatz von Chrom gerade im entgegengesetzten Sinne sich auswirkt. In sehr kohlenstoffreichen Legierungen scheint allerdings ein Nickelgehalt nach anfänglicher Ermäßigung des gebundenen

[1] a. a. O.

[2] Die mit Inco bezeichneten Abbildungen beziehen sich auf Versuchsergebnisse des Forschungslaboratoriums der Intern. Nickel Company in New York.

[3] Vgl. a. Lowry: The Purchasing Agent. Nov. 1924; sowie Campion: Foundry Trade J. Bd. 20, S. 467. 1918.

[4] Allerdings nur in größeren Wandstärken.

Kohlenstoffgehalts wiederum leicht erhöhend auf diesen einzuwirken, wie aus Abb. 266 hervorgeht. Jenes vom Einfluß des Siliziums abweichende Verhalten des Nickels auf Menge und Ausbildungsform des untereutektoiden Karbidgehaltes

a) ohne Nickel. Lam. Perlit. × 500.

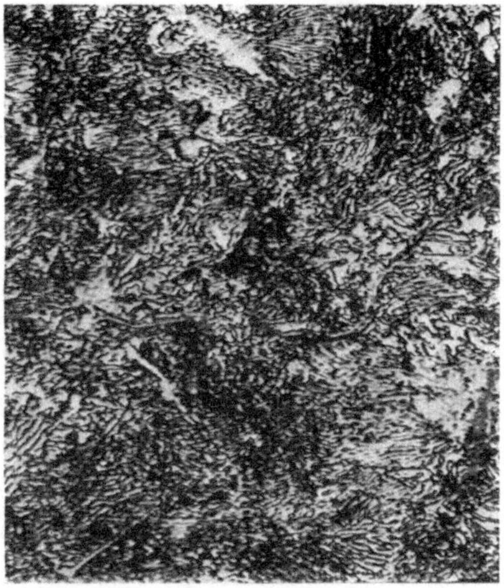

b) mit 1% Nickel. Feinlamellarer Perlit. × 500.

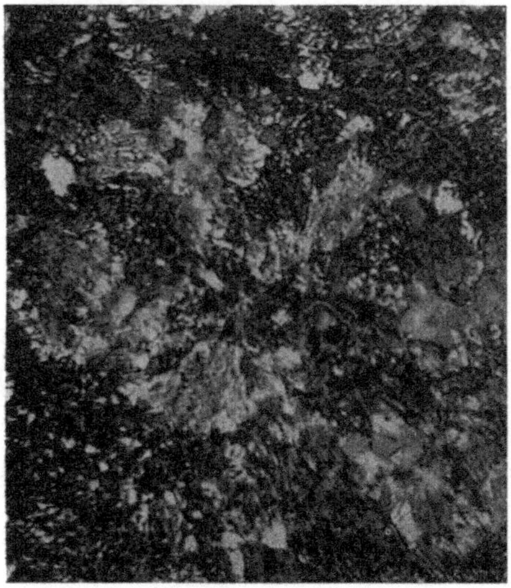

c) mit 4% Ni. Sorbit. × 500.

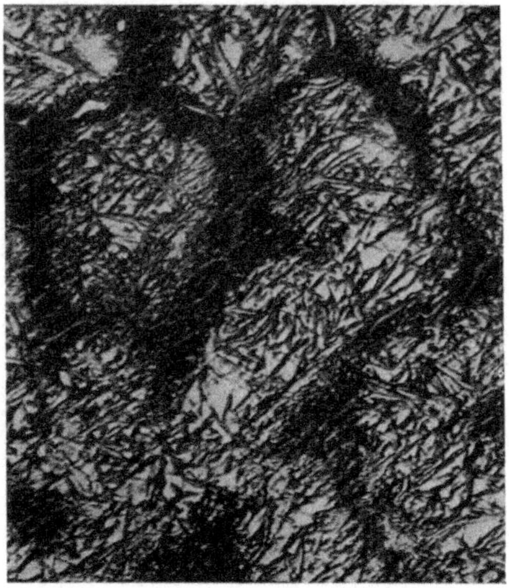

d) mit 8% Ni. Martensit. × 250.

Abb. 262a bis d. Gefüge eines untereutektischen (etwa 3% C) Gußeisens mit etwa 1,1 bis 1,25% Si bei zunehmendem Nickelgehalt. (Ätzung II).

rührt daher, daß durch Silizium der Perlitpunkt stark erhöht wird (vgl. Abb. 42), das Karbid demnach in Temperaturbereichen erhöhter Zerfallsgeschwindigkeit bei mäßiger Unterkühlung (groblamellarer Perlit) aus dem Austenit sich ausscheidet; Nickel hingegen sucht das Existenzgebiet des Austenits zu erweitern, erniedrigt daher den Perlitpunkt, so daß das Karbid in Bereichen verminderter

Zerfallsgeschwindigkeit bei verstärkter Unterkühlung (Sorbit) zur Ausscheidung kommt.

Durch Untersuchungen an kohlenstoffreicheren, aber siliziumarmen Gußeisensorten konnte Piwowarsky[1] feststellen, daß durch einen Nickelzusatz bis zu etwa 1 % die Festigkeitseigenschaften des Gußeisens eine mäßige, etwa 30 %ige Steigerung erfahren. Dies steht in Übereinstimmung mit den Beobachtungen der Versuchsabteilung der Internationalen Nickel Company (vgl. Abb. 267), aus der ebenfalls hervorgeht, daß sich bei kohlenstoffreichen, siliziumärmeren Legierungen der Einfluß des Nickels bis etwa 1 % sehr deutlich bemerkbar macht, von da ab jedoch eine weitere Steigerung der Zugfestigkeit nicht mehr eintritt, während die siliziumreicheren Legierungen einen kontinuierlichen Anstieg der Zugfestigkeit auch im Bereiche höherer Nickelgehalte (bis ~ 5 %) zeigen.

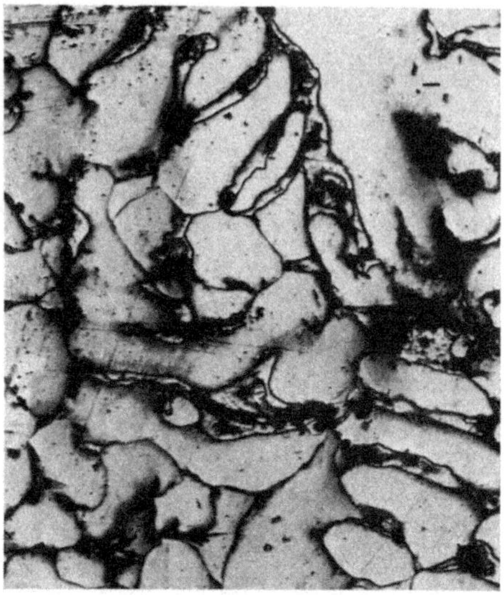

e) mit 19% Ni. Austenit × 250.

Abb. 262 e. Gefüge eines untereutektischen (etwa 3% C) Gußeisens mit etwa 1,1 bis 1,25% Si bei zunehmendem Nickelgehalt. (Ätzung II).

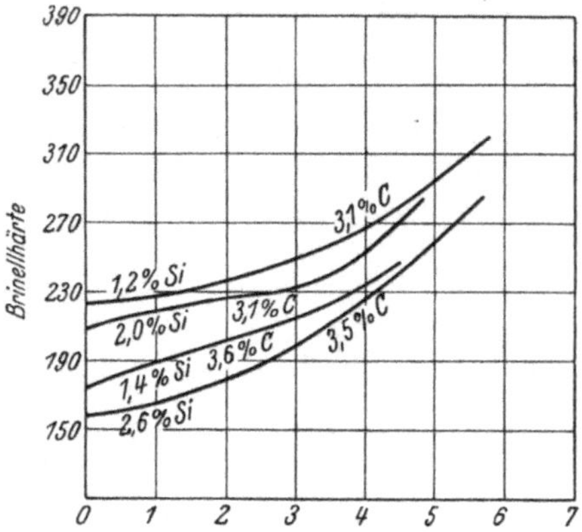

Abb. 263. Einfluß des Nickels auf die Brinellhärte von Graugußproben (Intern. Nickel Comp.).

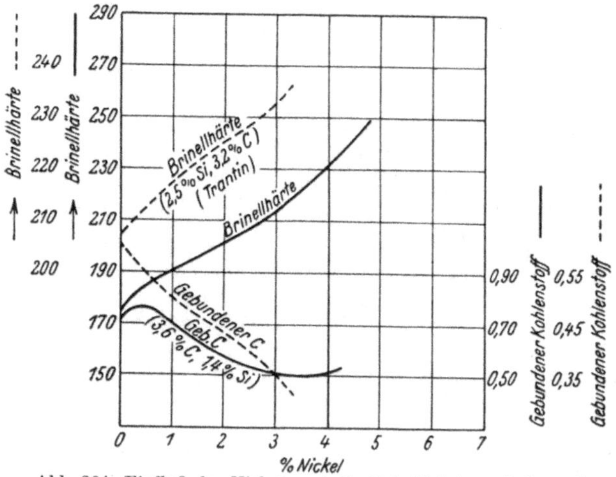

Abb. 264. Einfluß des Nickels auf die Brinellhärte und den geb. Kohlenstoff von Gußeisen.

Im Gegensatz zu den ersten Beobachtungen von Piwowarsky konnten sowohl O. Smalley als auch W. J. Merton eine beachtenswerte Graphitverfeinerung durch den Zusatz von Nickel feststellen. Zu ähnlichen Ergebnissen kam man im Laboratorium der Internationalen Nickel Company. In einer späteren Arbeit konnten Piwowarsky und Freytag[2] feststellen, daß Nickel nur in

[1] Stahleisen Bd. 40, S. 1300. 1920; Bd. 43, S. 967 und 1491. 1923.

[2] Freytag, W.: Das Wachsen von Gußeisen. Dissertation Aachen 1928; Gieß. Bd. 15, S. 1193. 1928.

graphitkeimreichen, also nicht überhitzten Gußeisen mitunter den Graphit vergröbere.

Nickel ist bekanntlich imstande, im Gußeisen einen Teil des Siliziums zu ersetzen, da es ja die Graphitbildung in ähnlichem Sinne beeinflußt. Es ist demnach zweckmäßig, bei größeren Nickelzusätzen einen entsprechenden Abzug vom Siliziumgehalt vorzunehmen, um ein vollkommen graues, gut bearbeitbares und dennoch festes Eisen zu erzielen. In Abb. 268 ist unter mittleren Betriebsverhältnissen einer amerikanischen Gießerei für verschieden kohlenstoffreiche Legierungen das zweckmäßigste gegenseitige Verhältnis zwischen Nickel und Silizium in Abhängigkeit von der Wandstärke übersichtlich zum Ausdruck gebracht. Das aus dem Kurvenverlauf abzuleitende Verhältnis Si : Ni = ~ 1 : 2 wird in den meisten Fällen jedoch nicht ausreichen und es werden vielmehr höhere Ersatzanteile an Nickel nötig sein (1 : 4 bis 1 : 6). Nach anderen Literaturangaben sind z. B. bei einem Eisen mit 2 % Si etwa 1,5 % bei einem solchen mit nur 0,75 % Si etwa 5 % Ni ausreichend, um jede Spur von Zementit verschwinden zu lassen[1]. Nickel ist aber auch imstande, einen Teil des Kohlenstoffs in seiner Wirkung auf die

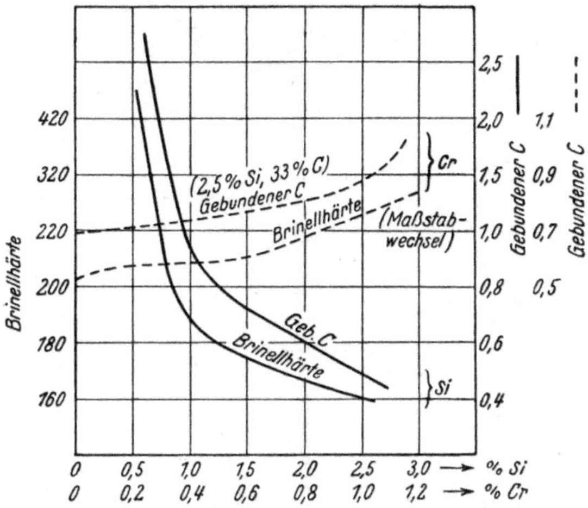

Abb. 265. Einfluß von Silizium und Chrom auf die Brinellhärte und den geb. Kohlenstoff von Gußeisen (Intern. Nickel Comp.).

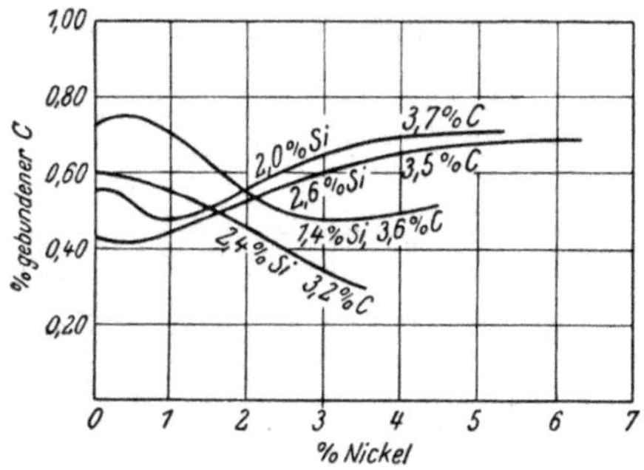

Abb. 266. Der Einfluß des Nickels auf den geb. Kohlenstoffgehalt des Gußeisen (Intern. Nickel Comp.).

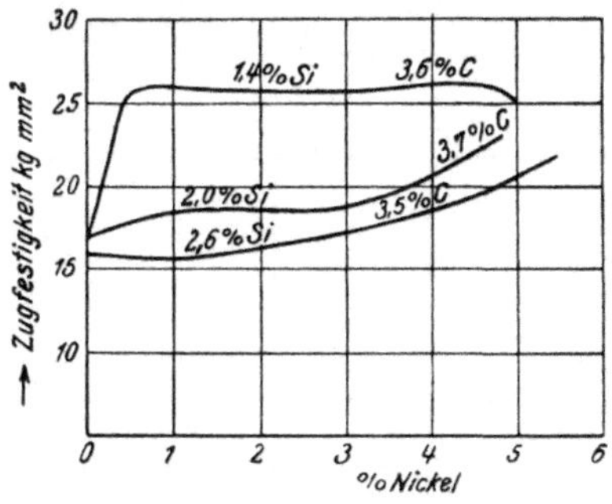

Abb. 267. Einfluß von Nickel auf die Zugfestigkeit von Gußeisen (Intern. Nickel Comp.).

Graphitbildung zu ersetzen. Einige amerikanische Werke berücksichtigen eine Äquivalenz im Betrage:

1 Teil Kohlenstoff = 6 Teile Nickel (innerhalb der normalen Grenzen des Gesamtkohlenstoffgehaltes), so daß man z. B. statt: 2 % Si und 3,25 % Gesamtkohlenstoff setzen könnte:

$$1{,}4\,\%\ \text{Si},\ 3\,\%\ \text{Gesamtkohlenstoff},\ 2{,}70\,\%\ \text{Ni}\ (2 \cdot 0{,}6 + 6 \cdot 0{,}25 = 2{,}70).$$

[1] L'Usine 1927, S. 21; Ref. Gieß. Bd. 14, S. 880. 1927.

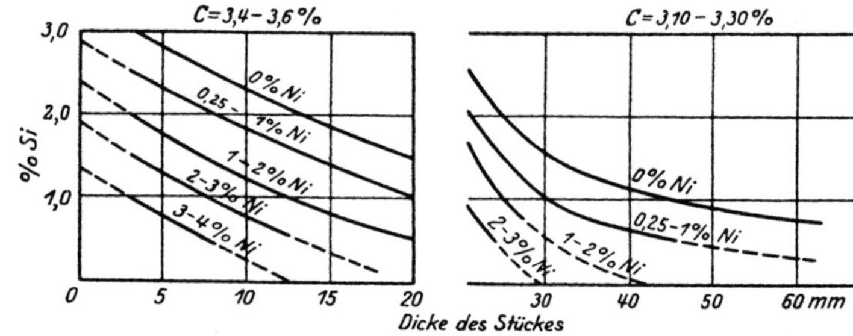

Abb. 268. Erforderliche Silizium- und Nickelgehalte für hochwertige Gußstücke verschiedenen Querschnitts (vollkommen grau).

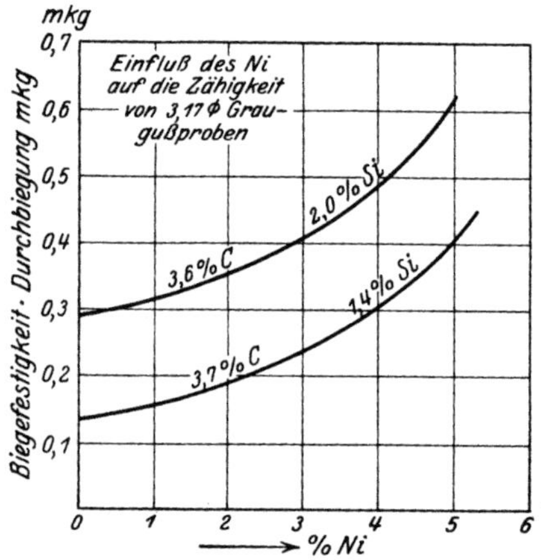

Abb. 269. Einfluß des Nickels auf die Zähigkeit von Grauguß dargestellt durch das Produkt Biegefestigkeit mal Durchbiegung von Stäben der Abmessungen 3 × 18 mm.

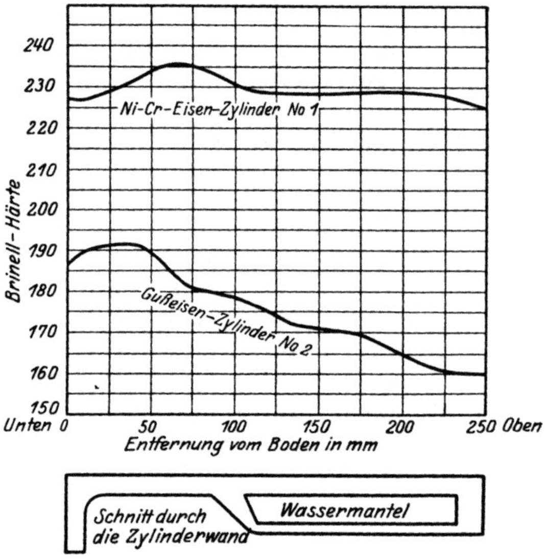

Abb. 270. Beispiel für den Einfluß des Nickels auf die Gleichmäßigkeit des Gefüges von Grauguß (W. E. Day jr.).

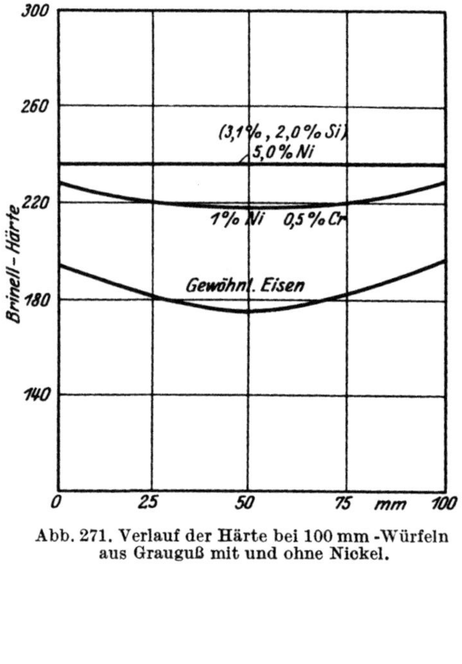

Abb. 271. Verlauf der Härte bei 100 mm-Würfeln aus Grauguß mit und ohne Nickel.

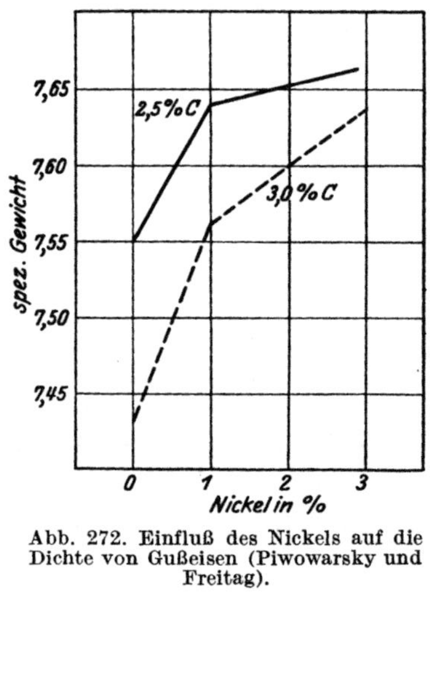

Abb. 272. Einfluß des Nickels auf die Dichte von Gußeisen (Piwowarsky und Freitag).

Ein Nickelzusatz zum Gußeisen erhöht auch die Zähigkeit des Gusses wesentlich. In Abb. 269 ist nach amerikanischen Arbeiten der Versuch gemacht, die Zähigkeit des Gußeisens als Produkt von Biegefestigkeit und Durchbiegung in Abhängigkeit vom steigenden Nickelgehalt zum Ausdruck zu bringen.

Eines der wesentlichsten Merkmale eines Nickelzusatzes besteht darin, daß es die Gleichmäßigkeit des Gefüges begünstigt, insbesondere dort, wo es sich um Gußstücke mit verschiedenen Wandstärken handelt. Abb. 270 gibt einen solchen Fall nach W. E. Day jr. für Zylinderguß[1] wieder, während Abb. 271 nach einer amerikanischen Arbeit die Gleichmäßigkeit des Gefüges und der Härte durch zunehmenden Nickelgehalt klar zum Ausdruck bringt. Zu beachten ist, daß gleichzeitig auch die Dichte des Gusses durch einen Nickelzusatz erhöht wird (vgl. Abb. 272 und Abb. 273), indem die Neigung des Eisens zur Ausbildung poröser[2] Stellen zurückgeht. Ein nicht unwesentliches Verwendungsgebiet von Nickelgußeisen liegt daher im Kolben- und Zylinderguß sowie im Kompressorenbau, wo man z. B. in Amerika bei der Verminderung des Ausschusses besonders große Erfolge aufzuweisen hat. Wenn man neben dem günstigen Einfluß des Nickels durch gleichzeitigen Chromzusatz eine größere Festigkeit und eine weitere Verfeinerung der metallischen Grundmasse erzielen will, ohne daß die härtende Wirkung des Chroms sich unangenehm bemerkbar macht, so empfiehlt es sich, ein Verhältnis von Nickel zu Chrom von mindestens 2,5 zu wählen. Dieses aus der Erfahrung abgeleitete Verhältnis kommt auch bei Berücksichtigung der bisher veröffentlichten Arbeiten zum Ausdruck. So zeigt z. B. Abb. 274 nach Umrechnung einer Arbeit von Piwowarsky den Einfluß eines Nickel- und Chromgehalts auf den Gehalt an geb. Kohlenstoff in Abhängigkeit vom gegenseitigen Verhältnis. Man sieht deutlich, daß auch hier bei etwa 2,5 ein kritisches Anteilverhältnis vorhanden ist.

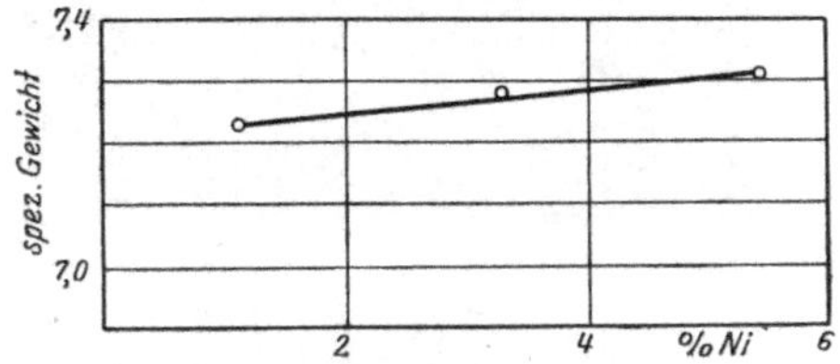

Abb. 273. Einfluß von Nickel auf die Dichte von Grauguß (Piwowarsky und Kötschke).

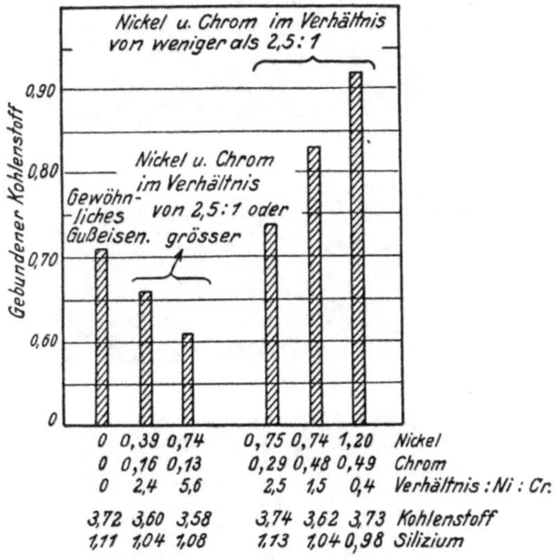

Abb. 274. Einfluß von Nickel und Chrom auf den Gehalt an geb. Kohlenstoff (Eisen mit 1% Si).

Ein weiterhin wertvoller Einfluß eines Nickelzusatzes zum Gußeisen ist die Verringerung der Empfindlichkeit des Gefüges von Gußeisen gegen Abschreckwirkungen, wie dies in Abb. 275 und 276 zum Ausdruck kommt. Schmelzen mit verschiedenen Nickelgehalten wurden bei diesen Versuchen gegen eine Schreckplatte gegossen, und es zeigte sich, daß bereits bei etwa 0,75% Ni die Gefahr der Bildung harter Stellen nicht mehr vorhanden war. Tatsächlich wird auch in

[1] Vgl. Diskussion zu dem Aufsatz Wickenden, T. H. und J. S. Vanick: Nickel und Nickelchrom in Gußeisen, a. a. O. — Vgl. a. Swan: Notes on Gray Iron for Automobil Castings. Trans. Am. Foundrymens Ass. Bd. 31, S. 94. 1924.

[2] Vgl. a. Levi, M.: Fonderie Mod. Bd. 17, S. 82. 1923.

Deutschland ein Nickelgehalt, und sei es nur etwa 0,5%, gern bei dünnwandigem Guß (Herde, Öfen, Spinnereimaschinen usw.) verwendet, um einen weichen, biegsamen, elastischen und gut bearbeitbaren Guß von gleichmäßigem Gefüge hervorzurufen. Bei der Herstellung von Widerstandsgittern[1] mit höherem Nickelgehalt bis zu 5% zeigt sich dieser Einfluß besonders ausgeprägt. Die Neigung eines nickelfreien Gußeisens zu Gußspannungen und zur Ausbildung harter Stellen, insbesondere an scharfen Ecken und Kanten, ist um so größer, je niedriger der Kohlenstoff- und Siliziumgehalt (vgl. Abb. 277 und 278) ist, so daß also insbesondere dort, wo es sich um einen mechanisch sehr festen (eventuell niedriggekohlten) dünnwandigen Guß handelt, ein gewisser Nickelzusatz zum Gußeisen besonders zu empfehlen ist. Dieser Einfluß des Nickels im Zusammenhang mit dem, was an früherer Stelle über die Dichtesteigerung und Ausschußverminderung gesagt wurde, läßt z. B. auch im Radiatorenguß eine ganz besonders günstige Auswirkung eines Nickelzusatzes erwarten. Abb. 279 gibt bei gleichem Silizium- und Kohlenstoffgehalt den Einfluß eines verschiedenen Verhältnisses Nickel : Chrom auf die Abschreckwirkung bei Hartguß wieder. Während man beim Hartguß im allgemeinen mit Nickelgehalten bis 1,5% und Chromgehalten von 0,50 bis 0,80% auskommt, wählt man in Amerika zur Erzielung größerer Oberflächenhärten (550 bis 700 B. E.) mitunter Nickelgehalte von 2,5 bis 6% bei 0,5 bis 1,5% Chrom. Wo es sich um Stücke besonders hoher Oberflächenhärte handelt, wird es ferner auf Grund amerikanischer Arbeiten für zweckmäßig angesehen, das Verhältnis Nickel : Chrom umgekehrt zu wählen, d. h. etwa doppelt soviel Chrom (0,5 bis 1,5%) als Nickel (0,25 bis 1%) zuzusetzen und den Einfluß des

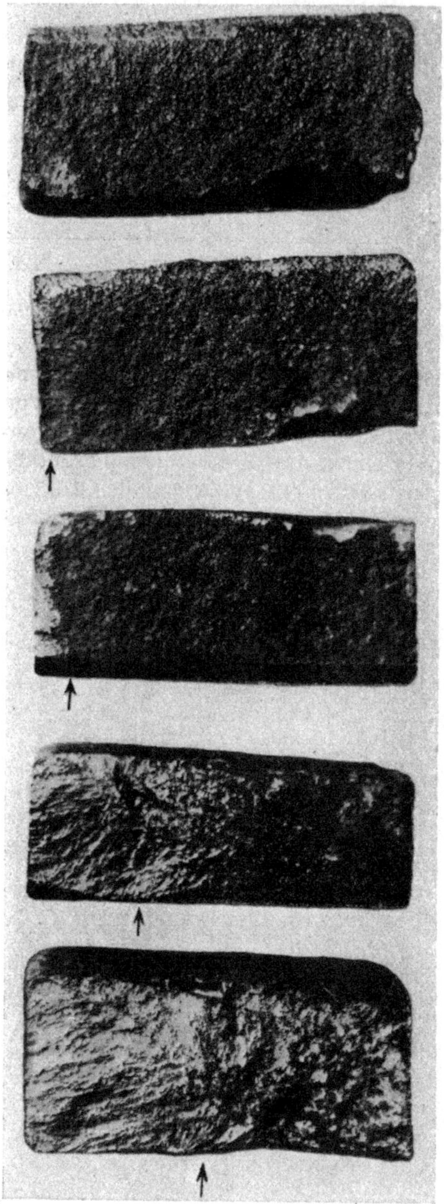

ohne Nickel 1% Ni 2,04% Ni 3,50% Ni 5,05% Ni

Abb. 275. Einfluß des Nickels auf die Verringerung der Abschrecktiefe bei einem Gußeisen mit 3,6% C und 0,79% Si, Abmessungen der Blöckchen = 50 × 100mm. (Ent. einem Prospekt der Intern. Nickel Comp.)

[1] Vgl. a. Withman: Making 5 per Cent Nickel Cast Iron Alloy in an Elertric Furnace. Trans. Am. Inst. Min. Met. Eng. 1921.

erhöhten Chromgehaltes durch eine Steigerung des Siliziumgehaltes (bis etwa 2%) auszugleichen. Diese neuartigen Legierungen, welche sich nötigenfalls schmieden und thermisch behandeln lassen, werden vorwiegend für Hartgußwalzen, Kammräder, Kaltwalzen, Seilrollen, Ziehringe, Zahnritzel usw. verwendet und sind unter dem Namen „Adamite“ bekannt und patentiert.

Der eben gekennzeichnete Einfluß des Nickels macht es möglich, daß sich Gußeisensorten bis zu einer Härte von etwa 250 B. E. und darüber noch außerordentlich gut bearbeiten lassen, wenn das Eisen nickelhaltig ist, während nickelfreies Gußeisen, dessen Härte etwa 210 B. E. überschreitet, schon Schwierigkeiten bei der Bearbeitung bereitet (vgl. Zahlentafel 102). Dieser Einfluß des Nickels kommt demnach durchaus den modernen Tendenzen entgegen, feste hochwertige Gußeisensorten zu schaffen, welche trotzdem eine gute und billige Bearbeitbarkeit zulassen. In phosphorreichen Eisensorten soll der Einfluß des Nickels auf die Bearbeitbarkeit allerdings unbedeutend sein[1].

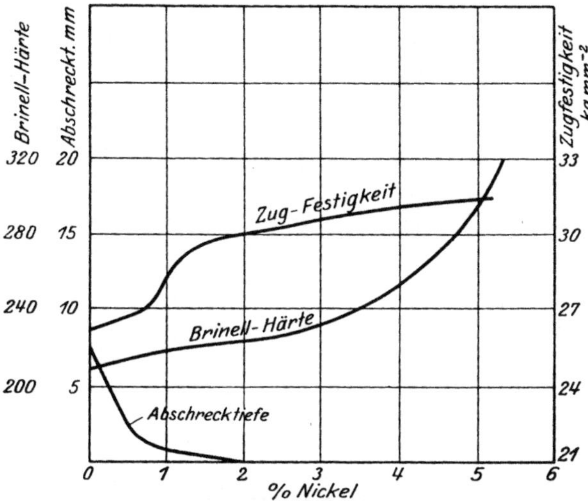

Abb. 276. Einfluß des Nickels auf Abschrecktiefe, Härte und Festigkeit von Gußeisen mit 2% Si und 3,1% C (Inco).

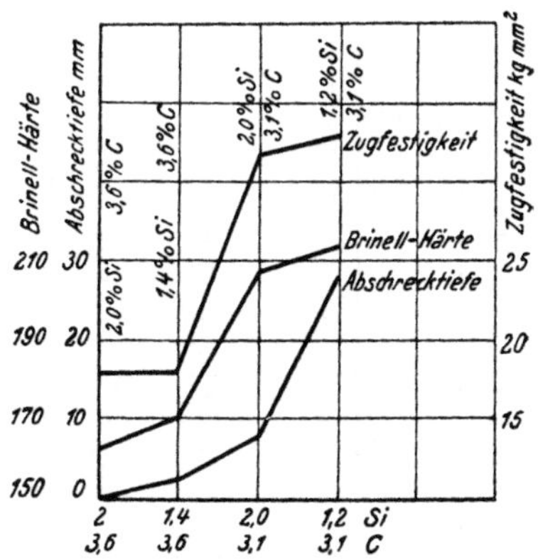

Abb. 277. Härte, Festigkeit und Abschrecktiefe von gewöhnlichem Gußeisen.

Die Marinewerft (Navy Yard) in Brooklin U. S. A., welche die ganzen Kolbenringe für die amerikanische Regierung liefert, stellt diese als legiertes Material nach dem Zentrifugalgußverfahren[2] her. Über die Zusammensetzung der Kolbenringe siehe Zahlentafel 116. Es wird von der erwähnten Firma behauptet, daß ohne Nickelzusatz die Ringe sich schwieriger bearbeiten ließen, grob kristalliner ausfallen und nicht die nötige Elastizität besitzen. Die nickellegierten Ringe dagegen ließen sich bis zu 10% ihres Durchmessers auseinander weiten und federten alsdann noch in ihre ursprüngliche Lage zurück. Die Wandstärke der Ringe schwankt dort zwischen 12 und 50 mm. Der Zentrifugalguß wird ferner für Zylinderbuchsen bei Dieselmaschinen verwandt. In diesem Falle wird die Form mit einem feuerfesten Überzug versehen. Die Automobil-Mathis in Straßburg verwendet[3] Nickelzusätze in ihren gußeisernen Zylinderblocks mit ausgezeichnetem Erfolg. Trotz höherer Härte ist die Bearbeitbarkeit des Materials eine bessere. Der Verschleißwiderstand ist merklich gestiegen, und der Ausschuß bei der Produktion ist seit der Einführung des Nickels als Legierungselement auf praktisch Null heruntergegangen.

[1] Nach D. Hanson: Foundry Trade J. Bd. 39, S. 315. 1928.
[2] Foundry Trade J. Bd. 36, S. 71. 1927.
[3] Zu dieser Mitteilung wurde der Verfasser durch die erwähnte Firma ausdrücklich autorisiert.

Zahlentafel 115.

Verwendungszweck	Zweck des Nickel- bzw. Nickel- und Chromzusatzes	Chemische Zusammensetzung %						
		Ges.-C	Si	Mn	P	S	Ni	Cr
Dampfkästen	Größere Materialdichte, feineres Korn	3,25—3,40	1,20—1,30	0,70—0,80	0,20	0,10	1,00	—
Dampfzylinder Dampfschaufeln	Erhöhung des Verschleißwiderstandes ohne Beeinträchtigung der Bearbeitbarkeit	3,10—3,20	1,75—2,00	—	—	—	0,60—0,70	0,20—0,30
Elektr. Widerstandsgitter	Ausschußverminderung und Steigerung des elektrischen Leitwiderstandes	3,50	3,00	0,55—0,65	0,50—0,60	0,07	2,00—3,00	—
Ventilsitzringe	Erhöhung des Verschleißwiderstandes	3,25—3,35	1,00—1,50	0,50—0,70	0,20	0,12	1,00—1,50	—
Dampfzylinder	Größere Materialdichte	—	1,00—1,50	0,50—0,70	0,20	0,12	2,00	—
Zylinderköpfe	Verhinderung der Rißbildung im Betrieb	3,35	1,75—1,80	0,55—0,65	0,18	0,10	0,20—0,30	—
Zylinderbüchsen	Dichtes, feines Korn und Härtesteigerung bei gleichbleibender Bearbeitbarkeit	—	1,50—1,75	0,65—0,75	0,18	0,10	0,75	—
Hochdruckdampfzylinder	Absolute Dichte auch bei höchsten Dampfdrücken	—	1,10	0,60—0,90	0,20	0,12	1,50	0,70
Teile für Ammoniakkompressoren	Gute Bearbeitbarkeit bei allen Wandstärken, Verhinderung von Porösität und Steigerung der Materialdichte	—	1,60	0,60—0,70	0,28—0,32	0,12—0,13	0,50	—
Kompressoren, Kompressorteile	Kornverfeinerung und Sicherung einer gleichmäßigen und guten Bearbeitbarkeit	3,10—3,20	1,40	0,50—0,60	0,20	0,12	1,00	0,50
Laufbüchsen für Automobilzylinder	Erhöhung von Verschleißwiderstand und Bearbeitbarkeit	—	2,00—2,20	0,55—0,65	0,20	0,07—0,09	1,25	—
Laufbüchsen für Dieselmaschinenzylinder	Zähigkeit des Gusses bei guter Bearbeitbarkeit in allen Wandstärken	3,35—3,45	0,40—0,60	0,80—0,90	0,20	0,12	1,00—1,50	0,30—0,40
Platten für Druckerpressen	Dichtes Korn auch an den Stellen größerer Wandstärken (Rippen)	3,25—3,35	1,25	1,00	0,20	0,12	1,00	—

Luftkompressoren	Gleichmäßigkeit des Gefüges und die Bearbeitbarkeit bei sehr unterschiedlichen Wandstärken	3,00—3,15	1,98	0,60	0,17	0,08	0,75	—
Motorkolben	Möglichkeit der Verringerung der Wandstärke bei ausreichenden Festigkeitseigenschaften	3,35—3,40	2,40—2,50	0,60—0,70	0,16	0,07	0,60	—
Volumenbeständ. Exhaustorteile	Steigerung der Korrosions- und Hitzebeständigkeit	3,25—3,35	1,75—2,00	—	—	—	2,50—3,00	0,75—1,00
Luftkompressoren	Gleichmäßigkeit des Gefüges und der Bearbeitbarkeit bei sehr unterschiedlichen Wandstärken	—	1,20	0,50—0,60	0,20	0,10	0,50	—
Roststäbe	Widerstand gegen Oxydation. . . .	2,75	1,00—1,10	—	—	—	1,00—1,50	0,20—0,40
Verschleißfeste Getriebeteile	Erhöhung des Verschleißwiderstandes	3,35—3,45	1,20—1,30	0,70—0,80	0,20	0,08	3,00	1,00
Verschleißfester Guß	Steigerung der Korrosions- und Hitzebeständigkeit	—	1,75	0,61	0,088	0,064	2,75	1,00
Zylinderblocks	Erhöhung der Härte um 30 bis 40 B.E. bei ungeminderter Bearbeitbarkeit.	3,35—3,40	2,30—2,40	0,60—0,65	0,20	0,1—0,125	0,60—0,65	0,32—0,35
Dieselmaschinenzylinderbüchsen	Erhöhung des Verschleißwiderstandes ohne Beeinträchtigung der Bearbeitbarkeit, dichtes feines Korn und Härtesteigerung bei gleichbleibender Bearbeitbarkeit	3,25—3,35	1,33	—	0,50	0,06	1,25—1,50	0,35—0,45
Marinedampfzylinder	Verbilligung der Bearbeitungskosten	—	1,20—1,30	0,80—0,90	0,20—0,30	0,10	0,50	—
Kolbenringe im Zentrifugalguß	Gleichmäßigkeit des Gefüges und gute Bearbeitbarkeit auch bei Härten bis 250 B.E.	3,20—3,35	—	0,40—0,50	0,20	0,10—0,12	0,20	—
Zylinderbuchsen im Zentrifugalguß	Gleichmäßigkeit des Gefüges und gute Bearbeitbarkeit auch bei Härten bis 250 B.E.	3,00	1,10—1,30	0,35—0,40	0,20	0,10—0,12	0,50	—

Ähnliche Beobachtungen sind bei Verwendung von Nickel bzw. von Nickel und Chrom zur Herstellung von Diesel- und Gasmotorenzylindern, drucksicheren Gußstücken, wie Preßpumpen, Ventilen, Ventilsitzen und Deckeln, gemacht worden; ferner bei der Herstellung von Kolben, Zahnrädern und Ritzeln, von Kupplungen, Nocken und Kurvenscheiben, von Gesenken für Schmiedehämmer und Schmiedepressen. Dabei ist es oft möglich, durch Verwendung billigerer Roheisensorten trotz des Chromnickelzusatzes eine Verteuerung der Gattierung zu umgehen.

Zahlentafel 115 gibt eine (selbstverständlich unvollkommene) Übersicht über die wichtigsten bisherigen Verwendungsgebiete von Nickelgußeisen, die sich vorwiegend auf entsprechende Betriebsberichte einer Anzahl von amerikanischen Werken beziehen, auf denen man mit der Verwendung von Nickelgußeisen gute Erfahrungen gemacht hat.

Der Zusatz von Nickel zu Gußeisenbädern[1] kann bei sehr heiß erschmolzenem Eisen bis zu 3% in der Pfanne erfolgen. Doch liefert die Inco (Intern.

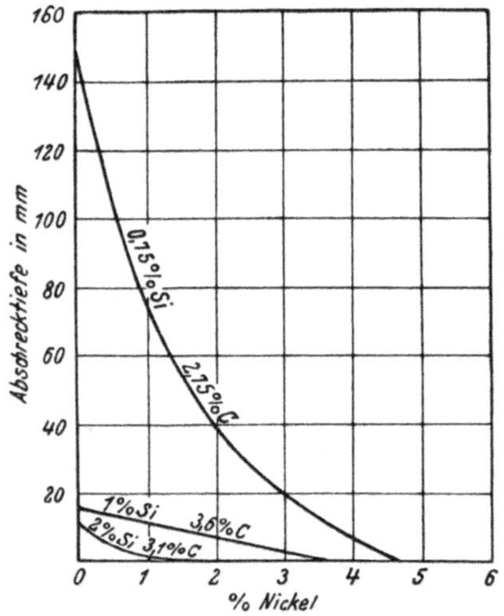

Abb. 278. Einfluß des Nickels auf die Abschrecktiefe (Intern. Nickel Comp.).

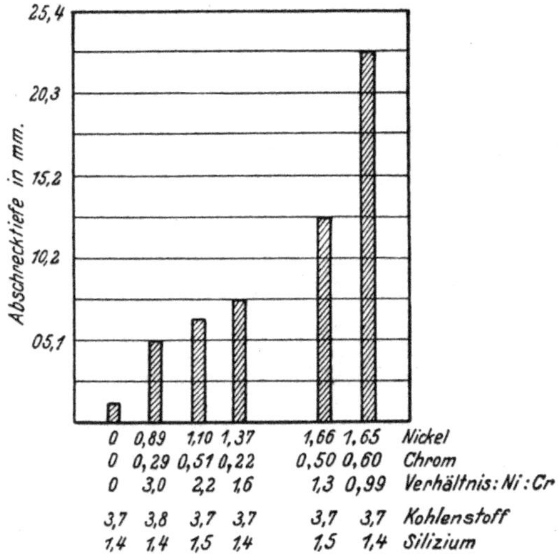

Abb. 279. Einfluß von Nickel und Chrom auf die Abschrecktiefe (Inco).

Nickel Company, New York) auch Spezialzusatzlegierungen mit etwa 92% Ni und 5 bis 6 % Si, deren Schmelzpunkt bei 1260°, also wesentlich tiefer als der des reinen Metalls (1455° C) liegt. Da Nickel im Kupolofen nicht oxydiert wird, so kann das Nickel auch der Gattierung (am besten mit Schrott untermischt) beigegeben werden. Gleichzeitiger Chromzusatz erfolgt durch Ferrochrom (am besten solches mit 4 bis 10% Si) oder spezielle Nickelchromlegierungen (50 bis 85% Ni und 50 bis 15% Cr[2]) in die Pfanne oder durch die Gattierung; doch muß in letzterem Falle mit 10 bis 20% Abbrand an Chrom gerechnet werden. Bei Verwendung Cr- und Ni-haltiger Roheisensorten ist man oft an ein bestimmtes (und zwar ungünstiges) Verhältnis der beiden Elemente zueinander gebunden. Das sog. Mayari-Eisen[3], das je nach Wunsch mit Si-Gehalten von 0,25 bis 2,25% und darüber geliefert wird, enthält z. B.

0,80—1,25% Ni; 1,60—2,50% Cr;
0,10—0,20% Ti; 0,05—0,08% V.

---

[1] Vgl. a. Gieß.-Zg. Bd. 24, S. 162. 1927.
[2] Vgl. a. Gieß. Bd. 13, S. 539. 1926. (Verfahren der Driver Harris Company in Harrison, N. J.)
[3] Vgl. Mayari Pig Iron: Veröffentlichung Nr. 26 d. Bethlehem Steel Company, Bethlehem, Pa.

In Deutschland liefert auch die Niederdreisbacher Hütte (Siegerland) ein im Mangan- und Siliziumgehalt abgestuftes Chromnickeleisen mit etwa 1,50 bis 2,50% Chrom und 0,5 bis 1% Nickel, das in der Hartgußfabrikation direkt verwendbar ist, für normalen oder hochwertigen Grauguß aber noch einen zusätzlichen Nickelgehalt zur Gattierung oder zum flüssigen Gußeisen erforderlich macht.

Q. Das Wachsen von Gußeisen.

Unter „Wachsen von Gußeisen" versteht man dessen Neigung, beim Erhitzen auf höhere Temperatur, insbesondere aber bei wiederholtem Erhitzen und Abkühlen irreversible Volumenvergrößerungen zu erfahren. Die der A_1-Umwandlung zugehörige Perlitlinie *PSK* des Eisen-Kohlenstoff-Diagramms (Abb. 17) bewirkt eine bemerkenswerte Unterteilung des für die Wachstumsvorgänge in Frage kommenden Temperaturgebietes. Während bei Beanspruchungen unterhalb A_1 oft nur eine mit geringer Geschwindigkeit und in beschränktem Ausmaß eintretende Volumenvermehrung von wenigen Prozenten oder Zehntelprozenten zu beobachten ist, verläuft der Wachstumsvorgang oberhalb dieser Temperaturgrenze meist in verhältnismäßig kurzen Zeiträumen bis zu Werten von 3 bis 5%, mitunter sogar bis 30% und höher. Von der rein praktischen Seite aus betrachtet sind aber gerade die Vorgänge unterhalb A_1 (und etwa oberhalb 200°) besonders wichtig für das Verhalten von Dampfmaschinenzylindern aus Gußeisen, gewissen Teilen an Dieselmotoren, Gehäusen von Dampfturbinen, Vorwärmerohren von Dampfkesseln usw., während für gußeiserne Kokillen, Roststäbe, Auspuffrohre u. a. mehr und mehr die in den Temperaturzonen oberhalb A_1 auftretenden Wachstumserscheinungen in Frage kommen.

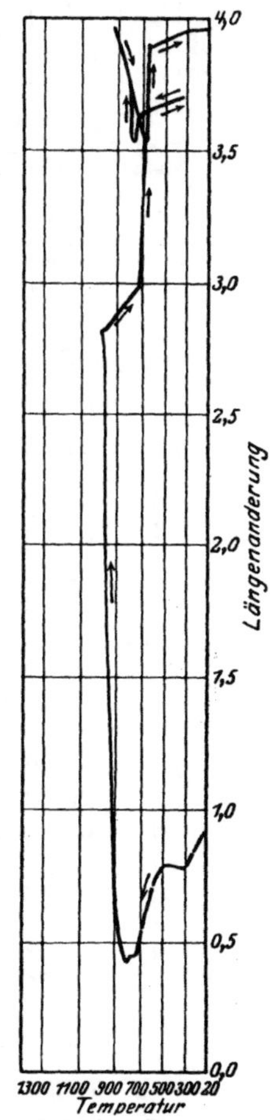

Abb. 280. Differentialausdehnungskurve eines weißen Roheisens mit 1% Si und 4% C. 1. u. 2. Erhitzung.

Bevor die Vorstellungen über den Mechanismus des Wachsens behandelt werden, soll zunächst der Einfluß der festen und gasförmigen Begleitelemente des Gußeisens auf diesen Vorgang kurz erläutert werden.

Kohlenstoff. Bei reinen Eisen-Kohlenstoff-Legierungen tritt, wie Oberhoffer und Piwowarsky[1] an einem Material mit 1,75% C sowie an einem in Kokille vergossenen siliziumfreien Roheisen mit 4,3% C dilatometrisch zeigen konnten, keine wesentliche Volumenvermehrung bei pendelnder Erhitzung und Abkühlung auf.

Wird allerdings die Temperatur über 900° gesteigert, so zeigt sich auch bei weißen Eisensorten ein beginnender Zerfall des freien Zementits und damit eine mindestens dem dilatometrischen Effekt dieses Vorgangs (8 bis 9% bezogen auf 100% reines Karbid) gleichkommende Volumenvergrößerung. Bei einem Roheisen mit 4,6% C; 0,04% Si; 0,04% P; 0,02% S und Spuren von Mangan trat nach Oberhoffer und Piwowarsky der Karbidzerfall bei 1060° ein. Ein höher gekohltes Roheisen mit 5,15% C zeigte schon bei 960° den Beginn des Karbidzerfalles, während an einem durch Kokillenguß weiß erstarrten Eisen mit 1% Si und 4% C der Karbidzerfall bei 760° einsetzte (Abb. 280). Hieraus folgt, daß mit wachsendem

[1] Oberhoffer, P. und E. Piwowarsky: Stahleisen Bd. 45, S. 1173. 1925.

Kohlenstoffgehalt die Temperatur der beginnenden Karbidzersetzung sinkt, daß aber auch Silizium im gleichen Sinne, jedoch in bedeutend verstärktem Ausmaß wirkt.

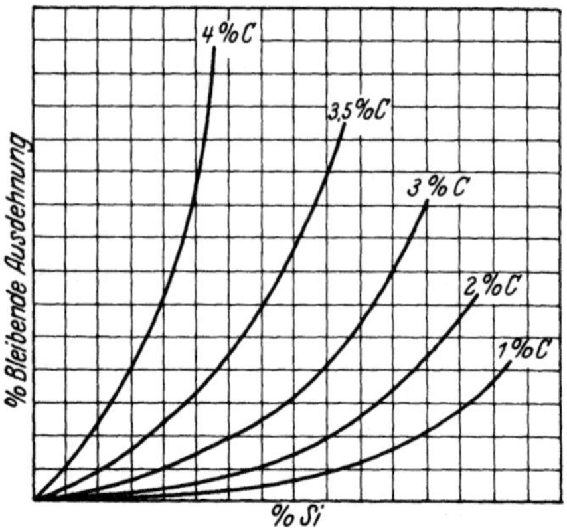

Abb. 281. Theoretische Kurven zur Darstellung des Abhängigkeitsverhältnisses der Kohlenstoff- und Siliziumgehalte auf die Längenänderung (nach Sipp und Roll).

Auch die älteren Arbeiten von Rugan und Carpenter[1] hatten bei Wachstumsversuchen an verschiedenen weißen Roheisensorten mit geringen Gehalten an Mangan, Silizium, Schwefel und Phosphor und Kohlenstoffgehalten von 0,15 bis 4,0% nur die relativ sehr kleinen Volumenänderungen von 0,2 bis 0,3% ergeben. In einer späteren Arbeit gelangt dann Carpenter[2] zu der Schlußfolgerung, daß sehr wesentlich für den Wachstumsvorgang die indirekte Wirkung des Graphits sei, insofern als dieser das Eindringen von Gasen in das Eisen ermögliche.

Zu einem ähnlichen Ergebnis gelangte Andrew[3], der den allmählichen Zerfall des Karbids und die nunmehr entlang den Graphiteinlagerungen in das Eisen eindringende und dasselbe zu Fe_3O_4 oxydierende Luft für die Ursache des Wachsens von Gußeisen hält.

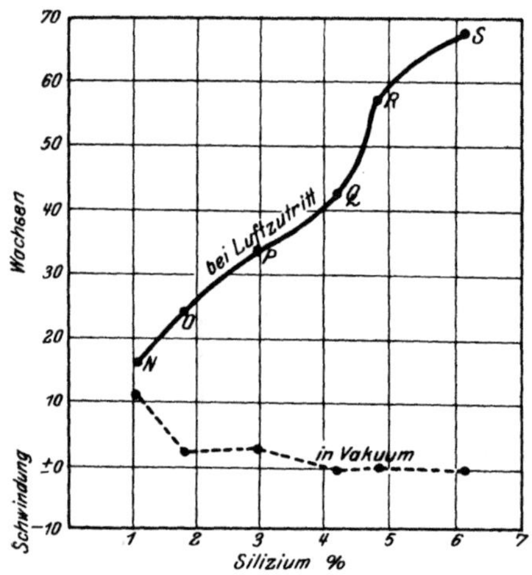

Zusammensetzung des Materials
%

%	N	O	P	Q	R	S
Ges. C	3,98	3,98	3,79	3,76	3,79	3,38
geb. C	0,64	0,68	0,30	—	—	—
Si	1,07	1,79	2,96	4,20	4,83	6,14

Abb. 281a. Einfluß des Siliziums auf das Wachsen von Gußeisen (Carpenter).

Auf die Bedeutung der Ausbildungsform des Graphits ist schon von Piwowarsky[4], Stäger[5], Messerschmidt[6] und Fletscher[7] hingewiesen worden, welche übereinstimmend eine Verminderung des Wachsens mit zunehmender Graphitverfeinerung feststellen konnten. Zu ähnlichen Ergebnissen gelangen Campbell und Glasford[8], Hurst[9], Andrew und

[1] Rugan, H. F. und H. C. H. Carpenter: J. Iron Steel Inst. Bd. 2, S. 29. 1909.

[2] Carpenter, H. C. H.: J. Iron Steel Inst. Bd. 1, S. 196. 1911.

[3] Andrew, J. H.: J. Iron Steel Inst. Carn. Scholarship Mem. 1911, S. 236; Am. Foundry Ass. Juni 1927; Stahleisen Bd. 47, S. 2126. 1927; J. Iron Steel Inst. Bd. 2, S. 167. 1925; Foundry 1927, S. 959.

[4] Piwowarsky, E.: Wachsen und Schwinden von Gußeisen und der hochwertige Grauguß. Gieß.-Zg. 1926, S. 371/414; Trans. Am. Foundrymens Ass. Sept. 1926; Gieß.-Zg. 1926, S. 379, 414.

[5] Stäger, H.: B.-B.-C.-Mitteilungen Bd. 13, Nr. 2. 1926.

[6] Messerschmidt: Gieß.-Zg. 1913, S. 589/92, 692/95, 725/29.

[7] Fletscher: Diskussion Arbeit Hurst. J. Iron Steel Inst. 1917.

[8] Campbell und Glasford: Mitt. d. Intern. Verb. f. Materialprüfungen (New York) 1912.

[9] Hurst, J. E.: Ir. Coal Trades Rev. 1918, S. 415; Stahleisen 1919, S. 881; Jahresvers. d. Am. Foundrymens Ass. 1918; Stahleisen 1918, S. 248; Foundry Trade J. 1925, H. 49 und 52; Eng. 1919, 4. Juli; Eng. 1916, S. 97; Stahleisen 1917, S. 211; Foundry Trade J. 1926, S. 137; Ref. Gieß. 1926, S. 807.

Hyman[1], Pearson[2] und Honegger[3]. Aber erst die temperkohleartige Graphitausbildung bürgt nach Piwowarsky und Freytag[4] sowie nach Wüst und Leihener[5] für hinreichende Volumenbeständigkeit.

Silizium. Wie schon erwähnt, übersteigt der Einfluß des Siliziums auf das Wachsen von Gußeisen den des Kohlenstoffs um ein erhebliches Maß, wenngleich die von K. Sipp und F. Roll[6] versuchte schematische Darstellung (Abb. 281) dem Kohlenstoff eine ganz bedeutende Rolle zuweist. Rugan und Carpenter hatten bei Roheisensorten mit 3,02 bis 4,6% C, 0,5 bis 0,8% Si, 0,86 bis 1,26% Mn im grau erstarrten Zustand mit der Zeit ein ständiges Wachsen beobachtet. Dieselben Legierungen, weiß erstarrt, kontrahierten zuerst, um alsdann ebenfalls zu wachsen. Hieraus schließen Rugan und Carpenter, wie früher erwähnt, daß dem Graphit bzw. der Temperkohle eine bemerkenswerte Rolle bei den Wachstumsvorgängen zukomme. In einer weiteren Versuchsreihe mit rd. 1,0 bis 6% Si bei 900 ⁰ Glühtemperatur beobachteten die erwähnten Forscher Volumenvermehrungen von 15 bis 68%, und zwar war die Volumenzunahme dem Siliziumgehalt ungefähr proportional (Abb. 281a). Die gleiche Abhängigkeit zeigte sich zwischen dem Siliziumgehalt und der Gewichtszunahme. Auch aus zahlreichen anderen Arbeiten[7] ergaben sich ähnliche Feststellungen und Auffassungen bezüglich des Einflusses von Silizium auf das Wachsen (Abb. 282). Schüz[8] fand, daß zwei hochsiliziumhaltige Eisensorten ein wesentlich geringeres Wachsen zeigten als zwei andere Proben der gleichen Versuchsreihe mit ebenfalls sehr hohem Siliziumgehalt. Wie Schüz ausführt, war die Ursache für dieses Ergebnis dem Einfluß des Phosphors und des Schwefels zuzuschreiben. Beide Elemente könnten derart behindernd auf das Wachsen einwirken, daß der Einfluß des Siliziums voll-

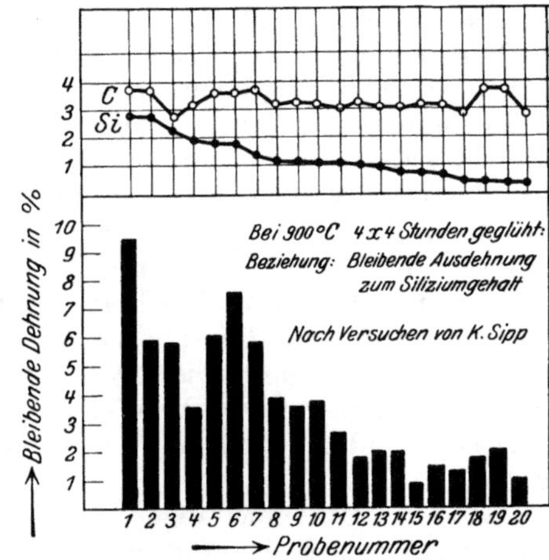

No.	Schm.	%Si	%C
1	I 1	2,79	3,28
2	II 1	2,79	3,28
3	III 3	2,28	2,67
4	III 1	1,92	3,11
5	I 2	1,74	3,53
6	II 2	1,74	3,53
7	III 2	1,30	3,72
8	III 4	1,12	3,19
9	I 3	1,11	3,20
10	II 3	1,11	3,20
11	III 6	1,09	2,99
12	III 5	1,08	3,07
13	I 5	0,94	2,93
14	II 5	0,94	2,93
15	I 6	0,62	3,12
16	III 7	0,58	3,08
17	II 6	0,45	2,82
18	I 4	0,44	3,57
19	II 4	0,44	3,57
20	II 7	0,41	2,74

Abb. 282. Einfluß des Siliziums auf das Wachsen von Grauguß.

[1] Andrew und Hyman: J. Iron Steel Inst. Bd. 1, S. 451/63. 1924; Ref. Stahleisen Bd. 44, S. 1050/53. 1924.
[2] Pearson, C. E.: J. Iron Steel Inst. Carn. Scholarship Mem. 1926, S. 281.
[3] Honegger, E.: „Das Wachsen" von Gußeisen bei hohen Temperaturen. B.-B.-C.-Mitteilungen 12, Nr. 10, S. 201/08. 1925; Gieß.-Zg. 1926, S. 132.
[4] Piwowarsky und Freytag: Diss. Aachen 1928 (Freytag); Gieß. Bd. 15, S. 1193. 1928.
[5] Wüst und Leihener: Forsch.-Arb. Ing. H. 295, sowie Diss. P. Leihener. Aachen 1928.
[6] Sipp, K. und F. Roll: Gieß. 1927, H. 24, S. 415; Ref. Gieß.-Zg. 1927, S. 229/44, 280/84; Gieß.-Zg. 1927, S. 229 und 281. Vgl. a. Meyersberg: Perlitguß. Berlin: Julius Springer 1927.
[7] French: L'usine 1926, 11. Dez. H. 21; vgl. a. Kennedy und Oswald: Einfluß der Zusammensetzung. Metal Ind. 1926, S. 395; Ref. Gieß. 1926, H. 50, S. 973; vgl. Carpenter, H. C. H.: Proc. 1912 v. XXVIII; Stahleisen 1911, S. 866; J. Iron Steel Inst. Bd. 1, S. 196 (819). 1911; Stahleisen Bd. 33, H. 1280, Nr. 9. 1913. — Rugan und Carpenter: Trans. Am. Inst. Min. Met. Eng. Bd. 35, H. 223, S. 44. 1905; J. Iron Steel Inst. Bd. 2, S. 29, 143. 1909. — Rugan: J. Iron Steel Inst. 1912, 4. Okt. — Richmann, A. J.: Foundry Trade J. 1925, 26. Nov., S. 449, 3. Dez., S. 417. — Kennedy und Oswald: Trans. Am. Foundrymens Ass. 1926; Stahleisen 1927, S. 140.
[8] Schüz: Ref. Stahleisen 1924, S. 1050.

kommen verdeckt werde. Während nun Glasford und Campbell als Haupt- und Primärursache für das Wachsen des Gußeisens den Siliziumgehalt anführen, nimmt Honegger an, daß das Silizium nur eine sekundäre Wirkung auf das Wachsen ausübt, indem es graphitbildend wirkt. Diese Auffassung dürfte jedoch hinsichtlich der Wirkung des Siliziums auf das Wachsen durch zahlreiche Arbeiten des einschlägigen Schrifttums widerlegt sein. So stellten z. B. Pearson sowie Piwowarsky analytisch fest, daß nach ihren Wachstumsversuchen ein großer Teil des vorhandenen Siliziums in SiO_2 übergegangen war.

Die begünstigende Wirkung des Siliziums auf das Wachsen läßt sich demnach wie folgt zusammenfassen: Silizium wirkt zunächst graphitbildend und erleichtert dadurch den das Wachstum begünstigenden Gasen den Zutritt zum Innern des Werkstoffes. Hierdurch wird ferner die Oxydation des Eisens und des Kohlenstoffs ermöglicht. Aber auch das Silizium (des Silikoferrits) wird oxydiert und trägt seinerseits zur Volumenvermehrung bei.

Phosphor. Über den Einfluß des Phosphors herrscht noch keine vollkommene Klarheit. Versuche von Carpenter an Legierungen mit Phosphorgehalten von 0,1 bis 0,68% ergaben mit zunehmendem Phosphorgehalt ein verzögertes Wachstum. Eigentümlicherweise zeigte auch die Gewichtszunahme mit zunehmendem Phosphorgehalt eine Steigerung. Zu ähnlichen Ergebnissen gelangt Hurst auf Grund stationärer Glühversuche an verschiedenen Gußeisensorten. Die phosphorreicheren Proben neigten hierbei weniger zum Karbidzerfall. Auch Kennedy und Oswald[1] fanden an einem Gußeisen mit 2,96% C, 2,88% Si und 1,56% P ein vermindertes Wachsen. Die Forscher führten diese Erscheinung darauf zurück, daß der bei hohem Phosphorgehalt vorhandene Steadit sozusagen die Eisenkristalle umhüllt, wodurch die oxydierende Wirkung der eindringenden Gase auf das Eisen vermindert wird. In Widerspruch hierzu stehen die Arbeiten von Schüz, Hurst[2] und Richmann[3], aus denen ein wachstumsfördernder Einfluß des Phosphors hervorgeht.

Mangan. Nach den Untersuchungen von Carpenter und Rugan vermindert Mangan das Wachsen siliziumarmer Gußeisensorten. Bei höheren Siliziumgehalten dagegen ist ein Manganzusatz von 2 bis 5,5%, wie Andrew und Higgins[4] zeigen konnten, nur von geringer Bedeutung. Auch Kennedy und Oswald finden bei einem Material mit 2,39% Si und 3,41% C bei Zusatz von 1,5% Mn keinen vermindernden Einfluß auf das Wachsen. Zu denselben Ergebnissen gelangten auch Andrew und Hyman. Nach neueren Arbeiten von O. Bauer und K. Sipp[5] besitzt dagegen Mangan bereits in niedrigen Gehalten (bis 1,5%) einen starken Einfluß auf die Verminderung des Wachsens.

Schwefel. Der Schwefel hat nach Carpenter nur einen geringen, und zwar verzögernden Einfluß auf das Wachsen infolge Begünstigung der Karbidbildung. Nach Schüz vermag höherer Phosphor- und Schwefelgehalt das Silizium in seiner Wirkung sogar weitgehend auszugleichen.

Nickel und Chrom. Nickel bewirkt nach den Untersuchungen von Andrew und Hyman ein gesteigertes Wachsen des Gußeisens. Die Ursache hierfür wird darauf zurückgeführt, daß Nickel ebenso wie Silizium und Aluminium eine gröbere Graphitausbildung befördere und dadurch das Eindringen der Gase

[1] Kennedy und Oswald: Trans. Am. Foundrymen's Ass. 1926; Stahleisen 1927, S. 140.
[2] Eng. 1916, S. 97 sowie ebenda 1919, 4. Juli; Stahleisen 1917, S. 211; Foundry Trade J. Bd. 2, S. 137, 1926; Ref. Gieß. 1926, S. 807.
[3] Richmann: Foundry Trade J. 1925, S. 449, 471.
[4] Andrew und Higgins: Vortr. J. Iron Steel Inst. Sept. 1925; Iron Coal Trade Rev. Bd. 111, Nr. 3002, S. 389/93. 1925; Foundry Trade J. 1925, S. 235. — Vgl. a. Rev. Mét. 1926, S. 363/64; Ref. Gieß. 1926, S. 522.
[5] Gieß. Bd. 15, S. 1018 und 1047. 1928.

erleichtere. Nach Kennedy und Oswald ist der gleichgerichtete Einfluß des Nickels in Gegenwart von Chrom jedoch nur ein sehr geringer. Bei niedrigem Siliziumgehalt, Zusatz von 1,1% Ni und rd. 2,0% Cr zeigte sich eine deutliche Verzögerung des Wachsens. Diese Feststellung wird durch die Untersuchungen von Sipp und Roll[1] an Gußeisensorten mit rd. 1% Ni bestätigt. Neuere Untersuchungen von Piwowarsky und Freytag[2] führten zu dem Ergebnis, daß die allgemein verbreitete Ansicht, Nickel befördere das Wachsen, sich nicht bestätigt; wenn der Siliziumgehalt um den bezüglich der notwendigen Graphitbeförderung gleichwertigen Anteil am Nickelzusatz vermindert wird, so ergibt sich sogar ein die Volumenbeständigkeit beträchtlich fördernder Einfluß des Nickels, der in allen Fällen selbst durch mäßige Zusätze von Chrom bedeutend gesteigert wird (Abb. 283).

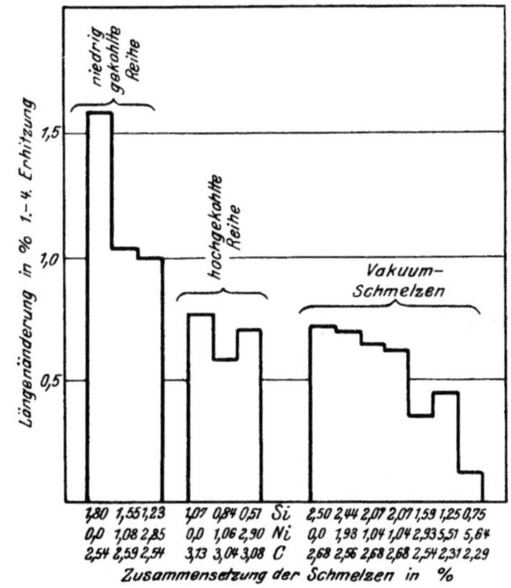

Abb. 283. Einfluß des Nickels auf das Wachsen von Grauguß (Pendelglühungen zwischen 600^0 und 900^0).

Aluminium. Nach Andrew und Hyman ist die Wirkung des Aluminiums ähnlich der des Siliziums, d. h. wachstumsbefördernd. Als Ursache wird auch hier, wie schon erwähnt, die Beeinflussung der Graphitausbildung angenommen.

Titan. Über den Einfluß des Titans auf das Wachsen von Gußeisen wurden eingehende Untersuchungen von Kennedy und Oswald ausgeführt. Das Ergebnis dieser Arbeiten läßt sich dahin zusammenfassen, daß durch die Desoxydation durch Titan die Neigung zum Wachsen stark vermindert wird. Die Forscher führen diese Erscheinung auf die durch die Desoxydation verminderte Gasmenge zurück. Auch dürfte hierbei die verdichtende Wirkung des Titans, wie Piwowarsky[3] zeigen konnte, eine wesentliche Rolle spielen. Vermutet werden muß, daß die Desoxydation mit Titan bei Pendelglühungen in höheren Temperaturlagen nur anfangs einen wachstumsvermindernden Einfluß besitzen kann. Bei längeren Glühungen werden infolge der durch die Modifikationsänderungen unvermeidlichen Gefügeauflockerung auch gut desoxydierte Werkstoffe nach und nach verstärktes Wachsen zeigen.

Andere Elemente. Nach Andrew und Hyman begünstigt Vanadin, wenn auch weniger ausgeprägt, das Wachsen von Gußeisen. Chrom allein oder in Anwesenheit von Vanadin oder Mangan wirkt nach den erwähnten Untersuchungen verzögernd auf das Wachsen. Auf die ebenfalls verzögernde Wirkung von Chrom in Verbindung mit Nickel ist schon oben hingewiesen worden.

Zusammenfassend läßt sich der Einfluß der verschiedenen Legierungselemente auf das Wachsen des Gußeisens folgendermaßen darstellen: Alle Legierungselemente, wie z. B. Silizium, Aluminium, unter Umständen auch Titan und Nickel, die den Karbidzerfall im Gußeisen begünstigen, wirken wachstumsbefördernd. Alle Legierungselemente, die eine stabilisierende Wirkung auf die Karbide ausüben, wie z. B. Chrom, evtl. auch Mangan u. a. wirken wachstumsvermindernd. Das gleiche gilt von Nickel, selbst in größeren Prozentanteilen,

[1] a. a. O. [2] a. a. O.
[3] Piwowarsky, E.: Stahleisen Bd. 43, S. 1491. 1923.

wenn man gleichzeitig einen der Einwirkung auf den Graphitgehalt gleichwertigen Abzug am Silizium vornimmt.

Wachstumstheorien. Die systematischen und bahnbrechenden Untersuchungen von Outerbridge[1] aus den Jahren 1904 und 1905 gipfeln in der Vorstellung, daß das Wachsen nicht auf chemische oder kristalline Änderungen zurückzuführen ist, sondern auf die thermische Bewegung der Moleküle, die durch mehrmaliges Erhitzen und Abkühlen daran behindert sein sollen, in ihre Ausgangslage zurückzukehren (?). Die Folge sei die Ausbildung feiner Haarrisse, d. h. eine zunehmende Gefügeauflockerung. In der späteren Arbeit des genannten Forschers findet sich allerdings die Ansicht, daß der Druck der eingeschlossenen Gase eine ausschlaggebende Rolle bei den Wachstumsvorgängen spiele. Rugan und Carpenter führen das Wachsen auf die bei jedem Temperaturwechsel eindringende oxydierende Atmosphäre und die hierdurch bewirkte Oxydation des Kohlenstoffs und des Eisensilizides zurück. Das Maximum des Wachsens sei dann erreicht, wenn sowohl Silizium als auch das gesamte Eisen zu FeO (?) und SiO_2 oxydiert seien. In Gegensatz hierzu stehen die Untersuchungen von Okochi und Sato[2], die als Hauptursache für das Wachsen den Ausdehnungsdruck der eingeschlossenen Gase bei höheren Temperaturen annehmen. Bei der Abkühlung von hohen Temperaturen sollen die vorher eingedrungenen Gase verhindert sein zu entweichen, weil das Material dichter werde. Die späteren Untersuchungen von Kikuta[3] bringen den experimentellen Nachweis, daß die Voraussetzungen der erwähnten Forscher bezüglich der Gasdurchlässigkeit den Tatsachen nicht entsprechen. Kikuta steht auf Grund seiner Untersuchungen auf dem Standpunkt, daß die Oxydation sowie auch die Gase den Wachstumsvorgang nicht allein hervorrufen können. Ausgehend von der Tatsache, daß die Auflösungsgeschwindigkeit des Kohlenstoffs im γ-Eisen von der Teilchengröße des ersteren abhängig sei, schließt Kikuta, daß bei der Erhitzung eines Gußeisens in den γ-Bereich die in der Grundmasse verteilten feinen Temperkohleausscheidungen schneller vom Eisen gelöst würden als die gröberen Graphitlamellen. Bei der Abkühlung wiederum würde an den Stellen der größeren Kohlenstoffkonzentration die γ/α-Umwandlung später einsetzen. Die Folge dieser ungleichmäßigen Auflösungs- bzw. Ausscheidungsvorgänge seien Spannungen über den gesamten Querschnitt des Gußstückes, die zu einer fortlaufenden Bildung von feinen Rissen und damit zu irreversiblen Volumenvergrößerungen Anlaß geben. Die durch diese Risse eindringende, oxydierende Atmosphäre wirkte ihrerseits ebenfalls wachstumsbeschleunigend. Andrew gelangt zu folgender Vorstellung über das Wachsen des Gußeisens. Ein Teil des Wachsens wird durch den Zerfall des gebundenen Kohlenstoffs bewirkt. Ein weiterer Anteil fällt auf die längs den Graphitadern eindringende Luft und die dadurch eingeleitete Oxydation des Ferrits zu Fe_3O_4. Außerdem soll bei der Abkühlung gemäß $3\,Fe + 4\,CO = Fe_3O_4 + 4\,C$ elementarer Kohlenstoff in feiner Verteilung abgelagert werden. Durch die von Erhitzung zu Erhitzung fortschreitenden Gefügeänderungen, welche durch Oxydation von Eisen (Silikoferrit), Silizium, Graphit usw. bedingt sind, tritt eine sowohl über den ganzen Querschnitt des Gußstücks als auch über die Zeitdauer des Wachsens fortschreitende Änderung des Ausdehnungskoeffizienten ein, was zu Spannungen und Rissen führt und ebenfalls wachstumsfördernd sich auswirkt. Nach Scheil[4] könnte auch die

[1] Outerbridge, A. E.: Trans. Am. Inst. Min. Met. Eng. Febr. 1904; Bd. 35, S. 223/244. 1905; Stahleisen 1904, S. 407.
[2] Okochi und Sato: Z. Tokyo Imp. Univ. Bd. 10, S. 3. 1920.
[3] Kikuta, T.: Science Rep. Tohoku Univ. Bd. 11, S. 1. 1922. Rev. Mét. 1922, S. 579.
[4] Scheil: Unterausschuß für Gußeisen d. V. d. E. Sitzung am 18. Jan. 1928.

wahrscheinlich mit einer Volumenänderung verbundene Umwandlung evtl. im Eisen vorhandenen Oxyduls gemäß $4 FeO \rightarrow Fe_3O_4 + Fe$ zu ähnlichen Folgen führen.

In einer neueren Arbeit geben Benedicks und Löfquist[1] eine rein mechanische Theorie für das Wachsen von Gußeisen bei Temperatur oberhalb A_1. Die Forscher nehmen an, daß bei Durchschreiten des Umwandlungspunktes die Umwandlung zunächst in den Randschichten des Gußstückes unter Kontraktion einsetzt. Dadurch, daß das Innere des Gußstückes noch nicht auf Umwandlungstemperatur gelangt ist, treten zwischen Kern und Rand Spannungen auf, die zu Rissen Anlaß geben. Bei der Abkühlung sollen sich ebenfalls die Randschichten zuerst umwandeln und dadurch wiederum eine weitere Auflockerung des Gefüges zwischen Rand und Mitte bewirkt werden. Die Theorie von Benedicks dürfte nur für einen Teil des Wachstumsvorganges in Frage kommen. Sie gibt nämlich keine Erklärung für die Wachstumsvorgänge, die sich abspielen bei kontinuierlicher Erhitzung oberhalb des Umwandlungspunktes sowie für die Vorgänge unterhalb A_1. Zu einer der Auffassung von Benedicks und Löfquist ähnlichen Vorstellung vom Wachstumsvorgang gelangt Hurst[2]. Auf Grund früherer Arbeiten von Le Chatelier, Winkelmann und Schott, T. H. Norton, Green und Dalé[3]

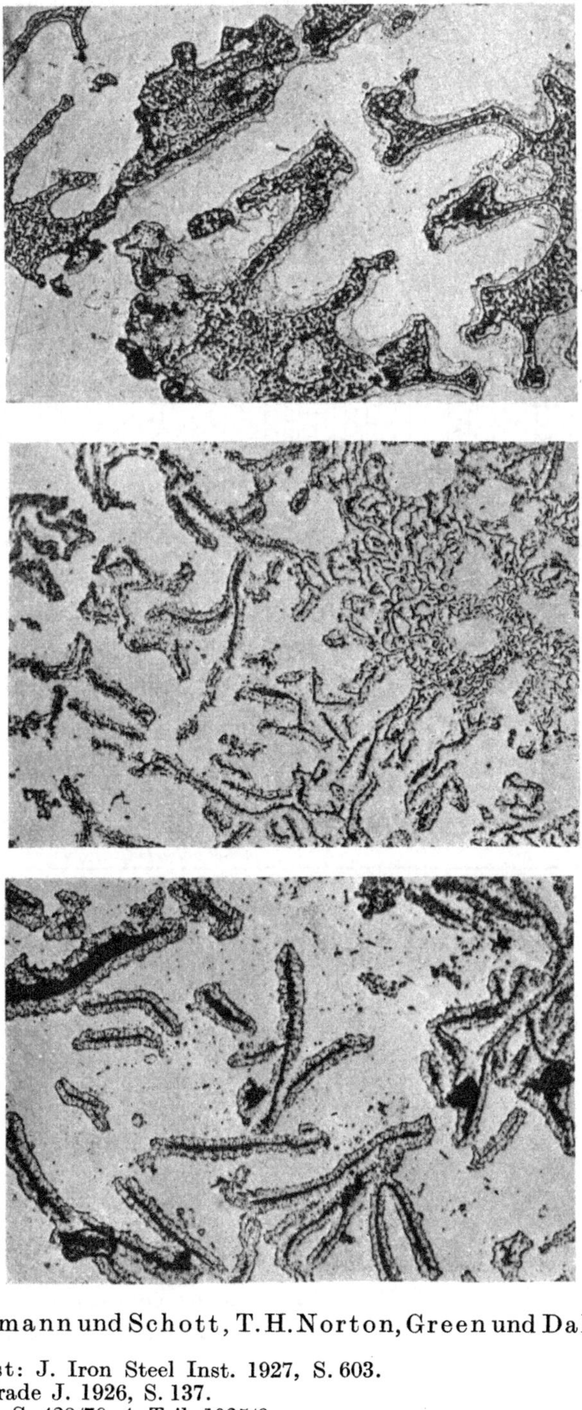

Abb. 284. Gefüge von drei verschiedenen Gußeisensorten nach 30maliger Pendelung zwischen 600° und 950° C. Ungeätzt × 250.

[1] Benedicks und Löfquist: J. Iron Steel Inst. 1927, S. 603.
[2] Hurst, J. E.: Foundry Trade J. 1926, S. 137.
[3] Trans. Ceram. Soc. Bd. 25, S. 428/70, 4. Teil. 1925/6.

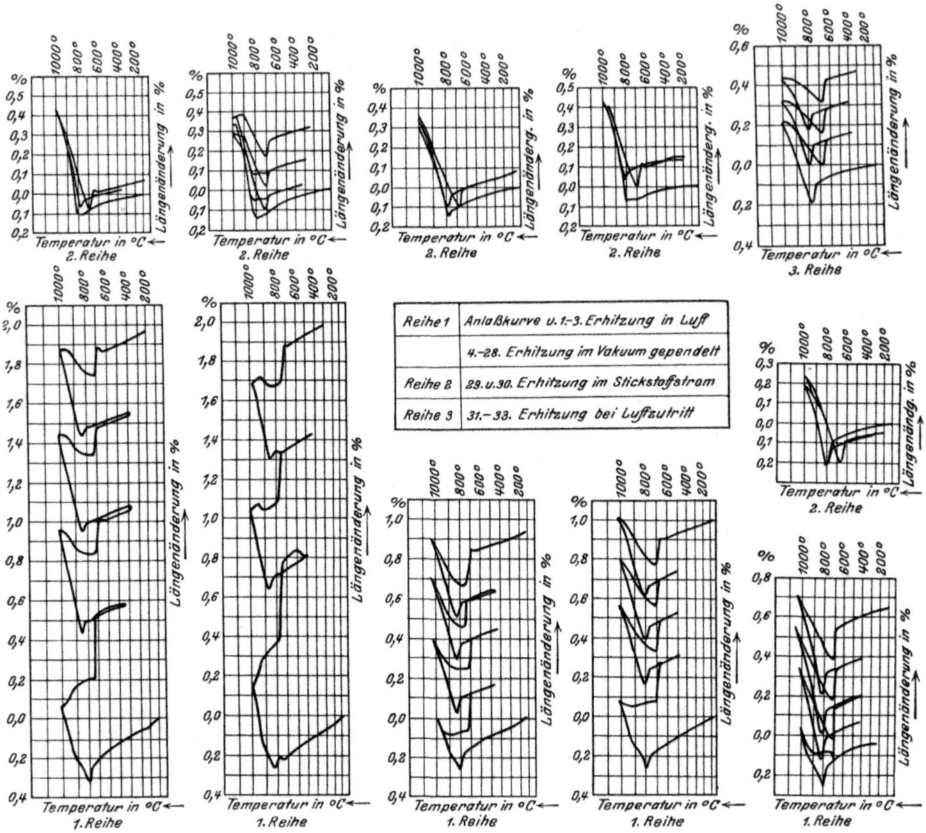

Werk A	Werk B	Werk B	Werk C	Werk D
Hochdruck-zylinderguß	*Kolbenringguß*	*Hochwertiger Zylinderguß*	*Hochw. niedr. gekohlt. Eisen*	*Qualitäts-Gußeisen*
Kupolofen, Normalbetrieb	*Kupolofen, Normalbetrieb*	*Kupolofen, sehr heiß*	*Kupolofen heiß erschm.*	*Flammofen, äußerst heiß*
		= *Spezialverfahren*		
Verhalten der fünf Gußeisensorten beim Wachstums-Pendelversuch (600—900°)				
Während der Anlaß- bzw. 1. bis 3. Erhitzung bei Luftzutritt gewachsen:				
2,09 %	2,19 %	1,09 %	0,99 %	0,79 %
Während der Vakuumpendelung gewachsen (4. bis 28. Erhitzung):				
2,00 %	2,50 %	1,99 %	3,79 %	0,30 %
Während der 29. und 30. Erhitzung im Stickstoffstrom gewachsen:				
0,09 %	0,49 %	0,00 %	0,19 %	0,00 %
Insgesamt gewachsen durch die 31 Pendelungen um:				
4,18 %	5,18 %	3,08 %	4,97 %	1,09 %
Volumenzunahme nach 24 Stdn. in überhitztem Dampf von 550°:				
0,234 %	0,285 %	0,162 %	0,220 %	0,154 %
Gewichtszunahme nach 24 Stdn. in überhitztem Dampf von 550°:				
0,685 %	1,64 %	0,474 %	0,741 %	0,46 %
Kontraktion durch Behandlung in flüssiger Luft:				
0,151 %	0,173 %	0,066 %	u. b.	0,056 %
Siliziumgehalt im Anlieferungszustand:				
1,4 %	1,8 %	1,8 %	2,0 %	1,7 %
Biegefestigkeit im Anlieferungszustand in kg/qmm:				
47,0 %	44,7	54,0	58,8	73,0

Abb. 285. Wachstumsversuche an fünf Gußeisensorten, erschmolzen im Großbetrieb. Zugehörige Gefügeausbildung in Abb. 289 (Piwowarsky).

über das Wachsen feuerfester Steine soll die Gesamtwachstumsgröße in die von Winkelmann und Schott abgeänderte Nortonsche Formel

$$S = \frac{E}{\frac{T}{M} \cdot h^2}$$

zusammengefaßt werden können. In dieser Formel bedeutet

S = Neigung zum Wachsen.	M = Elastizitätsmodul.
E = Ausdehnungskoeffizient.	h^2 = Wärmedurchgang.
T = Zugfestigkeit.	

Von allen bisher erwähnten und noch zu benennenden Forschern konnte übereinstimmend festgestellt werden, daß die erste Wachstumsperiode gekennzeichnet war durch eine allmähliche völlige Abscheidung des Kohlenstoffs in elementarer Form (primäres Wachsen n. Wüst und Leihener), der sich gern an den vorhandenen Graphiteinschlüssen abscheidet (vgl. Abb. 284 nach Versuchen von Piwowarsky und Freytag). Das mit einer weiteren Auflockerung und Oxydation des Werkstoffs verbundene sekundäre Wachsen ist vorwiegend an die Wechselwirkung mit der umgebenden Gasatmosphäre gebunden. Im Vakuum oder in neutraler Atmsophäre kommt das sekundäre Wachsen mehr oder weniger zum Stillstand (Abb. 285[1] und 283). Pendelglühungen im Temperaturintervall der Modifikationsänderungen des Eisens werden für die Mehrzahl der praktischen Fälle zu scharf sein, immerhin aber relativen und vergleichlichen Wert behalten.

Vorgänge unterhalb A_1. Die Zahl der speziellen Untersuchungen über die unterhalb A_1 auftretenden Wachstumsvorgänge ist nicht sehr groß. Aus den Untersuchungen von Campion und Donaldson[2] ergibt sich, daß durch wiederholtes Erhitzen auf 550° nur Volumenänderungen von 0,2 bis 0,4% festgestellt werden konnten. Die Veränderung des spezifischen Volumens von Gußeisen durch wiederholte Erhitzung bis 550° C und Abkühlung wurde von A. Campion und J. W. Donaldson an folgenden Materialien untersucht:

Probe	Ges.-C %	Graphit %	Si %	S %	P %	Mn %
A 4	3,37	2,64	1,56	0,073	0,950	0,54
A 5	3,38	2,66	1,23	0,061	0,751	1,08
A 6	3,29	2,59	1,72	0,072	0,766	1,66

Es zeigte sich hierbei, daß mit der Zahl der Erhitzungen bis etwa zur fünften das spezifische Volumen eine Vermehrung um 0,25 bis 0,4% erfuhr. Weiteres Anlassen bewirkte alsdann merkwürdigerweise wieder eine Verminderung des spezifischen Volumens auf etwa die Hälfte der ursprünglichen Zunahme. Dieser Wert blieb alsdann auch noch nach 20 Erhitzungen und Abkühlungen praktisch konstant.

Die Versuche von Schwinning und Flößner[3] an Maschinenguß führten zu dem Ergebnis, daß sich die Hauptwachstumsvorgänge unterhalb A_1 in dem Temperaturgebiet zwischen 550 und 650° abspielen (Abb. 286). Die Verfasser weisen nach, daß die beobachteten Volumenänderungen in der Hauptsache auf den Zerfall des perlitischen Zementits zurückzuführen sind. Auf Anregung des Unterausschusses für Vorwärmerfragen des Vereins deutscher Ingenieure führte

[1] Nähere Erläuterungen zu Abb. 285, insbesondere zu der Beobachtung über das ungünstige Verhalten des niedriggekohlten Eisens von Werk C vgl. Gieß.-Zg. Bd. 23, S. 379. 1926, wo Abb. 285 entnommen ist.

[2] Campion und Donaldson: Foundry Trade J. 1923, S. 32.

[3] Schwinning und Flößner: Stahleisen 1927, S. 1075.

Pardun[1] Wachstumsversuche unterhalb A_1 an gußeisernen Ekonomiserrohren bei Sand- und Schleuderguß aus. Hierbei zeigten die Schleudergußrohre im Gegensatz zu den Sandgußrohren keine Wachstumsanomalien. Diese Volumenbeständigkeit von Schleudergußrohren wird auf den Glühprozeß zurückgeführt, dem die Rohre während der Fabrikation zwecks Beseitigung der gehärteten

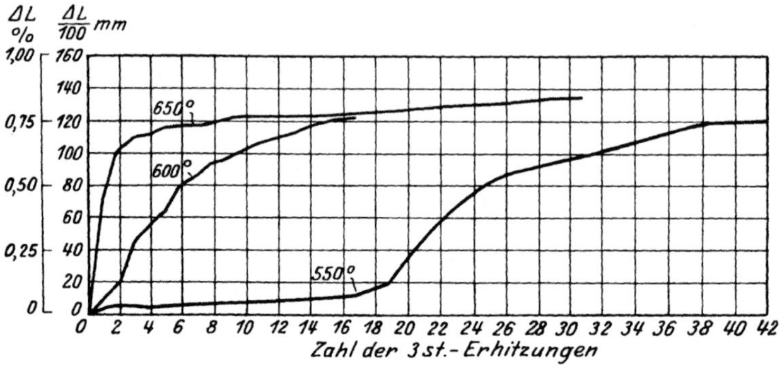

Abb. 286. Längenzunahme von Gußeisen in Abhängigkeit von der Zahl der Erhitzungen bei 550°, 600° und 650° (Schwinning und Flößner).

Oberflächenzone (Kokillenguß) unterzogen werden. Bei phosphorreichen Ekonomiserrohren beobachtete Bardenheuer[2] unterhalb 500° nur ein geringes Wachsen (Vakuum).

Interessante Ergebnisse erzielten Wüst und Leihener an verschiedenen Gußeisensorten. Sie konnten feststellen, daß an der Luft erschmolzene Proben durch längeres Glühen bei 600° in neutraler Atmosphäre mehr wachsen als aus dem analytisch feststellbaren Karbidzerfall theoretisch zu erwarten war. Waren sie aber vorher bei 450° (55 Std.) im Vakuum geglüht worden, so näherte sich der Betrag des Wachsens mehr dem theoretischen, während im Vakuum erschmolzene Proben den theoretisch möglichen Wert nicht überschritten. Es zeigte sich ferner, daß Proben aus dem gleichen Gußblock, je nachdem, ob sich die Entnahmestelle am Rande oder in der Mitte des Blockes befand, verschiedene Wachstumsgrößen aufwiesen. Die Größe der Volumenänderung nahm, wie Abb. 287 zeigt, vom Rand des Blockes nach der Mitte hin zu. Alle diese Versuche beweisen den starken Einfluß der Gase, ohne allerdings Anhaltspunkte für den Mechanismus der Beeinflussung zu bieten. Auch der vorherrschende Einfluß der Graphitausbildung konnte bei diesen Versuchen beobachtet werden. Desgleichen stellten die Verfasser fest, daß auch bei diesen unterhalb A_1 durchgeführten Glühungen die aus dem perlitischen Zementit sich bildende Temperkohle an die Graphitlamellen anlagerte. Aus ihren Beobachtungen schließen diese Forscher, daß das Lösungsvermögen des Ferrits (vgl. S. 33) für Kohlenstoff in Gegenwart von Zementit größer sein muß als in Gegenwart von Graphit.

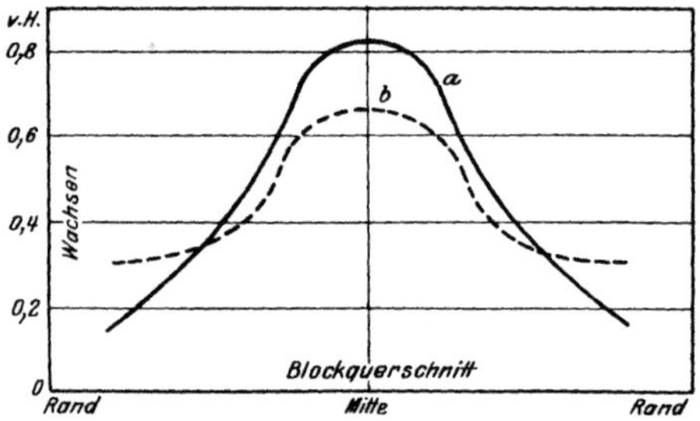

Abb. 287. Abhängigkeit des Wachsens von der Lage der Probekörper im Block (Wüst u. Leihener).

[1] Pardun: Vgl. Wachstumserscheinungen an gußeisernen Rohren bei niedrigen Temperaturen. Arb. vorgelegt dem Unteraussch. f. Gußeisen d. V. d. E. am 8. März 1927.

[2] Bardenheuer: Unteraussch. f. Gußeisen d. V. d. E. Sitzung am 18. Jan. 1928.

Das daraus sich ergebende Konzentrationsgefälle gleicht sich durch Diffusion aus, d. h. vom Zementit geht dauernd etwas in Lösung und wandert zum Graphit. Die Geschwindigkeit dieses Vorganges ist also bestimmt durch den von der Temperatur abhängigen Diffusionskoeffizienten, durch das noch unbekannte Lösungsvermögen des Ferrits für Kohlenstoff und das davon abhängige Konzentrationsgefälle. Was die Volumenänderungen im Heißdampf betrifft, so beobachtete schon Carpenter an einem Turbinengehäuse Wachstumswerte bis zu 7%. Gußeiserne Ventile zeigten nach dem gleichen Forscher im überhitzten Dampf der-

Schmelze I

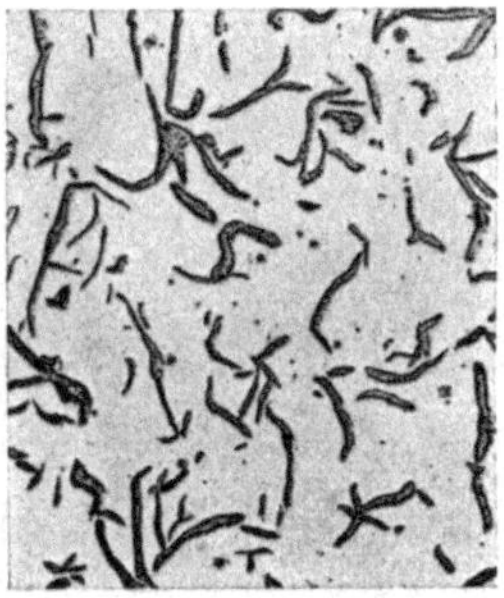

Schmelze II

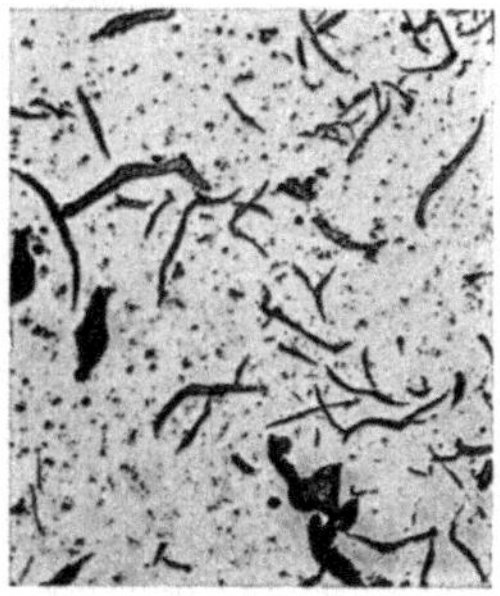

Schmelze III

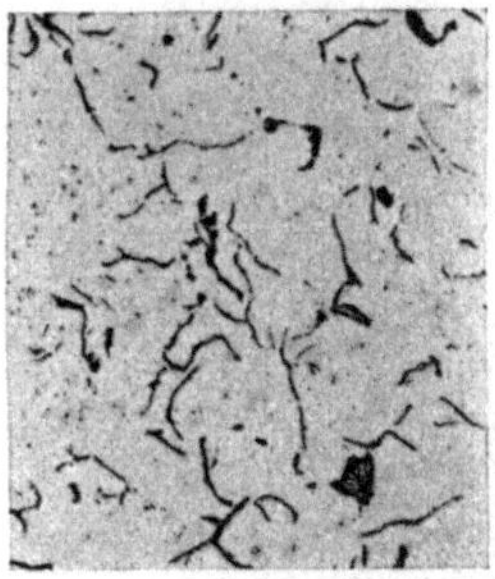

Schmelze IV

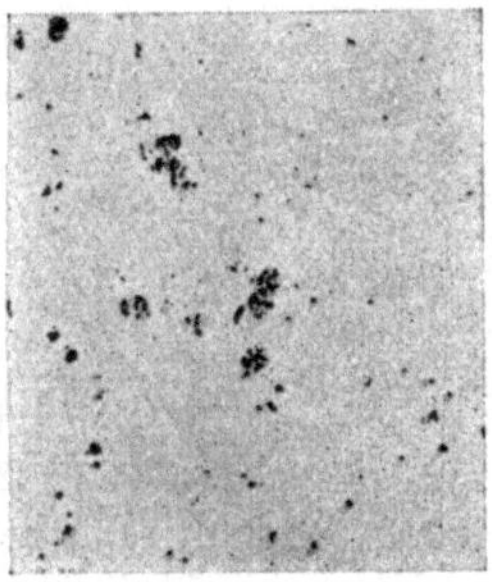

Schmelze V

Abb. 288. Gefügezustand und Zusammensetzung der dampfbehandelten Proben (Graphitausbildung × 100).

Zusammensetzung	I	II	III	IV	V
Ges. C%	3,55	3,04	2,89	2,98	3,42
Graph.%	2,78	2,03	1,73	1,64	0,06
Si%	2,13	1,08	0,97	1,14	1,00
Mn%	0,50	0,43	0,46	0,47	0,48
S%	0,03	0,03	0,03	0,12	0,03
P%	Sp	Sp.	0,63	Sp.	Sp.
Cr%	—	—	—	—	1,12

artige Volumenvergrößerungen, daß ihre Lebensdauer nur sehr beschränkt war. Auch von Wedemeyer[1] wurden ähnliche Beobachtungen an einer Dampfturbine gemacht. Nach 7jähriger Betriebsdauer waren alle Teile der Turbinen, die mit dem überhitzten Dampf in Berührung gestanden hatten, weitgehendst aufgelockert und oxydiert. Aus den Versuchen von Piwowarsky an Gußeisensorten mit wechselndem Silizium-, Phosphor-, Schwefel- und Chromgehalt erhellt, daß bei Behandlung im Dampfstrom von 300 bis 450° die Wachstumserscheinungen sowohl auf Karbidzerfall als auch auf Oxydation der Grundmasse und der Begleitelemente zurückzuführen sind. Es zeigte sich, daß höhere Phos-

[1] Wedemeyer: Gieß.-Zg. 1926, S. 379, 414.

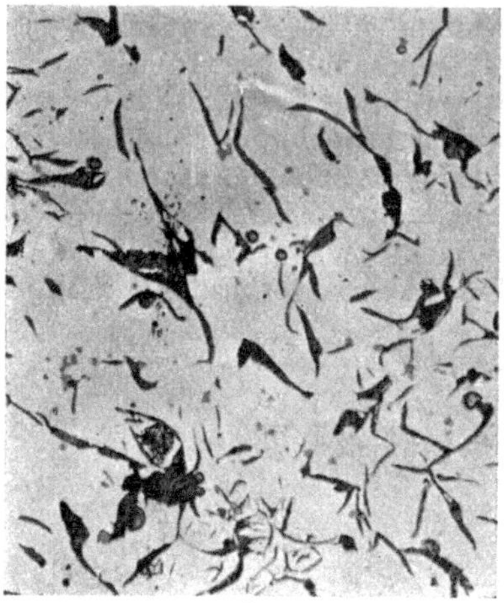

A

B

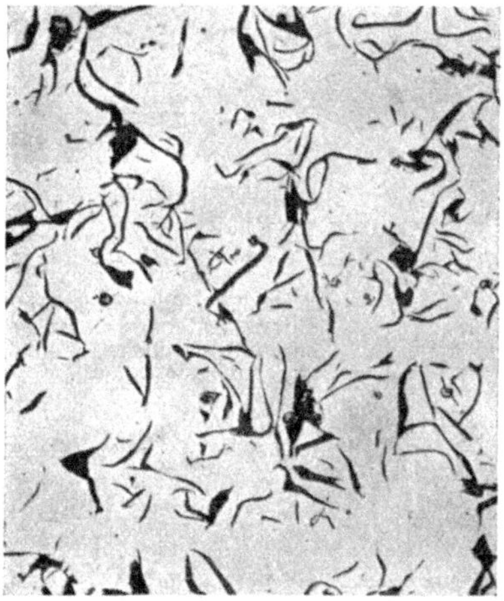

B′

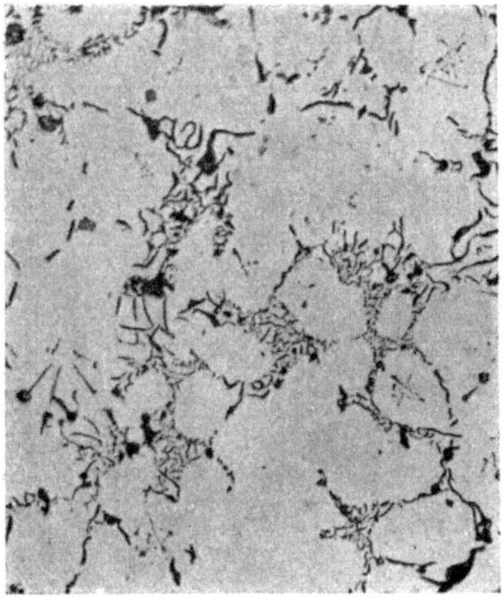

C

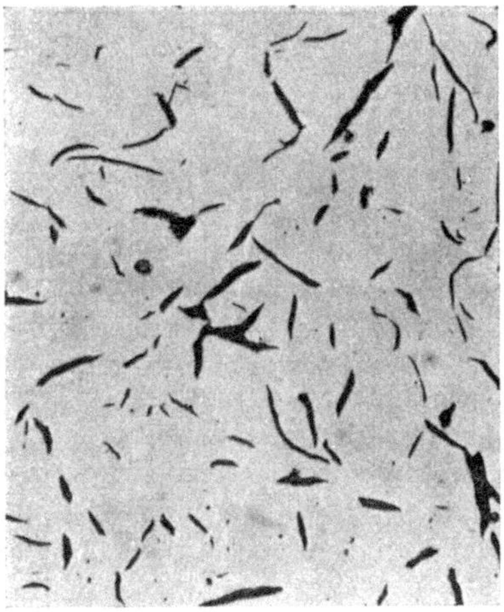

D

Abb. 289. Graphitausbildung der fünf (vgl. auch Abb. 285) Gußeisensorten im Anlieferungszustand. Ungeätzt ×250. (B′ = Spezialverfahren.)

Zahlentafel 116. Einfluß einer Glühbehandlung im Dampfstrom bei verschiedenen Temperaturen auf Gußeisen.

Glühbehandlung im Dampfstrom bei	300° C					350° C					450° C				
Schmelze Nr.	I	II	III	IV	V	I	II	III	IV	V	I	II	III	IV	V
Gewichtszunahme durch die Dampfbehandlung %	0,41	0,38	0,25	0,23	0,27	0,85	0,70	n. b.	0,64	0,82	2,80	1,93	1,86	1,89	1,72
Volumenänderung durch die Dampfbehandlung %	—	—	—	—	—	—	—	—	—	—	10,2	4,4	4,2	6,6	5,4
Gewichtsverlust der Proben durch die chemische Entzunderung mittels KOH und Zinkstaub %	0,78	1,20	0,57	0,60	0,69	1,28	2,00	n. b.	1,26	2,25	6,9	5,0	4,7	3,4	4,2
Sauerstoffwerte der zunderfreien Kernzone % — Extraktionsmethode %	0,054	0,029	0,022	0,045	0,005	0,168	0,033	n. b.	0,043	0,008	0,684	0,053	0,051	0,422	0,015
Sauerstoffwerte der zunderfreien Kernzone % — Chlormethode %	—	—	—	—	—	—	—	—	—	—	0,736	0,070	0,093	0,502	0,059
Änderung des Graphit- und des Gesamt-C-Gehaltes durch die Dampfbehandlung % — ges. C %	3,44	2,94	2,85	2,95	3,40	3,37	2,84	n. b.	2,90	3,31	3,09	2,83	2,71	2,73	3,08
Änderung des Graphit- und des Gesamt-C-Gehaltes durch die Dampfbehandlung % — Graphit %	2,72	1,92	1,71	1,63	0,08	2,70	1,85	n. b.	1,63	0,14	2,79	1,87	1,99	1,73	0,21
Änderung des Graphit- und des Gesamt-C-Gehaltes durch die Dampfbehandlung % — geb. C %	0,72	1,02	1,14	1,32	3,32	0,67	0,99	n. b.	1,27	3,17	0,30	0,96	0,72	1,00	2,87

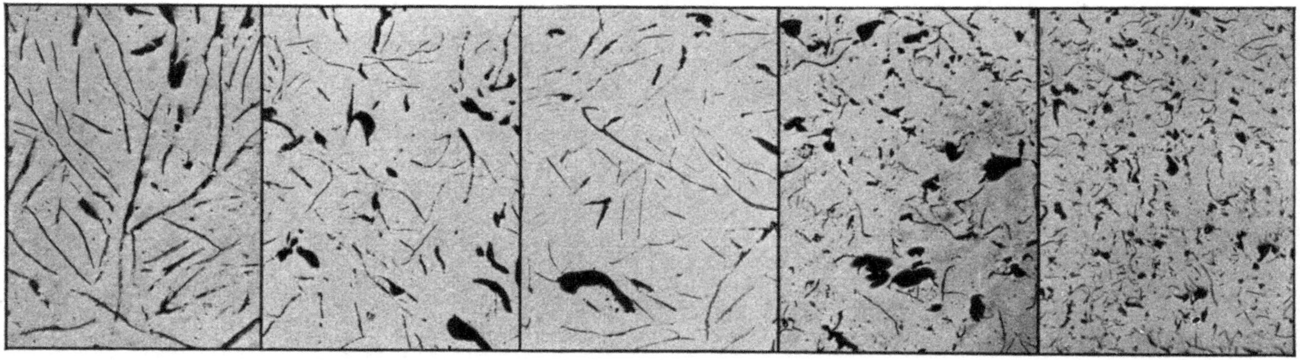

Probe: a — Wachsen: 4% · b — 1,76% · c — 1,24% · d — 0,81% · e — 0,12%

Abb. 290. Einfluß der Graphitausbildung auf das Wachsen von Gußeisen; ungeätzt × 100 (Wüst und Leihener).

phor- und Chromgehalte einen verzögernden Einfluß auf das Wachsen ausübten (Abb. 288 und Zahlentafel 116). Diese wachstumsverzögernde, günstige Beeinflussung dürfte hinsichtlich des Chromzusatzes auf der gußverdichtenden Wirkung dieses Elementes beruhen. Von großer Bedeutung für die Wachstumsausmaße ist auch hier nach Piwowarsky sowie nach Wüst und Leihener die Graphitausbildung. Kurze und zusammenhanglose Graphitlamellen liefern günstigere Ergebnisse als längere und evtl. miteinander in Verbindung stehende Graphitadern (vgl. Abb. 289 und 290). Selbst die von Piwowarsky ausgeführten Pendelungen zwischen + 300 und — 185^{0} zeigten den Einfluß der Schmelzüberhitzung, d. h. die Beeinflussung des Wachstumsvorganges durch die Graphitausbildungsform. Alle Proben, die besonders hoch überhitzt waren, zeigten eine geringere Verkürzung bei der erwähnten Wärme- bzw. Kältebehandlung. Wüst

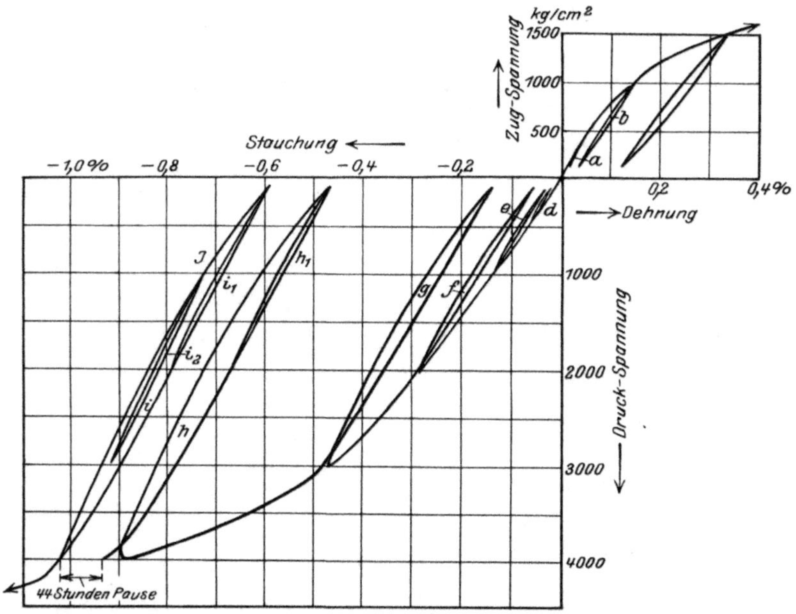

Abb. 291. Hysteresiserscheinung an einem Gußeisen mit 18,8 kg Zugfestigkeit (Rötscher).

und Leihener konnten an verschiedenen Gußeisenproben, die in die Dampfleitung einer Turbinenanlage eingelegt worden waren (19 at u. 330^{0} C), nach mehr als 5000 Std. nur Wachstumswerte von etwa 0,1% feststellen, wobei allerdings diejenigen Proben, welche vorher in neutraler Atmosphäre bei Laboratoriumsversuchen am meisten gewachsen waren, die größten Werte hatten. Nach Versuchen von Coyle[1] beginnt ein stärkeres Wachsen in überhitzter Dampfphase erst bei 500^{0}, dagegen im fließenden Dampfstrom schon bei 425^{0}. Für das praktische Verhalten von Gußeisen im überhitzten Dampf, wo schon von 200^{0} an Zerstörungen von Maschinen und Bauteilen beobachtet worden sind, müßten demnach noch bisher nicht erfaßte zusätzliche, den Wachstumsvorgang beschleunigende Umstände von Bedeutung sein. Neuerdings vermutet man u. a. in den Schwingungen derartiger Maschinen zusätzliche (möglicherweise den Werkstoff auflockernde) Einflüsse. Vielleicht spielt aber auch die bei Gußeisen besonders ausgeprägte Neigung, unter wiederholtem Belastungswechsel eine starke elastische Hysteresis zu zeigen (vgl. Abb. 291)[2], eine im Rahmen

[1] Coyle, F. B.: Persönliche Mitteilung an den Verfasser.

[2] Nach Rötscher, F.: Die Maschinenelemente, S. 96. Berlin Julius Springer 1927.

dieses Fragenkomplexes noch nicht beachtete zusätzliche Rolle, da die Summierung der Belastungseffekte leicht zu bleibenden Verformungen (Volumenänderungen) führen dürfte. Aus den angeführten Untersuchungen sowie auf Grund eigener Arbeiten glaubt der Verfasser demnach zusammenfassend über den Wachstumsmechanismus folgendes aussagen zu können:

1. Ein erheblicher Teil der erstmalig auftretenden Volumenvergrößerung ist auf den einsetzenden Zerfall des freien und perlitischen Zementits zurückzuführen.

2. Als weitere Ursache kommt eine durch Spannungen, sei es nun im Sinne der Kikutaschen oder der Benedicksschen Theorie bewirkte Auflockerung des Gefüges in Frage. Diese Spannungen können auch durch die Verschiedenheiten in den Ausdehnungskoeffizienten des Eisens, des Graphits und der nichtmetallischen Verunreinigungen hervorgerufen werden. Nachdem eine gewisse Auflockerung eingetreten ist, setzt der Oxydationsvorgang ein und damit ein verstärktes Wachsen. Anzunehmen ist, daß zunächst Eisen und Silizium, dann erst der Kohlenstoff oxydiert werden.

3. Die Reaktionsgase und die im Gußeisen eingeschlossenen Gase können rein mechanisch nur zu einem sehr geringen Teil zum Wachsen beitragen. Dagegen können katalytische Wirkungen auf den Karbidzerfall in Frage kommen sowie physikalische oder molekulare Beeinflussungen noch zu klärender Natur. Sind die Gase oxydierend, so wirken sie in gleicher Weise wie die von außen eindringende Atmosphäre.

4. Zunehmende spezifische Dichte[1] begünstigt die Volumenbeständigkeit durch Behinderung des Karbidzerfalls und des Gaszutritts zum Innern der Gußstücke.

5. Feine, temperkohleartige Graphitausbildung behindert den Gasaustausch zwischen Gußstück und Atmosphäre und damit das Wachsen. Auch vom Standpunkte der Ausbildungsmöglichkeit mechanischer Spannungen gemäß Punkt 2 ist diese Graphitform die günstigere.

Die Herstellung nichtwachsenden Gußeisens. Über diesen Gegenstand sind im Laufe der letzten Jahre im einschlägigen Schrifttum zahlreiche Ausführungen und Vorschläge angeführt worden. Es darf jedoch vorweg genommen werden, daß bei allen Gußeisensorten, selbst bei denen, die als besonders wachstumsbeständig bezeichnet werden müssen, die Volumenkonstanz lediglich eine Frage der Temperatur und Glühdauer ist. Selbst das beste Gußeisen wird bei zeitlich ausgedehnten Pendel- oder Dauerglühungen in höheren Temperaturbereichen mehr oder minder starke Gefüge- und Volumenänderungen erfahren.

Carpenter gibt zum Schlusse seiner ausführlichen Untersuchungen die Analyse eines Gußeisens an, daß bei Temperatursteigerung keine Volumenvermehrung, sondern sogar eine geringe Kontraktion von 0,13% aufweisen soll. Dieses Gußeisen, das 2,66% C, 0,587% Si, 1,64% Mn enthält und dessen Schmelzpunkt bei etwa 1346° liegt, soll sich für Walzen, Roststäbe, Glühöfen, Hochdruckdampfventile, Turbinengehäuse, Blockformen usw. besonders gut eignen. Coyle empfiehlt als Legierung für den Dieselmaschinenbau ein Gußeisen mit 2,95 bis 3,2% C, 0,3 bis 0,5% Mn, 0,20% P, 0,12% S, 1,0 bis 1,3% Si. Die Vorzüge dieses Gußeisens sollen neben einer auch bei höheren Temperaturen guten Zugfestigkeit und geringen Porosität, hohe Volumen- und Korrosionsbeständigkeit sein. Es wurde schon erwähnt, daß keine Gußeisenlegierung auf die Dauer den Einwirkungen der steigenden Temperatur widerstehen kann. Die Größe des Wachsens läßt sich jedoch durch Zusatz verschiedener Elemente verringern. So zeichnet sich besonders ein chromlegiertes Gußeisen durch eine gute Wärmebeständigkeit aus. Jedoch auch hier wird, wie Andrew und Hyman anführen,

[1] Vgl. Gieß.-Zg. 1926, S. 371/414; sowie O. Bauer und K. Sipp: a. a. O.

allmählich die durch Zerlegung der chromhaltigen Karbide gebildete Temperkohle durch oxydisches Material ersetzt. Sipp und Roll führen an, daß ein niedriger Kohlenstoffgehalt jedoch nicht unter 2% und ein Siliziumgehalt von weniger als 1% die beste Gewähr für ein gefügebeständiges Gußeisen bildet. Tatsächlich wird dem in heiße Formen vergossenen perlitischen Lanzeisen eine besondere Volumenbeständigkeit nachgerühmt.

In einem 1923 erschienenen Aufsatz beschäftigt sich Asch[1] mit den möglichen Methoden zur Verhinderung des Wachsens von Grauguß. Er schlägt vor, durch kurzes Verblasen eines schwefelarmen Eisens in der Bessemer-Birne ein siliziumfreies, eisenoxydulreiches Gußeisen darzustellen, und dieses mit einem siliziumhaltigen ebenfalls schwefelarmen Eisen so umzuschmelzen, daß der Siliziumgehalt 1% keinesfalls übersteigt, da dieser letztere für das Wachsen vor-

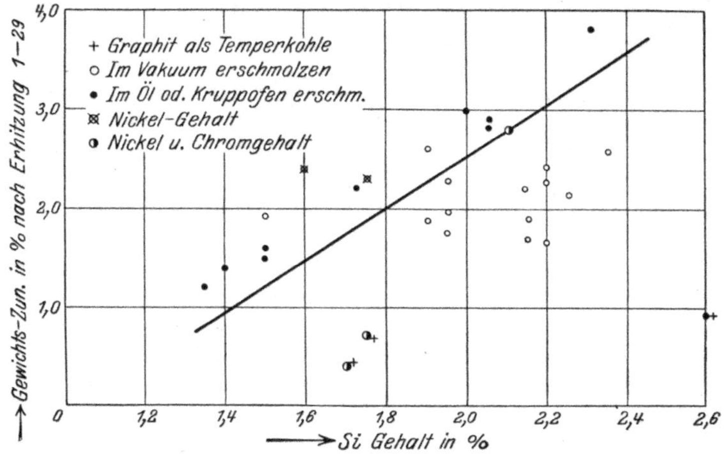

Abb. 292. Beziehung zwischen Siliziumgehalt und Gewichtszunahme beim Wachsen von Gußeisen.

wiegend maßgebend sei. Ein so hergestelltes Eisen sei immer sauerstoffreich und erstarre mit feinster Graphitausbildung (?), was gleichfalls eine Vorbedingung volumenkonstanten Gußeisens sei.

Als weiterer Weg zur Herstellung volumenbeständigen Gußeisens wird das von Hurst[2] mitgeteilte Verfahren angeführt, welches in einer weitgehenden Oberflächengraphitisierung gewöhnlichen Gußeisens in oxydierender Atmosphäre bei 900 bis 1000° beruht. Gegen dieses Verfahren wurden schon bei der Diskussion des entsprechenden Vortrages des genannten Forschers zahlreiche, berechtigte Bedenken aus den Fachkreisen der Zuhörer geltend gemacht.

Als weitere Möglichkeit, das Wachsen von Grauguß zu verhindern, erwähnt Asch die Verfahren der Oberflächenbehandlung durch Cherardisieren, Galvanisieren, Emaillieren und Verchromen sowie durch Spritzbehandlung (nach Schoop). Als den aussichtsreichsten bezeichnet er aber den ersten der erwähnten Wege der Herstellung eines schwefel- und siliziumarmen aber sauerstoffreichen(?) Eisens.

Auf Grund der bisherigen Ausführungen läßt sich sagen, daß die Hauptschwierigkeit, die bei der Herstellung eines volumenbeständigen Gußeisens zu überwinden ist, in der Stabilisierung des Eisenkarbides liegt. Diese läßt sich in erster Linie erreichen durch einen niedrigen Kohlenstoff-, besonders aber durch

[1] Asch, E.: Z. techn. Phys. 1923, S. 471.
[2] Hurst, J. E.: Jahresvers. d. Am. Foundrymens Ass. 1918; Iron Coal Trades Rev. 1918; Stahleisen 1919, S. 881.

einen niedrigen (evtl. teilweise durch Nickel ersetzten) Siliziumgehalt bei gleichzeitig möglichst weitgehender Verfeinerung des Graphits (Schmelzüberhitzung), Erhöhung der spez. Dichte, d. h. einer möglichst gasarmen Herstellung (Desoxydation, Vakuumbehandlung, Formsandqualität) sowie mäßigen Zusätzen von Chrom. Auch die Verwendung von Überzugstoffen, die für Gase undurchlässig sind, und etwa den gleichen Ausdehnungskoeffizienten wie das Eisen besitzen, wird für kleinere Gebrauchsgegenstände in Frage kommen. Erfolge sind nach dieser Richtung in neuerer Zeit durch die Oberflächenbehandlung mit Aluminium erzielt worden[1].

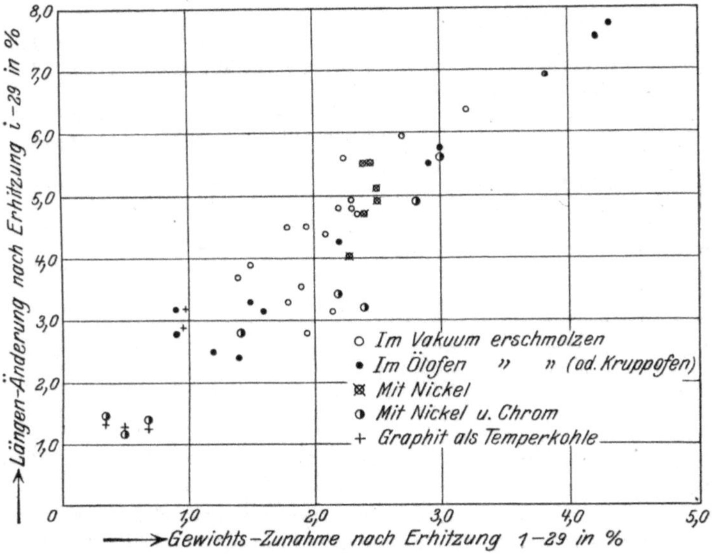

Abb. 293. Beziehung zwischen Gewichtszunahme und Längenänderung bei m Wachsen von Gußeisen nach 29 Pendelglühungen zwischen 600° und 900° (vgl. Abb. 283).

Interessant sind auch die Feststellungen von Piwowarsky und Freytag[2], daß die gasarm erschmolzenen (Vakuum) Proben, bzw. die chromhaltigen, besonders aber diejenigen, welche den Kohlenstoff in Temperkohleform besitzen, selbst bei ziemlich hohen Siliziumgehalten (etwa 2%) mehr und mehr von der erwarteten Beziehung zwischen Siliziumgehalt und der Gewichtszunahme abweichen, während die Beziehungen zwischen Gewichtszunahme und Längenänderung unabhängig von der Größe des Wachsens und der Art der Schmelzführung erhalten bleiben (Abb. 292 und 293).

R. Verhalten des Gußeisens bei hohen und tiefen Temperaturen.

Für die Standfestigkeit (Wärmebständigkeit) des Gußeisens bei erhöhten Temperaturen (unterhalb Ac_1) wird die Beständigkeit des Eisenkarbids von ausschlaggebender Bedeutung sein, und alle im Kapitel „Das Wachsen des Gußeisens" erwähnten Maßnahmen zur Stabilisierung des Karbids werden sich in diesem Sinne auswirken müssen. Im allgemeinen ist hinsichtlich des Wärmeeinflusses auf die mechanischen Eigenschaften das Gußeisen dem unlegierten Flußeisen

[1] Wendt: Kruppsche Monatshefte 1922, S. 133.
[2] a. a. O.

und Stahl insofern etwas überlegen, als erst Temperaturen oberhalb 300 bis 400 ° C einen Abfall der Festigkeitswerte bewirken. Die ersten systematischen Versuche in dieser Hinsicht wurden von M. Rudeloff[1] und C. Bach[2] ausgeführt (vgl. Zahlentafel 117). Die von Rudeloff stammenden Werte beziehen sich allerdings nur auf die Ergebnisse je eines Versuches.

Zahlentafel 117. Zugfestigkeit von zwei Gußeisensorten in Abhängigkeit von der Temperatur nach Bach und Rudeloff.

Temperatur t^0 C		20	100	300	400	500	570	600°
Zugfestigkeit K_z, im Mittel aus zwei Versuchen	Bach	2362	—	2335	2177	1793	1230	— kg/cm²
Kleinster Wert von K_z	Bach	2331	—	2301	2172	1729	1223	— kg/cm²
Verhältnis der Festigkeit bei t^0 zu der bei 20° in Hundertteilen .	Bach	100	—	99	92	76	52	— %
Zugfestigkeit K_z	Rudeloff	1300	1050	1140	1390	880	—	430 kg/cm²
Verhältnis der Festigkeit bei t^0 zu der bei 20° in Hundertteilen .	Rudeloff	100	81	88	107	68	—	33%

Zahlentafel 118. Zusammensetzung der Versuchsschmelzen von Smalley.

	Geb.-C %	Graph. %	Ges.-C %	Si %	Mn %	P %	S %
1	0,60	2,66	3,31	1,5	0,74	0,49	0,112
2	0,60	2,41	3,08	2,0	0,57	0,096	0,089
3	0,37	2,88	3,25	2,24	0,57	0,77	0,107
4	0,15	3,5	3,65	2,92	0,49	1,26	0,062

O. Smalley[3] fand später bei der Untersuchung von vier Eisensorten der in Zahlentafel 118 mitgeteilten Zusammensetzung einen ähnlichen Verlauf der Festigkeit wie früher Rudeloff, d. h. mit einem ausgeprägten Minimum bei etwa 300° (Abb. 294), nur zeigten seine Eisensorten eine etwas höhere Wärmebeständigkeit.

A. Campion und J. W. Donaldson[4] untersuchten ihre Probestäbe einmal im Anlieferungszustand und ein zweites Mal nach einem vierstündigen Anlassen bei 400° C. Es zeigte sich hierbei, daß die Festigkeitswerte des angelassenen Materials stets etwas oberhalb der Werte des nicht angelassenen Materials sich befanden (Abb. 295), daß vor allem das Festigkeitsminimum der unangelassenen Stäbe in dem Temperaturbereich zwischen 250 und 350° C durch das Anlassen beseitigt wurde (Auslösen von Gußspannungen?). Die untersuchten Roheisensorten hatten folgende Zusammensetzung:

Probe	Ges.-C %	Graphit %	Si %	S %	P %	Mn %
A 1	3,28	2,71	1,71	0,110	1,541	0,155
A 2	3,14	2,33	1,84	0,110	0,868	0,51
A 3	2,84	1,95	1,44	0,155	1,036	0,46

Abb. 296 zeigt die Ergebnisse jüngerer Arbeiten von J. W. Donaldson[5] und P. Kleiber[6] in einer von H. Jungbluth[7] gewählten Gegenüberstellung.

[1] Mitt. Materialprüf.-Amt Bd. 18, S. 293/314. 1900. [2] Z. V. d. I. Bd. 45, S. 168/69. 1901.
[3] Engg. Bd. 114, S. 277. 1922; Stahleisen Bd. 43, S. 564. 1923.
[4] Foundry Trade J. 1923, S. 32/36.
[5] Foundry Trade J. Bd. 29, S. 252/54. 1924; Bd. 35, S. 143/46, 167/71. 1927. Zuschrift von Hurst ebenda S. 188; ferner Iron Age Bd. 113, S. 1859/61. 1924; s. a. Stahleisen Bd. 45, S. 840/43. 1925, sowie Gieß. Bd. 12, S. 55/57. 1925.
[6] Kruppsche Monatshefte Bd. 8, S. 110/16. 1927. [7] Gieß. Bd. 15, S. 465. 1928.

Bemerkenswert hieran ist zunächst, daß ein längeres Ausglühen des Sterngusses nicht zur Beseitigung des Festigkeitsminimums bei etwa 200 bis 300° führte, ein Beweis, daß nicht die Gußspannungen allein als Ursache für das Absinken der Festigkeit in Frage kommen; vielmehr dürften hier Zusammenhänge ähnlicher Art bestehen, wie man sie beim sog. Blaubruch des Stahls heute vermutet. Die Kurven bestätigen ferner die schon oben ausgesprochene Vermutung, daß ein karbidbeständigeres Eisen, sei es durch Kohlenstofferniedrigung (Sternguß) oder Siliziumverminderung erzielt, eine erhöhte Wärmebeständigkeit in mechanischer Beziehung erwarten läßt. Die Gesichtspunkte, welche bei der Herstellung eines volumenbeständigen Gußeisens zu beachten sind, werden sich demnach weitgehend mit den Forderungen an die mechanische Standfestigkeit decken. Durch Hinzulegieren von gewissen Spezialelementen zum Gußeisen (z. B. Cr allein oder in Verbindung mit etwas Ni oder Mo) kann die Wärmebeständigkeit weiterhin stark erhöht werden. Im allgemeinen kommen bei mechanisch stark beanspruchtem Gußeisen Nickelgehalte bis 4,5% und Chromgehalte bis etwa 1,5%, in Frage bei mäßig gedrücktem Gesamtkohlenstoffgehalt.

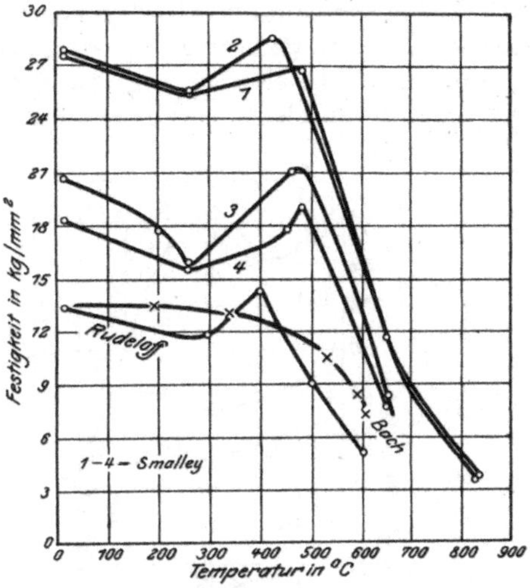

Abb. 294. Einfluß der Temperatur auf die Festigkeit von Gußeisen (Smalley, Rudeloff, Bach).

Die Pittsburger Eisen- und Stahlgießereien (Pittsburgh Iron and Steel Foundries Company) stellen einen legierten, hochgekohlten Hochleistungsguß her, der den Namen „Adamite" führt (ebenfalls Gegenstand verschiedener Schutzrechte) und dadurch besonders gekennzeichnet ist, daß darin im Gegensatz zu der sonst üblichen Anteilmenge der Chromgehalt etwa doppelt so hoch ist wie der Nickelgehalt, und daß mit zunehmendem Chromgehalt auch höhere Siliziumgehalte vorhanden sind. Die Patentschrift[1] sagt über die Zusammensetzung der Adamite

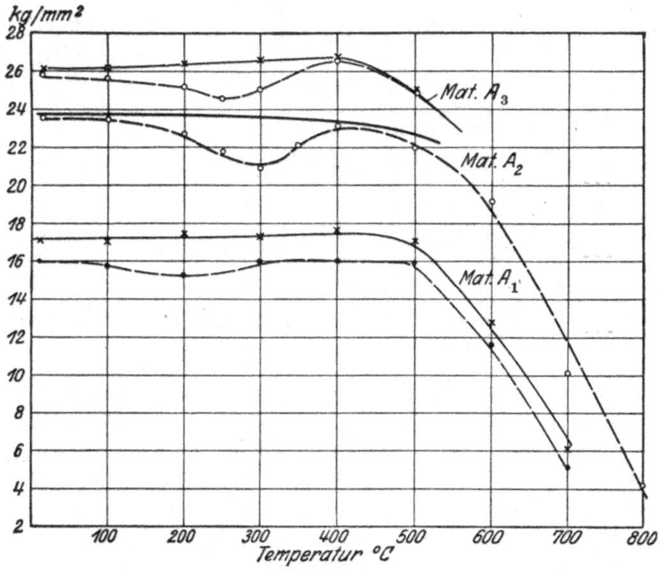

Abb. 295. Einfluß der Temperatur auf die Festigkeit von drei Graugußsorten (Campion und Donaldson).

---

[1] D.R.P. 350312, Kl. 18b, Gruppe 20.

folgendes: Si 0,50 bis 2,0%, Cr 0,50 bis 1,5%, Ni 0,25 bis 1,0%, Mn 0,45% oder weniger, Schwefel unter 0,05%, Phosphor unter 0,12%, Gesamtkohlenstoffgehalt 1,25 bis 3,5%. Die Verschleißfestigkeit und Wärmebeständigkeit der Adamite ist wesentlich größer als die des normalen oder niedrig legierten Gusses üblicher Legierungsverhältnisse und trotz höherer Härte bleibt das Material genügend zäh. „Adamite" läßt sich auch in Sandformen gießen oder bei Rotglut glühen, ohne an Güte merklich zu verlieren[1], läßt sich angeblich sogar walzen und schmieden, wird aber normalerweise in gehärtetem Zustand verwendet.

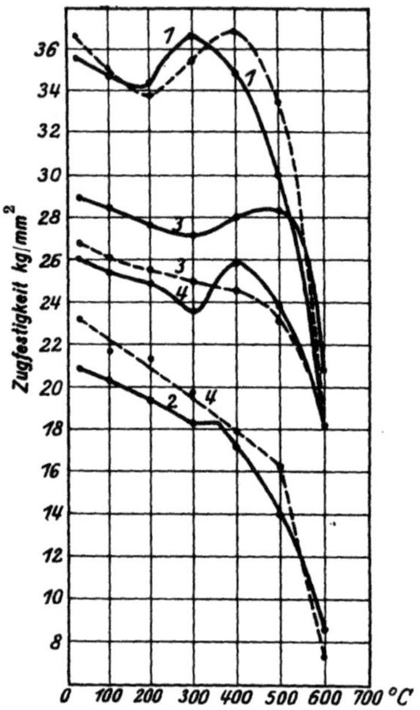

Abb. 296. Warmfestigkeit verschiedener Gußeisensorten (zusammengestellt von Jungbluth).

—— 1 = Sternguß Anlieferungszustand
- - - 1 = Sternguß 200 Std. bei 500 bis 550° geglüht
—— 2 = Zylindereisen, Anlieferungszustand
} Kleiber

—— 3 = Lanz-Perlit, Anlieferungszustand
- - - 3 = Lanz-Perlit 200 Std. bei 550° geglüht
} J. W. Donaldson

—— 4 = Zylindereisen, Anlieferungszustand
- - - 4 = Zylindereisen 200 Std. bei 550° geglüht
} J. W. Donaldson

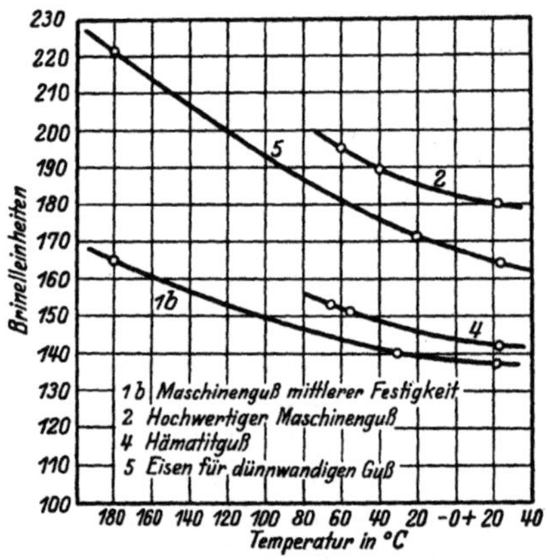

Abb. 297. Einfluß tiefer Temperaturen, auf die Brinellhärte von Grauguß (Pardun und Vierhaus.)

Über das Verhalten von Gußeisen bei tiefen Temperaturen existieren wenig systematische Arbeiten. Piwowarsky[2] stellte bei wiederholten Pendelungen kleiner Dilatometerstäbchen aus Gußeisen zwischen + 300° und — 180° (flüssige Luft) fest, daß hochwertige, heißerschmolzene, feingraphitische Eisensorten durch diese Behandlung weniger kürzten als gewöhnliches Gußeisen. Während nun weichere Eisensorten, Stähle und andere Metalle oder Legierungen bei tiefen Temperaturen ein ausgesprochenes Sprödigkeitsgebiet besitzen[3], konnten C. Pardun und E. Vierhaus[4] an verschiedenen Gußeisensorten der in Zahlentafel 129 mitgeteilten Zusammensetzung nachweisen, daß dieser Werkstoff auch bei sehr tiefen Temperaturen große Beständigkeit aufweist. Die Kerbzähigkeit der untersuchten Eisensorten blieb selbst bei — 80° noch die gleiche wie bei Zimmertemperatur (etwa 0,5 mkg/cm²). Die Biegefestigkeit blieb bis — 35° C annähernd konstant (in tieferen Temperaturbereichen wurde sie nicht geprüft), die Zugfestigkeit stieg langsam an und erreichte im Tem-

[1] Kontrollversuche des Verfassers ergaben, daß ein vierstündiges Glühen adamiteähnlicher Legierungen bei 850° gar keinen, bei 1000° nur einen mäßigen Abfall der Härte zur Folge hatte (vgl. Stahleisen 49 (1928), S. 1826).

[2] Gieß.-Zg. Bd. 15, S. 414. 1926.

[3] Vgl. a. Z. V. d. I. Bd. 71, S. 1497.

[4] Gieß. 1928, S. 98.

Zahlentafel 129. Analysen der Versuchseisensorten (Pardun und Vierhaus).

	Gußeisenart	Si	Mn	P	S	C	Graphit
1	Maschinenguß mittlerer Festigkeit .	1,80	0,60	0,527	0,080	3,56	3,06
2	Hochwertiger Maschinenguß	1,24	0,56	0,326	0,103	3,42	2,35
3	Röhrenguß	1,81	0,56	0,509	0,071	3,64	2,94
4	Hämatitguß	2,03	0,86	0,095	0,071	3,78	3,26
5	Eisen für dünnwandigen Guß . . .	2,17	0,49	1,084	0,088	3,42	2,82

peraturgebiet der flüssigen Luft i. M. etwa 15%. Das gleiche galt von der Kugeldruckhärte (Abb. 297). Die erwähnten Autoren führen das zuweilen unter dem Einfluß der Kälte beobachtete Zubruchgehen gußeiserner Formstücke nicht auf erhöhte Sprödigkeit des Werkstoffs zurück, sondern auf das Auslösen von Wärme- und Kältespannungen.

Autorenverzeichnis.

Sachverzeichnis.

GPSR Compliance

The European Union's (EU) General Product Safety Regulation (GPSR) is a set of rules that requires consumer products to be safe and our obligations to ensure this.

If you have any concerns about our products, you can contact us on ProductSafety@springernature.com

In case Publisher is established outside the EU, the EU authorized representative is:

Springer Nature Customer Service Center GmbH
Europaplatz 3
69115 Heidelberg, Germany

Batch number: 10683525

Printed by Printforce, the Netherlands